MON JARDIN

ALLÉE BORDÉE DE POIRIERS.

SMEE. *Mon Jardin*.   Librairie Germer Baillière.

PRÉFACE

Je me propose dans cet ouvrage de décrire « Mon Jardin, » les plantes les plus importantes qui y poussent, leur mode de culture ; en un mot, tout ce qui se rapporte au jardin.

En créant mon jardin, j'avais deux objets en vue : le moyen de continuer des études commencées, et la production de fruits, de légumes et de fleurs pour ma résidence à Londres.

J'ai dû, pour écrire cet ouvrage, demander bien des conseils à des savants fameux dans toutes les branches de la science, et je dois ajouter qu'ils ont bien voulu se mettre à ma disposition. Le Dr Gray, du British museum, un de nos plus célèbres naturalistes, m'a aidé de ses lumières pour tout ce qui concerne les coquillages d'eau douce et les coquillages terrestres. Le Dr Günther, aussi du British museum, a bien voulu collaborer avec moi pour toutes les questions relatives aux poissons d'eau douce. M. Woodward s'est obligeamment mis à ma disposition pour les questions géologiques. Le Dr Birch et M. Herbert Grueber ont aussi puissamment contribué à rendre ma tâche plus facile.

Sir Henry James, avec sa bienveillance ordinaire, m'a donné la carte géologique du district, ainsi que la coupe du bassin de Londres. La coupe géologique de mon jardin a été faite par M. Alfred Tylor, de Shepley House, Carshalton.

Le Dr Hooker, directeur des jardins de Kew, a bien voulu me donner une grande quantité de plantes et m'a aidé de ses conseils relativement à beaucoup de questions botaniques.

Je dois à M. Derry, de Peterboroug house, Fulham, de nombreuses plantes et plusieurs des gravures qui ornent cet ouvrage. M. Addy m'a donné de nombreux renseignements sur les antiquités romaines et anglo-saxonnes découvertes à Beddington. M. Fluwer m'a beaucoup aidé pour élucider cette question.

Bien que la plupart des figures aient été faites sur nature d'après des objets trouvés dans mon jardin, cependant le Dr Boisduval, l'éminent auteur de l'*Essai sur l'entomologie horticole*, m'a autorisé à copier dans son admirable ouvrage les figures dont je pouvais avoir besoin, MM. Blackie m'ont aussi autorisé à prendre plusieurs figures dans l'important traité de M. Curtis sur les Insectes nuisibles aux fermiers.

Ma fille Elisabeth Marie m'a beaucoup aidé pour compiler les documents nécessaires à l'exposé historique qui forme le sujet du premier chapitre et a trouvé les matériaux résumés dans le chapitre sur les jardins des différents peuples.

Mon fils Alfred Hutchison s'est chargé de la partie relative aux oiseaux : c'est lui qui s'est procuré les spécimens représentés et qui a surveillé l'exécution des figures. Sans son aide dans toutes les circonstances, cet ouvrage n'aurait jamais été écrit.

Quelle que soit l'assistance qui m'ait été donnée, quel que soit enfin le plaisir que j'aie trouvé à décrire mon jardin, véritable récréation pour moi, qui me reposait de devoirs plus sérieux, je dois avouer cependant que cette description est loin de réaliser l'idéal que j'avais conçu, mais qu'il m'a été impossible d'atteindre.

18 mai 1872.

TABLE DES CHAPITRES

TABLE DES PLANCHES

HORS TEXTE

TABLE ALPHABÉTIQUE DES GRAVURES

A — Lac.
B — Terrains de Wallington.
C — Parc de Beddington.
D — Allée de poiriers.
E — Allée des pommiers.
F — Vallon des fougères.
G — Plantes alpines.
H — Jeu de croquet.
I — Terres à vigne.
J — Maison.
K — Route de Carshalton.
L — Pont de Wallington.
M — La Wandle.
N — Porte sur les champs.
O — Route de Hackbridge.
P — Sentier.

Eglise de Beddington

MON JARDIN.

« Der Garten ist einfach, und man fühlt gleich bei dem Eintritte, dass nicht ein wissenschaftlicher Gärtner, sondern ein fühlendes Herz den Plan gezeichnet, das seiner selbst hier geniessen wollte. » — GŒTHE, *Leiden des Jungen Werther's.*

CHAPITRE I.

LA SITUATION DE MON JARDIN.

Mon jardin (pl. II) est situé auprès du pont de Wallington, dans le hameau de Wallington, commune de Beddington, comté de Surrey (pl. III). D'après la carte d'état-major de cette commune, mon terrain contient 7,925 acres (3,192 hectares) tant en terre qu'en étangs et en cours d'eau.

La commune de Beddington porte dans le Domesday Book (le Domesday Book est le premier cadastre qui ait été dressé après la conquête des Normands) le nom de Beddintone et contient, d'après ce cadastre, 3,951,091 acres (1,576,040 hectares); le hameau de Wallington, situé à l'ouest de la commune, contient 823,089 acres (332,528 hectares).

Le Dr Farr m'apprend que, d'après le recensement de 1871, la population de Beddington comprend 1,499 habitants, et celle de Wallington 1335, ce qui fait pour la commune entière un total de 2,834 habitants.

BEDDINGTON PENDANT LA PÉRIODE CELTIQUE.

On trouve dans tout ce district des instruments en silex, mais en assez petite quantité. M. J. Wickham Flower, de Croydon, en a rassemblé une belle collection; il fait autorité dans ces sujets. La fig. 1 représente

Fig. 1.

un de ces instruments trouvé à Croydon. Il a découvert aussi, dans le parc de Haling, des grattoirs (fig. 2), qu'il considère comme authentiques. M. Cressingham a aussi trouvé une hache celtique polie sur les collines qui limitent mon jardin au sud (fig. 3).

Fig. 2.

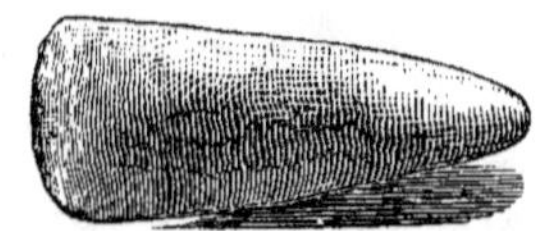

Fig. 3.

Enfin, on a trouvé, dans le parc de Beddington, de nombreuses haches de bronze, ce qui prouve que cet endroit est habité depuis une haute antiquité.

BEDDINGTON PENDANT LA PÉRIODE ROMAINE.

On savait déjà que les Romains avaient occupé ce district, lorsque des découvertes faites en 1871, par M. Addy, ont fourni une nouvelle preuve indéniable de cette occupation. Des ouvriers ont, en creusant un canal d'irrigation, mis à découvert les fondations d'une maison romaine. Le mode de construction de cette maison indiqua immédiatement à M. Addy qu'il se trouvait en présence d'un édifice romain dont il a relevé le plan avec beaucoup de soin (fig. 4). L'endroit où a été faite cette découverte est indiqué sur la carte (pl. III) au milieu des champs d'irrigation, à l'est du parc de Beddington. Les murs sont construits avec de gros silex et des briques romaines plates; le tout est relié par du mortier. Les briques ont de 1 pouce 1/2 à 2 pouces 1/2 d'épaisseur, et ont 10 pouces carrés.

Dans un mémoire lu devant la Société des Antiquaires, M. Addy

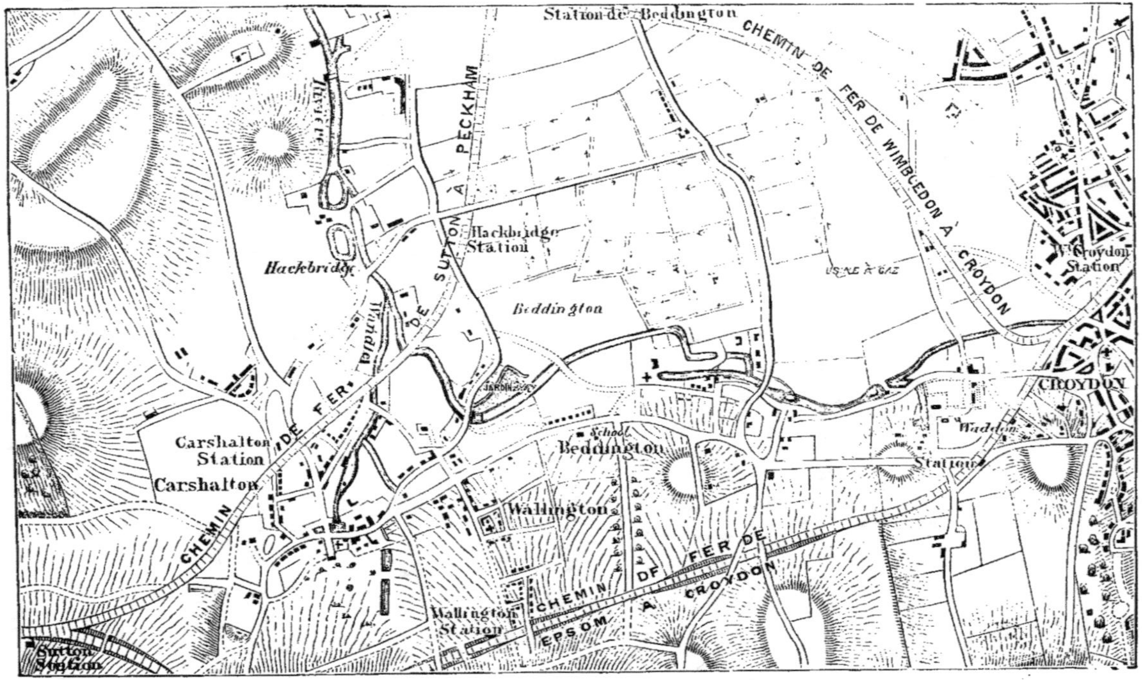

PLAN DU DISTRICT.

s'exprime ainsi : « Si l'on se reporte au plan, on verra que les construc-
tions s'étendent à l'est et à l'ouest d'une grande chambre centrale dont

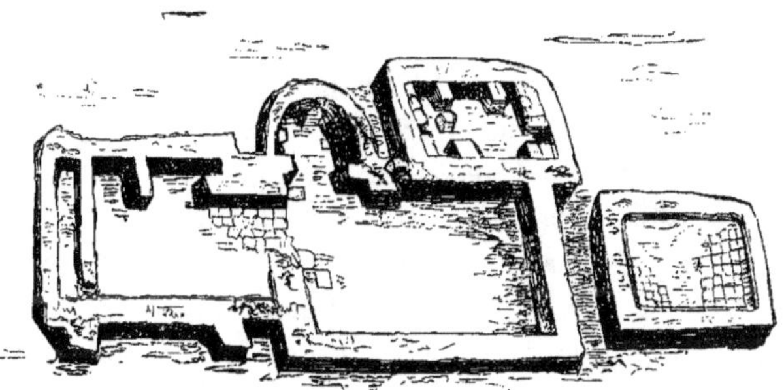

Fig. 4. Maison romaine à Beddington.

les murs sont plus réguliers et plus épais que ceux de toutes les autres
chambres; c'était là, probablement, le principal appartement de la
maison. Cette chambre a 16 pieds sur 10. A l'est de cette chambre
principale, se trouve une chambre rectangulaire dans laquelle on distingue les traces d'un hypocaust destiné à chauffer l'édifice. Les supports du plancher de l'hypocaust se voient admirablement et sont retra-
cés sur le plan. »

Au nord de cette chambre principale existait un cabinet; à l'ouest,
on a découvert des murs de construction plus grossière, qui sont figurés
sur le plan. Tout l'édifice était pavé de briques carrées, mais on n'a
pas trouvé traces de briques de couleur.

Les ruines des murs se trouvaient à 2 pieds au-dessous de la surface
du sol et avaient encore 1 pied 9 pouces de hauteur à partir des fondations.

Au milieu des débris, on a trouvé de grandes quantités de platras
ornés de bandes coloriées ayant de 1/4 de pouce à 2 pouces de largeur;
presque toutes ces bandes sont cramoisies, quelques-unes cependant
sont jaunes. On a trouvé aussi une certaine quantité de morceaux de
tuile réfractaire portant encore la trace du feu.

On a découvert enfin différents spécimens de poteries de diverses
espèces, une, entre autres, que les savants regardent comme unique;

cette poterie porte des ornements en creux que l'on dirait obtenus par la pression de coquillages (fig. 5). On n'a trouvé dans cette maison que deux pièces de monnaie, l'une, une monnaie romaine portant au verso la figure de Romulus et de Remus ; l'autre, une piécette d'argent saxonne. On y a trouvé, en outre, un grelot de bronze (fig. 6). Les fondations de cette maison romaine sont maintenant recouvertes ; mais il faut espérer que le propriétaire, M. Beddington, aura soin de les conserver pour prouver à nos enfants et à nos petits-neveux que les Romains ont occupé cette partie de notre pays, d'autant qu'il y a tout lieu de supposer qu'il y avait dans les environs une autre maison romaine, car on a trouvé à peu de distance des briques et des vases romains.

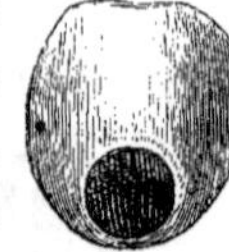

Fig. 6.

Fig . 5.

Au milieu des débris de la maison romaine dont nous venons de parler, on a découvert un instrument (fig. 7) dont aucun antiquaire anglais n'a pu déterminer l'usage, rien de semblable n'existant dans la collection du British-Museum. J'ai envoyé le dessin de cet instrument à M. d'Agiout, à Naples. Il a consulté M. le commandeur Fiorelli, directeur du Musée des antiquités romaines, M. le commandeur Minervini et M. le chevalier Nicolini, secrétaire de ce même Musée. Ces messieurs, en comparant cet instrument avec d'autres petits bronzes découverts à Herculanum, en sont arrivés à la conclusion qu'il faisait partie d'un jeu ressemblant quelque peu à un jeu de marelle que les anciens Romains aimaient à jouer. L'objet trouvé à Beddington est la plus grosse pièce du jeu. C'est là une addition fort intéressante aux objets romains trouvés dans la Grande-Bretagne.

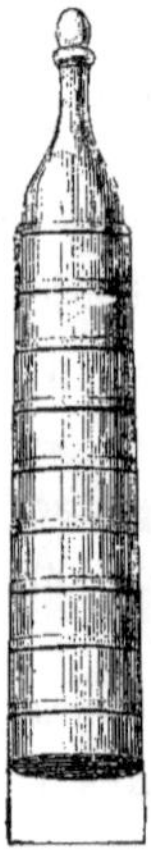

Fig. 7.

Les ouvriers ont trouvé dans les champs d'irrigation les pièces de monnaie suivantes :

1º Commode (pièce de cuivre), extrêmement corrodée ;

2° Epoque de Constantin. Au recto, l'effigie de Rome ou de Constantinople au verso, une Victoire;

3° Epoque de Constantin (Constantius?). Très corrodée;

4° Epoque de Constantin (fig. 8). Au recto, l'effigie de Rome avec l'exergue Urbs Roma; au verso, Romulus et Remus avec la marque T. R. (Trèves), comme lieu de fabrication;

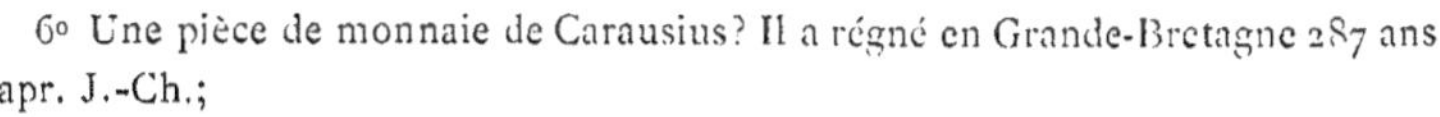
Fig. 8.

5° Allectus. Au recto, l'effigie Allectus; à gauche, en exergue, ALLECTUS; au verso, LÆTITIA AUG., frappée à Colchester;

6° Une pièce de monnaie de Carausius? Il a régné en Grande-Bretagne 287 ans apr. J.-Ch.;

7° et 8° Des monnaies romaines qu'on n'a pu reconnaître jusqu'à présent.

Outre ces preuves de la résidence des Romains dans cette région, on a découvert, à Barrow Hedges, Carshalton, une cuiller d'argent (fig. 9), aujourd'hui en la possession de M. Cressingham. On a trouvé aussi, à Wallington, des fragments de verre romain. Enfin, un peu plus au sud, on a découvert, à Woodcote, des

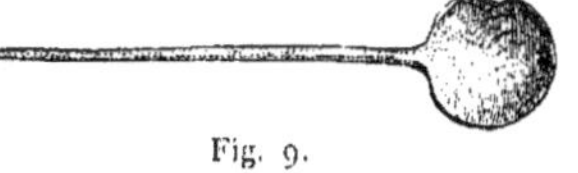
Fig. 9.

ruines romaines, et plus au sud encore, à Walton-on-the-Heath, Lysons rapporte qu'en 1772, on a trouvé les ruines d'une maison romaine.

Certains antiquaires pensent que la ville romaine Noviomagus, mentionnée dans l'itinéraire d'Antonin, était située à Woodcote, sur les collines qui se trouvent au sud de mon jardin. Camden assigne cette situation à Noviomagus, parce qu'il considère que les distances concordent avec ce qui est dit dans l'Itinéraire, et parce que cette ville est désignée comme la capitale des Regni, peuple qui habitait le comté de Surrey.

Le Dr Gale place aussi cette ville dans cette position. D'autre part, Gibson, Somner, Stillingfleet, Stukeley et Baxter pensent que Noviomagus se trouvait où est aujourd'hui Crayford, parce que cette position est sur la ligne directe entre Maidstone et Londres. Il est assez curieux que Sir Thomas Eliot place cette ville à Chester, Lilly à Buckingham, Lluyd à Guildford et Talbot à Old-Croydon. Ces opinions si différentes prouvent qu'on ignore absolument l'emplacement de cette cité romaine;

quant à moi, je pense que c'est là un de ces problèmes qui n'aura de
solution qu'après de nouvelles découvertes.

La voie romaine portant le nom de Stane, s'étendant de la côte à
Londres, et de là jusqu'en Ecosse, par Lincoln, passait, dit-on, dans

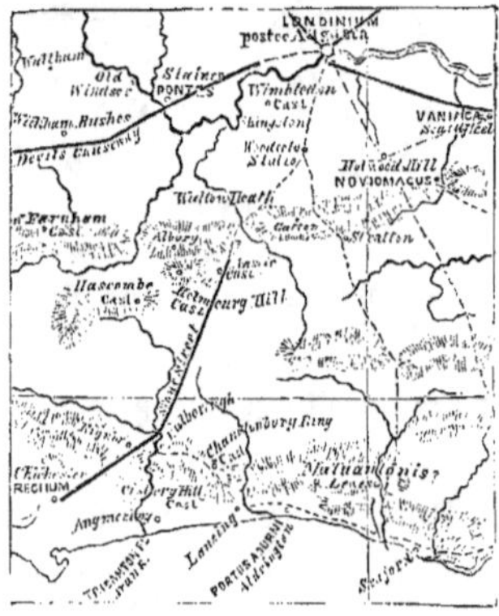

ou près de Beddington, bien qu'on
n'en ait trouvé aucune trace. Sir Duf-
fus Hardy, dans la carte qu'il a dres-
sée des voies romaines, carte que j'ai
fait copier (fig. 10), indique que l'on a
retrouvé les restes de cette voie de
Chichester jusqu'à Dorking; il suppose
qu'elle se dirigeait ensuite vers Strea-
tham; mais, je le répète, on ne retrouve
plus trace de cette voie dans les environs de Beddington, et les plus vieux habitants n'en ont jamais entendu parler.

Fig. 10.

BEDDINGTON PENDANT LA PÉRIODE ANGLO-SAXONNE.

Les preuves de l'occupation de Beddington par les Anglo-Saxons
sont aussi concluantes que celles relatives à l'occupation romaine.
M. Addy a découvert, en effet, dans un monticule à environ 500 mètres
des ruines de la maison romaine, un certain nombre d'urnes et d'instruments anglo-saxons. On a trouvé aussi plusieurs squelettes dont presque tous les os étaient décomposés, sauf ceux du crâne et les os longs.
En visitant ces sépultures, je me suis assuré que tous les corps étaient
enterrés la tête tournée vers l'ouest. Dans le même terrain et tout

auprès de ces squelettes, on a découvert un
grand nombre d'urnes cinéraires remplies de
cendres (fig. 11). La plupart de ces urnes étaient
si fragiles qu'elles se sont brisées quand on a
essayé de les enlever. Il y avait aussi des bosses
de bouclier (fig. 12) et des couteaux. Non-seulement le sol a été retourné, quand on a voulu le

Fig. 11.

Fig. 12.

faire servir à l'irrigation, mais j'y ai fait moi-même des fouilles ; cependant il doit y rester encore beaucoup d'objets antiques outre les quelques-uns qu'on y a trouvés, c'est-à-dire, une pièce d'argent anglo-saxonne (fig. 13), un anneau en verre (fig. 14) et un bracelet en bronze (fig. 15). Ces deux derniers objets prouvent que les Anglo-Saxons ne négligeaient pas leur ornementation personnelle.

Fig. 13. Pièce d'argent. Période saxonne.
Recto. EDELSTAN RE TODR
Verso. EADMUND MOLEIECF

Fig. 14.
Grandeur naturelle.

Fig. 15.
Moitié de grandeur naturelle.

BEDDINGTON PENDANT LE MOYEN-AGE.

L'histoire de Beddington pendant le moyen-âge est fort intéressante. Le livre du cadastre de la conquête dit qu'il contient deux manoirs, dont l'un fut donné en fief par Richard de Tonebrige à Richard de Watevile ; plus tard, les successeurs de ce dernier le tinrent directement du roi, à condition de fournir annuellement à leur souverain une arbalète de bois. Il y avait, en outre, dans ce manoir une église et deux moulins, imposés sur le pied de 40 shillings, ce qui équivaudrait à environ 3,000 francs de notre époque. Pendant le règne de Richard Ier, la famille de Eys ou de Es possédait ce manoir. En 1205, cette famille étant éteinte, le manoir passa entre les mains du roi, et en 1245, une charte de Henry III le donna à Raymund de Laik (Lucas). A sa mort, sa fille Isabelle hérita de ses terres, et, à la mort de cette dernière, après un procès, son fils, Gatelier ou Gacelin, en devint le possesseur. On trouve bientôt un nouveau propriétaire, la famille Roges qui s'éteignit en 1302. Cette même année, Edouard Ier donna ce manoir à Thomas Corbet qui était, dit-on, son valet de chambre. Il fut, plus plus tard, cédé à la famille de Carew qui le posséda jusque sous Henry VIII. Sir Nicolas Carew était alors lieutenant du roi à

Calais, grand écuyer et chevalier de la Jarretière; mais il encourut
le déplaisir de ce puissant monarque, qui le fit décapiter à la Tour
de Londres, en 1538. Toutes les terres de Beddington furent con-
fisquées par le roi qui résida fréquemment dans le château; il y tint un
conseil en 1541. La reine Marie rendit la propriété de Beddington à la
famille Carew, et ce fut alors que Sir Francis Carew fit construire le
château dont il ne reste plus que la grande salle. La grande porte de
cette salle a une ancienne serrure fort curieuse et richement sculptée; le
trou de la serrure est caché par un panneau portant les armes de l'Angleterre. Elisabeth honora ce château de sa présence en août 1599, et y
resta trois jours. Le châtelain s'était arrangé de façon à empêcher les
cerisiers de mûrir jusqu'à la visite de sa souveraine, de façon à lui donner des cerises fraîches qu'elle aimait beaucoup. C'est à Beddington
qu'ont été cultivés les premiers orangers qu'il y ait eus en Angleterre.

La propriété de Beddington resta dans la famille Carew jusqu'en
1791. La famille s'éteignit alors et les biens passèrent à une branche
collatérale.

L'ÉGLISE DE BEDDINGTON.

L'église paroissiale de Beddington est située tout auprès du château.
L'historien Aubrey pense qu'elle a été construite sous le règne de
Richard II.

On y remarque quelques vieux ornements en cuivre fort curieux et
des monuments funéraires élevés à la mémoire des membres de la
famille Carew.

Le pasteur reçoit annuellement 1,250 livres sterling (31,250 francs).

L'église de Beddington a été restaurée, et c'est aujourd'hui une des
plus jolies et des plus pittoresques des environs de Londres. De mon
jardin, on voit la tour de l'église qui se reflète dans les eaux du lac,
comme si la nature avait ordonné que l'on doive jouir deux fois d'un
spectacle aussi charmant (Pl. VI).

WALLINGTON.

Wallington était, à l'époque saxonne, une ville qui semble avoir eu
une grande importance, bien que son histoire soit fort obscure. Ce fief,

donné par Henry II à Maurice de Créon, passa ensuite entre les mains de Guy de Laval, puis, plus tard, il fut donné à Eustache de Courtenay. Il passa ensuite entre les mains de Sir Francis Carew et resta dans la famille jusqu'en 1683. Sir Nicolas Carew, dans le but de se procurer de l'argent pour doter ses plus jeunes fils, consentit à le louer pour 500 ans. Ce bail passa dans la famille Bridges qui a récemment acquis l'entière propriété.

On a trouvé, tant à Beddington qu'à Wallington, un grand nombre 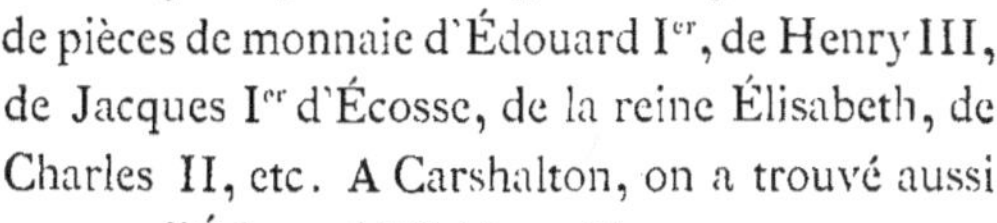 de pièces de monnaie d'Édouard Ier, de Henry III, de Jacques Ier d'Écosse, de la reine Élisabeth, de Charles II, etc. A Carshalton, on a trouvé aussi un sou d'Édouard IV (fig. 16).

Fig. 16.—Penny d'Édouard IV.

Ce district est célèbre par la magnificence de ses arbres. Les tilleuls, les ormes, les châtaigniers y atteignent une grosseur extraordinaire. Il y a quelques années, on voyait encore dans les environs un vieux chêne appelé le chêne de la reine Élisabeth (fig. 17), qui a été malheureusement coupé lors des travaux nécessités par les égouts de Croydon.

La rivière qui traverse le parc a changé de lit il y a quelques années. Une photographie faite par mon fils me permet de donner l'aspect admirable du parc, vu de mon jardin à cette époque (Pl. XVII). Aujourd'hui on change de nouveau le cours de la rivière, et on est en train de construire un pont de pierre.

Fig. 17.— Chêne de la reine Élisabeth.

Château de Beddington avant l'incendie.

Vue sur Mitcham.

CHAPITRE II.

LA GÉOLOGIE DE MON JARDIN.

Lorsque je visitai pour la première fois l'emplacement de mon futur jardin, je me trouvai en présence d'une sorte de marais qu'il me fut impossible de traverser. Un seul ruisseau traversait le terrain ; j'en fis creuser deux autres, l'un parallèle à la rivière Wandle, l'autre coupant le jardin, à angle droit avec le premier. En beaucoup d'endroits, le sol avait été retourné, comme il est d'usage dans les briqueteries. Quant à la composition du sol lui-même : ici des couches de mauvais gravier, là du gravier imbibé d'eau presque jusqu'à la surface. Au-dessous, une couche de grossiers silex, couche s'étendant jusqu'à Croydon. Quelques-uns de ces silex contiennent des fossiles (fig. 18). Une couche de tourbe recouvre le tout ; pauvre terrain que désertent les rhododendrons, et où se plaisent bien

Fig. 18. — Moule siliceux de Cidaria.

Fig. 19.

Fig. 20. — Sable de Reigate, amplifié dix fois en diamètre.

peu de plantes. S'il faut en croire mes amis, ce terrain servait autrefois à étendre des toiles pour les blanchir. Faut-il s'en étonner, car il ressemblait à s'y méprendre aux terrains encore employés à cet usage dans les environs d'Amiens. A l'extrémité méridionale du jardin se trouve une couche de sable, la dernière de la série tertiaire inférieure. Ce sable est très fin (fig. 19), beaucoup plus fin que les grains du grès vert inférieur de Reigate (fig. 20), couche qui se trouve au-dessous de la craie. Malgré la ténuité des grains du sable de mon jardin, on peut le percer de tunnels, comme l'a fait M. Watney dans sa propriété.

Au delà de cette couche de sable, en se dirigeant vers le sud, la craie affleure la surface, puis s'enfonce dans mon jardin, pour ne reparaître qu'au sud de Mimms et de Hatfield, au nord de Londres. Au nord de mon jardin existe toute la série argileuse et sableuse des couches tertiaires inférieures (Pl. V).

Géologiquement parlant, mon jardin se trouve sur le bord du bassin de Londres. La planche IV représente une coupe de ce bassin, coupe copiée, grâce à l'obligeance de Sir Henry James, sur la carte géologique de l'Angleterre. Au-dessous de Londres, pris comme point central du bassin, règnent, sur une épaisseur d'environ cent pieds, ces couches tertiaires inférieures, dont le sable dont j'ai parlé tout à l'heure forme la dernière ; au-dessus de ces couches, de l'argile ayant aussi une épaisseur d'une centaine de pieds ; par-dessus, une couche de gravier et enfin une couche d'environ seize pieds de terre, et quelquefois de tourbe. L'épaisseur de ces couches varie quelque peu selon les localités ; toutefois, si l'on examine la plupart des puits de Londres, on voit que ces indications sont exactes.

M. Alfred Tylor, l'éminent géologue, a bien voulu étudier l'inclinaison des différentes couches au-dessous de mon jardin. Le résultat de ses observations (Pl. IV) prouve que les différentes couches s'inclinent rapidement dans la direction des Culvers, propriété de M. Gassiot et vers le parc de Shepley, résidence de M. Tylor.

Au sud, la craie paraît à la surface et s'élève à une hauteur de plus de 850 pieds. La craie se présente sous deux aspects bien distincts : la craie supérieure contenant des silex, la craie inférieure qui n'en contient pas. Les silex forment des lits horizontaux s'étendant pendant des milles entiers ; çà et là, ces lits sont coupés par des fentes plus ou moins perpendiculaires, ressemblant aux filons des mines de la Cornouailles, parfois presque invisibles, qui atteignent souvent aussi un pied de largeur. Ces fissures tout comme les lits de silex, s'étendent fort loin, et il se trouve parfois que la couche de silex se disloque à l'endroit de la fissure, c'est-à-dire qu'elle est plus élevée d'un côté de la fente que de l'autre, comme on peut s'en assurer à Sutton. Ces fissures sont les rivières de la craie ; si, en creusant un puits, on tombe sur une d'elles, on est certain d'avoir beaucoup d'eau ; si, au contraire, on reste dans la craie solide, on en obtient fort peu. L'existence de ces fissures a donc une haute importance pour l'humanité.

L'eau provenant de ces fissures est aussi limpide que du cristal de roche et chargée d'acide carbonique. Elle conserve la température de 52° F. (11°,1 C.), température chaude en hiver et qui nous semble délicieusement fraîche en été. Cette eau contient assez de matières salines et de matières calcaires pour constituer une boisson excellente. J'indiquerai tout à l'heure que la rivière Wandle, source d'inestimable prospérité pour notre district, sort de l'une de ces fissures.

On sait aujourd'hui que la craie s'est déposée dans les profondeurs d'un océan. Chimiquement parlant, la craie n'est que du carbonate de chaux. C'est une substance amorphe et, en se servant des microscopes les plus parfaits, il est impossible de découvrir chez elle aucune trace de structure cristalline. C'est là un fait très curieux, car la craie déposée par le procédé de Clark se présente toujours à l'état cristallin.

La craie semble formée principalement de débris d'animaux inférieurs ; un dépôt de craie se fait actuellement au fond de l'Océan Atlantique et de la mer Méditerranée ; la découverte de cette formation est, sans contredit, l'une des plus intéressantes de la science moderne. Des foraminifères en quantité innombrable habitent ces mers (fig. 22) ; ils meurent et tombent au fond. Or, il est aujourd'hui prouvé que les débris de ces animaux constituent un dépôt de craie qui, peut-être un jour, apparaîtra à la surface de notre globe. Outre les foraminifères, les coraux contribuent aussi à la formation des dépôts de craie.

A ma prière, M. Groves, qui a une si grande expérience des objets microscopiques, a bien voulu examiner la craie de notre district pour déterminer les foraminifères qu'elle contient. Il a découvert que les dépressions des silex en fournissent le plus grand nombre, et la plupart des coquilles de foraminifères sont assez bien conservées. Il a trouvé de nombreuses formes appartenant à la série des Rotaline (1, fig. 21), de nombreuses autres dérivant des textuluria (2), des polymorphina

COUPE GÉOLOGIQUE DU BASSIN DE LONDRES DU NORD AU SUD. 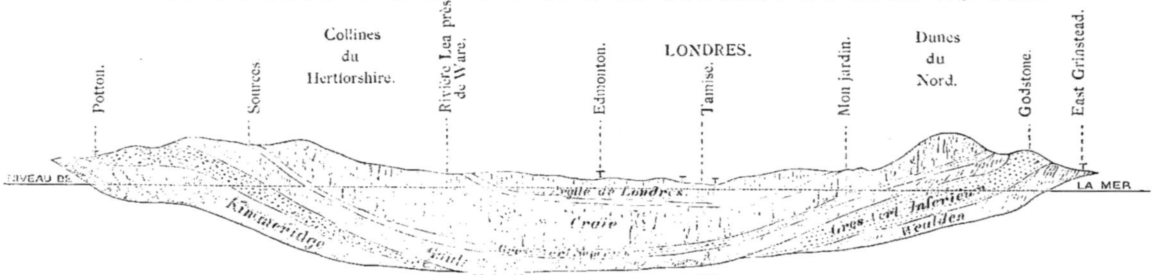
Potton.
Sources
Collines du Hertfordshire.
Rivière Lea près de Ware.
Edmonton.
LONDRES.
Tamise.
Mon jardin.
Dunes du Nord.
Godstone.
East Grinstead.
NIVEAU DE
LA MER
Kimmeridge
Gault
Argile de Londres.
Craie
Grès vert Supérieur
Grès vert Inférieur
Weulden
Echelle un pouce = 12 milles.
COUPE A TRAVERS MON JARDIN. 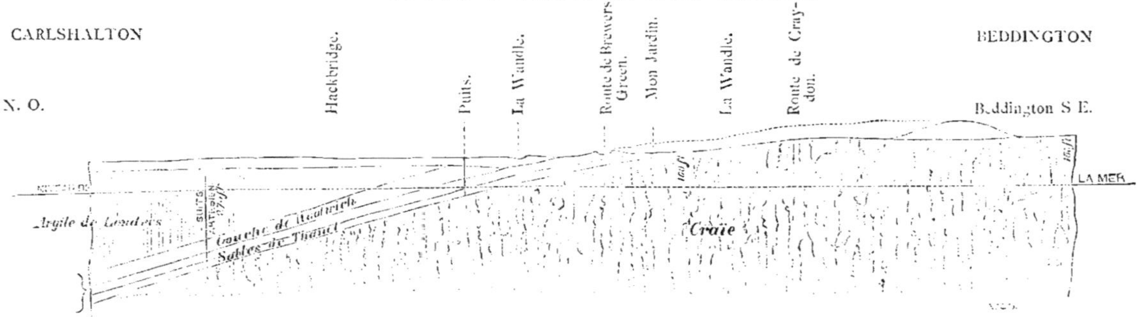
CARLSHALTON
N. O.
Hackbridge.
Puits.
La Wandle.
Route de Brewers Green.
Mon Jardin.
La Wandle.
Route de Cray-don.
BEDDINGTON
Beddington S E.
LA MER
Argile de Londres
Gauche de Woolwich
Sables du Thanet
Craie
1 pouce = mètre 0,0254. 1 mille = mètres 1609,34.

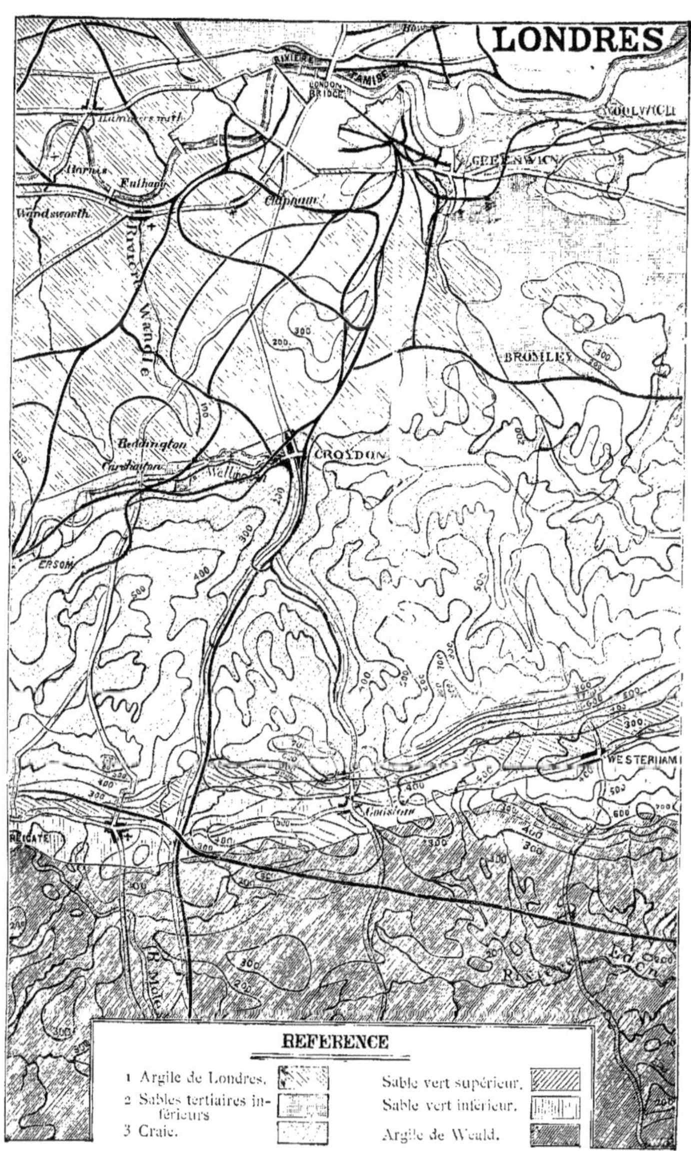

LONDRES
WOOLWICH
GREENWICH
BROMLEY
Hammersmith
Barnes
Fulham
Clapham
Wandsworth
Rivière Wandle
Beddington
Carshalton
Wallington
CROYDON
EPSOM
REIGATE
Coulsdon
WESTERHAM
R. Mole
RÉFÉRENCE
1 Argile de Londres.
2 Sables tertiaires in-
   férieurs
3 Craie.
Sable vert supérieur.
Sable vert inférieur.
Argile de Weald.

(3), des lagena (4), des globigerina (5); les nodosaria (6) sont représentés par plusieurs variétés magnifiques. Enfin, il a aussi trouvé d'autres formes de foraminifères ressemblant beaucoup à de petites ammonites et à des nautilus (7).

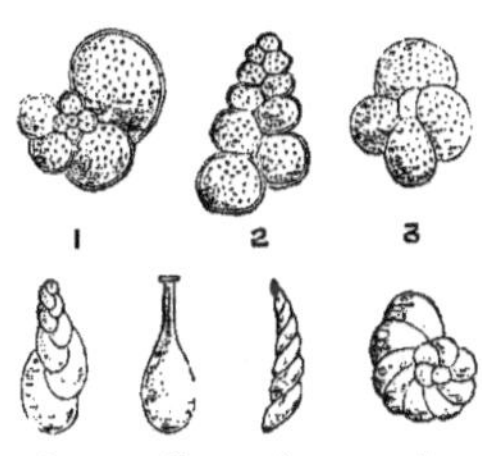

Fig. 21. Foraminifères (anciens).

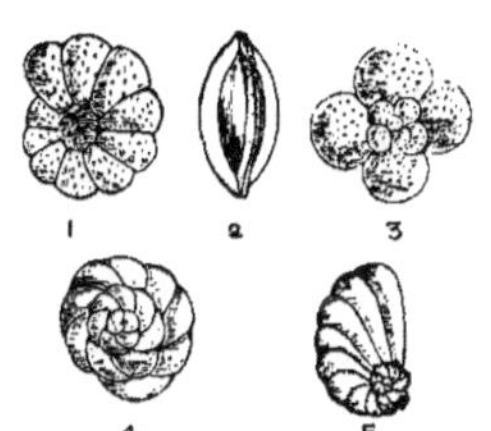

Fig. 22. Foraminifères (récents).
1. Planorbulina Ungeriana.   4. Rotalia Beccarii.
2. Trilochulina tricarinata.   5. Nonionina turgida.
3. Globigerina bulloïdes.

Les révélations du microscope, qui nous indiquent comment s'est formée la craie dans les âges reculés, comment des créatures analogues (fig. 22) la forment encore aujourd'hui, constituent, sans contredit, un des résultats les plus intéressants de la science moderne.

La craie de notre district n'est pas très riche en fossiles; plus on descend dans la couche, me dit-on, et moins on en découvre. S'il faut en croire quelques vieux ouvrages, on aurait trouvé des poissons fossiles dans la craie, auprès de Croydon. M. Flower a bien voulu me confier un de ces fossiles, trouvé à Riddlesdown; il est représenté

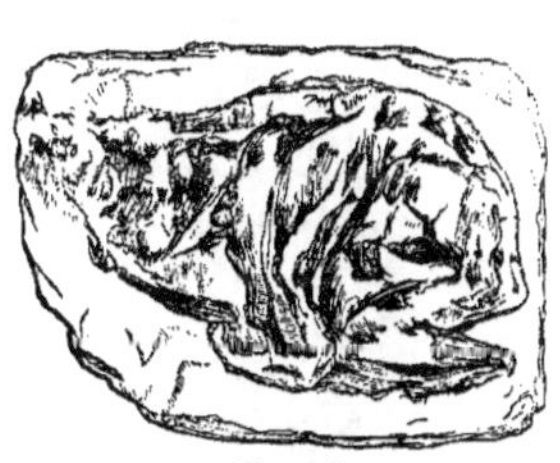

Fig. 23.
Tête de poisson fossile. 1/3 de grandeur
naturelle.

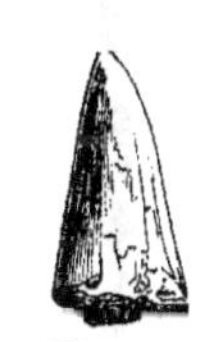

Fig. 24.
Dent de Corax falcatus.

Fig. 25.
Rhynchonella plicatilis.

Fig. 26.
Terebratula semiglobosa.

dans la figure 23; mais, en somme, ils semblent être assez rares.

Quand on a fait, dans une colline de craie, la tranchée du chemin de fer de Sutton, M. Herbert Jackson a surveillé les travaux et a pu se procurer des restes fossiles de plusieurs espèces : l'un (fig. 24) est une dent d'une espèce de requin, appelé le *Corax falcatus*. Il a aussi trouvé quelques coquilles bivalves, telles que le *Rhynchonella plicatilis* (fig. 25), et le *Terebratula semiglobosa* (fig. 26).

On trouve sur toutes les collines de craie des objets curieux que les paysans désignent sous le nom de « couronnes de bergers » ; ce sont des espèces différentes d'échinides. La figure 27 représente deux formes distinctes d'une espèce de *Galerites albo-galerus*; la figure 28, un moule

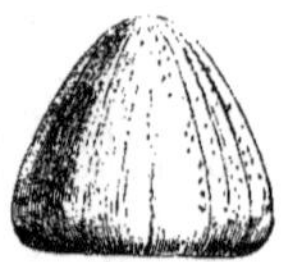

Forme déprimée.   Forme normale.

Fig. 27. — Galérites albo-galerus.

Fig. 28. — Moule siliceux de Holaster pillula.

siliceux de *Holaster pillula*, et la figure 29 un spécimen de *Pseudo Diadema variolare*. Toutes ces variétés d'oursons de mer ou échinides, dont une espèce se rencontre constamment aujourd'hui sur les bords de la mer, prouvent l'origine marine de la craie.

Outre ces traces d'animaux marins, on trouve souvent, adhérant au silex que nous employons dans le jardin, des tiges d'encrinites et des bélemnites (fig. 30). On rencontre aussi de temps en temps dans la

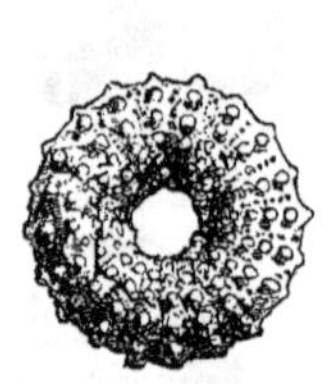

Fig. 29.
Pseudo Diadema variolare.

Fig. 30. — Bélemnite.

Fig. 31. — Bois conifère sur un silex. — Un morceau du bois est amplifié pour en montrer la structure et les disques conifères.

craie des parcelles de bois fossile (fig. 31) provenant probablement d'un

MAISON DE WALLINGTON.

arbre conifère; des terres sur lesquelles poussaient ces arbres devaient donc alors former des îles dans ces mers au fond desquelles se formait la craie.

Les lits de silex paraissent avoir une origine animale; à force de persévérance, M. Bowerbank a prouvé, aux géologues tout au moins, que la plus grande partie de ces silex proviennent d'éponges. Une couche de matières animales semble avoir recouvert le fond de la mer et avoir attiré la silice. Quelquefois les silex forment des couches fort étendues qui constituent une seule masse agglomérée; d'autres fois les silex sont séparés les uns des autres. La figure 32 représente une éponge *Polypothecia* trouvée dans l'intérieur d'un silex; la figure 33 un *Ventriculites radiatus* trouvé dans les mêmes conditions. Quelquefois, l'éponge enveloppe un Echinus ou une Coquille bivalve, ce qui arrive encore aujourd'hui; la figure 34 représente un *Spondylus spinosus* et la figure 35 un *Diadema*.

Fig. 32. — Eponge en forme de coupe (Polypothecia).

Fig. 33. — Éponge dans la craie (Ventriculites radiatus.

Fig. 34.
Spondylus spinosus.

Fig. 35. — Moule siliceux de Diadema.

Quelquefois une éponge pénètre dans une autre, et toutes deux ont été transformées ensemble en silex. M. Charles Tyler, de Holloway, possède une collection fort remarquable et fort intéressante d'éponges fossiles, et aussi une collection d'éponges récentes telles qu'elles croissent à présent; or, toutes les particularités qui se remarquent dans les éponges actuelles se retrouvent dans leurs prototypes fossiles.

La loi du dépôt de la silice sur les matières animales en décomposition a été étudiée avec soin par mon fils, M. A. Hutchison Smee. Quelques corps organiques semblent se transformer facilement en silice, d'autres fort difficilement. L'éponge est au nombre des premiers. Mon

fils a pu transformer en silice un corpuscule du sang avec tant de
perfection que, toute matière animale étant détruite, on a pu facilement en reconnaître la structure. Les ossements ne paraissent pas se
changer facilement en silice. Toutefois, les expériences de mon fils ne
sont pas complètes, et il faudra sans doute encore de nombreux travaux
avant qu'on puisse déterminer d'une façon absolue les lois qui président
à ces transformations.

Plus au sud, au delà de la craie, on voit paraître à la surface du sol
une couche de sable (Pl. V) ; au delà, une couche mince d'argile qui
a la plus grande importance, en ce qu'elle est imperméable ; elle
passe sous la couche de craie et empêche l'eau de s'écouler de cette
couche aussi complétement que si toute la craie était placée dans un
vase en porcelaine. C'est cette couche d'argile qui détermine l'écoule-
ment des sources ; au point de vue géologique, elle offre donc un intérêt
considérable. Au-dessous, se trouve le grès vert inférieur qui se présente
sous forme de sable grossier dont les grains sont beaucoup plus gros
que ceux du sable surmontant la craie (fig. 20). Au-dessous, enfin, est
une couche d'argile de Weald ; à la maison de santé de Carlswood on a
creusé dans cette dernière couche, fort épaisse et entièrement imperméable, un puits ayant une profondeur de 1,000 pieds sans trouver
aucune trace d'eau.

Au-dessus de la couche de sable qui recouvre la craie, se trouve un
lit de silex ayant un caractère chimique quelque peu différent des silex
de la craie ; il est plus ferrugineux. Ce lit de silex affleure la surface du
sol à Carshalton dans le jardin de M. Philpotts. Ce dernier a bien voulu
me permettre de faire une tranchée dans son jardin pour examiner ces
silex ; M. Henry Lee les a étudiés avec soin et y a découvert des parties
d'écailles de poisson. Il a conservé une magnifique écaille qu'il avait
trouvée quand M. Sims résidait en cet endroit ; il me l'a confiée pour
la faire reproduire et elle est représentée dans la figure 36 ; je suis désolé
d'avoir à ajouter qu'elle a été perdue par le dessinateur. On suppose
que cette écaille appartenait à une espèce d'*Acrognathus* ou *Aulolepis*.
On l'a représentée de grandeur naturelle et amplifiée dix fois en diamètre.

VUE DE L'ÉGLISE DE BEDDINGTON.

Au-dessus de cette couche, plus haut par conséquent dans les couches tertiaires, on trouve une masse considérable de coquillages (fig. 37). On peut voir ces coquillages à Lewisham, car le chemin de fer abou-

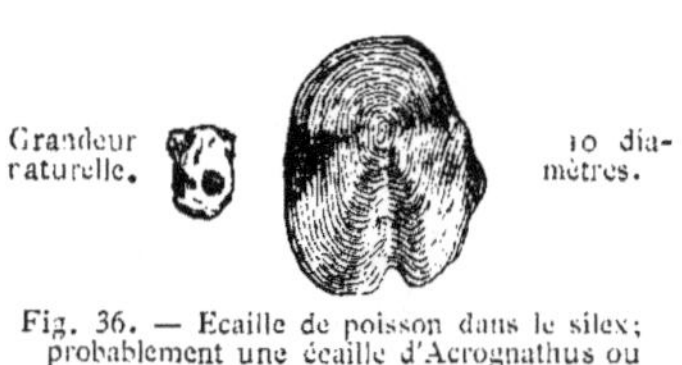

Fig. 36. — Écaille de poisson dans le silex; probablement une écaille d'Acrognathus ou Aulolepis.

Fig. 37. — Groupe de coquillages fossiles.

tissant au tunnel de la Tamise les traverse. On me dit qu'on a trouvé aussi une couche de coquillages dans Paper Lane à Carshalton, endroit où tout fait supposer qu'il doit en exister une.

LA RIVIÈRE WANDLE.

La rivière Wandle, si belle, si célèbre par ses truites, traverse mon jardin ; Pope a chanté la limpidité de ses eaux : « Voilà, s'écrie-t-il, la Vandalis si bleue et si limpide. » Le bras qui traverse mon jardin prend sa source à Waddon ; il met immédiatement un moulin en mouvement ; un petit ruisseau, qui prend sa source au-dessus de Croydon, vient se jeter dans la rivière qui traverse alors le parc de Beddington et qui entre dans mon jardin, où elle alimente une fabrique de papier ; après avoir contourné la propriété de M. Graham, elle va se jeter dans un bras beaucoup plus large à Shepley House ; puis enfin, la Wandle se jette dans la Tamise à Wandsworth.

Le second bras est formé par beaucoup de sources qui se trouvent toutes dans le rayon d'un mille au sud-ouest. Une de ces sources, four-nissant une grande quantité d'eau, sort du sol dans la propriété de Wallington House et traverse mon jardin où elle forme la cascade de Cristal. Le cheval d'Anne de Boleyn, racontent les paysans du voisinage

Fig. 38. — Source d'Anne de Boleyn.

Smee. Mon Jardin.   2

en frappant un jour le sol de son sabot, fit un trou, l'eau jaillit et elle a toujours coulé depuis (fig. 38) en cet endroit.

Toutes ces sources se réunissent à Carshalton, et forment un cours d'eau qui met en mouvement plusieurs roues hydrauliques. La fabrique de tabac occupée par M. Ansell est très pittoresque ; la planche VII, que je dois au crayon de Madame Jackson, représente cet établissement.

Les pluies ont peu d'effet sur le volume de la Wandle ; après un fort orage, sa couleur change un peu, mais son volume n'augmente guère.

La raison de ce phénomène est fort intéressante : la pluie, qui tombe sur la craie poreuse située au sud de la rivière, absorbe immédiatement l'eau et ne la laisse écouler que sous forme de sources. Dans le sud de la France et de l'Italie, où se trouve tant de craie dure et imperméable, les pluies s'écoulent sous forme de torrents, qui dévastent tout sur leur passage ; quand la pluie cesse, l'eau est perdue et le lit du torrent reste presque à sec. Notre craie poreuse, au contraire, conserve l'eau et la laisse s'écouler peu à peu pendant l'année entière.

Si l'on se reporte à la coupe des couches du bassin de Londres (Pl. IV), on verra qu'une couche d'argile imperméable placée au-dessous de la craie vient affleurer la surface au sud des collines de craie au nord de Redhill et de Reigate. Il s'ensuit que l'eau ne s'écoule pas dans la vallée du Darenth, mais est forcée d'aller jaillir au nord de la couche de craie. En outre, entre mon jardin et North Mimms, dans le Hertfordshire, la craie est recouverte par une couche de sable et d'argile ayant une épaisseur de 100 pieds environ, au-dessus de laquelle se trouve encore une couche imperméable de terre glaise. Les eaux, par conséquent, ne peuvent s'écouler qu'entre les bords de ces deux couches d'argile. C'est ce qui fait qu'il y a, dans les environs de mon jardin, tant de sources qui forment la rivière Wandle ; de l'autre côté du bassin de Londres, les mêmes causes produisent des sources qui forment la rivière Colne et la rivière Lea. Entre ces différentes sources, on ne peut se procurer de l'eau qu'en creusant des puits assez profonds pour traverser la couche imperméable qui recouvre la craie.

Le pont de Wallington est situé à une altitude de 93 pieds et demi au-

FABRIQUE SUR LA WANDLE.

dessus du niveau moyen de la marée à Londres ; or, comme il y a deux ou trois moulins au-dessus de mon jardin avec une chute de 4 pieds, j'en conclus que les sources de la Wandle sont situées à une altitude de plus de 100 pieds au-dessus du niveau de la Tamise.

Les eaux provenant de couches de craie contiennent invariablement des matières calcaires et du carbonate de chaux en solution. La craie est très-insoluble ; une partie seulement est soluble dans 10,000 parties d'eau. Toutefois la craie est très soluble dans l'acide carbonique, et les eaux de toutes ces sources contiennent toujours une grande quantité de cet acide.

Le docteur Clark a inventé un procédé fort ingénieux lequel, en enlevant la craie, débarrasse l'eau de son excès d'acide carbonique. Ce procédé consiste à ajouter à l'eau une petite quantité d'eau de chaux, quantité suffisante pour se combiner avec l'excès d'acide carbonique et pour précipiter la craie qui, étant insoluble, se dépose en cristaux extrêmement petits ; la craie en solution se précipite en même temps que cette craie nouvellement formée et l'eau reste limpide. Ce procédé est appliqué sur une grande échelle à Caterham et l'eau, de dure qu'elle était, devient douce.

Dans presque toutes les eaux chargées de matières calcaires on trouve du salpêtre et quelques autres azotates. Quelques chimistes voient dans ces composés la preuve que l'eau a été souillée par le contact d'infiltrations provenant des égouts ; d'autres supposent que ces azotates ont été formés par l'azote de l'atmosphère. Mon fils a récemment découvert que l'air contient autant d'azote en combinaison qu'on en trouve dans les azotates de l'eau.

Trois grands chimistes, le professeur Hoffman, le professeur Millet et le professeur Graham, recommandent qu'on aille chercher dans la craie les eaux destinées à l'alimentation de Londres. J'ai aussi travaillé dans la même direction ; je suis même président du conseil d'administration d'une société fondée dans ce but ; je dois, toutefois, ajouter que des hommes considérables, en la science desquels on doit avoir toute confiance, des hommes tels que le professeur Frankland et M. Bateman, ont toujours combattu cette opinion. Dans ces dernières années, ces opinions ont cependant quelque peu changé. Le docteur Frankland fait remarquer que la meilleure eau amenée actuellement à Londres provient directement de la craie, et le professeur Tyndall a démontré, au moyen de la lumière électrique, que l'eau sortant de la craie ne contient aucune particule solide. On sait que les particules solides réfléchissent la lumière et deviennent, par conséquent, visibles quand un rayon lumineux traverse l'eau ; or, toutes les eaux, excepté l'eau de la craie, contiennent un nombre considérable de particules solides.

Le professeur Odling a bien voulu faire l'analyse de l'eau de la rivière Wandle. Cette analyse porte sur de l'eau prise à trois endroits différents : 1° à l'entrée de mon jardin ; 2° dans le ruisseau qui le traverse ; 3° à la cascade de Cristal. Il y a ajouté l'analyse de l'eau prise dans le vieux et dans le nouveau puits de Croydon. En voici les résultats :

	Rivière.	Ruisseau central.	Cascade de Cristal.	Vieux puits de Croydon.	Nouveau puits de Croydon.
	Nombre de grains par gallon d'eau (1).				
Résidu total.	20.30	20.51	22.75	22.14	21.98
Chaux totale.	8.54	8.19	9.44	9.64	9.67
= Carbonate de chaux.	15.34	14.64	16.87	17.21	17.26
Carbonate présent. . .	12.41	12.83	13.00	»	»
Magnésie.	Traces.	Traces.	Traces.	0.16	0.15
Chlore.	1.24	1.36	1.30	1.22	1.21
= Sel commun.. . . .	2.04	2.24	2.14	2.03	2.00
Acide sulfurique. . . .	0.78	0.90	0 98	0.64	0.68
Azote comme acide azotique.	0.217	0.215	0.227	0.021	0.018
» ammoniaque . . .	0.003	0.000	0.002	0.002	0.003
» matières organiques	0.007	0.007	0.008	0.004	0.004
Degrés de dureté . . .	16°.4	16°.5	17°.0	16°.4	16°.8
» de dureté permanente. . .	3°.7	3°.5	4°.5	3°.0	3°.5

(1) Le grain = gramme, 0,0648. Le gallon = litres, 4,543.

L'eau de la Wandle s'écoule de la craie, mais quand la commission sanitaire a été organisée à Croydon, elle s'est emparée de grandes quantités d'eau qui autrement se seraient écoulées dans la rivière. Les fabricants, dont les établissements empruntaient leur force motrice à la rivière, se sont plaints de ce détournement ; il s'ensuivit un procès qui se termina par un jugement de la Chambre des Lords. Cette affaire est si importante, que j'ai demandé à M. Risdon Bennett de la résumer et il m'a communiqué ce qui suit :

« La question de droit sur les eaux souterraines a été définitivement jugée dans l'affaire de Chasemore contre Richards. Voici les faits : le plaignant occupait un ancien moulin situé sur la rivière Wandle, et, pendant plus de soixante ans avant le commencement du procès, lui et ses prédécesseurs avaient employé, ainsi que c'était leur droit, les eaux de la rivière pour faire tourner leur moulin. Il paraît aussi que la rivière Wandle était, et a toujours été alimentée au-dessus du moulin du plaignant, en partie par de l'eau produite par les pluies tombant sur une région d'une contenance de plusieurs millions d'hectares, comprenant la ville de Croydon et son voisinage.

« L'eau des pluies s'enfonce dans le sol, puis suinte à travers les couches jusqu'à la rivière Wandle, partie jaillissant à la surface, partie circulant sous terre dans des canaux qui changent constamment. Le défendeur, qui représentait la commission sanitaire de Croydon, instituée dans le but de fournir de l'eau à la ville, a fait creuser un puits dans la ville de Croydon, à environ 1/4 de mille de la rivière Wandle, et a pompé de grandes quantités d'eau pour les répandre dans ladite ville ; en ce faisant, il a soustrait des eaux souterraines, mais des eaux souterraines seulement, lesquelles, autrement, auraient été s'écouler dans la rivière Wandle. Il en est résulté que le plaignant a sensiblement souffert dans ses intérêts.

« La question s'est donc ainsi posée : le plaignant a-t-il le droit de se plaindre de ce détournement des eaux ? La Chambre des Lords, après avoir consulté les juges, a décidé que non, et a jugé qu'on ne pouvait acquérir aucun droit sur des eaux souterraines coulant dans des canaux non définis, et que la loi, applicable aux eaux coulant à la surface, ne peut pas s'appliquer aux eaux souterraines. Ce jugement a toujours fait depuis autorité sur cette question, et n'a pas été discuté. »

L'effet pratique de ce jugement est que toute personne, connaissant bien le caractère géologique d'un pays, peut enlever toute l'eau d'une rivière, en tant que cette eau provient de sources. Or, il ne me paraîtrait pas difficile de détourner toutes les eaux de la Wandle et de les faire couler dans la vallée du Darenth; ce serait une simple question d'argent et de science.

La Wandle a fait l'objet d'autres procès importants, car la commission sanitaire de Croydon s'est imaginé de déverser tous les égouts de cette ville dans la rivière qui, après avoir traversé le parc de Beddington, entre dans mon jardin.

Les odeurs devenaient insupportables, le poisson mourait et une fange nauséabonde se déposait au fond de la rivière. Devais-je donc abandonner mon jardin? Je ne pus me résigner à ce sacrifice et je commençai une vive campagne contre l'infection des rivières. Grâce à mes démarches, le public s'associa à mes efforts. Trois propriétaires se joignirent à moi pour envoyer des pétitions au Conseil privé et pour porter l'affaire devant la Cour de la Chancellerie. Nous parvînmes enfin à obtenir un ordre de la Cour défendant à la commission sanitaire de Croydon de déverser les égouts dans la rivière. La commission résista jusqu'à ce que ses membres fussent menacés d'aller en prison. Force resta enfin à la loi et je pus jouir en paix de mon jardin. Le procès coûta fort cher; qu'importe! ce furent les contribuables qui payèrent.

La ville de Croydon ne pouvant plus écouler ses eaux vannes dans la rivière, les répandit sur le sol. Mais ce système d'irrigation fut si mal compris, si mal exécuté, qu'on obtint bientôt un marais pestilentiel, fort au goût des bécassines, sans aucun doute, mais si peu adapté aux besoins des êtres humains, que la fièvre scarlatine devint épidémique dans tout le district.

Dernièrement, les choses ont changé d'aspect; la commission sanitaire de Croydon a mieux compris ses intérêts; elle fait ce qu'elle aurait dû faire dès le commencement, c'est-à-dire qu'elle répand ses

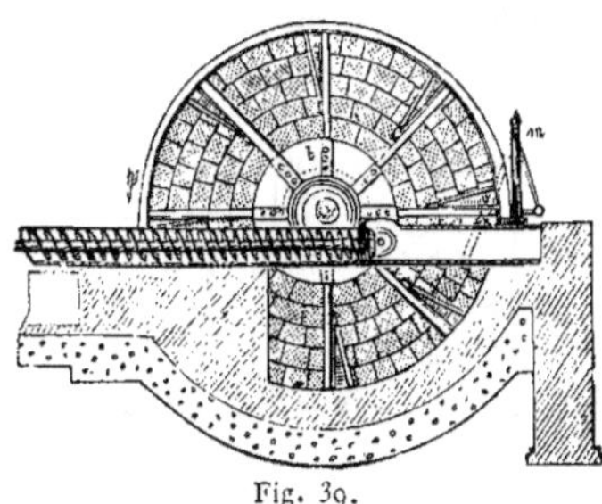

Fig. 39.

eaux vannes sur une étendue plus considérable de terrain. La seule difficulté que présente en effet le problème des égouts, est de se débarrasser des quantités énormes d'eau qu'ils charrient.

Actuellement, les eaux vannes sont filtrées dans un appareil fort ingénieux, construit par l'éminent ingénieur, M. Latham (fig. 39). Cet appareil ne laisse passer que les eaux, dont il sépare toutes les parties solides, telles que bouteilles cassées, poteries, pierres, briques, etc. La figure 39 représente le grand filtre tournant, à travers lequel passe l'eau; on voit aussi au moyen de quel ingénieux arrangement, une vis sans fin, l'appareil se charge lui-même d'enlever les parties solides. Cet appareil est mis en mouvement par une turbine. La turbine est peu connue en Angleterre, bien qu'elle soit employée depuis plusieurs années dans l'établissement célèbre où la Banque d'Angleterre fabrique le papier de ses billets.

Il est probable que la ville de Croydon se verra forcée plus tard de porter ses eaux vannes sur des terrains plus élevés, là où le sol est plus poreux, car il arrive quelquefois, aujourd'hui, que les terrains irrigués répandent de fort mauvaises odeurs.

L'effet d'absorption de la terre sur les parties nuisibles des eaux vannes est fort remarquable. Le professeur Odling a étudié, en novembre 1867, l'action des terrains de Beddington sur les eaux vannes. Une quantité d'eau, se montant à 3,274,300 gallons (15,875,300 litres), avait été distribuée en deux jours sur 30 acres (15 hectares). Le professeur Odling a analysé l'eau filtrée par ces terres, et voici les résultats qu'il a obtenus :

Analyse des eaux vannes de Croydon, 24 novembre 1867.

	Après purification par l'irrigation	Après repos, mais avant d'être distribuées sur le sol.
	Grains par gallon (1).	
Résidu solide total.	26.180	25.830
Matières minérales.	25.025	24.500
Matières volatiles.	1.155	1.330
Chlorure de sodium.	3.400	3.265
Ammoniaque.	0.042	0.896
Azote sous forme d'ammoniaque. . . .	0.032	0.737
» » d'oxyde.	0.419	0.000
» » de matières organiques	0.144	0.415

(1) Le grain = gramme, 0.0648. Le gallon = litres, 4.543.

Les pluies les plus fortes affectent peu la rivière Wandle. Cependant, comme tous les autres cours d'eau, il arrive quelquefois qu'elle monte beaucoup. En 1866, un des membres de ma famille revenant de Wallington me dit que je serais fort étonné en visitant mon jardin. J'y courus de suite, et quelle ne fut pas ma stupéfaction ? Au lieu du courant paisible de la rivière, les eaux se précipitaient, elles minaient les murs de soutènement et emportaient les terres. Que se passait-il donc? « La Bourne coulait. »

Je fis immédiatement consolider les murs de soutènement, en plaçant devant eux des barrières, pour briser la force du courant. Mais il se présenta bientôt une autre difficulté ; les feux des serres s'éteignaient, l'eau ayant atteint le niveau des fourneaux. J'envoyai immédiatement prévenir le maître de la fabrique qui se trouve au-dessous de mon jardin, sur le cours de la Wandle ; je le priai d'ouvrir toutes ses écluses. On vint bientôt me rapporter la réponse : depuis plusieurs jours les écluses étaient complétement ouvertes. Il n'y avait pas à hésiter ; il fallait prendre une décision, ou toutes mes plantes de serre allaient être perdues. Je fis donc enlever immédiatement le dallage de la serre et creuser un trou profond auprès du fourneau ; j'installai une pompe dans ce trou avec ordre de l'épuiser constamment. Un peu de patience et tout rentrerait dans l'ordre, car la Bourne ne pouvait continuer à couler longtemps. Mes ordres furent exécutés et les plantes sauvées; le danger passé, on boucha le trou et, depuis cette époque, semblable fait ne s'est pas représenté.

Le même accident arriva une fois dans la grande terre des Palmiers à Kew. Chaque fois que l'eau s'élève dans une couche où sont établis des fourneaux, il faut adopter le moyen que je viens de décrire, c'est-à-dire creuser un trou devant le fourneau. Cela devient alors une simple question de pompe ; il s'agit d'épuiser l'eau plus rapidement qu'elle n'arrive ; nos ingénieurs ne sont-ils pas, d'ailleurs, obligés d'avoir recours à ce système sur une grande échelle dans les mines ?

Après m'être défendu contre les ravages de la Bourne j'allai, en compagnie du professeur Attfield et de M. Édouard Easton, m'enquérir des causes du désastre. La Bourne prend de temps en temps sa source dans les collines du comté de Surrey, coule pendant quelque temps, puis disparaît pendant des années. Cette rivière a coulé en 1854, puis on n'en a plus entendu parler jusqu'en 1866. Partant du sommet de la vallée de Caterham, ce cours d'eau traverse des champs de blé ; pendant des années entières on cultive le lit de cette rivière. Un peu plus loin, on lui a creusé un lit pour traverser Croydon ; on a je crois dirigé ce cours d'eau dans les égouts, ce qui est une grosse faute, car on ajoute de l'eau en grande quantité à la quantité dont on a déjà à se débarrasser par l'irrigation. N'aurait-il pas mille fois mieux valu laisser la Bourne se jeter dans la Wandle comme elle le faisait autrefois ?

Accompagné de mes amis, j'allai donc étudier le cours de cette rivière intermittente. Des maisons, situées sur la route de Brighton et qu'on aurait certes pu choisir à cause de leur situation dans un endroit sec, pour guérir les rhumatismes, avaient dans leurs salons deux ou trois pieds d'eau, et les jardins étaient convertis en autant d'étangs. La vallée de Caterham, ordinairement si sèche, n'offrait plus à la vue qu'une série de lacs : çà et là, on voyait surgir de l'eau un poteau indiquant d'excellentes terres à louer pour bâtir, et l'on apercevait les échafaudages de maisons à peine commencées ; n'était-ce pas une amère dérision ? Or,

ces étangs existaient dans des endroits où, en temps ordinaire, il faut
creuser à plus de cent pieds pour trouver de l'eau. En remontant toujours, nous arrivâmes enfin à des infiltrations au milieu de l'herbe ; nous
avions atteint la véritable source de la Bourne.

Il résulte de nos études que la Bourne provient d'une sursaturation
des couches de la craie à un niveau plus élevé qu'à l'ordinaire. La craie'
poreuse agit absolument comme une éponge ; quand elle est trop pleine
l'eau s'écoule. On sait d'ailleurs, à n'en pouvoir douter, que la Bourne
coule seulement quand la chute des pluies excède une certaine
quantité dans un temps donné. On a mis en avant d'autres théories ; on
a parlé de cavernes et de siphons souterrains ; mais ce ne sont là que des
créations imaginaires et ce phénomène ne comporte pas des explications
si extraordinaires.

Une rivière semblable à la Bourne surgit quelquefois à Patcham, auprès de Brighton ; cette rivière court le long de la route de Preston
et va se jeter dans la mer, auprès de la jetée. En 1852, cette rivière prit
tout à coup des proportions inusitées. On me dit qu'une autre rivière intermittente paraît quelquefois auprès de la route de Lewes ; mais il ne
m'a jamais été donné de la voir.

Chaque fois que la Bourne se met à couler, il se déclare ordinairement
des maladies épidémiques à Croydon. En 1852, une terrible fièvre
se déclara dans cette ville et dans les environs. La cause de ces
maladies est probablement le changement du niveau d'eau dans les
fosses d'aisance. La commission sanitaire a, d'ailleurs, supprimé la plupart de ces fosses.

La couche de cailloux qui s'étend de Croydon jusque dans mon
jardin, prouve qu'à une antique période de l'existence de la terre un
volume d'eau considérable coulait dans le lit de la Wandle. M. Tylor,
pour expliquer la présence de ces couches qui, dans le parc de Beddington, s'étendent sur une largeur d'un mille, suppose une période pluviale
pendant laquelle 300 pouces de pluie au moins tombaient annuellement
sur cette région ; cette grande quantité d'eau aurait, selon lui, enlevé les
silex de la craie, lesquels auraient été entraînés par la rivière.

Prise dans son ensemble, la Wandle est une des rivières les plus belles qui se puissent voir. L'eau est aussi limpide que le cristal. Elle ne déborde pas en temps de pluie et ne se dessèche jamais, même pendant les plus grandes sécheresses. Elle ne gèle pas en hiver et ne s'échauffe pas trop en été. Elle existe depuis les temps historiques les plus reculés, et, aussi longtemps que la craie restera poreuse, aussi longtemps que subsistera la couche d'argile imperméable sur laquelle elle repose, aussi longtemps que la pluie tombera sur les collines, l'eau continuera à couler, nuit et jour, en été comme en hiver, et la Wandle pourrait emprunter les paroles de Tennyson et s'écrier : « L'homme naît, l'homme meurt, mais moi je ne change jamais ! »

Intérieur de la grande salle du château de Beddington

Auberge à Mitcham.

CHAPITRE III.

PLAN GÉNÉRAL DE MON JARDIN.

Hoc erat in votis; modus agri non ita magnus,
Hortus ubi, e tecto vicinus jugis aquæ fons,
Et paulum silvæ super his foret. — HORACE, *Satire Vi.*

L'opinion commune est qu'il faut, dans les jardins, tout sacrifier à l'effet général; mais, on n'obtient ainsi qu'un seul résultat : embrasser tout le jardin d'un coup d'œil. Ce plan, selon moi, engendre la monotonie et je préfère de beaucoup les petits tableaux. J'ai donc adopté un plan tout contraire et les visiteurs de mon jardin doivent marcher longtemps avant d'admirer tous les points pittoresques qu'il présente ; ils rencontrent à chaque pas, là où ils s'y attendent le moins, des endroits qui semblent sauvages, tout en étant cultivés, et des cultures spéciales qui présentent un grand intérêt.

J'ai voulu, par tous les plans que j'ai réalisés dans mon jardin, suggérer à l'esprit que l'arrangement adopté est le seul réellement praticable, de telle façon que, dans les endroits mêmes qui doivent le plus à l'art, tout paraît naturel.

J'ai distribué mes légumes, mes fleurs, mes arbres fruitiers de manière qu'ils forment un tout harmonieux. En elles-mêmes, une planche de carottes, ou une rangée de pois en fleurs, sont de magnifiques spectacles, aussi ai-je fait alterner des planches de légumes et des

arbres fruitiers avec des plates-bandes et des massifs de roses, de fougères et de plantes alpines.

Les plates-bandes placées devant la maison affectent la forme de paral-
lélogrammes, ce qui prête à l'harmonie. L'endroit destiné au jeu de
croquet est aussi disposé en parallélogramme, parce que les cer-
ceaux qui servent au jeu faisant une figure géométrique, l'œil serait
choqué s'ils se trouvaient entourés par des lignes courbes (pl. XI).

Une longue ligne droite offre toujours un coup d'œil ravissant;
mon allée, bordée de poiriers, qui a environ 150 mètres de long,
s'étend parallèlement à la clôture du jardin. Quelques artistes ont con-
damné cette allée comme indigne d'un jardin pittoresque ; d'autres, au
contraire, l'ont beaucoup admirée, et M. H. R. Robertson en a fait
le sujet d'un tableau qui s'est vendu avant d'être achevé. De place en
place, des roses grimpantes forment une voûte au-dessus de cette
allée, qui est bordée d'un côté par des poiriers disposés en pyramides.
Quand on pénètre dans cette avenue, en sortant de sentiers qui font de
nombreux détours, l'effet est ravissant. La planche I représente exactement cette avenue vue de la vallée des fougères. Qui pourrait
regarder cette peinture sans éprouver une grande admiration et une
sorte de jouissance!

Mon taillis de fougères s'étend aussi en ligne droite, il est bordé
d'une allée gazonnée. Les bosquets de noisetiers, d'un côté, descendent
jusqu'à la rivière; les allées gazonnées et les rangées de pommiers,
qui se trouvent de l'autre côté, sont en ligne droite. Là aussi, il aurait
semblé peu naturel d'employer la ligne courbe ; j'ai été cependant tenté
de le faire, et j'avais fait les préparatifs nécessaires pour faire décrire
une courbe à la rivière, mais j'ai renoncé à ce projet, persuadé que j'ai
été que la ligne droite semblerait seule naturelle en cet endroit. Mon
taillis de fougères offre une grande beauté, et c'est avec délices que mes
visiteurs s'y arrêtent par une chaude après-midi d'été.

J'évite la ligne droite et les figures géométriques telles que les ovales,
les cercles, les octogones, car je les crois peu convenables pour l'horticulteur et peu pittoresques, sauf dans les endroits où elles paraissent
naturelles.

La beauté des courbes consiste en ce qu'elles varient toujours; il ne faut donc pas qu'elles soient régulières ; les Indiens, dans leurs châles, nous ont fourni des modèles qui sont toujours agréables à l'œil. Le goût seul, d'ailleurs, peut nous guider, et souvent une différence d'un pouce ou deux a une immense importance dans l'effet produit.

Le plan de mon jardin, dressé à l'échelle de 6 pouces par mille, en indique le tracé général. En entrant par la porte située près du pont de Wallington, on pénètre dans une allée droite, parallèle aux serres à vignes. Cette allée conduit à un bassin où commence mon véritable jardin pittoresque. A droite, la vue s'étend sur les champs de Wallington; à gauche, se trouve le vallon des fougères avec son ruisseau, ses bords ornés de fougères et son gazon admirable; un pont nous permet de passer au dessus du bassin (pl. XVIII et XX) pour gagner les bords du lac.

Au sommet du vallon des fougères, on pénètre tout à coup dans le taillis des fougères, lieu tout artificiel que j'ai établi dans un endroit inutile, où les jardiniers avaient l'habitude de déposer toutes sortes d'ordures, et où les orties atteignaient facilement une hauteur de 6 pieds. Cet endroit est si bien caché, que beaucoup de personnes se promènent dans le jardin sans le découvrir.

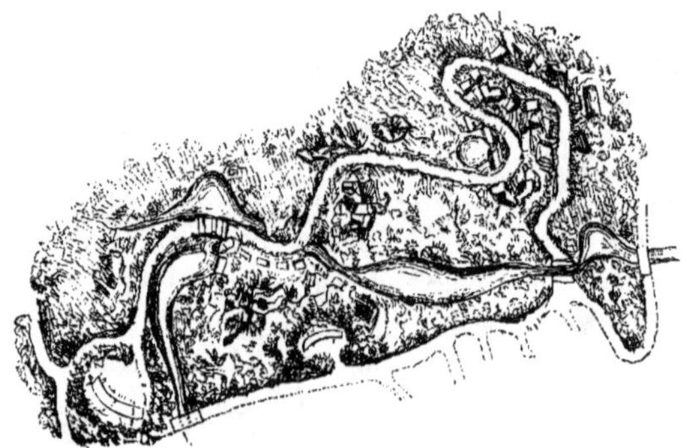

Fig. 40. — Vallon des Fougères.

Le vallon des fougères (fig. 40) est traversé par deux ruisseaux,

LE VALLON DES FOUGÈRES.

l'un qui coule dans le vallon, et un second qui vient d'une direction opposée; on traverse ce ruisseau en passant sur des pierres disposées à cet effet dans son lit. Un sentier faisant de nombreux détours, montant et descendant sans cesse, serpente dans le vallon. Après avoir traversé le ruisseau une seconde fois, on entre dans un champ de roses qui borde le lac.

Au-dessous d'un grand saule, j'ai fait disposer un berceau pour m'abriter contre les rayons du soleil; les rossignols, les fauvettes et les roitelets aiment cet endroit; leur chant se mariant au murmure éternel du ruisseau, forme un concert qui calme délicieusement le système nerveux agité par les excitations d'une journée passée dans la ville. Les branches inférieures du saule ont été abaissées pour former cette tonnelle; sur ces branches grimpent les roses, le chèvrefeuille et la clématite. On pourrait s'écrier, avec Shakspeare :

> « C'est un véritable dais de sombre chèvrefeuille,
> De délicieuses roses musquées et d'églantine. »

Il est impossible à l'écrivain de trouver des mots pour décrire le vallon des fougères; un peintre pourrait-il le faire avec ses pinceaux? Ce vallon a été disposé de façon à étonner l'œil et à confondre l'esprit; on a si bien réussi que les visiteurs m'ont fait observer souvent que c'était là un lieu qu'une imagination poétique pouvait concevoir dans ses rêves, mais qui n'existait certainement pas dans la nature! A quelque endroit que l'on se place, de quelque côté que l'on tourne les yeux, on a toujours devant soi un spectacle, nouveau. La planche VIII représente le vallon dans la direction du berceau. Cette vue a été peinte par M. Robertson, qui en a fait une seconde prise du gué à l'extrémité du vallon en regardant au travers d'une ombre épaisse (pl. IX), un point central éclairé par le soleil :

> « Un rayon de soleil au milieu de l'ombre. » — SPENSER.

Le ruisseau se jette dans le lac au dessous de l'endroit où s'écoule le trop plein; les truites aiment ce ruisseau et quand on les trouble, elles vont, craintives, se cacher dans un coin du lac. Partout les ruisseaux sont émaillés de pierres recouvertes d'insectes et de mousses. Ne pourrait-on pas vraiment s'écrier avec le poëte :

« Quelle douce musique fait entendre ce ruisseau quand il enlace ses pierres aux vives couleurs, quand il caresse amoureusement quelque glaïeul qu'il rattrape dans sa course vagabonde, alors qu'il va, en se jouant, se jeter après de nombreux détours dans le sauvage Océan. » — SHAKSPEARE.

Mais si les eaux de ce vallon offrent de si charmants spectacles, que dire de la terre? Là, ce sont de gigantesques osmundas se dressant raides et majestueuses; ici, un fouillis de fougères, les unes véritables plumes vivantes tant elles sont légères et gracieuses, les autres étendant orgueilleusement leur feuillage recourbé; d'autres toutes pointillées d'or. On se retourne et le spectacle change comme par enchantement : là, ce sont les fougères alpines, ou celles des marais; celles-là plus modestes aiment à croître à l'ombre du chêne et du hêtre. Cette plante qui pousse si vigoureusement, c'est le Cystopteris; à côté voici l'*Adiantum trichomanes* et l'*Adiantum nigrum*, mais il faut l'œil d'un connaisseur pour découvrir les Woodsias et les fougères de Killarney.

Dans une partie du vallon, j'ai essayé de cultiver des mousses. Pourrais-je mieux les décrire qu'en employant les paroles de Tennyson :

« Ici s'entassent les mousses si fraîches; le lierre rampe pour venir les embrasser, et les fleurs aux feuilles gracieuses laissent tomber une larme dans le torrent, et le pavot assoupi incline la tête du haut d'un rocher. » — TENNYSON.

Le gazon du Parnasse décore cet endroit délicieux des mousses de toutes sortes, le Cloud Berry septentrional et le *Rubus arcticus* embellissent la scène par leur présence. De toutes parts fleurissent les Adiantum d'Amérique, et, dans un petit étang, on voit des hydrocharides, des nénufars et d'autres plantes aquatiques. En sortant du vallon, nous traversons des petites montagnes, si petites que des enfants pourraient en faire des jouets, mais là brille le muflier des Alpes, les charmantes gentianes, les primulas et d'autres plantes alpines; au sommet de toutes les pierres se trouvent des joubarbes, et à leur base, toutes les variétés d'orchidées terrestres. Ici, le « lis des champs » étale ses belles fleurs en automne; il est si beau, que « Salomon dans toute sa gloire

LE VALLON DES FOUGÈRES (Vue prise du Gué).

LE VALLON DES FOUGÈRES

n'était pas revêtu de couleurs aussi brillantes que l'une de ces fleurs. »
Une plantation d'airelle, sur le versant qui descend vers le ruisseau,
reporte l'esprit aux splendides scènes de Zermatt et des hautes Alpes,
où ces plantes se plaisent tant.

Nous quittons le vallon en nous étonnant qu'en un si petit espace,
en si peu de temps, nos yeux et nos oreilles aient pu éprouver de tels
enchantements. Pour arriver aux bords du lac, nous traversons un
champ de roses. Une allée, brisée çà et là par quelques arbres, pour
rompre la monotonie, contourne le lac en faisant mille détours et nous
conduit à la serre des arbres fruitiers. Le long de cette allée, de six
pieds en six pieds, s'élèvent de splendides buissons de roses distants
de deux pieds de l'allée. Entre l'allée et ces buissons, des plates-bandes
pleines d'œillets, de mufliers, et d'une foule d'autres fleurs ; derrière
les rosiers, des couches de légumes et de fraisiers.

Une plantation intercepte la vue, l'allée fait un coude, et nous
nous trouvons soudain auprès de la maison du Pauvre homme,
et aussi auprès du berceau établi sous le saule au bord de l'eau ; une
perspective toute nouvelle s'ouvre devant nous (Pl. XXII). Là se
croisent bien des allées : l'une conduit à la serre, l'autre à la maison du
Pauvre homme, une troisième à l'avenue des poiriers, une quatrième
au jeu de croquet, enfin l'allée que nous quittons continue à suivre les
bords du lac jusqu'aux limites apparentes du jardin. Mais c'est encore là
une déception, car, au bout de quelques pas, un détour inattendu nous
conduit dans un petit jardin très pittoresque, orné d'un kiosque tout
couvert de roses ; sur un monticule se trouve un berceau et, un peu
plus loin, la serre des fougères, dans laquelle on entre par un chemin
encaissé ; de la porte de cette serre on a une vue délicieuse sur le parc de
Beddington. Cette vue est délicieuse surtout en hiver, alors que les arbres couverts de neige offrent un contraste frappant avec le printemps
éternel de la serre.

En sortant de ce jardin on entre dans l'avenue des poiriers, où l'on
peut voir en passant mes deux cents variétés de poires. Cette avenue
conduit au vallon des fougères (Pl. X) dont j'ai déjà parlé, puis nous
arrivons près des plantes alpines (fig. 41). Le terrain en cet endroit a

Smee. *Mon Jardin.*   3 été disposé de façon à imiter des montagnes et des vallées, de sorte que l'on peut donner à chaque plante l'exposition qu'elle préfère. Un peu

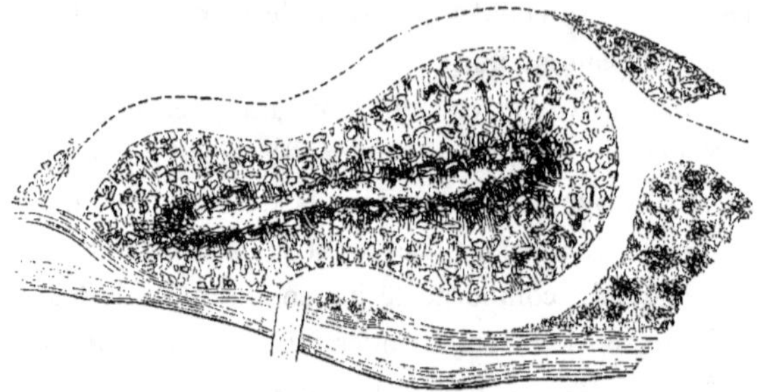

Fig. 41 — Plantes alpines.

plus loin on atteint le terrain mis à part pour le jeu de croquet (Pl. **XI**). Cet endroit a été choisi à cause de l'ombre que projettent quelques beaux tilleuls dans l'après-midi, heure à laquelle on se livre ordinairement à ce délassement. Tout auprès, se trouve un kiosque couvert de chaume (Pl. **XII**), où l'on sert des rafraîchissements quand quelques amis veulent bien venir visiter mon jardin.

Auprès du terrain réservé aux plantes alpines, se trouve un pont pittoresque ; là on peut admirer de splendides spécimens d'*Arundo donax* et de beaux roseaux indigènes (Pl. **XIII**); le fond du tableau est formé par un massif de digitale.

> La digitale et la belladonne vont côte à côte,
> Emblêmes de l'orgueil et du châtiment. » Scott.

On revient par l'avenue des pommiers et on voit, en passant, mes châssis où s'exécute presque tout le travail de l'horticulteur. On arrive au bord du lac, d'où l'on a une vue charmante sur la fabrique de papier occupée par M. Manico (Pl. **XIV**) ; de là aussi, l'on voit les piéges à anguille, puis on traverse sur un pont l'extrémité du lac et on a devant soi un spectacle tout différent (Pl. **XV**). L'eau venant du

Page 34.

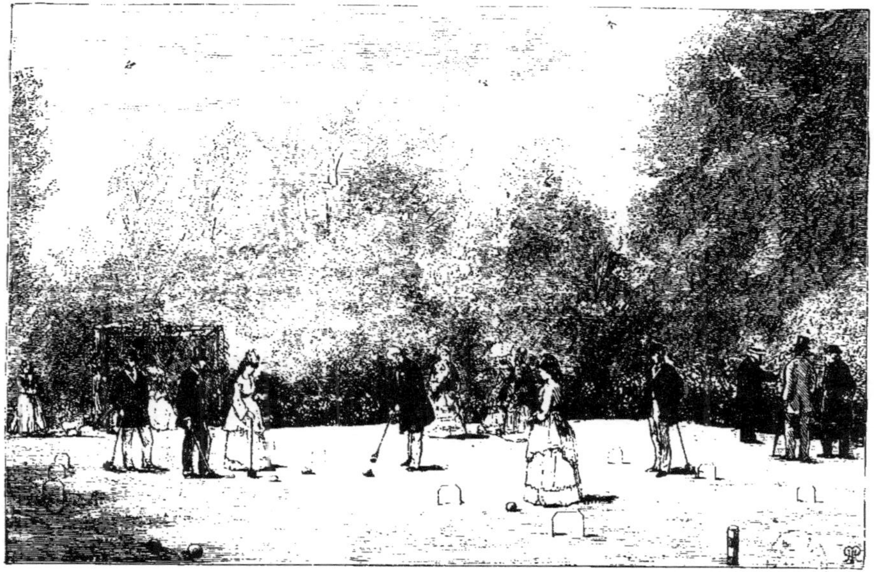

LE JEU DE CROQUET

LE KIOSQUE

PONT PITTORESQUE.

LA FABRIQUE DE PAPIERS SUR LE BORD DU LAC.

L'EXTRÉMITÉ DU LAC.

moulin se jette dans la rivière en faisant une cascade à laquelle j'ai
donné le nom de la *cascade de Cristal* (fig. 42). L'eau bondit sur un

Fig. 42 — La Cascade de cristal.

rebord d'ardoise recouvert de mousse ; on dirait une nappe de cristal
plutôt qu'une nappe d'eau. Cet effet particulier provient de la présence
de la craie dissoute dans l'acide carbonique et de l'absence de toute particule solide. Après de longs voyages sur le continent, je revois toujours
cette petite cascade avec un nouvel enthousiasme, car je ne lui connais
pas de rivale. Malheureusement elle est située à l'extrémité même de
mon jardin et je ne peux l'entourer comme elle le mérite.

En revenant, on peut admirer de superbes arbres dans la propriété de
Wallington, arbres tout aussi beaux qu'aucun de ceux que j'ai pu voir
en Europe. Du bord méridional du lac, la vue s'étend sur le jardin
entier (Pl. XVI) ; de l'extrémité du lac on a aussi une vue admirable
sur le parc (Pl. XVII) ; mais bientôt tout cela n'existera plus, car les
entrepreneurs de bâtiments sont dans le voisinage et ils ont déjà modifié le cours de la rivière.

Quand je désire changer quelque chose au plan de mon jardin, je
commence par porter, sur du papier quadrillé, les dimensions exactes du
terrain sur lequel porteront ces modifications. Cela fait, je trace ce que
je désire, et mon jardinier exécute le dessin sous ma direction.

Mon jardin, bien que de dimensions fort modérées, présente une grande variété de scènes. Deux endroits séparés par un espace de quelques pieds diffèrent du tout au tout. Le vrai principe à suivre pour construire un jardin est de se pénétrer de l'aspect du paysage et des objets naturels les plus frappants. Sans doute, il faut de grands efforts d'imagination pour produire des tableaux variés; mais, quiconque a le goût du beau, peut facilement faire exécuter les scènes qu'il conçoit; sans doute aussi cela coûte quelques soins, mais n'est-on pas ensuite amplement récompensé par la jouissance que procure la contemplation de scènes aussi pittoresques et aussi délicieuses?

« Mais avant de toucher au sol, avant de songer à le cultiver, il faut étudier le cours si variable des saisons; il faut se pénétrer de la nature du climat, savoir quels sont les vents qui soufflent le plus souvent, s'enquérir, enfin, des cultures les plus aptes à réussir dans le terrain que l'on a à sa disposition et de celles qu'il est inutile d'essayer. » — DRYDEN.

Eglise de Carshalton.

MON JARDIN VU DE L'EXTRÉMITÉ DU LAC

LE PARC DE BEDDINGTON, VU DE MON JARDIN

Vue près de Croydon

CHAPITRE IV.

LES PRINCIPES DU JARDINAGE.

« Quare agite o, proprios generatim discite cultus,
Agricolæ, fructusque feros mollite colendo;
Neu segnes jaceant terræ. » — VIRGILE.

Tout jardinier désireux de pratiquer son art avec succès doit tenir compte de certains principes physiologiques. Les plantes qu'il cultive sont composées de cellules ; chaque plante provient d'une cellule ou d'une série de cellules préexistantes. Aussi, l'homme n'a-t-il pas le pouvoir de faire une plante en se servant d'éléments primordiaux ; en admettant même que l'on connaisse exactement les substances élémentaires qui composent une plante, personne ne pourrait en construire une de toutes pièces.

Quelques personnes croient, je le sais, que, dans certaines circonstances favorables, on peut créer une plante avec des matières inorganiques, mais cette croyance repose sur des phénomènes inexpliqués, affectant les classes inférieures de végétaux, et ces spéculations sont bien plus basées sur l'imagination que sur les faits.

On remarque chez toutes les plantes cultivées, sans exception, une telle unité de but, une telle unité d'obéissance à certaines lois fixes, que certains esprits ont été amenés à penser qu'il existe une seule plante souche, que le temps et les circonstances ont modifiée de façon à produire d'abord des variétés considérées aujourd'hui comme des espèces.

Les jardiniers admettent que toutes les plantes sont, dans de certaines limites, sujettes à des variations; de là l'origine des fleurs que cultive l'horticulteur. On connaît plus de mille variétés de camélias, mille variétés de poires et peut-être davantage de pommes; on sait aussi que toutes les plantes cultivées par le jardinier dans ses plates-bandes offrent d'innombrables variétés. Quoi qu'il en soit, nous ne pouvons pas changer une plante en une autre plante, bien que, dans la pratique, il soit extrêmement difficile de dire si on a affaire à une variété ou à une espèce. Les botanistes diffèrent sur ce point dans quelques cas particuliers ; les uns sont toujours disposés à multiplier le nombre des espèces, les autres à le diminuer. Chaque plante a son individualité propre, de même que chaque homme diffère en quelque point des autres hommes; or, le jardinier choisit pour la cultiver et la reproduire celle de ses plantes qui répond le mieux au but qu'il se propose. Si l'on ne peut transformer, si l'on n'a jamais pu transformer une plante en une autre, il s'ensuit que chaque espèce a dû être l'objet d'une création particulière à une certaine époque de l'existence du monde. Quant à moi, je crois, et la plupart des naturalistes partagent mon opinion, que chaque espèce est le résultat d'un acte créateur particulier. D'autre part, on pourrait facilement concevoir qu'une seule forme organique a été créée au commencement du monde, organisme qui, soumis à certaines modifications des conditions extérieures, a pu se transformer successivement, et produire ainsi les milliers de plantes qui existent à la surface du globe.

Chaque plante se compose de carbone, d'hydrogène et d'oxygène à l'état de combinaison, d'eau et de certaines matières minérales dispersées pour ainsi dire dans toute la structure de la plante. L'acide carbonique, qui existe toujours dans l'atmosphère, fournit le carbone; les solutions aqueuses d'ammoniaque et d'azotates fournissent les composés d'azote; les plantes, enfin, absorbent les sels contenus dans les solutions qui pénètrent dans le sol.

Pour que la plante puisse s'assimiler ces matières, il faut que certaines forces physiques, la chaleur et la lumière principalement, agissent sur elle dans un milieu atmosphérique contenant une certaine quantité d'eau. Aucun jardinier ne peut réussir s'il ne prête la plus grande attention à tous ces points, car chaque espèce demande un traitement particulier.

Toutes les plantes empruntent à l'air leurs éléments carburés, tels que les fibres ligneuses, l'amidon, la gomme et le sucre, au moyen de leurs feuilles ; elles empruntent au sol, au moyen de leurs racines, leurs principes azotés tels que l'albumine, ainsi que l'eau et les sels. Pour que les feuilles puissent bien remplir leurs fonctions, il faut qu'il y ait un certain degré d'humidité dans l'atmosphère ; quant aux racines, elles doivent se trouver en contact avec un sol remplissant certaines conditions physiques. Quelques plantes, telles que les orchidées et les fougères, demandent une atmosphère humide ; d'autres, telles que les cactus, demandent une atmosphère plus sèche. Quelques plantes, enfin, telles que la vigne, aiment une atmosphère humide quand elles poussent et une plus sèche au moment de porter des fruits ; aussi ai-je établi dans mon jardin plusieurs appareils destinés à donner un certain degré d'humidité à l'air des serres.

MM. Lawes et Gilbert ont déterminé par l'expérience la quantité de fibres ligneuses que les feuilles peuvent emprunter à l'acide carbonique de l'atmosphère : ils ont trouvé que cette quantité s'élève à 4,000 livres (environ 2,000 kilogr.) en une seule année. Le professeur Odling a calculé que l'air situé au-dessus d'un acre de terre (0,404 hect.) contient en combinaison 20,000 livres (10,000 kilogr. environ) d'acide carbonique, c'est-à-dire environ deux et demi pour cent.

Les racines des plantes ont aussi une position qui leur est propre. Les orchidées aiment à avoir leurs racines exposées à l'air ou tout au plus recouvertes de mousse. Quelques arbres préfèrent un sol tourbeux ; d'autres, tels que les pêchers, ont besoin de terre profonde et substantielle. Les arbres fruitiers en pot ne réussissent qu'à condition qu'on batte la terre avec un maillet autour de leurs racines. Le *Rumex aquaticus* ne prospère que si ses racines plongent dans l'eau, alors que la plupart des plantes périraient si elles se trouvaient dans de semblables conditions. La surface d'un pot est favorable aux racines de beaucoup de plantes, parce que, dans cette situation, elles ont de l'air, de l'humidité, et trouvent probablement aussi une quantité suffisante de sels. La brique pilée est excellente pour les racines de beaucoup de plantes.

Les trois terres principales que j'emploie dans mon jardin sont : le terreau, le sable grossier et la tourbe fibreuse, qui est une matière essentiellement végétale. On peut cultiver la plupart des plantes dans ces terres employées seules ou mélangées. J'ai appris à Florence qu'on emploie le bois pourri au lieu de la tourbe pour cultiver les camélias et les azalées; j'ai essayé ce système qui m'a parfaitement réussi.

Les plantes ont besoin d'eau pour pousser. Cette eau est principalement absorbée par la racine; l'expérience a prouvé que, par chaque gramme de matière solide ajoutée à la plante, 250 grammes d'eau environ doivent circuler dans cette plante.

On s'expose à faire périr bien des plantes si on les transporte tout à coup d'un milieu humide dans un milieu sec, parce que les feuilles ne peuvent pas s'habituer immédiatement à ce changement de température.

La vie de bien des plantes dépend de la quantité d'eau qu'on donne à la racine. On ne peut conserver un Erica, par exemple, qu'en dosant l'arrosage avec beaucoup de soin. On tue bien des plantes en les arrosant trop ou trop peu ; la grande habileté du jardinier consiste à savoir la quantité d'eau qu'il faut donner à chacune d'elles.

Toutefois, les plantes ne se nourrissent pas seulement d'air et d'eau. Il est indispensable de leur fournir des composés azotés et des matières minérales, principalement des phosphates et des sels de potasse. La quantité de potasse qui se trouve dans les cendres des plantes est considérable, mais elle varie avec chaque plante. Cette quantité dans le pin est d'environ un demi pour mille; dans le hètre elle se monte à 4; dans la vigne à 5 1/2; dans la fougère à 6 1/4; dans les tiges de haricot à 20; dans la paille de froment à 47, et dans le fumeterre à 79 pour 1,000. Dans le vin, la potasse se dépose souvent sous la forme de crème de tartre sur les parois de la bouteille. Il est assez curieux que la soude remplace la potasse chez les plantes marines ou chez les plantes croissant près de la mer; aussi a-t-on l'habitude de saler les couches d'asperges et de choux marins, plantes qui croissent près de la mer.

L'ÉTANG

Beaucoup de plantes contiennent de la silice; telles sont la canne à sucre et les tiges de plusieurs graminées. Toutes, sans exception, ont absolument besoin de phosphates pour pousser. Certains chimistes supposent que la plupart des terres contiennent amplement les principaux minéraux dont ont besoin les plantes. Sans doute, il en est ainsi quand on emploie le terreau ; autrement, ces minéraux sont vite épuisés. Il est déplorable que nous ne connaissions pas encore exactement les constituants minéraux des différentes espèces de plantes, et bien moins encore la quantité exacte de sels qu'il est indispensable d'ajouter au sol.

Bien que l'argile soit utile à la croissance de la plupart des plantes, il est fort curieux qu'on ne connaisse aucun exemple d'un corps organisé dans la composition duquel entre l'aluminium. L'argile, il est vrai, joue un rôle fort important, surtout en ce qu'elle conserve facilement les différentes substances dont se nourrissent les plantes.

En l'absence de connaissances plus exactes, le meilleur moyen de donner aux plantes la nourriture dont elles ont besoin, est d'employer les excréments des animaux. Ces excréments contiennent tous les éléments dont les plantes se nourrissent, et nous rendons ainsi au sol les minéraux que les plantes leur avaient enlevés. J'ai employé avec beaucoup de succès, pour la culture des vignes, des cendres de branches d'arbres ; j'ai aussi employé des os brûlés et de la poudre d'ivoire. Mais il faut faire grande attention quand on achète des os, car j'en ai employé qui ont tué toutes les racines qu'ils ont touchées, ils avaient probablement été traités par des acides nuisibles. La chaux, la craie, la brique pilée, surtout cette dernière, sont des matières fort utiles, car toutes les plantes alpines, les vignes précoces et les plus beaux arbres y prospèrent.

Il faut aussi ajouter au sol des matières azotées. Le sol de mon jardin est naturellement si pauvre, que les graines n'y poussent que si on les couvre d'engrais contenant de l'azote. On peut, dans une certaine mesure, emprunter l'azote à l'air ; mais il ne faut pas oublier que la plante tire du sol la plus grande partie, sinon la totalité, de son azote. On peut emprunter aussi l'azote à l'ammoniaque, qui est un composé d'azote et d'hydrogène, aux sels ammoniacaux, aux azotates, composés d'azote et d'oxygène ; on peut l'obtenir, enfin, par l'absorption directe des matières animales ou végétales azotées.

Les végétaux peuvent tirer directement leur azote des matières animales en décomposition ; on peut le prouver en les arrosant avec des solutions de matières putrides. J'ai eu des asperges qui ont été arrosées de cette façon, mais, placées sur la table, elles ont une odeur infecte. Les choux, fort gros mangeurs, sentent aussi fort mauvais dans ces conditions, et peut-être même seraient-ils dangereux pour l'alimentation. Aussi, ai-je défendu l'emploi d'engrais putrides dans mon jardin, et je me sers exclusivement de fumier de cheval. C'est là, sans contredit, le meilleur engrais pour un jardin, c'est celui qui produit les légumes ayant la plus grande saveur. Comme je désire que mon jardin produise beaucoup, j'emploie beaucoup de fumier.

Le guano contient beaucoup d'ammoniaque et de phosphates, car cet engrais n'est autre chose que la fiente d'oiseaux de mer qui s'est accumulée pendant des siècles sur des rochers. Je l'emploie fort peu, et seulement quand je veux obtenir de très gros oignons. Le guano ne convient pas aux fraisiers, car il produit trop de feuilles au détriment des fruits. En somme, il vaut mieux s'en tenir au fumier.

J'ai employé aussi des lainages. Placés à la surface d'un pot contenant un arbre fruitier, ils conservent la terre humide. Au bout de quelque temps, des racines se forment dans ces matières, mais elles sont facilement détruites par la gelée ou par la sécheresse, car la laine se pourrit et les racines restent exposées à l'air sans protection.

Après avoir vu ce résultat extraordinaire, j'ai proscrit l'emploi de la laine ; mais, dans certaines conditions et en prenant certaines précautions, on peut l'employer avec profit.

Il faut, je crois, faire une exception pour les plantes parasites, ou plantes sans racines qui vivent sur d'autres plantes ; ainsi, par exemple, la cuscute qui pousse sur le trèfle et sur les bruyères. Ces parasites s'enlacent autour d'autres plantes, et les embrassent si étroitement que leurs cellules se trouvent en contact direct avec les cellules de l'autre plante. Selon les lois de l'endosmose, établies par le professeur Graham, les sels, en raison de ce contact absolu des cellules, peuvent passer d'une plante dans l'autre. Le professeur Graham divise tous les corps en deux grandes classes : les colloïdes et les cristalloïdes. Les premiers, tels que la gomme et l'amidon, ne passent pas facilement à travers les membranes animales. Les seconds ou cristalloïdes, tels que les sels alcalins, passent aussi facilement à travers une membrane imperméable à l'eau que si cette membrane n'existait pas.

En conséquence, une plante parasite croissant rapidement enlace fatalement une autre plante et lui suce tous ses sels. Une plante fort curieuse, appelée *Cuscuta reflexa*, rapportée du Chili par les missionnaires, et qui vit sur le lierre et sur beaucoup de nos plantes de serre chaude, prouve admirablement avec quelle force ces plantes parasites s'attachent aux feuilles et aux tiges des autres plantes.

Ces considérations doivent exercer une profonde influence sur notre esprit, quand nous nous occupons de la culture des orchidées qui, dans leurs forêts natales, croissent sur des plantes vivantes. Je me suis demandé bien souvent si, dans nos serres, nous leur fournissons les sels dont elles ont besoin. Je regrette de ne pouvoir offrir la solution de ce problème, il faut que mes expériences continuent longtemps encore.

Il ne suffit pas de donner à nos plantes les matériaux dont elles ont besoin pour leur alimentation et pour leur croissance, il faut encore les placer sous l'influence de certaines forces physiques. Chaque plante a besoin d'un certain degré de chaleur. Telle plante exige une chaleur s'élevant à 90° F. (32°,2 centigrades), température que nous pouvons obtenir artificiellement ; telle autre vit au sommet des neiges éternelles, où il gèle toutes les nuits de l'année. Or, il est facile de se procurer de la chaleur, mais nous ne pouvons pas régler le degré de froid, ou plutôt nous n'avons pu le faire jusqu'à présent, bien qu'il semble aussi facile de faire passer de l'eau froide dans nos conduits que de l'eau chaude. Le savant professeur de botanique à l'Université de Florence m'a dit qu'il lui était impossible de cultiver les plantes alpines dans cette ville.

Les changements qui s'effectuent à l'intérieur des plantes sont causés par l'action de la lumière qui leur permet de s'assimiler l'acide carbo-

nique de l'atmosphère et de le transformer en gomme, en amidon, etc.
Il faut beaucoup de jugement et d'habileté pour réglementer la quantité de lumière nécessaire aux différentes plantes. Les plantes à bois
dur, telles que le pêcher et le brugnon ont besoin de beaucoup de
lumière; je crois que les vignes n'aiment pas l'ombre. Quelques plantes
délicates, au contraire, ont besoin d'ombre pendant la partie la plus
chaude de la journée. En Angleterre, on se procure cette ombre en
recouvrant les serres d'une étoffe légère; à Paris, on se sert de jalousies
que l'on peut relever en automne quand l'intensité de la lumière commence à diminuer. Quelquefois aussi, on peint les vitres de la serre en
bleu pâle pour modifier les rayons les plus chauds. J'évite autant que
possible, dans mon jardin, de me servir de tous ces appareils, en ayant
soin d'exposer au Nord les plantes qui ne supportent pas une trop forte
lumière; elles reçoivent ainsi la lumière du ciel sans être exposées aux
rayons directs du soleil.

L'expérience m'a appris qu'il faut employer, même pour les fougères, plus de lumière qu'on ne le fait ordinairement; toutefois, il faut
habituer les plantes à supporter cet excès de lumière. Cette idée m'a
frappé en voyant des fougères croître en plein soleil sur le Vésuve et sur
les rochers des Apennins, auprès de Florence, c'est-à-dire dans des
conditions qui me semblaient jusque-là incompatibles avec leur existence.

La lumière développe particulièrement la chlorophylle ou matière
verte colorante; sans lumière, les végétaux s'étiolent et restent blancs.
Quelques légumes ne s'emploient qu'à cet état blanc, tels que le choux-
marin, le céleri et la chicorée, qu'on peut à peine manger quand ils
sont verts, à cause de l'âcreté de leur saveur.

Pour obtenir des fruits parfaits, il faut une pleine exposition aux
rayons du soleil, la chaleur sans lumière ne servant de rien dans ce cas.
Les poires, les pêches ou les fraises ne sont bonnes que si elles poussent en plein soleil.

La lumière solaire se compose de différents rayons. Les rayons
violets, ou rayons chimiques, et les rayons rouges, ou rayons caloriques,
sont les seuls importants pour l'agriculteur. En plein air, comme les

photographes le savent si bien, la prépondérance d'un rayon sur l'autre change constamment. Aussi, quand on interpose des vitres entre la plante et le soleil, est-il important de choisir un verre ayant une légère teinte verte, car il vaut mieux que les rayons chimiques tombent sur les feuilles des plantes que les rayons caloriques.

Il est naturel de penser que l'électricité ou le magnétisme doivent avoir sur les plantes une influence considérable. Mes expériences sur ce point n'ont jamais eu que des résultats négatifs; on peut dire, cependant, qu'on ne sait encore jusqu'à présent rien de bien défini à ce sujet, quoiqu'il soit possible, et même probable, que la puissance d'évaporation des feuilles d'une plante se modifie, quand elle est placée sous une forte tension électrique.

Les plantes ayant à leur disposition tous les éléments nécessaires à leur croissance et placées dans un milieu convenable au point de vue de la température et de la lumière, ne croissent cependant pas continuellement. Elles poussent, elles se reposent, poussent encore et se reposent de nouveau. Le repos leur est aussi nécessaire que le sommeil est nécessaire à l'homme; mais repos ne signifie pas stagnation, car des changements s'effectuent sans doute alors dans l'économie intérieure de la plante, changements nécessaires à son développement futur. Quoi qu'il en soit, aucun jardinier ne peut réussir s'il ne sait parfaitement quand et comment il doit faire reposer ses plantes. Dans les régions tropicales, elles se reposent pendant les sécheresses qui suivent les pluies. Toutes les plantes ont besoin d'une saison de repos, et il est probable que la plupart des cas d'insuccès résultent beaucoup plus fréquemment de l'ignorance de ce fait que de toute autre cause.

Il importe de modifier le genre de culture selon le résultat que l'on veut obtenir. Nous désirons que nos laitues et nos salades soient tendres; nous devons donc les faire pousser aussi rapidement que possible pour empêcher le développement des fibres ligneuses qui les rendraient dures. Nous cultivons nos arbres forestiers dans le but d'obtenir du bois, nos pommes de terre pour la fécule qu'elles contiennent: il faut donc que les uns et les autres aient beaucoup de lumière; nous cultivons nos plantes d'ornement pour les fleurs qu'elles nous donnent; il faut donc que la plante se repose longtemps; mais le but principal que doit se proposer l'horticulteur, c'est d'obtenir des fruits dont la couleur, la chair, la forme et la saveur soient aussi parfaites que possible; or, il ne peut obtenir ce résultat, après que la fleur est tombée, qu'en employant habilement la lumière, la chaleur, l'humidité, et en donnant à la plante la nourriture qui lui convient.

« Je prends la pluie quand elle vient, ne m'inquiétant guère, pourvu que mon petit jardin se couvre de fleurs. » — TENNYSON.

Route bordant mon jardin (hiver).

La Wandle, auprès de Beddington.

CHAPITRE V.

MES INSTRUMENTS DE JARDINAGE.

« Tum ferri rigor, atque argutæ lamina serræ ;
   Nam primi cuneis scindebant fissile lignum :
   Tum variæ venere artes ; labor omnia vicit
   Improbus et duris urgens in rebus egestas. » — Virgile. — *Géorgiques.*

Un bon jardinier obtient plus de résultats avec de mauvais outils qu'un ignorant pourvu des meilleurs instruments. Il est indispensable cependant que l'on trouve dans le jardin les prodiges de mécanique qui sont actuellement à notre disposition. La division du travail est telle aujourd'hui que nous n'avons plus à nous donner la peine d'inventer des outils ; nous n'avons plus qu'à les choisir. Les fabricants de Sheffield ne mettent-ils pas leur esprit à la torture pour inventer et pour construire tous les instruments qui peuvent avoir la moindre utilité pour le jardinier ?

J'ai consulté fréquemment MM. Spears et Jackson de Sheffield sur cette question des outils. Ces messieurs recommandent l'emploi de l'acier pour la construction des outils, de préférence aux composés de fer et d'acier dont on se sert communément aujourd'hui. Ils soutiennent, à juste titre, que des pailles se produisent souvent à l'endroit de la soudure du fer et de l'acier, et que, dans tous les cas, il faut forcément enlever à ce dernier une partie de son carbone pour effectuer cette soudure. J'achète chez eux presque tous mes outils et je prends toujours de l'acier sans mélange.

La bêche (fig. 43) est l'outil le plus important dans un jardin. Elle doit être en fort acier et assez solidement fixée au manche pour ne pas casser. Quelques personnes emploient les bêches composées de fer et d'acier, afin que le fer s'usant plus vite, la bêche tranche toujours facilement. Ce système a le mérite de copier la nature; les dents des rats, en effet, sont composées de deux sortes d'os ayant un degré de dureté différent; une partie s'usant plus rapidement que l'autre, les dents de ces rongeurs restent toujours acérées.

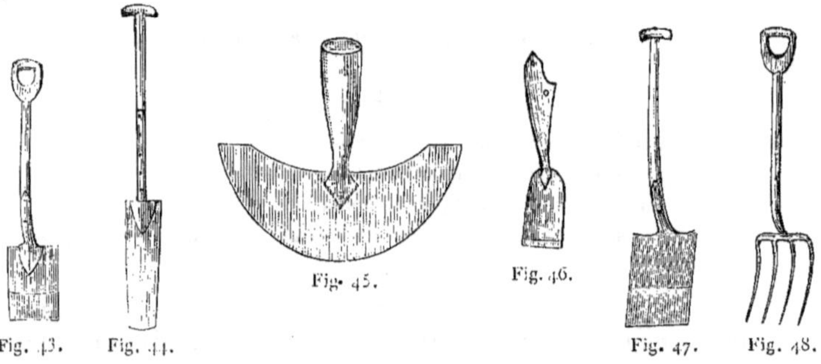

Fig. 43.   Fig. 44.   Fig. 45.   Fig. 46.   Fig. 47.   Fig. 48.

Dans presque toute l'Europe méridionale, et c'est là un fait fort curieux, on se sert d'une bêche à long manche qui ne ressemble en rien à notre modèle. Les Méridionaux ne se servent que de leurs mains pour manœuvrer cette bêche et abattent beaucoup d'ouvrage; je ne crois pas que l'on connaisse ce modèle dans le Nord.

On emploie, pour placer les tuyaux de drainage, une modification fort commode de la bêche (fig. 44). La figure 45 représente un outil dont on se sert pour parer les bordures; quand il s'agit de couper les grosses racines, on a recours à la béquille (fig. 46). La pelle (fig. 47) est le complément indispensable de la bêche; elle sert surtout à enlever les terres désagrégées au moyen de la pioche.

La fourche en acier à quatre dents (fig. 48) est fort utile pour fouiller la terre; on doit aussi avoir sous la main des fourches plus petites (fig. 49) pour remuer la terre des plates-bandes; on ne devrait même jamais se servir d'un autre instrument pour cette opération.

Quand il s'agit de retourner un sol caillouteux, on emploie la pioche (fig. 5o), instrument dont l'une des extrémités est pointue, dont l'autre est plate et tranchante, afin de pouvoir couper les racines. Dans les terrains où abondent les grosses racines, il vaut mieux se servir d'une autre forme de pioche dont les deux extrémités aplaties se terminent par un tranchant. Il est indispensable aussi d'avoir à sa disposition une barre de fer pointue pour creuser des trous quand on veut enfoncer des pieux dans le sol.

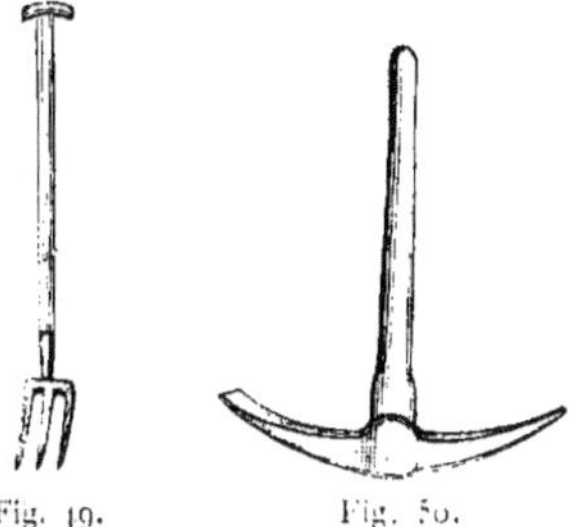

Fig. 19. Fig. 5o.

La binette (fig. 51) sert à détruire les mauvaises herbes et à remuer la surface, de façon que l'air et la rosée puissent pénétrer jusqu'aux racines des plantes. Laissez la binette pendue à son clou et la récolte sera détestable; usez-la jusqu'au manche et vous obtiendrez d'admirables résultats. On se sert aussi d'un instrument appelé la binette hollandaise (fig. 52), mais seulement en plein été, quand il suffit de couper les mauvaises herbes et de les laisser sécher au soleil pour les détruire. Armé de cet instrument, un ouvrier peut, en quelques heures, passer en revue tout un jardin, mais, à part certains cas, je préfère de beaucoup la houe commune.

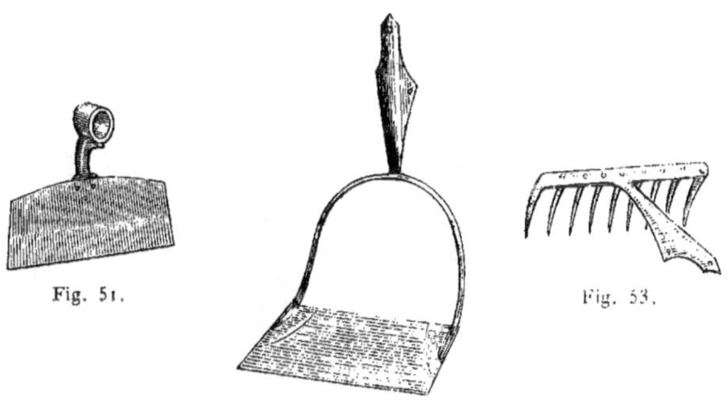

Fig. 51. Fig. 53.

Fig. 52.

Le rateau (fig. 53) ne sert guère et ne devrait même servir qu'aux travaux d'ornement, car, presque toujours, il vaut infiniment mieux laisser le sol un peu inégal, l'air pénétrant plus facilement jusqu'aux racines.

Une brouette est indispensable dans tout jardin où des modifications se font constamment; la forme ordinaire (fig. 54) est de beaucoup la plus commode. Pour transporter les légumes ou les fruits, il vaut mieux se servir d'une sorte de civière portée par deux hommes (fig. 55);

Fig. 54.   Fig. 55.

rien n'égale la joie des enfants quand elle arrive chargée de fraises ou des autres fruits de la saison.

Quand il s'agit de transporter de grands pots, on les entoure d'une chaîne qui va se fixer à un bâton que deux hommes portent sur leurs épaules. Pour le transport des engrais, je me sers d'un bateau, le lac occupant une grande partie de mon jardin.

Dans mon jardin, où les arbres forestiers côtoient les arbrisseaux et les plantes délicates, il me faut nécessairement une grande variété d'instruments tranchants. La cognée (fig. 56) est de beaucoup l'instru-

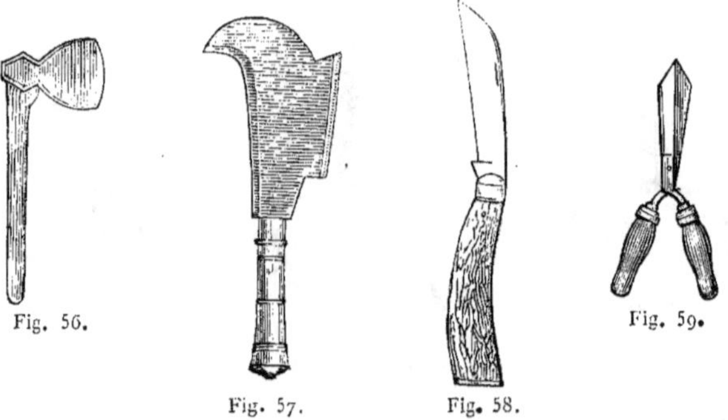

Fig. 56.   Fig. 59.

Fig. 57.   Fig. 58.

ment le plus utile quand il s'agit d'abattre un arbre; quelques coups bien appliqués suffisent pour couper un arbre qui a plus de cent ans. Quelques personnes préfèrent la scie. Je ne discuterai pas sur ce point, car ce sont là des instruments dont je me sers le moins souvent possible. Pour couper les grosses branches, la scie est, sans contredit, l'instrument le meilleur ; pour élaguer les petites branches, on se sert principalement de la serpe (fig. 57); pour les rejetons, un couteau (fig. 58) suffit. Les différentes formes de cisailles sont peu commodes en ce qu'on fendille presque toujours le bois quand on est peu habitué à s'en servir; la forme représentée (fig. 59) est cependant indispensable pour tailler les haies. Pour les bordures de gazon, on se sert de cisailles ayant une forme particulière (fig. 60). Je me sers pour greffer d'un couteau ayant une forme spéciale, la lame sert à faire l'incision, le manche en ivoire à soulever l'écorce (fig. 61). La figure 62 représente un couteau à couper les asperges, et la figure 63, des ciseaux affilés

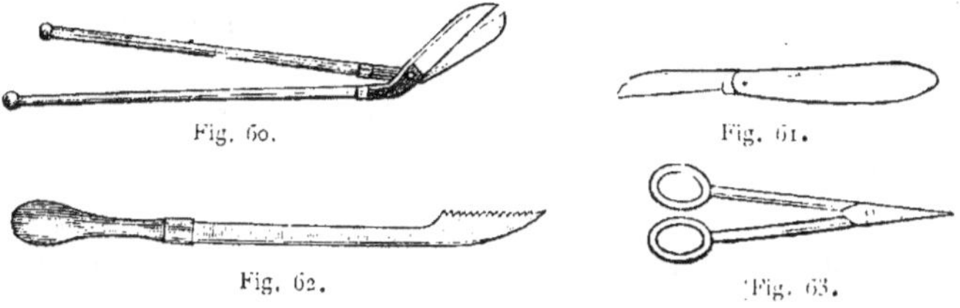

Fig. 60. Fig. 61.

Fig. 62. Fig. 63.

pour enlever quelques grains aux grappes trop surchargées. Nous nous servons d'une meule à repasser pour aiguiser tous ces instruments.

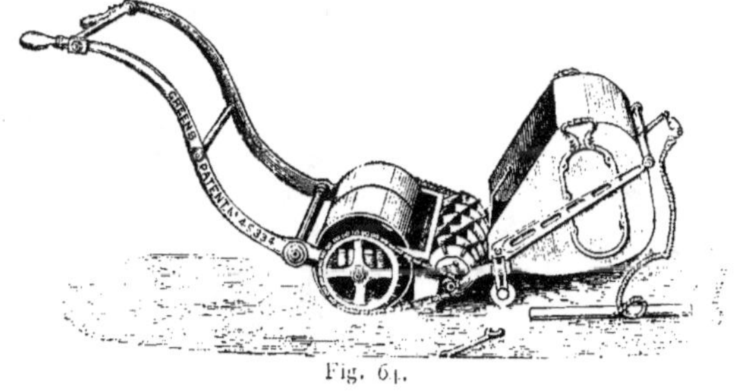

Fig. 64.

Quelquefois on coupe l'herbe avec une faulx, mais je préfère de beaucoup la faucheuse. Celle dont je me sers (fig. 64) a été construite par

Green; je l'emploie depuis plusieurs années sans qu'elle se soit jamais dérangée. La pelouse de gazon est presque une institution anglaise, et ces excellentes machines nous permettent aujourd'hui de faire honneur à notre réputation sous ce rapport.

La truelle (fig. 65) est fort commode pour enlever les petites plantes parce qu'en même temps on enlève la terre qui entoure les racines.

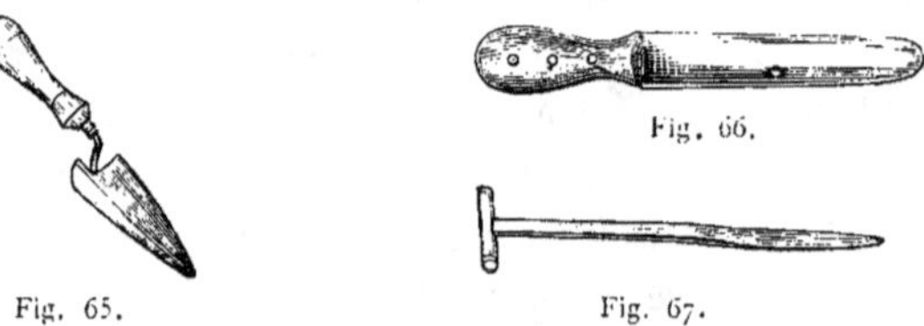

Fig. 66.

Fig. 65.   Fig. 67.

J'emploie aussi une forte truelle en acier (fig. 66), fort utile pour déterrer les fougères et les plantes sauvages; cet instrument ne devrait jamais quitter un amateur de jardin. Enfin, en voyage, je porte toujours sur moi un fort instrument en acier, affectant la forme d'une croix (fig. 67); à l'aide de cet instrument, on enlève facilement les plantes qui poussent dans les interstices des murs ou des rochers.

Pour repiquer on se sert d'un plantoir (fig. 68); c'est un instrument fort utile, en ce sens que le jardinier peut entasser facilement la terre autour des racines des plantes. Pour les arbres et les arbrisseaux, on se sert d'un instrument analogue, mais beaucoup plus gros.

L'arrosage devient chose fort importante dans tout jardin où   Fig. 68

Fig. 69.

Fig. 70.

il y a beaucoup de serres; le travail est considérable s'il faut aller chercher l'eau à une certaine distance. L'eau abonde dans mon jardin ; il suffit donc de s'occuper des appareils hydrauliques destinés à la répandre, c'est-à-dire à l'arrosage proprement dit. L'appareil le plus communément employé est l'arrosoir ordinaire (fig. 69) ayant différentes grandeurs ; puis un autre modèle inventé tout dernièrement (fig. 70) qui permet d'arroser les plantes délicates. Quand on veut projeter l'eau avec force contre une plante pour laver complétement les feuilles, on emploie les seringues, celles de Reed surtout qui sont excellentes. Nous employons en outre un modèle fort commode (fig. 71) ; c'est une

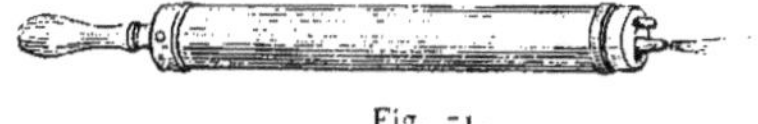

Fig. 71.

invention américaine ; deux tubes glissent l'un dans l'autre, ce qui permet au jardinier de projeter l'eau avec autant de force qu'il peut le désirer. On peut fixer à ce dernier modèle un tube de caoutchouc qui plonge dans un seau d'eau. Il faut beaucoup d'eau pour les serres et, par conséquent, des appareils plus puissants. Je me sers constamment dans mon jardin d'une pompe de Warner (fig. 72). L'eau est projetée avec tant

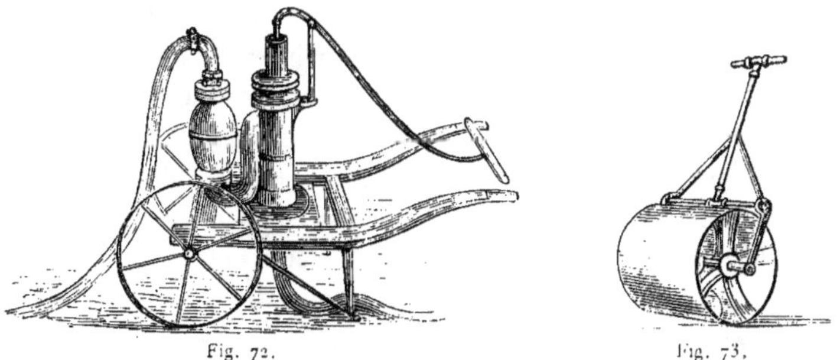

Fig. 72. Fig. 73.

de force au moyen de cette pompe, que les parasites ne peuvent résister au jet ; en outre, le travail devient beaucoup moins considérable. Il est vrai qu'il faut deux hommes pour manœuvrer cette pompe et un troisième pour diriger le jet ; mais il suffit de quelques minutes pour arroser toute une serre.

Un rouleau pesant (fig. 73) est un des instruments les plus utiles du jardin. Les gelées et les sécheresses font un tort considérable aux allées. Dans ces deux cas on doit se servir du rouleau. Cet instrument est utile aussi pour aplatir les gazons pendant le printemps, quand les vers, en sortant de terre, le soulèvent de toutes parts.

Il va sans dire qu'on doit avoir à sa disposition des règles de 5 et de 10 pieds pour mesurer les distances.

Une boussole est souvent utile, bien que les jardiniers s'entendent parfaitement presque toujours à déterminer les points cardinaux par la position du soleil à midi. On se sert du cordeau pour assurer la régularité des alignements. Quelquefois il faut employer le niveau à esprit de vin pour déterminer la pente.

Outre ces outils indispensables, je donne à mon jardinier un marteau de forge, un marteau ordinaire, des limes, un maillet, des ciseaux, des vrilles, des tournevis, des pinces, des cisailles, un vilebrequin et un rabot. Je mets en outre entre ses mains un diamant, un couteau de vitrier et les brosses nécessaires pour donner une couche de peinture. Il peut ainsi se charger de toutes les petites réparations sans avoir à perdre un temps souvent précieux à courir après les ouvriers.

A quoi bon avoir une collection d'arbres, si l'on n'a pas le soin d'attacher à chacun une étiquette soigneusement faite et de longue durée. Le meilleur système, sans contredit, est de fixer le nom sur l'arbre ; on a essayé dans ce but quantité d'inscriptions sur métal, mais ces inscriptions ont cet immense défaut de durer fort peu de temps. J'ai essayé d'étiquettes faites par la galvanoplastie, mais il est presque impossible d'obtenir une régularité suffisante ; d'autres ont essayé la stéréotypie et sans beaucoup plus de succès. Je crois avoir, enfin, découvert le système que l'on suivra dans l'avenir. Je fais composer en caractères ordinaires ce que je veux mettre sur l'étiquette, mais au lieu d'une

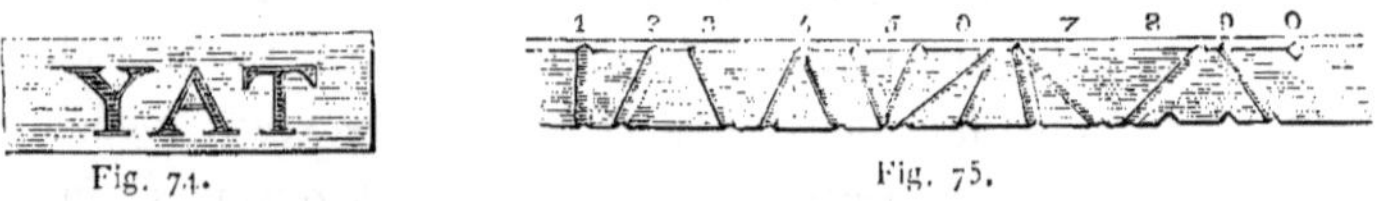

Fig. 74.   Fig. 75.

impression sur papier, je fais imprimer sur une feuille de plomb.

Je fais alors découper les caractères, ce qui me donne une plaque sur laquelle le nom de l'arbre se trouve découpé à jour (fig. 74). On suspend cette plaque à l'arbre. On peut employer un autre système, c'est de placer un numéro sur l'arbre et de faire un catalogue. La figure 75 représente un système de notation fort simple imaginé par M. Thompson. Je n'ai jamais employé ce système, bien que je l'aie vu adopter tout autour de moi. Quand je me sers de chiffres, et c'est à mon corps défendant, j'emploie un morceau de plomb circulaire avec le chiffre découpé à jour. La figure 76 représente une de ces étiquettes :

Fig. 76.

J'emploie souvent dans mon jardin des étiquettes en porcelaine pour les fougères et pour les plantes alpines. Le grand inconvénient de ces étiquettes est de se fendre sous l'influence de la gelée, et c'est là chose à laquelle le fabricant devrait faire grande attention. Des morceaux de bois recouvert de céruse, sur lesquels on peut écrire au crayon, suffisent parfaitement pour les plantes annuelles. Cependant, tous ces systèmes sont plus ou moins incommodes, et quand il s'agit d'arbres fruitiers, le meilleur moyen de conserver leur nom est de dresser un plan du jardin et de grouper ces arbres par famille. On sait toujours ainsi quelle est la place occupée par un arbre quel qu'il soit, c'est le plan que j'emploie toujours.

Une dernière remarque, et j'en ai fini avec les instruments de jardinage : il faut toujours avoir soin d'inscrire au fer rouge le nom du propriétaire sur le manche de chaque outil, de façon que les ouvriers occupés temporairement ne puissent les emporter.

La température joue le rôle principal dans la culture de toutes les plantes; il faut donc employer des thermomètres pour estimer les degrés de froid ou de chaud. Il y en a toujours plusieurs dans chacune de mes serres. Des thermomètres valant un franc environ, suffisent parfaitement, pourvu que l'on en ait de très exacts comme terme de comparaison. Mais, à côté de cela, il faut faire des observations sérieuses, et, dans ce but, il est nécessaire de placer à un pouce ou deux au-dessus du gazon, un *thermomètre à minima* (fig. 77) pour déterminer la température la plus basse de la végétation pendant la nuit. Il est tout aussi important de savoir quelle est la température maxima du soleil ;

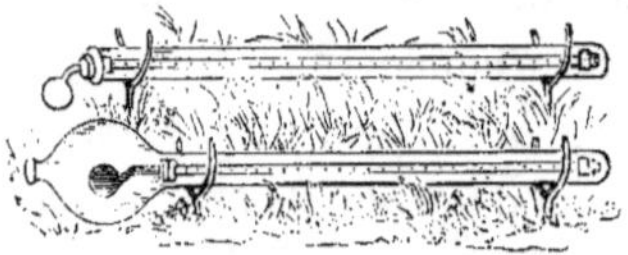
Fig. 77.

pour ce faire, l'instrument le plus commode est un thermomètre à boule noire inséré dans un tube de verre dans lequel on a fait le vide (fig. 77). Ces deux thermomètres nous indiquent les températures extrêmes du jour et de la nuit. Il y en a d'autres qui nous donnent la plus haute et la plus basse température de l'air. On place ces derniers sous un auvent (fig. 78) pour les protéger contre le soleil et la pluie.

Mes instruments scientifiques ont été construits par MM. Thornthwaite, de Newgate Street.

Les visiteurs sont priés de ne pas toucher à ces instruments ; mais, comme je connais bien le désir irrésistible qu'ont les Anglais de toucher à tout,

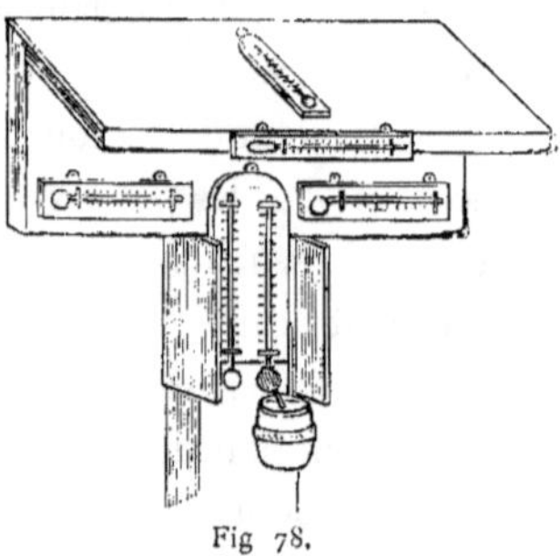
Fig 78.

j'ai fait placer sur le même support 2 ou 3 thermomètres ordinaires, qui se trouvent bien en évidence, de façon qu'on les touche de préférence aux autres. Il y a quelques années, j'ai imaginé un thermomètre relié à un courant électrique ; cet appareil permet au jardinier de savoir, sans sortir de chez lui, la température exacte de ses serres.

La sécheresse de l'air est estimée par la différence qu'il y a entre un thermomètre à boule humide et un autre à boule sèche ; plus la différence indiquée est grande, plus l'atmosphère est sèche. Le meilleur instrument de ce genre est l'hygromètre de Mason ; on le voit au centre de la figure 78.

Il m'a toujours paru désirable de déterminer l'évaporation qui se produit dans un temps donné, car c'est un point ayant une grande importance pour la végétation. Dans ce but, j'emploie un tube gradué qui m'indique quelle a été la quantité d'eau évaporée pendant une semaine (fig. 79). Je suis persuadé que cet instrument est au moins aussi utile que le thermomètre. J'em-

Fig. 79.

ploie aussi un pluviomètre pour déterminer la quantité de pluie qui tombe dans mon jardin.

Il va sans dire que j'ai un baromètre. Cet instrument est peu utile à l'horticulteur, parce qu'on ne sait pas encore quelle est l'influence des variations de la pression atmosphérique sur les plantes. Quand la pression varie tout à coup, le jardinier doit craindre un orage et prendre toutes ses précautions avant que l'ouragan n'arrive, ou il s'expose à ce que le vent enlève le toit de ses serres; ce qui m'est d'ailleurs déjà arrivé.

Le jardinier doit avoir toujours un verre grossissant pour examiner les feuilles de ses plantes, car il peut ainsi découvrir les champignons et les insectes qui pourraient les détruire.

Quand le jardinier possède tous les instruments que je viens de décrire, il doit pouvoir cultiver son jardin avec succès et profit.

« La force suffit pour manœuvrer la lourde bêche, pour diriger le soc de la « charrue, pour transporter de lourds fardeaux; mais ce qui fait l'attrait du jar- « din, c'est la grâce et l'élégance et ce sont là les preuves d'un esprit cultivé. »

COWPER'S. The Garden.

Vieux pigeonnier dans le parc de Beddington.

Vue sur la Wandle.

CHAPITRE VI.

MES CHASSIS ET MES SERRES.

La quantité de végétation que l'on peut obtenir dans une serre est strictement proportionnelle à l'étendue de la surface de verre exposée à la lumière. Aussi, quand on veut, sous notre climat, cultiver des plantes originaires de pays plus chauds, ou que l'on veut faire arriver nos plantes indigènes à une maturité précoce, il faut établir des serres considérables.

On peut obtenir d'excellents résultats avec des châssis ayant 8 pieds sur 4 que l'on peut grouper pour plus de commodité par 2, par 3 et même par 4 (fig. 80). La construction de ces châssis est très simple ; on enfonce dans le sol à chaque coin un pieu très fort, et sur ces pieux

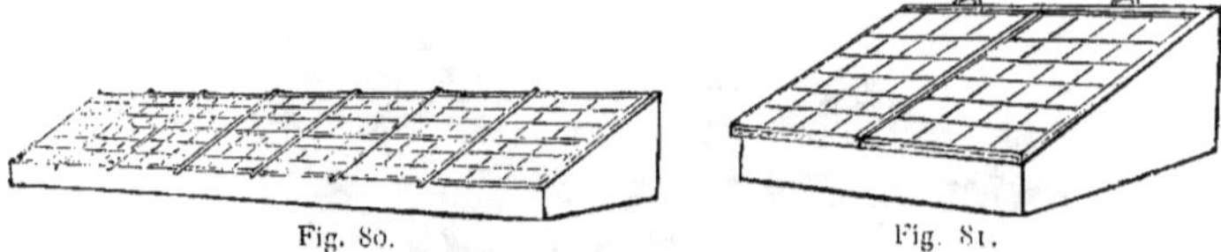

Fig. 80.

Fig. 81.

on cloue des planches destinées à former les parois ; on recouvre le tout d'un cadre de bois supportant les vitres.

Avant de faire le châssis, il faut calculer le niveau des eaux pour ne pas creuser au-dessous de ce niveau. On creuse alors et on rejette les terres sur les côtés du châssis, de façon qu'ils se trouvent enterrés, pour ainsi dire, ce qui est le meilleur moyen de conserver à l'intérieur une température uniforme. Il suffit d'un paillasson placé sur le châssis pour préserver de la gelée, pendant les hivers les plus froids, un grand nombre de plantes, les azalées, par exemple.

On conserve dans ces châssis, pendant l'hiver, les choux-fleurs et les laitues que l'on repique au commencement du printemps. Au printemps, on y place des fraisiers qui donnent une récolte abondante au mois de mai. On remplace alors les fraisiers par des tomates. On y cultive aussi des melons et des concombres. En hiver, on y conserve les plantes délicates telles que les géraniums et les fuchsias.

J'ai dans mon jardin 1,600 pieds superficiels de châssis ; j'ai, en outre, 3 ou 4 châssis (fig. 81) ayant 8 pieds sur 6, fort utiles pour protéger les jeunes fougères qui craignent autant les rayons directs du soleil que les vents glacés ; on les expose directement au nord ou à l'est.

Pendant la dernière saison, j'ai expérimenté un nouveau châssis qui contient un réservoir d'eau chaude ; j'en ai essayé un autre chauffé par un seul tuyau, mais le chauffage de ce dernier mérite une description toute particulière.

Je possède dans mon jardin une autre construction en verre qui n'est, en réalité, qu'un grand châssis, mais construit de façon que le jardinier puisse y entrer. Nous lui avons donné le nom de LA MAISON DU PAUVRE HOMME (fig. 82), parce qu'elle coûte fort bon marché et qu'elle

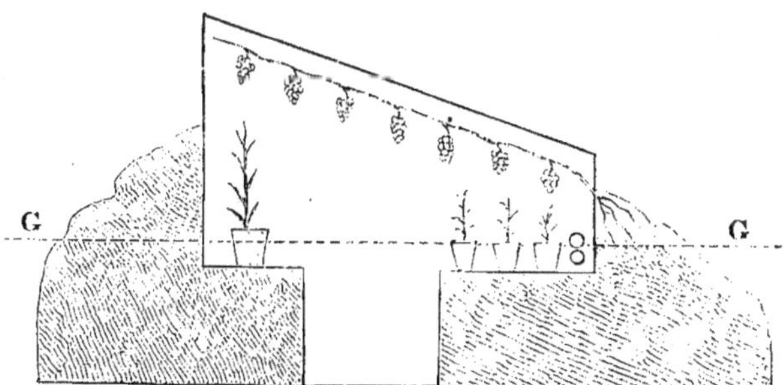

Fig. 82. — Maison du Pauvre Homme.

rend d'immenses services. Pour construire une maison du pauvre homme, on creuse dans le sol un trou ayant 2 pieds 1/2 de largeur sur 2 pieds 1/2 de profondeur. Si le niveau des eaux le permet, on peut

abaisser l'intérieur de deux pieds de plus; la maison se trouve alors
presque à fleur de terre. On établit une toiture de verre sur ce trou et
on assure la ventilation en ayant soin de monter une des planches de
l'arrière sur des gonds.

Ma maison du pauvre homme a 48 pieds de long, le toit de verre a
10 pieds de large; la porte se trouve à l'une des extrémités (fig. 83).

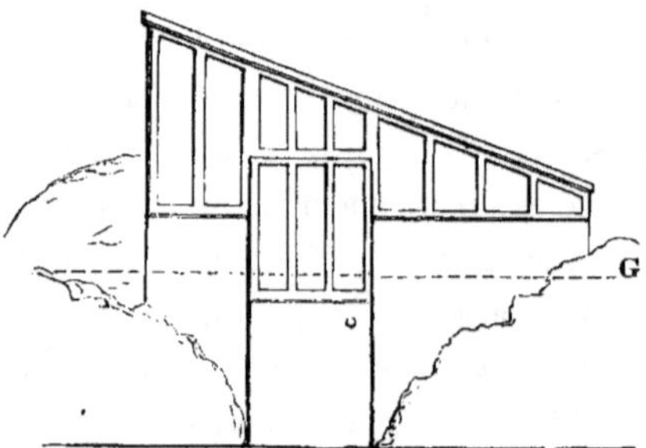

Fig. 83. — Entrée de la Maison du Pauvre Homme.

Quand je ferai construire une autre maison semblable et que j'aurai à
ma disposition des terres en quantité suffisante pour adosser le derrière, je porterai la largeur à 12 pieds. Les vignes plantées dans cette
espèce de serre donnent en grande abondance des raisins excellents,
depuis juillet jusqu'en novembre. En hiver, on remplit la maison de
géraniums, d'azalées et de camélias dont les fleurs délicieuses durent
jusqu'à ce que le retour du printemps amène les fleurs en plein air.

La maison est éclairée exclusivement par le toit ; on obtient ainsi un
maximum de lumière avec un minimum de surface refroidissante. Les
murs étant en terre, l'air se conserve toujours dans de bonnes conditions hygrométriques ; aussi obtient-on une magnifique végétation avec
la plus petite quantité possible de chaleur artificielle; ma maison n'a
que deux conduits d'eau chaude, et je puis même y faire pousser beaucoup de plantes sans aucune chaleur. Quiconque aime les plantes,
quiconque surtout aime à les voir pousser, devrait se procurer une
maison du pauvre homme, car il n'y a aucune méthode qui puisse
donner plus de plaisir à si peu de frais.

Si la maison du pauvre homme est une nécessité, la serre à arbres fruitiers est un luxe. Ma serre à arbres fruitiers (fig. 84) est littéralement

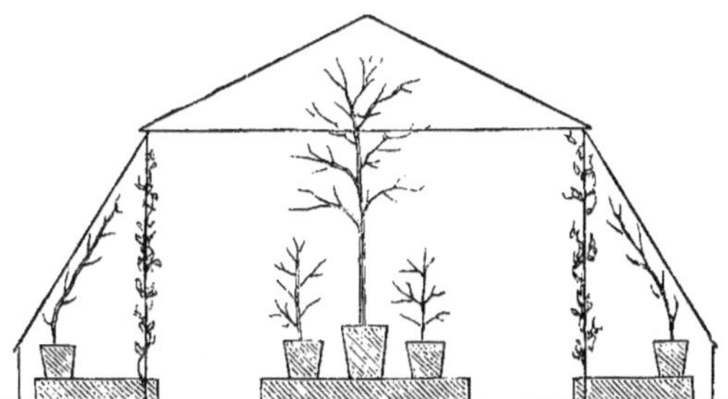

Fig. 84. — Serre des arbres fruitiers.

un abri de verre sous lequel on conserve les arbres fruitiers depuis mars jusqu'en novembre. Cette serre a environ 80 pieds de long sur 15 de large ; elle s'étend du nord au sud, de sorte que les rayons du soleil y pénètrent le matin du côté oriental et dans l'après-midi du côté occidental. Cette serre n'est pas placée dans un lieu suffisamment découvert ; il y a, en effet, à environ 150 pieds, des arbres qui interceptent, le matin, les rayons du soleil. Or, il est très important que les premiers et les derniers rayons du soleil tombent sur la serre, si l'on veut des fruits parfumés.

L'aération de cette serre est assurée au moyen de ventilateurs placés au sommet. Si je l'avais construite sans m'occuper de la dépense, je l'aurais disposée de manière qu'on pût la découvrir complétement en été et ne la fermer que pendant les nuits froides et les temps orageux.

Cette serre ne protége en rien les plantes contre les froids de l'hiver ; il gèle, en effet, aussi fort à l'intérieur qu'en plein air. Il y a même un fait assez curieux à observer : les racines des arbres, n'étant pas recouvertes par la neige, gèlent beaucoup plus facilement qu'au dehors.

Il faut construire ces serres assez solidement pour qu'elles résistent aux tempêtes ; autrement on pourrait les établir sur le modèle d'une grange. Le modèle que j'ai adopté est commode ; mais peut-être vaudrait-il mieux que chaque partie recouverte de verre fût un peu plus longue, huit pieds, par exemple, au lieu de sept.

Rivers est l'inventeur de la serre à arbres fruitiers ; il mérite la reconnaissance des pomologistes non-seulement pour son invention, mais aussi pour le zèle qu'il a mis à la faire adopter. On en a construit sur divers plans. Rivers emploie une toiture de verre supportée par deux cloisons en bois ; sans contredit, ce modèle est très utile pour celui qui cultive beaucoup d'arbres pour les vendre. Je préfère copier tout simplement un hangar surmonté d'un toit de verre, car c'est beaucoup plus solide. Ma serre consiste en un toit de verre incliné, supporté par des colonnes ; les côtés inclinés sur les colonnes sont aussi en verre.

La partie inclinée de la toiture a 7 pieds de long ; les côtés ont aussi chacun 7 pieds, ce qui fait 28 pieds de verre d'un côté à l'autre ; la porte a 6 pieds 6 pouces de hauteur. Peut-être eût-il mieux valu que le verre eût 32 pieds de longueur. A l'extrémité de la serre à arbres fruitiers, se trouve un autre petit abri de verre dont on se sert depuis le printemps jusqu'à l'automne pour y placer les plantes à fleurs et les fougères ; cette petite serre offre en été un coup d'œil délicieux. Là, fleurissent les lys, les fuchsias, les géraniums, les azalées et autres fleurs analogues. Il n'y a pas d'appareil de chauffage pour la serre aux fruits, car il serait beaucoup trop dispendieux de chauffer ces véritables bâtiments de verre. Je suis arrivé cependant à préserver de la gelée le petit abri qui se trouve à l'extrémité de la serre, en plaçant des lampes sous un réservoir rempli d'eau. Ce système réussit à une seule condition, c'est qu'on recouvre en même temps la serre de paillassons.

La serre à fruits est fort utile partout où il n'y a pas d'espaliers. Une seule fois la récolte a manqué, en 1869 ; mais je dois ajouter qu'elle avait manqué dans toute l'Angleterre. Ces serres ont un inconvénient, elles exigent beaucoup de travail pour l'arrosage des arbres et la ventilation ; la quantité d'eau à donner à chaque arbre pour obtenir des fruits savoureux est un sujet de préoccupation constante. Partout où il y a des espaliers, on peut se procurer une plus grande quantité de fruits en donnant aux arbres des soins aussi sérieux ; ces fruits, mûris en plein air, ont, sans contredit, plus de saveur et se conservent mieux que ceux qui mûrissent dans les serres.

On trouve une serre semblable dans le jardin de la Société d'horti-

culture. Mais là, on a établi des rails qui conduisent de la serre à l'extérieur ; les côtés de la serre sont disposés de façon à s'ouvrir ; chaque
arbre est porté sur un chariot, de sorte qu'on peut en un instant transporter tous les arbres au dehors et profiter du moindre rayon de
soleil.

Quittons les châssis et les abris de verre et passons à ma serre à fougères (fig. 85) qui a environ 80 pieds de longueur. La surface revêtue

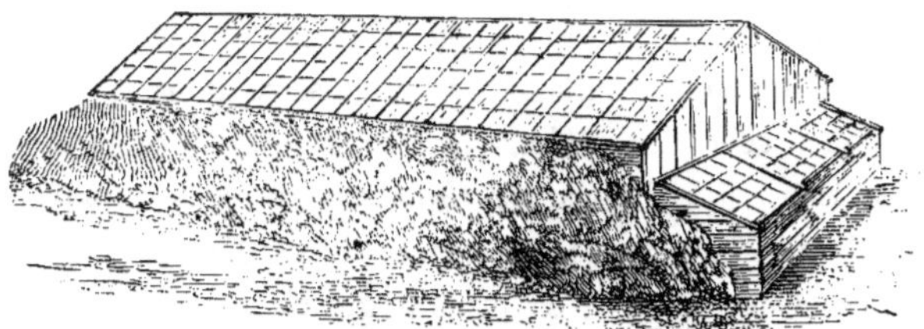

Fig. 85. — Serre à fougères.

de verre est exposée au nord, et toute la serre étant assez profondément
enterrée, on dirait un long châssis. La
porte (fig. 86) est située du côté sud,
de telle sorte que tout le côté septentrional présente une surface de verre
continue. La clôture méridionale se
compose de planches recouvertes de
feutre bitumé, mauvais conducteur de
la chaleur et qui constitue, par conséquent, une grande protection contre le

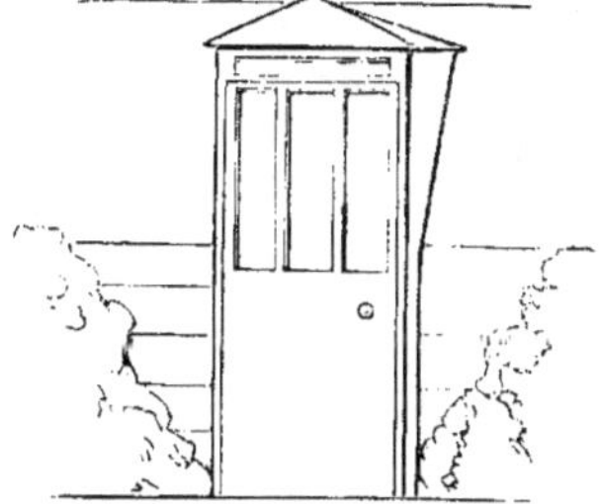

Fig. 86. — Porte de la serre à fougères.

froid. Quand j'ai mieux compris la valeur de la lumière dans la culture
des fougères, j'ai fait percer quelques ouvertures du côté sud ; mais en
même temps, j'ai fait planter des arbres devant ces ouvertures, de manière qu'en été leurs feuilles interceptent les rayons trop brûlants du
soleil. En hiver, au contraire, des torrents de lumière pénètrent dans
la serre.

Un ruisseau circule dans cette serre ; au milieu, il forme un petit
étang. Or, bien que cette serre ne soit, en somme, qu'une simple toi-

ture de verre supportée par des piliers, c'est un lieu enchanteur. La planche XIX en représente une vue faite par M. Robertson. Cette vue est prise de la porte ; le petit oiseau qu'on voit au premier plan est l'un de ces pauvres oiseaux gelés pris pendant les grands froids de l'hiver; il est venu embellir ma serre de sa présence et l'a débarrassée de tous les insectes. Mais, dès que le temps est devenu plus beau, l'ingrat a profité de la première ouverture pour se sauver.

J'avais l'intention de cultiver, dans cette serre, des fougères de toutes les parties du monde, pour qu'on pût les embrasser toutes d'un seul coup d'œil. Il me fallait donc une serre dont la température variât depuis celle des régions tropicales jusqu'à celle des climats tempérés. Il est fort difficile de réaliser un projet semblable, quand, surtout, il faut se garer des courants d'air. J'ai obtenu ce résultat en surélevant le sol, et en plaçant quelques tuyaux d'eau chaude de plus à l'endroit que je désirais surchauffer; mais il fallait aussi empêcher la chaleur de se répandre dans toute la serre, j'y ai réussi en interposant de distance en distance de véritables cloisons de plantes grimpantes. En hiver, la transition entre ce palais enchanté, plein de fleurs et de fougères, et la neige et le givre qui couvrent la campagne, produit un contraste admirable. La planche XIX donne une faible idée de la beauté de l'intérieur de la serre et du spectacle qui vous saisit dès que vous avez passé le seuil. Il va sans dire que ces effets sont étudiés; mais quelle est la sensation la plus délicieuse : Imaginer et réaliser le tableau ou le contempler plus tard ? Qui pourrait le dire ?

Pour construire le toit de cette serre, je me suis servi de planches de sapin, que j'ai fait scier en trois dans le sens de la longueur. Chacune de ces parties a constitué une poutrelle que j'ai fait évider sur le côté pour recevoir le verre. Je n'ai même pas fait raboter ces poutrelles, mais, avant de placer les vitres, on a eu soin de leur donner trois couches de peinture. C'est là un point essentiel, car le mastic adhère beaucoup mieux. Avant de me servir de la serre, j'ai fait donner deux nouvelles couches de peinture; il faut, en effet, éviter autant que possible de repeindre une serre pleine de plantes.

MA SERRE A FOUGÈRES

La serre des fougères et la maison du pauvre homme, placées l'une auprès de l'autre, sont chauffées par la même chaudière, ainsi qu'une autre serre fort petite où l'on élève des boutures. Cette dernière contient un large réservoir mis en communication directe avec la chaudière. J'ai donc à ma disposition une quantité considérable d'eau chaude ; le jardinier peut ainsi arroser ses plantes sans se servir d'eau froide, ce qui pourrait les faire souffrir. Il faut remplir le réservoir une ou deux fois par semaine, selon la quantité d'eau que l'on a employée à l'arrosage.

Je possède, dans une autre partie du jardin, un second groupe de serres. Là se trouve une serre pour les vignes, divisée en deux par-ties. Dans l'une de ces parties, la toiture est disposée en deux portées ; cette serre ressemble, en somme, à une moitié de la serre à arbres frui-tiers appuyée contre un mur (fig. 87). La seconde partie de cette serre n'a qu'une simple toiture de verre, comme celle des fougères, mais elle est exposée au sud-ouest au lieu de

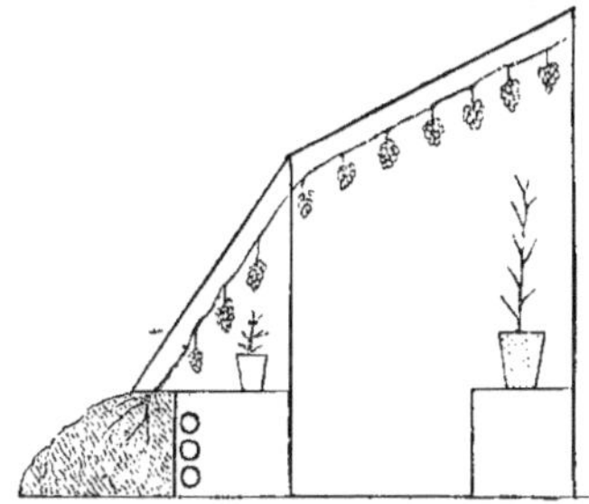

Fig. 87. — Serre à vignes.

l'être au nord-ouest. La ventilation s'obtient par des ouvertures mé-nagées auprès de la toiture. Je parviens à y conserver du raisin jus-qu'au mois de février. Un peu plus loin, se trouve une serre pour la cul-ture des concombres ; elle est exposée au sud, de façon à recevoir tous les rayons du soleil ; j'y cultive aussi quelques ananas.

Toutes mes serres sont aussi simples que possible, et, dans la pra-tique, je ne saurais trop recommander cette simplicité. Pour le même prix, en effet, on peut les faire beaucoup plus grandes ; je recommande aussi de les enfoncer autant que possible dans le sol, car on évite ainsi bien des dépenses de combustible.

Quand les serres font partie d'une maison d'habitation, qu'elles con-tinuent un salon, par exemple, il va sans dire qu'elles rentrent dans le domaine de l'architecte. Mais il est certain que, dans ce cas, la culture des plantes devient une considération toute secondaire ; je crois même pouvoir aller jusqu'à dire que l'on ne doit guère y placer que des plantes pouvant être cultivées en plein air.

Ward nous a appris à construire des serres fort petites pour y placer des plantes délicates èt pour transporter quelques plantes à de grandes distances. Une serre de Ward n'est, après tout, qu'un couvercle de verre placé sur un vase contenant un terrain approprié à la plante. Dans mon jardin, je me contente de placer une cloche de verre sur la délicieuse fougère de Tunbridge. Dans mon salon, je cultive une *Todœa superba* dans un vase de porcelaine recouvert d'un abri de verre.

Pour cultiver des plantes avec succès dans une serre de Ward, il faut apporter la plus grande attention à la qualité du sol, à la chaleur, à la lumière et au degré d'humidité de l'air. Il faut en ouvrir la porte de temps en temps pour renouveler l'air, arroser avec précaution et ne jamais exposer la serre aux rayons du soleil. Quiconque, d'ailleurs, se pénètre de la philosophie de l'horticulture, réussit à élever dans la serre de Ward les plantes qui aiment une atmosphère humide.

On a construit dernièrement des vases carrés en faïence (fig. 88), fort utiles quand on les enterre complètement, car la chaleur de la terre protége les plantes délicates. Pour protéger les plantes, au commencement du printemps, les Français se servent de simples cloches en verre (fig. 89). En Angleterre, on préfère un appareil carré, revêtu de carreaux (fig. 90); dans l'ouest de l'Angleterre, les maraîchers emploient exclusivement une sorte de cloche octogonale (fig. 91). J'ai essayé ce dernier modèle dans mon jardin, et j'en suis très satisfait.

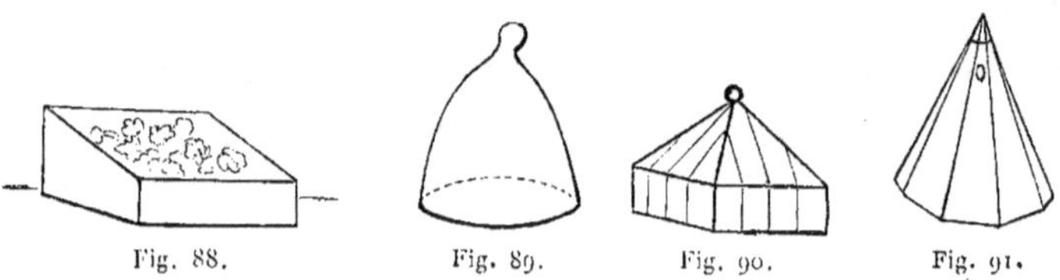

Fig. 88.   Fig. 89.   Fig. 90.   Fig. 91.

Un jardinier, à la disposition duquel on met les châssis et les serres dont je fais usage dans mon jardin, doit, s'il a quelque talent, obtenir de magnifiques résultats.

LA VENTILATION DES SERRES.

J'ai longuement étudié les principes de la ventilation ou du changement d'air dans les serres de mon jardin, car la santé des plantes dépend en grande partie des soins que l'on y apporte. Je m'appuie d'abord sur les propriétés de la diffusion, en vertu de laquelle un gaz, en contact avec un second gaz, se répand rapidement à travers ce dernier. Une bouteille remplie d'acide carbonique et fermée par une baudruche nous offre un excellent exemple de ce fait ; bien que ce gaz soit beaucoup plus lourd que l'air, il se répand en quelques heures, contrairement à toutes les lois de la gravitation. Les intervalles qui séparent les vitres, les petits trous qui se trouvent dans le bois, jouent dans les serres un rôle important, en ce que l'air vicié s'échappe à travers.

Outre la diffusion, il faut se préoccuper de la différence de densité qui existe entre l'air chaud et l'air froid. L'air chaud est léger, l'air froid est lourd. Si l'on introduit de l'air froid au niveau du plancher de la serre, il s'échauffe, devient léger, monte au plafond et s'échappe par toutes les ouvertures qu'il trouve sur son chemin. Au point de vue théorique, cela est parfait, mais l'application devient fort difficile dans la pratique, car les plantes, comme tous les êtres organisés d'ailleurs, supportent difficilement l'air en mouvement quand ils sont en repos.

Comme je viens de le dire, dès que l'air qui se trouve dans une serre est refroidi en partie, il s'alourdit et retombe ; quand on le chauffe, il devient léger et monte. Pendant une froide nuit d'hiver, les tuyaux sont portés à 100° (37° 7 centigr.), la surface extérieure du verre indique, au contraire, quelques degrés seulement au-dessous de zéro. En conséquence, l'air qui touche les tuyaux se dilate et monte rapidement ; l'air qui touche les vitres se refroidit, devient plus dense et retombe sur le plancher de la serre. Ce courant descendant d'air froid est parfaitement appréciable aux sens pendant une nuit de gelée.

Ce poids considérable de l'air froid implique qu'en règle générale, on doit appliquer une grande partie de la chaleur dans un endroit aussi bas que possible. Dans une serre assez longue où l'on peut produire un excès de chaleur à une extrémité, l'air chaud s'élève, circule le long de la toiture, retombe et vient retrouver la source de chaleur qui le dilate à nouveau.

Aussi, en prenant ses dispositions pour le chauffage d'une serre, l'ingénieur doit étudier avec soin toutes les surfaces refroidissantes, car il peut être sûr que l'air froid retombera sur le sol, aussi certainement que le ferait un boulet placé dans la même situation.

Dans la serre où je cultive les concombres et les melons (fig. 92), je dispose les choses de façon que l'air, à son entrée, se trouve immédiatement en contact avec les tuyaux d'eau chaude. Cet arrangement me permet d'exercer, pour ainsi dire, une pression sur l'air qui remplit la serre, et d'expulser l'air vicié qui s'échappe par toutes les crevasses; c'est en outre un plan excellent par les grands froids.

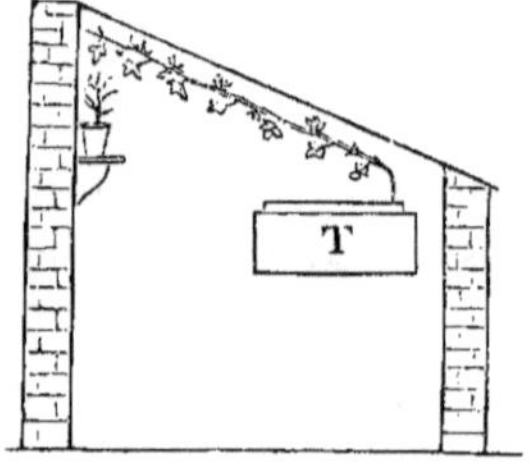

Fig 92.
Serre pour la culture des concombres.

Il est essentiel, chaque fois qu'on s'occupe de ventilation et de chauffage, de s'arranger pour conserver à l'air une certaine humidité; mes évaporateurs sont fort utiles en ce qu'ils déterminent ce degré hygrométrique. Quand on chauffe l'air, on le sèche en même temps, il est donc indispensable d'ajouter de la vapeur d'eau; j'obtiens ce résultat dans mon jardin en disposant de place en place des réservoirs d'eau ouverts à l'air libre.

Par une nuit froide, l'air surchauffé par les tuyaux s'élève jusqu'à la toiture. Il dépose ses vapeurs aqueuses sur le verre et par conséquent se dessèche. Cet air retombe, se surchauffe à nouveau et devient assez sec pour détruire des milliers de plantes. J'évite cet inconvénient en chargeant l'air d'une certaine quantité d'humidité calculée avec soin sur les besoins de chaque plante.

LE CHAUFFAGE DES SERRES.

Le moyen le plus simple pour obtenir la chaleur artificielle est d'employer du fumier. Le fumier sortant de nos étables est arrosé d'eau et retourné plusieurs fois, pour permettre au soufre et aux autres produits grossiers de s'évaporer. Si l'on peut se procurer des feuilles mortes, il faut les mélanger au fumier, parce qu'elles modèrent la chaleur et la font durer plus longtemps ; aussi employons-nous ce mélange pour nos pommes de terre hâtives. Quand on prépare un châssis, on laisse passer les premiers effets de cette grande chaleur du fumier avant d'y rien planter. Quelquefois aussi, on emploie des matières en fermentation pour forcer les vignes au commencement du printemps, mais j'avoue que je n'ai jamais employé moi-même ce système.

On se sert aussi de vieux tan pour faire pousser les ananas. Cette substance développe beaucoup trop facilement la croissance du champignon du tan, aussi je ne l'emploie que dans les cas indispensables.

Dans tous les systèmes de chauffage, quel que soit le combustible dont on se serve, charbon de terre, coke, bois, huile ou pétrole, la chaleur développée est exactement proportionnelle à la quantité de matière consumée. Tout ce que l'ingénieur peut faire, c'est de régulariser l'application de cette chaleur ; il ne peut en effet engendrer de la chaleur sans une combustion quelconque.

Les Romains connaissaient déjà le système du chauffage des chambres avec des bouches de chaleur ; à quelques centaines de mètres de mon jardin, ce système était appliqué il y a près de 2,000 ans. On transportait alors la chaleur fournie par un poêle, au moyen de conduits en briques. Je n'ai pas adopté ce système, car la science moderne nous a enseigné qu'il vaut mieux construire un fourneau destiné à engendrer de la chaleur, puis transmettre cette chaleur à de l'eau que nous pouvons faire circuler où nous voulons. Dans tous les systèmes basés sur la circulation de l'eau chaude, la chaudière est le point essentiel. Le principe qui doit présider à la construction de cette chaudière, est qu'il faut présenter au feu une surface de métal assez considérable pour que toute la chaleur soit transmise à l'eau. Il faut aussi que le fourneau soit assez grand pour contenir une charge de combustible suffisante au moins pour 12 heures. Toutes les chaudières destinées à l'horticulture doivent être très simples. Quand on veut avoir un chauffage modéré, une simple chaudière circulaire remplit le but. Si le chauffage doit être plus considérable, la chaudière en forme de selle à cheval (fig. 93) est excellente ; si j'avais un grand nombre de bâtiments à chauffer, j'adopterais la chaudière de la Cornouailles. Il existe, d'ailleurs, d'innombrables modèles de chaudières tubulaires ; mais presque toutes sont fort compliquées, et comme telles repoussées par la plupart des horticulteurs. Quant à moi, je n'ai jamais voulu m'en servir.

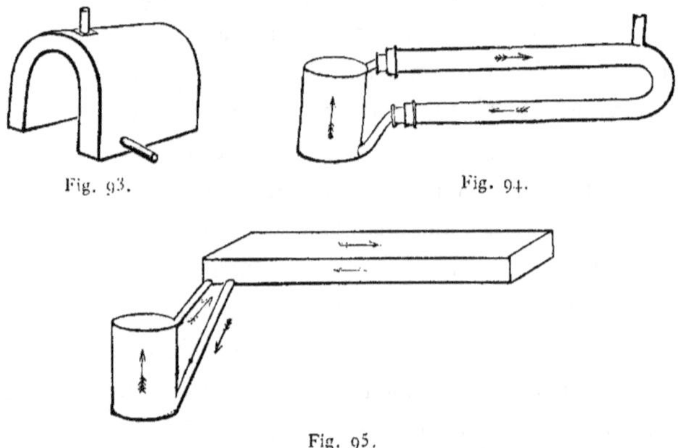

Fig. 93.   Fig. 94.

Fig. 95.

Dans tous les cas, quelle que soit la chaudière employée, un tuyau amène l'eau froide à la base de la chaudière. L'eau s'échauffe, se dilate, monte au sommet et s'échappe par un second tuyau (fig. 94). Dans mon jardin on emploie l'eau chaude de deux façons : au milieu soit en la faisant circuler dans les tuyaux selon la méthode ordinaire, soit (fig. 95) en conduisant les tuyaux dans une citerne pleine d'eau. L'eau chaude s'élève immédiatement à la surface de la citerne et l'eau froide retourne à la chaudière. Ce dernier système a été, je crois, appliqué pour la première fois dans mon jardin, et il est, sans contredit, le meilleur pour la culture des orchidées et des ananas. J'emploie deux chaudières : l'une en forme de fer à cheval, qui chauffe la serre à fougères contenant 300 pieds de tuyaux de 4 pouces de diamètre (10 centim.), la serre à boutures ayant un réservoir d'environ 200 gallons d'eau (900 litres), et la maison du pauvre homme avec 300 pieds de tuyaux de 3 pouces de diamètre

LE LAC

(7 centim. 5). La seconde chaudière chauffe la serre aux concombres ayant un réservoir contenant environ 200 gallons, la serre aux vignes contenant 600 pieds de tuyaux de 4 pouces de diamètre et une petite serre à ananas ayant environ 40 pieds de tuyaux de 4 pouces.

Dans le courant de l'été dernier, j'ai employé une chaudière portative pour chauffer une fosse à melons (fig. 96); le terreau M est placé sur des planches B surmontant un réservoir T; le courant d'air arrive à la

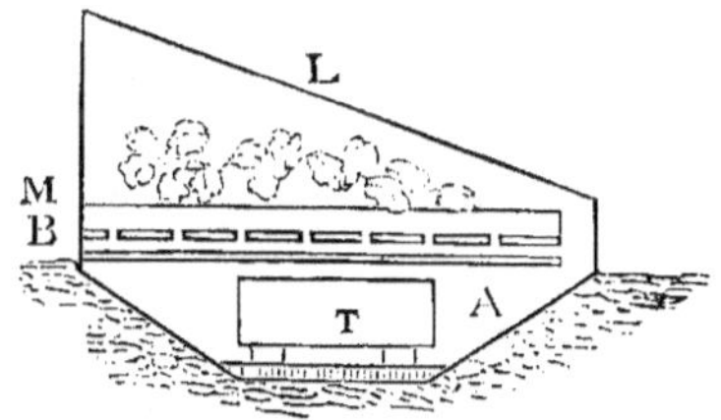

Fig. 96.

surface de l'eau dans une chambre d'où il s'élève pour chauffer la partie supérieure de la fosse recouverte par le vitrage L.

Dans les appareils ordinaires, on fait passer l'eau par le tuyau supérieur et elle revient à la chaudière par un tuyau inférieur, comme on le voit, fig. 94. On a proposé de faire passer l'eau sortant de la chaudière d'abord par le tuyau inférieur, puis par le tuyau supérieur, car elle redescend rapidement au fond de la chaudière (fig. 97). Ce système a .été expérimenté à Deptford, et je l'emploierais très certainement, s'il

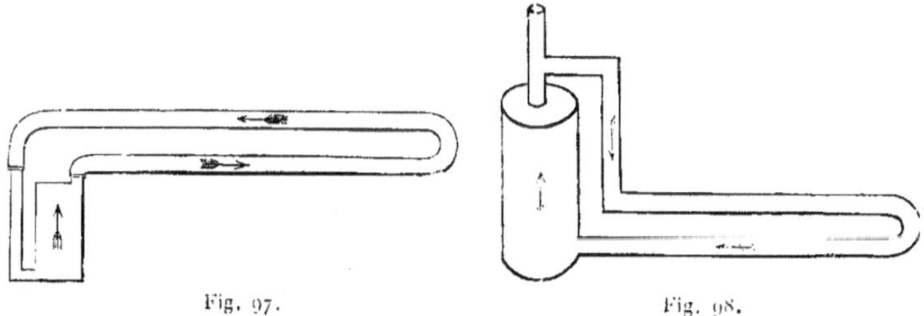

Fig. 97.   Fig. 98.

n'était pas si difficile, dans mon jardin, de placer les fourneaux à un niveau suffisamment bas.

Dans ma serre à ananas, je suis obligé de faire circuler l'eau au-dessous du niveau de la chaudière ; j'y arrive en faisant passer l'eau dans un tuyau ouvert, puis je la ramène au niveau voulu (fig. 98). Mais c'est là un système qu'il ne faut employer que dans un cas d'absolue nécessité ; en effet, le principe du chauffage par l'eau chaude est de faire monter continuellement l'eau tant qu'elle garde une chaleur suffisante, puis d'établir une pente pour qu'elle revienne promptement à la chaudière.

On place ordinairement une petite citerne à la partie supérieure des tuyaux. Dans mon jardin et avec mon système de chauffage, j'ai des citernes qui contiennent des centaines de gallons d'eau de façon que le jardinier ait toujours à sa disposition une quantité d'eau chaude suffisante pour arroser ses plantes.

Jusqu'à présent, tous les systèmes de chauffage à l'eau comprenaient deux tuyaux, l'un pour emporter l'eau de la chaudière, l'autre pour la ramener refroidie. J'ai eu l'idée d'employer un seul tuyau ayant une certaine inclinaison. L'eau partant de la chaudière, circule le long de la partie supérieure du tuyau et revient par la partie inférieure; j'ai donc deux courants traversant en même temps le même tuyau dans deux directions opposées (fig. 99). La circulation est rapide, et je puis vraiment recom-

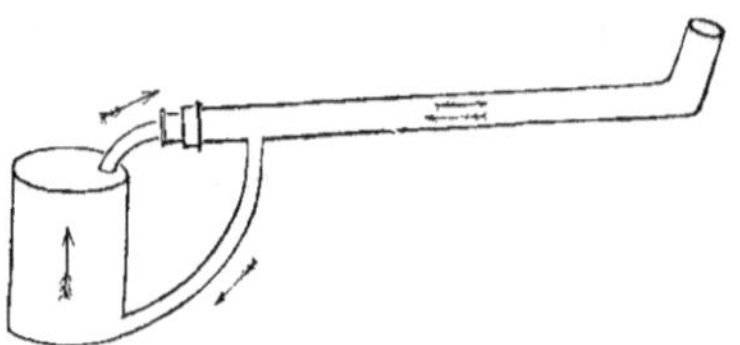

Fig. 99.

mander ce système partout où un seul tuyau suffit pour le chauffage des serres.

Quand il s'agit de chauffer une serre, il faut toujours s'arranger de façon à avoir un excès de surface de chauffe, et placer les tuyaux dans une position telle que l'air froid se trouve immédiatement en contact avec eux. J'ai donné un soin tout particulier à la distribution du calorique dans ma serre à fougères, et je me suis arrangé de façon à obtenir à une extrémité une surface de chauffe plus grande. Toutefois, en règle générale, quand il s'agit de grandes serres, il faut donner aux tuyaux une disposition qui permette d'obtenir partout de la chaleur.

Mes appareils de chauffage sont beaucoup plus complets que ceux employés à l'époque d'Evelyn, qui écrivait : « Si la saison est très froide, ce que vous pouvez reconnaître quand un linge mouillé gèle dans votre serre, il faut y allumer du charbon. »

J'ai fait des expériences avec des lampes à pétrole pour empêcher mes serres de geler. Ce système peut réussir, mais, quand on l'adopte, on doit placer ces lampes sous un réservoir plein d'eau, de façon à rendre l'air humide.

Je crains toujours un accident pendant les nuits très froides, j'ai donc fait fabriquer de grosses chandelles à deux mèches (fig. 100), que je garde précieusement pour m'en servir en cas d'accident. Il peut se faire qu'on n'ait pas l'occasion de les employer pendant des années, néanmoins, il faut toujours avoir quelque moyen de combattre le froid en cas d'accident aux appareils de chauffage.

Fig. 100. Le *Spectator* fait observer quelque part qu'un jardin potager offre un plus beau spectacle que la plus belle orangerie ou que la serre la plus charmante ; mais il ne partage pas l'avis du poète qui s'écrie :

« Quiconque aime un jardin aime aussi une serre. Là, sans se préoccuper d'un climat moins propice, alors que l'aquilon mugit de toutes parts, que la neige tombe à gros flocons, on respire les parfums de toutes les fleurs des pays chauds. »

COWPER.

Allée du Pasteur.

Grande rue de Carshalton.

CHAPITRE VII

DE LA MULTIPLICATION DES PLANTES.

J'emploie pour multiplier les plantes toutes les méthodes connues et ordinairement pratiquées. Beaucoup de plantes proviennent exclusivement de graines (fig. 101), presque tous nos légumes, par exemple. Il faut exposer les graines (fig. 102) à la chaleur, à l'humidité

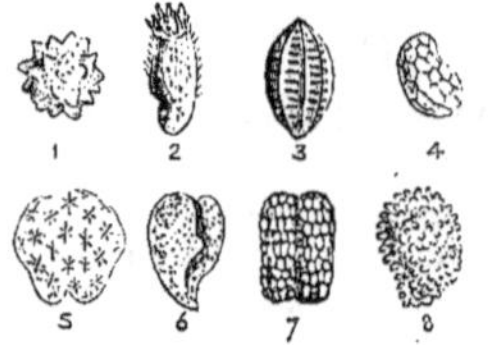

Fig. 101.

1. Eschscholtzia californica.
2. Centaurea cyanus (Bluet).
3. Oxalis rosea.
4. Papaver somniferum (pavot des jardins).
5. Stellaria media.
6. Dianthus barbatus (œillet de poète).
7. Digitalis purpurea (Digitale pourprée).
8. Saponaria calabrica (Saponaire).

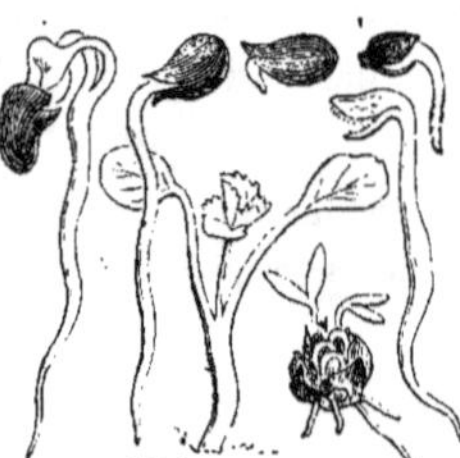

Fig. 102.

Graines en germination.

et à l'air ; car, sans ces trois conditions, elles ne germent pas. Le froid, la sécheresse ou le défaut d'air arrètent immédiatement leur développement.

Dès que la graine a germé, la lumière est nécessaire au jeune plant, surtout aux plants de melons et de concombres. Toute jeune plante est un individu ayant certains caractères, et déviant, dans une certaine limite, d'un type fixe. En choisissant des jeunes plants ayant des caractères particuliers, et en continuant cette sélection, le jardinier obtient des déviations du type originel, connues sous le nom de fleurs du fleuriste ou de fruits du jardinier.

On s'est demandé si la sélection seule est suffisante pour produire de nouvelles plantes, ou s'il vaut mieux féconder une plante avec le pollen d'une autre plante. M. Rivers a essayé ce dernier système pour améliorer nos pêches et nos poires; il croise un individu ayant de bonnes qualités avec un autre individu ayant les qualités que l'on veut obtenir. D'autre part, les horticulteurs m'affirment qu'il vaut mieux s'en tenir à la simple semence de bonnes graines et à la sélection des meilleurs plants. Dans l'état actuel de la science, quand on désire créer de nouvelles variétés, il vaut mieux essayer les deux méthodes. Les meilleures variétés de nos fruits sont certainement des produits naturels.

Quelquefois, les plantes de haute qualité, ayant fait l'objet d'une sélection, se propagent au moyen de graines; on peut citer, par exemple, nos meilleures variétés de pois et de fèves. Plus souvent, il faut multiplier la plante originelle; or, cette multiplication n'a pas de limites, puisqu'il est à peu près certain que la délicieuse poire de Jargonnelle a été cultivée par les Romains et nous a été transmise par une série de propagations.

Dans mon jardin, on pratique différentes méthodes pour la multiplication de la plante-mère, afin de conserver aux espèces tous leurs caractères, que ce soient des défauts ou des qualités. Tout d'abord on multiplie par surgeons, car beaucoup d'arbres tels que l'orme, le prunier et le cognassier, se reproduisent par leurs racines. Il suffit d'isoler un de ces petits arbres (fig. 103 A) de la souche, pour obtenir un autre arbre appartenant à la même variété. Quand les surgeons ne se produisent pas spontanément, on prend une branche, on la courbe et on l'enterre. Au bout de quelque temps, cette marcotte produit des racines et on la sépare alors de l'arbre. Nous pratiquons surtout des marcottes par incision, c'est-à-dire que l'on fend la branche dans son milieu, à l'endroit où elle est enterrée (fig. 104). On emploie fréquemment, sur le continent, un procédé qui ressemble beaucoup à la marcotte et que j'ai quelquefois employé aussi; c'est la circonvallation ou marcotte par strangulation (fig. 105). Ce procédé

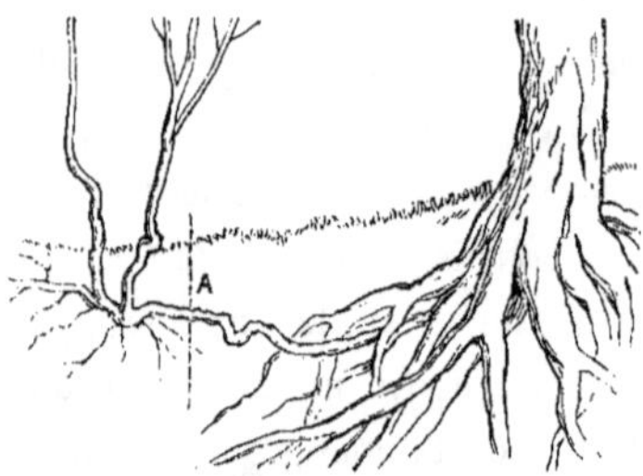

Fig. 103. — Surgeon.

Fig. 106. — Marcotte.

consiste à entourer d'un pot rempli de terre, une branche d'un arbre vivant; on arrose continuellement jusqu'à la formation de racines, et bientôt cette branche devient un second arbre. J'entoure ordi-

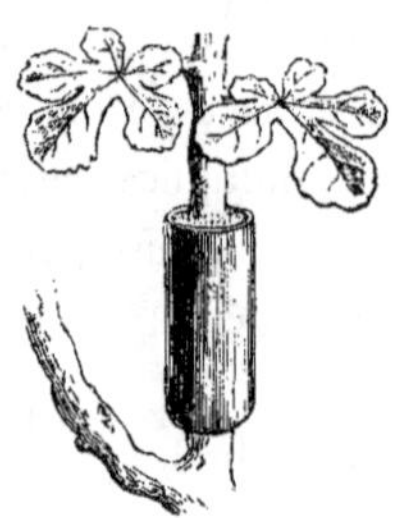

Fig. 105.
Marcotte par strangulation.

Fig. 106.
Multiplication par racines.

nairement la branche d'un fil de fer que je serre fortement au-dessous du pot, puis je coupe graduellement la tige; ces deux opérations facilitent singulièrement la production des racines.

J'ai dernièrement essayé d'autres méthodes de circonvallation. Je prends un tube de gutta-percha d'environ huit pouces de long, je le fends du haut en bas et je le place autour de la branche; puis je ferme la coupure avec un fer chaud; je ferme aussi le fond de la même façon. Je remplis alors l'intérieur de fibres de noix de coco que je conserve très humides; au bout de quelque temps, il se produit une quantité de racines. Je serre ordinairement la branche au moyen d'un fil de cuivre au-dessous de la partie sur laquelle j'opère, de façon à empêcher la sève de redescendre.

Quelquefois j'obtiens une plante directement de la racine ; j'emploie ce procédé principalement pour les fougères (fig. 106) ; ce n'est pas là un système employé généralement, mais il peut être quelquefois utile. Les racines du figuier, par exemple, produisent souvent un nouvel individu.

Je multiplie fréquemment les plantes au moyen de leurs feuilles (fig. 107). La feuille du *Hoya carnosa* reproduit un nouvel individu. Une feuille de *Gloxinia* enterrée produit de nombreux bourgeons donnant autant de plantes, et chaque plante est identique à la plante mère. Les feuilles d'*Echeveria*, placées dans un pot plein de sable, se reproduisent aussi.

Fig. 107.

Multiplication au moyen de feuilles.

Fig. 108.

Boutures. — Œillets et Géraniums

Nous multiplions beaucoup de plantes au moyen de boutures; par exemple, les œillets, les géraniums, les roses-thé, les peupliers et les concombres. On les sépare à un joint (fig. 108) où il paraît y avoir plusieurs bourgeons inactifs capables de se transformer en racines. On plante ces bourgeons dans du sable, ou, ce qui est préférable, au milieu de fibres de noix de coco. Une bouture de géranium, placée dans ce sol artificiel maintenu constamment humide et assez chaud, se transforme au bout de quinze jours en une bonne plante. Les boutures de peupliers et de lau-

riers s'enterrent un peu plus profondément; la racine se forme plus lentement. La vigne se reproduit au moyen d'yeux (fig. 109).
Il faut qu'un morceau du cep reste attaché au bourgeon pour que celui-ci puisse se développer. Il ne faut
jamais exposer les bourgeons aux rayons du soleil ; on les
place dans des châssis, pour que l'air soit toujours très humide. A
mesure que les racines se forment, on laisse entrer plus d'air et de lumière. Loddiges recommande de tremper l'extrémité de la tige dans le
collodion. J'ai essayé ce système, mais il ne m'a pas donné de très
bons résultats.

Fig. 109.
Œil de vigne.

On multiplie quelques plantes, telles que le Polyanthus, le Phlox et
le Chrysanthème au moyen d'éclats (fig. 110); d'autres, telles que le

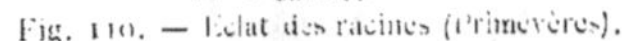

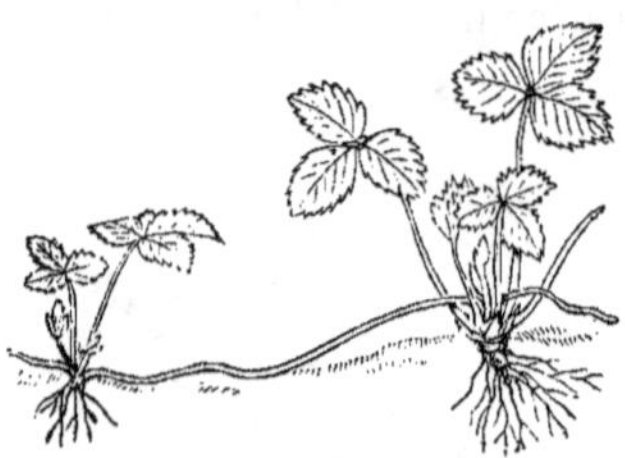

Fig. 110. — Éclat des racines (Primevères).   Fig. 111. — Filets (Fraisiers).

fraisier, au moyen de filets (fig. 111) ; d'autres se multiplient au moyen
de bulbes, comme l'hyacinthe, l'amaryllis (fig. 112), l'échalotte et

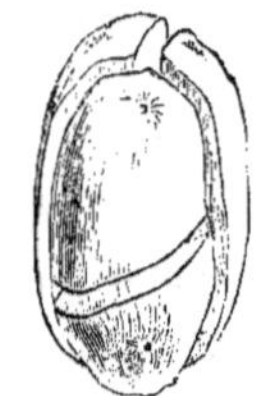

Fig. 112. — Bulbes (Amaryllis).   Fig. 113. — Pomme de terre.

l'ail ; d'autres, enfin, en divisant le tubercule comme la pomme de terre
(fig. 113).

Dans tous les cas précités, nous avons parlé des multiplications
d'une plante individuelle qui se reproduit avec toutes ses particularités.

Les jeunes hyacinthes, par exemple, sont blanches, bleues, rouges, simples ou doubles, comme l'était la plante mère ; la feuille, la tige, la racine, la fleur, le fruit ont les mêmes caractères que ceux de la plante originelle qui peut ainsi probablement se reproduire *ad infinitum*. Quelques horticulteurs ont pensé dernièrement que la plante souche est exposée à vieillir ; ils citent à l'appui de leur théorie les pommes Ribston et Goutte d'Or. Telle n'est pas mon opinion ; la poire Jargonnelle s'est certainement propagée depuis l'époque romaine jusqu'à nos jours, et il est probable qu'elle se propagera jusqu'à l'époque inconnue où les Anglais disparaîtront devant les Nouveaux Zélandais de l'avenir, comme les Indiens disparaissent aujourd'hui devant les Américains.

Fig. 114. — Jeune fougère croissant sur des feuilles.

Quelques plantes, certaines fougères, par exemple, les *aspleniums* fig. 114., les *Cystopteris bulbifera* et les *Woodwardia radicans*, se reproduisent au moyen de petites bulbes qui croissent sur leurs folioles.

Outre les méthodes que nous venons d'indiquer et qui servent à la reproduction des plantes dans leur ensemble, il y a un autre moyen de multiplier partiellement une plante ; c'est-à-dire, que nous pouvons multiplier la tige, la fleur ou le fruit d'une plante sur les racines d'une espèce absolument différente. On peut, par exemple, reproduire la poire Jargonelle sur les racines du poirier commun, ou même sur celles d'un cognassier. Ce procédé ressemble, en somme, à celui qui consisterait à implanter la peau d'un nègre sur le corps d'un blanc, ce qui est d'ailleurs possible.

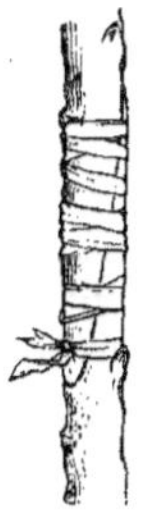

On adopte presque toujours cette méthode pour propager les arbres fruitiers ; ainsi la plupart de nos poiriers sont greffés sur des cognassiers. Il y a trois systèmes pour effectuer ce mode de multiplication : la greffe, le placage, l'écusson. Le grand secret de tous ces procédés est que le cambium de la greffe se trouve en contact avec le cambium de l'arbre sur lequel on l'établit. La greffe est inutile si elle n'est pas faite de

Fig. 115. Greffe.

cette façon, car l'union ne se produit qu'à condition que les deux couches de cambium soient en contact absolu.

La greffe (fig. 115) se pratique presque toujours pour les arbres fruitiers. On coupe avant la naissance des feuilles un rejeton de l'arbre qu'on veut multiplier; cette taille doit se faire en sifflet avec un couteau tranchant. On fait à l'arbre que l'on veut greffer une entaille semblable dans une direction opposée. On applique l'une sur l'autre les deux surfaces fraîchement coupées, de façon que le cambium soit parfaitement en contact et on les retient dans cette position avec une ligature. En Angleterre, on enveloppe la greffe avec un morceau d'argile (fig. 116); sur le continent, on se sert de cire à greffer, composée de résine, de poix et de suif; aujourd'hui on se sert, pour protéger la greffe, d'une feuille de caoutchouc, et il est probable que cette méthode remplacera toutes les autres. Quand un arbre porte de mauvais fruits, on le greffe de deux ou trois douzaines d'es-

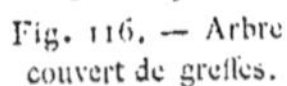

Fig. 116. — Arbre couvert de greffes.

Fig. 117 A. Greffe par copulation.

Fig. 117 B. Greffe en fente.

Fig. 118. Greffe par placage.

pèces, et, au bout de 2 ou 3 ans, il porte autant de fruits différents (fig. 116). Dans la pratique, tout arbre acheté chez un pépiniériste, a été greffé de telle façon que la racine et la tige au-dessous de la greffe produisent un fruit différent que celui produit par le sommet de l'arbre. Il faut donc avoir soin de ne laisser pousser aucune branche au-dessous de la greffe, car on obtiendrait des fruits autres que ceux qu'on veut avoir.

Il y a d'autres méthodes de greffes qu'on n'emploie pas souvent, car ce sont seulement des variétés de systèmes, telles que la greffe par copulation (fig. 117 A), la greffe en fente (fig. 117 B). Quelquefois, on greffe par placage, c'est-à-dire qu'on lie deux arbres l'un à l'autre, mais on a soin d'enlever une tranche sur chacune des branches pour que le cambium ou aubier soit en contact (fig. 118).

Il y a encore un autre système qu'on peut employer pour bien des arbres, les poiriers et les rosiers, par exemple ; il consiste à insérer dans un arbre un simple bourgeon de l'arbre qu'on désire propager. Dans ce système aussi, il est indispensable que les deux couches de cambium soient en contact parfait. On pratique la greffe en écusson après la Saint-Jean, quand les bourgeons sont parfaits et que l'écorce se sépare facilement de la tige. Pour pratiquer cette greffe, on fait, avec un couteau à greffer (fig. 61), une entaille en forme de T (fig. 119) dans le sujet que l'on veut greffer ; on insère dans cette entaille le bourgeon que l'on a choisi ; on l'y maintient au moyen d'une ligature, et le bourgeon se développe bientôt. On coupe tout le reste de l'arbre et on obtient ainsi un sujet ayant les racines et le tronc de la plante mère, mais dont le sommet appartient à la variété nouvelle qu'on veut multiplier.

Fig. 119. Greffe en écusson.

M. Murray a fait remarquer, dans un intéressant mémoire lu devant la Société d'horticulture, qu'après la greffe, les deux cambiums seuls s'unissent, et que, bien que la surface du bois soit plus tard complétement recouverte par le nouveau bois, il reste toujours à l'intérieur de l'arbre une portion de bois mort (fig. 120). J'ai examiné comment les cellules d'une espèce d'arbres telle que le poirier, se joignent à celles d'une autre espèce, telle que le cognassier. Une section très mince examinée au microscope indique une conjonction exacte des différentes cellules ; le meilleur exemple que l'on puisse en

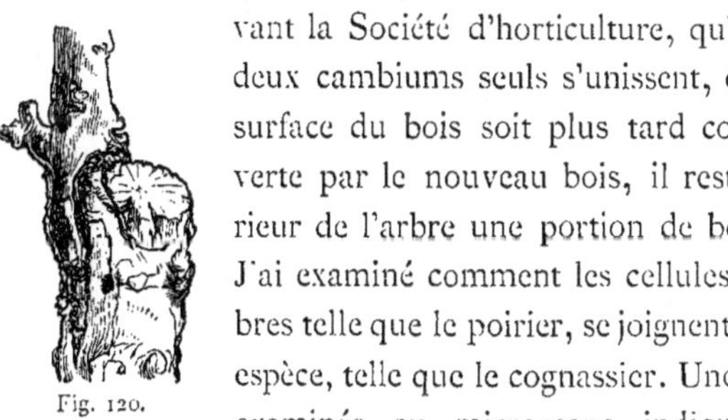

Fig. 120.

donner est celui du gui et du pommier, car le premier vit sur le second tout comme s'il était greffé, et forme un morceau de bois continu (fig. 121).

Non-seulement la greffe permet d'obtenir la multiplication d'une plante particulière, mais, dans certains cas, on influence sa fécondité.

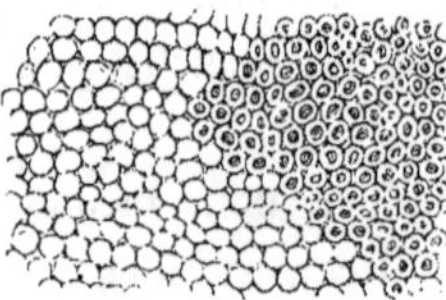

Fig. 21.
Cellules du Gui et du Pommier.

Un poirier greffé sur un cognassier porte des fruits bien plus tôt que s'il était resté sur un tronc de poirier. Rivers a essayé d'améliorer la fécondité du cerisier en le greffant sur le mahebeb, et celle de l'amandier en le greffant sur le *Corylus arborescens*.

Il y a trois ou quatre moyens pour multiplier les cryptogames. D'abord au moyen de sporules qui, dans de certaines limites, produisent des variétés comme les plantes plus élevées. C'est le cas du champignon, et M. Smith a le premier décrit leurs sporules à l'état de germination (fig. 122).

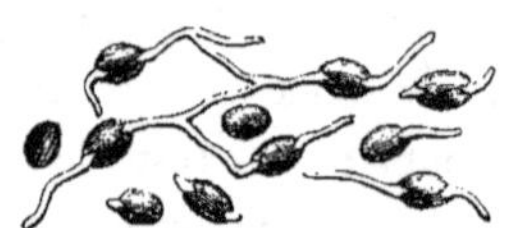

Fig. 122. — Sporules du Champignon
à l'état de germination.

Fig. 123. — Multiplication
par le Mycelium.

Une variété quelconque de champignon peut se multiplier par le mycelium (fig. 123), et, par ce moyen, on assure la continuation de l'individualité de la plante mère. La multiplication des fougères se fait toujours par une simple division. Il faut, pour multiplier les plantes, choisir une saison convenable; or l'instant le plus favorable, dans la plupart des cas, est le moment où la plante commence à pousser des bourgeons.

« Nec tibi tam prudens quisquam persuadeat auctor,
Tellurem Borea rigorem spirante moveri.
Rura gelu tum claudit hiems; nec semine jacto
Concretam patitur radicem affigere terræ. »

VIRGILE, *Géorgiques*, II.

Baptistère antique dans l'église de Carshalton.

CHAPITRE VIII.

LES LÉGUMES DE MON JARDIN.

« Mala copia quando
Ægrum solicitat stomachum; cum rapula plenus
Atque acidas mavult inultas. » HORACE, *Satire* II.

L'homme ne peut rester en bonne santé qu'à condition de manger des légumes frais. Le scorbut faisait anciennement, pendant les longs voyages en mer, beaucoup plus de victimes que les batailles, parce que l'on ne pouvait donner aux hommes ni légumes frais, ni jus de citron. Les ravages causés par cette maladie ne peuvent se comparer actuellement qu'aux sinistres dus à des armateurs sans conscience qui font prendre la mer à des vaisseaux hors de service, afin de toucher la prime d'assurance qui les couvre.

LES SALADES.

On devrait s'arranger de façon à manger tous les jours une salade quelconque; mais, pour ce faire, il faut beaucoup d'attention et de soins, car les ardeurs du soleil en été, ou les vents glacés en hiver, détruisent bien souvent en un instant les plantes que le jardinier a élevées avec tant de peine.

De toutes les plantes à salade, le Cresson de fontaine (*Nasturtium officinale*) est de beaucoup la plus importante. On peut s'en procurer

toute l'année et en manger à chaque repas, car son goût est fort agréable
et il se digère facilement; il y a bien peu de personnes qui ne l'aiment
pas. Toutefois, le cresson demande des soins spéciaux pour sa culture.
Il préfère un fond de gravier avec un filet d'eau courante, on peut le
planter à toute époque de l'année; le meilleur moyen est de prendre
une poignée de plantes et de les retenir sous l'eau à l'aide d'une grosse
pierre; les racines poussent très vite et se répandent tout autour. Cinq
ou six pouces d'eau suffisent; le cresson aime la lumière et ne peut
supporter l'ombre des arbres.

Il faut avoir grand soin de débarrasser le cresson des mauvaises
herbes, le meilleur moyen est de le balayer de temps en temps avec un
balai de bouleau. Quand il monte et qu'il fleurit, il faut le couper. Cette
plante se réduit à ses proportions les plus infimes pendant les jours
froids et sombres de novembre et de décembre.

La gelée nuit au cresson; toutefois, avec un peu de soin, on peut
en récolter pendant toute l'année. Quand il gèle fort, mon jardinier
augmente la couche d'eau qui le recouvre et arrive ainsi à le préserver complètement.

Il y a deux variétés principales de cresson de fontaine : le cresson
vert et le cresson brun (fig. 124); les marchands préfèrent ce dernier,

Fig. 124.
Les deux variétés de Cresson.

Fig. 125.   Fig. 126.
Salades — Graine de Moutarde et de Navette.

mais j'aime mieux le premier qui est plus délicat. Une sélection conti-
nuée avec soin permet de se procurer exclusivement du cresson brun;
si on ne détruit pas la variété verte, elle remplace bientôt la variété
brune. On doit bien nettoyer le cresson avant de le manger; si des

eaux d'égouts, en quelque proportion que ce soit, tombent dans l'eau qui le baigne, il n'en faut jamais manger. On peut cultiver le cresson dans des endroits humides sans eau courante, mais on obtient alors de pauvres résultats.

On peut se procurer toute l'année des pousses de Moutarde (*Sinapis alba*, fig. 125) en semant la graine sur un morceau de flanelle mouillée ou sur de la terre très humide. On n'emploie que les premières feuilles qui forment un excellent condiment pour la salade. Sur le marché, la graine de Navette (*Brassica Napus*, variété *oleifera*, fig. 126) s'emploie au lieu et place de la graine de moutarde, à cause de son meilleur marché ; mais dans les jardins particuliers, il ne faut jamais l'employer.

Le cresson d'Australie fait une excellente salade ; il faut le couper quand la plante porte 5 ou 6 feuilles bien formées (fig. 127). Ce cresson est particulièrement bon au commencement du printemps,

Fig. 127. — Cresson d'Australie.

Fig. 128. — Cresson frisé.

quand on le cultive en serre. C'est là une plante peu connue que je ne saurais trop recommander.

Le cresson frisé (*Lepidium sativum*, fig. 128) s'emploie aussi pour la salade ; il est très bon au commencement du printemps, quand on le cultive en serre ; j'en ai toujours chez moi une assez grande quantité. Quand on ne peut pas cultiver le cresson de fontaine, on peut le remplacer par du cresson américain (*Barbarea præcox*); mais c'est toujours une salade de qualité inférieure.

La Laitue (*Lactuca sativa*) est une salade importante. Il y en a deux variétés principales : la romaine et la laitue pommée ; il y a, en outre, de nombreuses variétés intermédiaires. Comme laitue hâtive, on doit préférer la laitue pommée et la romaine. On sème à la fin d'août et on transporte les jeunes plants dans un lieu abrité où ils peuvent, pendant l'hiver, profiter de tous les rayons du soleil ; ils sont bons à manger à la fin d'avril ou au commencement de mai. Toutefois, ces variétés sont loin d'être aussi bonnes que la romaine de Paris (fig. 129), qui se récolte un peu plus tard et qui, selon moi, est la meilleure de toutes les laitues. On sème cette variété en novembre sous châssis ; quand elle a germé, il faut avoir soin d'enlever les vitres pendant tous les beaux

Fig. 129. — Romaine de Paris.

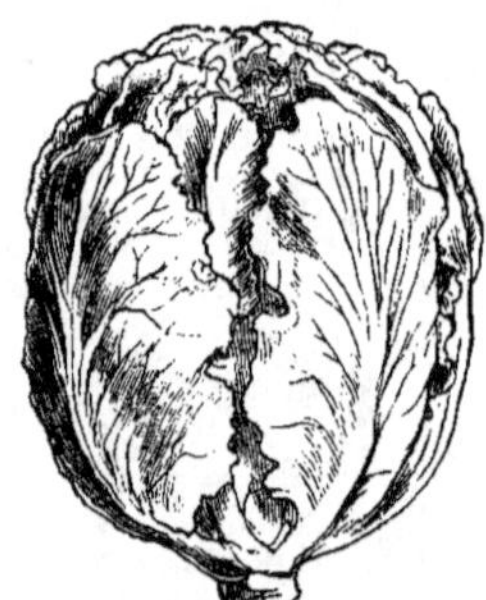

Fig. 130. — Laitue pommée de Naples.
1/8 de la grosseur.

jours. On en transplante une partie à la fin de février, de façon à remplacer les plants détruits par la gelée. Il est si important d'avoir de bonnes graines, que nous conservons toujours la nôtre. La mienne provient d'un maraîcher qui me l'a donnée il y a quelques années, et je ne l'ai jamais remplacée. Je m'arrange de façon à avoir des laitues jusqu'à Noël.

Quelques personnes préfèrent, en été, certaines variétés de la laitue pommée ; la figure 130 représente une de ces variétés, la laitue pommée de Naples. Il y a une autre variété appelée la laitue de Dixon, laitue énorme que je cultive quelquefois et dont les feuilles sont excellentes.

Horace loue beaucoup la laitue qu'il considère comme très digestible :

« Nam lactuca innatat acri
Post vinum stomacho. » — HORACE. *Satire* IV, liv. 2,

Il faut planter les laitues dans un terrain très chargé d'engrais et bien arrosé en été. Si les vers attaquent la racine, ce qui arrive souvent au mois d'août, la plante se fane et meurt.

Toutes les laitues contiennent un principe opiacé; il faut donc bien les blanchir, car c'est un moyen de se débarrasser de l'opium. Les jardiniers qui manipulent des laitues toute la journée sont très sujets à des assoupissements.

Comme succédanée à la laitue, et principalement pour les salades de la fin de l'automne et du commencement du printemps, on ne saurait trop recommander la chicorée (*Cichorium Endivia*). Il y a de nombreuses variétés de chicorée ; mais je ne fais guère cultiver que la variété frisée, verte, à feuilles étroites (*C. E. crispa*), et la grosse variété de Hollande (*Cichorium Endivia latifolia*) dont j'ai fait dessiner celle à feuilles étroites (fig. 131). On sème en juillet et on transplante le jeune plant dans de la terre bien terreautée. A l'automne, on la place sous châssis et on la blanchit avant de la manger, car cette plante non blanchie est très amère.

Fig. 131. — Chicorée frisée.

Fig. 132. — Chicorée.

On sème de mars à juin, selon que l'on veut obtenir de grandes ou de petites racines, la chicorée sauvage (*Cichorium intybus*, fig. 132). On relève les racines en hiver et on les enfouit dans la cave ou dans un endroit sombre. Il est indispensable que les feuilles soient bien blanchies, car elles sont si amères qu'il serait autrement impossible de les manger. Les racines produisent un nombre de feuilles véritablement étonnant. C'est avec la chicorée sauvage que les maraîchers français préparent cette salade si connue à Paris sous le nom de *Barbe-de-Capucin* ; on en trouve aussi au marché de Covent-Garden, à Londres, mais pas autant que l'excellence de cette salade devrait le faire supposer. Chacun, d'ailleurs, devrait, pendant l'hiver, conserver chez soi une certaine quantité de racines de chicorée ; placées dans un cellier obscur dans un pot de sable, elles poussent des feuilles qui se mangent en salade. Horace parle en ces termes de la chicorée :

« Me pascunt olivæ
Me cichorea, levesque malvæ. » — *Ode* 31, liv. i.

. Il faut bien avouer, quoi qu'il m'en coûte, que les Anglais n'apprécient pas les excellentes qualités du Radis (*Raphanus sativus*). En France, en quelque endroit que vous alliez, que ce soit en été ou en hiver, vous êtes sûr de trouver sur toutes les tables des restaurants un ravier contenant de jeunes radis frais et excellents. En Angleterre, on ne voit guère de radis qu'au printemps ; ils sont si grossiers et si coriaces que ceux-là seuls qui ont de bonnes dents et un vigoureux estomac peuvent se permettre d'y toucher. Pour obtenir des radis au commencement du printemps, on les sème dans les mêmes châssis que les pommes de terre hâtives ; on en récolte ensuite d'un peu moins hâtifs dans la serre aux arbres fruitiers ; enfin, on en sème en pleine terre et, en espaçant ces semis de semaine en semaine, on arrive à avoir des radis frais jusqu'en automne, à condition toutefois qu'on

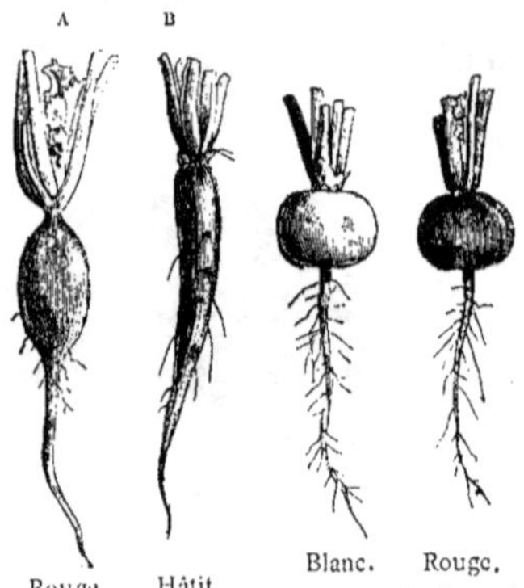

Fig. 133. — Radis longs, 1/4 diam.

Fig. 134. — Radis ronds 1/4 diam.

arrose les couches avec soin. Il y a beaucoup de variétés de radis, les uns longs (fig. 133 B), les autres ronds (fig. 134), d'autres en forme

d'olive (fig. 133 A); mais, selon moi, la meilleure de toutes les variétés
est le petit radis rose que l'on connaît en Angleterre sous le nom de
radis français. Il est bon, dans les jardins particuliers, de commencer
la culture par les variétés hâtives, puis de continuer pendant l'été par
le radis en forme d'olive et le radis français ; mais il est bon aussi de
semer quelques radis ronds qui sont excellents pendant le printemps. Il
existe, en outre, une variété tardive appelée le radis noir espagnol ; il
est bon à manger en automne. M. Robinson a dernièrement importé un
radis de Californie qui atteint la grosseur de la betterave. On a semé des
graines de ce radis au mois d'août dernier, et en décembre on a présenté
les radis à la Société d'horticulture ; ces radis sont très bons et ont une
saveur délicieuse.

Dans quelques jardins, surtout quand le propriétaire a habité la
France, on cultive la Pimprenelle (*Poterium sanguis orba*, fig. 135).
C'est une plante qui croît à l'état sauvage en Angleterre ; on emploie
les feuilles comme salade ; elles ont un léger goût de concombre. Je
cultive cette plante, mais je ne me rappelle pas en avoir jamais mangé.

Le Samole (*Veronica Beccabunga*) pousse dans nos ruisseaux ;
ceux qui n'ont rien de mieux sous la main en mangent quelquefois.
A Paris, on consomme de grandes quantités de mâches (*Valerianella
olitoria*), fig. 136). C'est là, selon moi, une plante détestable ; il faut, je

Fig. 136. — Mâche.

Fig. 135. — Pimprenelle.

Fig. 137. — Oxalis.

crois, l'exterminer comme une mauvaise herbe. Il y a cependant certaines personnes qui ne peuvent pas manger une salade qui ne contienne quelques-unes de ces feuilles.

Une de mes plus jolies plantes, l'*Oxalis Acetosella* (fig. 137), ou trèfle, fait, dit-on, une excellente salade. Les fleurs de cette plante sont si belles, qu'elle constitue un des ornements les plus beaux du jardin pendant le printemps. Dans quelques forêts, dans la forêt d'Arncliffe par exemple, elle forme un véritable tapis qui recouvre le sol ; mais chez moi c'est une plante délicate, dont on prend une feuille ou deux, de temps en temps à cause du goût acidulé exquis qu'elle possède.

En France, les feuilles du Pissenlit (*Taraxacum dens leonis*) sont employées en salade ; mais elles le sont fort peu en Angleterre. On en trouvait au marché de Covent-Garden, pendant le siége de Paris, pour les émigrants français. Le d' Hogg en a envoyé à la Société d'horticulture des feuilles choisies avec soin depuis cinq ans. On a exposé, en 1871, des spécimens de ces plantes ayant des feuilles fort larges et une saveur très agréable. Le d' Hogg et moi nous nous sommes prononcés très vivement en faveur de cet essai d'amélioration d'une plante indigène ; mais le comité directeur de la Société a pensé qu'il était indigne de lui de s'occuper d'une plante aussi peu importante. Néanmoins, ce sont là des essais que l'on devrait suivre avec soin, car ils nous offrent le moyen de changer une plante sauvage en un excellent légume. On emploie quelquefois les feuilles sans être blanchies ; mais on n'a pas encore adopté ce système en Angleterre.

En France, on ajoute à la salade les fleurs du Nasturtium ou Capucine (*Tropæolum*, fig. 138). Ces fleurs sont très jolies et donnent à la salade un aspect et un parfum très agréable.

Fig. 138. — Capucine.

Le Céleri (*Apium graveolens*, fig. 139) est une plante importante en ce qu'elle dure depuis la Saint-Michel jusqu'en mai. On peut le récolter plus tôt ; mais il vaut mieux attendre au commencement d'octobre. Les semis se font au commencement de février, sur couches et sous châssis. Dès que le plant est assez haut, on le repique dans un terrain fumé avec soin ; il faut le bien arroser et le protéger contre le froid.

Vers la Saint-Jean, on le transplante dans des fossés contenant beaucoup de terreau et une bonne litière. A mesure que le céleri grandit, on le butte pour le faire blanchir selon les besoins de la consommation. En hiver, il faut le recouvrir de paille pour protéger les feuilles contre le froid. Il faut toujours cultiver une grande quantité de céleri, car c'est un légume délicieux; cuit, il donne au bouillon une saveur excellente et il est précieux comme salade pendant l'hiver.

Il y a beaucoup de variétés de céleri, chacune d'elles diffère de goût. Je cultive surtout une variété, *le sans pareil d'Ivery*, et cependant j'y ajoute chaque année deux ou trois autres espèces. Il y a une autre variété de céleri à racine bulbeuse, le céleri-rave (fig. 140),

Fig. 139. — Céleri, 1/16 de grandeur naturelle.

qu'on mange beaucoup à Vienne et dans d'autres parties du continent, mais il est peu connu en Angleterre. La graine se sème comme celle du céleri, puis le plant se repique dans des terrains bien fumés. On fait cuire les bulbes, on les coupe en tranches et on les sert en salade. Les bulbes que j'ai vues sur les marchés du continent sont beaucoup plus grosses que celles que j'ai obtenues dans mon jardin; toutefois, j'engage mes lecteurs à en cultiver quelques pieds. En Écosse, le céleri-rave ne produit pas de bulbe, mais seulement des racines fibreuses.

Fig. 140. Céleri 1/16 de diamètre.

Il arrive quelquefois que la culture du céleri est très difficile à cause des ravages d'insectes qui se développent entre les deux pellicules de la plante et la font périr. Le seul remède est de détruire la partie malade.

Le Concombre (*Cucumis sativa* fig. 141) constitue une excellente salade que nous pouvons nous procurer toute l'année. Même en hiver,

nous obtenons des concombres quand le soleil brille un peu ; mais
quand il ne brille pas pendant plusieurs semaines, nos plantes souffrent

Fig. 141. — Concombre 1/8 de grandeur naturelle.

beaucoup. On plante en août pour récolter en hiver. Il est assez difficile de se procurer des graines de bonne espèce, aussi je préfère multiplier la plante au moyen de boutures. Un rejeton ayant environ
6 pouces de long, coupé à l'endroit d'un nœud, et planté dans un bon
terreau, prend presque immédiatement racine et produit rapidement
des fleurs et des fruits.

Au commencement de mai, on peut placer les plants sous des châssis
non chauffés, mais à condition de les faire reposer sur une couche
épaisse de fumier ; ces plants donnent alors des fruits pendant tout l'été.
A la fin de mai, on peut cultiver certaines espèces en plein air, mais je
n'ai jamais pu les élever dans mon jardin. J'ai particulièrement observé
ce mode de culture à Sandy, dans le Bedfordshire, d'où l'on envoie au
marché des centaines de tonnes de concombres. Le sol est bien fumé
et les couches de concombres sont entourées de bordures d'oignons, qui
protégent un peu le concombre contre le vent, mais sans donner d'ombre. Dans les bonnes années, le produit de ces couches est presque
fabuleux. Les variétés que nous préférons pour la culture en serre, sont
le *Sion House* et le *Telegraph ;* en été, nous cultivons quelquefois le
Pearson Long Gun, cependant nous cultivons aussi d'autres variétés.

Les fleurs mâles (B) et les fleurs femelles (A) des concombres, des
potirons et des courges à la moelle ou moelle végétale sont séparées
(fig. 142). Il est indispensable de féconder les melons, il est utile de
féconder les courges à la moelle, mais il vaut mieux ne pas féconder les
concombres jusqu'à ce qu'on ait besoin de graines pour les semis. Un
bon concombre ne doit pas avoir de graines à l'intérieur, car il devient
alors coriace et est à peine bon à manger ; aussi les jardiniers choisis-
sent-ils les variétés qui ne produisent que peu de graines, de là la difficulté de se procurer ces graines.

On cultive, pour en faire des conserves, une petite espèce de concombre appelée cornichon; mais c'est là une culture difficile et qui
réussit rarement. Ces conserves sont délicieuses.

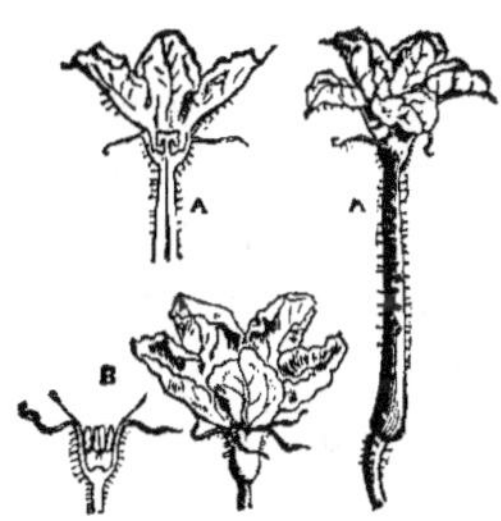

Fig. 142. — Concombre.
A. Fleur femelle; B. Fleur mâle.

Fig. 143. — Betterave 1, 16 de diamètre.

La Betterave (*Beta vulgaris*, fig. 143) constitue une autre salade
d'hiver excellente. Peu importent les froids de l'hiver, car on la rentre
avant que la gelée ne puisse la détruire. On la cuit au four ou on la fait
bouillir jusqu'à ce qu'elle devienne tendre, on la coupe alors en tranches
et on la sert avec du vinaigre et des échalotes. J'en cultive de grandes
quantités pour ma consommation entre octobre et juin; c'est une des
plantes les plus économiques et les plus utiles pour les grandes familles.
On la sème en mai, en rangées espacées d'un pied. Quand les jeunes
plants ont environ 4 pouces de haut, on les éclaircit et on n'a plus à
s'en occuper que pour sarcler et biner entre les racines de façon à
détruire les mauvaises herbes; on les récolte en novembre et on les met
à l'abri de la gelée. Il y a de nombreuses variétés de betteraves; la betterave à sucre est très grosse et très blanche, mais elle a un goût peu
agréable.

Quand les betteraves atteignent une grosse taille, elles ont un
goût terreux, aussi préfère-t-on les betteraves à petites racines. Les
betteraves de toute sorte réduites en farine et mélangées à la farine de
froment font un pain assez bon, dont on pourrait se servir avantageusement dans les temps de disette.

PLANTES LÉGUMINEUSES.

Ce sont les légumes qui, plus que tout le reste, font sentir le prix d'un jardin; on ne peut pas, en effet, les trouver ailleurs aussi frais et aussi beaux. Le Pois (*Pisum sativum*) est, sans contredit, un des légumes les plus agréables; avec des soins et pour peu que l'année soit favorable au point de vue de la température, on peut en récolter de la fin de mai jusqu'au commencement de novembre. J'ai bien souvent essayé la culture de pois hâtifs, mais le sol de mon jardin est trop humide. Toutefois, je réussis toujours à en avoir de fort beaux, et quelquefois aussi à une époque assez reculée de la saison.

On sème les premières couches en novembre. Les graines germent et les jeunes plants passent facilement l'hiver, car ils ne redoutent pas le froid. On récolte en mai, mais j'ai vu bien souvent cette récolte détruite par la neige, en avril, si les pois sont en fleurs à ce moment. Les espèces de pois semées en novembre portent différents noms, mais c'est toujours à peu près la même variété; seulement, chaque marchand de graines prétend avoir une espèce qui mûrit une dizaine de jours avant toutes

Fig. 114.
Pois hâtif de Dixon, 1/4 diamètre.

Fig. 115. — Pois. — Le Champion de l'Angleterre,
1/4 diamètre.

les autres. Quoi qu'il en soit, on ne voit jamais de pois sur le marché

de Londres avant le 22 mai au plus tôt. Quant à moi, je fais ordinairement semer, pendant la seconde semaine de novembre, le pois
hâtif de Dixon (fig. 144). Pour les semis de février, je choisis le *Daniel O'Rourke*, qui me semble avoir plus de saveur et être plus tendre
que les autres variétés. Toutes ces espèces de pois ont peu de saveur.
La graine bien mûre est ronde et a la surface lisse.

En février, on commence à semer un pois réellement délicieux, le
Champion de l'Angleterre (fig. 145). On doit continuer les semis en
laissant entre chacun deux ou trois semaines d'intervalle. Cette plante,
dans mon terrain, atteint environ cinq pieds de hauteur.

Au commencement de mars, on sème le meilleur de tous les pois
(*la Perfection de Veitch*, fig. 146). La tige atteint environ trois ou

Fig. 146.
Pois. — La Perfection de Veitch, 1/1 diamètre.

Fig. 147.
Pois. — Le Nec plus ultra, 1/1 diamètre.

quatre pieds de hauteur; les cosses sont bien remplies de pois très
gros mais fort tendres, et leur saveur est préférable à celle de toutes
les autres variétés. Cette espèce se récolte pendant les mois de juillet

et d'août; il est bon de faire deux ou trois semis à des intervalles d'environ trois semaines. En avril, on sème un autre excellent pois qui s'appelle le *Nec plus ultra* (fig. 147). Il atteint une hauteur de six pieds et produit considérablement; mais la saveur de ce dernier n'approche pas de celle de l'espèce dont nous venons de parler. En espaçant ainsi les semis, on obtient des pois jusqu'en novembre, à moins toutefois que les oiseaux ne prennent le devant sur nous, ou que les insectes n'attaquent la plante.

Les graines du *Champion de l'Angleterre*, de la *Perfection de Veitch* et du *Nec plus ultra* sont ridées quand elles sont mûres. On considère ordinairement que les variétés blanches du pois ridé ont une saveur plus délicate que les variétés vertes ridées.

Il est bon d'essayer chaque année deux ou trois autres espèces choisies dans les catalogues des marchands de graines, sur leur recommandation; mais il ne faut pas toutefois omettre de planter les espèces que nous venons d'indiquer. Je dois ajouter que l'essai de ces nouveautés cause beaucoup plus de soucis que de profits.

Mon jardinier sème les pois en fosses, comme le céleri; c'est là certainement un grand avantage pour les produits tardifs; mais je n'y vois pas d'avantage pour les récoltes hâtives. J'ai essayé de semer des pois en pot et de les repiquer au printemps; mais je n'ai jamais réussi, car les plantes élevées dans ces conditions sont très délicates et périssent à la moindre gelée. Les pois hâtifs qui n'atteignent pas une grande hauteur, peuvent être semés plus épais que les autres. Outre les variétés qui précèdent, il y en a une autre fort curieuse : le pois sans parchemin, ou mange-tout. C'est là, selon moi, une espèce curieuse, mais peu digne d'attention.

Pendant l'hiver, je cultive des pois pour me procurer le sommet des pousses. Pour ce faire, on les sème dans un pot et on les cultive en serre chaude. On emploie ces branches pour donner du goût et de la couleur au potage. Les pois constituent un aliment très nutritif quand on les digère facilement. Leurs cendres contiennent une grande proportion de phosphates; il faut donc les semer dans un terrain assez riche, mais en même temps assez poreux pour que les racines puissent pénétrer à une grande profondeur. Quand on possède un grand jardin, il vaut mieux ne semer qu'une seule rangée de pois, car alors ils produisent beaucoup plus ; autrement, si l'on plante en rangées consécutives, il doit y avoir entre elles un espace égal à la hauteur de la tige, c'est-à-dire que si les pois atteignent une hauteur de quatre pieds, il faut que les rangées soient placées à un intervalle de quatre pieds. Il faut ramer les pois qui atteignent une grande hauteur dès qu'ils ont quatre pouces de haut, pour que la plante ne soit pas endommagée avant de s'enrouler sur le support. Toutes les parties du pois sont utiles ; ce que l'homme ne mange pas constitue une excellente alimentation pour les chevaux et les autres animaux domestiques. Si l'on apporte des pois auprès d'une écurie, les chevaux s'agitent et ne se calment que quand on leur en a donné.

Quiconque a voyagé sur le continent doit avoir remarqué la différence entre la saveur de nos pois et de ceux qu'on y cultive. On fait cependant de grandes quantités de conserves pour l'hiver. Ne serait-il pas à désirer qu'on fît de même dans les parties de l'Angleterre où la terre et la main-d'œuvre sont à assez bon marché et où nos pois cultivés sont supérieurs aux variétés du continent.

Les oiseaux font la guerre aux pois ; une troupe de pierrots, un dimanche matin, alors que le jardin est abandonné, en détruit tout une planche. Mais le grand ennemi du pois est la bruche, que nous décrirons plus tard.

La Fève (*Faba vulgaris*, fig. 148) est un légume fort estimé par quelques personnes ; mais, selon moi, elle est fort inférieure au pois, auquel elle ressemble, du reste, par la quantité de phosphates que contiennent ses cendres. En Italie, la fève paraît beaucoup plus estimée qu'en Angleterre, bien qu'on n'omette jamais, au mois de juin, de servir à Londres un plat de lard aux fèves. Horace chantait la fève, il y a près de 2,000 ans :

« O quando faba Pythagoræ cognata, simulque
Uncta satis pingui ponentur oluscula lardo? » — *Satire* VI.

On sème les fèves à environ 3 pouces de distance dans des trous ayant environ 3 pouces de profondeur. Il faut semer les fèves hâtives au mois de décembre, pour récolter en juin ; des semis successifs en janvier, février et mars, permettent de récolter jusqu'en automne. Nous semons le *Mazagan* hâtif (fig. 148) en décembre et la fève longue cosse, ainsi que la fève julienne verte, au printemps. Nous cultivons quelquefois d'autres variétés, mais ce sont là les principales.

Fig. 148. — Fève hâtive de Mazagan, 1/4 diam.

Selon moi, il faut que la fève pousse très vite et qu'on la récolte, pour qu'elle soit bonne, alors qu'elle n'est guère plus grosse qu'un gros pois ; si on attend plus longtemps, elle devient coriace et peu de personnes peuvent la digérer. Les fèves sont exposées aux attaques de plusieurs insectes. Hérodote constate que : « On ne sème les fèves dans aucune partie de l'Égypte, les habitants ne veulent les manger ni crues, ni cuites ; les prêtres même se détournent avec horreur quand ils aperçoivent ce légume, car ils le considèrent comme impur. »

Le Haricot (*Phaseolus vulgaris*) est une graine potagère importante dont il est indispensable de prolonger la culture aussi longtemps que possible. Il y a de nombreuses variétés de haricots, les unes blanches, les autres colorées, quelques-unes grimpantes, d'autre naines. La différence de la graine est en elle-même peu importante et ne comporte pas tout le soin qu'on aurait à prendre pour la choisir. On peut donc se restreindre à deux ou trois espèces.

Le haricot Newington et le flageolet nain noir sont de bonnes variétés colorées ; ce dernier surtout produit de belles cosses régulières et c'est l'espèce que l'on cultive principalement pour le marché de Londres (fig. 149). Nous semons ordinairement nos premiers plants dans la dernière semaine d'avril pour récolter dans le courant de juillet. Nous faisons, bien entendu, deux ou trois semis successifs, le dernier se fait dans le courant de juillet et ordinairement sous châssis. On laisse les châssis ouverts jusque dans le courant de septembre, mais alors il faut les fermer pendant la nuit et pendant les jours pluvieux. Un peu plus tard, il faut les recouvrir de paillassons ; et de cette façon on s'assure d'excellents produits jusque dans le courant de novembre, époque à laquelle une forte gelée tue ordinairement la plante. La production du haricot dépend beaucoup des soins du jardinier.

Le haricot pousse dans tous les terrains. Il faut semer sur deux ran-

Fig. 149. — Flageolet noir nain.   Fig. 150. — Haricot d'Espagne.

gées espacées d'environ deux pieds et placer les graines à environ quatre pouces les unes des autres. Il faut cueillir chaque cosse dès qu'elle est mûre ; quand on veut manger les haricots frais, il vaut mieux les cueillir jeunes, car le grain, en mûrissant, épuise la plante. On peut aussi forcer les haricots en les cultivant dans une serre, c'est le seul moyen d'en avoir au commencement du printemps.

Le haricot d'Espagne (*Phaseolus multiflorus*, fig. 150 est le favori des pauvres qui le font grimper sur leurs cottages. C'est une plante vivace, bien qu'en Angleterre je ne lui aie jamais vu passer l'hiver, et je n'ai même pas pu conserver les racines pendant cette saison. Il y a plusieurs variétés dont il est inutile de s'occuper, car l'espèce commune suffit à tout ce que l'on veut faire. On le sème en avril et on récolte en juillet, août et septembre Les tempêtes équinoxiales tuent le haricot, mais si on s'arrange de façon à le défendre contre le vent, il résiste plus longtemps. Chez moi, on le sème quelquefois en rangées ; parfois aussi on le fait grimper sur trois perches disposées en trépied ; c'est là, d'ailleurs, le meilleur système, parce que l'air et la lumière pénètrent mieux de toutes parts. Les maraîchers ne le laissent guère monter qu'à trois pieds. On peut faire trois semis : l'un à la fin d'avril, le second dans la deuxième quinzaine de mai, et le troisième vers le 15 juin. Quand on désire que les plants produisent beaucoup, il faut avoir soin de cueillir les cosses à mesure qu'elles se forment. On a introduit dernièrement une nouvelle variété très grossière que je ne saurais recommander.

PLANTES A FEUILLES COMESTIBLES

On peut récolter l'Epinard (*Spinacia Oleracea*) pendant presque toute l'année, sauf toutefois pendant les grandes chaleurs du mois d'août et du commencement de septembre. Il y a deux variétés principales d'épinards : l'épinard à graine ronde et l'épinard à graine épineuse. L'épinard à graine ronde (fig. 151) se sème entre les rangées de pois et produit jusqu'à ce que les chaleurs de l'été le fassent monter ; il faut

Fig. 151. — Épinard, 1/8 diam.

Fig. 152. — Tetragone, 1/8 diam.

alors l'arracher et le donner aux animaux. Nous faisons nos premiers semis en février et nous les répétons tous les mois jusqu'en juin. L'épinard à graine épineuse se sème au milieu d'août, puis en septembre; les plants supportent bien les gelées de l'hiver.

Quand on ne peut se procurer l'épinard commun, il faut avoir recours à la *Tetragone* ou épinard de la Nouvelle-Zélande (*Tetragonia expansa,* fig. 152). C'est le capitaine Cook qui a découvert cette plante dans les îles du Pacifique; il l'a employée pour combattre le scorbut qui ravageait son équipage. On en sème quelques graines dans des couches bien terreautées, en avril et en mai, et on récolte des feuilles en abondance en août et en septembre. Cette plante est trop peu connue.

Nous cultivons quelquefois l'épinard blond à feuille d'oseille, qui produit beaucoup en août et en septembre (fig. 153). Le jardinier de l'hôtel des Trossachs, en Écosse, m'a dit que cette variété d'épinard

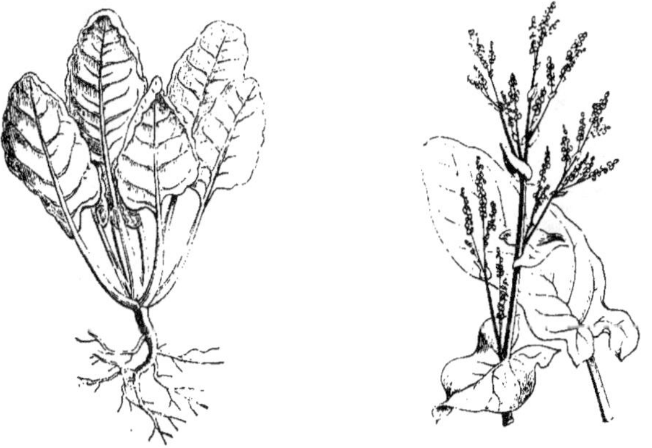

Fig. 153. — Épinard blond à feuilles d'oseille, 1/16 diam.   Fig. 154. — Oseille, 1/15 diam.

est le premier légume qui pousse au printemps en Écosse, aussi le cultive-t-on beaucoup.

Nous cultivons deux variétés d'Oseille (*Rumex acetosa*, fig. 154), c'est-à-dire la variété à feuilles larges et celle à feuilles étroites; ce légume est beaucoup plus estimé en France qu'en Angleterre. L'oseille est une plante vivace appartenant à la même famille que la rhubarbe; elle se multiplie par la division des touffes. On peut aussi faire de semis en rangées distancées d'environ quinze pouces. L'oseille aime un sol bien fumé.

LA TRIBU DES CHOUX

La tribu des Choux (*Brassica Oleracea Capitata*) est très importante, car, sous une forme ou sous une autre, on récolte ces légumes pendant toute l'année. Il y a plusieurs variétés du chou commun ; la plus grande est le Drumhead (fig. 155) qu'on emploie pour nourrir les bestiaux ; la plus petite est le chou d'York, petit, hâtif. On trouve nombre de variétés intermédiaires. Le chou rouge, bien qu'employé le

Fig. 155. — Chou, 1/8 diam.

Fig. 156. — Chou de Milan, 1/8 diam.

plus souvent en conserves, est un bon légume culinaire ; un perdreau aux choux rouges n'est pas à dédaigner. Nous faisons ordinairement en janvier, dans la serre, des semis de choux rouges et d'une ou deux autres espèces ; nous répétons ces semailles en mars et en août, mais alors en plein air.

Nous cultivons aussi un chou Collard très vigoureux que nous avons choisi avec soin depuis plusieurs années. Cette variété est fort utile pour récolter au commencement du printemps. On peut reproduire les choux au moyen de boutures aussi bien que par semis. Le chou de Milan (*Brassica oleracea bullata major*, fig. 156) est plus grossier que le chou commun, mais très rustique, ce qui le rend très précieux pour l'hiver; nous le semons en mars et le repiquons en juillet et en août, on peut alors le récolter de novembre en février.

Le chou de Bruxelles (*Brassica oleracea bullata gemmifera*, fig. 157) est sans contredit le plus utile pour un jardin particulier. Ce chou est très rustique et peu sensible au froid, on peut donc le cultiver en quantité considérable, d'autant plus qu'il produit depuis le commencement d'octobre jusqu'au printemps. Le chou de Bruxelles pousse

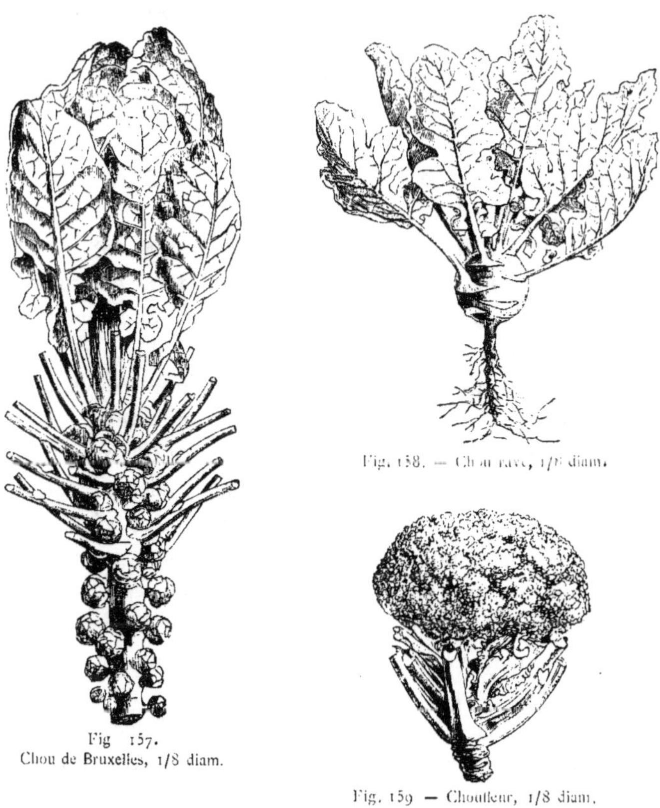

Fig. 157.
Chou de Bruxelles, 1/8 diam.

Fig. 158. — Chou-rave, 1/8 diam.

Fig. 159 — Chou-fleur, 1/8 diam.

une tige ayant environ 3 pieds de haut et des feuilles dans toute la hauteur. A l'axe de ces feuilles se forment des choux très petits. Il est curieux que ce légume ne se reproduise sans changement qu'à Bruxelles, bien qu'on puisse presque partout s'en procurer de bonnes graines. La production en est très considérable, car tous ces petits choux remplacent en nombre ce qui leur manque en grosseur. Le sommet du chou de Bruxelles ressemble à un chou fort pauvre, il est bon à manger, mais il n'a pas la saveur des petites têtes.

Nous faisons notre premier semis dans la serre à arbres fruitiers dans le courant de février. Le semis principal se fait en plein air à la fin de mars. On repique les plants du premier semis en mai et en juin, et les plants du second en juillet. Il faut laisser entre chaque rangée un espace de 2 pieds et entre chaque plant un intervalle d'un pied.

En Écosse, on sème ordinairement le chou de Bruxelles en août, pour récolter l'année suivante.

Le chou-rave (*Brassica Carlo Rapæ caudo,* fig. 158) se cultive quelquefois dans mon jardin pour les bestiaux. Je l'ai fait cuire quelquefois, mais en somme c'est un mauvais légume. La graine se sème en février, on repique en mai et, en automne, les tubercules sont bien formés. Ce chou est particulièrement productif pendant les étés secs, car plus il fait chaud et sec, plus les tubercules sont beaux.

Nous cultivons aussi les choux frisés *(Brassica Oleracea)* en certaine quantité. C'est un chou très rustique, mais inférieur au chou de Bruxelles. Il en existe une variété qui forme de beaux végétaux, à condition toutefois qu'on puisse se procurer un bon plant, pour garnir les parterres au commencement du printemps, car les feuilles revètent toutes les couleurs de l'arc-en-ciel. On sème en mars et on repique en juillet, aussitôt que l'on a du terrain libre, en rangées espacées de 2 pieds et en laissant 18 pouces d'intervalle entre chaque plant. En Écosse, les maraîchers s'enorgueillissent beaucoup de leur chou frisé.

Nous avons ordinairement des choufleurs (*Brassica Oleracea*) de juin jusqu'à Noël, et quelquefois plus tard. Nous faisons notre premier semis pendant la seconde quinzaine d'août, on transplante les jeunes plants en novembre sous châssis où on les conserve dans une atmosphère plus sèche qu'humide, et l'on a soin de les exposer à l'air chaque fois qu'il fait beau. Quand l'hiver est très rude, beaucoup de plants périssent, mais autrement ils poussent bien. On les repique en plein air, en février et en mars, et ils commencent à rapporter en juin. Le second semis se fait en janvier, un troisième en mars, et un quatrième en mai pour la récolte d'hiver. Il n'y a pas beaucoup de variétés de choufleurs. Pour les semis d'août, nous préférons le Londres hâtif (fig. 159); pour les autres, nous employons ordinairement le Walcheren. Le choufleur, dans les environs de Naples, atteint des dimensions si considérables, que trois têtes suffisent à la charge d'un mulet. En Angleterre, pendant les hivers doux, les choufleurs résistent, à la condition qu'ils soient protégés par un mur; cependant on les place ordinairement sous châssis.

Le choubrocoli (*Brassica Oleracea*) est un bon légume en mars et en avril avant l'arrivée du choufleur. Il ne faut pas cependant trop y compter, car, pendant les hivers rudes, on est exposé à voir mourir tous les plants. Le brocoli est, en outre, inférieur au choufleur sous tous les rapports. Nous plantons les variétés du Cap dans le courant d'avril. Il y a une grande quantité de brocolis, et j'en achète ordinairement une demi-douzaine d'espèces dans l'espoir que les uns seront plus hâtifs ou plus tardifs ou plus rustiques que les autres. J'ai été presque toujours désappointé sous ce rapport, la plupart du temps ils mûrissent tous ensemble et la gelée les fait tous périr. On a remarqué que les brocolis exposés en plein air et en pleine lumière résistent mieux que ceux qui sont plantés dans un jardin bien abrité.

Je ne saurais trop recommander le brocoli branchu violet; on le sème dans le courant de mai et on récolte au mois d'avril ou de mai suivant.

Tous les choux aiment un terrain bien fumé. Ce sont tous de gros mangeurs; il faut donc éviter de leur donner des engrais grossiers ou en putréfaction que la plante absorbe facilement et qui lui donnent une saveur désagréable, surtout si l'on n'emploie pas le chou dès qu'il est coupé. Le bon fumier d'écurie est par conséquent le seul qui convienne pour les choux.

CHOU MARIN, ASPERGES, ARTICHAUTS, ETC.

Bien que le Chou marin ou Crambé maritime (*Crambe maritima*) et l'Asperge (*Asparagus officinalis*) diffèrent complètement quant à leurs caractères botaniques, je les réunis dans le même chapitre, parce que, comme légume, l'un remplace facilement l'autre. Le chou marin produit de la mi-décembre à la mi-mai ; l'asperge depuis la mi-avril jusqu'à la mi-juillet ; toutefois je défends de couper des asperges après le premier juillet.

Les couches d'asperges prennent beaucoup de place. On doit leur donner trois pieds de largeur, les creuser profondément, y mettre beaucoup de fumier, et les plants persistent alors pendant plusieurs années. Dans chacune de ces fosses, on met quelquefois trois, quelquefois quatre rangées de plants d'asperges, mais le produit reste toujours le même. Les asperges doivent avoir deux ans quand on les place dans les fosses. En hiver, quand la tige a péri, on recouvre le tout d'une épaisse couche de fumier d'écurie recouvert de terre. Au printemps,

Fig. 160
Asperge
1/3 diam.

vers le milieu de mars, on enlève la terre, et les premiers rejetons (fig. 160) paraissent pendant la seconde semaine d'avril, mais souvent ils sont gelés. On voit paraître alors successivement les rejetons, à mesure qu'on les coupe, jusque dans le courant de juillet, mais couper trop longtemps épuise la couche. Les asperges constituent essentiellement le légume du mois de mai, il faut donc en cultiver une assez grande quantité pour en avoir tous les jours jusqu'à l'arrivée des pois. On aime beaucoup les asperges sur le continent. En Italie, on sert des asperges sauvages dont le goût est si fort qu'il en est presque déplaisant. A Paris, on trouve d'énormes asperges ; on m'a dit qu'elles viennent du midi de la France, mais, malgré tous les renseignements que j'ai pris à ce sujet, il m'a été impossible de savoir comment on fait pour les amener à une grosseur si extraordinaire. Beaucoup de jardiniers répandent du sel sur leurs couches d'asperges ; je n'ai jamais employé ce système, et cependant ma récolte est considérable. Les asperges vendues sur le marché de Londres sont coupées trop jeunes; la raison de ce fait est qu'elles paraissent alors beaucoup plus grosses. Dans un jardin particulier, il ne faut pas couper les asperges avant que l'extrémité ait environ trois pouces de matière verte que l'on puisse manger facilement. J'ai quelquefois forcé des asperges en châssis quand j'ai pu me procurer de vieux plants, mais ces asperges n'ont de saveur que si on les expose à une lumière intense. Les asperges précoces, cultivées en serre, constituent un luxe qui ne convient qu'aux tables royales. Il n'y a guère, je crois, qu'une seule variété d'asperges ; les soi-disant variétés géantes ne diffèrent, il me semble, en rien des autres.

Fig. 161 — Chou marin
1/8 de la grosseur

Le Chou marin (fig. 161) constitue à peu près le seul légume frais que l'on puisse se procurer pendant plusieurs mois ; il faut donc en planter une quantité suffisante. Le chou marin se multiplie par semis ou plus communément par petites boutures enlevées aux gros plants. Nous produisons ceux que nous voulons récolter les premiers en les plaçant dans des châssis et en les laissant dans l'obscurité, car ce légume est désagréable s'il n'est pas bien blanchi. On cultive les autres sous cloche. Une couche de choux marins dure plusieurs années, et comme c'est une de nos plantes sauvages indigènes, elle est très rustique. Je n'ai jamais vu ce légume sur le continent; les étrangers qui me visitent ont toujours exprimé leur étonnement à la vue de ce légume.

J'ai toujours eu beaucoup de difficultés à élever les Artichauts (*Cynara Scolymus*); ils gèlent dans mon jardin. Il faut les reproduire par rejetons, parce qu'ils sont très aptes à varier

Fig. 162. — Artichaut,
1/4 de la grosseur.

quand on les sème. L'*artichaut globe* (fig. 162) est, sans contredit, la

meilleure variété; il faut le cueillir jeune. On en trouve toute l'année
en Italie, mais ils viennent probablement de l'extrémité sud de ce pays.

J'ai cultivé des Cardons (*Cynara cardonculus*), mais je n'en cultiverai plus, car, soit qu'ils proviennent de mon jardin, soit que je les
aie achetés au dehors, c'est un légume qui ne me semble pas digne
d'être cultivé. On mange les côtes blanchies des feuilles, mais elles sont
très inférieures au céleri.

LES LÉGUMES ALLIACÉS

Je cultive quatre espèces différentes d'Ognons (*Allium cepa*). D'a-
bord l'ognon souterrain ou ognon patate (fig. 163), qui se plante en
janvier et qui se récolte en juin. On enterre une seule bulbe qui en produit quatre ou cinq. Ces ognons sont utiles pour les navires qui partent
en cette saison de l'année, mais les bulbes ne se conservent pas bien et

Fig. 163. — Ognons patates, 1/4 diam,

Fig. 164. — Ognon de Tripoli, 1/3 diam.

on peut laisser cette culture de côté. La seconde récolte provient de semis faits depuis le milieu jusqu'à la fin d'août. Les jeunes plants passent
l'hiver et donnent de jeunes ognons au printemps; on éclaircit ou
on repique dans du sol bien fumé et on obtient de beaux ognons en
août. Les bulbes sont d'autant plus grosses que le sol est bien remué
et surtout si on les entoure d'une petite quantité de guano.

Les meilleures espèces sont l'ognon rond et l'ognon plat de Tripoli,
l'ognon Rocca et l'ognon d'Espagne. Entre mes mains, l'ognon rond

de Tripoli (fig. 164) atteint un poids de près de deux livres ; à Naples on en trouve communément qui pèsent 4 livres. On sème les principales planches en mars, ce sont les ognons que l'on conserve pour l'hiver ; les meilleures espèces, pour ces semences, sont : l'ognon espagnol et l'ognon rouge foncé. Les semis venant après sont destinés à produire les petites bulbes que l'on conserve dans le vinaigre. Le sol de mon jardin, probablement parce qu'il est trop humide, convient peu à la culture des petits ognons. La fig. 165 représente, vus au microscope, les cristaux qu'on trouve dans la pellicule de l'ognon. J'ai cultivé à l'occasion

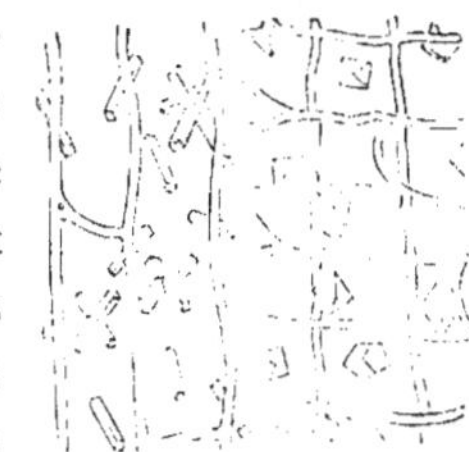

Fig. 165. — Cristaux de la pellicule des ognons.

l'ognon arborescent, c'est une variété qui produit de petits ognons au sommet des tiges, mais ils sont grossiers et ont un goût très fort. Je ne saurais donc recommander cette espèce.

Je cultive toujours le Poireau (*Allium Porrum*, fig. 166, qui constitue au commencement du printemps un légume excellent. Le poireau

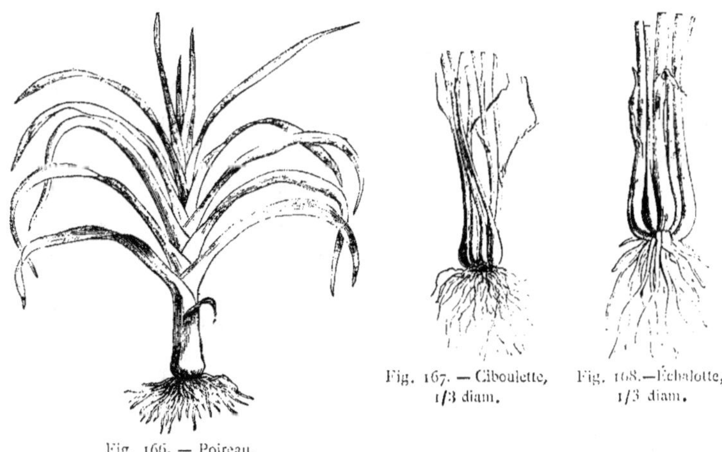

Fig. 167. — Ciboulette,
1/3 diam.

Fig. 168. — Échalotte,
1/3 diam.

Fig. 166. — Poireau.

est la plus rustique de toutes les plantes du jardin, il résiste facilement aux gelées les plus fortes. Les ouvrages sur l'horticulture nous indiquent comment il faut s'y prendre pour cultiver le gros poireau, mais ils négligent de nous dire ce qu'on en peut faire quand on les a obtenus. Les poireaux potagers doivent avoir tout au plus 1/2 pouce de diamètre et environ 6 pouces de long. Ils sont très recherchés en janvier, février, mars, avril et pendant le commencement de mai, alors que les autres légumes sont très rares. On sème à la volée en mars, de façon à récolter beaucoup de petits poireaux, plutôt que quelques-uns très gros. Les espèces que je cultive sont le London et le Musselburgh ; la culture en est très simple, car il suffit de sarcler de temps en temps pour enlever les mauvaises herbes.

Nous cultivons la Ciboulette (*Allium schœnoprasum*, fig. 167) pour remplacer les ognons, au cas où ceux-ci viendraient à manquer. Mais je dois ajouter que, notre récolte d'ognons ne nous faisant jamais défaut, et notre système de culture nous permettant d'en avoir de jeunes au commencement du printemps, nous pourrions facilement nous dispenser de cultiver la ciboulette.

Je cultive toujours avec beaucoup de soin les Échalottes (*Allium ascalonicum*, fig. 168). On les plante dans des trous espacés d'environ six pouces et en rangées distantes d'un pied l'une de l'autre, au mois de février, en même temps que les ognons patates; les échalottes sont mûres en juillet. On en met alors une partie de côté pour s'en servir pendant l'hiver ; on conserve une autre partie dans du vinaigre, et enfin on conserve les autres pour les plants du printemps suivant.

Je cultive une petite quantité d'Ail (*Allium sativum*, fig. 169). Les Romains n'avaient pas l'ail en grande estime : « Allium torquet, adurit, enecat, » dit Pline (Liv. XXV, chap. 13). En France, on en fait un tel usage que les Anglais voyageant sur le continent en sont incommodés, et que ce souvenir les empêche de jamais laisser entrer l'ail

Fig. 169. — Ail.

dans leur cuisine. Il faut à l'ail la même culture qu'aux échalottes et qu'aux ognons patates. On trouve dans Horace une idée fort singulière, il considère que l'ail est un poison digne d'un parricide.

> « Parentis olim si quis impia manu
> Senile guttar fregerit,
> Edat cicutis allium nocentius. » — *Epode* 3.

LES COURGES ET LES POTIRONS

Les Courges (*Cucurbita ovifera*, fig. |170) sont fort utiles en août. La grande chaleur qui dessèche presque tous les autres légumes fait fructifier les courges. On en cultive plusieurs variétés ; quant à moi, j'ai renoncé à l'une d'elles le « Custard » en dépit de son joli aspect, parce qu'elle ne vaut rien comme aliment. On sème les courges sous châssis en avril, et on laisse la graine germer lentement. Vers la fin de mai, on repique les plants sur du fumier qu'ils recouvrent entièrement. Plus on débarrasse vite la plante de ses fruits, plus elle produit ; en effet, qu'on laisse une seule courge produire des graines, et le pied ne donne plus de fruits. Si, à la fin de la saison, on en laisse mûrir quelques-unes, elles se conservent pendant tout l'hiver.

Fig. 170.
Courge,
1/6 diam.

Je cultive des Potirons (*Cucurbita pepo*, fig. 171) beaucoup plus pour avoir le plaisir de les regarder que pour leur valeur intrinsèque. On met du potiron dans la tarte aux pommes, mais il faut bien avouer que la tarte est meilleure quand il n'y a que des pommes. La soupe au potiron, par exemple, est une excellente chose que je ne saurais trop recommander. On suit, pour le potiron, les mêmes principes de culture que pour les courges. Depuis 1871, mes courges et mes potirons sont fréquemment attaqués par des champignons.

Fig. 171. — Potiron,
1/16 diam.

RACINES POTAGÈRES ET TUBERCULES

Je m'arrange toujours de façon à faire plusieurs récoltes de Navets (*Brassica rapa*, fig. 172). On sème une première planche au commencement de mars et on continue les semis jusque vers la mi-août. Il y a plusieurs variétés ; je préfère le navet « American Strap Leaf » et le navet blanc ; d'autres, au contraire, cultivent de préférence le navet

Fig. 172. — Navet de six
semaines, 1/4 diam.

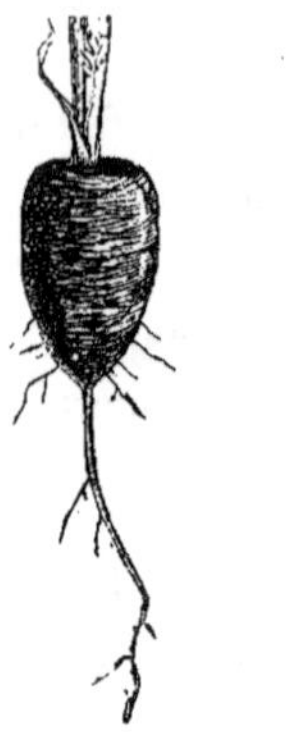

Fig. 173. — Carotte rouge courte,
1/4 diam.

Fig 174. — Panais, 1/16 de la
grosseur.

jaune boule d'or, que quelques-uns, rejettent à cause de sa couleur jaune. Sur le continent, on vend dans tous les marchés de longs navets noirs. On sème le navet à la volée et on éclaircit à la binette. Les navets ont beaucoup d'ennemis ; les mouches en sont très friandes et les chenilles en détruisent de grandes quantités. Le navet est un légume classique chanté par Horace :

« Acria circùm
Rapula, lactucæ, radices, qualia lassum
Pervellunt stomachum. » — *Satira* viii.

Je cultive aussi plusieurs couches de carottes (*Daucus carota*). On fait les premiers semis sous châssis en février, sur une bonne couche de fumier, et la carotte est mûre en mai et en juin. C'est la plus délicieuse de toutes. En mars, on sème les planches principales et un peu plus tard la carotte rouge courte que l'on garde pour l'hiver. Aucune autre espèce ne peut se comparer à celle-ci (fig. 173), à condition toutefois que l'on puisse se procurer de vraies graines. On emmagasine aussi, pour l'hiver, la carotte rouge longue d'Altringham et celle de Surrey, mais quand on peut se procurer la carotte rouge courte, on n'hésite pas à donner toutes les autres aux bestiaux.

Le Panais (*Pastinaca sativa*, fig. 174) est un légume précieux pendant l'hiver et au commencement du printemps. Ses propriétés nutritives sont presque aussi considérables que celles de la pomme de terre. On le sème en février, en rangées espacées d'environ un pied; il faut ensuite éclaircir le plant. Le panais long à couronne creuse est une excellente variété. Les panais atteignent leur perfection en février et en mars.

L'Artichaut de Jérusalem ou le Patisson, ou, comme on l'appelle quelquefois, le Bonnet d'électeur (*Helianthus tuberosus*, fig. 175), est un légume plus apprécié sur le continent qu'en Angleterre où on néglige beaucoup trop cette utile racine. L'artichaut de Jérusalem est une racine rustique, qui pousse sans beaucoup de soins et qui produit beaucoup. Au printemps, il sert de légume; il est aussi excellent dans le potage. On le multiplie en replantant les tubercules, et chaque année il faut en conserver quelques-uns dans ce but. Il fleurit quelquefois en Angleterre, mais il ne produit pas de graines. Un de mes amis en a planté quelques hectares, mais il n'a pu trouver à les vendre. Les faisans aiment beaucoup ce tubercule et prouvent ainsi qu'ils ont un goût plus raffiné que beaucoup de mes compatriotes.

Fig. 175.
Artichaut de
Jérusalem,
1/4 diam.

J'ai acheté à Paris un assez grand nombre de plants d'*Oxalis crenata*, mais je n'ai pu réussir à les cultiver dans mon jardin.

Le Cerfeuil tuberculeux (*Chærophyllum sativum*, fig. 176) se vend aussi communément à Paris. Jusqu'à présent, je n'ai pu réussir à l'acclimater chez moi; il pousse, mais les tubercules ne se développent pas. Cette plante atteint une hauteur de six pieds et fait un joli ornement. Cette année, j'ai enfin réussi à obtenir de la graine de mes propres plants et j'espère arriver à l'acclimater. Il faut semer en août dès que la graine est mûre. Les tubercules bouillis sont excellents.

On peut regarder le Salsifis (*Tragopogon porrifolius*, fig. 177

comme un autre légume peu important ; en France, cependant, on le cuit
de façon excellente. Il faut semer en mars ; ce légume dure tout l'hiver,
comme le panais.

Fig. 176 — Cerfeuil tuberculeux

Fig. 177.
Salsifis, 1/8 diam.

Fig. 178.
Scorsonère, 1/8 diam.

Le Scorsonère (*Scorzonera hispanica*, fig. 178) se cultive et s'emploie de la même façon que le salsifis ; sans avoir plus d'importance,
c'est aussi un excellent légume.

L'Igname de la Chine (*Batatas edulis*) est une autre plante qui ne
réussit pas très bien chez moi ; peut-être, d'ailleurs, aurait-elle mieux
réussi si j'avais donné plus de soins à sa culture. Toutes les variétés de
patates des Indes occidentales poussent pendant l'été, mais ne produisent pas de tubercules. L'Igname de la Chine est une plante traînante
produisant des tubercules et se reproduisant au moyen de boutures. On
fait cuire les tubercules comme les pommes de terre.

Dans notre système social, la Pomme de terre (*Solanum tuberosum*,
fig. 179) peut être plutôt considérée comme une culture des champs

que comme une culture de jardin, à cause des vastes superficies sur lesquelles on la cultive et des immenses quantités
que l'on en consomme annuellement. Néanmoins, je lui fais toujours une petite place dans
mon jardin. Je m'arrange de façon à faire
deux récoltes, et pour les deux j'emploie une
seule variété connue sous le nom de *Royal*

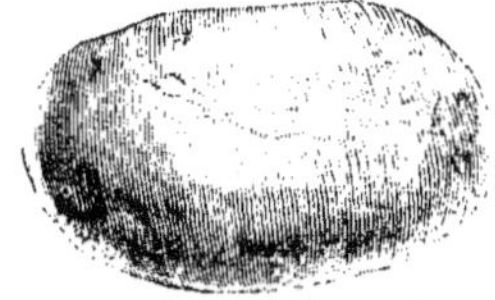

Fig. 179. — Pomme de terre, *Royal ash Leaf*, 1/4 grosseur

ash leaf Kidney. Au commencement de janvier, nous plaçons un certain
nombre de tubercules dans des casiers plats dans l'une des serres, et
nous les laissons germer lentement ; puis on les plante dans une couche
de terreau placée au-dessus d'environ deux pieds de feuilles et de fumier, pour que la chaleur soit douce et se continue longtemps. Ces
pommes de terre sont bonnes à manger vers la mi-mai et durent jusque
vers la fin de juin, époque à laquelle une pomme de terre nouvelle bien
mûre est chose délicieuse. Pour la seconde récolte, on fait germer les
tubercules de la même façon, mais on les plante en pleine terre. On espace les rangées d'environ deux pieds ; quand la tige atteint à peu près
six pouces de hauteur, il faut la butter ; c'est là, d'ailleurs, le seul soin
que réclame la pomme de terre. Il y a actuellement un nombre infini de
variétés de pommes de terre. Pour choisir au milieu de toutes ces variétés, il faut se laisser guider par les considérations suivantes : 1º le
peu de volume de la tige, pour occuper moins de place ; 2º la solidité du
tubercule ; 3º son poids ; 4º sa saveur et l'absence d'un goût trop sucré ;
5º son état farineux quand il est cuit ; 6º l'égalité de sa surface ; en effet,
si les germes sont trop enfoncés, on perd beaucoup en l'épluchant ; 7º la
facilité avec laquelle elle se reproduit.

Depuis quelques années, la pomme de terre est sujette à de graves
maladies ; quand la tige meurt, les cellules du tubercule perdent leur
amidon et les tissus cellulaires s'affaissent (fig. 180). Mes observations
me portent à croire que l'*Aphis vastator* attaque les feuilles ; puis
un champignon parasite, appelé le *Penispora infestans*, attaque la
plante qui meurt, et les tubercules pourrissent. Quelques botanistes
considèrent que c'est le champignon et non pas l'aphis qui est la cause
de la maladie ; d'autres croient que ni l'un ni l'autre n'ont rien à y voir.

Quant à moi, je crois que l'aphis est le premier agresseur et que le champignon vient après (voir le chapitre sur les champignons et les insectes).

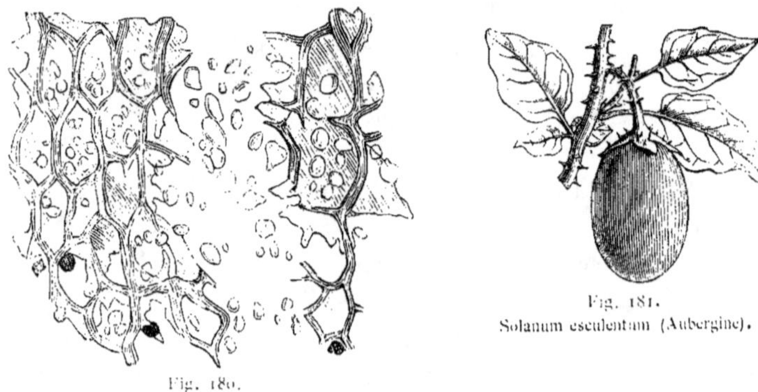

Fig. 180.

Fig. 181.
Solanum esculentum (Aubergine).

Sur le continent, on vend, dans tous les marchés, le fruit curieux du *Solanum esculentum* (fig. 181), que l'on ne rencontre jamais sur les marchés de l'Angleterre. La variété blanche est une plante curieuse, particulièrement intéressante, mais la variété violette s'emploie beaucoup plus ordinairement comme légume.

LES HERBES ET LES PLANTES AROMATIQUES

On cultive bien des plantes pour leurs propriétés aromatiques, la

Fig. 182. — Menthe.

Fig. 183. — Pouliot.

Fig. 184. — Menthe poivrée.

menthe (*Mentha*) par exemple. La Menthe commune (fig. 182) se multiplie par division; elle aime un sol léger. Nous ne la forçons jamais : cependant si on en a besoin de bonne heure, on peut la faire pousser dans un pot placé dans une terre chaude. L'huile essentielle de cette plante s'emploie dans la pharmacie.

Je cultive le Pouliot (fig. 183), mais c'est une plante dont je ne me sers jamais.

Je cultive aussi la Menthe poivrée (*Mentha piperita*, fig. 184) comme curiosité plutôt que pour un usage quelconque. On cultive beaucoup cette plante dans notre district, pour la pharmacie. On la distille dans le courant d'août; l'huile essentielle qu'elle produit est la meilleure qui soit au monde. Pendant cette distillation, l'air est embaumé. On repique cette plante chaque année; il ne faut mettre qu'un seul rejeton par pied. Le miel de notre district a un goût de menthe tout particulier.

J'ai ordinairement dans mon jardin un plant de Mélisse (*Melissa officinalis*, fig. 185). On se sert quelquefois des feuilles pour faire des infusions, mais cette plante a peu d'importance.

La Sauge (*Salvia officinalis*, fig. 186) sert à la cuisine. Il y en a deux ou trois variétés, mais la sauge commune suffit à tous les besoins. On

Fig. 185. — Mélisse.   Fig. 186. — Sauge.   Fig. 187. — Thym.

la propage par graines ou par boutures; elle demande une grande abondance de lumière et elle craint un peu le froid. Cette plante ne réussit pas aussi bien dans mon jardin que dans certains autres qui paraissent cependant plus mal exposés.

Le Thym est une de ces plantes qui poussent partout. On distingue le Thym ordinaire (*Thymus vulgaris*, fig. 187) qui se multiplie par graines ; le thym citronné (*Thymus citriodorus*) et le thym orangé. Le thym citronné se multiplie par boutures ; c'est la meilleure variété. Il faut récolter en été, et faire sécher la provision d'hiver.

Je cultive la Bourrache (*Borago officinalis*, fig. 188) pour deux raisons : d'abord, parce que cette plante a une fort jolie fleur, et ensuite,

Fig. 188. — Bourrache.

Fig. 189. — Souci.

parce qu'elle communique au vin de Bordeaux un goût délicieux. La bourrache se multiplie par graines ; une fois dans un jardin, elle pousse spontanément chaque année.

Fig. 190. — Angélique.

Le Souci (*Calendula officinalis*, fig. 189) s'emploie, dit-on, sur le continent, dans les sauces et dans les soupes ; mais je n'en ai jamais goûté. Je ne cultive cette plante que pour ses fleurs ; on m'a dit aussi que l'on fait sécher les fleurs qui constituent en Hollande un article de commerce très considérable.

Je ne cultive ni l'Anis (*Pimpinella nisum*), ni la Coriandre (*Coriandrum sativum*), ni le Carvi (*Carum carui*). On emploie beaucoup l'angélique (*Archengelica officinalis*, fig. 190), à l'état cristallisé, dans la confiserie, et il n'y a guère de jour où cette plante ne paraisse sur la table. On emploie les tiges au printemps, quand elles sont jeunes et tendres. Cette plante, fort jolie en elle-même, pousse vigoureusement ; nous ne nous en servons jamais, car, seul, un confiseur habile peut la préparer. L'angélique se multiplie par semis ; il faut semer la graine en août, dès qu'elle est mûre.

Dans presque tous les jardins on cultive des Matricaires (fig. 191). J'ai souvent entendu dire que quelques personnes prennent des infusions des feuilles de cette plante pour couper la fièvre, mais je n'ai jamais pu savoir quel est le résultat obtenu. On peut, je crois, négliger cette plante.

L'Aspérule (*Asperula odorata*, fig. 192) est une plante sauvage odorante que l'on devrait cultiver à cause de la beauté de sa fleur, de

Fig. 191. — Matricaire.   Fig. 192. — Aspérule.   Fig. 193. — Perce-Pierre.

son parfum ressemblant à celui du foin, et du goût tout particulier qu'elle communique au vin. L'aspérule pousse très bien chez moi, mais il y a quelque temps, j'ai perdu presque tous mes plants par la stupidité d'un jardinier qui les avait pris pour de mauvaises herbes. C'est même là, selon moi, je puis le dire en passant, une des principales difficultés de l'amateur de plantes ; les ouvriers détruisent souvent les plus jolies pour préserver avec soin quelque monstruosité horticole.

Le Perce-pierre ou fenouil de mer (*Crithmum maritimum*, fig. 193) se cultive rarement dans les jardins, bien qu'il réussisse fort bien dans le mien. Je l'ai fait planter dans un morceau de craie recouvert d'un peu de terre. Cette plante pousse à l'état sauvage à Folkestone et sur les falaises de Douvres; anciennement, on suspendait à des cordes, le long de la falaise, les gens chargés de la récolte. Les feuilles conservées dans le vinaigre communiquent à la salade une saveur toute particulière.

Notre district est célèbre, à juste titre, pour ses champs de Lavande (*Lavendula spica*, fig. 194), champs si beaux, quand la plante est en fleur, que le spectacle vaut bien un long voyage. On ne peut, en effet, si on ne l'a pas vu, se faire l'idée de ce qu'est un champ de lavande, quand des myriades de tiges sont en fleur. Cette plante produit une huile essentielle dont on se sert beaucoup dans la parfumerie, et la

Fig. 194. — Lavande.

Fig. 195. — Romarin.

Fig. 196. Tabac.

plus grande partie de celle qu'on emploie en Angleterre se fabrique dans notre localité. On ne distille que les fleurs. La variété cultivée se multiplie par division. Les jeunes plants produisent dès la première année, mais la fleur n'atteint tout son développement que la seconde année; on l'arrache ordinairement dans le courant de la troisième. La lavande demande un changement continuel de terrain, on dit toutefois que c'est une culture très profitable.

Je cultive quelques plants de romarin (*Rosmarinus officinalis*, fig. 195). Cette plante contient une huile volatile fort agréable. C'est elle, dit-on, qui donne au miel de Narbonne son parfum tout particulier, car cette plante abonde dans les environs de cette ville, et c'est à ses fleurs que les abeilles empruntent leur miel.

J'ai aussi quelques plants de Tabac (*Nicotiana*, fig. 196), bien plutôt comme ornement que pour l'usage que je puis en faire.

Presque tous les ans je cultive du Basilic (*Ocymum basilicum*, fig. 197) dans mon jardin. On le sème dans une serre, puis on le transplante en plein air. On le coupe en été, et on le fait sécher pour s'en servir pendant l'hiver. C'est là le vrai condiment pour la soupe à la tortue.

Fig. 197. — Basilic.

Fig. 198. — Sariette d'été.

Fig. 199. — Marjolaine vivace

Nous cultivons la Sariette d'été et celle d'hiver. La sariette d'hiver (*Satureia montana*) est une plante vivace qui se multiplie par boutures. La sariette d'été (*Satureia hortensis*, fig. 198) se sème en avril. On peut employer les deux espèces en vert; il faut couper la provision d'hiver au moment où la fleur va s'ouvrir.

La Marjolaine (*Origanum*, fig. 199) est une autre plante dont on se

Fig 200. — Marjolaine.

Fig. 201. — Estragon.

Fig. — 202. Rue.

sert beaucoup à la cuisine. Elle se multiplie par division. La marjolaine à coquille (*Origanum majorana*, fig. 200) est annuelle en Angleterre, et doit se semer au commencement du printemps.

L'Estragon (*Artemisia dracunculus*, fig. 201), dont les feuilles aromatiques servent à donner de la saveur au potage et au vinaigre, est une plante vivace qui se multiplie par division. L'estragon supporte mal le froid de nos hivers; il faut donc en faire de nouvelles plantations chaque année.

Il y a diverses plantes qu'on trouve dans tous les jardins, mais qui, néanmoins, servent peu. La Rue (*Ruta graveolens*, fig. 202) est une de ces plantes. On dit que, prise en trop grande quantité, elle constitue un poison; je ne crois pas, cependant, qu'elle soit jamais employée en médecine. La rue se multiplie facilement par boutures.

La Camomille (*Anthemis nobilis*, fig. 203) est une plante connue et employée depuis fort longtemps. On en cultive de grandes quantités dans notre localité pour vendre les fleurs aux herboristes. C'est une plante vivace, et j'en cultive un plant ou deux. Pereira considère la ca-

Fig. 203. — Camomille.   Fig. 204. — Hyssope.   Fig. 205. — Marrube.

momille comme un bon stomachique et un excellent tonique. Il dit en outre, que des sacs de flanelle pleins de fleurs de camomille et plongés dans l'eau chaude, constituent un excellent agent topique. Je doute que es fleurs ajoutent quelque chose à l'action de l'eau chaude.

Je possède un plant d'Hyssope (*Hyssopus officinalis*, fig. 204). On dit qu'on l'emploie quelquefois à la cuisine, et quelquefois comme médicament; je crois qu'il est aussi inutile dans un cas que dans l'autre. Cette plante se multiplie par division.

Le Marrube (*Marrubium vulgare*, fig. 205) sert de base à un remède populaire pour la toux; je ne crois pas cependant qu'il soit jamais ordonné par aucun médecin. On en fait des pastilles dont se servent beaucoup les personnes atteintes d'affection des poumons.

Le Persil (*Petroselinum sativum*, fig. 206) entre largement dans l'alimentation d'une famille. Autrefois, on en faisait des guirlandes : « Apium igitur inter coronarias herbas memorandum est. » Il faut tou-

Fig. 206. — Persil.

Fig. 208. — Fenouil.

Fig. 207. — Cerfeuil.

jours en avoir une planche très considérable. Un de ses principaux usages est la garniture des plats, et pour cela on recherche toujours le persil frisé. Pour la cuisine, le persil commun vaut peut-être mieux, mais Thompson a fait remarquer qu'en employant seulement l'espèce à feuille frisée, on ne risque pas de se servir par mégarde de la ciguë, plante vénéneuse. On sème le persil à la fin de février, et il monte en graines l'année suivante. En hiver, le persil est rare; on fera donc bien d'en placer quelques pieds sous cloche. Horace dit aussi que le persil servait à faire des guirlandes :

> « Est in horto,
> Phylli, nectendis apium coronis. » HORACE, II. 367.

Pline dit qu'on croit ordinairement que le persil prévient l'ivresse et communique une bonne odeur au corps : « *Apium ; hoc arceri ebrietatem bonumque corpori odorem conferre aiunt.* » (PLINE, livre XIX. chap. 8.)

Le Cerfeuil (*Anthriscus cerefolium*, fig. 207) est une plante analogue au persil. Les feuilles du cerfeuil sont excellentes dans la salade et donnent un goût délicieux à certains potages. La graine ne se garde pas, il faut donc la semer dès qu'elle est mûre. Cette plante aime les endroits humides et ombragés ; elle me donne d'ailleurs fort peu de peine, car elle pousse chaque année à la même place sans qu'il soit besoin de s'en occuper. Si, par hasard, la graine ne tombe pas d'elle-même, il faut la semer en même temps que celle du persil, en ayant soin de la recouvrir d'une légère couche de terre.

Quelques personnes aiment le Fenouil (*Anethum fœniculum*, fig. 208) dans la sauce qui accompagne les haricots; d'autres détestent ce goût. On sème le fenouil en mars, on le recouvre d'un peu de terre; les feuilles seules servent à la cuisine. Une espèce de fenouil, cultivée près de Naples (fig. 209), a de magnifiques feuilles et constitue une véritable beauté dans le paysage. Cette espèce a une sorte de racine bulbeuse ressemblant à celle du chou marin. J'ai essayé d'en manger plusieurs fois, à Naples, mais le goût du fenouil m'a toujours été désagréable.

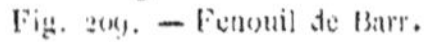

Fig. 209. — Fenouil de Barr.

Fig. 210. — Piment.

Je cultive plusieurs espèces de Piments. Le piment du Chili (*Capsicum annuum*, fig. 210) nous est particulièrement précieux : en effet, quand la récolte est abondante, nous pouvons faire notre poivre de Cayenne en écrasant les gousses desséchées dans un mortier et en y ajoutant un peu de sel. Ce poivre est bien supérieur à tout ce qu'on peut se procurer, il faut donc toujours cultiver cette plante. On peut aussi faire du vinaigre pimenté. Le piment-cerise est aussi une fort belle plante. Les sauvages emploient le fruit d'une de ces plantes, le *Solanum anthropophagorum* (fig. 211), comme condiment, quand ils mangent de la chair humaine.

J'ai souvent cultivé le Gingembre (*Zingiber officinale,* fig. 212); mais cette plante n'étant pas belle, il n'arrive jamais qu'on la garde deux ans. La racine desséchée s'emploie en médecine ; la racine verte est conservée dans du sucre. Les tiges sont annuelles et meurent en automne. Les racines, quand elles ne sont pas devenues trop ligneuses, sont de beaucoup préférables pour faire les confitures de gingembre ; j'ai donc pensé qu'on pouvait le cultiver dans ce but, pendant l'été seulement. Je n'ai jamais essayé ce système, mais j'ai l'intention de le

Fig. 211. — Solanum anthropophagorum.　　Fig. 212. — Gingembre.　　Fig. 213. — Tomates, 1/3 diam.

faire à la première occasion. Le gingembre pousse bien dans les serres; chacun peut donc se procurer facilement les matières premières nécessaires pour faire cette célèbre confiture.

Nous prenons un soin tout particulier de nos Tomates (*Lycopersicum esculentum*, fig. 213). Il faut les semer en février et les transplanter sur couches dès qu'on a de la place. Un triple châssis produit beaucoup de fruits, bien supérieurs à tous ceux qu'on peut importer de l'étranger et à tous ceux qu'on cultive en espalier. Il y a beaucoup de variétés de tomates; mais, après de nombreuses expériences, je préfère

la grosse tomate rouge. On peut aussi multiplier la tomate au moyen
de boutures. La tomate mûrit en août, septembre et octobre, et sert à
faire de bonnes sauces. Bouilli, c'est un légume délicieux. On peut
aussi manger la tomate en salade ; on la coupe alors en tranches fines,
et on y ajoute de l'échalotte, du vinaigre et du poivre. Dans quelques
pays on considère la tomate comme un fruit, mais pas en Angleterre.

Le Raifort (*Cochlearia Armoracea*, fig. 214) est un légume qui
s'emploie comme condiment et qui accompagne toujours le roastbeef

Fig. 214. — Raifort, 1/8 diam.

Fig. 215. — Aconit.

Fig. 216. —Absinthe.

en Angleterre. Pour bien cultiver le raifort, il
faut le planter dans un terrain frais, ombragé
et bien défoncé; on l'enterre à environ un pied
au-dessous de la surface. On a souvent con-
fondu avec le raifort la racine de l'*Aconitum
Napellus,* ce qui a provoqué de terribles accidents. Cette dernière
plante est très vénéneuse, elle est représentée fig. 215, et je ne saurais
trop recommander de la proscrire de tous les jardins.

L'Absinthe (*Artemisia absinthium,* fig. 216) est une plante que les
Français emploient beaucoup aujourd'hui. Le docteur Gros, dans une
lettre qu'il m'a adressée, me dit que, de 4 à 6 heures, on voit servir des

verres d'absinthe dans tous les cafés des boulevards de Paris et chez tous les marchands de vins. Les ouvriers boivent constamment de l'absinthe ; ils font ce qu'on appelle des *tournées*, c'est-à-dire que chacun à son tour régale ses camarades. Dans les classes moyennes et dans l'armée, on boit l'absinthe étendue d'eau, bien que les officiers la prennent facilement pure. De nombreuses expériences ont prouvé qu'à petite dose l'absinthe amène des étourdissements et à grande dose l'épilepsie.

Le mal fait aujourd'hui par cette plante est incalculable, et je la cultive pour la montrer à mes amis anglais et les avertir de ne jamais introduire une si horrible drogue dans notre pays.

LA RHUBARBE.

Depuis un siècle environ on se sert de la Rhubarbe (*Rheum* fig. 217) en hiver pour remplacer les fruits devenus rares ; c'est une plante essentiellement anglaise, peu connue des étrangers. On la mange depuis Noël jusqu'en mai, ou plutôt jusqu'à ce que les groseilles à maquereau soient mûres ; mais on pourrait s'en procurer beaucoup plus tard ; pour en faire des confitures, il vaut même mieux ne la récolter qu'en juillet et en août. Sous forme de tartes, c'est un légume délicieux ; sa saveur toute particulière est due à l'acide oxalique, qui, bien que chatouillant agréablement le palais, se digère difficilement. L'acide existe dans la plante sous forme de bi-oxalate de potasse ; à l'aide du microscope, on peut apercevoir ce sel dans les cellules de la plante.

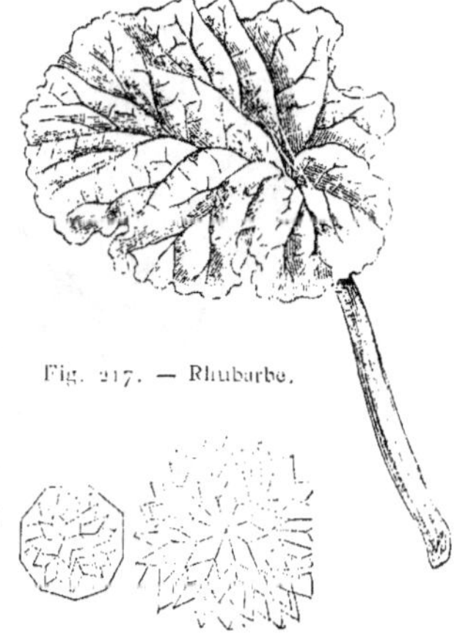

Fig. 217. — Rhubarbe.

Fig. 218. — Raphides de la rhubarbe.

La rhubarbe se multiplie par graines ; mais on ne sait trop, en faisant des semis, si on obtiendra une bonne ou une mauvaise espèce ; il vaut donc mieux la multiplier par division des racines.

On cultive cette plante pour les tiges; la première récolte peut
se faire vers Noël, en plaçant dans une serre chaude deux ou trois
gros plants dans le courant de novembre. Mon jardinier est arrivé à
forcer la rhubarbe en la cultivant en serres. La récolte ordinaire se fait
en plein air. On fait à Londres du vin de rhubarbe qu'on boit dans certains bals en guise de champagne; mais ce vin n'est pas très sain et se
digère mal. D'ailleurs, il faut toujours être sur ses gardes avec la rhubarbe, et les personnes dont l'estomac ne peut la supporter doivent
s'abstenir tout à fait d'en manger. Ce légume est beaucoup plus sain
quand il est jeune et qu'on l'a forcé, car l'acide oxalique n'est pas alors
aussi développé que quand on le récolte en plein air, à la fin de la saison. J'en cultive ordinairement deux variétés.

Vue sur la Wandle.

Pont sur la Wandle.

CHAPITRE IX

MES ARBRES FRUITIERS

La rhubarbe qui, dans certaines circonstances, tient lieu de fruits, nous amène naturellement à parler de notre verger.

Bien qu'en Angleterre nous ne puissions pas cultiver sur une grande échelle les oranges et les citrons de l'Europe méridionale, la pomme délicieuse de Madère, les dattes de Syrie, la vanille des Indes occidentales, la lychia de la Chine ou la banane des tropiques, il n'y a peut-être pas de pays au monde où l'on trouve des fruits plus beaux et plus parfaits que ceux que parvient à se procurer l'horticulteur anglais au moyen de ses serres et de ses appareils de chauffage.

LA POMME

De tous nos fruits, la pomme est peut-être le plus utile: les oiseaux et les animaux l'aiment autant que l'homme. Mon bouvreuil aime son morceau de pomme, mon cheval me fait une quantité de petits signes de remerciement quand je lui donne une pomme, mes vaches en sont très friandes. Les cochons, les poulets, les oies se précipitent sous le pommier pour s'emparer des fruits qui ont pu tomber; quelquefois même les poulets volent dans les arbres pour en attraper quelques-uns.

Il y a de nombreuses variétés de pommes; à peine y en a-t-il une qui n'ait pas une qualité quelconque. J'en cultive dans mon jardin plus de trois cents variétés, nombre bien supérieur à ce dont on a besoin dans la pratique, mais qui est utile pour se livrer à quelques expériences. Toutes sont des variétés d'une seule espèce, le *Pyrus malus*. Au milieu de toutes ces variétés — on en a catalogué au moins quinze cents et il en reste sans doute bien davantage qui n'ont pas encore reçu de nom — aucune espèce nouvelle ne s'est développée. Dans quelques cas, on a développé la grosseur, comme chez la pomme *lord Derby* et la pomme *Gloria mundi ;* dans d'autres, on a provoqué des variations de la couleur de la peau, comme la peau de la pomme *lord Derby,* qui est verte, et celle de la pomme *Sans pareille,* qui est écarlate. Puis il y a aussi une différence dans la densité du jus, dont le plus lourd atteint une densité de 1091. Or, il est digne de remarque que, bien qu'on ait fait des milliers de semences de toutes ces variétés, elles se sont toujours cependant tenues dans une certaine limite de variation et aucune d'elles n'est arrivée au rang d'une nouvelle espèce.

On choisit, pour servir à table, les pommes qui ont une chair délicate et une saveur agréable; on peut citer comme exemple la pomme *Pêche irlandaise* et la pomme *Ribston ;* d'autres ne se servent que cuites, sous forme de tartes et de pouddings.

Il y a une troisième classe de pommes que l'on emploie à la fabrication du cidre; on les choisit à cause de la grande densité du jus : plus le jus est dense, meilleur est le cidre. Il est à remarquer, d'ailleurs, que quelques-unes des pommes les plus mauvaises, mélangées à quelques-unes des meilleures pommes à couteau, font le meilleur cidre ; c'est à la pratique de décider la proportion à employer.

En France, on pèle et on sèche certaines espèces de pommes qu'on exporte en Angleterre sous le nom de pommes tapées; trempées dans l'eau, puis cuites, ces pommes font un mets délicieux au commencement du printemps, alors que les fruits sont rares, et bien plus sain que la rhubarbe que l'on emploie tant dans notre pays.

En Suisse, on cultive une grande quantité de pommes. Les Suisses sont si économes qu'ils coupent en tranches les parties saines des pommes tombées et les suspendent à un fil pour les faire sécher; on peut ainsi les conserver pendant tout l'hiver. C'est là une coutume que nos paysans feraient bien d'adopter.

On peut se procurer de nouvelles variétés de pommes en semant les pépins des meilleures espèces. Il faut les semer dans des tranchées et avoir grand soin de les défendre contre les dépradations des souris. Il est fort rare que les arbres provenant de ces graines produisent des pommes absolument mauvaises ; mais il est fort rare aussi que ces variétés nouvelles soient supérieures à celles qui les ont précédées. Il faut bien avouer que la plupart de nos meilleures variétés de pommes ont une origine accidentelle et que l'expérience y a été pour bien peu ; j'ai fait moi-même une grande quantité de semis ; quelques-uns promettent beaucoup, mais, jusqu'à présent, je n'ai obtenu aucune variété supérieure.

Quand on possède un arbre donnant d'excellentes pommes, il est bon de le multiplier par marcottes et on obtient alors un nouvel arbre donnant des fruits identiques.

On peut aussi multiplier une variété par la greffe.

On greffe les pommiers sur des sauvageons ou sur des plants de *paradis*. L'expérience suivante, que j'ai faite il y a quelques années sur des arbres produisant des pommes hâtives, démontre l'immense supériorité des sujets de *paradis* au point de vue de la production de la pomme hâtive. J'ai greffé un pommier hâtif sur un *sauvageon*, un autre sur un plant de *paradis;* les deux sujets étaient rapprochés. La greffe placée sur le plant de *paradis* m'a donné depuis une bonne récolte annuelle ; l'autre, greffée sur *sauvageon*, bien que ce dernier soit beaucoup plus gros, m'a à peine fourni une douzaine de pommes. Il y a, dans la première partie de leur existence, une différence considérable entre les pommiers greffés sur *paradis* et ceux greffés sur *sauvageon*, bien que ces derniers doivent être toujours choisis pour une plantation permanente. Je taille toujours en vase les pommiers que je greffe sur les plants de *paradis,* car je trouve que cette forme se rapproche, plus que la pyramide, de la forme naturelle du pommier. Mes pommiers en vase sont quelquefois littéralement couverts de fruits admirables ; chaque pomme, en effet, se trouve entourée d'air et de lumière, aussi prend-elle une couleur admirable et une saveur délicieuse. Toutefois, il ne faut pas permettre à un arbre de porter trop de fruits, car il s'épuise et il lui faut un an ou deux pour se remettre. Dans la pratique, il faut éviter de mélanger les arbres greffés sur *paradis* et les arbres greffés sur *sauvageon*, car ces derniers produisent des fruits beaucoup plus tôt que les premiers. Aussi, est-il difficile, sinon impossible, d'avoir une plantation d'arbres mélangés qui affectent à peu près la même taille. Il y a quelques variétés qui poussent peut être trop vite quand elles sont greffées sur *paradis;* cependant je n'hésite pas à recommander ces derniers pour les jardins. L'époque la plus convenable pour planter les pommiers, est d'octobre en mars. Quand on peut soulever l'arbre avec la motte et replanter immédiatement, on peut le faire sans crainte à la mi-octobre; mais, s'il faut transporter les plants à quelque distance, il vaut mieux attendre la fin de novembre. Enfin, si on a coupé la racine en octobre, on peut transplanter entre cette époque et mars.

La taille des pommiers est fort simple. Il suffit de couper les dards; cependant une personne qui a de grands vergers m'a dit que le fruit est bien meilleur quand on coupe les brindilles de façon à laisser l'air et la lumière arriver plus facilement aux branches. Les pommiers greffés sur *paradis* et disposés en vase demandent peu de taille; il faut se contenter de supprimer les branches inférieures quand, devenues trop fortes et trop nombreuses, elles empêchent l'air de circuler autour de la tige.

Dans quelques saisons seulement, mes pommiers sont exposés au dessèchement des feuilles. Cette maladie semble presque toujours produite par un vent du sud-ouest, surtout quand le vent est fort et froid, ce qui arrive souvent au commencement de l'été, quand les feuilles sont jeunes et tendres. Le meilleur remède est de soulever l'arbre et de l'entourer de fumier.

Je cultive le pommier sous trois formes différentes. Je laisse aux uns leur forme naturelle (fig. 219), c'est-à-dire un tronc ayant environ six pieds de haut sur lequel je greffe la variété que je veux obtenir, laquelle greffe forme les branches. Comme on cultive ces arbres dans les cours, il faut les laisser grandir assez pour qu'un cheval ou une vache ne puisse atteindre le fruit. Dans mon jardin, je cultive ordinairement le pommier sous forme de vase (fig. 220) ; il y a enfin une troisième mé-

Fig. 219. — Pommier naturel.

Fig. 220. — Pommier en vase.

thode fort avantageuse, l'espalier (fig. 221), qui occupe peu de place. Quand l'air et la lumière peuvent arriver librement sur chaque branche, on obtient d'excellents fruits en espalier. En résumé, je préfère de beaucoup disposer en vases les pommiers greffés sur *paradis*, car on peut alors placer un grand nombre d'arbres dans un petit terrain. En France, on taille souvent le pommier en cordon ; il s'étend alors sur

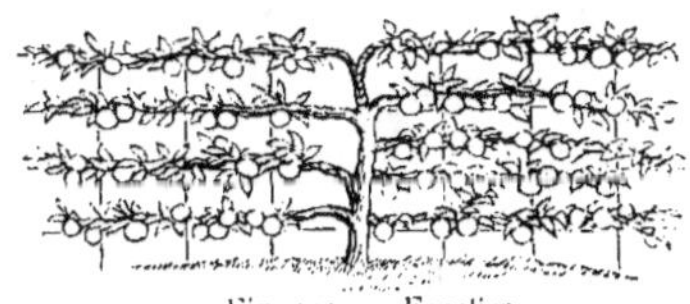

Fig. 221. — Espalier.

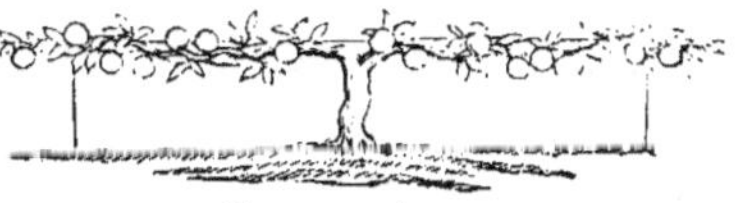

Fig. 222. — Cordon.

un fil de fer placé à peu de distance du sol (fig. 222). J'ai essayé ce système et je le considère comme une monstruosité indigne de l'horticulture scientifique.

Je cultive en pot quelques-uns de mes pommiers, tels que le *Newtown*, l'*Espion septentrional* et le *Melon*, originaires d'Amérique. Il faut nécessairement cultiver en pot la *Mala-Cala*, pomme italienne. Une pomme française, la *Reinette ananas*, cultivée en pot, est très belle. La forme, la taille, la couleur transparente de ce fruit sont si admirables, qu'il ressemble plus à une prune qu'à une pomme. Un de ces petits pommiers couvert de fruits est une véritable curiosité dans la serre aux fruits.

Les autres pommiers cultivés en pot sont l'*Impératrice Eugénie* (fig. 223), pomme qui semble belle et excellente, bien que je ne l'aie pas assez cultivée pour pouvoir la recommander ; les pommes *Court-Pendu, Duresne, Perle d'Angleterre, Reinette petite grise* et *Reinette de Madère*.

Fig. 223.
Impératrice Eugénie !.

Ordinairement, je fais forcer la Marguerite hâtive et bien souvent je l'ai exposée à la fin de mai à la Société d'horticulture ou à la Société de Botanique comme la première pomme de la saison. Les visiteurs s'amusent et partent tout étonnés. Les rédacteurs de journaux d'horticulture, de leur côté, s'écrient, et ils ont raison : « Cui bono ! » Je me contente de leur répondre que c'est une simple vanité de ma part ; mais beaucoup de vanités qui passent pour des plaisirs sont encore bien plus stupides que celle-là. Il n'est pas difficile d'obtenir « les premières pommes de la saison », et je livre bien volontiers le secret, si secret il y a. On plante en pot, dans de bonne terre bien préparée, un plant de Marguerite blanche. Après une année de pot, on place l'arbre dans une serre vers la mi-décembre ; il fleurit en février et les fruits mûrissent en mai. Pour que le succès soit certain, il faut arroser l'arbre avec de l'engrais liquide au moment où la fleur s'ouvre, quand les fruits se forment et qu'ils sont sur le point de mûrir. Tout ceci paraît fort simple ; cependant, je ne saurais affirmer que je produirai chaque année les premières pommes de la saison, car, pour réussir, il faut une attention et des soins qui ne se démentent pas un seul instant.

Il faut cueillir les fruits en automne quand ils se détachent facilement de l'arbre ; en règle générale, pour empêcher les pommes de se rider pendant l'hiver, mieux vaut les laisser sur l'arbre aussi longtemps qu'il n'y a pas à craindre de les voir tomber. J'ai observé que les pommes qui se détachent facilement et tombent prématurément sont des fruits

---

(¹) Toutes les figures représentant les pommes sont dessinées à l'échelle de 1/3 diam.

imparfaits qui n'ont pas de pépins ; je ne parle pas, bien entendu, de ceux qui sont enlevés par un coup de vent. Dès que les pommes sont cueillies, il faut les porter dans un endroit sombre, très frais, et s'arranger de façon qu'elles soient au milieu d'un courant d'air. Il faut ensuite placer les pommes dans le fruitier, et les ranger sur des planches, en ayant soin qu'elles ne se touchent pas. Si on les pose sur de la paille, cette dernière communique au fruit une saveur désagréable ; si elles gèlent, elles ne valent plus grand'chose. Il faut détruire avec soin les champignons qui produiraient des moisissures dans le fruitier ; pour ce faire, on y brûle un peu de soufre avant de ranger les pommes, et quelques espèces se conservent alors jusqu'à l'année suivante. La moisissure donne aux pommes le goût le plus désagréable ; on ne saurait donc trop combattre les champignons. Je recommande d'adopter pour cela un système qui m'a fort bien réussi et que j'emploie toujours, c'est de brûler chaque semaine dans le fruitier gros comme un pois de fleur de soufre.

J'ai déjà dit que ma collection de pommiers comprend près de trois cents variétés. Je reconnais que c'est beaucoup trop et que l'on doit se préoccuper seulement d'avoir des pommes à dessert et des pommes à cuire pour chaque jour de l'année.

Dans tout jardin digne de porter ce nom, il devrait donc y avoir au moins trente espèces de pommes à dessert, de façon à s'assurer une succession constante et une variété continue de fruits. Les pommes précoces ne se conservent que quelques jours ; un seul plant est donc suffisant ; mais il faut toujours avoir plusieurs gros pommiers de pommes d'hiver, car elles se conservent pendant des mois.

La première pomme à dessert qui mûrisse en juillet est la Marguerite blanche (fig. 224). C'est une petite pomme, mais qui fait toujours grand plaisir en ce qu'elle est la première. Bientôt après, mûrit la Marguerite rouge, ainsi nommée parce que le côté de la peau exposé au soleil porte des bandes rouges ; cette pomme est délicieuse, mais elle ne dure malheureusement que quelques jours. La Fraise précoce vient à son tour (fig. 225) ; c'est aussi une petite pomme. Vers le milieu d'août mûrit la Pêche irlandaise (fig. 226), pomme excellente, aux couleurs magnifiques et à la forme élégante. Elle cède bientôt la place à une

Fig. 224.
Marguerite.

Fig. 225.
Fraise précoce.

Fig. 226.
Pêche irlandaise.

Fig. 227.
Reine jaune hâtive.

pomme de France la Reine jaune hâtive (fig. 227), que j'ai cultivée
en pot avec beaucoup de succès; mais, cultivée en pleine terre, je me
suis aperçu qu'elle ressemble beaucoup à la Gravenstein, fig. 231, si
même elle n'est pas identique à cette dernière; la culture en pot avait
quelque peu modifié les caractères. A peu près à la même époque,
mûrit aussi l'Astracan et la Quarrendon du comté de Devon (fig.
228). Ce dernier pommier produit beaucoup de fruits que leur couleur
rouge brillant du côté exposé au soleil fait rechercher sur le marché.
A la même époque mûrit aussi la Benoni (fig. 230); c'est un fruit

Fig. 228. —Quarrendon
du comté de Devon.

Fig. 229. — Pépin
de Kerry.

Fig. 230.
Benoni.

Fig. 231.
Gravenstein.

malheureusement trop peu connu, car son aspect est magnifique et son
parfum délicieux.

Au mois de septembre, on peut cueillir le Pépin de Kerry (fig. 229),
pomme à la peau semi-transparente, à la chair jaunâtre et au parfum
délicat. Vient ensuite la Gravenstein (fig. 231), autre pomme délicieuse.
Enfin, vers la fin du mois, le Pépin Ribston, le Pearmain doré d'hiver,
l'Ananas Pitmaston, font leur apparence sur nos tables. Le Pépin

Ribston (fig. 232) est l'une des meilleures pommes qu'il y ait ; si on
la cueille bien mûre, on peut la conserver jusqu'au mois de juin suivant ; cette pomme a un parfum tout particulier que la chimie a trouvé
le moyen de reproduire dans le laboratoire. Il devrait y avoir dans
chaque jardin deux ou trois gros pommiers appartenant à cette variété,
car c'est malheureusement un arbre capricieux au point de vue du

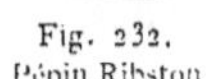

Fig. 232.
Pépin Ribston

Fig. 233. — Pearmain
doré d'hiver.

Fig. 233 a. — Ananas
Pitmaston.

Fig. 234.
Calville d'Angleterre.

rapport. Ces pommiers aiment un terrain fort riche ; j'ai essayé de les
greffer sur un plant de la même espèce, mais sans avantage. La Pearmain dorée d'hiver (fig. 233) rapporte beaucoup plus, mais c'est un
fruit de qualité inférieure. Quoi qu'il en soit, il faut en avoir un plant
ou deux. L'Ananas Pitmaston (fig. 233 a) est une pomme peu connue,
mais qui mériterait de l'être davantage, car elle est délicieuse. Elle
produit considérablement dans mon jardin, mais l'année suivante
elle ne rapporte rien. Je ne saurais trop recommander de cultiver cette
variété.

De la mi-octobre à la mi-novembre, on ne doit manger que le Pépin
Ribston. Décembre nous amène la Calville d'Angleterre (fig. 234), une
des meilleures pommes qu'il y ait. Elle a une chair jaunâtre et son
parfum est délicieux ; mais on peut malheureusement si peu compter
sur son produit que, bien que je possède au moins une demi-douzaine
d'arbres de cette espèce, je ne suis jamais certain de récolter une seule
pomme. Cet arbre a un mode de croissance tout particulier ; il pousse
de longues branches fragiles et les fruits se trouvent souvent à leur
extrémité. Il faut le laisser croître en liberté, car il ne supporte pas la
taille. Viennent ensuite la Pomme-melon (fig. 235), fruit délicat
importé d'Amérique ; le Pépin orange de Cox (fig. 236), pomme

d'excellente qualité, et le petit Pépin d'or (fig. 237), célèbre depuis si

Fig. 235.
Pomme melon.

Fig. 236.—Pépin
orange de Cox.

Fig. 237.
Pépin d'or.

Fig. 238. — Court
de Wick.

longtemps. Les horticulteurs en parlent comme d'un fruit du passé ;
tout ce que je puis dire, c'est que, dans mon jardin, il rapporte beaucoup sur des petits arbres greffés sur paradis. A la fin de décembre,
viennent s'ajouter à notre liste le Pépin Court de Wick (fig. 238),
la Goutte d'or de Coe (fig. 239), le Court-pendu plat (fig. 240),

Fig. 239.—Goutte
d'or de Coe.

Fig. 240.
Court-pendu plat.

Fig. 241. — Pearmain
de Mannington.

Fig. 242.
Northern Spy.

toutes pommes fort précieuses en ce sens qu'elles se conservent facilement jusqu'au printemps.

Vers la même époque se récolte le Pearmain de Mannigton (fig. 241),
excellente pomme ; le Northern Spy (fig. 242), qui possède la chair
délicate des autres pommes américaines. Cette pomme atteint sa plus
grande beauté et sa plus grande perfection dans la serre aux fruits.

La pomme verte de Rhode Island (fig. 243) ne m'a pas donné de

Fig. 243.—Pomme verte
de Rhode Island.

Fig. 244.
Reinette de Canada.

Fig. 245.—Goutte
d'or de Harvey.

Fig. 246. — Non-
pareille précoce.

bons résultats. Cultivée en Amérique, cette pomme a une saveur délicieuse que l'on ne peut obtenir en Angleterre. Ce fruit est fort remarquable, à cause de sa peau pointillée de noir.

Janvier amène la Reinette de Canada (fig. 244). Ce pommier fournit ordinairement un grand nombre de belles grosses pommes fort délicates. La Goutte d'or de Harvey (fig. 245), une petite pomme, mûrit vers la même époque. Les diverses espèces de Non-pareille sont alors bonnes à manger. Ainsi, par exemple, la Non-pareille précoce (fig. 246); la Non-pareille ancienne (fig. 247), bonne pomme, d'une grosseur au-dessous de la moyenne; et la Non-pareille de Braddick (fig. 248). La Non-pareille écarlate est aussi une pomme excellente, qu'il faut toujours cultiver.

Fig. 247.—Reinette nonpareille ancienne. Fig. 248.— Nonpareille de Braddick. Fig. 249.— Pépin d'or de Screveton. Fig. 250. Pearmain d'Adam.

Le Pépin d'or de Screveton (fig. 249) est une excellente petite pomme, qui se mange au printemps. Le Pearmain d'Adam (fig. 250), que l'on ne saurait trop cultiver, et la Reinette rousse de Boston (fig. 251), délicieuse pomme tardive.

Je cultive aussi la Reinette ananas (fig. 252), sa beauté et sa transparence en font un véritable ornement pour la table. Mais pour ob-

Fig. 251.—Reinette rousse de Boston. Fig. 252. Reinette ananas. Fig. 253. — Duc de Devonshire. Fig. 254. — Pepin de Sturmer.

tenir ce fruit à son état le plus parfait, il faut le cultiver dans la serre à arbres fruitiers.

En février et mars mûrit le Duc de Devonshire (fig. 253), nouvelle pomme, peu cultivée jusqu'à présent, mais qui est une des meilleures pommes tardives que l'on connaisse.

En avril et en mai, les bonnes pommes sont rares, cependant le Pépin de Sturmer (fig. 254) est encore en parfait état; il se conserve même jusqu'en juin. Enfin, la pomme d'Ord (fig. 255), cette pomme admirable et beaucoup trop oubliée, nous sert de dessert jusqu'à ce que paraissent les

Fig. 255.
Pomme d'Ord.

fraises. M. Thompson et M. Barron recommandent beaucoup cette pomme, et cependant il est difficile de se procurer le plant chez les pépiniéristes. J'en ai souvent acheté des plants et presque toujours on m'a envoyé des pommiers d'une autre espèce, fraude que l'on ne saurait trop blâmer. Il est cependant fort désirable de cultiver cette variété, bien que le fruit n'ait aucune beauté, ni sous le rapport de la forme, ni sous celui de la couleur.

Il est une autre variété que l'on peut cultiver pour son aspect singulier, c'est le Pépin d'or en grappes (fig. 255 a). Ce fruit forme de véritables grappes sur la branche; souvent aussi deux pommes se tiennent comme on le voit dans la gravure.

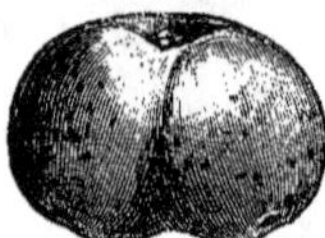

Fig. 255 a. — Pomme
d'or en grappes.

Ce sont là les seuls pommiers que je puisse recommander dans toute ma collection, mais je dois ajouter qu'on devrait les posséder tous.

Quant aux espèces qu'il faut cultiver plus particulièrement, ce sont : le Quarrendon du comté de Devon, le Pépin Ribston, l'Ananas Pitmaston, le Pépin orange de Cox, la Non-pareille de Braddick, la Non-pareille ancienne, la Reinette du Canada et la pomme d'Ord.

Sauf le Quarrendon, on peut conserver toutes ces pommes jusqu'en mai ou juin, mais cela dépend des soins dont on les entoure. Dans la liste que je viens de donner, j'ai énuméré les pommiers selon l'ordre dans lequel mûrissent les fruits.

Les autres pommes à couteau que je cultive dans mon jardin sont : l'Astracan, belle et excellente pomme mûrissant en août; l'Ashmead kernel, belle pomme de Gloucester, mûrissant en novembre; le Bess pool; le Pépin de Cockle, belle pomme, la préférée de quelques personnes; le Pépin d'or d'été; le Julien précoce mûrissant en août, mais qu'il est inutile de cultiver si on a les espèces que j'ai déjà recommandées; le Pépin Forfar, mûrissant en mars; le Pépin d'or de Hughes, de Franklin, de Pitmaston, de Small, toutes pommes se gardant longtemps; le Pépin de Keddleston, très recommandé; la Reinette musquée, excellente pomme; et une quantité d'autres qui ont plus ou moins de mérite. Les pommiers de provenance russe n'ont encore rien produit dans mon jardin. Quant aux pommes américaines, elles n'ont pas en Angleterre, comme je l'ai déjà fait remarquer, la saveur qu'elles possèdent dans leur pays natal.

J'ai compris, par expérience, qu'il est inutile de cultiver un grand nombre de variétés de pommes à cuire, bien que, comme ces fruits servent pendant tant de mois, il faille s'organiser de façon à en récolter une grande quantité.

Les espèces suivantes suffiront probablement :

Codlin de Keswick.	Hawthornden nouveau.	Stirling Castle.
Lord Suffield.	Lord Derby.	Gooseberry Pippin.
Alexandre.	Warner's King.	Wellington.
Pépin Cellini.	Blenheim Orange.	Sauvageon français.
Hawthornden.	Gloria Mundi.	Sauvageon de Sibérie.

Le Codlin Keswick (fig. 256), bouilli ou cuit au four, a un goût délicat et tout particulier; c'est une de nos pommes à cuire les plus précoces. Après, vient le Lord Suffield (fig. 257) qui atteint une grosseur considérable et qui est excellente cuite au four; ce pommier est très productif

Fig. 256. — Codlin Keswick   Fig. 257. — Lord Suffield.   Fig. 258.—Empereur Alexandre.

et le fruit se conserve jusqu'en novembre. L'Empereur Alexandre (fig. 258), belle pomme, mais qui ne réussit pas bien dans mon jardin, lui

succède. Le Pépin Cellini (fig. 259) est acide et sert à faire d'excellente compote. Une des particularités de cet arbre est que, outre
sa grande production, ses fruits sont excellents à cuire quand ils sont à
moitié mûrs, ce qui permet de ne pas perdre une seule pomme; couvert

Fig. 259.
Pépin Cellini.

Fig. 260.
Hawthornden.

[Fig. 261.
Nouveau Hawthornden.

de ses fruits, cet arbre est admirable. Le Hawthornden (fig. 260) est
aussi très productif, mais la pomme se conserve peu. On peut faire la

Fig. 262. — Lord Derby.

même remarque pour le nouveau Hawthornden
(fig. 261). Le Lord Derby (fig. 262) est une
pomme qui atteint une grande perfection dans
mon jardin. Elle a été trouvée par M. Reddish,
et elle est ordinairement primée à cause de sa
grosseur. Elle diffère de la plupart des autres
pommes par sa forme et par sa couleur vert
foncé. Le Warner King (fig. 263) est une autre belle pomme dont

Fig. 263. — Warner King.

Fig. 264. — Gloria Mundi.

Fig. 265. — Stirling Castle.

la forme diffère beaucoup de toutes celles que j'ai décrites. Le Gloria
Mundi (fig. 264) atteint des dimensions énormes, elle mesure quelquefois quatorze pouces de circonférence. On dit que le Stirling

Castle (fig. 265) est une excellente pomme, mais je la cultive depuis

Fig. 266.—Pêche d'hiver.

Fig. 267. — Blenheim orange.

Fig. 268.—Gooseberry.

trop peu de temps, pour avoir pu la juger. La Pêche d'hiver (fig. 266) est précieuse en ce qu'on peut la conserver fort longtemps. Il n'y a pas de meilleure pomme pour l'hiver que le Blenheim orange (fig. 267); elle est si bonne, que beaucoup de personnes la regardent comme une pomme à couteau. Je recommande, pour le faire cuire au printemps, le Pépin Gooseberry (fig. 268); son acidité le rend précieux. Mais, peut-être, de toutes les pom-

Fig. 269. — Wellington.

mes tardives, la meilleure est le Wellington (fig. 269) qui se garde jusqu'à l'été.

Le Winter Greening se conserve jusqu'à la seconde année : la pomme sauvage française (fig. 270), que je cultive aussi, peut se conserver pendant deux ans.

Fig. 270. — Pomme sauvage française.

C'est un admirable spectacle que de voir, au mois de mai, tous mes pommiers en fleurs : mais peut-être le spectacle est-il plus admirable encore en automne, quand ils ploient sous le poids des fruits.

Le pommier sauvage de Sibérie (*Pyrus prunifolia*, fig. 271) est admirable de tous points à deux époques de l'année : au printemps, quand il est couvert de fleurs; à la fin de l'été, quand il est couvert de fruits. Il constitue un si grand ornement pour le jardin, que j'en ai au moins une douzaine. Dans les bonnes saisons, il produit tant de fruits, que je les distribue à mes amis en ayant soin de leur faire remarquer qu'il ne faut pas mépriser ce fruit, si petit qu'il soit, et que c'est une conserve excellente pour l'hiver. Le pommier sauvage

Fig. 271. — Pomme sauvage de Sibérie.

écarlate est encore plus beau peut-être, mais les fruits n'en sont pas aussi bons. Le pommier sauvage américain n'est pas aussi beau, mais ses fruits sont excellents pour faire des confitures. Je conseille de placer ces deux arbres au milieu des arbres forestiers.

Je ne cultive pas les pommes à cidre, mais je puis cependant donner quelques détails sur la fabrication de cette boisson. On suppose que les pommes qui donnent le jus le plus dense font le meilleur cidre. J'emprunte à Thompson la table suivante, indiquant les qualités de pommes au jus le plus dense :

Pomme de Sibérie	1,091	Fox Whelp	1,076
Pomme douce de Sibérie	1,091	Pépin de Downton	1,080
Pépin d'or de Harvey	1,085	Pépin d'or	1,078

Dans le comté de Gloucester, on ne fabrique pas le cidre avec une seule espèce de pommes; quand la saison est venue, on ne cueille pas les fruits, mais on les abat à coups de gaule. On empile les pommes dans une cour pour les laisser mûrir, puis on choisit les plus saines pour faire la meilleure qualité de cidre, on les moud et on les place dans le pressoir. On fait couler le jus dans une cuve d'une contenance d'environ 4,500 litres, où on le laisse fermenter. Après la fermentation, on le filtre, on le met en tonneau, et enfin on le met en bouteille en mars et avril. On n'ajoute de sucre que dans les qualités inférieures. Dans le Devonshire, on se sert du soufre pour arrêter la fermentation, quand on juge qu'elle a assez duré. Il est probable que si, comme on le fait pour le vin, on employait judicieusement le soufre pour arrêter la fermentation, on améliorerait beaucoup la qualité du cidre. Il faut conserver debout, dans un endroit frais, les bouteilles pleines de cidre.

LA NÈFLE

« Vous serez pourri avant d'être à moitié mur ; n'est-ce pas là, d'ailleurs, la principale qualité de la nèfle. — SHAKESPEARE *(Henry V)*.

Le néflier est un arbre magnifique ; au printemps, il se couvre de grandes et belles fleurs. Leurs larges feuilles, leur croissance ondulée en font toujours des arbres curieux, et la couleur de leurs feuilles en automne offre un attrait de plus. Je cultive trois variétés de néfliers dans mon jardin : le *néflier hollandais,* le *Nottingham* et le *Royal.* Le *Nottingham* est mon arbre favori, car il produit les fruits les plus parfumés (fig. 272). On greffe ordinairement le néflier sur l'aubépine. Dans mon jardin, cet arbre ne porte pas de fruits dans les terrains humides, bien qu'on puisse le cultiver tout près de l'eau. Il faut récolter le fruit quand il se sépare facilement de la branche et le conserver dans un endroit sec pour empêcher la pourriture. Thompson dit qu'il faut tremper la queue du fruit dans de l'eau salée pour empêcher la pourriture; je n'ai jamais essayé ce système à Wallington. Je conserve ordinairement mes fruits dans un fruitier où l'emploi de l'acide sulfureux empêche la moisissure.

Fig. 272.
Nèfle.

LA POIRE

« Insere Daphni piros : carpent tua poma nepotes. »

VIRGILE, *Buc.*

La poire est un fruit de luxe. Bien qu'elle ne soit pas aussi utile que la pomme, cependant comme dessert elle dure si longtemps, elle est si estimée, que, placée sur la table, on la préfère toujours à la pomme et à beaucoup d'autres fruits. Ma collection comprend environ deux cent trente variétés. La poire (*Pyrus communis*) pousse à l'état sauvage en Angleterre; je vois tous les jours des poiriers sauvages dans les haies des environs. Il y a de nombreuses variétés de poires, mais, comme pour la pomme, ces variétés restent dans une certaine limite, et jamais on n'a pu obtenir ce qu'on pourrait appeler une nouvelle espèce. On obtient de nouvelles variétés en semant les pépins des meilleures espèces; on choisit ensuite ceux des produits qui semblent indiquer une qualité désirable au point de vue de l'époque de la maturité, de la chair et de la saveur. M. Rivers a essayé d'obtenir de nouvelles poires en croisant des variétés douées de qualités particulières. Le temps seul montrera si le succès doit couronner ses efforts.

Dans la plupart des cas, il est fort difficile de s'assurer si un croisement réel persiste, et si le pollen d'un arbre féconde réellement l'ovule d'une autre variété.

Quand on a obtenu une nouvelle variété, on peut la multiplier par greffe, par bouture ou par marcotte ; la greffe est le système le plus généralement employé.

Il est beaucoup plus difficile de se procurer une nouvelle et excellente espèce pour la poire que pour la pomme ou la plupart des autres fruits, car il faut bien des conditions pour qu'une poire soit réellement bonne. Il faut d'abord qu'elle possède un parfum distinct ; sa chair, en mûrissant, doit devenir tendre et juteuse, et il ne faut pas cependant qu'elle pourrisse trop promptement. Parmi les meilleures, il en est même qui, dans de certaines saisons et placées dans de mauvaises conditions, ne mûrissent pas, pourrissent immédiatement ou n'ont aucune espèce de parfum.

Avant de planter un poirier en plein vent, il faut s'assurer de la valeur de la variété. En effet, le poirier atteint les dimensions d'un arbre forestier et ne produit pas de fruits jusqu'à ce qu'il ait atteint une certaine grandeur. Si l'on choisit une mauvaise espèce, l'espace qu'on lui a consacré se trouve perdu pour plusieurs années, ce qui est chose sérieuse.

Les pomologistes divisent les poires en trois classes : les poires bonnes à faire de la boisson, les poires à compotes et les poires à cou-

teau. Comme je ne cultive pas les poires à faire de la boisson, je ne m'en occuperai que pour dire qu'elles ne conviennent pas à un jardin et qu'il faut les réserver pour les champs et les haies. Quant aux poires à cuire — bien qu'on puisse employer toutes les poires de cette façon avec plus ou moins de succès, — la poire de *Catillac* (fig. 273) est, selon moi, la meilleure. Je dois

Fig. 273. — Catillac. 1

ajouter cependant, que, pour la manger dans toute sa perfection, il

(1) Toutes les poires sont dessinées à l'échelle de 1/5 diam.

faut l'employer comme compote ; cuite, elle revêt une couleur rouge magnifique. Une autre poire énorme, la *Bellissime d'hiver* (fig. 274), s'emploie de la même façon. Les marchands de fruits, à Paris et à Londres, l'exposent souvent dans leurs vitrines pour attirer les amateurs, et il n'est pas rare qu'ils vendent 40 fr. une seule de ces poires. Quand cette poire est en parfait état, elle est si belle qu'elle peut servir d'ornement dans un dîner, et comme elle n'est pas mangeable crue, une seule peut servir à orner la table pendant tout l'hiver.

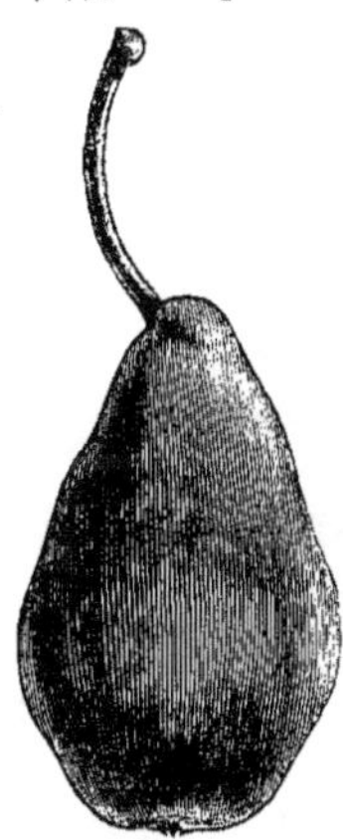

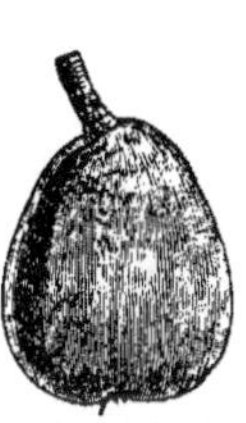

Fig. 275.
Doyenné d'été.

Fig. 276.
Citron des Carmes

Fig. 274.
Bellissime d'hiver.

Les poires à couteau commencent au milieu de juillet et durent jusqu'au mois de mai suivant. Il faut bien avouer, cependant, qu'il est souvent difficile de se procurer de bonnes poires après le mois de janvier.

Bien que je cultive tant d'espèces de poires dans un but de curiosité et d'études plutôt que pour ma consommation, bien que je les aie toutes choisies sur leur réputation, il y a certaines espèces cependant sur lesquelles il vaut mieux compter.

Je recommande la liste suivante composée de poires qui mûrissen' depuis juillet jusqu'en février. La première de ces poires est le *Doyenné d'été* (fig. 275) ; c'est une petite poire au parfum agréable qui mûrit en juillet, alors que ce fruit est une nouveauté et qu'on l'apprécie d'autant plus. Le *Citron des Carmes* (fig. 276) mûrit bientôt après ; c'est une poire excellente, mais qui, malheureusement, ne dure que quelques jours. Bientôt après mûrit la *Jargonnelle*, poire au parfum particulier que la chimie a imité dans l'huile de Jargonnelle ; ce parfum n'est pas extrait de la poire. Les fruitiers parfument ordinairement avec cette huile les poires tombées avant leur maturité. Quelques pomologistes soutiennent que cette poire est mentionnée par Pline et a été introduite en Angleterre par les Romains. Les meilleures sont cultivées à Rotherhithe et à Deptford ; j'en ai mangé quelques-unes en Suisse, au col du Saint-Gothard, mais elles sont bien loin d'être aussi bonnes.

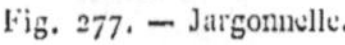

Fig. 277. — Jargonnelle.

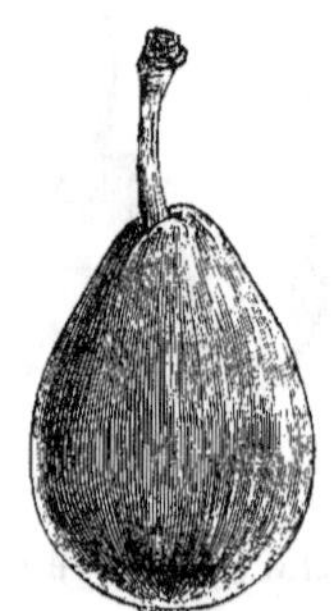

Fig. 278. — Beurré Giffard.

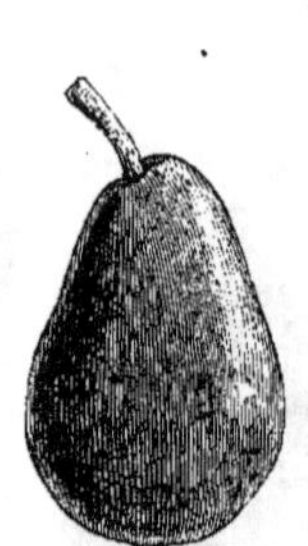

Fig. 279. — Bon Chrétien.

Cette poire ne se conserve que quelques jours. Après elle vient une variété moderne, le *Beurré Giffard* (fig. 278). Cette poire est excellente selon les années, mais elle est si peu cultivée que je ne l'ai jamais vue que dans mon jardin.

Après le *Beurré Giffard*, vient, en septembre, cette poire si connue, tant cultivée, le *Bon Chrétien* (fig. 279). C'est une belle grosse poire qu'il faut garder quelques jours après l'avoir cueillie pour qu'elle soit réellement bonne. Ce poirier rapporte beaucoup.

Entre le *Bon Chrétien* et la *Bonne Louise* se place l'*Alexandra* (fig. 280) qui est loin de valoir les deux autres.

La *Bonne Louise* (fig. 281) est la meilleure des poires. On ne saurait trop louer la beauté de sa forme et de

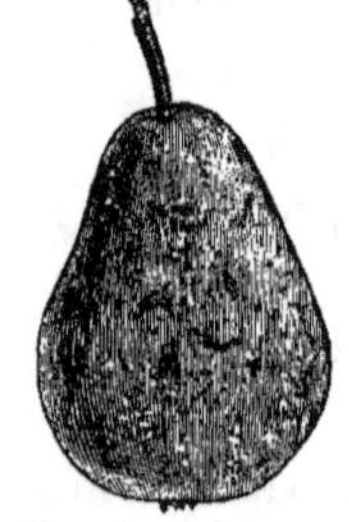

Fig. 280. — Alexandra

Fig. 281.
Bonne Louise
de Jersey.

sa couleur, son parfum délicat, sa chair blanche et juteuse. Cette poire peut se conserver assez longtemps. C'est, à tous égards, un fruit excellent.

A peu près à la même époque mûrit la poire de Thompson (fig. 282).

C'est un fruit excellent et qu'on devrait cultiver dans tous les jardins.

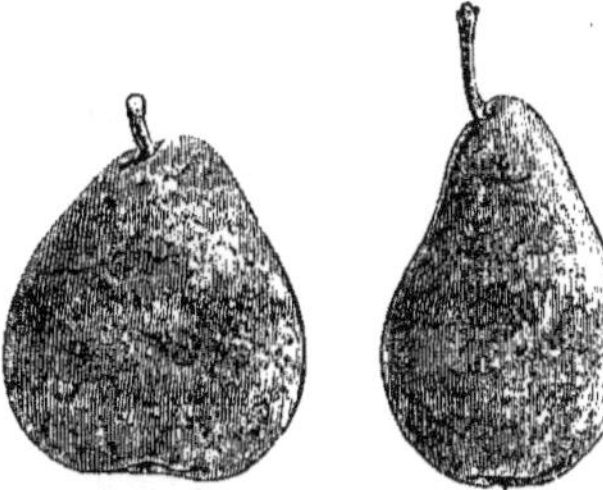

Fig. 282. — Thompson.

Fig. 283.
Marie-Louise.

Vient ensuite la *Marie-Louise* (fig. 283), le splendide présent que Van Mons a fait au monde. Cette poire est le meilleur des milliers de plants que ce célèbre pomologiste a cultivés. Tous les jardiniers s'arrangent de façon à conserver leur *Marie-Louise* aussi longtemps que possible. Malheureusement, les fleurs de cet arbre résistent mal aux gelées du printemps, et il est fort rare qu'ils portent des fruits.

Novembre arrive et amène avec lui le *Beurré de Capiaumont* (fig. 284), poire rustique qui rapporte constamment, mais qui ne se vend guère que dans les rues.

A peu près à la même époque, mûrit le *Beurré Clairgeau* (fig. 285).

Fig. 284.
Beurré de Capiaumont.

Fig. 185.
Beurré Clairgeau.

Fig. 286.
Doyenné de Comice

Fig. 287.
Crassane.

Bien que poire d'un goût peu délicat, elle est fort jolie sur l'arbre qui en porte toujours une grande quantité. Ce poirier ressemble un peu à un peuplier d'Italie. Il est bon certainement d'en posséder un, mais cela suffit.

Le *Doyenné de Comice* (fig. 286) mûrit ensuite. C'est une poire délicieuse de tout premier ordre, et aussi longtemps qu'elle dure, on ne peut se résoudre à en manger une autre ; aussi doit-on en cultiver beaucoup. Je n'ai connu cette poire que tout récemment, mais j'ai bien vite apprécié ses grandes qualités et je me suis hâté de me procurer d'autres plants.

Le *Général Todleben* est une nouvelle poire encore peu connue. L'arbre ne rapporte pas beaucoup, mais le fruit est excellent.

La *Crassane* (fig. 287) est remarquable par sa longue queue et sa forme globulaire. C'est une poire juteuse, délicieuse, qu'il vaut mieux cultiver en espalier.

Le *Beurré superfin* (fig. 288) est une poire excellente. Le *Beurré Diel* (fig. 289) est une grosse poire, mais de qualité fort inégale ; quand elle est réellement bonne, c'est une des meilleures qu'il y ait. Ensuite vient l'admirable *Chaumontel* (fig. 290). Dans les îles de la Manche, cette poire atteint sa plus grande perfection ; les bons spécimens se vendent 5 liv. st. (125 fr.) le cent. Dans mon jardin, elles ne deviennent

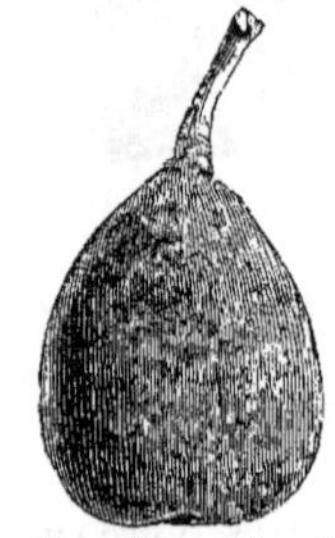

Fig. 288. — Beurré superfin.

jamais très grosses ; mais, dans un jardin voisin du mien, il y a un vieil arbre en espalier qui produit des Chaumontels aussi belles et auss parfumées que celles de Jersey.

La *Duchesse d'Angoulême* (fig. 291) est une grosse poire très cultivée

Fig. 289.—Beuré Diel.

Fig. 290. — Chaumontel.

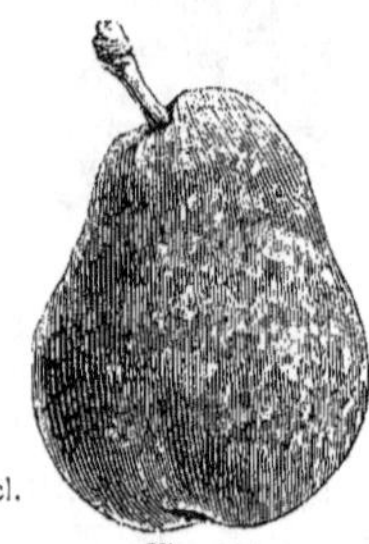

Fig. 291. Duchesse d'Angoulême.

Fig. 292. Joséphine de Malines.

en France d'où on l'importe en Angleterre. Ici elle rapporte un peu, mais le fruit n'a pas de saveur.

A mesure qu'on avance dans la saison, à la fin de novembre et au commencement de décembre par exemple, l'ordre dans lequel les poires mûrissent devient plus incertain ; nous n'en avons pas moins des fruits encore excellents. Parmi ces poires tardives, une des meilleures est sans contredit la Joséphine de Malines (fig. 292). Cette poire est plus parfumée que la pêche qu'elle surpasse encore par ses qualités rafraîchissantes. Malgré toutes ces qualités, elle est quelquefois très inférieure ; en 1869, par exemple, elle était détestable.

Le Goulu Morceau (fig. 293) mûrit à peu près à à la même époque. Le fruit est meilleur quand on le récolte sur un arbre en plein vent que sur un arbre en espalier. J'ai eu occasion de goûter de ces poires au mois de février, et elles surpassaient certainement toutes celles que j'ai goûtées, soit en Angleterre, soit en France.

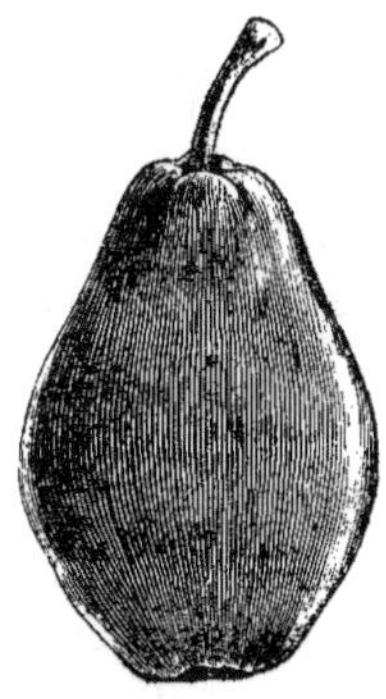

Fig. 293.—Goulu Morceau.

Vers la mi-décembre, mûrit une poire qui paraît si laide que beaucoup de domestiques hésitent à la placer sur la table de leurs maîtres. C'est la Nélis d'hiver (fig. 294) ; or, ce fruit est, sans contredit, un des meilleurs qu'il y ait, et on devrait toujours le cultiver.

La Ne Plus Meuris est une excellente poire ; mais les gelées du printemps détruisent constamment les fleurs ; aussi j'en récolte peu, bien que j'en aie plusieurs plants. La Victoria de Huyshe (fig. 295), provenant de la Marie-Louise, semble devoir prendre un rang élevé parmi les poires ; mais,

Fig. 294.
Nélis d'hiver.

Fig. 295.
Victoria de Huyshe.

jusqu'à présent, elle n'a rien rapporté dans mon jardin. Le Beurré Rance (fig. 296), autre bonne poire, se conserve bien jusqu'au printemps. Le Passe-Colmar a une saveur toute particulière, et le Beurré de Pâques (fig. 297) est utile au printemps. Cette variété, malheureusement, est souvent attaquée par les champignons ; la peau se fendille et il devient impossible de la manger. Rivers recommande beaucoup une autre poire, la Passe Crassane ; mais, jusqu'à présent, je ne sais qu'en dire, car mes arbres n'ont rien rapporté. Je dois donc lui laisser l'entière responsabilité de ses éloges. Il m'a été impossible de m'en procurer un spécimen pour le faire figurer dans cet ouvrage.

Fig. 296.
Beurré rance.

Fig. 297.
Beurré de Pâques.

Je crois, et je parle par expérience, que les variétés que je viens d'indiquer forment une collection suffisante à tous les besoins d'une famille, car on a ainsi un dessert assuré pendant huit mois de l'année.

On peut cultiver, d'ailleurs, quantité d'autres excellentes poires. Au nombre de ces poires, je puis citer la Longue verte, qui mûrit en août : le Beurré Goubault, qui rapporte beaucoup et dont le fruit est excellent ; le Beurré rose et le Pois de paradis, deux bonnes poires, mais la première ne se conserve pas ; le Beurré d'Amanlis, souvent recommandé, une poire fort belle mais qui n'a aucune saveur ; la Bergamote d'automne, qu'il ne faut pas mépriser en novembre ; le Durandeau, charmante poire dont on ne récolte jamais assez. Le vicaire de Winkfield rapporte souvent beaucoup et quelquefois est mangeable, c'est tout ce qu'on peut dire en sa faveur.

On a introduit dernièrement en Angleterre une nouvelle poire appelée Bezi Mai. Cette poire vient de France, elle est fort belle et se conserve bien ; mais chez moi, elle reste dure jusqu'à l'été suivant. Je crois que ce doit être une bonne poire à compotes.

La poire Napoléon a une saveur toute particulière et excellente. Le Beurré van Mons et la Dorothée royale nouvelle sont de bonnes poires. L'America est mauvaise ; le Nouveau Poiteau n'est ni bonne ni mauvaise ; mais la Nouvelle Fulvie est si exquise, qu'on devrait immédiatement étudier avec soin toutes ses qualités. Au nombre des poires les plus nouvelles que j'ai dernièrement ajoutées à ma collection, est le Brockworth Park. Les opinions diffèrent quant à sa qualité ; je ne saurais donner la mienne, ne l'ayant jamais goûtée. Par contre, j'ai goûté la Joséphine d'automne, qui me paraît promettre pour l'avenir, et le Premier de

Powel, qui a quelque mérite. On vient d'introduire aussi une nouvelle poire fort belle appelée la Bénédictine (fig. 298), mais notre grand pomologiste, le docteur Hogg, m'apprend que cette poire n'est qu'une variété du Beurré brun. Mes arbres n'ayant rien rapporté, il m'est impossible de donner un avis. Toutes les autres espèces de poires sont plus ou moins capricieuses sous le rapport du goût, de la chair et de l'époque où elles mûrissent. Après Noël, on trouve peu de poires, mais cela dépend beaucoup de la façon dont on les a conservées pendant l'automne.

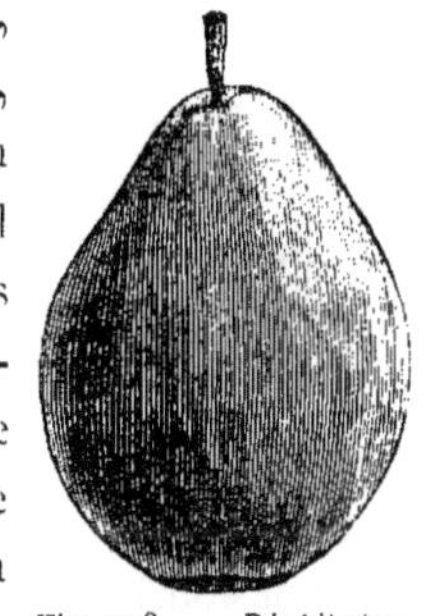

Fig. 298. — Bénédictine.

Au printemps de 1870, je me trouvais en Italie et j'y ai mangé des poires jusqu'au commencement de mai. Ces poires étaient des Epines d'hiver. Elles sont juteuses et mangeables en l'absence de tout autre fruit, mais on les aurait certainement laissées de côté pour toutes celles que je viens de recommander.

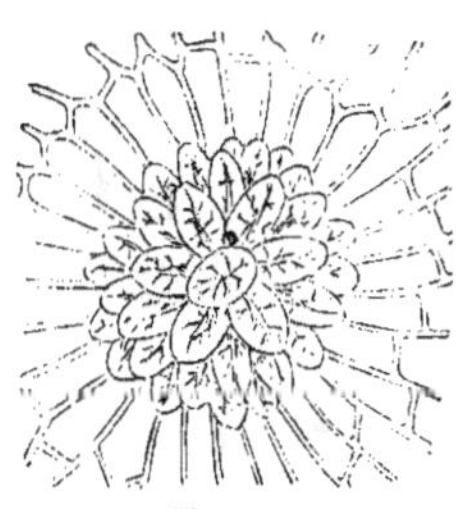

Fig. 299.
Pierre d'une poire, amplifiée.

Toutes les poires, à certaines saisons, tendent à devenir pierreuses; c'est-à-dire qu'il se produit dans leur chair des parties ligneuses fort dures, lesquelles, selon Quekett, sont une agrégation de cellules composées d'une matière appelée sclérogène (fig. 299), matière qui forme le noyau de la prune et la coquille de la noix de coco. C'est un objet intéressant à étudier au microscope.

Presque tous mes poiriers sont greffés sur cognassier. Je greffe sur poirier, greffé lui-même sur cognassier, quelques variétés telles que la Bergamote et la Marie-Louise; quelques autres variétés, telles que la Jargonelle et le Ne-plus-Meuris, sont greffées sur poiriers parce qu'elles ne réussissent pas bien sur cognassier. J'ai vu greffer des poiriers sur l'épine commune, mais je n'en ai pas dans mon jardin. Je taille tous mes poiriers en pyramide (fig. 300) et je ne laisse aucun d'eux atteindre plus de neuf pieds de hauteur.

En règle générale, il faut, en juin, pincer les bourgeons, surtout les

bourgeons voisins du terminal qui ont une grande tendance à pousser
beaucoup plus vite que ceux de la base, afin
d'activer le développement des bourgeons inférieurs, car avant tout il faut garnir la base. Il
faut avoir grand soin, en taillant l'arbre, de s'assurer que les branches supérieures ne projettent
pas d'ombre sur les branches inférieures, parce
que, dans ce cas, ces dernières ne rapporteraient
aucun fruit. Les branches inférieures doivent
presque toucher le sol. Un de mes jardiniers, il
y a quelques années, a eu la brillante idée de couper la plupart des branches inférieures de mes

Fig. 300. — Poirier en pyramide.

poiriers, sous prétexte qu'elles sont inutiles. Est-il nécessaire d'ajouter
que je l'ai chassé ?

En hiver, il faut prendre soin de couper les branches exubérantes des
arbres, mais en ayant soin de ne pas couper les rejetons qui doivent
porter les fruits; on les reconnaît facilement en ce
que les bourgeons à fruits sont beaucoup plus gros
que les autres, comme on le verra facilement par la
fig. 301. En hiver, quand tous les arbres sont coupés à la même hauteur et qu'ils affectent la même
forme, le verger est très joli.

Partout où j'ai été sur le continent, j'ai pu remarquer que la pyramide greffée sur cognassier est la
forme que l'on donne de préférence à tous les poiriers destinés à produire des poires à couteau; les

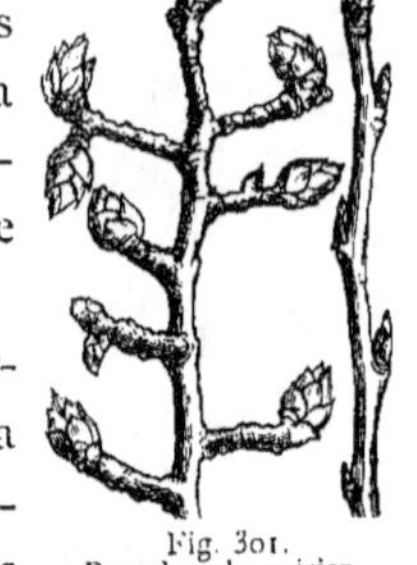

Fig. 301.
Branches de poirier.

variétés cultivées en France et en Italie sont celles que je cultive ordi-.
nairement à Wallington. J'ai cultivé un arbre en cordon, c'est-à-
dire une seule branche qui court à quelques pouces au-dessus du sol;
mais je regarde cette culture plutôt comme singulière que comme pratique.

Disposées le long d'une allée, les pyramides ayant environ 2 pieds
de diamètre, sont fort jolies. J'ai disposé ainsi mon avenue de poiriers,
et elle présente certainement un charmant spectacle, lorsque les arbres

sont fraîchement taillés en hiver, lorsqu'au printemps ils sont couverts de fleurs, et, qu'en automne ils ploient sous le poids des fruits. C'est, d'ailleurs, la disposition adoptée dans toute l'Europe pour les poiriers. Il est désirable de cultiver en espalier les poires les plus hâtives, ainsi que quelques-unes des plus tardives.

Il faut au poirier une bonne terre meuble. S'il pousse trop vite, il est bon de soulever l'arbre en hiver, et de diminuer le nombre des racines fibreuses. Le docteur Hooker a appelé mon attention sur le péril qu'il y a à laisser en terre, là où croissent les arbres, des racines mortes qui se couvrent bientôt de champignons, car ces derniers sont aptes à envahir les racines vivantes et à gêner considérablement la croissance des arbres. Ceux qui recommandent de soulever fréquemment les arbres et de les replanter à la même place, ont certainement oublié ces recommandations.

Au bout d'un an ou deux, il est utile de fumer le pied de l'arbre. On peut le faire en répandant de l'engrais sur le sol, ou en l'enterrant peu profondément. J'ai essayé d'entourer le pied de nos poiriers de déchets de laine; il se forme immédiatement de petites racines qui périssent facilement dès que la laine disparaît; il vaut donc mieux repousser absolument cet engrais et ne se servir que de fumier d'écurie.

Dans le pauvre terrain de Wallington, j'ai essayé avec succès les débris de brique, le sulfate de chaux, le carbonate de chaux et le sable mélangés étant très favorables à la croissance du poirier.

Au mois d'avril, alors qu'ils sont couverts de leurs admirables fleurs, les poiriers en pyramide offrent un aspect magnifique; mais il ne faut pas se laisser tromper par les apparences, car l'expérience nous a prouvé que plus un poirier porte de fleurs, moins il produit de fruits. Le fait est, que cette grande quantité de fleurs épuise l'arbre à tel point que, quand elles sont en excès, il ne rapporte rien; quand, au contraire, il y a peu de fleurs, chacune d'elles produit un fruit. Une production trop abondante épuise aussi l'arbre et empêche le fruit de bien mûrir.

Il en résulte donc que la récolte des poires en plein air dépend d'une proportion exacte de feuilles, de fleurs et de fruits. Trop de croissance et trop de feuilles empêchent les fruits de se produire; il en est de même s'il y a trop de fleurs, et trop de fruits récoltés une année empêchent le développement du fruit l'année suivante.

. Les jardiniers greffent le poirier sur le cognassier, afin de prévenir le développement trop rapide de la matière ligneuse. Naturellement, le poirier est un véritable arbre forestier; cultivé en pyramide, c'est un simple arbrisseau. Pour recueillir tout l'avantage du tronc de cognassier, et pour empêcher un développement trop considérable de l'arbre, il faut avoir soin d'empêcher la greffe de se trouver au-dessous du sol, car, autrement, des racines se forment immédiatement, et le poirier cesse d'être un simple arbrisseau pour devenir un véritable arbre forestier.

Pendant quelques années, je ne savais comment placer la greffe, la maintenir au-dessus du sol, ou la placer au-dessous. Mais l'expérience m'a bientôt enseigné que toutes mes belles pyramides seraient bientôt détruites si je n'avais pas soin d'empêcher les racines de poirier de se former, ou si je ne les coupais pas rapidement dès qu'elles se forment.

A Wallington, j'ai fort peu de grands poiriers; je ne ferai de remarque sur aucun d'eux, car je les tolère plutôt que je ne les cultive; cependant, partout où on peut disposer d'un emplacement suffisant, on devrait cultiver comme arbres : la Bonne Louise, la Jargonnelle, la Marie-Louise, le Beurré de Capiaumont, le Beurré superfin, le Goulu Morceau, le Doyenné de Comice, la Nélis d'hiver et le Catillac.

Pour s'assurer une bonne récolte, on a recommandé de protéger l'arbre au printemps, mais je doute fort de l'efficacité de ce système. J'ai pensé une fois à recouvrir mes pyramides de crinolines. Dans ce but, je me rendis chez un grand manufacturier, mais je n'ai pu m'entendre avec lui sur un prix raisonnable. Tout à coup le vendeur me dit: Je vous demande pardon, Monsieur, mais je serais heureux de savoir pourquoi vous voulez acheter tant de crinolines? — Pour couvrir mes arbres fruitiers, lui répondis-je. Rien d'amusant comme l'étonnement du fabricant; il me déclara qu'il ne m'en vendrait à aucun prix pour cet objet, car ce serait jeter un ridicule considérable sur la crinoline et en empêcher la vente.

J'ai planté en pot beaucoup de poiriers greffés sur cognassier. J'ai cultivé de cette façon, dans la serre-verger, le Citron des Carmes, le Doyenné d'été, la Joséphine de Malines et le Chaumontel, avec d'excellents résultats. Les poires qu'on laisse mûrir dans la serre sont ordinairement très inférieures à celles qui mûrissent en plein air ; je ne saurais trop recommander de ne laisser les arbres en serre que jusqu'à ce que le fruit soit formé. En transportant les arbres en plein air vers le 1er juin, on s'assure une excellente récolte tout en conservant la qualité du fruit.

L'arrosage des poiriers en pot demande beaucoup de soins ; il est bon de les arroser avec de l'engrais liquide au moment où la fleur tombe, où la poire commence à grossir et quand elle est sur le point de mûrir. A ces moments critiques, il est avantageux de les arroser deux fois par semaine.

Si le poirier en pyramide est dans de bonnes conditions, le jeune fruit peut supporter des gelées modérées au printemps. La grande sécheresse et les grandes chaleurs de 1870 ont été très nuisibles aux poiriers ; depuis ce temps, beaucoup ont cessé de porter des fruits. Pour me résumer, et je ne saurais trop insister sur ce point, le véritable moyen d'avoir une bonne récolte est de cultiver les arbres de façon qu'ils aient juste ce qu'il leur faut de feuilles, de fleurs et de fruits ; on y arrive en coupant avec soin certaines racines et par l'emploi judicieux des engrais. L'expérience m'a enseigné aussi qu'il est bon de donner à tous mes arbres du phosphate de chaux ; pour ce faire, je répands autour du tronc un peu d'os pilé que je recouvre avec du fumier.

M. Thompson m'a conseillé de cultiver en espalier des poiriers greffés sur cognassier ; je n'ai jamais essayé, et je le regrette, car l'avis d'un homme ayant une si grande autorité mérite toute considération.

Il faut cueillir les poires quand elles se détachent facilement de l'arbre. Il faut alors les placer dans le fruitier en ayant soin qu'elles ne se touchent pas, et s'assurer du moment où elles sont mûres. Dès qu'une poire est mûre, on ne peut plus la transporter, car le moindre choc la fait pourrir. Un excellent système est aussi de sortir la poire du fruitier et de la porter dans la maison où on la garde quelques jours pour la manger dès qu'elle est mûre. Il faut employer, dans le fruitier, les précautions que j'ai déjà recommandées pour les pommes, c'est-à-dire y brûler fréquemment du soufre.

La poire n'est parfaite que pendant fort peu de temps ; dès que l'instant où elle est mûre est passé, elle commence à pourrir ; avant cet instant, elle est dure et sans parfum. En un mot, la poire n'est bonne que quand elle est juteuse.

LE COING

Je cultive deux espèces de cognassiers : le cognassier commun et le cognassier de Portugal (fig. 302). Non-seulement ce dernier produit des fruits plus gros, mais ils sont plus parfumés, et cette espèce d'arbre rapporte davantage. Comme on n'emploie ce fruit que pour faire des confitures et pour donner un peu de saveur aux tartes aux pommes, un seul cognassier suffit amplement aux besoins d'une famille. Bien que ces arbres aiment à pousser auprès de l'eau, ils ne réussissent pas très

Fig. 302.
Coing de Portugal, 1/3 diam.

Fig. 303.
Fleur de cognassier de Portugal.

bien dans un terrain très humide. J'ai quelques cognassiers qui sont plantés depuis plus de dix ans et qui n'ont jamais donné une seule fleur. On propage facilement le cognassier par marcottes et par cépées. Un cognassier de Portugal, chargé de fruits, offre un spectacle admirable ; il est également beau quand il porte ses magnifiques fleurs blanches (fig. 303).

LA PRUNE

« Je danserai et je mangerai des prunes à vos noces. »
SHAKESPEARE, *Les Joyeuses Commères de Windsor.*

La Prune *(Prunus domestica)* est un excellent fruit. Je cultive environ soixante-dix espèces de pruniers, mais on en connaît d'innombrables variétés, les unes nommées, les autres qui ne le sont pas encore. On obtient de nouvelles variétés en semant les noyaux des meilleures espèces; on propage alors ces variétés au moyen de la greffe sur
un prunier sauvage. Quand le prunier n'a pas
été greffé, on peut aussi le propager au moyen de
cépées.

   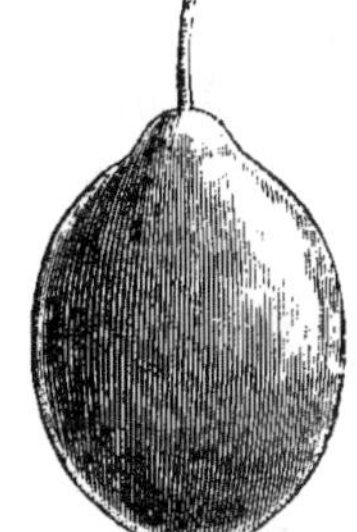

Fig. 304.—Favorite   Fig. 305.—Prune   Fig. 306.   Fig. 307.
hâtive de Rivers (1).   de Lawrence.   Reine Claude.   Goutte d'or.

Les pruniers ne réussissent pas très bien dans mon jardin; aussi ai-je
été forcé de soulever bien des arbres pour les replanter dans un sol préparé exprès. Quoi qu'il en soit, nous récoltons toujours assez de fruits
pour l'usage de la maison. La première prune à dessert qui mûrisse est
la Favorite hâtive de Rivers (fig. 304), toujours bonne à manger vers
la troisième semaine de juillet, quand on la cultive sur un arbrisseau.
Bientôt après vient la Mirabelle hâtive, excellente petite prune. La
Reine Claude violette est un très beau fruit, ainsi que la prune de Kirke;
toutes deux mûrissent en septembre.

La prune d'Orléans, celle de Jefferson, celle de Lawrence (fig. 305)
sont toutes d'excellentes prunes qui mûrissent vers la fin d'août. La
prune Goliath, qu'on estime peu d'ordinaire, vaut mieux que sa répu-

(1) Toutes les figures représentant les prunes sont dessinées à l'échelle de 1/2 diam.

tation quand elle est bien mûre et bien développée. La Reine Claude
(fig. 306) est sans contredit la reine des prunes; malheureusement ce
prunier produit fort peu en Angleterre. Toutefois, quand il rapporte,
le fruit est magnifique; aussi, devrait-il y avoir dans chaque jardin quelques pruniers de cette espèce; il est certain qu'on ne récolte des fruits
qu'une fois par hasard, mais cela suffit pour compenser et au-delà
toutes les peines qu'on s'est données. La Goutte d'or de Coe (fig.
307) est une prune magnifique; elle a, en outre, cette excellente qualité
de se garder longtemps après la cueille, surtout si l'on a soin de l'envelopper de papier et de la suspendre dans le fruitier. L'Impératrice
d'Ickworth est une prune délicieuse quand elle est bien mûre et bien
ridée; elle est alors recouverte d'un duvet pourpre ayant des teintes
charmantes; elle se garde longtemps dans un fruitier bien sec.

La Pourprée Belge (fig. 309) est, dit-on, une excellente prune

Fig. 308.   Fig. 309.   Fig. 310.   Fig. 311.
Impératrice.   Pourprée Belge.   Prince Englebert.   Belle de Louvain.

hâtive; bien que je possède un arbre de cette espèce, je ne la connais
pas assez pour en parler de façon positive.

Les prunes s'emploient surtout pour la cuisine, et elles ont ce grand
avantage de persister depuis juillet jusqu'en novembre. La prune de
Rivers mûrit en juillet. On cultive dans le comté de Kent une prune
hâtive qui mûrit à peu près à la même époque, mais je n'ai jamais pu
savoir le nom de ce fruit. Le Prince Englebert (fig. 310) est un fruit
gros, à la chair ferme et sucrée, qui rapporte beaucoup et qui mûrit
dans le courant d'août. La Belle de Louvain (fig. 311) mûrit un peu
plus tard; c'est une prune pourpre foncée, grosse et très rustique.

Le Magnum Bonum jaune (fig. 312) est une belle grosse prune qu'on emploie beaucoup pour faire des confitures, qu'il faut conserver avec soin, car elles fermentent facilement.

La Gisborne (fig. 313) est une prune jaune qu'on récolte en quantité

Fig. 312.
Magnum Bonum jaune.

Fig. 313.
Gisborne.

Fig. 314.
Diamant noir.

Fig. 315.
Prince de Galles.

prodigieuse tous les ans, quel que soit l'état du temps. C'est une excellente prune à cuire et on devrait en cultiver dans tous les jardins. Le Diamant noir (fig. 314) est une grosse belle prune qui mûrit pendant la première semaine de septembre.

Le Prince de Galles (fig. 315) se récolte en grande quantité; il est rare que cette prune manque, même après que la récolte précédente a été tellement abondante que l'arbre en a souffert. On regarde ordinairement la Washington (fig. 316) comme une excellente prune à cuire; quant à moi, je pense que sa qualité est assez bonne pour qu'elle puisse figurer sur la table au moment du dessert. Il existe aussi une variété, trouvée dans le Yorkshire, qui mérite d'être plus connue; j'ai été un de ceux qui ont voulu acclimater cette prune dans le sud de l'Angleterre, mais je dois avouer que je n'ai guère

Fig. 316.
Washington.

réussi. Je serais assez disposé à croire qu'elle ne mûrit que dans le Yorkshire.

Je cultive la prune de Damas commune, mais elle ne réussit pas très bien. D'autre part, M. C. Roach Smith, l'éminent antiquaire, a, dit-on, découvert une variété de la prune de Damas, à laquelle on a donné le nom de prune de Rochester (fig. 317 *a*); cette variété est remarquable par son abondance. C'est M. Smith lui-même qui a appelé mon attention sur

Fig. 317 *a*. — Prune de Rochester.

la valeur de cette prune; il est fort curieux de voir les arbres qui la produisent ployer sous le poids des fruits alors que les autres pruniers n'en ont pas un seul. La prune de Rochester est la meilleure que l'on connaisse pour cuire. Je cultive aussi la Bullace (*Prunus insititia*, fig. 317 *b*), excellente pour faire des confitures; cette prune mûrit après toutes les autres.

Fig. 317 *b*. Bullace.

Je cultive aussi plusieurs espèces de pruniers en pot dans la serre à fruits, et ils produisent beaucoup. Toutefois, la saveur du fruit est beaucoup moins bonne, à tel point que, selon moi, il est inutile de cultiver aucun prunier en serre, sauf peut-être la Goutte d'or. Peut-être la grande quantité rapportée par les arbres est-elle la cause principale du peu de parfum des prunes étrangères, quand on les compare à celles qui mûrissent en Angleterre. La Reine Claude, cultivée en pot, est très sucrée, mais elle n'a plus le parfum excellent que l'on trouve dans le fruit cultivé en plein air.

Je cultive une partie de mes pruniers en plein vent et les autres en espalier; les premiers sans contredit réussissent le mieux. On arrête en juin le développement des branches des pruniers en espalier et on les taille en hiver. Les pruniers taillés ont une grande tendance à pousser de longues branches qui fatiguent l'arbre et le rendent improductif. Il arrive, pendant quelques années, que le côté inférieur des feuilles de nos pruniers est recouvert de grosses aphides vertes, à tel point qu'on ne pourrait piquer une épingle entre ces insectes. Je ne crois pas que la taille convienne au prunier, car j'ai toujours remarqué que ceux qu'on laisse croître en liberté réussissent mieux que ceux que l'on taille si peu que ce soit. Rivers recommande de soulever les pruniers tous les deux ans; mais c'est là une opération bien trop difficile quand elle doit porter sur plus de cent gros arbres.

L'ABRICOT.

L'Abricot est un fruit délicieux. En Angleterre, l'abricotier ne donne
pas de fruits en plein vent; il faut donc le cultiver en espalier; mais,
comme il n'y a pas de murs dans mon jardin, je suis obligé de le cultiver en serre. Cela soulève de nouvelles difficultés, car l'abricotier
n'aime pas la chaleur artificielle et est très difficile à forcer.

J'ai essayé de l'abricotier en plein vent, mais je n'ai jamais pu obtenir
des fruits, bien qu'il produise beaucoup de fleurs; je puis donc affirmer que, sous notre climat, cet arbre ne produit pas en plein vent.
D'ailleurs, cultivé en serre, l'abricot-pêche produit des fruits excellents. L'abricot Moor-Park est peut-être le meilleur de tous; mais
il a cette particularité fâcheuse de perdre des branches sans qu'on
puisse savoir pourquoi. Quelquefois de grosses branches chargées
de fruits meurent soudainement, ce qui rend l'arbre irrégulier et dis-
gracieux. On cultive souvent en plein air l'abricot précoce, le Kaisha
et le Breda.

J'ai de nombreuses espèces d'abricotiers dans ma serre et j'obtiens
des fruits parfaits de tous points. L'abricot, provenant d'un arbre
cultivé en serre, est tout différent de ceux récoltés sur un arbre en
espalier; l'abricot de serre est mûr dans toutes ses parties et sa saveur
est une combinaison de celle du fruit conservé et du fruit frais. Dans
cet état, c'est un excellent fruit. Pour cultiver l'abricotier en serre, il
faut le planter dans une terre légère, tassée autant que possible autour
des racines. Pendant sa croissance, cet arbre a besoin de beaucoup
d'air, et il faut l'arroser au moins deux fois par semaine avec de l'en-

grais liquide. Après la récolte, il faut porter l'arbre en
plein air, afin que le bois acquière toutes ses qualités
pour l'année suivante. S'il faut en croire une histoire de
Moor-Park, c'est l'amiral Anson qui a apporté de
l'Orient l'abricot Moor-Park (fig. 318), et il a été cultivé
dans ce jardin par Lancelot Brown qui a été plus tard

Fig. 318—Abricot
Moor-Park,
1/3 diam.

jardinier de Windsor et de Hampton-Court.

Quelqu'étrange que cela puisse paraître, la Pêche et le Brugnon sont le même fruit. Si on sème un noyau de pêche, on obtient tantôt un pêcher, tantôt un brugnonnier. En règle générale, presque tous les plants levés de semis ont de grandes qualités ; on m'a dit que dans l'Amérique du Nord, où, pendant certains hivers, le froid détruit les pêchers, on plante des noyaux et on obtient au bout de trois ans des arbres en plein rapport sans qu'il soit besoin de les greffer ou de faire une attention particulière aux variétés.

En Angleterre, le pêcher demande plus de soin ; on n'y cultive d'ailleurs que les bonnes variétés qui sont en nombre considérable. M. Rivers en a produit beaucoup. Il est important de récolter des pêches de bonne heure, car cela prolonge beaucoup la saison de ce fruit. Les pêches les plus hâtives de M. Rivers sont : la Louise hâtive (fig. 319) et la Béatrice

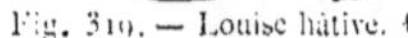

Fig. 319. — Louise hâtive. 1

Fig. 320. — Béatrice hâtive.

hâtive (fig. 320), qui mûrissent dans le courant de juillet. Je me suis procuré cette année seulement un plant de chacune de ces variétés ; je ne puis donc encore parler de leurs qualités ; les figures ci-dessus ont été copiées d'après les spécimens qui m'ont été envoyés par M. Rivers.

La pêche Victoria est une autre pêche hâtive ; pendant quelques années, ce fruit a été excellent ; mais depuis il a bien dégénéré. Je cultive aussi l'Alfred hâtif qui ne m'a pas encore rapporté de fruits. L'Abec

(1) Toutes les figures représentant les pêches et les brugnons sont à l'échelle de 1/3 diam.

est une grosse pêche ; les fleurs en sont admirables. Les pomologistes
vantent beaucoup la Grosse Mignonne (fig. 321); mais je n'aime pas les
pêches recouvertes de duvet, et je crois que cette variété particulièrement

Fig. 321.—Grosse
mignonne hâtive.

Fig. 322.
Noblesse

Fig. 323.
Bellegard.

Fig. 324.
Admirable tardive.

est très inférieure à la Noblesse (fig. 322) qui a un parfum plus
délicat.

La pêche Georges IV est très bonne, mais elle est souvent attaquée
par les champignons. La Bellegard (fig. 323) est un beau fruit, et
l'Admirable tardive (fig. 324) est une pêche fort grosse, qui mûrit quand
toutes les autres variétés ont disparu ; on ne saurait trop louer les qualités de ce dernier fruit quand on peut se le procurer mûr à point.

Je cultive mes pêchers dans la serre à fruits, sous forme d'arbres à
basse ou à haute tige. Il n'y a pas de spectacle plus admirable que celui
de mes pêchers couverts de leurs fruits, et je puis ajouter qu'ils ont un
parfum à nul autre pareil.

Les pêchers, destinés à la culture en serre, sont placés dans des pots
contenant de bon terreau et du fumier bien dépouillé ; il faut avoir soin
de bien tasser la terre autour des racines et d'augmenter de temps en
temps la grandeur du pot. Je cultive une partie de mes arbres en plein
air et les autres dans la serre aux fruits. Il faut les arroser au moins
deux fois par semaine avec de l'engrais liquide ; trop ou trop peu d'eau
nuit beaucoup à la qualité du fruit. Quand la récolte est faite, il faut
porter les arbres en plein air pour qu'ils puissent profiter des rosées et
jouir de l'air et de la lumière. Quand vient l'hiver, il faut cesser l'arrosage
et laisser sécher la terre des pots ; néanmoins, il faut avoir soin de défendre les racines contre la gelée ; dans ce but, je fais couvrir les pots avec
de la paille, pendant l'hiver. On peut tailler les arbres en février. Le pê-

cher pousse trois sortes de bourgeons (fig. 325) : l'un gros, gras, isolé, qui est le bourgeon à fruits ; un autre petit, allongé, qui est le commencement d'une branche ; il y a enfin un triple bourgeon, celui du centre, commencement d'une branche, et un de chaque côté, qui sont des bourgeons à fleurs.

Fig. 325.
Bourgeons de
pêcher.

Quand on taille l'arbre, il faut couper la branche au-dessus du triple bourgeon ; une nouvelle branche part du bourgeon et les feuilles nourrissent le fruit si ce dernier se forme. Pendant la croissance de la pêche, l'arbre a besoin de beaucoup d'air, à tel point qu'il importe peu si une ou deux vitres de la serre sont cassées ; il vaut mieux avoir des ouvertures jour et nuit que de fermer la serre pendant toute la nuit.

Ma longue expérience me conduit à penser que le meilleur moyen de traiter les pêchers et les brugnonniers, est de garder les arbres en serre jusqu'au commencement de juin, époque à laquelle le fruit est formé, puis de laisser mûrir en plein air. Traité ainsi, le fruit est tout petit, mais il prend une teinte plus foncée et a un goût beaucoup plus parfait. Pendant ces deux ou trois dernières années, j'ai cultivé dans la serre plus d'arbres qu'il ne convient, et j'ai été obligé d'en mettre une certaine quantité dehors pour qu'ils puissent mûrir. Ce système a parfaitement réussi et je l'appliquerai toujours autant qu'il me sera possible. J'aime mieux un fruit mûri en plein air que deux mûris dans la serre ; je dois ajouter cependant que j'obtiens dans mes serres des pêches de qualité supérieure.

LE BRUGNON

Comme je l'ai déjà dit, le Brugnon est identique à la pêche ; on le cultive exactement de la même manière. J'ai cultivé la Violette hâtive, l'Orange de Pitmaston, l'Elruge et plusieurs autres ; j'ai représenté ci-dessous deux nouvelles espèces que M. Rivers a bien voulu m'envoyer. Le brugnon est un fruit délicieux quand il est mûr à point ; pour l'obtenir dans toute sa perfection, il faut le cultiver sur un plant à haute tige dans la serre à arbres fruitiers, en ayant soin de lui donner beaucoup d'air et de lumière. Il ne faut cueillir le fruit que quand il commence à se rider. La Violette hâtive (fig. 326) est une excellente variété. L'Orange (fig. 327) est aussi un fort bon fruit et M. Rivers a cultivé

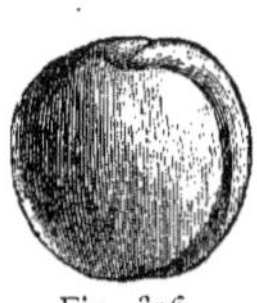

Fig. 326.
Violette hâtive.

Fig. 327.
Orange de Rivers.

Fig. 328.
Plant de Rivers, n. 23.

Fig. 329.
Plant de Rivers, n. 93.

plusieurs nouvelles variétés qui portent d'excellents fruits (fig. 328 et 329). J'en cultive plusieurs autres espèces, mais il est inutile d'en citer les noms.

La taille ordinairement adoptée en Angleterre pour l'abricotier et le pêcher est celle en forme d'éventail (fig. 330) ; on dispose fréquemment entre deux arbres nains un arbre en éventail, de telle façon que le mur entier se trouve recouvert. Les horticulteurs français donnent souvent à leurs arbres la forme de cordons obliques, c'est-à-dire que l'on plante le long d'un espalier un certain nombre d'ar-

Fig. 330. — Pêcher en éventail.

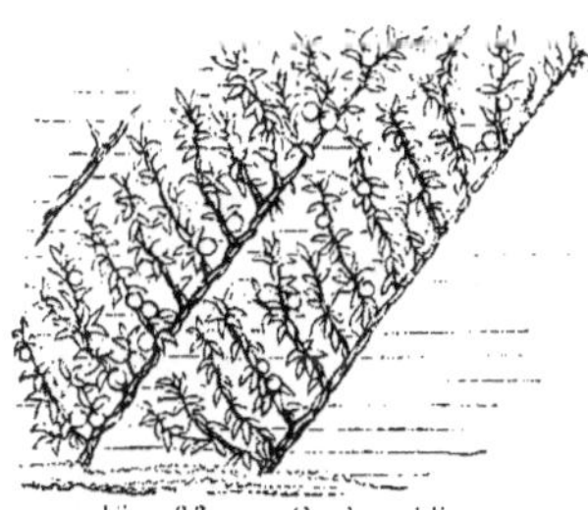

Fig. 331. — Cordon oblique.

bres distants de deux pieds l'un de l'autre, et on les dirige obliquement (fig. 331). Je sais que ce plan essayé dans notre village sur les abricotiers, n'a pas réussi ; et je n'ai pas entendu dire qu'on en ait jamais été satisfait en Angleterre, bien que j'aie vu en France nombre d'arbres cultivés de cette façon, couverts de beaux fruits.

LA CERISE

Ni le sol, ni le climat de mon jardin ne conviennent au cerisier. J'ai donc peu d'expérience personnelle de la cerise, car le feuillage devient jaune, les gelées du printemps détruisent presque toutes les fleurs en mai, et les oiseaux ont soin de manger les quelques fruits que le climat a épargnés. Malgré tout, j'ai planté et cultivé quelque trente espèces de cerisier, mais, je le répète, j'ai fort peu d'expérience et il me serait impossible de faire une critique entre les différentes espèces. On se procure des variétés par le semis, puis on propage ces variétés par la greffe. La Guigne rose hâtive (fig. 332) mûrit dans la serre à arbres fruitiers au mois de mai. La Couronne d'Adam est une bonne cerise hâtive qui mûrit à la fin de juin ; le Duc de Mai mûrit au commencement de juillet. L'Aigle-noir (fig.

Fig. 332.[1]
Guigne rose hâtive.

333) et le Bigarreau Duc (fig. 334) ont été exposés à l'état le plus parfait dans les jardins de la société d'horticulture le 3 mai 1871, mais on n'a pas indiqué de quelle façon on les avait forcés. Le Bigarreau, le Duc de Mai et le Duc tardif sont aussi d'excellentes variétés.

La Morello est une magnifique cerise qui réussit très bien dans mon

Fig. 333.
Aigle noir.

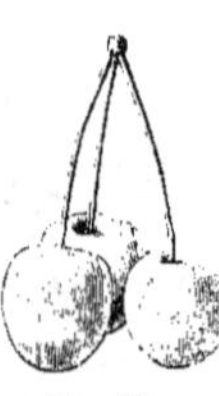

Fig. 334.
Bigarreau Duc.

Fig. 335. — Morello.

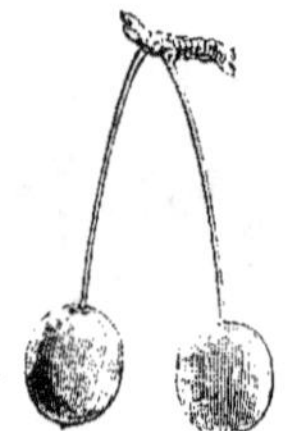

Fig. 336. — Cerise d'octobre.

jardin. Il faut couvrir l'arbre d'un filet pour défendre les fruits contre les oiseaux. Je cultive ces cerisiers en arbres nains ; il vaut toujours mieux les disposer en espalier.

(1) Toutes les figures de cerises sont à l'échelle de 1/2 diam.

On cultive, dans le comté de Kent, une belle cerise à cuire, mais on dit que les arbres disparaissent et rapportent beaucoup moins qu'ils ne ne le faisaient autrefois. Il y a une variété de cerisiers dont les fruits ne mûrissent qu'en octobre (fig. 336); M. Rivers prétend que les oiseaux n'attaquent pas cette espèce; je dois dire que les oiseaux de mon jardin sont moins délicats. Toutefois il est bon d'avoir un plant de cette espèce, ne fût-ce que pour se procurer des cerises à une époque si avancée. Le cerisier aime un sol substantiel au-dessus de la craie; tel n'est pas le sol de mon jardin. Il faut avoir soin, dans les jardins, de protéger les fruits contre les oiseaux, ou on s'expose fort à ce qu'ils n'en laissent pas un seul.

LA GROSEILLE

On trouve dans tous les jardins la groseille blanche, la groseille rouge et le cassis. Le cassis (fig. 337) se plaît beaucoup au bord de l'eau, car il aime un sol riche et humide. Il paraît y en avoir plusieurs variétés supérieures à la variété commune ordinaire que l'on se procure par

Fig. 337.—Cassis. (1)

Fig. 338. — Groseille blanche.

Fig. 339.—Groseille rouge.

semis. Je ne connais pas le nom de la variété que je cultive, mais je récolte de très gros fruits. Le cassis se multiplie facilement par bou-

(1) Les groseilles sont dessinées à moitié de leur grandeur naturelle.

tures, que l'on peut planter à n'importe quelle époque depuis le commencement de l'automne jusqu'en mars; avec un peu de soin je suis
même persuadé qu'on pourrait faire ces boutures à n'importe quel
moment. Il existe une variété tardive de cassis qui n'est pas très bonne;
on l'appelle, je crois, la groseille noire de Naples.

Je possède quelques plants d'une nouvelle variété : le cassis de Lee
dont on dit grand bien, mais dont je n'ai pas encore vu les fruits;
l'arbre me semble très vigoureux.

J'ai cultivé environ seize variétés de groseilles blanches et rouges,
mais il y a longtemps que j'ai renoncé à distinguer les variétés. La groseille blanche de Hollande (fig. 338) est un bon fruit. Avec beaucoup
de soins on peut la forcer en la cultivant en pot et en la plaçant dans
la serre à vignes. Les fruits tombent facilement et bien peu restent sur
la grappe jusqu'à maturité. Peut-être est-ce parce que dans ma serre
il fait trop chaud et que les arbres n'ont pas assez d'air.

La taille des groseillers exige beaucoup de soin, car le fruit vient
sur de petits éperons; l'art du jardinier consiste donc à couper les nouveaux bois tout en respectant les éperons. J'ai cultivé les groseillers
sous forme de buissons, de pyramides et d'arbres à haute tige, mais
sans aucun résultat bien apparent. On peut planter les pyramides à
une distance de un pied les unes des autres, et les laisser croître jusqu'à une hauteur de deux pieds et demi; avec quelques soins on peut
se procurer des fruits jusqu'en novembre, mais on doit couvrir les arbres de filets pour empêcher les oiseaux de manger trop de fruits.

La groseille rouge de Hollande (fig. 339) est une excellente variété.
J'ai cultivé la groseille sucrée de Knight; j'avoue ne l'avoir jamais
trouvée sucrée, bien que je l'aie entourée de soins.

LA GROSEILLE A MAQUEREAU

La groseille à maquereau est un fruit essentiellement anglais. On la
cultive fort peu dans les pays situés au sud de l'Angleterre, et c'est seulement dans le nord de notre pays qu'on se livre à sa culture sur une
grande échelle et qu'elle atteint toute sa perfection. Dans le nord de

l'Angleterre, on fait de nombreuses expositions de groseilles à maquereau. On récompense la grosseur plutôt que la qualité et on publie
chaque année un ouvrage où l'on trouve tous les détails possibles sur
les variétés de groseilles à maquereau qui ont obtenu des prix, et sur
le poids que chaque groseille a atteint. On propage le groseiller à maquereau par semis quand on veut obtenir de nouvelle variétés; les
variétés se propagent facilement par boutures ou par marcottes;
il suffit souvent qu'une branche touche le sol pour prendre racine. Il
vaut mieux cultiver l'arbre sur une tige ayant environ un pied de haut,
d'où les branches rayonnent dans toutes les directions. J'ai vu étendre
le groseiller à maquereau sur des treillis, mais c'est un mauvais système, car le fruit, au commencement du printemps, n'est pas protégé
par les feuilles et gèle facilement. Il faut apporter beaucoup de
soins à la taille du groseiller à maquereau, car le nouveau bois rapporte. Il faut couper une quantité raisonnable du vieux et du nouveau
bois pour que l'air et le soleil pénètrent facilement dans toutes les parties de l'arbre, mais il faut avoir soin aussi de laisser le nouveau bois
en quantité suffisante pour s'assurer une bonne récolte. Quand on
cultive ces arbres pour se procurer des fruits destinés à être exposés, on
ne conserve que deux ou trois bois de l'année. C'est là un système que
je n'emploie jamais, car je pense qu'il faut juger un fruit au goût et
non pas à la grosseur et au poids.

Les gelées du printemps affectent particulièrement le groseiller à
maquereau et tous les fruits tombent. Ceci m'est arrivé en 1871. Le
papillon à groseilles attaque aussi cet arbre, mais, dans mon jardin, les
oiseaux leur font une si rude guerre que je ne souffre pas de ce fait.
Quelquefois aussi, un acarus ou espèce d'araignée rouge, attaque le
groseiller; mais ceci n'arrive jamais dans mon jardin, car mes arbres
exposés à la quantité de lumière qui leur convient, sont de véritables
exemples de santé et de croissance vigoureuse. Le groseiller aime le
fumier, et il faut, chaque année, en mettre un peu au pied de l'arbre.
J'ai cultivé plus de 100 variétés, mais sans m'occuper de garder leurs
noms; si l'on veut se procurer beaucoup de variétés du groseiller à maquereau, il faut s'adresser aux pépiniéristes de Manchester. M. Turner

de Slough a exposé, à la société d'horticulture, une belle collection de
70 variétés, et il a bien voulu me donner les fruits ci-après, pour les
faire dessiner. Il m'a été impossible de me procurer le fruit d'une des
plus belles variétés, appelée le Compagnon ; ce groseilier rapporte fort
peu, et cette année tous les fruits avaient été tués par la gelée.

La première groseille à maquereau qui mûrisse dans mon jardin,
dans le courant de juin, est une groseille jaune de grosseur moyenne.
Le groseiller qui la produit, rapporte beaucoup. On l'appelle le Soufre
hâtif (fig. 340).

La Reine Claude est une autre groseille à maquereau, hâtive, au
goût délicieux. Il faut toujours cultiver beaucoup de plants du Warrington rouge (fig. 341), car ce fruit est excellent jusque dans la seconde
semaine de septembre, et aucun ne le surpasse comme parfum. Le

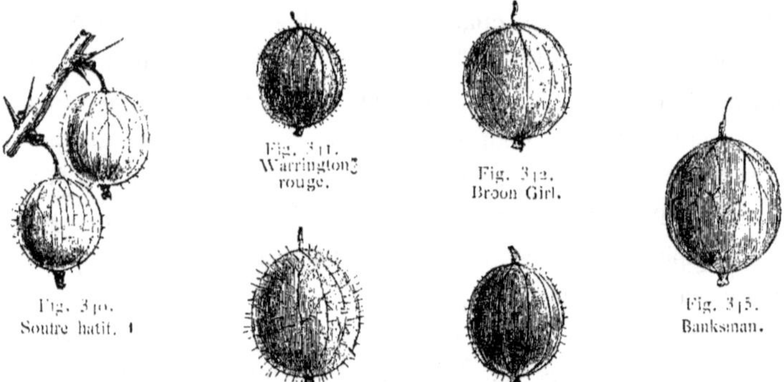

Fig. 340.
Soufre hâtif. 1

Fig. 341.
Warrington
rouge.

Fig. 342.
Broon Girl.

Fig. 345.
Banksman.

Fig. 343.—Smuggler jaune.   Fig. 344.—Crown Bob.

Rumbullion est aussi une belle groseille. Quant aux groseilles à maquereau atteignant une grosseur extraordinaire, on peut citer la Broon
Girl (fig. 342), la Smuggler (fig. 343), la Crown Bob (fig. 344), les
deux premières variétés jaunes, la troisième variété rouge. La Banksman (fig. 345) est une groseille à maquereau, verte et grosse. En résumé, il est bon de posséder autant de plants que possible du Soufre

(1) Les groseilles à maquereau sont dessinées à moitié de leur grandeur naturelle.

hâtif, de la Reine Claude et du Warrington rouge ; puis on peut cultiver un plant des nombreuses autres variétés rouges, blanches, vertes et jaunes.

La groseille à maquereau est, sans contredit, le fruit du paysan ; cependant les gens habitués à vivre à la campagne, s'occupent beaucoup de ce fruit que l'on se procure difficilement à Londres, même en visitant les marchés. Chaque jardin particulier devrait. contenir au moins deux cents plants de groseillers.

LA FRAISE

Il est rare que l'on n'aime pas les fraises bien mûres qui viennent d'être cueillies et que l'on sert avec de la crème. Néanmoins il y a des gens dont la constitution est si singulière qu'une seule fraise est un véritable poison pour eux. Comme ces derniers forment l'exception, nous devons nous occuper de la majorité. Je m'arrange de façon à avoir des fraises depuis le 1ᵉʳ mai jusqu'au milieu de juillet, puis alors des fraises des quatre saisons jusqu'à ce que la gelée les détruise. En Écosse, les fraises commencent à mûrir un mois après leur disparition en Angleterre, mais elles n'ont aucune saveur.

Il y a des milliers de variétés de fraises ; on se les procure par semis et en choisissant les plus beaux plants. On propage les variétés particulières au moyen de filets. La méthode que nous employons pour effectuer cette propagation est de remplir un pot de terreau sur lequel on place un filet que l'on maintient avec une pierre. Au bout de quelque temps le filet prend racine ; on le transplante alors dans un plus grand pot ou dans une plate-bande.

Pour notre première récolte, nous repiquons en pot environ deux cents plants provenant de semis ; on les arrose avec soin pendant tout l'été pour qu'ils se développent bien. Pendant l'hiver, il faut avoir soin de les mettre à l'abri du froid. A la fin de février, on enterre ces pots dans des châssis ; il faut les espacer suffisamment pour que le soleil puisse agir sur toutes les feuilles. A partir de cette époque on les arrose avec de l'engrais liquide et on obtient une première récolte vers le

1ᵉʳ mai ; ces fraisiers continuent à rapporter jusqu'à ce que les fraises
en plein air commencent à mûrir. La première récolte de fraises est
souvent la meilleure de toutes, tant le parfum du fruit est pénétrant et
tant la saveur en est développée. Toutefois, si on désire des fraises parfaites, il faut s'abstenir de les arroser pendant deux ou trois jours avant
de les cueillir. Ce système si simple doit être adopté dans tous les jardins ; cela est d'autant plus facile qu'on peut disposer les fraisiers dans
des châssis de façon à le faire mûrir à telle ou telle époque ; pour s'assurer une quantité convenable de fraises, il faut cultiver cent plants au
moins. Il est fort rare que je force les plants ; les fraises cultivées sous
châssis surpassent certainement en saveur les fraises forcées ou même
les fraises cultivées en plein air ; en outre, il est agréable de pouvoir en
manger pendant tout le mois de mai.

Quand on cultive les fraisiers en plein air, il faut les transplanter tous
les deux ou trois ans ; on les plante en rangées espacées de deux pieds
et en laissant aussi un intervalle de deux pieds entre chaque plant. Au
mois de février, il faut recouvrir toute la couche de fumier ; les pluies du
printemps lavent la paille et entraînent l'engrais dans le sol ; il reste, en
outre, une excellente couche de paillis qui protége le plant et le fait porter plus tôt des fruits. Il ne faut pas couvrir les fraisiers avec du fumier
en hiver, parce qu'alors la paille se pourrit complétement avant la floraison et que l'humidité pourrait faire pourrir les plants. Au printemps,
les jeunes feuilles se fraient un chemin à travers le paillis qui les protége contre la gelée

Une des variétés que nous cultivons est le Black Prince (fig. 346),
qui mûrit en plein air pendant la première semaine de juin. Cette fraise,
quand elle est bien mûre, est un fruit délicieux ; elle est petite, mais
rustique et, dans quelques années, 1871 par exemple, elle rapporte plus
et du fruit plus savoureux que toutes les autres espèces. La récolte de
ce fraisier dure assez longtemps et quand des fraises plus grosses remplacent le Black Prince, on peut encore se servir de ces dernières pour
faire des confitures. La plante est petite, les feuilles ont un aspect tout
particulier, et il faut laisser ce fraisier sur la même couche sans le déranger pendant plusieurs années. La May Queen est une autre fraise

hâtive, mais elle n'est pas digne d'être cultivée. Après le Black Prince,
vient la vraie fraise des jardins, le Keen's Seedling (fig. 347). En règle

Fig. 346.
Black Prince. 1

Fig. 347.
Keen's Seedling.

Fig. 348.
British Queen.

Fig. 349.
Amateur.

générale, ce fraisier produit plus de fruits que tous les autres ; il est arrivé toutefois, en 1871, qu'il n'en a pas produit du tout, car toutes les
fleurs avaient été gelées. Le Keen's Seedling est le fraisier que l'on force
le plus facilement, c'est celui qui rapporte le plus, on ne peut donc se
dispenser de le cultiver. Vient ensuite la British Queen (fig. 348), la plus
exquise de toutes les fraises. Toutefois, ce fraisier a une constitution fort
délicate, il aime un terrain riche tel que le sol d'un bois qu'on vient de
défricher et qui n'a jamais été cultivé ; c'est alors qu'il rapporte des
fruits parfaits.

Mes fraisiers sont souvent attaqués en été par une sorte d'acarus ou
d'araignée rouge, dont je n'ai pu déterminer exactement l'espèce ; j'é-
prouve donc quelques difficultés dans cette culture.

On a exposé l'année dernière à la société d'horticulture une belle fraise
appelée l'Amateur (fig. 349) ; elle est si excellente, qu'on lui a décerné
de suite une première médaille. Après trois ans de culture et d'essais, on
a reconnu que cette variété est tout à fait supérieure et je recommande
son admission dans tous les jardins. C'est M. Bradley qui a eu la bonne
fortune de produire cette fraise ainsi qu'une autre variété que je ne saurais trop recommander, à laquelle il a donné le nom du grand pomologiste le docteur Hogg (fig. 350). Ceux qui désirent avoir de très grosses
fraises peuvent cultiver l'Eleanor (fig. 351), et, comme fraise très tardive, l'Elton. Telles sont, d'ailleurs, les variétés qu'il faut cultiver dans

(1) Toutes les fraises sont dessinées à moitié de leur grandeur naturelle.

tous les jardins ; on peut y ajouter l'Eliza (fig. 352), mais cette dernière n'a jamais bien réussi chez moi.

Fig. 350. — Dr Hogg.

Fig. 351. — Eleanor.

Fig. 352. — Eliza.

Les variétés ci-dessus, c'est-à-dire le Black prince, le Keen's Seedling, la British Queen, le d^r Hogg et l'Elton doivent, je viens de le dire, se trouver dans tous les jardins. Cependant j'en ai cultivé bien d'autres variétés parmi lesquelles je puis recommander la Princesse Alice Maude, le Sir J. Paxton, la Carolina superba, la Crimson Queen, la Filbert pine, la Myatt pine, le Nimrod, le Dundas, l'Impératrice Eugénie, le Frogmore, le Late pine, le Sir Ch. Napier, la Victoria, la Wonderful, le Sir Harry, le Prince of Wales, le Président, l'Oscar, le Comte de Paris et la Princesse de Galles. J'ai cultivé aussi pendant des années le Hautbois ; mais, bien que j'en aie goûté le fruit, je n'ai jamais pu en récolter un plat.

Outre ces variétés, je m'occupe beaucoup du fraisier des Alpes, que l'on appelle aussi des quatre saisons, ou de tous les mois. J'en ai cultivé beaucoup de variétés, au nombre desquelles il y en a deux, l'une blanche et l'autre rouge sans filet, que je recommande particulièrement. On peut se les procurer par semis faits au printemps et la plante rapporte du fruit dans l'automne de la même année. Toutefois, je me procure ordinairement à Paris les graines de fraisiers des Alpes (fig. 353). Il faut repiquer les jeunes plants au commencement du printemps ; ces plants commencent à rapporter quand les fraises ananas disparaissent, et on récolte jusqu'à l'automne. Il faut manger ces fraises avec du vin et du sucre comme on le fait en France. Quelques fraises, mises dans un verre de vin, lui communiquent un parfum très agréable.

La fraise se compose de cellules avec un noyau central de couleur foncée, comme l'a démontré Quckett (fig. 354).

Fig. 353. Fraisier des Alpes.

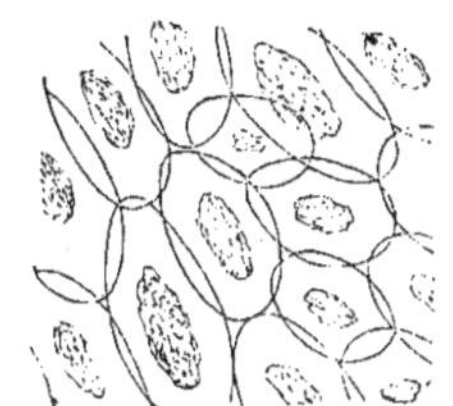

Fig. 354. — Cellules de la Fraise mûre.

Le fraisier aime une terre riche, tout comme l'Ortie d'ailleurs.

LA FRAMBOISE.

Les arbres sauvages de l'Angleterre nous fournissent plusieurs variétés de framboises excellentes pour les confitures. Je cultive une excellente variété, le Falstaff, ainsi que l'Anvers rouge et jaune. Pour se procurer de nouvelles variétés, il faut faire des semis ; d'ailleurs, dans mon jardin où abondent les oiseaux, ceux-ci se chargent de ce soin, et les framboisiers abondent de toutes parts. On propage les variétés au moyen de drageons. On coupe, en automne, les branches qui ont rapporté des fruits, en ayant soin de laisser deux ou trois branches de l'année, qui doivent produire l'année suivante. Quelquefois je fais attacher ces branches à des échalas ou à des fils de fers tendus entre des poteaux.

Fig. 355. — Falstaff (rouge).

Fig. 356. — Framboise d'automne (jaune).

Il y a un framboisier qui rapporte quelquefois des fruits jusqu'en novembre (fig. 356), époque à laquelle un plat de framboises est particulièrement agréable ; mais je n'ai jamais pu savoir comment il fallait traiter l'arbre pour être sûr de la récolte. Les framboises d'automne sont jaunes et rouges ; j'ai représenté la variété jaune.

Je cultive une variété, provenant d'un croisement entre le cassis et la frambroise, obtenue par M. Rivers ; mais il est fort rare que cet arbre me rapporte des fruits ; j'ai pu, cependant, en obtenir quelques-uns ; ils sont foncés, le goût en est assez bon, mais ils ne valent cependant ni le cassis, ni la framboise. Cette variété est presque inutile jusqu'à présent, en ce qu'elle rapporte fort peu ; néanmoins, il est bon de pousser l'expérience un peu plus loin. Le même horticulteur a obtenu d'autres variétés ; j'en possède une ou deux, mais qui ne m'ont encore rien rapporté.

La framboise sert à bien des usages domestiques ; il en faut donc cultiver beaucoup. Le framboisier pousse à l'état sauvage auprès de Weybridge, mais pas en aussi grande quantité qu'en Ecosse où il est plus commun que le groseiller.

LE RAISIN.

J'ai cultivé dans mon jardin, à différentes époques, beaucoup d'espèces de vignes ; mais le manque d'espace m'a fait graduellement cesser cette culture. On en connaît des espèces innombrables ; j'ai vu une personne à Naples qui m'a dit en cultiver plus de deux cents variétés dans son jardin. A Wallington, il est impossible de cultiver la vigne en plein air. J'ai essayé d'en cultiver environ dix-huit variétés dans la serre à arbres fruitiers, mais sans aucun succès. La serre à arbres fruitiers est surtout utile pour la culture de la pêche, du brugnon et de la figue ; or, le traitement qui convient à ces arbres ne semble pas bon pour la vigne ; en effet, j'ai à peine pu, dans ces conditions, me procurer quelques grappes. L'Erisaphe ou oïdium attaque continuellement les vignes cultivées dans la serre à arbres fruitiers et détruit toutes les grappes.

Dans la maison du Pauvre-Homme, j'ai restreint ma culture à trois variétés : le Sweetwater, le Prince Noir, et le Hambourg Noir.

La maison du Pauvre-Homme est située sur une couche de pauvre gravier grossier. J'y ai planté de la vigne comme expérience ; elle y pousse avec un bois dur et vigoureux. Les plants sont espacés de quatre pieds ; or, comme la toiture a dix pieds de largeur, chaque plant a quarante pieds carrés pour se développer. J'ai soin, chaque année, d'entourer le pied, de bon fumier de cheval ; en outre, je répands sur le sol de la poudre d'ivoire et je mets par-dessus une couche de 5 à 6 pouces de bon terreau. Les grappes que j'obtiens sont parfaites et très grosses ; les graines sont bien développées et leur saveur est aussi exquise que possible ; je ne crois pas exagérer en disant que c'est le meilleur raisin que j'aie jamais goûté. J'ai récolté, en 1871, dans cette serre qui offre une superficie de 480 pieds de verre, 204 grappes pesant environ 152 livres.

Cette serre n'est chauffée que par deux tuyaux de trois pouces (7 centim. 5) ; cependant la chaleur produite est suffisante pour faire bourgeonner les vignes vers le 15 février, les faire fleurir vers le 15 avril, et pour permettre de récolter dans la première quinzaine de juillet.

Je m'arrange pour retarder autant que possible les plants cultivés dans la serre à vigne, de façon qu'ils ne me rapportent de raisin que dans la première semaine de septembre ; mais alors ils produisent jusqu'à la fin de février. Dans cette serre, la vigne est plantée dans de la terre grasse mélangée de débris de briques ; mais la terre étant trop grasse ne m'a pas produit d'aussi bons résultats que le gravier naturel. J'ai l'intention d'enlever une partie de la terre et de la remplacer par du fumier et des débris de briques, ce qui, je crois, convient admirablement à la vigne et à quantité d'autres arbres fruitiers.

Selon moi, on ne peut se dispenser de cultiver le Hambourg Noir (fig. 357) ; c'est là, d'ailleurs, l'espèce qu'il faut avoir de préférence à toutes les autres, car c'est la meilleure de toutes. Ce raisin n'a qu'un défaut, c'est de ne pas se conserver longtemps quand il est mûr, et de devenir un peu pâteux. Une espèce de Sweetwater est un peu plus précoce que le Hambourg Noir ; il faut donc cultiver un de ces plants. M. Standish possède une espèce très précoce ; j'en ai un plant qui ne m'a encore rien rapporté. Tous les collectionneurs de vignes doivent cultiver le Prince Noir (fig. 358) dont la récolte manque

Fig. 357. — Hambourg Noir [1].

Fig. 359.
Trentham noir.

Fig. 358. — Prince Noir.

quelquefois, mais qui est un raisin très juteux. On doit cultiver aussi le Trentham noir (fig. 359), excellent raisin, mon favori, et un plant de Muscat (fig. 360). Ce raisin est excellent et a beaucoup

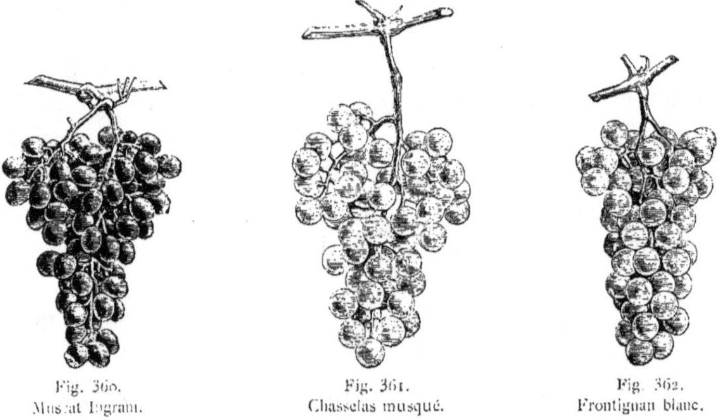

Fig. 360.
Muscat Ingram.

Fig. 361.
Chasselas musqué.

Fig. 362.
Frontignan blanc.

(1) Les figures représentant les raisins sont dessinées à 1/5 de la grandeur naturelle.

de goût, mais seulement quand il est ridé. Cette vigne rapporte tant,
qu'il faut couper au moins les trois quarts des grappes au moment où
elles se forment. Je dois ajouter que cette variété n'a pas été très bien
accueillie et qu'elle tend à disparaître. Ce raisin offre cette particularité
d'avoir beaucoup de pépins. Il faut cultiver un plant de Chasselas
musqué (fig. 361); ce raisin, quand il mûrit dans de bonnes conditions,
est un des meilleurs que l'on connaisse; mais il faut redouter que les
grains ne se fendillent et qu'ils ne pourrissent sur la branche. On ne
connaît aucune méthode pour prévenir ces inconvénients, autrement
ce serait la vigne la plus cultivée. On peut cultiver aussi le Frontignan
(fig. 362); cette vigne produit de toutes petites grappes; aussi n'est-elle
pas en faveur auprès des viticulteurs; cependant le fruit est excellent;
il est probable que ce plant sera remplacé par une variété découverte
tout récemment et qui est peut-être la plus délicieuse de toutes: on
l'appelle la Citronelle de Standish (fig. 363). Le Sweetwater de
Buckland (fig. 364) produit de grosses grappes composées d'énormes

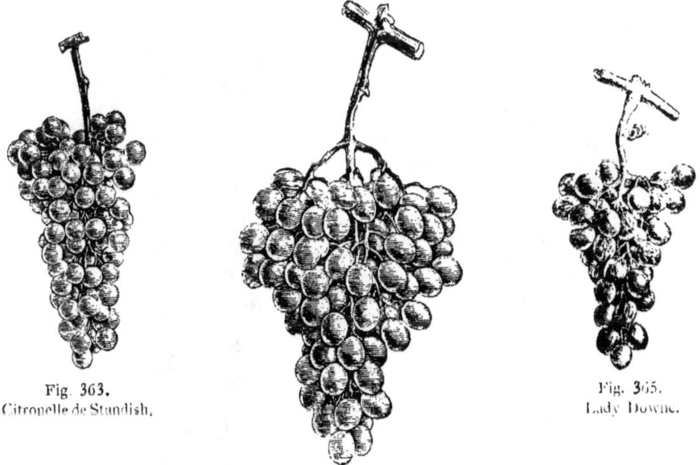

Fig. 363.
Citronelle de Standish.

Fig. 365.
Lady Downe.

Fig. — 364. — Sweetwater de Buckland.

grains; ce raisin est très juteux et très rafraîchissant pendant les chaleurs de septembre. Le Muscat de Hambourg donne aussi d'excel-

lents fruits, mais les grains ont une grande tendance à se rider. Comme raisin tardif, on ne peut rien comparer au Lady Downe's Seedling (fig. 365). Ce raisin fleurit tardivement et la grappe mûre se conserve plus longtemps que toutes les autres. La figure 365 est dessinée d'après une grappe qui a mûri à la fin d'août et qui a été conservée dans un bocal plein d'eau jusque pendant la première semaine de juin de l'année suivante ; les grains étaient encore en parfait état. On ne saurait trop cultiver cette variété.

Il est bon d'avoir aussi du Saint-Peter tardif ; ce raisin est supérieur au Lady Downe's Seedling ; mais on ne peut compter ni sur la quantité, ni sur la qualité de la récolte.

Le Barbarossa produit d'énormes grappes. Je ne l'ai jamais cultivé, et celui que j'ai goûté a peu de saveur ; cette vigne, en outre, rapporte fort peu.

M. Paul a obtenu dernièrement une nouvelle variété dont le fruit,

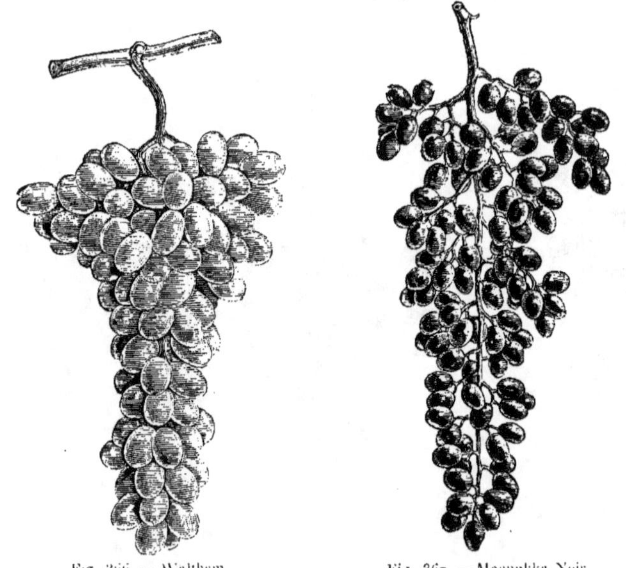

Fig 366. — Waltham.   Fig. 367. — Moanukka Noir.

fort gros, a une forme très élégante. Il l'appelle le Waltham (fig. 366) ;

cette variété paraît très robuste, mais elle est encore trop nouvelle pour qu'on puisse avoir grande confiance dans ses qualités, quoiqu'elle mérite d'appeler l'attention.

Je cultive le raisin de Calabre et le Hambourg doré; mais j'ai l'intention de cesser cette culture. Autrefois, j'avais aussi du Muscat de Saint-Laurent, mais je l'ai remplacé par la Citronelle de Standish, qui donne un fruit bien préférable.

Les Français placent en première ligne le Chasselas de Fontainebleau. C'est un raisin blanc à la peau très mince; presque tout le chasselas qui se vend à Paris ne provient pas de Fontainebleau, mais est cultivé probablement bien plus au Sud. Je me rappelle, en effet, en avoir entendu crier dans les rues de Paris, puis m'être rendu à Fontainebleau où le chasselas n'était pas encore mûr.

Le colonel Sykes a rapporté du Deccan, dans l'Inde, plusieurs espèces de raisins, une surtout qui est très remarquable et qui mérite d'être cultivée partout, c'est le Monnukka (fig. 367). Les grappes pèsent 8 ou 9 livres, et les grains n'ont pas de pépins. M. Barron, directeur des serres de la Société d'horticulture, m'a signalé ce raisin et m'a fait remarquer que, n'ayant pas de pépins, il serait précieux pour les confiseurs; je le cultiverai certainement.

J'essaie maintenant de cultiver une espèce appelée le général La Marmora, dans une petite serre imaginée par Looker, mais je suis persuadé que la maison du Pauvre-Homme est bien mieux disposée pour cette culture. Sans aucun doute, on peut cultiver le raisin sous toute espèce de châssis longs et étroits, et il me semble qu'un châssis long en bois, avec de la terre relevée de chaque côté, serait de beaucoup le meilleur arrangement.

Je cultive plusieurs espèces de Muscat, tels que le Muscat d'Alexandrie (fig. 368), le Muscat Canon Hall, le Muscat Bowood et le Muscat du parc de Tottenham. Je recommande tout particulièrement les deux premières espèces, bien qu'il faille leur consacrer une serre spéciale où on développe plus de chaleur. Le Muscat Canon Hall produit de très gros grains, mais il est fort rare que le fruit se forme bien; j'ai essayé de provoquer cette formation en déposant sur les fleurs du pollen provenant de plants de Hambourg Noir, mais il est difficile de dire si ce système donne des résultats avantageux.

Les espèces que je viens d'indiquer constituent la collection la meilleure qu'on puisse
faire dans un jardin particulier.

Je récolte toujours une grande quantité de
raisin depuis le mois de juillet jusqu'à la fin
de février; or, mon mode de culture est,
comme on va le voir, très simple.

Quand la vigne commence à bourgeonner
au printemps, le jardinier doit la surveiller
avec soin. Il faut qu'il s'occupe des conditions hygrométriques de l'air et qu'il le
charge, si besoin est, de grandes quantités
de vapeur d'eau; on y arrive facilement en

Fig. 368. — Muscat d'Alexandrie.

mettant de l'eau dans les réservoirs placés sur les tuyaux d'eau chaude, car cette eau s'évapore rapidement. Quelques jardiniers arrosent toute la serre, mais je crois que c'est là un mauvais système si l'on peut obtenir autrement un degré suffisant d'humidité. Dans tous les cas, si l'on veut arroser, il faut jeter de l'eau sur les murs et sur les sentiers, mais se garder d'en laisser tomber sur les plants.

A ce moment de la croissance, un courant d'air est aussi fatal à la vigne qu'il le serait à un enfant nouveau-né ou à une personne âgée; il faut néanmoins que la vigne ait beaucoup d'air. On y arrive en ou-
vrant les ventilateurs placés à l'arrière de la serre, de telle façon que l'air puisse se renouveler sans qu'il y ait de courant produit. Il faut, toutes les nuits, produire dans la serre un peu de chaleur artificielle, de-
puis l'époque où la vigne commence à bourgeonner jusqu'au moment de la récolte. Il va sans dire que, s'il se met à geler, il faut chauffer jour et nuit; mais, comme je ne force pas ma vigne, les instructions que je donne conviennent seulement à ceux qui veulent récolter du raisin depuis le mois de juillet jusqu'au printemps.

Quand la vigne pousse, il faut laisser assez de branches pour garnir

complétement la paroi de la serre ; il faut casser les brindilles de manière qu'il reste juste assez de feuilles pour qu'elles profitent toutes du
soleil et de la lumière ; toute feuille qui n'est pas exposée à la lumière
endommage le plant.

Pendant la période de croissance, le jardinier doit surveiller sa vigne
avec soin par crainte de l'oïdium. Au moindre soupçon, il faut répandre de la fleur de soufre sur les tuyaux d'eau et même sur les
plants.

Dès que les jeunes grappes commencent à se développer, le jardinier
doit s'occuper d'en supprimer une partie ; il faut se laisser guider pour
cela par la taille et par l'âge de la vigne, et toujours se souvenir qu'il
vaut mieux récolter quelques belles grappes qu'une grande quantité
sans saveur.

Mais ce n'est pas encore assez ; il faut diminuer chaque grappe. En
règle générale, il faut supprimer, à ce moment, les deux tiers du raisin
produit, et le faire aussitôt que possible pour que les jeunes grappes
n'épuisent pas la vigne.

Dès que les grains commencent à se colorer, il faut à la vigne
une atmosphère plus sèche. Je fais vider chaque jour un ou deux
réservoirs, j'obtiens donc par degré une atmosphère plus sèche dans
laquelle les grappes atteignent leur plus grande perfection et où la
peau du grain prend des qualités telles que le raisin se conserve plus
longtemps. Quand le raisin est mûr, le jardinier doit avoir grand
soin de ne pas le laisser dévorer par les guêpes, les souris et les
oiseaux.

La récolte faite, la vigne réclame encore les soins du jardinier ; il faut,
en effet, qu'il surveille les feuilles jusqu'à ce que le bois soit bien mûr. Il
faut que les feuilles de la vigne tombent d'elles-mêmes. Un jour, je me
mis fort en colère contre un jardinier qui, sous prétexte de nettoyer la
serre, arracha toutes les feuilles ; en un instant, il venait de détruire
les deux tiers de ma prochaine récolte.

Dès que le bois est bien mûr, on peut tailler la vigne. Je ne conserve
qu'un brin que je fais tailler aussi près que possible de la tige, en ayant
soin de garder un œil qui contient le germe de la future branche et des

grappes qu'elle portera. Quelques jardiniers se plaisent, en hiver, à enlever l'écorce de la vigne et à badigeonner la tige avec des composés sulfureux, du savon noir ou de la chaux. Ce traitement nuit beaucoup à la vigne ; au contraire, on ne s'expose pas à l'endommager, en saupoudrant les tiges avec de la fleur de soufre.

Les instructions que je viens de donner sont fort simples, et on est sûr de réussir si on les suit à la lettre ; mais si le jardinier s'en écarte, il n'obtiendra pas de bons résultats. Que, par exemple, on laisse s'abaisser la température pendant la nuit, qu'on expose les jeunes pousses à des courants d'air, qu'on laisse trop de pousses, qu'on néglige de diminuer le nombre des grappes, ou même la grosseur de chacune d'elles, que l'atmosphère de la serre soit trop sèche quand la vigne pousse, ou trop humide quand le raisin mûrit, et on aura travaillé en vain tout le reste du temps.

Le raisin contient beaucoup de potasse qui se dépose quelquefois dans le vin sous forme de tartrate ; il contient aussi beaucoup de phosphore, il est donc nécessaire de fournir au sol ces deux éléments. Je fais donc répandre à la surface, de la poussière d'os ou d'ivoire que les pluies entraînent dans le sol, mais cela n'est pas suffisant, et il faut, tous les ans, mettre une bonne couche de fumier au pied de la vigne. Il est vrai que la vigne, plantée dans un sol qui lui convient bien, n'a pas besoin de fumier. On ne fume jamais l'énorme vigne de Hampton Court, et elle ne paraît pas en avoir besoin ; cependant, les vignerons du Rhin fument leurs vignes, et celles que nous cultivons dans nos serres produisent des fruits bien préférables si on les fume chaque année.

Je conduis la vigne en cordon, mais cela n'est pas absolument nécessaire, car un seul cep peut couvrir un espace très raisonnable. Néanmoins, comme la vigne pousse assez lentement, un grand nombre de cordons permet au viticulteur de récolter davantage et plus vite.

On s'est beaucoup occupé dernièrement des soins à donner au raisin pour le conserver. Si, en coupant la grappe, on a soin d'enlever en même temps un petit morceau de branche et qu'on plonge l'extrémité de ce morceau dans une bouteille d'eau placée dans une chambre obscure, le raisin coupé en octobre se conserve jusqu'au mois de juin. En Italie, on trouve, au mois de mai, du raisin de l'année précédente, mais les grappes semblent avoir été conservées dans des paniers, les tiges sont desséchées et le raisin lui-même n'est pas très bon.

On multiplie la vigne par semis, ce qui est le moyen d'obtenir de nouvelles variétés. Quelquefois aussi on féconde la fleur d'une espèce avec le pollen d'une autre espèce ; c'est ainsi qu'on a obtenu la variété Standish et le Muscat Hambourg de Snow. On peut aussi multiplier les vignes par marcottes, ou enterrer dans un pot, dans la serre, un seul bourgeon auquel on laisse adhérer environ un pouce de vieux bois. On peut aussi la multiplier en enterrant une vrille. Mais la multiplication par bourgeons, telle que nous venons de l'indiquer, est de beaucoup la meilleure ; un bourgeon cultivé en serre donne un cep considérable à la fin de l'année.

On peut propager toutes les variétés de vignes par marcottes ou par circonvallation, car la vigne produit facilement des racines à quelque partie que ce soit de ses sarments, mais je n'ai jamais pu déterminer quelles sont les conditions exactes de ce phénomène. Quelquefois, j'ai cru remarquer qu'une simple pression opérée sur une partie du cep suffit à déterminer la formation de racines en cet endroit ; d'autres fois je n'ai pu découvrir aucune raison.

On peut greffer la vigne quand on désire faire produire à un cep une qualité différente. On peut aussi la greffer par approche. Cette opération doit se faire au printemps, au moment où les vignes commencent à bourgeonner, et, en une seule saison, les sarments atteignent une longueur de 10 à 12 pieds. J'ai pratiqué la greffe de la vigne avec beaucoup de succès.

Nos vignes chargées de raisin sont admirables en automne. On se rappelle toujours, quand on l'a vu une fois, le magnifique spectacle que présentent les serres, et on est frappé des résultats extraordinaires que l'on obtient avec de si pauvres moyens.

LE MELON

Nos Melons (*Cucumis melo*) sont toujours l'objet d une culture particulière; dans certaines saisons favorables, j'en ai récolté qui pèsent jusqu'à 100 ou 200 livres. On sème en mars dans les serres aux concombres, on repique en avril, et le fruit mûrit en juin ou juillet. Je cultive ces plantes dans la fosse à melons déjà décrite (fig. 96). J'en cultive d'autres sous des châssis ordinaires qui ne servent plus quand on a récolté les pommes de terre nouvelles et les fraises hâtives. On place, au centre du châssis, quelques brouettées de bon fumier, ce qui est un point essentiel dans la culture du melon, et on sème au milieu de ce fumier. Quand les fleurs paraissent et que les plantes ont atteint un développement considérable, il faut féconder à la main les fleurs femelles, car, bien que les ruches soient tout auprès, les abeilles entrent rarement dans les châssis. Je coupe toutes les feuilles qui ne pourraient pas recevoir beaucoup d'air et de lumière. Quand le fruit est formé et qu'il commence à grossir, je lui donne peu ou pas d'eau; j'ai remarqué, en effet, ce fait curieux, que l'eau en contact direct avec la racine produit des melons très gros mais creux; si, au contraire, on n'arrose pas, on obtient des fruits solides jusqu'au centre et de bien meilleure qualité.

Pour que le melon ait toute sa saveur, il faut que les feuilles de la plante restent vigoureuses jusqu'à ce que le fruit soit mûr; pour entretenir les feuilles en bon état, il est nécessaire de conserver une certaine humidité dans l'atmosphère; on y arrive en mettant dans le châssis des soucoupes pleines d'eau. Il ne faut couper le fruit que quand il est bien mûr, et on doit le manger immédiatement; dans ces conditions, il est parfaitement sain. Quelquefois l'aphis du melon, qui se produit par milliers, détruit une récolte. En juillet, arrive une espèce d'araignée rouge qui fait aussi beaucoup de mal, mais on peut s'en débarrasser en chargeant l'atmosphère d'humidité pendant la nuit. Cette araignée qui ne se présente que pendant le mois de juillet, m'empêche de cultiver les melons à cette époque.

Il y a d'innombrables variétés de melons. Beaucoup de personnes préfèrent le melon à chair verte, tel que le Golden Perfection ou l'Orion. Quant à moi, je préfère le melon rugueux à peau mince et à

Fig. 369.
Melon à chair rose,
1/3 diamètre.

chair rose (fig. 369), tel, par exemple, que le Joyau de Paradis. Le Joyau de Turner est un excellent melon, mais il a une grande tendance à se fendiller, alors les champignons poussent dessus et il devient malsain. Le Beechwood et le Bromham Hall sont d'excellents melons. Il y aussi un tout petit melon que l'on appelle le melon de poche de la reine Anne. Je cultive ordinairement chaque année plusieurs variétés de melons, et je conserve avec soin les graines de ceux qui ont été particulièrement bons. Je n'aime pas les melons à chair blanche, ou plutôt je les aime beaucoup moins que les melons à chair verte ou à chair rose. Le caractère des melons change constamment, probablement parce qu'ils proviennent toujours de semis ; il est certain que tel melon n'est plus le même aujourd'hui qu'il était il y a quelques années. Les horticulteurs doivent donc se laisser guider dans leur choix et accepter toutes les graines, pourvu que les variétés soient bonnes. Après la première récolte faite, j'arrose un peu ma fosse à melon ; cet arrosage fait repartir les plants et j'obtiens ainsi une seconde récolte.

Je ne peux pas, dans mon jardin, cultiver le melon en plein air, et je n'ai pas pu, même sous châssis, obtenir le melon de l'Europe méridionale.

Je ne saurais trop recommander aux amateurs de manger les melons avant qu'ils se couvrent de champignons. En temps de choléra, si on ne peut pas se procurer ces fruits sur la plante même et que cette dernière soit bien vigoureuse, il faut s'abstenir.

« Les melons sont comme les amis, on en trouve à la douzaine, mais il n'y en a pas un sur vingt qui vaille quoi que ce soit. »

LA NOISETTE

J'ai planté à Wallington plusieurs espèces de Noisettes (*Corylus*

Avellana), mais ce n'est rien comparativement à la longue liste qu'a publiée M. Webb de Calcot près de Reading, qui a fait des noisettes l'objet principal de ses études. On se procure des variétés par semis et on choisit d'après leurs qualités supérieures ; on propage ces variétés par la greffe sur le noisetier commun, ou par marcottes ou par drageons. M. Rivers qui est toujours en éveil et qui songe toujours à de nouveaux progrès, a greffé beaucoup de variétés sur le *Corylus arborescens*. En 1870, ces arbres greffés ont produit une récolte fort abondante, mais cette année a été tout particulièrement favorable aux noisetiers, et on ne peut, par conséquent, rien déduire de ce résultat. Dans mon jardin, je cultive l'Aveline rouge (fig. 370) ; l'enveloppe de l'amande est, dans cette variété, couverte d'une pellicule rouge. Cette noisette a une saveur excellente et toute particulière, mais l'arbre est un mauvais

Fig. 370. — Aveline rouge [1].   Fig. 371. — Noisette Cosford.   Fig. 372. — Noisette Cob.

producteur. Je cultive aussi la noisette pourpre ; la couleur des feuilles de ces arbres correspond à peu près à la nuance des feuilles du hêtre cuivré, elle est même un peu plus foncée. L'arbre lui-même constitue un grand ornement et le fruit est assez bon ; cependant, il ne faut guère cultiver cette espèce que pour le feuillage. La noisette Cosford (fig. 371) a une coque très mince ; cette noisette mûrit de bonne heure, et, selon moi, c'est une des meilleures qu'il y ait ; c'est ma favorite. La noisette blanche est bonne et l'Atlas porte de véritables grappes de fruits.

La noisette Cob, du comté de Kent (fig. 372), est très grosse et a une amande bien développée. Cette noisette est excellente pour le prin-

---

[1] Toutes les noisettes sont dessinées à moitié de leur diamètre.

temps; avec un peu de soin on peut la conserver pendant plus d'une année.

Tous les noisetiers portent des fleurs (fig. 373). La fleur mâle forme des chatons réunis par trois ou quatre ; la fleur femelle est petite et rouge. Le noisetier pousse des petites tiges comme les groseillers; dans le comté de Kent, on taille de façon à laisser pénétrer l'air et la lumière jusqu'à chaque branche, mais on conserve avec soin les petites branches qui portent des fruits. Les variétés de noisettes proprement dites, ont l'enveloppe de la coque plus courte, mais jamais plus longue que la coque elle-même ; chez l'avelinier l'enveloppe recouvre et dépasse complétement la coque. Il est bon de se procurer les 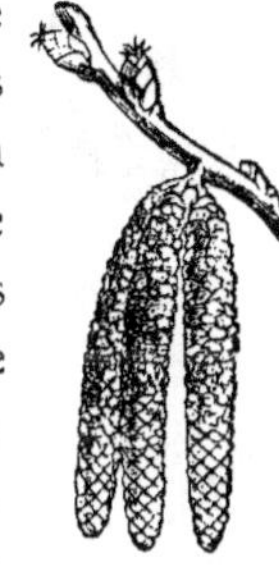

Fig. 373. — Fleurs mâles et femelles du noisetier.

variétés dont je viens de parler, mais je ne saurais guère recommander les variétés nouvelles.

LA NOIX

Pendant bien des années, notre district a été célèbre pour ses Noix (*Juglans Regia*, fig. 374). Le parc de Carshalton possède des noyers magnifiques; il y en avait aussi beaucoup dans le parc de Beddington, mais on en a dernièrement coupé un grand nombre. J'ai, dans mon jardin, un gros noyer et aussi quelques noyers nains, mais ces arbres poussent trop rapidement chez moi pour produire beaucoup, et, en outre, ils souffrent souvent des gelées du printemps. On se procure, 

Fig. 374. Noix.

la plupart du temps, les noyers par des semis, cependant on propage les variétés supérieures par la greffe. Il y a une espèce, appelée la noix de Saint-Jean, qui ne bourgeonne qu'au mois de juin et qui échappe ainsi à toutes les gelées du printemps.

LA CHÂTAIGNE

Je cultive un seul Châtaignier (*Castanea vesca*, fig. 375), et je ne connais pas beaucoup d'espèces de cet arbre dans les environs; les différentes variétés sont très inégales au point de vue de la fécondité et de la qualité des fruits. Les châtaigners ne mûrissent pas tous les ans dans notre pays. Les meilleures espèces sont le Devonshire et le Downton.

Fig. 375. — Châtaigne, 1/3 diam.

On cultive des quantités considérables de châtaigniers en Italie. Dans le sud de la France et en Italie, on emploie presque exclusivement le bois du châtaignier en décomposition pour la culture du Camélia, des Azalées et des Rhododendrons.

L'AMANDE

On ne cultive guère l'Amandier (*Amygdalus communis*, fig. 376) en Angleterre que comme ornement, à cause de la beauté de ses fleurs, une des premières du printemps.

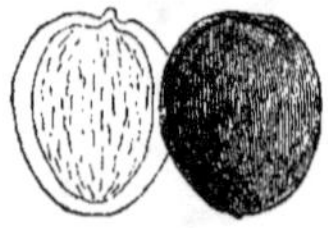

Les catalogues des pépiniéristes français indiquent beaucoup de variétés. La saveur des fruits

Fig. 376. — Amande, 1/3 diam.

que je récolte est certainement différente, bien que je n'aie aucune foi dans les noms qu'on leur a donnés.

J'ai observé que le bois doit être bien fait pour porter des fleurs nombreuses, mais en dépit de ces fleurs, il est fort rare que nous ayons des fruits.

En 1870, les amandiers de tous les jardins de Londres, y compris ceux que je cultive à Wallington, ont rapporté beaucoup. J'ai alors adopté le système suivi sur le continent, de les servir au dessert dès que l'amande est formée; j'ai eu des fruits en quantité jusqu'à l'hiver. Nos amis, venus de France, les aimaient beaucoup. Comment se fait-il qu'il y ait eu une si grande récolte avec un si mauvais printemps? Je me trouvais alors en Italie, et je n'ai pu résoudre ce problème. A Florence j'achetai au marché des amandes vertes dans le courant d'avril; je n'ai pas pu savoir d'où elles venaient, mais probablement de Sicile ou d'Afrique, car on vendait en même temps le fruit du Loquat. Quand les amandiers produisent des fruits en Angleterre, on les laisse ordinairement perdre, mais le goût s'est formé en 1870, et on apportera certainement plus d'attention à la culture de ce fruit, d'autant que l'arbre mérite à lui seul d'être cultivé comme ornement. Il y a, dans notre village, un bel amandier qui se trouve dans la propriété de M. Mackenzie.

L'ORANGE ET LE CITRON.

Il y a de nombreuses variétés d'Orangers (*Citrus orangium*). On ne les cultive guère pour leurs fruits en Angleterre ; à quoi bon d'ailleurs, maintenant que les bateaux à vapeur apportent si rapidement les oranges du Midi, où cet arbre pousse naturellement ? J'en ai

Fig. 377. — Fleur d'Oranger.

cultivé deux ou trois plants pour les fleurs (fig. 377), qui sont l'ornement des couronnes de mariées. Je cultive aussi un petit citronnier (*C. Limonum*), et, réellement, on pourrait cultiver plus souvent cet arbre quand on a de la place, car j'ai remarqué que, même en Italie, jusqu'à Florence, on protége les citronniers contre le froid jusqu'au mois de mai. Les variétés d'orangers se multiplient par le semis des pépins. Mais, bien qu'on puisse se procurer facilement des arbres de cette façon, il faut les greffer si l'on veut avoir de bons fruits, car les arbres levés de semis sont rarement bons. On peut aussi multiplier l'oranger par la greffe ou par la circonvallation. La fleur de l'oranger de Taïti a un parfum tout particulier, qui diffère de celui de l'oranger ordinaire. Je crois avoir déjà dit qu'à l'époque de Sir Walter Raleigh on récoltait, chaque année, dans les serres de Beddington plus de 10,000 oranges ; mais je doute qu'il soit désirable de cultiver actuellement ce fruit en Angleterre.

L'ANONA.

Parmi les fruits curieux que j'ai essayé de cultiver se trouve l'*Anona*, que l'on peut acheter chaque hiver au marché de Covent-Garden. Mes graines n'ont levé que cette année. M. Rivers en possède un arbre, mais il n'a pas encore porté de fruits.

LA FIGUE.

La Figue verte (*Ficus Carica*, fig. 378) est un fruit délicieux; il y en a des variétés innombrables; les unes sont très petites, comme la figue blanche d'Ischia, les autres très grosses, comme la figue d'or. Le catalogue de M. Rivers en comprend quatre-vingt-neuf variétés. J'en ai possédé un grand nombre, qui se plaisaient beaucoup au fond de mes serres à vignes, jusqu'à ce que ces dernières aient poussé; les figuiers cessèrent alors de rapporter, et je dus les faire transporter autre part, parce que l'odeur du feuillage du figuier ne convient pas au raisin. J'avais cultivé dans cette serre la figue brune de Turquie, qui est excellente; la figue blanche d'Ischia, petite, mais délicieuse; la figue blanche de Marseille, excellente; la figue violette hâtive, petite, mais bonne. En résumé, je recommande, pour la culture dans la serre à fruits, la figue brune de Turquie; je cultive actuellement cet arbre qui produit quantité d'excellents fruits. Placé dans la serre, le figuier ne demande aucun soin, il faut seulement qu'il ait beaucoup de lumière. Jusqu'à présent, mes figuiers en plein air ne m'ont jamais rien rapporté, bien qu'ils produisent en abondance à Worthing, dans le comté de Sussex. La meilleure figue pour la culture en plein air est la figue noire de Brunswick; bien que l'on m'ait dit qu'il est difficile de forcer cet arbre, j'en ai planté un dans un endroit sec et chaud de mon jardin, dans l'espoir qu'il poussera et finira par porter des fruits comme les vieux arbres de Worthing. Le figuier se multiplie très facilement; on n'a qu'à couper une petite branche et à la planter pour qu'elle pousse; on peut aussi le propager facilement par circonvallation.

Fig. 378.
Figue, 1/3 diam.

LE MÛRIER.

« Ille salubres
Æstates paraget, qui nigris prandia moris
Finiet, ante gravem quæ legerit arbore solem. »
                    HORACE, *Satire* IV, liv, II.

Chaque jardin devrait posséder son Mûrier (*Morus nigra*); mais qui donc aujourd'hui s'occupe de planter un mûrier? Si nos ancêtres n'avaient pas plus pensé à nous que nous ne pensons à nos descendants, nous serions complétement privés aujourd'hui de ce fruit délicieux. Je cultive, dans ma serre à arbres fruitiers, un mûrier dont le fruit mûrit réellement. M. Rivers me dit que ses mûres de serre (fig. 379) sont très grosses; les miennes, je dois le dire, sont petites, mais si savoureuses, si sucrées, si délicieuses, que je ne crains pas de les comparer à quelque es-

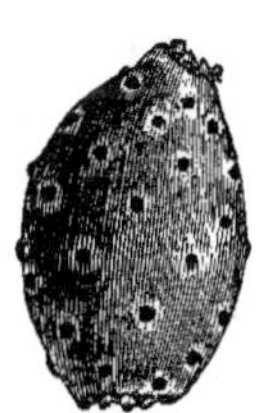
Fig. 379. — Mûre. 1/2 diam.

pèce de fruit que ce soit. Je recommande à tous les horticulteurs de cultiver un mûrier en serre; ils seront aussi heureux qu'étonnés des résultats qu'ils obtiendront.

LA FIGUE D'INDE.

La Figue d'Inde (fig. 380) est le fruit de l'*Opuntia*. Le fruit de beaucoup d'autres cactus est également bon à manger; je peux citer tout particulièrement le fruit du *Cactus speciosissimus*, que j'ai souvent récolté et mangé au mois de mars et d'avril, alors que sa chair rouge est [réellement délicieuse. J'ai quelques plants de l'*Opuntia Rafflesquiana* (fig. 381), qui, dit-on, est tout à fait rustique. Cette plante a supporté les froids de l'hiver de 1870, alors que la température est tombée à zéro

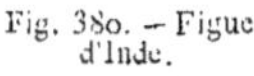

Fig. 380. — Figue d'Inde.

Fig. 381. — Opuntia Rafflesquiana.

F. (— 17° C.). Il faut surveiller cette plante avec soin, car, si elle

réussit en Angleterre, elle donne des fruits bien supérieurs à ceux qu'elle rapporte ordinairement.

ERYOBOTRYA JAPONICA, ANASPOLE JAPONICA OU LOQUAT

Je possède un arbre de cette espèce qui m'a été donné par Sir James Tayler; son fruit (fig. 382) est très estimé dans toute l'Europe méridionale. A Florence, à Naples et à Rome, on l'emploie pour la décoration des appartements, à cause de son magnifique feuillage. J'ai acheté ces fruits au marché de Florence en avril, je les ai trouvés quelquefois aussi dans les boutiques voisines du marché de Covent-Garden et chez quelques marchands de comestibles de la cité de Londres. Selon moi, le goût de ce fruit ne justifie pas les éloges des gens qui ont voyagé

Fig. 382. — Loquat.

sur le continent, et je garde la même opinion, après avoir goûté les fruits exposés à la Société d'horticulture, qui proviennent des serres anglaises.

LA BANANE

Je cultive une seule espèce de bananier, le *Musa Cavendishii* (fig. 383), mais il n'a pas encore produit de fruits dans mon jardin. Cette variété naine est la plus facile à cultiver en Angleterre, et j'ai vu des fruits admirables produits à Peterborough House, Fulham, et dans quelques autres endroits. M. Sage a exposé dernièrement à la Société d'horticulture un fruit pesant quarante-six livres. Cette plante aime un sol très riche et beaucoup de chaleur. J'ai goûté le fruit du bananier d'Abyssinie qu'on recherche tant aujourd'hui à Londres et à Paris pour l'excellence de ses fruits. Je cultive mon bananier dans une serre à vigne, laquelle évidemment n'est pas suffisamment chauffée pour lui.

LA GRENADILLE COMESTIBLE.

Je cultive dans la serre à fougères la *Passiflora edulis* (fig. 384), où elle rapporte des fruits. Ce fruit atteint à peu près la grosseur d'un œuf de poule et a la peau fort dure. Les graines sont contenues dans une masse pulpeuse qui a une saveur délicieuse et que les habitants des Indes

Fig. 383. — Banane.

Fig. 384. — Passiflora edulis.

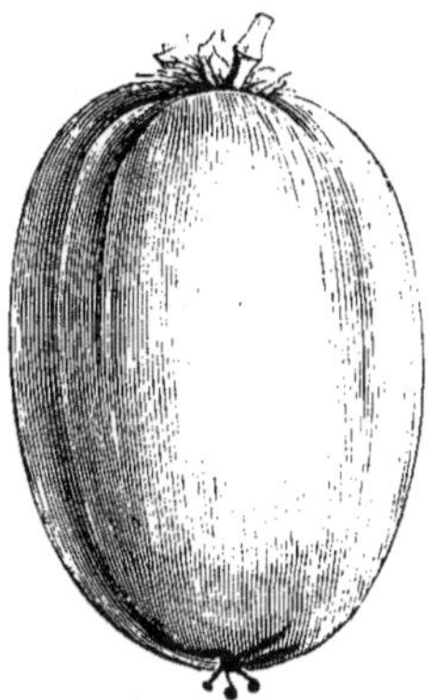

Fig. 385. — Passiflora macrocarpa, 1/3 diam.

occidentales estiment beaucoup. On peut cultiver cette plante dans n'importe quelle serre chaude. Il y a une autre espèce de passiflore qui produit d'énormes fruits, la *Passiflora macrocarpa* (fig. 385), dont la chair est excellente mais qui n'a encore rien produit dans mon jardin.

LA GRENADE.

Fig. 386. — Grenade. 1/3 diam.

En Angleterre, on cultive la Grenade (*Punica Granatum*) pour ses fleurs et non pas pour ses fruits. La première fois que j'ai vu ce fruit sur l'arbre, à Cette, j'ai éprouvé une grande joie. Le jus de la grenade est tout particulièrement rafraîchissant, surtout au moment où l'estomac ne peut pas supporter la chair des autres fruits, après une fièvre typhoïde par exemple. La grenade (fig. 386) est, en définitive, un fruit remarquable à tous égards.

EUGENIA UGNI.

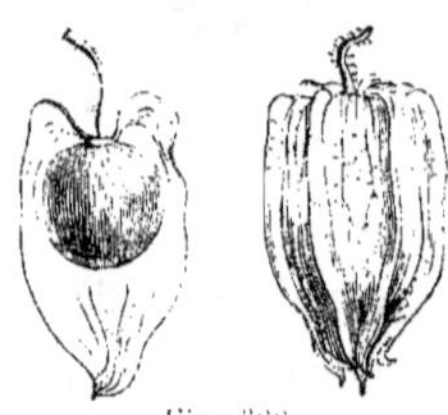

Je possède plusieurs plants de l'*Eugenia Ugni* (fig. 387),
arbrisseau, m'a-t-on dit, très rustique. Cependant tous ceux
que j'ai laissés en plein air sont morts. Ceux que j'ai abrités
contre le froid m'ont produit de petites baies à saveur agréable
qui rappelle assez l'essence de térébenthine. Tous ceux qui
ont goûté ce fruit se sont prononcés contre lui, aussi est-il
rarement cultivé. On peut le propager par semis et probablement aussi par marcottes, mais je n'ai jamais essayé ce système.
Feu Sir W. Dilke a pris beaucoup de peine pour acclimater ce fruit.

Fig. 387.
Eugenia
ugni.

LA GROSEILLE A MAQUEREAU DU CAP.

La Groseille à maquereau du Cap (*Physalis edulis*, fig. 388) est
une autre plante peu importante dont quelques
personnes seulement aiment le fruit. On peut
aisément cultiver cet arbre en plein air ou dans
la serre à fruits pendant l'été, et dans la serre
chaude pendant l'hiver; il donne alors des
fruits en abondance. On peut le multiplier par
semis ou par bourgeons.

Fig. 388.
Groseille à maquereau du Cap.

L'AIRELLE.

J'ai fait de grands efforts pour cultiver l'Airelle américaine et anglaise
(*Oxycoccus*), mais avec peu de succès; j'ai cependant continué mes
essais pendant plusieurs années. On cultive, avec
succès, à Hastings, *l'airelle américaine* (fig. 389);
on s'arrange pour cultiver ces plantes près d'une
rivière, de façon à les inonder quelquefois. Si le
sol est trop humide, la plante ne fleurit pas; mais
s'il est trop sec, elle dépérit complétement. Sir
Joseph Banks a beaucoup recommandé cette culture. Ne désespérant pas de réussir, j'ai fait trois
autres plantations en 1871, mais je crains que le

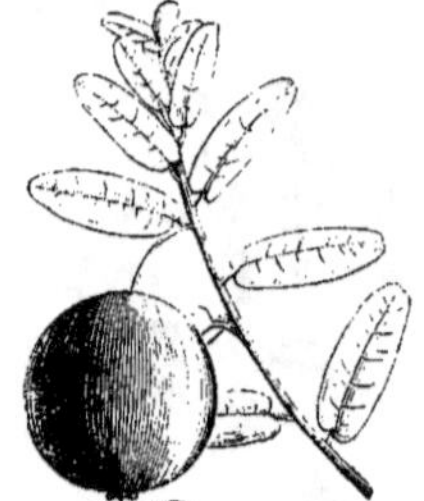

Fig. 389.
Airelle américaine.

froid de nos hivers ne soit fatal à cette plante. Il leur faut un sol tourbeux. Jusqu'à présent, je n'ai pas récolté un seul fruit et j'ai par conséquent perdu toute ma peine.

LE RUBUS.

Il y a deux espèces de Rubus, le *Rubus arcticus* et le *Rubus Chamæmorus* (fig. 390), que j'ai cultivés tous deux. Le premier a vécu, mais n'a rien produit. Le docteur Fergus, qui a récemment visité la Norvége, a été assez bon pour me rapporter un grand nombre de racines de l'espèce norvégienne, qui a un intérêt historique en ce sens que Linnée a mangé les baies de cette plante alors qu'il souffrait de la fièvre. J'ai préparé une couche épaisse de tourbe dans laquelle j'ai planté ces racines en les entourant de fibres de noix de coco, mais mes plantes réussissent mal. La figure 390 est dessinée d'après un

Fig. 390.
Rubus Chamæmorus.

spécimen que possède le docteur Fergus. J'ai depuis trouvé cette plante dans plusieurs partie de l'Écosse ; on devrait réellement tâcher de l'acclimater dans nos jardins.

LA MYRTILLE.

La Myrtille (*Vaccinium Myrtillus*) pousse spontanément dans la tourbe au milieu de mes fougères, mais si elle porte des fruits, les oiseaux les mangent.

LA BAIE DE RONCES ET LA MURE DE RONCES.

L'extrême beauté de la Baie de ronces (*Rubus cæsius*, fig. 390 *a*), qui pousse à l'état sauvage sur les bords de la Lea et de la Tamise, me fait penser qu'on devrait cultiver cet arbre si l on a un peu de place.

La Mûre de ronces bien mûre est un fruit délicieux, très recherché en automne par les pauvres. On dit que ce fruit constitue un remède contre la diarrhée, et je sais que mes garde-chasse l'emploient dans ce but. En Amérique, on estime beaucoup ce fruit qui n'est guère cultivé en Angleterre; j'en possède actuellement une douzaine de variétés dont quelques-unes sont très belles. Je cultive aussi le *Rubus deliciosus* dans la serre à arbres fruitiers.

L'ÉPINE-VINETTE.

Je cultive l'Épine-vinette (*Berberis vulgaris*, fig. 391), qui sert à faire d'excellentes confitures. Chose assez singulière, cet arbre fleurit bien, mais il est fort rare que les fruits se forment, de telle façon que je n'obtiens presque jamais de récolte.

Fig. 390 *a*. — Rubus cæsius. Fig. 391.—Berberis vulgaris.					Fig. 392. Sureau.

LE SUREAU.

Je cultive trois variétés de Sureau (*Sambucus*) : le sureau blanc, le sureau noir et le sureau écarlate. Le sureau noir (*Sambucus nigra*) est l'espèce la plus commune; on l'emploie généralement pour faire du vin qui, chaud, est assez bon par un jour bien froid, quand on travaille dans le jardin; j'y trempe ordinairement un morceau de pain grillé, que mon rouge-gorge vient toujours partager avec moi. Je n'ai jamais essayé de faire du vin avec le sureau blanc, mais j'essaierai la première fois que je récolterai assez de fruits. Il y a une variété écarlate de sureau (*S. racemosa*, fig. 392), mais elle n'a pas encore produit de fruits dans mon jardin, bien que ce soit une plante commune en Écosse. Un magnifique sureau en plein vent orne la cour de l'hôtel des Trossachs.

LE RUBUS SAXATILIS.

J'essaie d'acclimater le *Rubus saxatilis*, plante rare en Angleterre,

mais qu'on rencontre quelquefois en Écosse. J'ai rapporté de ce pays
un certain nombre de plants pour essayer de les [cultiver; l'expérience
seule me prouvera la possibilité de cette culture; en attendant, ils
poussent bien.

L'ANANAS.

Je ne prétends pas cultiver l'Ananas (*Bromelia Ananus*) ; néanmoins
je m'arrange toujours de façon à en avoir quelques-uns, chaque année,
en les plaçant dans une petite serre. L'ananas aime une atmosphère
chaude et humide, et beaucoup de lumière ; on le propage par semis
quand on veut obtenir de nouvelles variétés, ou bien par boutures,
ou en plantant la couronne. Je plante aujourd'hui des boutures
dans des pots que je place au printemps dans la fosse aux melons ;
ces bourgeons prennent racine en été et on les transplante en
automne. Quelques jardiniers s'arrangent de façon à obtenir de gros
ananas, un an après avoir planté ces bou-
tures, mais je n'ai jamais réussi dans une
si courte période. Pendant l'hiver, il faut
donner peu d'eau ; mais, dès le commencement du printemps, il faut arroser pour que la
plante pousse plus rapidement. L'ananas exige
peu de soins, il s'agit seulement de maintenir la température de la serre à un minimum
de 70° F (21° centigr.) et de s'arranger de
façon que l'atmosphère soit toujours humide.

Il a plusieurs espèces d'ananas, mais une

Fig. 393. — Ananas Queen.

variété l'emporte sur
toutes les autres, par son parfum pénétrant,
c'est le Queen (fig. 393). Une livre de bon
ananas Queen donne autant de parfum à
des glaces, que six livres de toutes les autres
espèces. Quand on veut de gros ananas, il

Fig. 394. — Ananas en fleur. faut cultiver les ananas de la Providence ou
de la Trinité ; pour employer pendant l'hiver, je recommande l'ananas

noir de la Jamaïque. Le meilleur sol pour cultiver l'ananas est un
mélange de terre de bruyère, de tourbe et de fumier de cheval avec
un peu de sable. Il faut toujours placer la plante près des vitres de
la serre. La fleur de l'ananas est intéressante, à ce point de vue que
les fleurs se forment dans chaque petit compartiment, en commençant
à la base du fruit et en s'étendant jusqu'à la couronne (fig. 394).

Les bons fruits sont actuellement très rares en Angleterre, et il serait
fort désirable qu'il y en eût une plus grande quantité dans toutes les
grandes villes. Beaucoup de personnes accablées des soucis de la vie d'af-
faires trouveraient une grande jouissance à consacrer leurs heures de
loisir à la plantation de vergers, à la culture de leurs arbres et à la
production de leurs fruits. Mais les habitants des grandes villes ne
peuvent pas plus acheter directement que les producteurs ne peuvent
vendre directement; tous deux dépendent absolument des intermédiaires. L'avocat, le médecin, le négociant peuvent appliquer toute
leur intelligence à la production d'excellents fruits, mais ils ne peuvent
ni ne veulent s'occuper de la vente. Il devrait donc y avoir un système
perfectionné de marchés publics, pour que le peuple puisse se procurer de bons fruits, et c'est là une question qui appelle l'attention
immédiate du Parlement. Le savant antiquaire, M. Charles Roach
Smith, a publié un pamphlet sur la rareté des fruits, et j'espère que les
détails que ma longue expérience m'a permis de lui communiquer ten-
dront à diminuer ce besoin. Actuellement, on pourrait cultiver, dans
le voisinage de nos villes si populeuses, des milliers d'arbres fruitiers ordinaires. Je citerai seulement six espèces d'arbres qui rapportent toujours, et dont le produit serait un gain pour tous, qu'ils
soient riches ou pauvres: comme pommes: le Lord Suffield et le
Wellington; comme poires: La Bonne Louise, pour la table, et le
Catillac, pour la cuisine; comme prunes: la Gisborne et la prune de
Rochester.

Pour terminer mes remarques sur les arbres fruitiers, je ferai observer
une fois de plus que beaucoup dépend de l'art et bien peu du sol. J'ai

choisi mon jardin, sans avoir l'intention de cultiver beaucoup de fruits,
et, cependant, je pourrais dire avec le poëte :

> « Leur maigre terrain,
> Qui suffirait à peine à l'humble romarin,
> Vit naître à force d'art, sur sa côte brûlante,
> Le melon savoureux, la figue succulente,
> Et ces raisins ambrés qui parfument les airs :
> Et l'arbre aux pommes d'or, aux rameaux toujours verts. »

Vue du château de Beddington auprès de l'église.

Nouveau pont dans le parc de Beddington.

CHAPITRE X

MES PARTERRES.

Je cultive beaucoup de fleurs, je dois même dire que je possède autant d'espèces de fleurs que je puis m'en procurer à un prix modéré, afin que, dans chaque saison, autant toutefois que le climat le permet, elles puissent me réjouir les yeux par leurs brillantes couleurs. Dans mes parterres, je cultive les ognons à fleurs, si admirables au commencement du printemps; les plantes vivaces, si utiles, en ce sens qu'elles persistent d'une année à l'autre, sans qu'on ait besoin de les renouveler; les plantes de couches, qui nous permettent d'avoir des masses de fleurs brillantes entre juin et octobre; les plantes annuelles, qui lèvent au printemps, qui fleurissent et meurent après avoir produit leurs graines; les plantes bisannuelles qui poussent une année et qui fleurissent la seconde; les plantes de serres, qui doivent être protégées contre le froid et qui donnent des fleurs, alors que le souffle de l'hiver a arrêté toute végétation en plein air; les plantes de serres-chaudes qui, pour pousser et vivre, exigent une température tropicale et en été et en hiver. Je réserve enfin des endroits spéciaux pour la culture des roses, des plantes alpines, des fougères et des orchidées.

LES OGNONS A FLEURS.

Le Perce-neige (*Galanthus nivalis*, fig. 395) est la première fleur qui paraisse au commencement du printemps et qui vienne réjouir nos yeux attristés par l'arrêt de la végétation pendant l'hiver. Cette fleur paraît toujours à la même époque, c'est-à-dire pendant la troisième semaine de janvier; elle ouvre ses charmants boutons dès que la neige est fondue. Je me rappelle une année, mais une année seulement, où les perce-neige ont fleuri pendant la dernière semaine de décembre.

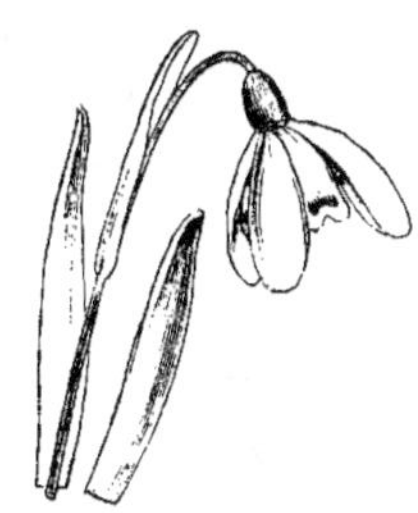

Fig. 395. — Perce-neige.

Le Perce-neige est une fleur naturellement simple, mais on peut en obtenir de doubles par la culture. On n'a qu'à planter les bulbes, puis à ne plus s'en occuper, car elles se propagent naturellement chaque année. Il faut cultiver une grande quantité de perce-neige, car ils font un excellent effet dans la serre à fougères, avant que les nouvelles feuilles ne paraissent.

Le perce-neige double a une fleur un peu plus grande que celle de la variété simple; toutefois, je préfère cette dernière, qui est en somme plus agréable à la vue.

On a dernièrement importé de Crimée une espèce plus grande de perce-neige (*Galanthus plicatus*). La fleur est plus large, mais les feuilles sont aussi beaucoup plus larges et plus grossières que celles de l'espèce commune, dont on la distingue cependant difficilement. C'est, en résumé, une simple curiosité qu'il est inutile d'introduire dans un jardin.

Avant que les perce-neige aient disparu, on voit apparaître les nombreuses variétés de Crocus. Le *Crocus versicolor* est le premier, puis viennent successivement les belles variétés jaunes, blanches et bleues du *Crocus vernus* (fig. 396). Les bulbes du crocus persistent pendant des années, si on les plante dans un endroit sec, et si on répand à la surface un peu d'engrais. En été, quand le sol est sec, les bulbes mûrissent; elles se mettent à pousser quand les pluies d'automne humectent la terre, et, au printemps, elles se couvrent de fleurs

Fig. 396. — Crocus vernus.

admirables. Rien ne peut surpasser en beauté l'effet produit par un millier de plants de crocus en fleur tous à la fois. Les souris attaquent les crocus, mais j'ai trouvé que le meilleur moyen de protéger cette plante est de la planter de bonne heure.

A peine les crocus ont-ils disparu, que l'on voit paraître les Jacinthes,

Fig. 397. — Jacinthe.

(*Hyacinthus orientalis* fig. 397). On peut cultiver ces plantes de la même façon que les crocus. Pour les jacinthes en plein air, il vaut mieux employer les jacinthes en pot de l'année précédente, qui, chez moi, rapportent des fleurs tous les ans. Je cultive mes jacinthes en pot d'une façon particulière; je les plante dans une terre composée de terreau, d'engrais et de sable, puis je place tous les pots près les uns des autres, et je les recouvre de terre. J'imite ainsi leurs conditions naturelles de croissance. Quand les racines sont bien formées et que la tige s'est élevée à environ un pouce au-dessus de la bulbe, ce qui chez moi a lieu vers Noël, on les transporte en plein air. Je hâte par la chaleur la floraison de quelques pots ; on en place d'autres dans la serre à arbres fruitiers où elles fleurissent en même temps que le pêcher et font avec ce dernier un contraste charmant. Dès que la fleur tombe, on retire la bulbe du pot et on la transplante dans une plate-bande où elle persiste pendant des années, si on ne la dérange pas. Ceux qui se livrent tout particulièrement à la culture des jacinthes ont l'habitude d'employer des pots très profonds pour permettre aux racines de prendre tout leur développement; mais cela n'est pas nécessaire dans les jardins ordinaires. A l'état sauvage, les jacinthes ont naturellement une fleur simple et bleue; les jacinthes de fleuriste sont simples ou doubles et affectent toutes les nuances du rouge, du blanc, du bleu et même du jaune. Cette dernière couleur semble toutefois une grande déviation de la couleur naturelle de la fleur, et l'ognon qui la produit est plus délicat. On a l'habitude de renvoyer en Hollande les plus beaux spécimens, pour que les jardiniers hollandais soignent l'ognon avant l'exposition de l'année suivante. Il

faut faire sécher lentement à l'ombre, après les avoir tirés du pot,
les ognons que l'on conserve chez soi; la chaleur du soleil fait le plus
grand mal à l'ognon.

Après les jacinthes, fleurit la magnifique famille des Narcisses dont les
variétés sont fort utiles, en ce sens qu'elles égayent le jardin avant
qu'on ne puisse sortir en plein air les fleurs ordinaires. M. Barr a tout
particulièrement étudié les narcisses et en a exposé de nombreuses
variétés à la Société d'horticulture. Le *Narcissus minor* des Pyrénées
est fort curieux, car il atteint à peine trois pouces de hauteur.

Le *Narcissus Bulbocodium* (fig. 398) est une variété magnifique. Il
y a d'ailleurs beaucoup d'autres espèces de narcisses qui poussent naturellement dans nos champs.

La Jonquille (*Narcissus Jonquilla*, fig. 399) répand une odeur

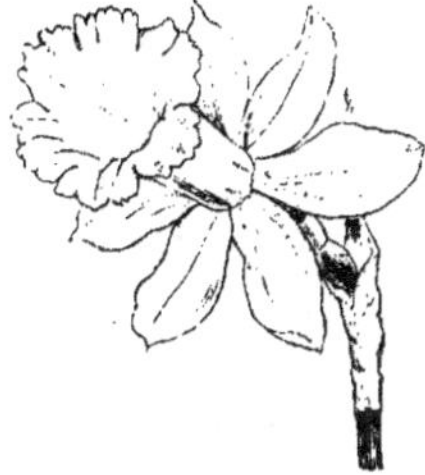

Fig. 398.—Corbularia cons-
picua ou Narcissus Bulbocodium.   Fig. 399. — N. Jonquilla.   Fig. 400. — N. Maximus.

délicieuse. Il y a plusieurs variétés de fleuristes de la jonquille que l'on
peut cultiver en pots une année, puis transplanter dans une plate-bande.
Ces ognons semblent se plaire dans mon terrain; ils produisent une
multitude d'autres ognons qui tous produisent une grande quantité de
fleurs.

Le *Narcissus juncifolius* est une jolie espèce naine. Le *Narcissus
maximus* (fig. 400) a une belle fleur; c'est probablement une variété
du narcisse commun. Le *Narcissus incomparabilis* de l'Europe méridionale (fig. 401) a une fleur toute particulière et il y a une variété
double de grande beauté. Quand l'admirable *Narcissus poeticus* (fig.
402) se met à fleurir à la fin de mai, on sait que l'été est proche. Il

n'est pas de plus belle fleur, aussi devrait-on en cultiver une grande quantité. Je me rappelle avoir vu, près du lac Majeur, un champ littéralement couvert par cette fleur, ce qui faisait un spectacle admirable.

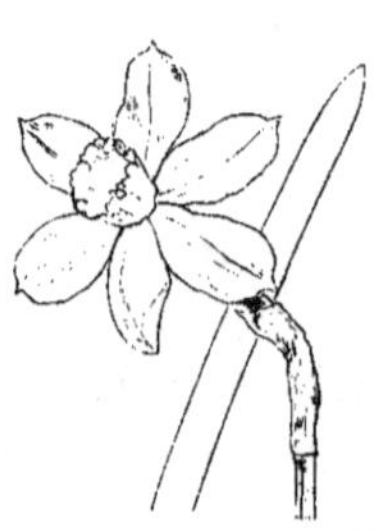

Fig. 401.—N. Incomparabilis.   Fig. 402. — N. Poeticus.   Fig 403. — N. Tazetta.

Cette plante se multiplie très vite et formerait de véritables masses si le jardinier, en régularisant ses plate-bandes en hiver, ne prenait pas soin de détruire une partie des ognons.

Je cultive aussi le *Narcissus Tazetta* (fig. 403) et quelques autres variétés. Si l'on considère l'importance de cette famille, dont les fleurs égayent le jardin à une époque où l'on ne peut pas s'en procurer d'autres, les narcisses méritent certainement plus d'attention qu'on ne leur en donne généralement.

Il ne faut pas oublier non plus les Fritillaires. La *Fritillaria meleagris* (fig. 404) est une des fleurs sauvages de l'Angleterre, dont les

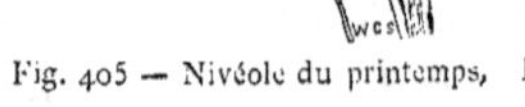

Fig. 404. — Fritillaire.   Fig. 405 — Nivéole du printemps,   Fig. 406.— Nivéole d'été.

fleuristes ont obtenu beaucoup de variétés. La *Fritillaire meleagris* n'est pas commune dans les jardins, et je me suis bien souvent amusé à montrer cette fleur à des jardiniers qui ne savaient pas même ce que c'était; elle pousse bien chez moi et fournit beaucoup de graines; la plupart des variétés sont fort belles. La Couronne impériale, plante voisine, ne réussit jamais très bien et, selon moi, on peut l'exclure du jardin, ou, tout au moins, ne pas la cultiver en quantité.

Une autre plante fort belle, qui fleurit au commencement du printemps, que bien peu de personnes cultivent et que tout le monde admire, est la Nivéole du printemps (*Leucojum vernum*, fig. 405); un peu plus tard, vient la Nivéole d'été (*Leucojum æstivum*, fig. 406), qui est tout aussi belle. Le grand secret de la culture de ces plantes, remarque qui s'applique d'ailleurs à toutes les plantes à ognons, est de les planter et de ne plus s'en occuper.

La Dent de Chien violette (*Erythronium dens canis*, fig. 407) est une autre jolie fleur de printemps, originaire de l'Europe méridionale; elle ne réussit pas très bien chez moi, mais je ne saurais dire pour quelle raison. Cette plante aime beaucoup les terrains sablonneux.

L'Aconit d'hiver (fig. 408) peut se planter à l'ombre. Cette plante

Fig. 407 — Dent de chien.

Fig. 408. — Aconit d'hiver.

Fig. 409. — Anémone des jardins.

porte une fleur jaune au commencement du printemps; je n'en cultive qu'une petite quantité.

Il y a beaucoup d'espèces d'Anémones, que je cultive seulement au milieu de mes plantes alpines et dans mon jardin sauvage. Toutefois, l'*Anemone coronaria* (fig. 409) porte des fleurs qui égayent un peu au commencement du printemps, alors que le jardin est tout nu. Les anémones n'ont jamais bien réussi chez moi et meurent au bout d'un an ou deux; j'en ai cependant cultivé à quelques époques des quantités considérables. Il y a des variétés d'anémones simples et doubles qui, selon moi, ne valent pas la fleur sauvage. Toutefois, une anémone tardive, l'*Anemone vitifolia*, variété *Honorine Jobert* (fig. 410), qui fleurit en septembre et en octobre, est si belle qu'elle doit trouver sa place dans tous les jardins. Son charmant feuillage, la fraîcheur de ses belles fleurs d'un blanc si pur, qui paraissent au moment où presque toute la nature se repose, en font une des plus jolies plantes du jardin.

L'Hépatica (*Anemone hepatica*, fig. 411) est une plante, originaire d'Europe, qui fleurit au commencement du printemps; je la cultive pour cette raison. Il y en a plusieurs variétés simples et doubles, rouges, bleues et blanches. L'*Anemone angulosa* est une fleur magnifique qui atteint plus d'un pouce en diamètre; la variété double rouge

Fig. 410.—Anemone vitifolia.   Fig. 411.—Anemone hepatica   Fig. 412. — Renoncule.

est la plus belle. Quand les anémones réussissent, il faut cultiver toutes les variétés; mais dans mon jardin elles poussent difficilement, le climat ne leur convient pas, les feuilles tombent malades et la plante périt; jusqu'à présent, il m'a été imposible, malgré tous mes efforts, d'obtenir une plantation satisfaisante.

La Renoncule des horticulteurs (*Ranonculus asiaticus*, fig. 412) est réellement belle, mais très difficile à élever; elle exige un traitement spécial, et ne convient par conséquent pas à un jardin ordinaire. Quand les renoncules sont disposées en corbeille dans un endroit bien choisi, elles produisent un magnifique effet. Néanmoins, bien que je les aime beaucoup, je n'ai guère employé dans mon jardin que les espèces sauvages.

Je ne cultive pas la Tulipe des horticulteurs (*Tulipa Gesneriana*), qui exige beaucoup de soins et qui nécessite des dépenses considérables. J'aime, cependant, à avoir quelques Tulipes perroquets (fig. 413) dans les plate-bandes à cause de leurs couleurs et de leurs formes extraordinaires, qui rappellent le brillant plumage des oiseaux dont on leur a donné le nom. J'ai cultivé en assez grand nombre d'autres tulipes com-

Fig. 413.
Tulipe perroquet.

Fig. 414.
Tulipe commune des jardins.

Fig. 414 a.
Tulipe van Thol.

munes (fig. 414). La tulipe Van Thol simple (fig. 414 a) et double convient admirablement à la culture en pot, et on l'emploie beaucoup pour l'ornementation des appartements à Londres et à Paris.

Francis raconte dans ses « Chroniques et Caractères de la Bourse » que, en 1634, éclata, dans les principales villes de Hollande, ce qu'on pourrait appeler la fièvre des tulipes. Le prix de ces plantes dé-passa bientôt leur poids en or ; dans une cer-taine occasion, on donna en échange d'un seul ognon des marchandises ayant une valeur de 2,500 florins ; une autre fois, on paya un ognon six hectares de terre. « La spéculation s'en mêla, et des milliers de florins changèrent de main pour des tu-lipes que ni courtiers, ni acheteurs, ni

Fig. 415. — Diclytra spectabilis.

vendeurs, n'avaient jamais vues. » Aujourd'hui, la spéculation est tout aussi effrénée à la Bourse sur des choses qui ont encore moins de valeur qu'un seul ognon de tulipe.

La *Dielytra spectabilis* (fig. 415) est une charmante plante originaire de Chine, presque rustique. Cultivée en serre, elle est admirable; mais en plein air, la gelée lui fait grand tort et lui enlève toute sa beauté.

Les *Ixias* (fig. 416) sont certainement les plus belles fleurs que l'on puisse voir à la fin de mai; mais leur culture est difficile, parce qu'elles ne peuvent supporter d'être enfermées et qu'elles ont, cependant, besoin de protection contre le froid. Une certaine année, j'avais apporté beaucoup de soins à cette culture, aussi ai-je obtenu des fleurs admirables; le secret est de leur donner beaucoup d'air tout en protégeant les plants contre la gelée. Cette

Fig. 416. — Ixias.

Fig 417. — Iris

Fig. 418. — Glaïeul.

plante ne vit pas en plein air sous notre climat.

L'Iris est une belle fleur en mai, l'espèce sauvage jaune fait un effet magnifique sur les bords d'un étang; mais il y a, en outre, de nombreuses variétés de l'*Iris germanica* (fig. 417), aussi bien que de l'iris anglaise et espagnole. J'ai cultivé, en outre, les espèces alpines, véritables bijoux que je décrirai en leur lieu et place.

C'est en automne que l'ognon le plus tardif porte ses fleurs admirables; rien de plus magnifique que le Glaïeul (fig. 418). Il y en a plusieurs espèces ; une des plus belles est la variété écarlate connue sous le nom de *Brenchleyensis*. On cultive beaucoup de variétés de cette fleur dans les environs de Saint-Germain, auprès de Paris. C'est là que j'ai acheté mes différents plants ; ils se sont multipliés rapidement, mais j'ai fini par les laisser périr faute de soins suffisants pendant l'hiver. Le glaïeul doit être déterré en octobre et mis à l'abri du froid ; dans ces conditions, l'oignon dure plusieurs années. Au jardin des Tuileries, à Paris, on a imaginé de planter des glaïeuls autour des rosiers et de soutenir les fleurs du glaïeul en les attachant à la tige de l'arbuste, ce qui produit un fort joli effet.

En été, le Lis constitue un des plus beaux ornements du jardin. Cette plante est trop peu cultivée en Angleterre, mais j'espère que l'on suivra bientôt l'exemple de M. Wilson, président d'une des sections de la Société d'horticulture, qui en a fait une magnifique collection. Quoi de plus admirable que le lis blanc (*Lilium candidum*, fig. 419) au mois de juin ! Quoi de plus splendide en septembre que le *Lilium*

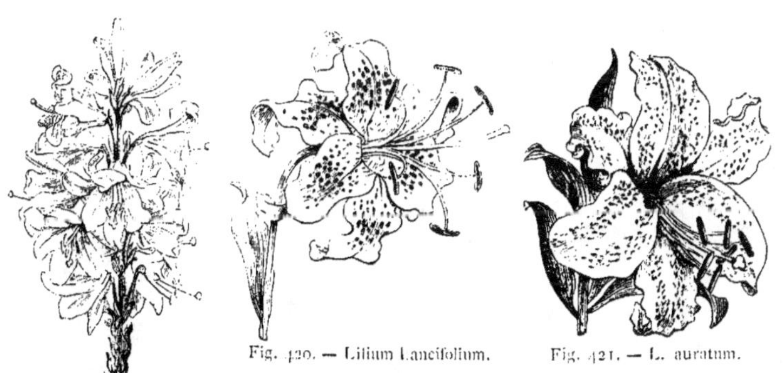

Fig. 420. — Lilium Lancifolium. Fig. 421. — L. auratum.

Fig. 419. — Lis blanc

lancifolium (fig. 420) et que le *Lilium auratum* (fig. 421) ! Toutes ces variétés et beaucoup d'autres, d'ailleurs, telle que le *Lilium Martagon*, réussissent parfaitement en plein air.

J'ai figuré d'après la collection de M. Wilson une espèce charmante, le *Lilium canadense flavum* (fig. 422), c'est certainement là une des fleurs futures de nos jardins. Mais on me dit que c'est à peine si nous connaissons quelques lis et qu'il faut aller au Japon pour les voir dans toute leur splendeur.

Il reste aussi beaucoup d'espèces à importer de Californie. Il est important pour la culture du lis de ne laisser jamais sécher les ognons. Lorsqu'ils semblent être en repos, les ognons accomplissent toujours, sans doute, quelques fonctions, aussi une sécheresse trop excessive leur est-elle très nuisible. Une fois plantés, il ne faut plus les

Fig. 422.
L. canadense flavum.

déranger. Il y a beaucoup de variétés du lis Martagon commun (*Lilium Martagon*). Le lis écarlate (*Lilium Chalcedonicum*) a une fleur très brillante. J'ai essayé aussi la culture du *Lilium giganteum*, du Népaul, dont la tige, ainsi que je l'ai vu à Paris, atteint une hauteur de huit ou neuf pieds. Il faut cultiver autant d'espèces de lis que possible; on peut les multiplier par division et il faut les planter dans un terrain riche.

La *Tigridia pavonia* (fig. 423) produit en été une fleur très

Fig. 423. — Tigridia pavonia.

Fig. 424. — Calla Æthiopica.

Fig. 424. — Canna indica.

extraordinaire. On devrait toujours avoir deux ou trois plants de cette espèce, mais il me faut toujours remplacer les ognons qui périssent chez moi. Cette plante se propage facilement par la division de l'ognon.

Comme plante au feuillage décoratif pendant l'été, rien ne surpasse les Cannas ou Balisiers (*Canna indica*, fig. 424). Quelles admirables variétés de ces plantes décoraient le bois de Boulogne et tous les squares de Paris, avant que les Français n'aient été amenés à négliger leurs paisibles jardins pour se lancer dans le tumulte de la guerre! On les multiplie par semis et il faut rentrer les ognons pendant l'hiver ; cependant, quand l'hiver est doux, ils peuvent passer cette saison en plein air.

La *Calla Æthiopica* (fig. 424 A) est une jolie plante de serre chaude. Ses fleurs blanches en forme de trompette et son feuillage vert brillant en font une plante fort belle. Elle aime beaucoup l'eau. Je dois ajouter qu'elle était autrefois beaucoup plus appréciée qu'aujourd'hui.

Le dernier ognon à fleur que je puisse recommander, est la Tubéreuse (*Polyanthes tuberosa*, fig. 425). On aime peu en Angleterre cette fleur, qui est fort recherchée à Paris.

Fig. 425. — Tubéreuse.

Il y a un ognon à fleur que je recommande beaucoup de ne pas cultiver, l'*Aconitum Napellus* (fig. 215).

En septembre fleurit une plante extraordinaire, la *Tritoma Uvaria* (fig. 426), dont les fleurs jaunes et écarlates semblent surgir tout à coup. C'est une grande plante à laquelle il faut laisser beaucoup d'espace pour qu'on puisse la voir dans toute sa beauté. La Tritoma Uvaria pousse à l'état sauvage sur les montagnes du cap de Bonne-Espérance ; sous ce climat, ses fleurs sont assez brillantes pour qu'on puisse les apercevoir à une distance considérable.

Fig. 426. — Tritoma Uvaria

Fig. 427. — Tritonia aurea.

A la fin de l'été, quand les fleurs deviennent rares, la *Tritonia aurea* (fig. 427) fleurit en serre. Cette plante se couvre alors de belles fleurs jaune orange; on la cultive très facilement.

Si l'on veut conserver les ognons à fleurs, il est absolument indispensable de surveiller avec soin les ouvriers que l'on emploie pendant l'hiver à retourner le terrain ; autrement ils coupent les ognons sans en éprouver le moindre regret. J'irai même plus loin, je crois qu'il est impossible de conserver des ognons à fleurs quand on occupe des ouvriers, car ces derniers sont aussi terribles pour ces plantes que peuvent l'être les cochons. Ce que les uns détruisent avec leur grouin, les autres le déterrent avec leur bêche.

LES PLANTES VIVACES.

Au commencement du printemps, la Violette (*Viola odorata*) est la plus belle de nos fleurs indigènes. Quand on cultive cette plante dans un endroit bien exposé, où la fleur arrive facilement à maturité, un champ de violettes en pleine fleur est un des spectacles les plus magnifiques que

Fig. 428. — Violette russe.

l'on puisse voir. Il y a beaucoup de variétés de violettes; l'une d'elles, la violette simple russe (fig. 428), est très belle. Le Czar a de grandes feuilles et de larges fleurs grossières , mais douées d'un parfum très pénétrant. Les variétés bleues, simples et doubles, de la violette de Naples sont très recherchées à Paris et à Florence, où on les monte en bouquets. La couleur de ces violettes est d'un bleu pâle exquis ; et quand on les entoure de fleurs blanches ou qu'elles entourent elles-mêmes un camélia blanc, l'effet produit est admirable. Dans mon jardin cette variété est très délicate; je m'en suis procuré un grand nombre de plants, mais tous ont péri; elles sont assez belles cependant pour mériter qu'on les cultive sous châssis. Il y a des violettes blanches et des violettes arborescentes ; ce sont deux espèces remarquables. J'ai consacré aux violettes un coin de mon jardin dans lequel je cultive toutes les variétés connues. J'y ai dernièrement introduit la violette

jaune sauvage sans parfum, et une nouvelle variété de cette espèce
trouvée par M. Parker (fig. 429). On peut facilement multiplier les
violettes par la division des touffes ou par filets.

Les Pensées (fig. 430) sont des fleurs très brillantes, et quelques-unes

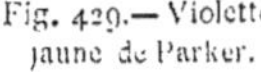

Fig. 429.— Violette
jaune de Parker.

Fig. 430. — Pensée.

Fig. 431. — Primevère.

sont fort belles. Pour les obtenir dans toute leur beauté, il faut les
planter dans un sol riche et les cultiver de façon toute spéciale ; aussi
je n'en recommande pas l'introduction dans un jardin ordinaire. Il
y a une espèce de violettes bleues sans parfum (*Viola cornuta*) que
l'on cultive pour sa couleur, mais je ne saurais recommander cette
fleur.

Le Primevère commun (*Primula vulgaris*, fig. 431) est, sans contredit, l'une de nos fleurs indigènes les plus jolies, et l'une de celles qui
deviennent les plus belles par la culture.

Les couleurs de la feuille et de la fleur forment le tout le plus harmonieux ; la plante entière est particulièrement belle quand elle est
couverte d'une multitude de fleurs. Je les cultive par centaines dans
mes serres, et rien ne peut être plus beau que ces plantes quand elles
sont en fleur.

J'ai observé que les primevères atteignent leur plus grande perfection dans les bois quand on a coupé le taillis. La lumière est alors beaucoup plus puissante et les plantes atteignent tout leur développement
dans la seconde et la troisième année. On trouve, dans les bois, beaucoup de variétés de primevères; on m'a envoyé de la Cornouailles des
spécimens de toutes les nuances, allant du blanc au cramoisi brillant.

Les variétés doubles du primevère commun ne peuvent se comparer comme beauté au primevère naturel; on peut toutefois les cultiver pour avoir un plus grand nombre de variétés.

Bull a introduit l'année dernière une superbe fleur, appelée le *Primula Japonica* (fig. 432). Cette plante a tout à fait trompé mes espérances, car les fleurs ne paraissent pas toutes à la fois comme le représente la figure, mais s'ouvrent l'une après l'autre.

Le délicieuse clochette (*Primula veris* fig. 432 a) orne les prairies qui nous entourent. On devrait cultiver aussi par centaines le *Polyanthus*, fig. 433, fleur fort jolie et dont plusieurs variétés atteignent

Fig. 432. — Primula japonica.

Fig. 432 a. — Clochette.

Fig. 433. — Polyanthus.

même une grande beauté. On peut facilement se procurer le Polyanthus, soit par semis, soit par division des racines. Quand on fait des semis, il est bon de les faire sous châssis en mars, on repique plus tard les jeunes plants.

Le *Myosotis sylvestris* et sa variété blanche, ainsi que les espèces supérieures, le *Myosotis disciliflora* et le *Myosotis rupestris* que je décrirai quand je parlerai des plantes alpines, devraient aussi abonder dans tous les jardins au commencement du printemps.

A la fin de mai et au commencement de juin, les Lupins blancs et bleus vivaces (*Lupinus polyphyllus*, fig. 434) sont de belles plantes couvertes des fleurs les plus brillantes. Il faut d'autant plus les recher-

cher qu'elles ne demandent aucun soin. On peut les multiplier par
semis ou par division des racines.

Une des fleurs les plus remarquables que l'on puisse se procurer en
hiver, est l'Ellébore (*Helleborus niger*, fig. 435): ses fleurs sont
grandes et blanches. J'ai dû prendre beaucoup de peine pour la culture
de cette plante, bien qu'elle atteigne naturellement sa plus grande beauté
à quelques centaines de mètres de mon jardin et à une élévation d'une
trentaine de pieds sur la colline. Mes plants sont aujourd'hui en parfait
état, car je me suis procuré de vigoureux spécimens et les ai plantés
dans quelques pelletées de terre de bruyère. Au mois de janvier, tous
ces plants portent des fleurs magnifiques.

Aucun jardin n'est possible sans les Giroflées hâtives (*Cheiranthus
Cheiri*, fig. 436). Le parfum et la couleur de cette fleur sont également
admirables. La propriété qu'elle a de pousser sur les côtés perpendiculaires d'un puits ou sur le sommet d'un triste mur, en fait une
plante chère à tous les horticulteurs. Je préfère de beaucoup les giroflées communes obtenues par semis; d'autres préfèrent les variétés
allemandes; mais tout le monde, j'en suis persuadé, doit aimer la
variété jaune double de serre; on peut facilement multiplier cette
variété au moyen de boutures, elle est malheureusement beaucoup
trop négligée aujourd'hui dans les jardins.

Fig. 435. — Ellébore.   Fig. 436. — Giroflée

Fig. 434. Lupin.

Le *Doronicum caucasicum* (fig. 437) est une charmante plante de printemps que l'on ne cultive pas assez souvent. L'harmonie qui existe entre ses fleurs jaune brillant et la teinte particulière de ses feuilles, est tout particulièrement agréable quand on la compare à beaucoup de produits des fleuristes modernes, qui semblent avoir pris plaisir à torturer les formes et les couleurs.

Les Pâquerettes (*Bellis perennis*, fig. 437 *a*) fleurissent au commen-

Fig. 437.
Doronicum caucasicum.

Fig. 437 a. — Pâquerette double.

Fig. 438. — Muguet.

cement du printemps. Les variétés cultivées de cette plante sont beaucoup moins belles que les pâquerettes sauvages des champs que les enfants aiment tant à cueillir pour s'en faire des couronnes.

Au mois de mai, le Muguet (*Convallaria majallis*) est ma fleur favorite. C'est une de nos plantes indigènes; on la multiplie par division et, une fois plantée, il ne faut plus s'en occuper pendant des années. Tous les deux ou trois ans, quand vient l'automne, je recouvre les plants d'un peu d'engrais. Le muguet n'aime ni trop de soleil ni trop d'ombre.

La fig. 438 représente une variété à feuille variée, fort jolie quand on la cultive avec soin dans un pot. Il y a aussi une variété rose, mais qui ne peut pas se comparer à la plante naturelle.

Fig. 439. — Œillet blanc.

Fig. 440. — Œillets variés.

Après le muguet, c'est-à-dire à la fin de mai ou au commencement de juin, les œillets commencent à fleurir. L'Œillet double blanc (*Dianthus plumarius*, fig. 439) fleurit le premier ; puis d'autres variétés (fig. 440) fleurissent tour à tour et embellissent longtemps le jardin de leur présence.

Tous les œillets peuvent s'obtenir par semis faits sous châssis ; les plants qui lèvent au printemps fleurissent l'année suivante. On peut facilement multiplier, en juin, les variétés d'œillets, en prenant les jeunes pousses que l'on coupe à un joint. Il faut placer ces boutures dans une espèce de mortier fait en remuant de la terre avec de l'eau jusqu'à ce qu'on obtienne une boue bien compacte ; l'eau, en s'évaporant, laisse la terre en contact absolu avec la bouture. Il faut recouvrir d'une cloche et, quelques semaines après, la bouture a pris racine. On transplante cet œillet au commencement du printemps et il fleurit bientôt. Il est important d'avoir beaucoup d'œillets dans un jardin.

On peut faire des extraits du parfum de l'œillet et d'autres fleurs au moyen d'un procédé imaginé par mon fils. Il emploie un entonnoir de verre (fig. 441) dont il a bouché au chalumeau l'extrémité inférieure. Il remplit cet entonnoir de morceaux de glace recouverts de sel, ce qui produit une température très basse ; il supporte l'entonnoir sur un pied articulé ordinaire et le place près des plantes en fleur ; l'humidité de l'atmosphère chargée du parfum de la fleur se dépose alors sur la partie extérieure de l'entonnoir et finit par couler goutte à goutte dans un vase placé au-dessous. Les parfums que l'on obtient ainsi sont très fins, mais il

Fig. 442.

faut y ajouter quelques gouttes d'alcool pur ou, autrement, l'eau devient vaseuse au bout de quelques jours. On peut, en employant ce procédé, se procurer beaucoup d'odeurs pour les comparer ; mais il faut avoir soin de placer l'appareil auprès des fleurs qui viennent de s'ouvrir. Il est singulier que, jusqu'à présent, on n'ait pas encore écrit d'ouvrage scientifique sur les parfums. Les Italiens se servent souvent du proverbe : Toutes les fleurs finissent par perdre leur odeur.

Les Œillets carnés (fig. 442) et les Œillets panachés (*Dianthus caryophyllus*, fig. 443) ne se reproduisent pas par bouture aussi facilement que les œillets communs; on les multiplie donc par rejetons.

La Gueule de loup (*Antirrhinum majus*, fig. 444) est une fort jolie

Fig. 442. — Œillets carnés
(deux variétés).

Fig. 443.—Œillets panachés
(trois variétés).

Fig. 444.—Gueule de loup.

fleur à couleurs variées que l'on se procure facilement par semis. Les plants vivent pendant des années, à moins cependant qu'ils n'aient à supporter une gelée trop rude. Comme la giroflée, la gueule de loup pousse dans les crevasses d'un mur; c'est une plante que l'on peut placer en quantité dans les endroits brûlés par le soleil; sa culture n'exige aucun soin. On peut multiplier facilement, au moyen de boutures, toutes les belles variétés. Les fleuristes donnent aux plus belles espèces des noms extraordinaires qu'il est absolument inutile de citer.

L'*Aquilegia vulgaris* ou *Ancolie* (fig. 445) est une belle

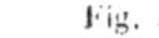
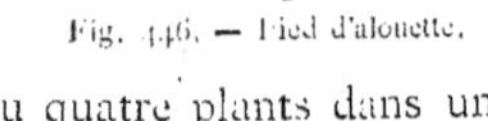

Fig. 445. — Ancolie variée.

Fig. 446. — Pied d'alouette.

plante qu'on peut cultiver çà et là. Trois ou quatre plants dans un jardin suffisent parfaitement. Il y a plusieurs espèces et beaucoup de variétés d'ancolies.

Le Pied d'alouette *Delphinium formosum* (fig. 446) est une autre plante de parterre fort belle; on l'obtient facilement par semis, et les plants persistent plusieurs années. Cette fleur a une couleur bleue splendide ; au nombre des variétés du pied d'alouette, il y en a une, le *Delphinium Belladonna,* dont la couleur bleu pâle est inimitable. Il y a de nombreuses autres variétés de pied d'alouette qui sont plus ou moins belles.

Comme jaune brillant, peu de fleurs surpassent l'*Eschscholtzia californica* (fig. 447), introduite en Angleterre par la Société d'Horticulture, M. Douglas l'ayant découverte lui-même. Les fleurs sont, en effet, très brillantes, mais je trouve qu'elles sont un peu maigres.

Il ne faut pas oublier, au nombre des fleurs communes de plate-bandes, les *Pentstemons* (fig. 448). Il y a, il est vrai, un certain ennui

Fig. 447. — Eschscholtzia californica.   Fig. 448. — Pentstemon.

à les cultiver, car elles passent difficilement l'hiver en plein air et il faut les placer sous châssis. Cependant, il y en a plusieurs belles variétés qui devraient orner tous les jardins. Selon moi, quelques-unes des variétés ont des fleurs exquises.

Toutes les plantes que nous avons décrites jusqu'à présent décorent le jardin pendant le printemps et pendant l'été ; pour la fin de l'été et le commencement de l'automne, nous devons avoir recours aux Phlox herbacés, aux Dalhias, aux Roses trémières et aux Chrysanthèmes.

Fig. 449. — Phlox herbacé.

Dans les derniers jours d'août et à la fin de septembre les fleurs sont très rares. A cette époque, les fleurs du Phlox sont réellement splendides (fig. 449). Cette plante pousse des tiges ayant trois ou quatre pieds de hauteur, et, quand le plant a trois ou quatre ans, les touffes de fleurs qui surmontent la tige sont si grosses et ont une couleur si belle, que quelques pieds suffisent à orner un jardin. Il ne faut pas les placer cependant dans les plate-bandes, où les fleurs sont disposées symétriquement, mieux vaut les planter dans un endroit un peu plus isolé. On devrait cultiver un grand nombre de ces plantes appartenant à des variétés différentes. On les multiplie facilement par division, et on peut obtenir de nouvelles variétés par semis; on garde les plus belles pour les cultiver de façon permanente.

La Rose trémière (*Althæa rosea*, fig. 450), avec ses magnifiques fleurs jaunes, rouges et presque noires, fait un fond magnifique sur lequel se détachent admirablement les phlox herbacés. La rose trémière pousse très bien dans mon jardin et y devient très belle ; cette fleur a un aspect si magnifique qu'il faut toujours la cultiver. On l'obtient facilement par semis, et on multiplie les variétés par boutures.

Fig. 450. — Rose trémière.

Fig. 451. — Dalhia.

Le Dalhia (fig. 451), qui nous rappelle que l'été va finir, orne les jardins pendant les derniers jours d'août et pendant le mois de septembre.

Le dalhia a été importé en Europe au commencement de ce siècle ; c'est, en somme, une fleur assez grossière et qu'il ne faut admettre qu'avec précaution dans le plan général du jardin. Il a des racines tuberculeuses qu'il importe de protéger contre le froid en hiver; ses racines germent au printemps et, au moyen de ces germes employés comme boutures, on peut facilement multiplier la plante. Le dalhia est originaire du Mexique ; on en cultive aujourd'hui d'innombrables variétés.

En octobre, il y a deux plantes qui ont un aspect très frappant : la plus grande (*Rudbeckia,* fig. 452) peut se voir d'un bout à l'autre du

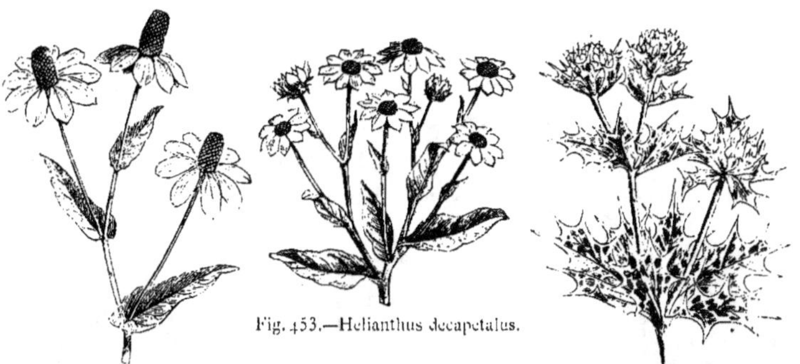

Fig. 453.—Helianthus decapetalus.

Fig. 452. — Rudbeckia.   Fig. 453 a.—Eryngium maritimum.

jardin, tant ses fleurs sont brillantes ; la plus petite (*Helianthus,* fig.
453) est presque aussi extraordinaire. Comme ces plantes sont fort
grandes et fort grossières, il ne faut pas les placer au milieu de plantes
délicates. Le Panicaut *Eryngium maritimum,* fig. 453 *a*) est aussi
une plante fort intéressante.

Viennent alors les dernières fleurs de toutes, les Chrysanthèmes
(*Chrysanthemum sinense,* fig. 454); il y en a d'innombrables variétés,
les unes, à larges fleurs, qui atteignent une hauteur de six pieds
(*C. sinense*); les autres, naines, à petites fleurs appelées pompons
(*C. indicum*), admirablement appropriées à la décoration de la table et
restant en fleur jusque pendant la première semaine de janvier. Quelques variétés sont dites à fleur d'anémone, parce que la fleur ressemble à celle de l'anémone. Les autres, venant du Japon, ont des fleurs
variées. Les chrysanthèmes ne réussissent pas très bien chez moi, mais
poussent admirablement dans la partie nord de Londres, à *Stoke
Newington,* où l'on fait des expositions annuelles de chrysanthèmes.
Je me rappelle avoir été président de l'une de ces Sociétés et avoir
éprouvé beaucoup de plaisir à observer avec quel soin les ouvriers
intelligents et les classes moyennes élèvent ces plantes.

Le jardinier du Temple, qui aime beaucoup les fleurs, a étonné le
monde horticole par le succès qu'il a obtenu en cultivant les chrysan-

thèmes dans les conditions les plus désavantageuses. A la fin de novembre, les jardins, dans la vallée de Brighton, resplendissent véritablement tant ils sont pleins de ces fleurs. On devrait cultiver le chrysanthème partout où il y a possibilité de le faire ; ceux qui possèdent une serre à arbres fruitiers peuvent les amener à une grande perfection en les cultivant en pot aussi tard que possible en plein air, puis en les plaçant dans la serre pour les y faire fleurir. Les fleurs du chrysanthème

Fig. 454.
Chrysanthème de Chine.

Fig. 455.
Chrysanthème du Japon.

Fig. 456.
Chrysanthème pompon.

ont la propriété de se conserver longtemps après avoir été coupées, qualité fort utile pendant les sombres mois de novembre et de décembre, alors que les fleurs sont rares.

La couleur des fleurs varie du jaune le plus brillant et des différentes nuances de rouge au blanc le plus pur. Pendant les deux ou trois dernières années, on a beaucoup cultivé les variétés du Japon, à pétales détachées (fig. 455). Les petites variétés pompons (fig. 456) sont fort utiles pour la décoration de la salle à manger. Pour les plants d'exposition, on emploie un peu de chaleur afin de développer les fleurs et on coupe tous les boutons latéraux. Je regrette d'avoir à ajouter que, pour donner une plus grande régularité aux pétales des fleurs, on se sert de fers à friser et d'autres instruments analogues ; ainsi, ces pauvres fleurs sont traitées, pour se faire voir, de la même façon que l'on traite la chevelure d'une dame qui se rend à un grand bal.

On obtient par semis de nouvelles variétés du chrysanthème, que l'on peut propager ensuite par boutures ou par division des racines. Si on cultive cette fleur en pot, il faut l'arroser souvent avec de l'engrais liquide.

On cultive beaucoup d'espèces de Pois de senteur, mais, à l'exception du pois de senteur annuel, tous ont une position subordonnée dans le jardin. La grande espèce vivace (*Lathyrus latifolius*) est cependant fort belle et on peut en dire autant de quelques espèces un peu plus petites, telle que le *Lathyrus tuberosus*; on se procure facilement ces plantes par semis et elles repoussent pendant des années au même endroit sans qu'on ait besoin de s'en occuper autrement.

La vue de l'*Acanthus mollis* (fig. 457) me cause toujours un grand plaisir, car le feuillage de cette plante a suggéré aux Grecs les ornements qu'ils sculptaient aux chapiteaux de leurs colonnes; à mesure que l'on voit pousser l'acanthe, les souvenirs classiques vous reviennent en foule à l'esprit. Il y a plusieurs autres variétés d'acanthe que je ne cultive pas.

Fig. 457.
Acanthus mollis.

Fig. 458.
Lobelia fulgens.

La *Lobelia fulgens* est une de nos plus jolies fleurs (fig. 458), malheureusement elle ne se plaît pas dans mon jardin et meurt constamment; mais je dois ajouter qu'elle y est tout aussi constamment remplacée. Le feuillage de cette plante revêt de vives couleurs; la fleur écarlate brillant a le grand mérite de se développer fort tard en automne. On multiplie cette plante par des boutures.

On a beaucoup cultivé dans quelques jardins, pendant ces dernières années, les variétés de fleuriste du *Pyrethrum carneum* (fig. 459) originaire du Caucase. Je n'aime pas beaucoup ces fleurs, bien que leurs variétés soient nombreuses et qu'elles aient le double mérite d'être très rustiques et de se multiplier facilement au moyen de boutures.

Fig. 459. — Pyrèthre double.

Une fleur très brillante, la Pivoine (fig. 460) fleurit à la fin de mai.

Fig. 460. — Pivoine.

Il y en a de nombreuses variétés qui sont plus remarquables par leur taille que par leur beauté ; j'en ai eu beaucoup de plants, mais ils ne m'ont jamais donné aucune satisfaction. Il y en a certainement de belles espèces, mais il est fort rare qu'elles fleurissent en Angleterre. On dit que les Japonais et les Chinois possèdent d'innombrables variétés de ces fleurs.

La *Gunnera scabra* est une plante remarquable à grandes feuilles qui ressemblent un peu à celles de la rhubarbe ; cette plante aime l'humidité et il faut la protéger contre le froid.

PLANTES DE COUCHE.

Nous avons recours en été, pour la décoration du jardin, à ce qu'on appelle les plantes de couche. Ces plantes constituent à la fois la beauté et la laideur d'un jardin. Elles sont fort utiles en ce que, pendant quatre mois de l'année, elles permettent d'étaler dans les plate-bandes des milliers de fleurs brillantes et en ce qu'elles poussent fort régulièrement. Mais, à côté de ces qualités, il faut bien dire que la culture en est si facile qu'elles ont malheureusement remplacé toutes les plantes que nos pères aimaient tant à admirer. J'ai vu, dans bien des jardins où l'on entretient de nombreux jardiniers, les plate-bandes absolument nues jusqu'à la fin de mai; on réserve, en effet, toute la décoration pour l'été et on la concentre dans quelques espèces de plantes de couche, en faisant des dispositions de couleurs plus ou moins extraordinaires. Actuellement tous les jardins se ressemblent; l'inévitable géranium écarlate s'y rencontre toujours, à l'exclusion de mille petits joyaux qui devraient prendre place dans le jardin de tout amateur de fleurs. Quant à moi, j'ai restreint autant que possible dans mon jardin l'emploi des plantes de couche.

Il y a de nombreuses variétés de géranium ou, à proprement parler,

de pélargonium. Les unes ont les feuilles panachées or et bronze ;
d'autres ont les feuilles dorées ; d'autres, les feuilles bordées d'un filet
d'or ; d'autres ont les feuilles argentées ; d'autres, enfin, ont les feuilles
simples. S'il faut dire la vérité, les fleuristes ont élevé une si grande
multitude de géraniums que les variétés se confondent si complètement et qu'il est presqu'impossible de les distinguer les unes des autres ;
ils ont, en un mot, poussé à l'extrême les variations qu'il est possible
d'obtenir chez une même espèce, et cela, sans avoir pu réussir à
produire une nouvelle espèce. Une des plus belles variétés de géranium
qu'on aie jamais obtenue est celle qui porte le nom de madame
Pollock ; la feuille de cette variété (fig. 461) revêt des couleurs si admirables, quand elle est bien exposée à l'air et à la lumière, qu'une de ses
feuilles peut servir de broche ou d'ornement pour les cheveux. Je cultive
une assez grande quantité de géraniums. Toutes les variétés qui ont les
fleurs très-colorées font plus d'effet quand elles ne portent pas de fleurs ;
on a donc l'habitude de détruire les boutons dès qu'ils paraissent.

Fig. 461.—Géranium Mme Pollock (feuille).　　Fig. 462.—Pélargonium.　　Fig. 462 a.—Pélargonium.

D'autres variétés de géranium ou de pélargonium, comme on les appelle
ordinairement (fig. 462), se cultivent pour leurs fleurs ; je conseille de
choisir deux ou trois nuances au nombre desquelles doivent se trouver
l'écarlate et le cramoisi. On a dernièrement négligé de belles variétés de
serre (fig. 462 a) pour se livrer à la culture de géraniums doubles qui
sont des fleurs très inférieures.

On coupe les boutures de géranium en août et on les place, soit dans
des pots, soit dans un coin de la plate-bande. En hiver, il faut les

rentrer en serre et leur donner autant de lumière que possible. On les
replace dans la plate-bande dans la dernière semaine de mai.

La Calcéolaire ligneuse (fig. 463) est une jolie plante qui se couvre d'une
multitude de fleurs jaune brillant. Elle est assez délicate et il faut la conserver en serre pendant l'hiver, mais elle donne beaucoup de fleurs en été.

Comme fleur bleue pour les plate-bandes, j'emploie ordinairement

Fig. 463. — Calcéolaire.

Fig. 464. — Lobelia

Fig. 465. — Pétunia.

la Lobelia (*L. syphilitica*, fig. 464) dont une variété naine récemment introduite est la plus belle. Il y a beaucoup de variétés de lobélia,
qui présentent les couleurs les plus diverses.

La fleur du Pétunia est fort belle; mais la plante est trop grosse et
pousse trop de branches pour qu'on puisse l'admettre dans une plate-
bande géométriquement dessinée. On obtient le pétunia par semis et
on perpétue par boutures les variétés de fleuriste qui sont nombreuses.

L'*Ageratum mexicanum* (fig. 466) est une autre fleur bleu pâle
qu'on emploie souvent dans les plate-bandes. Il y
en a de nombreuses variétés. C'est une plante bis-
annuelle.

Fig. 466. — Ageratum
mexicanum.

La Verveine (*Verbena*, fig. 467) est beaucoup
trop négligée aujourd'hui : c'est peut-être à cause de
certaines difficultés que, depuis quelque temps, on
éprouve dans sa culture. En effet, des aphides,
des champignons et quelques causes inconnues font
périr cette fleur pendant l'été. Une plate-bande de
verveines, telle qu'on en voit dans les jardins de Hampton Court,

est un des plus beaux spectacles que puisse donner l'art du fleuriste. Mon jardinier a, pendant plusieurs années, planté de verveines une plate-bande d'environ deux cents pieds carrés, et c'était là, sans contredit, pendant trois mois, l'endroit le plus joli du jardin. Plantée autour d'un rosier en pyramide, la verveine fait un très-bel effet. Je ne m'arrêterai pas à donner le nom de toutes les variétés. Les fleuristes ont l'habitude de nommer toutes les variétés appréciables, ce qui importe peu à l'amateur, pourvu qu'il puisse se procurer des plantes ayant différentes couleurs, telles, par exemple, que le blanc écarlate ou couleur de lavande. Quelques espèces de verveine exhalent un parfum très agréable. On peut se procurer des variétés par semis; on les propage ensuite par boutures faites en août, que l'on conserve en serre

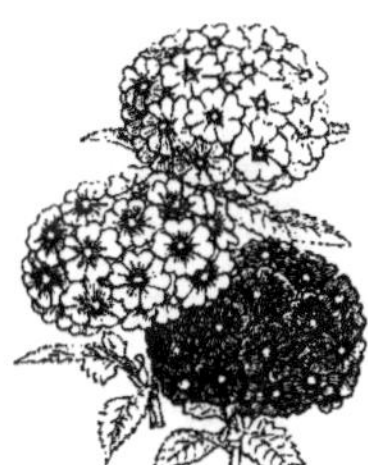

Fig. 467. — Verveine.

Fig. 468. — Héliotrope (Jenny Lind).

Fig. 469.—Salvia patens

pendant tout l'hiver et que l'on transplante en plein air à la fin de mai.

L'Héliotrope, autre jolie plante de plate-bande, est aussi très négligée. Une variété foncée, appelée le *Jenny Lind* (fig. 468), est tout particulièrement remarquable; mais on peut la remplacer par d'autres espèces fort jolies. L'héliotrope se multiplie facilement par boutures.

Les Salvia se cultivent fort peu aujourd'hui. Le Salvia bleu (*Salvia patens*, fig 469) est une belle plante; mais il est assez difficile de lui faire passer l'hiver.

Le magnifique *Brugmansia suareolens* ou *Datura arborea* (fig. 470), couvert de ses fleurs blanches tubulaires au parfum si pénétrant et si agréable, forme de grands arbres dans le midi de la France et de l'Italie et peut, dit-on, rester en plein air toute l'année dans le Devonshire et

Fig. 470. — Datura arborea.

Fig. 471. — Pyrethum Parthenium.

Fig. 472. — Coleus.

dans la Cornouailles. Cette plante constitue un des plus beaux ornements d'un jardin bien cultivé; elle se propage facilement par bouture. Il faut rentrer le datura en serre pendant l'hiver.

Beaucoup de personnes admirent le Pyrethrè doré (*Pyrethrum parthenium*, fig. 471). C'est une plante naine dont on se sert pour faire des bordures. Son feuillage doré est certainement très brillant, mais je dois dire que je n'aime pas beaucoup cette plante. C'est une plante indigène rustique, que l'on peut propager par division.

Les différentes variétés de Coleus (fig. 472) produisent beaucoup d'effet. Les unes ont le feuillage si foncé qu'il est presque noir; les autres ont les feuilles frangées, et on trouve une grande diversité de couleurs dans les différentes espèces.

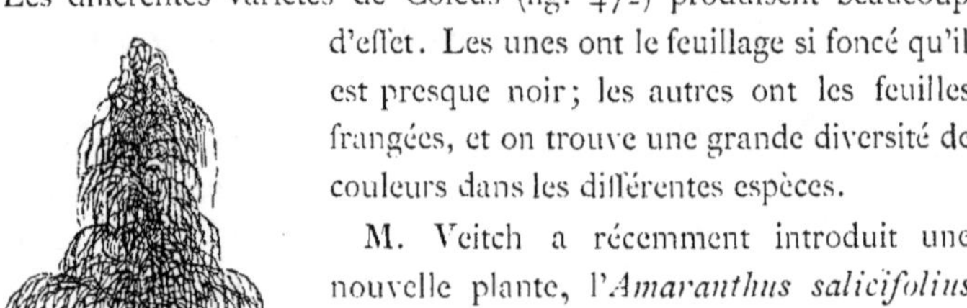

M. Veitch a récemment introduit une nouvelle plante, l'*Amaranthus salicifolius* (fig. 473), qui promet de devenir une plante fort utile, pour former le centre d'un parterre. C'est une plante annuelle.

Fig. 473.—Amaranthus salicifolius.

Actuellement, on place dans les plate-bandes beaucoup d'espèces d'Echeveria, mais je préfère les cultiver au milieu des plantes alpines. L'*Echeveria metallica* (fig. 474) est une belle plante, aux larges feuilles charnues, qui fait un joli contraste avec les autres plantes alpines. L'*Echeveria secunda* a de jolies feuilles vertes; il y a plusieurs autres espèces d'echeveria, telle que l'*Echeveria sanguinea* (fig. 474 *a*), que l'on admire beaucoup; il faut rentrer ces plantes en serre pendant l'hiver.

On a l'habitude de planter en plein air, au commencement de mai, toutes les plantes de plate-bande, et de les recouvrir d'un paillasson pendant la nuit. Je pense qu'il vaut mieux, en moyenne, dans le voisi-

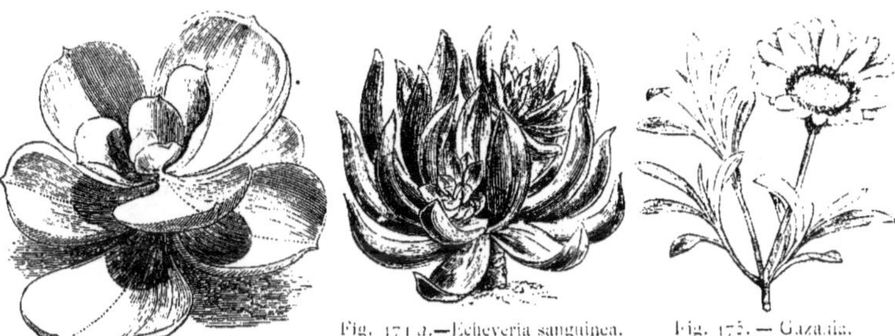

Fig. 474 *a*.—Echeveria sanguinea.   Fig. 475. — Gazania.

Fig. 474. — Echeveria metallica.

nage de Londres, attendre la dernière semaine de mai; car, quelque chaude que puisse être la première semaine de ce mois, on peut s'attendre à des gelées assez fortes pendant le courant de mai, quelquefois même il tombe de la neige.

Une plante indigène de l'Afrique méridionale, la *Gazania* (fig. 475) aux larges fleurs orangé brillant, fait très bien dans les plate-bandes. On la propage facilement par bouture et elle reste en fleur tout l'été.

Quelques jardiniers font quelquefois des plate-bandes extraordinaires, en imitant des dessins aussi laids que ceux qui se trouvent sur les calottes turques, avec des Géraniums, des Echeverias, des Joubarbes, des Verveines, des Saxifrages et de nombreuses autres plantes; mais ces dessins sont plutôt un motif d'étonnement qu'une source d'admiration pour les vrais amateurs. Quelquefois, on imite les fleurs en disposant des pierres blanches et des morceaux de briques de couleur selon un mo-

dèle quelconque, et en bordant le tout de buis. On voit quelque chose
de semblable au jardin d'horticulture à South-Kensington et devant l'hôpital de Bethléem, je ne sais si ces derniers parterres ont été imaginés par
le jardinier ou par les malheureux aliénés qui habitent l'hôpital; mais
ces imitations sont certainement une preuve de monomanie horticole.

LES PLANTES ANNUELLES.

Il y a beaucoup de plantes que l'on sème au printemps et qui, après
avoir fleuri, meurent en automne; il faut donc les semer chaque année;
on peut cependant employer beaucoup de ces fleurs à la décoration du
jardin. Mais il faut avoir soin de ne pas semer ces plantes trop près les
unes des autres, car alors aucune d'elles ne se développe et elles ont
toutes l'aspect de mauvaises herbes. Pour que chaque plante soit réellement belle, elle doit être isolée : ainsi un *Nemophila* isolé est une plante
charmante; un seul plant de réséda couvre un espace de deux pieds; un
seul pois de senteur forme un arbrisseau exquis; par conséquent, toutes
les espèces de plantes annuelles, jusqu'à la petite giroflée de Virginie,
doivent être isolées et avoir beaucoup d'espace.

La Giroflée de Virginie (*Malcolmia maritima*) et une autre variété
rose s'emploient au commencement du printemps. A la même époque,
les différentes variétés de Nemophila (fig. 476) font un effet charmant

Fig. 476. — Nemophila.   Fig. 476 a. — Clarkia.   Fig. 477.— Pois de senteur hâtif.

dans les parterres: il faut semer ces derniers dans le courant de l'automne. Un peu plus tard dans la saison, le Clarkia (fig. 476 *a*) est une plante fort utile.

Après la némophile fleurit le Pois de senteur (*Lathyrus odoratus*, fig. 477); il y en a plusieurs variétés. Ordinairement je plante un seul pied dans un endroit; je possède une variété qui se sème elle-même tous les ans et qui résiste à l'hiver; elle pousse des branches au commencement du printemps; les fleurs la couvrent en abondance un peu plus tard et les graines mûrissent en août.

Le *Convolvulus major* (fig. 477 *a*) doit toujours faire partie des plantes annuelles d'un jardin; mais il n'est guère donné qu'à ceux qui se lèvent de bonne heure de voir cette fleur charmante dans toute sa perfection.

Fig. 477 *a*. — Convolvulus major.   Fig. 478. — Coreopsis tinctoria.   Fig. 478 *a*. — Miroir de Vénus.

On doit toujours aussi cultiver de loin en loin un plant de *Coreopsis tinctoria* (fig. 478) qui fleurit en août.

Le Miroir de Vénus (*Specularia speculum*, fig. 478 *a*) est une charmante plante annuelle naine, dont on peut se servir comme bordure.

On peut aussi placer de distance en distance quelques Œillets d'Inde (*Tagetes erecta*, fig. 479) de façon qu'ils tranchent bien dans le parterre. On sème en serre chaude, en avril, et on repique les jeunes plants en mai. Une variété naine d'œillets d'Inde constitue un fort bel ornement.

On peut cultiver de la même façon de nombreuses variétés de *Zinnia elegans* (fig. 481); les couleurs de ces fleurs sont réellement fort belles en été.

Les grandes giroflées bisannuelles ne réussissent pas très bien dans

Fig. 479.　　　　Fig. 480.　　　　Fig. 481.
Œillet d'Inde orangé double.　Œillet d'Inde simple.　Zinnia elegans.

mon jardin, cependant je cultive de nombreuses espèces annuelles simples et doubles (*Mathiola*, fig. 482) à cause de leur beauté et de leur parfum. Il faut les semer au printemps, sous châssis; quand la saison devient plus chaude, on repique en plein air et les plantes fleurissent dans le courant de l'été.

Le Réséda (*Reseda odorata*, fig. 483) est une plante annuelle qu'il ne faut jamais oublier. Il y a une grande variété que l'on cultive tou-

Fig. 582. — Giroflée.　　Fig. 483. — Réséda.　　Fig. 484. — Immortelle.

jours aujourd'hui; si on la place dans une situation favorable, en pleine exposition à l'air et à la lumière, on obtient des plants très décoratifs et qui portent une odeur délicieuse. Avec quelques soins, on arrive même à obtenir un arbre véritable que l'on peut conserver en serre chaude pendant l'hiver; mais, selon moi, cet arbuste, quelque curieux qu'il soit, ne vaut pas la plante poussant à l'état naturel.

Il est un groupe fort intéressant de plantes, appelées les Immortelles (fig. 484), dont les fleurs persistent fort longtemps. Il est bon de les semer sous châssis et de les transplanter ensuite, bien que plusieurs espèces puissent se semer au printemps en plein air. Je cultive, au milieu de mes plantes alpines, la variété dont on se sert en France pour faire des couronnes ; cette variété est vivace.

On peut placer çà et là, dans un endroit retiré, un Soleil géant (*Helianthus giganteum*, fig. 485). Cette plante atteint une hauteur d'environ six pieds ; la fleur centrale est énorme et il y a ordinairement sur la tige cinq ou six fleurs plus petites. Un petit garçon, employé dans le jardin, conduisit un jour un visiteur devant cette fleur et lui dit : « Monsieur, voilà la plus belle fleur du jardin. »

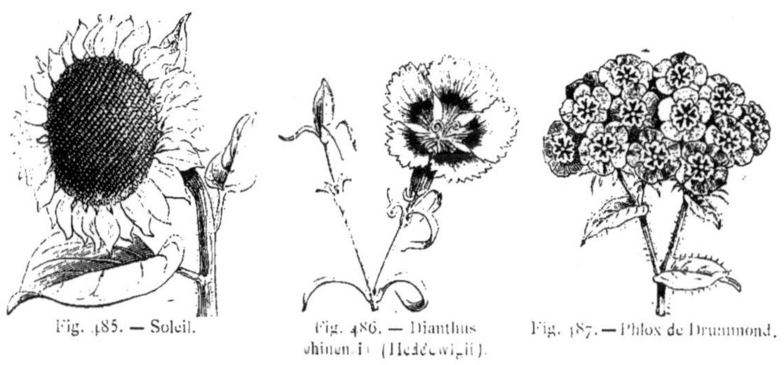

Fig. 485. — Soleil. Fig. 486. — Dianthus chinensis (Heddewigii). Fig. 487. — Phlox de Drummond.

Les différentes variétés de l'Œillet de Chine (*Dianthus chinensis*, fig. 486) sont très belles. Il faut semer sous châssis au commencement de mars et transplanter ensuite en plein air ; les fleurs sont grandes et très belles, elles paraissent en août et septembre. Quelques semis produisent des fleurs simples, d'autres des fleurs doubles, mais les deux espèces sont très remarquables. La variété qui s'appelle *Heddewigii* est remarquable par la grandeur de ses fleurs.

Le Phlox de Drummond (fig. 487) est une plante annuelle de grande beauté que l'on emploie beaucoup ; ses différentes variétés revêtent les couleurs les plus belles. On peut employer cette plante avec avantage pour faire des bordures.

J'ai été très frappé de l'effet produit au jardin zoo·
logique par l'emploi de la Poirée du Chili (*Beta
chilensis*, fig. 488); les veines des feuilles de cette
plante affectent des couleurs très vives et très variées;
les unes sont écarlate brillant et les autres jaunes.
Ces grandes feuilles charnues, dont la coloration est si intense, rendent cette plante précieuse
au point de vue de l'ornementation. Il faut semer
en mars ou avril et transplanter en mai. Les feuilles
atteignent plus de deux pieds de longueur, aussi
ne faut-il pas placer la plante dans une position trop
en vue.

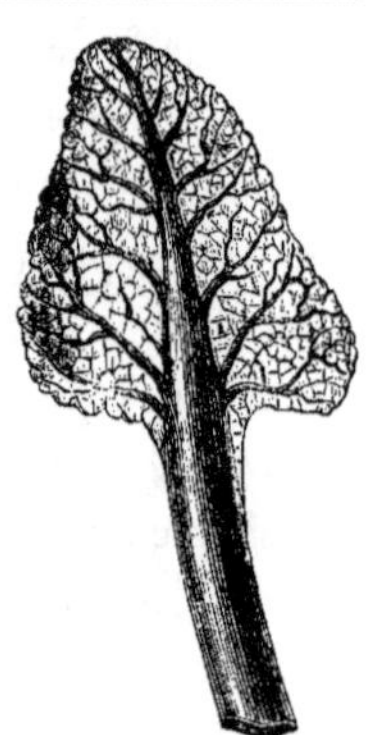

Fig. 488.
Poirée du Chili.

Une autre plante de rare beauté est le Maïs varié (*Zea Mays*, fig.
489). Les fleurs mâles et femelles
sont séparées et chaque futur épi
porte un fil qui ressemble à un che-
veu pour recevoir le pollen à mesure
qu'il tombe. Rien que ce phénomène
mériterait de faire cultiver le maïs;
mais outre cela il est très gracieux et
très beau, surtout dans les étés chauds.
Il faut semer le maïs sous châssis en
mars et transplanter en mai.

Fig. 489. — Maïs.

Sans contredit, une des fleurs annuelles les plus charmantes pour la
fin de l'été est la Reine Marguerite (*Aster chinensis*, fig. 490), à cause du
brillant et de la diversité de ses fleurs. On divise les reines Marguerite en
plusieurs variétés : celles à fleur de chrysanthème, à pyramide, à fleur de
pivoine, miniature, etc. Nous devons nous adresser aux étrangers pour
nous procurer les graines de ces belles fleurs; quelquefois ces graines
sont excellentes, mais souvent elles ne valent pas grand'chose. Chaque
fois que je vais à Paris, j'en achète ordinairement un paquet, mais je n'ai
pas toujours à m'en louer. Il faut semer sous châssis et transplanter en
mai. Quand les graines sont bonnes, les reines Marguerite et les giroflées
font des plate-bandes magnifiques, mais il faut ajouter que les bonnes

graines coûtent fort cher et c'est là un luxe que je ne me permets pas
toujours.

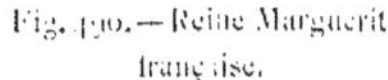

Fig. 190. — Reine-Marguerite
française.

Fig. 191. — Reine-Marguerite
allemande.

Fig. 192. — Scabieuse des jardins.

La Scabieuse (*Scabiosa atro-purpureus*, fig. 492), soit à larges
fleurs, soit naine, est fort belle; il est bon d'en avoir un plant çà et là.
On peut semer en plein air au commencement de mai.

La Belle-de-Jour (*Convolvulus minor*, fig. 493) est une fleur d'été
très éclatante, il y en a de blanches, de bleues, de pourpres et de violettes. Il est bon d'en mettre çà et là un pied dans les plate-bandes.

Les Lupins forment un groupe de plantes annuelles qui ont beaucoup
de mérite; ils sont cependant si inférieurs aux lupins vivaces qu'il est
inutile de les cultiver quand on possède déjà ces derniers. On peut, toutefois, introduire dans les plate-bandes quelques variétés fort belles,

Fig. 193. — Belle de jour.

Fig. 194. — Bluet.

Fig. 195. — Enothère.

mais je ne saurais trop insister, en parlant de cette fleur, sur la recommandation que j'ai déjà faite relativement à toutes les plantes annuelles,

c'est-à-dire qu'il faut les semer isolément, parce qu'autrement elles forment une masse désordonnée

Le Bluet (*Centaurea moschata*, fig. 494) est aussi une fleur dont il faut être avare dans les parterres.

L'Enothère (*Œnothera biennis*, fig. 495) est une charmante plante que j'ai vu pousser à l'état sauvage sur les bords du Danube; elle atteint une hauteur d'environ trois pieds et porte une fleur jaune brillante; c'est une bonne addition à faire au jardin. Cette plante aime l'ombre, je l'ai vu pousser, sans aucune espèce de soins, pendant plusieurs années successives dans un des squares de Londres. Son parfum est délicat et sa couleur extrêmement belle. Malgré toutes ces qualités, je ne lui fais place que dans un coin de mon jardin. Il y a plusieurs variétés de ce genre, toutes très faciles à cultiver.

Les Capucines sont fort utiles comme plantes grimpantes; elles portent beaucoup de fleurs et poussent dans quelque terrain que ce soit. Il faut semer en mai les différentes variétés qui ont des fleurs écarlates, oranges, jaunes, rouges et tachetées.

Quand on veut une plante au superbe feuillage, rien ne peut se comparer au Ricin (*Ricinus communis*, fig. 496). On sème au commence-

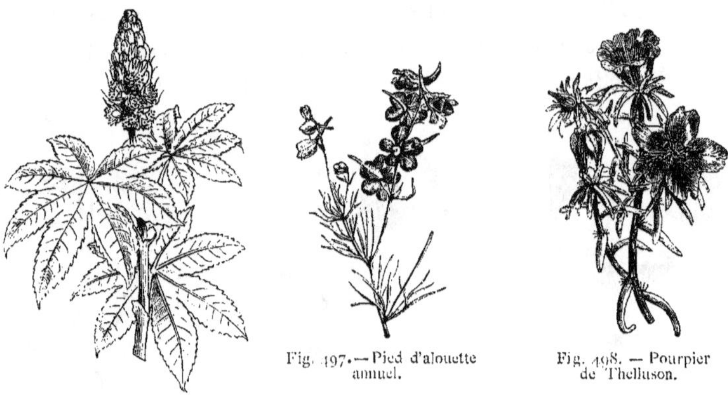

Fig. 497.—Pied d'alouette annuel.

Fig. 498. — Pourpier de Thelluson.

Fig. 496. — Ricin.

ment du printemps sous châssis, puis on met les jeunes plants en pot et à la fin d'août ils ont atteint une hauteur de cinq pieds. Cet arbuste est vraiment remarquable par son port majestueux et par ses feuilles splendides. Il n'est pas rare, quand on voit pour la première fois les jolies graines de cette plante, qu'on en mange quelques-unes et, au bout de quelques heures, on ressent tous les effets désagréables de leurs violentes propriétés cathartiques. On obtient l'huile de ricin en pressant ces graines; mais la graine elle-même a des effets très puissants.

Le Pied d'Alouette annuel (fig. 497) est très brillant. Une fois planté dans un endroit, il repousse de lui-même sans qu'on ait besoin de s'en occuper.

On peut, dans les endroits secs, cultiver des Pourpiers (*Portulaca*, fig. 498) auprès des gueules de loup, des giroflées et des œillets. Il y a de nombreuses variétés simples et doubles de cette plante, dont les fleurs de différentes nuances sont fort belles en été. Il faut semer sous châssis et repiquer dans la plate-bande. Plus il fait sec, plus le soleil est brûlant, mieux cette plante se développe, et plus brillantes sont ses fleurs. On la cultive beaucoup en Italie, mais en Angleterre pas autant qu'elle le mérite.

PLANTES BISANNUELLES.

Il y a toute une classe de plantes qui, semées au commencement d'une année, ne fleurissent que dans le courant de la seconde; on les appelle plantes bisannuelles. Je ferai tout d'abord à leur sujet la remarque que j'ai faite pour les plantes annuelles : il faut cultiver chaque pied isolément et lui laisser assez de place pour développer toutes ses beautés.

Il y a de nombreuses variétés de magnifiques giroflées bisannuelles. J'ai été frappé à Cheltenham de leur splendide apparence, mais cultivées chez moi elles meurent invariablement pendant l'hiver.

La Digitale (*Digitalis purpurea*, fig. 499) est sans égale comme fleur dans les endroits ombragés. La digitale est originaire de l'Angleterre; j'ai vu, dans les sentiers du Devonshire, cette plante pousser plusieurs tiges dont chacune est recouverte d'un groupe de fleurs et atteint une hauteur de six pieds. La fleur sauvage est admi-

rablement belle et il y a des variétés de fleuriste que je ne saurais
trop recommander. J'emploie la digitale en quan-
tité considérable pour orner les parties ombragées
de mon jardin et aussi pour entourer les endroits où je cultive les fou-
gères et les plantes alpines.
En semant au printemps, on
obtient l'année suivante des
plantes vigoureuses qui fleurissent admirablement. Cette
plante pousse à l'état sauvage
dans la forêt d'Epping et dans
la plupart des forêts.

Fig. 499. — Digitale.

Fig. 500. — Mimulus.

Le *Mimulus moschatus* (fig. 500) se plaît dans un sol tourbeux, humide et dans les cours d'eau peu profonds ; une fois introduite dans un jardin, cette plante a une grande tendance à repousser
toujours. Il faut semer sous châssis, puis transplanter. Les variétés à
larges fleurs se couvrent de fleurs pendant l'été, mais elles redoutent
les trop grands froids.

Le Pavot est une fleur très brillante ; il y a d'innombrables variétés
de fleuriste dont quelques-unes sont certainement admirables. Quoi
qu'il en soit, cette fleur ne peut entrer que dans les parterres de second
ordre.

Le Glaucier (*Glaucium luteum*, fig. 501) est une espèce de fleur qui
peut aussi se cultiver en petite quantité, c'est-à-dire qu'il est bon
comme curiosité d'en avoir un plant ou deux. Cette plante pousse
abondamment sur le bord de la mer, dans les environs de Brighton,
et la longue gaine qui contient les graines ne peut manquer d'attirer
l'attention.

Anciennement, on cultivait toujours la Clochette de Cantorbery
(*Campanula Medium*, fig. 502) ; c'est une plante très rustique qui contribue beaucoup à la beauté du jardin. On peut cultiver avec avantage
les grandes variétés de campanules vivaces, mais je réserve la plupart

de ces espèces pour les placer au milieu de mes plantes alpines. La variété rose surtout est admirable.

L'Œillet de Poète (*Dianthus*, fig. 503) est une fleur très remar-

Fig. 502.
Clochette de Cantorbéry

Fig. 503.
Œillet de poète.

Fig. 501. — Glauciet.

quable. La plupart des variétés, qu'il faut d'ailleurs choisir avec soin, sont admirablement panachées. On sème en mai et on transplante en été, après qu'il a plu pendant quelque temps ; les plantes fleurissent l'été suivant.

LES PLANTES DE SERRE.

Je n'ai pas de serre à fleurs proprement dite ; cependant, j'arrive à cultiver beaucoup de plantes, en les plaçant pendant l'hiver dans la serre à vigne, et en les transportant au printemps, soit sous un abri de verre, soit en plein air. Je me contente même de placer quelques-unes de mes plantes sous châssis, en ayant soin, par les temps de gelée, de les recouvrir d'un paillasson.

Il faut citer tout d'abord le Camélia (*Camellia japonica*, fig. 504, qui nous donne de si admirables fleurs au printemps.

Fig. 504. — Camélia.

Le camélia a été apporté du Japon à Florence, par un moine nommé *Camellus*, et, encore aujourd'hui, on en cultive des quantités considérables dans cette charmante ville. Là, ils atteignent la dimension d'arbres et se couvrent de milliers de fleurs ; je connais à Florence un jardin particulier, où l'on en cultive environ 1200 variétés. A Florence, et sur toutes les côtes de la Méditerranée, on les plante dans du bois de châtaigner pourri, terrain qui plaît beaucoup aux camélias.

En Angleterre, où nous ne pouvons pas nous procurer ces matériaux, j'ai essayé avec succès le tan et la tourbe fibreuse ; j'essaye aujourd'hui les débris de noix de coco, mais sans pouvoir dire encore si je réussirai. Le bois d'orme pourri ne convient pas aux camélias, et il est certain que les jardiniers de Florence avaient raison quand ils me disaient que notre mode de culture pour cette plante n'est pas le bon. A Florence, on multiplie les camélias au moyen de semis faits en plein air et à l'ombre. Si la fleur du jeune plant est remarquable, on donne un nom à la nouvelle variété et on la multiplie par la greffe ; si elle n'offre rien de remarquable, on emploie ce jeune plant comme une tige sur laquelle on greffe d'autres variétés. J'ai cultivé les graines qui m'ont été données à Florence, mais je n'ai jamais greffé les jeunes plantes. Il est bien difficile de citer quelques noms au milieu d'un si grand nombre de variétés ; cependant chaque jardin devrait posséder le camélia double blanc, le Fimbriata et quelques-unes des variétés doubles, rouges et teintées. Je n'ai pas conservé avec soin le nom de mes camélias, aussi me suis je adressé à M. Veitch, qui a été assez obligeant pour me communiquer la liste suivante des variétés qui, selon lui, sont les plus belles :

Alba pleina : blanc, double.

Archiduchesse Augusta : cramoisi, veiné de pourpre, frangé de blanc.

Bealii : cramoisi brillant, double,

Carlotta Papudoff : beau rose, marbré.

Caryophylloïdes : couleur chair, tacheté et frangé de cramoisi.

Comte de Gomer : rose pâle, rayé de cramoisi.

Comtesse d'Orkney : blanc pur, rayé de carmin.

Duchesse de Berri : blanc magnifique, forme charmante.

Fimbriata : blanc pur, admirablement frangé.

Général Drouot : rose, rayé de blanc.

Lavinia Maggi : blanc, tacheté de cramoisi.

Mathotiana : cramoisi brillant, grand.

Mathotiana alba : blanc magnifique, grand.

Princesse Frédéric Guillaume : couleur chair, rayé.

Reine de beauté : couleur chair délicate.

Reticulata flore-pleno : rose, double.

Saccoï-Nova : rose.

Storyii : rose.

Valtevaredo : rose, belle forme.

Les camélias ne réussissent guère dans mon jardin; très probablement le sol ne leur convient pas. Cette plante aime à avoir beaucoup d'eau à la racine; il faut aussi laver souvent les feuilles. Je conserve mes camélias jusqu'au mois de juin dans la maison du pauvre homme, je les porte alors en plein air et je les laisse dans le jardin jusqu'en octobre. Les camélias n'aiment pas la chaleur artificielle, qui fait tomber leurs fleurs. On peut les laisser en plein air quand l'hiver est doux, mais une gelée un peu forte les tue.

Les Azalées fleurissent dans mon jardin depuis janvier jusqu'en juin.

Fig. 505. — Azalea indica.

L'Azalée indienne (*Azalea indica*, fig. 505) est remarquable par la pureté de la couleur de ses fleurs. Ceux qui ont voyagé dans l'Inde m'ont dit qu'il n'est pas de spectacle plus admirable qu'une colline couverte d'azalées en pleine fleur. Je les cultive dans de la terre de bruyère légère, sablonneuse, et qui contient une grande abondance de fibres. Je me contente, pendant l'hiver, de placer les azalées dans un châssis bien protégé avec des paillassons; j'en mets quelques-unes dans une serre chaude pour avoir des fleurs au commencement de l'année, et, à la fin de juin, je les mets toutes en plein air jusqu'au mois d'octobre. Les azalées, dans mon jardin, se couvrent de fleurs abondantes; cette plante a l'avantage de se propager facilement par bouture.

Bien que les azalées soient des plantes si charmantes, je n'ai jamais pu me rappeler les noms des différentes variétés, je m'en suis donc fié à l'obligeance de l'éminent horticulteur, M. Veitch, pour me recommander les plus belles. Je dois dire toutefois que je n'ai jamais vu une *Azalea indica* qui ne fût pas digne d'être cultivée. Voici la liste de M. Veitch :

> *Cedo-Nulli :* pourpre foncé.
> *Comtesse de Flandre :* rose brillant.
> *Éclatante :* écarlate très brillant.
> *Duc de Nassau :* pourpre rosé.
> *Extranei :* beau rose violet.
> *Iveryana :* blanc, rayé de rose.
> *La Déesse :* rouge saumon.
> *Madame Dominique Vervaene :* rose.
> *Madame Vervaene :* beau blanc.
> *Roi de Hollande :* écarlate foncé.
> *Souvenir du prince Albert :* rose brillant.
> *Stella :* écarlate orangé brillant.

On a l'habitude de tailler les azalées en pyramides fort laides et d'attacher leurs branches à des supports. Cela les fait paraître peu naturelles et est absolument contraire à leurs habitudes. Un jour, au Jardin botanique, j'ai fait quelques remontrances à un jardinier sur cette coutume barbare, il s'est contenté de hausser les épaules et de me répondre qu'il lui faut suivre la mode et qu'il lui faut bien tailler ces arbres comme on a l'habitude de le faire.

Fig. 506.
Épacris.

Le Laurier rose pousse à l'état sauvage en Espagne, sur le bord des rivières; en Angleterre, il faut le cultiver en serre. Il y a beaucoup de variétés de lauriers roses ; je possède une bouture d'un laurier de Pompéia. Cette plante se multiplie facilement par bouture, on n'a qu'à la placer dans une bouteille d'eau.

J'ai de nombreuses variétés d'*Epacris* (fig. 506), qui sont fort utiles pour faire des bouquets au printemps. Je possède aussi plus de cent variétés d'*Erica* (fig. 507 *a, b, c, d, e*). Trop ou trop peu d'eau nuit à ces deux espèces de plantes; si elles se portent bien, c'est une excellente preuve que le jardinier comprend parfaitement l'arrosage; s'il les

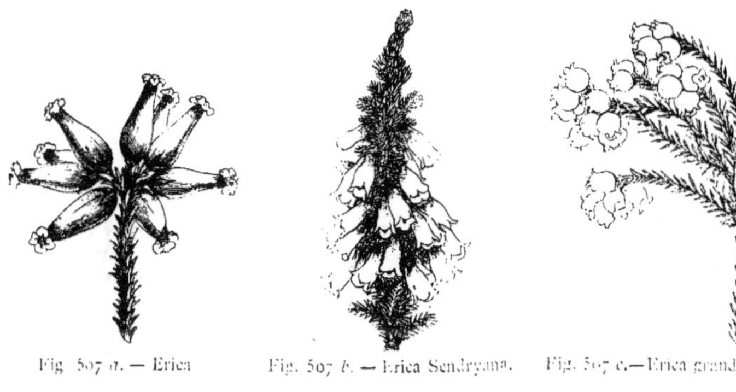

Fig. 507 *a*. — Erica   Fig. 507 *b*. — Erica Sendryana.   Fig. 507 *c*.—Erica grandinosa.

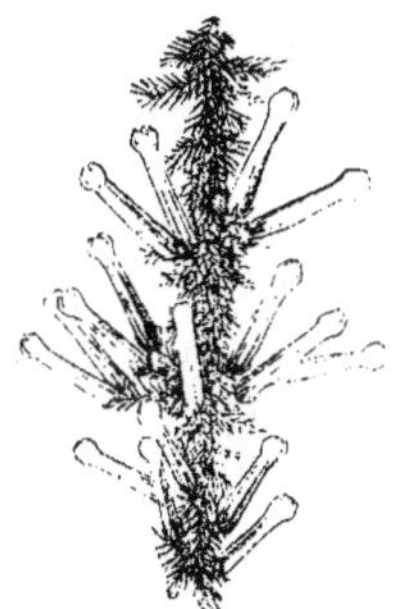

Fig. 507 *d*. — Erica vernix coccinea.   Fig. 507 *e*.—Erica colorans verna.

laisse dépérir, on peut être sûr qu'il ne sait pas son métier. Aucune plante ne saurait mieux démontrer la science du jardinier à ce point de vue spécial.

On ne saurait trop s'adonner à la culture des *Erica*. Ces admirables plantes sont en fleur toute l'année ; on peut en placer un grand nombre dans les parterres et le reste dans une serre fraîche et bien ventilée.

La *Daphne indica* (fig. 508) porte longtemps des fleurs dont le parfum est exquis ; mais ces plantes, chez moi tout au moins, meurent soudainement sans cause apparente.

La *Franciscea latifolia* (fig. 509) est une plante que l'on ne cultive guère, bien que l'on voie constamment dans les expositions de fleurs des espèces inférieures du même genre qui n'ont aucune odeur.

On a prétendu que c'est une plante de serre chaude, il n'en est rien ;
on peut parfaitement la conserver l'hiver sous châssis et la mettre en
plein air au printemps, époque à laquelle elle fleurit abondamment.

Fig. 508. — Daphne indica   Fig. 509. — Franciscea latifolia.   Fig. 509 a. — Théier.

La *Franciscea Hopeana* porte aussi beaucoup de fleurs, mais elles
sont plus petites que celles de l'espèce dont nous venons de parler,
et cette plante exige beaucoup plus de chaleur que la précédente.

J'ai eu à différentes époques une assez belle collection de plantes
utiles, telles que le Théier (fig. 509 a), le Caféier, la Canne à sucre,
la Patula, le Riz et autres espèces ; mais je n'en ai actuellement qu'une
ou deux. Chaque fois que je vais à Londres, on se piaint à moi que les
jardiniers repoussent ces productions intéressantes et s'arrangent tou-

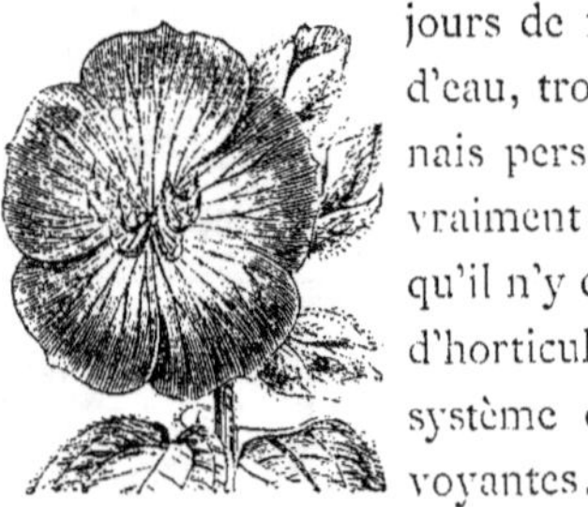

Fig. 510. — Lasiandra.

jours de façon à leur donner trop ou trop peu
d'eau, trop ou trop peu de chaleur. Je ne connais personne à présent qui ait une collection
vraiment belle de ces plantes, et il est probable
qu'il n'y en aura pas jusqu'à ce que les sociétés
d'horticulture et de botanique modifient leur
système de prix et s'occupent moins de fleurs
voyantes.

La *Lasiandra* (fig. 510) est une magnifique
plante d'ornement. Le plant que je possède produit une admirable
fleur bleu foncé, mais il ne pousse pas très bien.

J'ai un plant de Baumier du Pérou (fig. 511) auquel je tiens beau-

coup, car je l'ai élevé dans ma maison de Finsbury-Circus de graines
que m'avait données le savant docteur Pereira ; le docteur Lindley
a nommé cette plante le *Myrospermum Pereiræ*. Avant cette époque
on ne connaissait pas la plante d'où l'on extrait le baume du Pérou.
J'ai eu aussi en ma possession un Théier (*Thea Bohea*, fig. 509 *a*),
mais je n'en ai plus aujourd'hui. C'est un arbuste intéressant, il
vit en plein air, mais ne résiste pas aux hivers rigoureux. J'ai eu
aussi un Camphrier (*Laurus camphora*, fig. 511 *a*), mais je n'en ai
plus à présent.

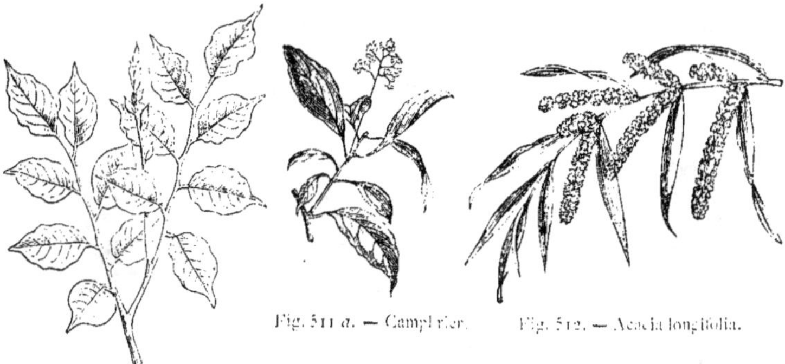

Fig. 511 *a*. — Camphrier.   Fig. 512. — Acacia longifolia.

Fig. 511. — Baumier du Pérou.

Je possède de nombreuses et magnifiques espèces de l'acacia de
serre. En été, on peut les sortir en plein air.
La plupart de ces espèces sont des plantes très
élégantes, et on devrait les cultiver partout
où l'on a un espace suffisant. L'*Acacia longifolia* (fig. 512) est remarquablement beau.

Le Fuchsia (*Fuchsia tryphilla flore coc-
cineo*, fig. 513) est une fleur charmante originaire d'Amérique. Elle pousse bien et se
multiplie très facilement au moyen de boutures ; on peut se procurer de nouvelles variétés par des semis ou en croisant cette plante
avec d'autres espèces, telle que le *Fuchsia ful-*

Fig. 513. — Fuchsia.

gens. Les vieux Fuchsia résistent à nos hivers, à condition toutefois que

l'on coupe la tige et qu'on recouvre le pied d'une couche de cendre
sèche épaisse de cinq ou six pouces. Ils repoussent au printemps en
branches, ayant trois ou quatre pieds de haut, couvertes de fleurs retombantes. On paraît avoir abandonné ce système à Londres, mais à
Whitby et dans la province généralement, j'ai vu cultiver ainsi les
Fuchsia. On a l'habitude, cependant, de les mettre en serre pendant
l'hiver, pour qu'ils n'aient pas à supporter un froid trop rigoureux.
On a obtenu dernièrement des Fuchsias dont la fleur est si grande et si
mal formée que positivement elle est devenue laide.

Je possède une seule plante d'Australie, le *Metrosideros speciosus*
(fig. 514); ce sont les plantes au milieu desquelles les kanguroos aiment
à vivre dans leur pays natal. Elle produit une fleur rouge qui res-

Fig. 514.
Metrosideros speciosus.

Fig. 515. — Mimosa.

Fig. 516. — Cinéraire.

semble beaucoup à une brosse à laver les bouteilles, mais qui fait un
charmant contraste avec ses feuilles raides, vert foncé.

Je cultive chaque année une Sensitive (*Mimosa sensitiva*, fig. 515);
on se la procure facilement par semis et elle offre un grand attrait,
à cause du problème physiologique qu'elle présente.

La Cinéraire (*Cineraria*, fig. 516) est une plante qui fleurit au printemps et qui constitue un grand ornement dans les serres. On sème
en avril sous châssis, et on repique en pots les jeunes plants dès qu'ils
sont assez grands. On conserve les plants sous châssis pendant l'été
et dans la serre pendant l'hiver; ils fleurissent au commencement du
printemps suivant. Les fleurs des cinéraires sont très variées, mais ces

plantes exigent beaucoup de soins, car elles sont facilement détruites
par les aphides.

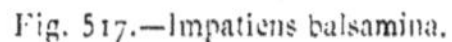

Fig. 517.—Impatiens balsamina.   Fig. 517.—Cuscuta reflexa.   Fig. 518.—Rondeletia speciosa.

La Balsamine (*Impatiens Balsamina,* fig. 517) est une plante que
l'art du fleuriste a fait considérablement varier. On peut semer les
graines sous châssis au commencement du printemps ; on repique les
jeunes plants en pots séparés que l'on conserve sous châssis, jusqu'à
ce que les boutons paraissent ; on les porte alors dans la serre. Les
fleurs de quelques-unes des variétés sont extrêmement belles ; mais, en
somme, on ne peut pas les comparer comme beauté aux fleurs sauvages
du jardin.

Je possède une plante très curieuse, la *Cuscuta reflexa* (fig. 517 a)
que m'a donnée M. Terry. Cette plante est alliée au *Cuscute* qui détruit le trèfle. Elle s'établit ordinairement en parasite sur le lierre, mais
il lui importe peu d'ailleurs quelle est la plante sur laquelle elle
se place, car elle pousse aussi bien sur la vigne, sur le pêcher, sur le
géranium, en un mot sur toutes les plantes qu'elle peut atteindre. Quand
sa tige touche une plante, elle semble s'unir à la feuille ou à la tige de
cette plante, et sans aucun doute, semblable à une sangsue, elle suce
sa sève. La Cuscuta reflexa a une fleur blanche, mais la plante entière n'est pas si jolie que le cuscute commun. Elle n'a pas de racines,
sa tige s'enroule simplement autour des plantes, d'où elle tire sa nourriture. J'ai essayé sans succès de l'acclimater sur le lierre.

Je cultive la *Rondeletia speciosa* de la Havane (fig. 518), mais je ne
crois pas que ce soit une très bonne acquisition.

Il y a beaucoup d'ognons à fleurs qui ont de grandes qualités,
ainsi, par exemple, la Belladone d'automne
(*Amaryllis Belladonna*, fig. 519). On l'a appelée, dit-on, Belladonna, à cause de la magnifique couleur rose pâle de ses fleurs.
Comme tous les ognons du Cap, il faut la
cultiver en pleine lumière et la faire bien
mûrir.

Le Lis de Whitby (*Vallota purpurea*, fig.
520) est un autre ognon à fleurs qui se propage facilement par division. On trouve, dans
presque toutes les maisons de Whitby, des

Fig. 519. — Belladone d'automne.

spécimens de cette belle fleur qui pousse des tiges abondantes et fleurit
très bien dans une salle à manger. Je transplante ordinairement ces
ognons en plein air dans le courant de l'été, mais je les rentre en serre
dès le mois d'octobre ; ils ne supportent pas le froid, j'ai perdu une
fois une belle collection, en la laissant trop longtemps dans la serre à
arbres fruitiers où la gelée la détruisit entièrement. Ce lis fleurit en octobre ; c'est par conséquent une fleur assez précieuse pour qu'on en
cultive une grande quantité de pieds.

Fig. 520. — Lis de Whitby.

Fig. 521 — Cyclamen.

Fig. 522.—Mesembryanthème.

Le Lis St-Jacques (*Amaryllis Formosissima*) est une autre plante
charmante ayant un caractère analogue. Mais toute cette famille
d'ognons à fleurs exige beaucoup de soins et de science, si l'on veut
obtenir une floraison complète.

Les *Cyclamens* (fig. 521) sont de belles plantes de serre qui fleurissent au commencement du printemps. Si l'on veut les obtenir dans toute leur perfection, il faut faire grande attention à respecter leurs périodes de croissance et repos. La meilleure méthode est de semer en mars et de transplanter les jeunes plants dans des pots séparés; l'année suivante ils donnent quelques fleurs et ils en sont tout couverts la seconde année. Ces ognons sont alors complétement développés; en les entourant de beaucoup de soins on peut les rendre plus gros et les faire fleurir encore pendant quelques années. Toutefois, il vaut mieux se procurer de nouveaux plants, que de donner des soins à de vieilles racines.

J'ai une trentaine d'espèces de *Mesembryanthèmes* (fig. 522); ces plantes sont originaires du cap de Bonne-Espérance. En été, on peut les planter dans les parterres. On les cultive beaucoup en Italie et dans le sud de la France. Auprès de Naples, on emploie une des espèces pour les coins arides des jardins; de loin on dirait du gazon. Ces plantes ont été beaucoup trop négligées, car elles sont fort utiles dans les situations si exposées au soleil que rien n'y pousse, et je ne doute pas que les meilleurs jardiniers ne les adoptent bientôt.

J'ai quelques centaines d'espèces de cactus et de plantes alliées. Malgré leurs formes intéressantes et leurs fleurs magnifiques, on rejette souvent ces plantes parce qu'elles sont fort obstinées et fleurissent quand il leur plaît, et qu'en conséquence elles ne conviennent guère aux expositions florales. Je transplante les cactus dans le courant de mai dans un parterre bien sec et je les laisse en plein air jusqu'à la fin de septembre. Je les place alors dans la serre, dans un endroit bien sec où elles restent tout l'hiver. Les cactus aiment beaucoup ce traitement, le contraste entre les gracieuses fougères et les catus si roides et si empesés est vraiment étonnant. En été, l'*Echinocactus tubi-florus* (fig. 523) porte des fleurs admirables. Le Cereus grimpant est une espèce commune qui fleurit facilement. Le *Cereus grandiflorus* (fig. 524) développe toujours sa fleur le soir avec une grande rapidité; il faut la couper immédiatement et elle se conserve dans toute sa fraîcheur pendant trois ou quatre jours. Les cactus sont des plantes fort utiles pour les serres dépendant des appartements, parce qu'ils ne donnent aucune odeur. Le *Stapelia* (fig. 524 *a*)est une plante remarquable, mais ses fleurs ont une odeur qui ressemble à celle de la viande pourrie. La

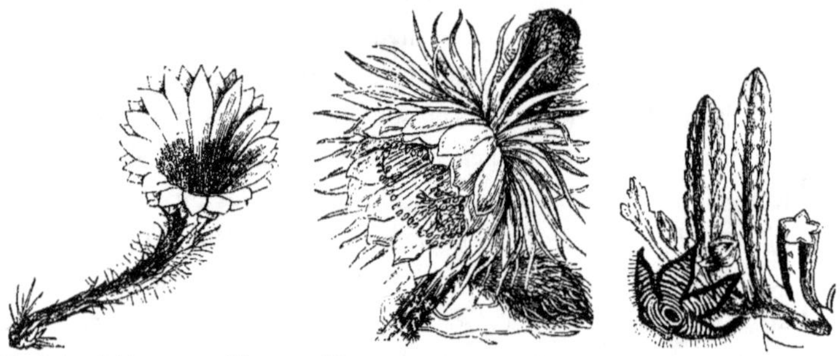

Fig. 523.— Echinocactus tubiflorus.   Fig. 524. — Cereus grandiflorus.   Fig. 524.a.—Stapelia Plantii.

serre des cactus, à Kew, est peut-être la serre la plus parfaite qu'il y ait au monde.

Le *Cereus speciosissimus* (fig. 525) a produit une grande sensation lorsqu'il a été importé. Sa grande fleur brillante fait un effet splendide. Cette plante doit être exposée en plein soleil; il faut la laisser longtemps reposer, puis elle fleurit abondamment au printemps quand on lui a donné un peu d'eau. Aucune plante n'est plus facile à cultiver, à condition toutefois que

Fig. 525. — Cereus speciosissimus.

le jardinier désire qu'elle réussisse, mais il y en a bien peu qui aient ce désir.

J'ai possédé l'*Opuntia* couvert de cochenilles, mais les attaques de ces petites créatures ont fait périr mon plant.

L'*Epiphyllum truncatum* (fig. 526) fleurit en hiver; je le cultive dans la serre à fougères. Ses fleurs roses et élégantes, à une époque où les fleurs sont rares, en font une plante précieuse qu'on doit toujours cultiver.

Le *Primula sinensis* (fig. 527) est une excellente plante de serre.

Il y a beaucoup de variétés de cette Primula, et on dit que l'une d'elles, obtenue par Paul, est extrêmement belle. On sème en avril, sous châssis, on repique les jeunes plants dans des pots et ils fleurissent au commencement du printemps suivant. La qualité de la fleur dépend absolument de la plante à laquelle on a pris la graine.

Il y a un autre primevère presque rustique et qu'il est très facile de cultiver, le *Primula denticulata* (fig. 528). Je cultive aussi beaucoup de plants du *Primula Nepauliensis;* cette plante est fort jolie, au

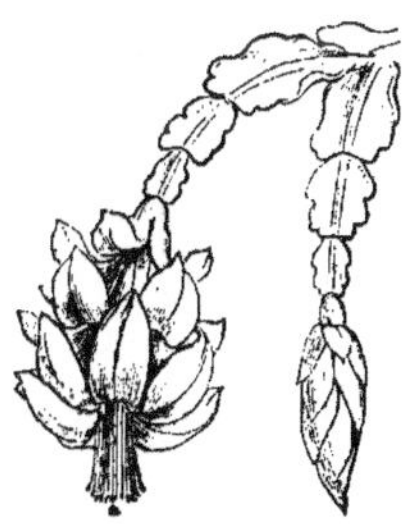

Fig. 526.
Épiphyllum truncatatum.

Fig. 527.
Primula sinensis.

Fig. 528.
Primula denticulata.

commencement du printemps, à cause des nombreuses fleurs qu'elle porte. Elle se propage facilement par divison.

Il y a une plante très remarquable appelée la Trappe de Vénus (*Dionæa muscipula*, fig. 529), qui est un des végétaux les plus curieux que je connaisse. A l'extrémité de chaque feuille, se trouve une trappe qui se referme dès qu'un insecte la touche; l'insecte meurt, se décompose et alors la feuille s'ouvre de nouveau pour en prendre un autre. J'ai fait fleurir cette plante, j'ai obtenu des graines, j'ai élevé des jeunes plants et cependant je n'en ai jamais. C'est une plante de marais très difficile à cultiver; on l'importe en quantité considérable et j'ai l'intention, au premier arrivage, d'essayer de la cultiver en plein air dans un marais artificiel, auprès de la *Drosera rotundifolia*. J'ai vu dernièrement avec admiration, au jardin botanique d'Edimbourg, le succès avec lequel on cultive cette plante curieuse. On la met en pots, immédiatement placés sous les châssis de la serre, de façon à ce que la plante reçoive toute la lumière. Ces pots sont suspendus à la toiture de la serre et reposent dans un petit marais artificiel; c'est là, sans contredit, une méthode qui se rapproche beaucoup des conditions de leur croissance dans leur propre pays. Comme je l'ai déjà dit, c'est une des plantes les plus curieuses qui soit au monde et j'engage tous ceux qui pourront se la procurer à en essayer la culture. J'ai aussi cultivé une autre plante intéressante, le *Drocera dichotoma*.

On cultive à Kew un arbrisseau originaire du Portugal, qui attrape aussi les mouches; je ne le possède pas encore. On y cultive aussi une plante encore plus merveilleuse qui attrape les mouches, le *Darlingtonia californica* (fig. 530). Cette plante porte des tubes garnis de poils disposés de façon que la mouche, une fois à l'intérieur, ne puisse plus s'échapper. Quel est le but précis de ces différentes dispositions pour la capture des mouches? Il est très difficile de le dire, à moins qu'on ne suppose que la mouche nourrit la plante ; ce sont certainement là, dans tous les cas, des merveilles du règne végétal.

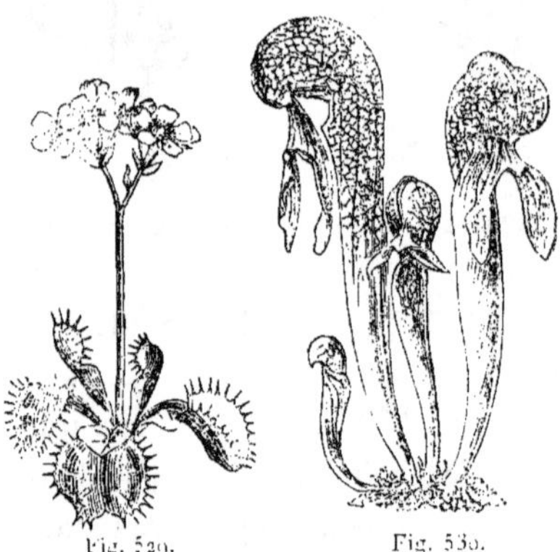

Fig. 529.
Dionœa muscipula.

Fig. 530.
Darlingtonia Californica.

Fig. 531. — Cephalotus follicularis.

Le *Cephalotus follicularis* (fig. 531) est une autre plante fort intéressante originaire de la Nouvelle - Hollande. C'est une plante de marais comme celle dont je viens de parler; mais elle n'a pas très bien réussi chez moi. Toutes les plantes de marais sont extrêmement difficiles à cultiver : les miennes meurent fréquemment. J'ai l'intention, quand je pourrai m'en procurer une certaine quantité, d'essayer l'acclimatation de ces plantes en les cultivant dans un marais artificiel en plein air.

On ne saurait se dispenser de cultiver l'*Aponogeton distachyon*
(fig. 532). C'est une plante aquatique qui pousse facilement dans un

Fig. 532.
Aponogeton distachyon.

Fig. 533.
Vallisneria spiralis.

Fig. 533 a.
Nymphæa cærulea.

réservoir ou dans un vase au fond duquel on place un peu de terre.
Elle fleurit abondamment au printemps : après la floraison, elle dépose
ses graines au fond du vase, et bientôt nombre de jeunes plants
apparaissent. J'ai vu cultiver cette plante en plein air, mais elle ne peut
supporter la gelée. Néanmoins, j'essaierai de l'acclimater, d'autant plus
qu'au Jardin botanique d'Edimbourg il y en a un très beau spécimen
qui pousse admirablement dans un étang en plein air.

La *Vallisneria spiralis* (fig. 533) est une autre plante aquatique
bi-sexuelle. On cultive presque exclusivement en Angleterre la plante
femelle, qui se trouve toujours dans les serres des personnes qui s'occupent du microscope. Avec un bon microscope, on peut distinguer la
circulation dans chaque cellule ; les objectifs puissants de MM. Powell
et Lealand permettent tout particulièrement d'étudier ce caractère intéressant. Cette plante se cultive facilement dans un réservoir, et la petite
fleur qui surmonte une tige ayant deux ou trois pieds de longueur est
très curieuse.

J'ai cultivé dans une serre à raisin, avec beaucoup de succès, la splendide *Nymphæa cærulea* (fig. 533a), aussi bien que la *Limnocharis Hum-
boldtii* et beaucoup d'autres plantes aquatiques. Toutefois, ces plantes
ont besoin pour réussir de beaucoup de lumière, et mes vignes projettent une ombre aujourd'hui si épaisse, qu'il m'est à présent impossible
de continuer cette culture. Je ne saurais trop engager à cultiver ces

plantes charmantes partout où on a beaucoup de lumière à sa disposition, car je ne sais rien de plus délicieux dans une serre que la vue de ces admirables plantes aquatiques.

A l'extrémité de la serre à arbres fruitiers, j'ai fait élever un petit abri où l'air circule en abondance et où mes plantes de serre fleurissent admirablement. Bien que je n'aie aucun moyen de chauffer cet abri, il est plein de fleurs depuis mars jusqu'en octobre. Là, fleurissent les azalées et je puis dire qu'elles sont beaucoup plus belles que celles que l'on cultive en plein air en Italie; là aussi, fleurissent les camélias et plus tard les pélargoniums, les lis et les fuschias; là, au commencement du printemps, quelques rosiers thé ouvrent leurs charmants boutons. En un mot, je me procure dans cet abri une quantité de fleurs admirables à un prix extrèmement minime et, ce qui ajoute encore à la beauté de ces fleurs, c'est qu'elles sont entourées de toutes parts par des fougères rustiques dont le vert feuillage fait ressortir leurs nuances délicates.

MES PLANTES DE SERRE CHAUDE.

Je n'ai pas de serre chaude proprement dite destinée aux fleurs; cependant, je m'arrange de façon à cultiver, dans la serre à fougères ou dans la serre à concombres, quelques espèces de plantes qui exigent une grande chaleur. La *Torenia asiatica* (fig. 534) est une des fleurs que j'aime le mieux. Elle exige des soins tout spéciaux, surtout en hiver, saison pendant laquelle elle aime

Fig. 534.—Torenia asiatica.   Fig. 535. — Tradescantia discolor.

la lumière et la sécheresse; à d'autres époques, surtout au moment de la croissance, il lui faut un peu plus d'humidité. Cette plante est morte plusieurs fois chez moi; mais, comme elle se reproduit facilement par boutures, je l'ai bientôt remplacée par quelques plants que je dois à l'obligeance d'un ami.

La *Tradescantia discolor* (fig. 535) est une plante commune qui pousse aussi facilement que les mauvaises herbes; mais ses feuilles, qui brillent comme du verre, sont peut-être les plus belles qu'il y ait. Elle pousse bien dans la serre à fougères et on ne peut guère lui comparer que l'admirable *Anœctochilus argenteus*. L'Ananas varié (fig. 536) a aussi un très beau feuillage; mais il est encore plus beau

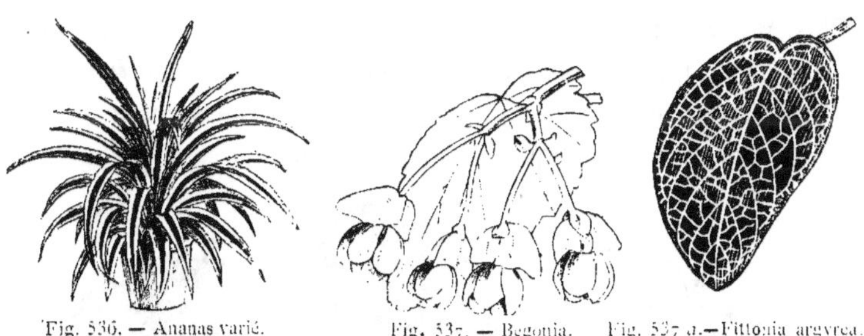

Fig. 536. — Ananas varié.   Fig. 537. — Begonia.   Fig. 537 a.—Fittonia argyrea.

quand il porte son fruit, et aucune plante, je crois, n'orne mieux la table. Cette plante exige beaucoup de chaleur et réussit très bien dans la serre à concombres.

A différentes époques, j'ai eu beaucoup d'espèces de Bégonia. Mais ces plantes prenaient plus de place que je ne pouvais leur en donner; cependant j'ai conservé l'espèce représentée par la fig. 537, qui fleurit bien dans la serre à fougères; ce bégonia est tout particulièrement adapté à cette situation, car sa fleur rouge tranche vivement sur le feuillage vert des fougères.

Quelques bégonias ont un admirable feuillage, le *Begonia rex*, par exemple (fig. 538). Une autre espèce de bégonia grimpant est très jolie dans une serre.

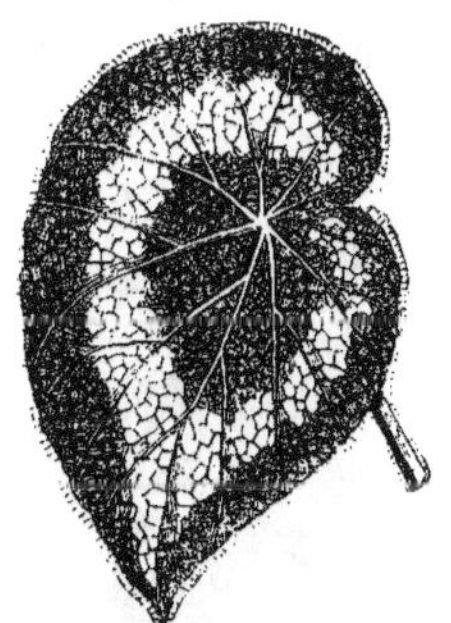

Fig. 538. — Begonia rex.

Fig. 539.—Maranta zebrina.

Les différentes espèces de Maranta ont un très beau feuillage; la plus belle est la *Maranta zebrina* (fig. 539). Pour que ces plantes atteignent toute leur perfection, que les feuilles se développent complétement et revêtent leurs plus belles couleurs, il faut les planter dans un sol tourbeux. La *Maranta Warsawiczii*, la *Maranta regulis*, la *Maranta fasciata*, la *Maranta micans*, la *Maranta vittata* et d'autres espèces ont aussi de belles feuilles.

Plusieurs variétés de Croton sont extrèmement belles; la plus remarquable de toutes est le *Croton variegatum angustifolium* (fig. 540), à cause de ses longues feuilles étroites retombantes. Rien de joli sur une table comme quelques pieds de croton.

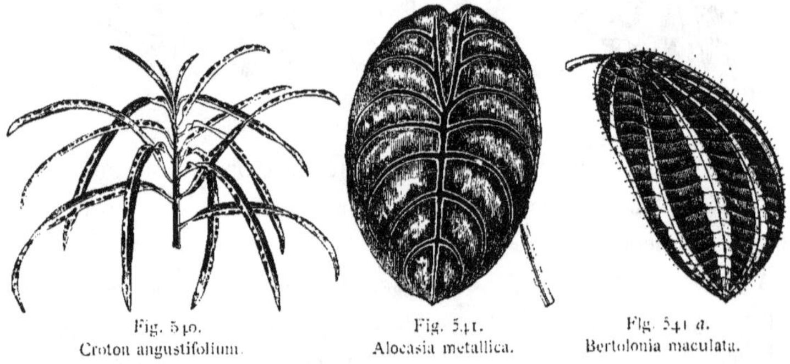

Fig. 540.
Croton angustifolium.

Fig. 541.
Alocasia metallica.

Fig. 541 a.
Bertolonia maculata.

L'*Alocasia metallica* (fig. 541) est une autre plante extraordinaire, originaire de Bornéo, qui exige une grande chaleur, mais qui produit les feuilles les plus splendides que l'on puisse imaginer. Malheureusement, elle occuperait trop de place dans la petite serre que j'ai à ma disposition, pour que je puisse la cultiver. J'ai quelques belles variétés naines de plantes à belles feuilles, ainsi, par exemple, la *Fittonia argyrea* (fig. 537 a) et la *Bertolonia maculata* (fig. 541 a).

Fig. 542. — Gloxinia.

Les *Gloxinias* (fig. 542) sont des ognons à fleurs de serre chaude, qui se cultivent facilement et qui ont de nombreuses variétés. Ils se propagent facilement au moyen de leurs feuilles qu'on n'a qu'à attacher sur un pot, pour que de nombreux petits ognons se forment rapidement. On peut aussi se procurer de nouvelles variétés par des semis. Il y a deux espèces principales, l'une ayant les fleurs droites, l'autre, les fleurs retombantes ; je les cultive toutes deux.

Les *Pancratiums* sont aussi de charmants tubercules à fleur de serre chaude. Je possède le *Pancratium zeylanicum* (fig. 543), qui pousse bien dans ma serre à fougères ; à l'époque de Noël, quand il est en fleur, il est si admirable qu'on ne saurait lui comparer aucune autre fleur du jardin.

Fig. 543. — Pancratium zeylanycum.

Fig. 544. — Achimenes.

Il y a encore une autre classe de plantes, les *Achimenes* (544), comportant de nombreuses variétés de différentes couleurs. Elles occupent malheureusement trop de place, ce qui m'empêche de les cultiver. On peut conserver d'année en année leurs petits tubercules, à condition de ne pas les laisser geler pendant l'hiver.

Parmi les diverses plantes à belles feuilles, on peut citer tout particulièrement les *Caladiums*. Eux aussi prennent beaucoup de place, et

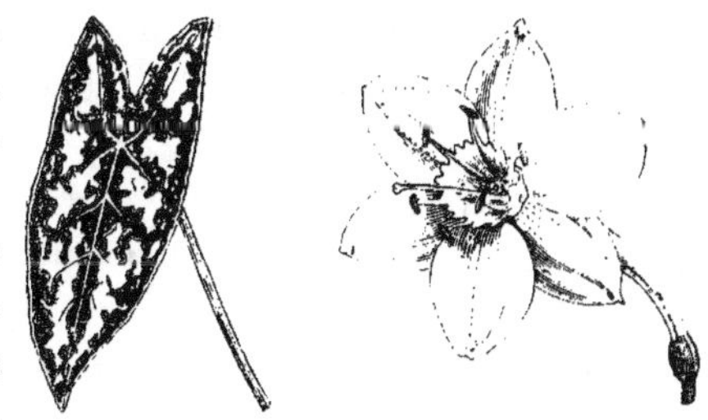

Fig. 545. — Caladium argyrites.

Fig. 546 — Eucharis amazonica.

j'ai dû renoncer à leur culture, ou me voir forcé de renoncer à d'autres plantes importantes. Cependant, leurs feuilles sont extrèmement belles et une des variétés naines, le *Caladium argyrites* (fig. 545), convient admirablement aux jardins particuliers. La culture de ces plantes est facile, elles ne demandent que de la chaleur et de l'humidité.

De toutes les plantes à tubercules, récemment introduites, il n'y en a pas de plus belle que l'*Eucharis amazonica* (fig. 546 ; cette plante charmante porte une fleur blanche dont la beauté est surprenante; aussi s'en sert-on constamment aujourd'hui pour faire des bouquets. Il lui faut beaucoup de chaleur, et j'en ai perdu un plant pour avoir négligé ce point essentiel. La beauté de cette plante est si grande que je ne saurais trop recommander à toutes les personnes, ayant une serre suffisamment chaude, de la cultiver.

Une des curiosités du règne végétal est, sans contredit, le Sémaphore (*Desmodium gyrans*, fig. 547). Placées dans des circonstances favorables, les feuilles de cette plante ont des mouvements semblables à ceux que l'on communiquait aux branches du télégraphe aérien, avant que le télégraphe électrique ne soit venu nous fournir un moyen plus rapide d'échanger les dépêches. Bien des fois, j'ai étudié les mouvements de cette plante

Fig. 547. — Sémaphore.

dans les jardins de Kew, et j'ai été si désireux de l'étudier avec soin que j'ai demandé des rejetons à Kew et à la Société de botanique. Chose assez étrange, c'est dernièrement seulement que mes plantes ont semblé acquérir la faculté du mouvement, et il m'est impossible de dire pourquoi, dans mon jardin, elles ont en quelque sorte menti à leur nom.

Je ne cultive pas de palmiers, parce qu'ils prennent trop de place. Toutefois, il est intéressant de planter dans la serre des noyaux de dattes qui poussent facilement, et qui produisent bientôt de charmants petits arbustes. Ces arbustes exigent une température de serre chaude pendant l'hiver, mais en été, on peut les mettre en plein air. Le Dattier ne dépasse pas les bords de la Méditerranée; à Naples même, le fruit ne mûrit pas, parce que l'hiver est trop froid. Les Palmiers et les Cycadées sont les plus belles plantes que l'on puisse cultiver dans les grandes serres chaudes. On cultive à Bordighera, sur les bords de la Méditerranée, les palmiers destinés à décorer l'église de Saint-Pierre de Rome, le jour des Rameaux.

Le Jasmin du Cap (*Gardenia florida*, fig. 548) est une des fleurs dont le parfum est le plus pénétrant et le plus délicieux. J'en ai eu plusieurs beaux plants, mais ils ont toujours péri, parce qu'il leur

Fig. 548.—Gardenia florida.

faut beaucoup de chaleur et une grande lumière. On les cultive presque toujours dans une fosse peu profonde et très chaude. Cette plante est une des plus charmantes que l'on puisse cultiver en serre.

La *Poinsettia pulcherrima* (fig. 549) est une autre plante de serre que l'on emploie beaucoup à Londres pour la décoration des salles à

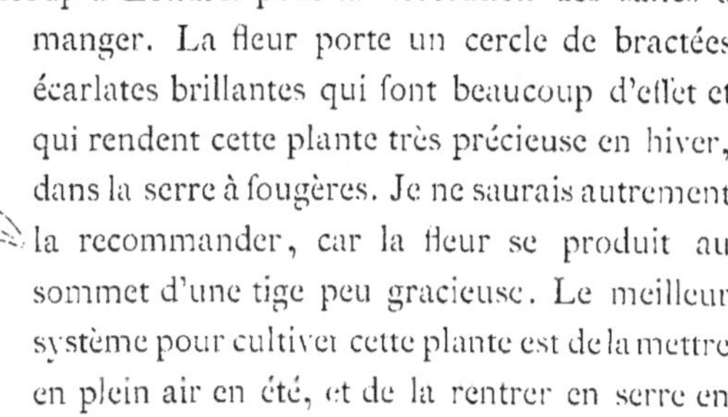

manger. La fleur porte un cercle de bractées écarlates brillantes qui font beaucoup d'effet et qui rendent cette plante très précieuse en hiver, dans la serre à fougères. Je ne saurais autrement la recommander, car la fleur se produit au sommet d'une tige peu gracieuse. Le meilleur système pour cultiver cette plante est de la mettre en plein air en été, et de la rentrer en serre en

Fig. 549.—Poinsettia pulcherrima. octobre, pour qu'elle puisse fleurir.

Erasme a dit, avec beaucoup de raison, qu'un même terrain ne peut pas contenir toutes les sortes de plantes.

Loudon a décrit plus de vingt mille plantes cultivées en Angleterre. Il est évident qu'aucun jardin particulier ne peut en contenir un aussi grand nombre ; il faut donc faire un choix et se laisser guider par la position du jardin et les facilités qu'il offre pour telle ou telle culture. Je me suis contenté de décrire les plantes que je cultive le plus ordinairement; j'ai choisi les unes, comme la primevère, à cause de leur beauté; les autres, pour leur parfum, comme la violette; d'autres, à cause de leur rareté, comme la *Cuscuta reflexa*; d'autres, pour leurs appareils si curieux, comme la *Dionæa muscipula*; d'autres, pour les souvenirs qu'elles nous rappellent, comme la *Linnæa borealis;* d'autres, parce qu'elles fleurissent sous les arbres, comme la digitale; beaucoup enfin, parce qu'elles produisent des fleurs à différentes époques de l'année.

Les plantes que j'ai énumérées suffisent à former le fonds d'un beau jardin; si chaque année on ajoute deux ou trois autres plantes, on aura bientôt un jardin très complet et on pourra y trouver toutes les jouissances que l'horticulture est capable de procurer.

Toutes les plantes que je cultive sont pour moi, chaque fois que je visite mon jardin, une source d'intérêt et de grande satisfaction.

« Nous voyons, a dit le poète, avec une sorte d'affection crédule, de joie enfantine, s'ouvrir leurs tendres boutons, emblêmes de notre propre résurrection; emblêmes d'une demeure meilleure et plus brillante. » — Longfellow.

Les fleurs de notre jardin général se confondent d'un côté avec les plantes alpines et de l'autre avec nos champs de roses et de fougères; les plantes grimpantes sont disséminées dans toutes les parties du jardin. Le nombre de plantes que je viens de décrire ne peut se dépasser avec mes moyens actuels, surtout si je veux les surveiller toutes. Je ne saurais trop recommander de cultiver la plus grande partie de celles que j'ai fait dessiner; je ne saurais trop recommander aussi d'ajouter chaque année quelques nouvelles plantes à cette liste, de façon à éviter la monotonie, qui ne manquerait pas de se produire si le même spectacle frappait toujours les regards.

Scène sur la Wandle.

Vue de mon jardin prise du pont.

CHAPITRE XI

MES FLEURS SPÉCIALES

Outre les fleurs cultivées dans les parterres et les plate-bandes, le fleuriste a ordinairement quelque affection qui lui est propre et qui le pousse à s'occuper plus spécialement de certaines fleurs dont la vue lui cause un plaisir tout particulier. Je dois avouer que j'aime les fleurs en général, sans avoir de préférence pour tel ou tel groupe. Néanmoins j'ai des rosiers, des plantes grimpantes, des orchidées et des plantes alpines, et ce sont là mes fleurs spéciales, si je peux m'exprimer ainsi.

MES ROSIERS.

Salut, reine des fleurs, salut, vermeille rose !
A peine le matin a vu ta fleur éclose
Que les jeunes zéphirs d'un doux zèle emporté
Racontent ta naissance aux bosquets enchantés.

CHÊNEDOLLÉ.

De toutes les fleurs de fleuristes, — c'est-à-dire de toutes les fleurs dont le caractère a été modifié par une sélection attentive et par la culture du jardinier, — la rose tient peut-être le premier rang. Neuf personnes sur dix déclarent que c'est leur fleur favorite; néanmoins, j'ai considéré bien des fois la rose sauvage et toujours je me suis demandé si, en somme, la simple nature n'est pas bien plus parfaite que la nature perfectionnée par l'art. L'Eglise catholique fait de la rose un symbole mystique ; c'est ce à quoi Dante fait allusion quand il s'écrie : « Voici la rose dans laquelle s'est incarné le Verbe de Dieu. »

Pline énumère douze variétés de roses cultivées en Italie. Que dirait-il des innombrables variétés que nous cultivons aujourd'hui dans nos jardins ?

Les roses que je cultive sont très belles, et cette culture est poussée chez moi à la plus haute perfection. Les rosiers aiment essentiellement l'air et la lumière ; ils ne craignent pas d'être exposés aux rayons les plus brûlants du soleil et supportent très mal l'air enfumé des jardins de Londres et de ses faubourgs immédiats. Mais, si l'on a un jardin où l'air et la lumière soient purs et que l'on ait soin de placer une couche de fumier, chaque année, sur leurs racines, on cultive facilement le rosier. Dans mon jardin, j'ai des roses pendant neuf mois sur douze, et, dans le courant de juin et de juillet, je n'exagère pas en disant que j'en ai plus de dix mille en fleur à la fois.

La rose de Meaux est une charmante petite rose, au parfum pénétrant, et l'une des premières à fleurir au mois de mai. Ce rosier est assez délicat, mais il se multiplie facilement par la division des racines ou plutôt par rejeton.

Les Roses écossaises (fig. 550), qui ont beaucoup de variétés de différentes nuances, lui succèdent dans l'ordre de la floraison. Ces rosiers présentent, deux fois par an, un aspect charmant ; d'abord, quand ils sont couverts de fleurs, dont le parfum ressemble à celui de l'essence de roses ; un peu plus tard, quand les fleurs sont remplacées par les gousses qui contiennent les graines. La mode des roses écossaises est aujourd'hui passée ; je n'en ai pas moins beaucoup de plants et tout jardinier devrait en avoir, car

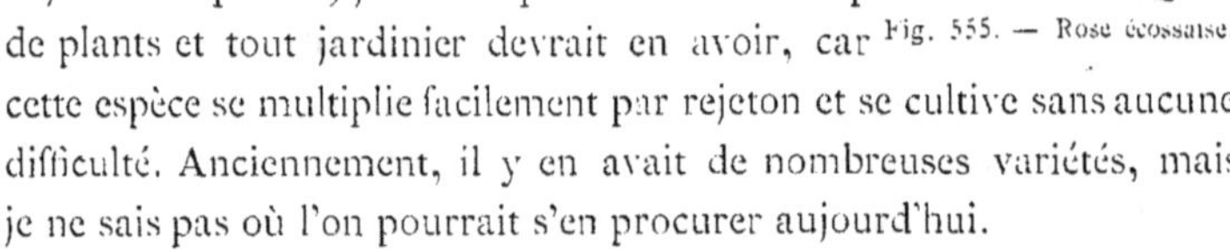

Fig. 555. — Rose écossaise.

cette espèce se multiplie facilement par rejeton et se cultive sans aucune difficulté. Anciennement, il y en avait de nombreuses variétés, mais je ne sais pas où l'on pourrait s'en procurer aujourd'hui.

Les églantiers autrichiens ont une fleur si brillante qu'on l'aperçoit distinctement d'un bout à l'autre du jardin. La culture de ces plantes est difficile, la fumée les tue, et cependant aucun jardin ne saurait s'en passer. La rose jaune de Perse (fig. 551) est la plus belle variété.

Fig. 551. — Rose jaune de Perse.

On ne cultive plus guère aujourd'hui les roses de Provence. Cependant la vieille rose-chou, qu'aimaient tant nos pères, et la rose frangée de Provence devraient toujours occuper une place dans nos jardins.

Les roses de Damas nous fournissent quelques bonnes variétés, telles par exemple que madame Hardy et madame Zoutman.

Au nombre des variétés de la *Rosa alba*, se trouvent madame Legras Saint-Germain et la princesse de Lamballe.

Blairii, Chênedollé et madame Plantier sont de magnifiques variétés de la rose hybride de Chine. La rose hybride de Bourbon nous fournit aussi de belles variétés, telles que Charles Lawson, Coupe d'Hébé, et Paul Ricaut.

Cependant, tous ces rosiers ne fleurissent qu'une fois par an, aussi sont-ils quelque peu abandonnés pour ceux qui fleurissent, se reposent un peu et fleurissent à nouveau.

La rose hybride remontante, provenant d'un croisement artificiel entre la rose de Chine et la rose de Provence, est, sans contredit, la véritable rose de notre époque, car elle porte des fleurs depuis le mois de juin jusqu'aux premières gelées. Les horticulteurs ont obtenu des variétés innombrables de cette rose. L'engouement pour une espèce particulière de fleurs de fleuristes est une affaire de mode et varie, par conséquent, d'année en année. Telle rose, à laquelle les juges d'une exposition auront un jour accordé un prix, suffira quelque temps après pour détruire toutes les chances d'un exposant. La fleur sauvage, au contraire, continue à plaire de siècle en siècle, et nos petits neveux admireront encore la rose sauvage que nous admirons aujourd'hui et qu'ont admirée Horace et Virgile.

Qui se chargera de décider la beauté relative des innombrables roses remontantes?—Mon jugement,—je m'inquiète peu qu'une variété soit ancienne ou nouvelle, — différerait probablement de celui d'un éleveur de roses, qui n'aime que les variétés nouvelles. Pour tout ce qui concerne la rose, je consulte toujours M. Wood, de Maresfidel, qui

cultive plusieurs hectares en roses. Cet éminent horticulteur considère
qu'à notre époque, les douze variétés suivantes sont les plus belles
qu'il y ait :

LES DOUZE PLUS BELLES VARIÉTÉS DE ROSES HYBRIDES REMONTANTES.

Alfred Colomb.   Eliza Boelle.
Aurore du matin.   La France.
Baronne Adolphe de Rothschild.   Marie Baumann.
Charles Lefebvre.   Marquise de Mortemart.
Duc d'Édimbourg.   Prince Humbert.
Edwin Morren.   Xavier Olibo.

M. Wood m'a indiqué ensuite comme indispensables cent soixante
autres variétés, et il y en a beaucoup d'autres qu'il n'a pas indiquées et
dont je ne me passerais certainement pas. Ces rosiers remontants sont
admirables quand ils sont couverts de fleurs.

Fig. 552.
Baronne Adolphe de Rothschild.

Fig. 652 a.
Duc d'Édimbourg.

Fig. 553.
Général Miloradowitsch.

Je cultive plusieurs centaines de variétés de roses ; le meilleur système
pour l'amateur est de commencer avec deux
cents bonnes espèces au moins, puis d'ajouter les nouvelles espèces qui lui plaisent. J'ai
fait dessiner la baronne Adolphe de Rothschild (fig. 552), rose à la couleur délicate ; le
duc d'Edimbourg (fig. 552 a) ; le Général
Miloradowitsch (fig. 553), rouge tendre ; Clovis (fig. 554), rouge brillant ; Madame Barriot
(fig. 555), rouge carmin ; la France (fig.

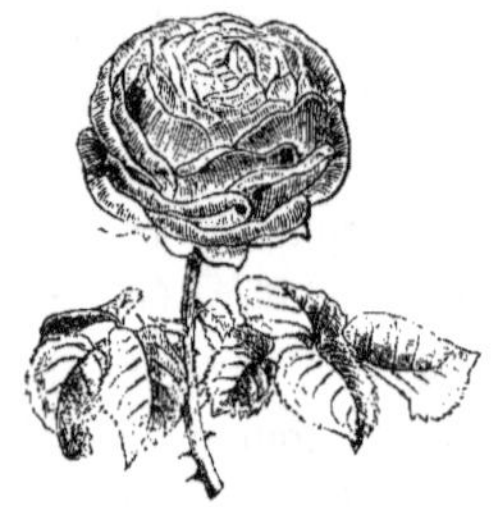

Fig. 554. — Clovis.

555 a) ; *Centifolia Rosea* (fig. 556), rose brillant ; John Hopper (fig.

557), rose, cramoisi au centre; la Marquise de Mortemart (fig. 557 *a*).

J'ai fait aussi dessiner une nouvelle rose hybride remontante grimpante, la Princesse Louise-Victoria (fig. 558), récemment introduite par M. Knight de Hailsham, Sussex. Ce rosier ne m'a pas encore donné de fleurs, mais on m'a affirmé que la rose est admirable.

Fig. 555. — Madame Barriot.

Fig. 555 *a*. — La France.

Fig. 556. — Centifolia rosea.

Ces variétés de roses hybrides remontantes sont rustiques en Angleterre. A Wildbad, en Allemagne, on dit que la gelée les détruit et j'ai

Fig. 557. — John Hopper.

Fig. 557 *a*. — Marquise de Mortemart.

Fig. 558. — Princesse Louise Victoria.

été fort amusé, un certain mois de novembre que je me trouvais dans cette ville, de voir tous les rosiers entourés de paille et de terre pour les protéger contre le froid, alors que chez moi mes rosiers produisaient encore quelques fleurs.

On obtient de nouvelles variétés par le semis ; mais la graine mûrit rarement en Angleterre. Aussi faut-il semer bien des graines avant d'obtenir une belle rose. On peut propager les variétés par rejetons ou par boutures; mais ce dernier procédé est très difficile et très incertain.

Pour faire les boutures, on place un morceau de bois bien mûr dans un pot que l'on met sous un châssis où on le laisse pendant cinq ou six semaines. On place alors ce pot sur une couche chaude et les bourgeons et les racines se forment; mais à peine réussit-il une bouture sur cent. Les rosiers que l'on cultive en pots, et que l'on force ordinairement au printemps, se reproduisent plus facilement par boutures.

Cette difficulté d'élever des boutures fait qu'il y a peu de rosiers hybrides remontants sur leurs propres racines. La méthode la plus ordinaire pour propager les variétés de roses est la greffe en écusson. Il faut faire cette opération après la Saint-Jean, alors que les bourgeons sont bien pleins et que l'écorce se détache facilement. On greffe ordinairement soit sur l'églantier, soit sur le mannetti. Mais le mannetti a des rejetons fort désagréables, car ils appauvrissent la plante en s'appropriant toute la nourriture, à moins que le jardinier ne les surveille attentivement et n'ait grand soin de les couper.

Quand on a obtenu la plante hybride remontante, il s'agit de décider sous quelle forme on la cultivera.

On a l'habitude de cultiver le rosier de façon qu'il ressemble à un balai dont le manche serait planté dans le sol; c'est ce que les jardiniers appellent un rosier en plein vent. On obtient cette forme en cultivant le rosier sur une tige d'églantier ayant environ quatre pieds de haut. Cette tige est rarement assez forte pour supporter le poids de la tête; on la consolide donc avec une tige de fer, de telle sorte que le balai semble avoir deux manches. C'est au sommet de cette tête que se présentent les fleurs. Je n'ai

Fig. 559. — Rosier en pyramide.

jamais aimé ce mode de culture et plus je le vois et plus je le déteste.

Je crois que c'est là une grosse erreur. Aussi, chaque fois qu'un de mes rosiers en plein vent vient à mourir, je ne le remplace pas. Je cultive mes rosiers en forme de pyramide ayant de quatre à six pieds de haut et trois ou quatre pieds de diamètre. J'ai représenté ci-contre un de ces rosiers qui est admirable quand il est couvert de fleurs, et je suis persuadé que quiconque a vu mes pyramides ne songerait plus à cultiver des rosiers en plein vent.

Un de ces rosiers remontants en pyramide (fig. 559) portait à la fois cent quarante-quatre roses en pleine fleur, quarante boutons prêts à s'ouvrir, outre cinquante roses qui étaient tombées ou avaient été coupées. Aucun autre mode de culture n'aurait pu faire produire autant à un arbre.

Quand on cultive un rosier greffé sur le mannetti, il faut le planter profondément, car le rosier lui-même forme alors fréquemment des racines, et le plant sur lequel on l'a greffé disparaît, ce qui est fort à désirer. La culture de l'arbre est ensuite très simple. Pendant l'été, il faut détruire tous les rejetons trop grossiers; quant au reste, il faut laisser pousser l'arbre comme il veut; on taille à la fin de février ou au commencement de mars. Quand on cultive les abominables rosiers en plein vent dont nous avons parlé, il faut toujours tailler les rejetons jusqu'à un œil proéminent, à condition que cet œil se dirige extérieurement. Quand on cultive ces rosiers comme plantes naines, il faut tailler à environ un pied ou deux au-dessus du sol; mais si l'on désire donner à un rosier l'admirable forme en pyramide que j'ai décrite, il faut le tailler grossièrement sous cette forme et la lui faire garder, autant que possible, en arrêtant, en été, le développement de certains rejetons et en taillant au printemps. Il est bon de faire la taille des rosiers aussi tard que possible au printemps. En effet, les bourgeons à fleurs viennent alors assez tard et la fleur est beaucoup plus belle. En un mot, si on taille les rosiers trop tôt, on s'expose à ce que les rejetons soient endommagés par le froid; si on les taille trop tard, on épuise les arbres en enlevant les rejetons déjà formés. Il faut donc, pour avoir une belle récolte de roses, tailler les arbres au moment où ils commencent à pousser.

Fig. 558 *a* — Racine de Rosier.

M. Leprince d'Oxford a imaginé un nouveau moyen de cultiver le rosier. Il sème les graines de l'églantier, puis il greffe juste au-dessous du niveau du sol le jeune églantier. Les plants ainsi traités poussent très rapidement (fig. 558 *a*). J'ai essayé ce système avec beaucoup de succès, et je crois que ce mode de culture pour le rosier deviendra bientôt universel et remplacera tous les autres.

Rien ne peut sortir de rien ; aussi ne peut-on pas avoir de belles roses sans un engrais convenable. Le meilleur système est, sans contredit, de placer une bonne couche de fumier au pied de l'arbre pendant toute l'année, en ayant soin toutefois que le fumier soit au moins à six pouces de la tige qui autrement serait abîmée ; mais, comme le fumier jure dans un jardin, on n'en met pas en été et on attend le mois de novembre ; le fumier se décompose alors pendant l'hiver et pénètre dans le sol. Pendant l'été, on peut le remplacer en arrosant les racines avec de l'engrais liquide.

On dit que partout où pousse un bon chou, il peut pousser une rose ; or, comme le chou aime une grande quantité d'engrais, la rose, elle aussi, demande un sol également riche et une grande abondance de nourriture.

Bien qu'actuellement nous ornions principalement nos jardins de rosiers hybrides remontants, il ne faut pas oublier qu'on les décorait autrefois avec les roses de Chine, qui fleurissent depuis le mois de mai jusqu'à Noël. La rose de Chine commune (*Rosa indica*, fig. 559 *a*) a d'excellentes qualités ; deux variétés, la Dame du Lac et Madame Bosanquet, sont très belles. Il y a un petit rosier, portant de toutes petites roses, appelées roses des fées (fig. 560), qu'on emploie à Naples en bordure autour des parterres cultivés en rosiers. L'effet produit est fort agréable, et je cultive aujourd'hui un grand nombre de ces petits rosiers, pour les employer de la même façon. Le rosier de Chine se propage très facilement, au moyen des boutures faites à la fin de

mai ; on recouvre d'une cloche, après l'avoir placé sur du fumier, le
pot contenant la bouture, et on obtient une plante portant des fleurs

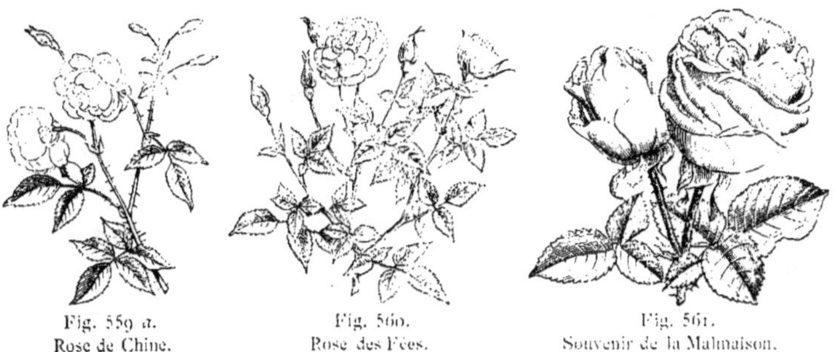

Fig. 559 a.
Rose de Chine.

Fig. 560.
Rose des Fées.

Fig. 561.
Souvenir de la Malmaison.

avant la fin de l'année. Le rosier de Chine se reproduit donc aussi
facilement que le rosier hybride se reproduit difficilement.

Les roses de l'île Bourbon comprennent quelques belles variétés,
telles que : Acidalie, Baronne de Noumont, Catherine Guillot, Louise
Margottin, Révérend H. Dombrain. Il y a, en outre, une variété
dont il est absolument nécessaire de posséder plusieurs plants, c'est le
Souvenir de la Malmaison (fig. 561). Ce rosier se couvre de fleurs admirables depuis le mois d'août jusque fort tard en automne.

Les roses noisettes sont très belles, mais elles sont délicates et le
mauvais temps les fait tomber. Le Drap d'or est une rose exquise,
quand toutefois on peut la faire fleurir. Je l'ai planté plusieurs fois
dans mon jardin, mais sans aucun succès ; je puis faire la même remarque à propos de la variété Miss Gray. D'autres variétés de roses
noisettes : Céline Forestier, Lamarque, Lamarque à fleurs jaunes,
Rêve d'or, Solfaterre et Triomphe de Rennes sont très belles, mais
elles sont si délicates qu'on ne peut se livrer à cette culture que sur une
petite échelle.

Les roses noisettes (fig. 562) se multiplient facilement par boutures.

Je ne savais pas ce qu'était réellement une rose Banksian (fig. 563),
jusqu'à ce que je l'aie vue en fleur à Florence, où l'on trouve de véritables champs couverts des variétés blanches et jaunes de cette rose. Il
est difficile de voir quelque chose de plus beau que ces rosiers, couverts

de milliers de fleurs qui pendent en grappes de tous côtés. En Angle-

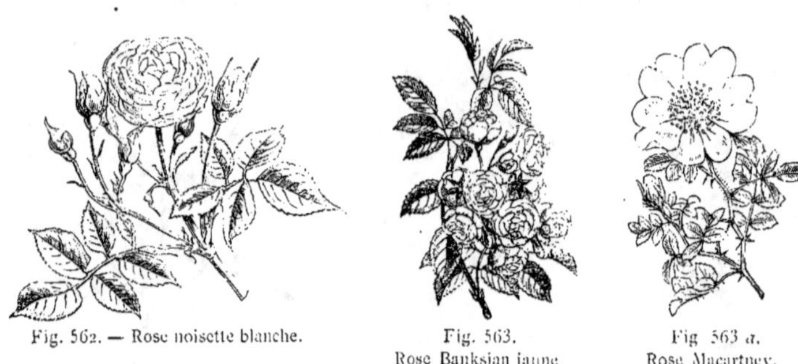

Fig. 562. — Rose noisette blanche.

Fig. 563.
Rose Banksian jaune

Fig 563 a.
Rose Macartney.

terre, le froid tue facilement ces rosiers, même quand la tige est arrivée à être aussi grosse que le poignet.

Les roses Macartney (*Rosea Bracteata*, fig. 563 *a*) font un magnifique effet, quand elles recouvrent un mur ; rien de joli comme le feuillage brillant de ces rosiers et leurs fleurs simples, couvertes d'abeilles. Je préfère la rose Macartney simple à la variété double, car il arrive souvent que cette dernière ne fleurit pas bien. Ni l'une ni l'autre, d'ailleurs, ne réussissent dans mon jardin.

Il y a un autre groupe de roses plus belles, et pourrait-on dire plus délicates que les grandes roses hybrides remontantes ; ce sont les roses Thé. Mais il faut avoir soin de les protéger en hiver, car le froid les tue facilement. M. Wood m'a indiqué quarante-cinq variétés au moins qu'il regarde comme indispensables ; j'en cultive toujours deux ou trois douzaines d'espèces. Les unes, comme la vicomtesse Decazes, ne veulent pas pousser dans mon jardin ; les autres, Homère, par exemple, semblent beaucoup plus rustiques, et se laissent facilement forcer au printemps ; elles produisent alors une grande abondance de fleurs. Les rosiers thé aiment un terrain léger et assez sec ; ils aiment aussi l'air et la lumière ; je les ai fait fleurir dans la serre à arbres fruitiers. Beaucoup de roses thé sont en pleine fleur, alors que les roses hybrides ont fini de fleurir. Je citerai principalement la Gloire de Dijon (fig. 564), sans contredit la plus belle des roses thé, la première à fleurir au printemps, la dernière à fleurir en automne. J'ai planté un de ces rosiers dans ma

Fig. 564.—Gloire de Dijon.

Fig. 565. — Maréchal Niel.

Fig. 565 a. — Mademoiselle
Marie Sisley.

serre à arbres fruitiers, et il me donne des fleurs charmantes à une époque de l'année où on accueille un seul bouton avec transport; ce rosier a une autre qualité, il pousse très vigoureusement et recouvre bien vite un kiosque tout entier; on peut aussi le cultiver en pyramide.

On a obtenu récemment une nouvelle rose admirable, appelée le Maréchal Niel (fig. 565). J'ai planté ce rosier dans bien des situations différentes, mais sans succès. Il ne m'a pas donné de fleurs, ou il a été tué par le froid de l'hiver. Mademoiselle Marie Sisley (fig. 565 a) est une charmante rose thé jaune, justement admirée. La Devoniensis et une rose qui lui ressemble, la Devoniensis grimpante (fig. 566) sont de jolies roses thé qu'on ne saurait trop cultiver.

On cultive les roses Moussues (fig. 567, dans tous les champs qui entourent mon jardin; on porte tous les jours à Londres une quantité considérable de ces fleurs pour les vendre dans les rues. Ces rosiers se multiplient facilement par division, il faut leur donner beaucoup de fumier. Il est bon, au printemps, de les tailler de très près, car ils ont alors beaucoup de fleurs. Il y a plusieurs variétés de roses moussues; les unes, blanches, telles que la Reine Blanche, Unique de Provence, White Bath et la Comtesse de Murenais; les autres sont roses ou cramoisies, telles que, Baron de Wassenaer, Frédéric Soulié, Gloire des Mousseuses, Lanéi et Marie de Blois. Toutes ces roses sont surtout admirables en boutons.

On ne peut se dispenser d'avoir des roses grimpantes. Il y a beau-

coup d'espèces qu'il faut disposer en arbre, de façon à former de véritables écrans de fleurs au mois de juillet. Dans quelques situations, il

Fig. 566. — Devoniensis grimpante.   Fig. 567. — Rose moussue.   Fig. 568. — Félicité perpétuelle.

est bon de les faire grimper le long de trois tiges de fer, disposées en
trépied; on évite ainsi que le rosier soit renversé par le vent, ce qui
arrive constamment, quand on le laisse grimper sur une seule tige. En
un mot, on peut faire grimper les rosiers sur tout ce que l'on veut.

La Félicité perpétuelle (fig. 568) joue en Angleterre le même rôle
que la rose Banksian en Italie. Pendant la saison de la floraison
de ce rosier, je puis dire sans exagération que j'ai des milliers de boutons en fleurs; le jardin n'est jamais plus beau qu'à cette époque. Il
ne faut pas négliger une autre rose, le Coureur de Dundee (fig. 569).
La fleur a un caractère tout différent de la Félicité, mais elle a son

Fig. 569. — Coureur de Dundee.   Fig. 569 a. — Rosa canina.   Fig. 569 b. — Rosa spinosissima.

charme particulier. La rose Blanche de Wells est une autre belle
fleur grimpante; cependant, ce rosier ne me semble pas posséder la
qualité que lui attribue M. Wood, d'être la plante grimpante la plus
rapide qu'il y ait. Amadis est aussi une belle plante grimpante. Mais

de toutes ces espèces grimpantes, dont quelques-unes sont cependant fort jolies, celle que je préfère et que je recommande tout particulièrement, est la Félicité perpétuelle.

Malgré les couleurs brillantes, la forme exquise, le parfum délicieux de beaucoup de roses cultivées, je ne saurais réellement dire si on ne trouve pas plus d'harmonie entre le feuillage et la fleur chez la rose sauvage. Qu'on observe, par exemple, les plus belles des roses sauvages, *Rosa canina* (fig. 569 *a*) et *Rosa spinosissima* (fig. 569 *b*).

J'ai disposé le long de la prairie, où se trouve le jeu de croquet, un long parterre contenant environ trois cents rosiers. De l'autre côté se trouve un parterre de roses thé. Le ruisseau qui traverse mon jardin est bordé de Félicité perpétuelle: autour du jeu de croquet se trouvent les splendides rosiers pyramides dont j'ai déjà parlé.

Sur le côté nord du lac, j'ai placé une collection de rosiers hybrides remontants et, près de la cascade, un véritable bosquet de toutes les espèces de roses; tous les arbres environnants sont couverts par la Félicité perpétuelle.

LES PLANTES GRIMPANTES.

Les plantes grimpantes sont essentielles à l'effet général du jardin. Le lierre commun est peut-être la plus belle de ces plantes, tant la nuance de son feuillage est exquise. Quand le lierre a commencé à grimper autour d'un arbre, rien ne peut débarrasser celui-ci; il l'enserre de replis toujours plus nombreux, en ayant soin de produire des fleurs et des graines que les oiseaux se chargent de disséminer de tous côtés. Beaucoup d'arbres dans mon jardin sont recouverts de lierre, ce qui est assez utile quand on ne désire pas que l'arbre dépasse une certaine grandeur; les branches d'arbre couvertes de lierre ne grossissent pas davantage. Le lierre semble avoir une quantité de petites racines, mais ce ne sont véritablement pas des racines véritables.

Le Lierre (*Hedera helix*) se faufile partout; quelquefois il prend le caractère d'un arbre, et un arbre, recouvert pour ainsi dire, par un autre arbre de lierre, offre un coup d'œil très pittoresque. Nous en avons plusieurs spécimens.

Si le lierre ne trouve rien où s'attacher pour grimper, il pend en festons ; un des plus beaux exemples se trouve à la cascade de Dunkeld, en Écosse.

Le lierre naturel, à petites feuilles, est beaucoup plus beau que le lierre à grandes feuilles ou lierre irlandais ; cette dernière espèce cependant est utile dans certaines situations ; je m'en sers, par exemple, pour recouvrir les murs de briques qui entourent une partie de mes réservoirs. Le lierre a plusieurs variétés charmantes ; chez les unes, les feuilles sont tachetées de blanc ; chez les autres, le feuillage prend les tons de l'or et de l'argent ; rien d'admirable comme un tronc d'arbre recouvert par l'une de ces variétés. J'ai représenté quatre variétés (fig. 570, 571, 572, 573) ;

Fig. 570
L. à feuilles argentées.

Fig. 571.
L. à feuilles rayées d'or.

Fig. 572. — Lierre à feuille
tachetée d'argent.

Fig. 573. — Hedera Elegantissima.   Fig. 573 a — Vigne vierge

si l'on veut recouvrir beaucoup d'arbres avec le lierre, il faut se procurer autant de variétés que possible, car chacune d'elles a une beauté particulière. Toutefois, tout bien considéré, je crois que le lierre commun des bois est la plus belle variété de toutes. Pour les murs, il faut employer la variété *H. Rægneriana*.

On peut, dans quelques endroits, employer avec beaucoup d'effet la Vigne vierge (*Ampelopsis hederaçea*, fig. 573 a). On se sert beaucoup de cette plante à Bade, où les feuilles prennent en automne une teinte rouge magnifique. En Angleterre, la couleur des feuilles en automne est loin d'être aussi belle, aussi ai-je presque exclu cette plante de mon jardin.

Un Liseron à fleurs nuancées de rose (*Convolvulus sepium*, variété *roseus*, fig. 573), s'emploie avec effet dans les situations écartées. On m'avait averti que c'est une mauvaise herbe qui me donnerait

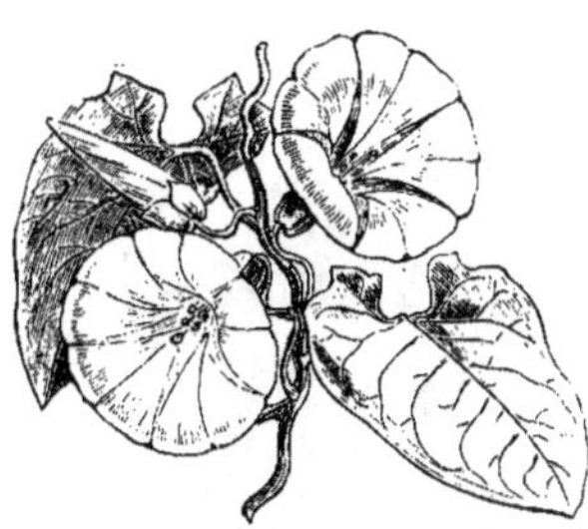

Fig. 574. — Liseron sauvage à fleurs roses.

Fig. 574 a. — Ipomæa Horsfalliæ.

Fig. 575. — Glycine sinensis.

beaucoup de souci. Toutefois la fleur, comme toutes celles de la famille des convolvulus, est fort belle et je désirerais en voir quelques-unes çà et là. On le cultive beaucoup en Écosse, où il est très admiré.

Le convolvulus major ou volubilis a de nombreuses variétés qu'il faut cultiver dans quelques endroits. L'Ipomée (*Ipomæa Learii*) a une fleur magnifique. Je n'ai pas essayé la culture de cette plante en plein air, car l'araignée rouge l'attaque toujours. Je me rappelle avoir vu un jour cette plante couverte d'une centaine de fleurs épanouies, et rien ne saurait se comparer à cet admirable spectacle. L'*Ipomæa rubro-cærulea* a une fleur quelque peu semblable, et il a l'avantage de fleurir jusqu'au milieu de l'hiver. L'*I. Horsfalliæ* (fig. 574 a) a un beau feuillage, sa fleur rouge le rend utile pour la serre à fougères ; cette variété exige une température de serre chaude. Parmi les plantes grimpantes cultivées en plein air, la Glycine (*Glycine sinensis*, fig. 575) est sans contredit une des plus belles quand, au mois de mai, cette plante se couvre de fleurs ; malheureusement la gelée la détruit souvent. On trouve sur la route qui conduit à mon jardin, quelques-uns des plus beaux spécimens qui se trouvent dans les environs de Londres ; à Tooting, par exemple, un seul plant recouvre complétement le mur de côté d'une grande maison, et au printemps il est littéralement couvert de milliers de fleurs. On cultive quelquefois la glycine sous la forme arborescente, ce qui produit un fort joli effet.

Je cultive quelquefois le *Lithospermum scandens* (fig. 576), car il convient admirablement pour recouvrir les treillages.

La Clématite odorante (*Clematis vitalba*,

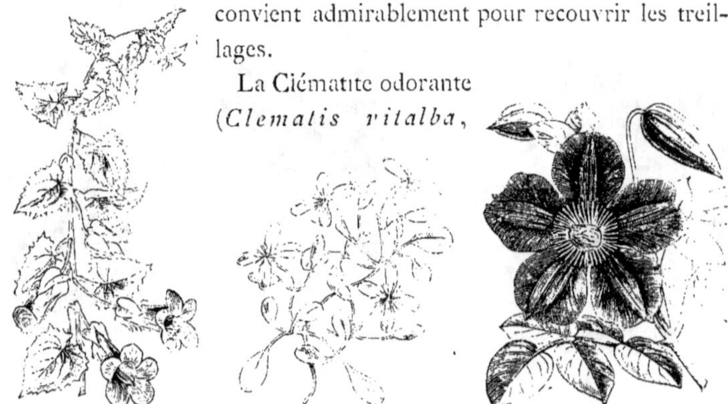

Fig. 576.—Lithospermum scandens.   Fig. 577.—Clématite odorante.   578.—Clematis Jackmanni.

fig. 577) doit se trouver dans tous les jardins ; c'est une variété de la clématite sans odeur, plante sauvage qui pousse auprès de mon jardin. Ses fleurs blanches, au parfum très pénétrant, rendent cette plante précieuse au mois d'août ; elle décore admirablement un kiosque.

On a introduit récemment des clématites hybrides qui contribuent dans une grande mesure à la décoration des jardins. Il faut cultiver ces variétés de façon qu'elles paraissent aussi naturelles que possible : rien n'est beau, en effet, comme de les voir grimper spontanément autour

Fig. 579. — Clematis lanuginosa.   Fig. 580.—Clématite à fleurs pâles.

des arbres, et de les voir se couvrir au mois d'août de leurs fleurs bleu brillant. La *Clematis Jackmanni* (fig. 578) est, selon moi, la variété

de beaucoup la plus belle. La *Clematis lanuginosa* (fig. 579) et une
variété à couleurs pâles (fig. 580) sont aussi fort belles; on a, d'ailleurs,
un grand choix de variétés.

Un jardin où ne se trouvent pas quelques beaux plants de Chèvrefeuille n'est pas digne du nom de jardin. L'espèce de
chèvrefeuille qui se couvre le plus tôt de feuilles est la
Lonicera fragrantissima (fig. 581); ses petites fleurs
au parfum pénétrant s'ouvrent en janvier et persistent
pendant février et mars. On doit toujours posséder cette
variété. Un peu plus tard, vient la fleur pâle, au parfum
si délicat, du chèvrefeuille hollandais précoce; plus
tard encore, fleurit le chèvrefeuille hollandais tardif
(fig. 583). Les fleurs de cette variété ont une belle couleur, les feuilles sont très jolies, et le fruit écarlate constitue un véritable ornement. Ni le fleuriste, ni l'artiste,
ni le poète, ne peuvent se passer de cette admirable fleur.

Fig. 581.— *Lonicera fragrantissima*.

Plus tard encore fleurit le chèvrefeuille du Japon (fig. 584),
dont les feuilles veinées sont si remarquables. Cette
variété est très rustique; la fleur est petite et insigni-
fiante, mais elle a un parfum très pénétrant. Elle

Fig. 582. — Chèvrefeuille
hollandais précoce.

Fig. 583. — Chèvrefeuille
hollandais tardif.

Fig. 584. — Chèvrefeuille
du Japon.

se propage facilement par boutures, et il faut toujours lui faire une
place dans le jardin. Il y a une autre variété de chèvrefeuille dont
les fleurs ont le parfum du jasmin, mais elle supporte difficilement les
froids de l'hiver.

Le *Jasminum nudiflorum* (fig. 585) fleurit de novembre en mars. Ses fleurs jaune brillant sont admirables à cette époque. Il est bon de le planter dans une situation un peu abritée pour le préserver des froids excessifs; aucun jardin ne peut se passer de cette plante. Quant à moi, je la cultive auprès de mes kiosques.

Fig. 585. — Jasminum nudiflorum.

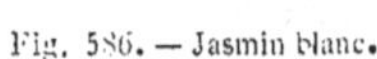

Fig. 586. — Jasmin blanc.

Fig. 587 — Cissus discolor.

Le Jasmin blanc commun (fig. 586) est, peut-être, de toutes les fleurs celle qui a le parfum le plus délicieux. Il pousse bien dans mon jardin, mais pas aussi bien que je l'ai vu dans d'autres endroits. Je cultive d'autres variétés de jasmins au milieu de mes fougères et principalement le *Jasminum Sambac* et le *Jasminum grandiflorum*. Je cultive aussi une variété qui porte des fleurs doubles ayant presque la grandeur d'une pièce de cinq francs. Toutes ces espèces font un effet charmant dans le jardin.

La *Cissus discolor* (fig. 587) que je cultive dans la serre des fougères surprend par la beauté de ses feuilles. C'est une des plantes les plus belles que l'on puisse voir, surtout en automne et au commencement de l'hiver.

Fig. 588. — Cobœa scandens variegata.

Le *Cobœa scandens variegata* (fig. 588) est une plante fort élégante et que j'avais disposée en festons dans ma serre à fougères. Je me suis aperçu bientôt qu'elle demandait trop de place et j'ai été obligé de la mettre dehors.

Quand on veut couvrir un espace vide dans une serre, on peut avoir recours au Figuier grimpant (*Ficus repens*). Cette plante a de toutes petites feuilles et elle s'attache comme le lierre aux murs et aux rochers; elle est fort utile dans les endroits où les plantes grimpantes à fleurs ne veulent pas pousser.

Je cultive plusieurs espèces de Tropæolum. Le *Tropæolum Jarrattii* est une plante à racines bulbeuses; il fleurit en serre au commencement du printemps. Cette plante doit être placée dans un endroit assez froid, car autrement elle périt vite attaquée par les pucerons. Il est intéressant de voir un petit ognon, variant en grosseur depuis une bille jusqu'à un œuf de poule, produire une tige frêle qui a cependant assez de vigueur pour envelopper complétement une boule de fil de fer ayant deux pieds de diamètre et pour se couvrir ensuite de fleurs de tous les côtés. Il y a une autre variété de tropœolum, le *Tropæolum edulis*, qui se vend comme légume au Palais-Royal à Paris. J'en ai rapporté un plant, mais il n'a jamais fleuri dans mon jardin. Il y a quelques autres variétés qui sont précieuses en ce qu'elles fleurissent en hiver; l'une d'elles principalement, qu'on appelle la Boule de feu, orne de ses fleurs la Maison du Pauvre Homme pendant tout l'hiver et le commencement du printemps. On peut transporter la plante en plein air après sa floraison; elle se propage facilement par boutures.

Lors d'une de mes visites en Ecosse, j'ai eu occasion d'admirer une plante grimpante recouvrant le mur d'une maison dans la vallée du Don. A peine avais-je exprimé mon admiration, que le propriétaire, avec

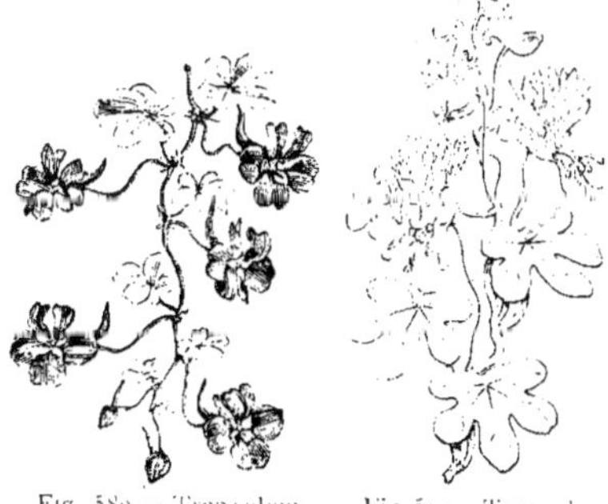

Fig. 589. — Tropæolum speciosum.

Fig. 590. — Tropæolum canariense.

l'obligeance ordinaire aux Ecossais, m'en offrit un plant. Je le rappor-

tai en triomphe, aussi heureux de le recevoir qu'on avait été de me le
donner. C'était le *Tropæolum speciosum* (fig. 589). Il est originaire
de l'Amérique méridionale ; on le cultive peu en Angleterre, mais on
peut se le procurer facilement chez les horticulteurs écossais. C'est
une plante charmante à la tige délicate et à la fleur écarlate; il devrait
y en avoir un plant dans tous les jardins.

Le *Tropæolum canariense* (fig. 590) est une plante annuelle fort
utile pour la culture en plein air.

La *Gloriosa* (fig. 591) est une plante qu'on voit bien rarement;
cependant elle a une belle fleur.

Il y a deux variétés de Gloriosa. Je me rappelle avoir acheté un ognon
de cette fleur chez M. Williams, fleuriste de Londres; je le plantai, mais
un petit Achiménès vint à sa place. Je me plaignis naturellement, et le
digne marchand me répondit qu'il ne pouvait pas me dire la cause de
cette substitution, mais qu'il serait très heureux de me donner un autre

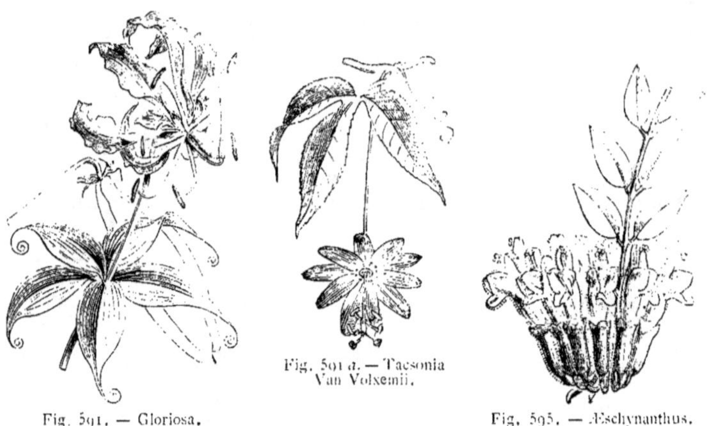

Fig. 591. — Gloriosa.

Fig. 591 a. — Tacsonia
Van Volxemii.

Fig. 595. — Æschynanthus.

ognon. A mon grand étonnement, ce nouvel ognon resta en terre une
année entière sans pousser, puis, au bout de ce temps, se développa
très vigoureusement; c'est là, sans contredit, un fait physiologique très
curieux.

Il y a une jolie famille de plantes appelée *Æschynanthus* (fig. 592), qui convient admirablement pour les corbeilles que l'on peut suspendre aux piliers ou au plafond d'une serre. Je conseille de choisir une espèce à fleur écarlate, car ce sont celles qui ressortent le mieux sur le feuillage dont la serre est remplie.

Je cultive en serre l'*Aristolochia braziliensis* ou *A. ornithocephala* (fig. 593), dont les

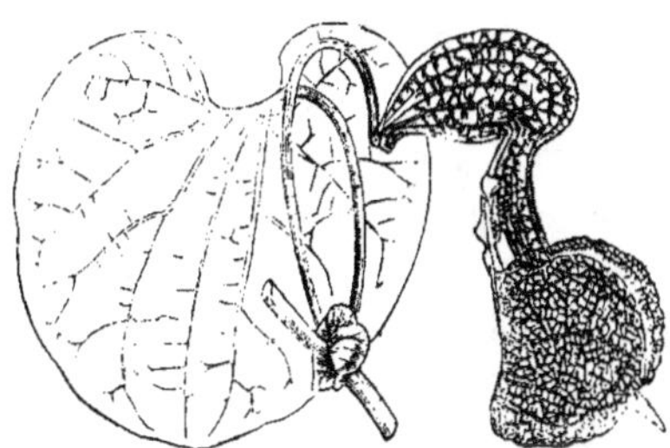

Fig. 593. — Aristolochia braziliensis.

fleurs sont si extraordinaires qu'elles étonnent tous mes visiteurs. Cette fleur est si grande et elle ressemble si peu à aucune autre, qu'il est impossible de la décrire; sa surface entière est recouverte de taches que l'on dirait imprimées. Un jour que la plante était en fleurs et que j'avais un assez grand nombre de visiteurs, je laissai supposer aux uns que c'était une fleur artificielle, tout en assurant à d'autres qu'elle était naturelle. Quelque temps après, je retrouvai les deux partis qui examinaient la plante avec soin, et aucun d'eux ne pouvait décider ce qu'il en était véritablement.

Le *Clianthus Dampieri* (fig. 594) n'a jamais bien réussi chez moi. Cette plante exige un traitement tout spécial; l'humidité paraît lui déplaire beaucoup. La couleur de ses fleurs est magnifique.

Il est impossible de se passer des Passiflores. Une des espèces les plus utiles est la *Passiflora kermesina* (fig. 595), qui fleurit toute l'année. Les jeunes branches, extrêmement tendres, pendent de tous côtés, et une fleur ou un bouton à fleurs pousse dans l'axe de

Fig. 594. — Clianthus.   Fig. 595. — Passiflora kermesina.

toutes les feuilles. La *Passiflora racemosa* est aussi belle et peut-être plus brillante encore. Elle produit des grappes de fleurs écarlates qui retombent sur les vertes fougères, ce qui augmente leur beauté en fournissant la couleur complémentaire du vert, point essentiel si l'on veut obtenir un grand effet. La *Passiflora cœlestina* est très belle. Je cultive aussi la *Passiflora Bellotti*, la *Passiflora macrocarpa*, la *Passiflora quadrangularis*, et la petite espèce, si intéressante, à feuilles affectant la forme de l'aile de la chauve-souris, et à fleurs blanches; mais les jardiniers n'aiment pas cette dernière espèce, parce qu'elle n'est pas assez brillante. Les variétés de passiflores dont je recommande la culture, sont: *Passiflora kermesina*, *P. racemosa*, *P. cœlestina*, et *P. quadrangularis*. J'ai fréquemment essayé de cultiver la *P. cœrulea* en plein air, mais les froids de l'hiver l'ont toujours tuée. Cette plante se plaît sur les collines qui entourent Croydon ; là, elle se couvre de beaux fruits dorés, mais là non plus, elle ne résiste pas aux très grands froids. Les figures 384 et 385, qu'on trouvera dans le chapitre sur les arbres fruitiers, représentent le fruit de deux espèces de passiflores.

Il ne faut pas oublier la *Tacsonia Van Volxemii* (fig. 591 *a*) qui est alliée au passiflore. Cette plante porte des fleurs écarlates qui s'épanouissent au bout d'un pédoncule ayant six pieds de long; l'effet produit est splendide. Pendant une certaine année, cette plante parvint à sortir de la serre par une crevasse et alla recouvrir un cerisier d'où les fleurs retombaient naturellement. J'ai vu dans des expositions la *Tacsonia Buchanani* ou *Passiflora vitifolia*. Cette dernière espèce a des feuilles qui ressemblent beaucoup plus à celles des passiflores qu'à celle de la Tacsonia ; elle n'a pas encore fleuri chez moi.

Fig. 596. — Hoya carnosa.

Je cultive beaucoup d'espèces de Hoya. La *Hoya carnosa* commune (fig. 596) est peut-être la plus belle de toutes ; c'est une plante grimpante qui atteint de grandes dimensions. La *Hoya bella* (fig. 597) et la *Hoya Paxtoni* sont de jolies petites espèces aux fleurs dont le parfum est très développé ; je préfère la *Hoya*

Fig. 597. — Hoya bella.　　Fig. 597 *a*. — Hoya campanulata.　　Fig. 598. — Combretum purpureum.

bella, mais il est difficile de la conserver en hiver, parce que les racines ont une certaine tendance à pourrir. La *Hoya imperialis* est une grande espèce. Mais, en somme, je considère que la *Hoya bella* et la *Hoya carnosa* sont les deux seules qui soient indispensables. M. Lawrence cultive la *Hoya campanulata* (fig. 597 *a*).

Le *Combretum purpureum* (fig. 598) est une belle plante grimpante, mais elle ne pousse pas toujours aussi bien que l'on voudrait ; il faut la surveiller avec soin, car elle est sujette aux attaques de l'araignée rouge ; il lui faut une atmosphère humide.

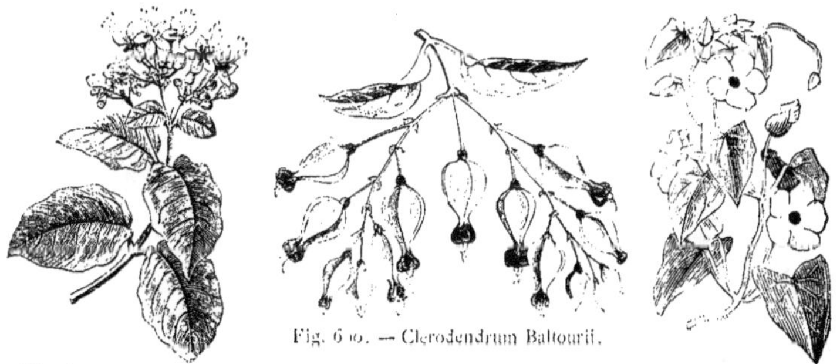

Fig. 600. — Clerodendrum Balfourii.

Fig. 599. — Clerodendrum splendens.　　Fig. 600 *a*. — Thunbergia alata.

Je cultive deux Clerodendrums ; l'un, le *Clerodendrum splendens* (fig. 599), qui a de splendides fleurs écarlates ; l'autre, le *Clerodendrum Balfourii* (fig. 600), qui fleurit en serre vers la fin de juin.

Quand on peut placer la *Stephanotis floribunda* (fig. 601) dans un endroit bien exposé au midi, cette plante peut certainement lutter en beauté avec toutes les autres. Elle se couvre de fleurs blanc pur que l'on apporte en quantités considérables au marché de Covent-Garden pour en faire des bouquets de mariage. Cette plante ne réussit pas très bien dans ma serre à fougères, qui est exposée au nord.

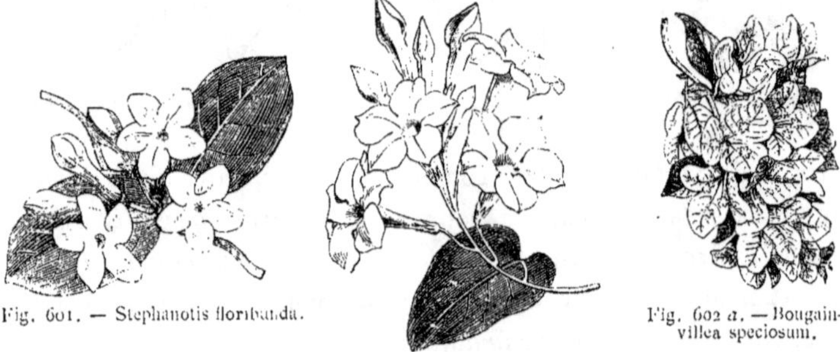

Fig. 601. — Stephanotis floribunda.

Fig. 602 a. — Bougain-
villea speciosum.

Fig. 602. — Mandevilla suaveolens.

La *Mandevilla suaveolens* (fig. 602) est une charmante plante grimpante qui devrait se trouver dans tous les jardins. Les *Bougainvillea* (fig. 602 a) sont des fleurs extraordinaires ayant une grande beauté, mais elles exigent beaucoup d'espace.

Le *Stigmaphyllon ciliatum* (fig. 603) est une des plantes grim-

Fig. 603.— Stigmaphyllon ciliatum.

Fig. 603 a. — Houblon.

Fig. 604. —Abutilon vexillarium

pantes de serre les plus jolies; il fleurit bien dans les parties les plus froides de ma serre à fougères ; il porte de grandes fleurs jaune vif qui ressemblent aux plus belles orchidées. C'est certainement une fort jolie plante et qui est loin d'être commune.

L'*Abutilon vexillarium* ou *A. Megapotamicum* (fig. 604) est une autre plante grimpante qui produit une grande abondance de fleurs dans les parties les moins chaudes de la serre à fougères. Le seul souci que vous procure cette plante, c'est de la contenir dans les dimensions convenables. Elle se propage facilement par boutures.

J'ai cultivé beaucoup de Thunbergia. Les espèces communes

Fig. 605. — Thunbergia laurifolia.

Thunbergia alata (fig. 600 *a*) et *Thunbergia aurantiaca*, avec leurs belles variétés, font la désolation des jardiniers, parce qu'elles attirent les insectes; je crois m'être aperçu qu'il en est véritablement ainsi si on ne fait pas pousser la plante assez vite. La *Thunbergia fragrans* est une charmante plante peu commune; la *Thunbergia laurifolia* (fig. 605) est au-dessus de tout éloge, à cause des belles fleurs bleues si délicates et en même temps si décoratives dont elle se couvre en décembre et en janvier.

On a dernièrement introduit une vigne vierge à feuilles fort jolies, mais on ne peut la cultiver en plein air.

Je ne saurais trop recommander non plus un Igname à feuilles richement colorées, qu'on a aussi introduit dernièrement.

Dans certaines situations le Houblon (fig. 603 *a*) est une plante grimpante décorative; cependant, on ne le trouve chez moi que dans les haies qui entourent mon jardin, et j'essaye autant que possible de m'en débarrasser, car c'est une mauvaise graine fort incommode.

La *Lapageria rosea* (fig. 606) est une belle plante presque rustique. Placée dans la serre à arbres fruitiers, elle résiste parfaitement aux froids de l'hiver; j'essaye

Fig 606. — Lapageria rosea.

maintenant de la cultiver en plein air, et je ne sais pas encore si mes

efforts seront couronnés de succès. Cette plante a de belles fleurs charnues et de grandes feuilles un peu raides.

La *Dipladenia amabilis* (fig. 607) a de grandes fleurs brillantes;
la *Allamanda Hendersonii* (fig. 608) a de grandes fleurs jaune vif.
Je possède ces deux espèces que les fleuristes mettent au premier
rang des fleurs d'exposition; mais, selon moi, elles ne peuvent se
comparer à beaucoup de plantes que j'ai citées, bien qu'elles ne soient
jamais exposées. Qu'on me permette d'ajouter que le goût de notre
époque et la passion pour les expositions florales ont fait beaucoup pour
ruiner la beauté des jardins.

Fig. 607. — Dipladenia amabilis. Fig. 607 *a*. — Caly- Fig. 608. — Allamanda Hendersonii.
stegia pubescens.

Il ne faut pas omettre de notre liste les roses grimpantes. La *Calys-
tegia pubescens* (fig. 607 *a*), originaire de la Chine, est fort utile pour
recouvrir des treillages peu élevés; cette plante porte en abondance
des fleurs roses et blanches qui atteignent à peu près la grandeur
d'une pièce de cinq francs.

La culture de tant de plantes grimpantes au plafond de ma serre
à fougères exige beaucoup de soins, car il faut ménager assez de lumière pour les fougères. Je pourrais me contenter d'une seule plante
grimpante qui garnirait tout ce plafond; mais le changement de feuillage, la variété des formes et des couleurs offrent un spectacle si charmant, que je sacrifie la perfection de croissance à la variété, et que je
préfère admirer tour à tour ces belles plantes, plutôt que d'amener
chaque espèce à une perfection qui lui est certainement due.

MES ORCHIDÉES.

Beaucoup de personnes parlent des Orchidées comme de plantes excentriques qu'il faut regarder avec étonnement et non pas avec admiration. Quant à moi, je considère que, par leur forme et par leurs couleurs, ce sont les plus charmantes de toutes les fleurs qui ornent nos bois et nos champs. Bien que quelques orchidées européennes soient remarquablement belles, cependant, les espèces tropicales seules nous permettent d'admirer ces fleurs dans toute leur beauté. Dans le comté de Surrey seul, on trouve vingt-huit espèces d'orchidées anglaises. On en trouve dans les champs qui entourent mon jardin, et, plus encore, sur les collines de craie. Presque toutes les orchidées anglaises sont terrestres et ont des ognons ou de quasi-ognons.

Tout d'abord, je cultive l'orchidée commune (*Orchis mascula*, fig. 609), qui abonde dans le comté de Kent et dans presque toutes les parties de l'Angleterre ; elle fleurit en avril et en mai, et est si belle qu'on ne saurait en avoir une trop grande quantité. Je me les procure en arrachant les racines dans les haies, en février et en mars, avant que la fleur paraisse. Bien que beaucoup d'entre elles aient admirablement fleuri chez moi et aient produit des graines chaque année, je n'ai jamais su comment les multiplier. En un mot, je ne saurais dire comment

Fig. 609. — Orchis mascula.   Fig. 610. — Orchidée abeille.   Fig. 611. — Orchidée
                                                                          mouche.

elles se propagent, bien qu'elles poussent, qu'elles fleurissent et qu'elles produisent si bien des graines dans mon jardin.

Je fais toujours de grands efforts pour me procurer l'Ophryde abeille (*Ophrys apifera*, fig. 610), car une corbeille de ces plantes est extrêmement belle. Cependant je n'en ai jamais autant que je voudrais, bien que l'espèce pousse tout près de mon jardin, dans des champs que j'occupe. Ces orchidées, plantées dans de la terre de bruyère, fleurissent très bien chez moi.

L'ophryde mouche (*Ophrys muscifera*, fig. 611) est une autre belle espèce; mais, malgré mon admiration pour elle, je ne la cultive guère. Je la place ordinairement, avec l'espèce précédente, au milieu de mes plantes alpines.

L'orchidée homme (*Aceras anthropophora*, fig. 612) est une autre fleur curieuse, mais pas aussi belle que les deux espèces précédentes. On l'appelle orchidée homme, parce que la fleur ressemble quelque peu à un petit homme sautillant en l'air. Ces orchidées se plaisent sur

Fig. 612. — Orchidée homme.   Fig. 613. — Orchidée papillon.   Fig. 614. — Orchis maculata.

le côté méridional de nos collines de craie; c'est là que je me procure mes spécimens.

Je cultive aussi l'orchidée papillon (*Habenaria chlorantha*, fig. 613), l'orchidée maculée (*Orchis maculata*, fig. 614), et l'orchidée commune des marais (*Orchis incarnata*, fig. 615). J'en cultiverais beaucoup d'autres espèces, j'en aurais même par centaines, mais je ne peux me les procurer et je ne peux trouver le temps de les chercher. Pendant les deux ou trois dernières années, quelques-unes de mes plantes ont admirablement fleuri, puis elles sont mortes soudain sans que je sache pourquoi.

Pendant un voyage en Écosse, en 1871, je me suis procuré une grande quantité de *Goodyera repens* (fig. 616). J'ai trouvé aussi dans

Fig. 615.— Orchis incarnata.

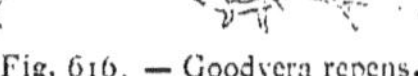

Fig. 616. — Goodyera repens.

Fig. 617.—Cypripedium calceolus.

la vallée du Don des quantités considérables de la *Listera cordata*. Le Sabot de Vénus (*Cypripedium calceolus*, fig. 617) est une des plus belles et des plus rares de nos fleurs anglaises. Elle n'a jamais bien réussi dans mon jardin, pas plus d'ailleurs que le *Cypripedium spectabile*, de l'Amérique du Nord; ce sont deux fleurs admirables que l'on devrait cultiver partout où elles réussissent. On pourrait se procurer ces fleurs en Amérique, à très bon marché.

Je cultive toutes mes orchidées terrestres dans la terre de bruyère légère qui paraît mieux leur convenir que tout autre terrain. On trouve dans l'Europe méridionale beaucoup d'espèces d'orchidées; en Italie et en Grèce, elles poussent dans les champs comme nos boutons d'or, et je suis persuadé qu'on trouverait de nombreux acheteurs si on les importait en Angleterre.

Le comte de Paris, grand admirateur de ces fleurs charmantes, en a exposé une magnifique collection qu'il s'est procurée en Espagne et ailleurs. Les orchidées terrestres sont si communes dans les jardins Boboli, à Florence, que, dans quelques parties du parc, il y a plus d'orchidées que de gazon. Je persuadai au jardinier de me donner un assez grand nombre de ces plantes, mais elles n'ont pas réussi dans mon jardin.

Les orchidées les plus belles ne sont pas terrestres; dans leur pays natal, elles croissent sur les arbres et sur les rochers auxquels leurs racines s'accrochent; on les appelle pour cette raison plantes aériennes; je pense toutefois qu'elles doivent soutirer beaucoup de nourriture et principalement des sels aux plantes sur lesquelles elles poussent. Pendant la période de croissance, il faut absolument aux orchidées une atmosphère presque saturée d'eau; il est désirable, d'ailleurs, que l'air qui les entoure soit très humide à toutes les époques de l'année. L'excès de chaleur et les variations continuelles du degré d'humidité de l'atmosphère détruisent probablement plus d'orchidées que toute autre cause. Elles ne peuvent supporter une atmosphère sèche; la chaleur combinée à la sécheresse est pour elles une cause certaine de mort. Je n'ai pas la prétention de cultiver les orchidées exotiques, mais je ne refuse jamais un plant que peut m'offrir un ami. Chez moi, avec le système que j'emploie, ces plantes poussent aussi facilement que les mauvaises herbes; grâce aux cadeaux de mes amis, j'ai actuellement plus d'orchidées en excellente santé qu'il n'y en avait en Angleterre à l'époque de ma naissance. Tout le secret consiste à donner aux plantes beaucoup d'eau, sous forme d'humidité dans l'atmosphère, en s'abstenant d'arroser les racines. Je cultive la plus grande partie de mes orchidées dans la serre à fougères, et dans la serre à concombres celles qui demandent le plus de chaleur. Quelques-unes, telles que les *Cypripedium* et le *Dendrobium nobile* n'exigent, en hiver, que quelques degrés au-dessus de zéro; un peu de gelée ne leur fait même pas de mal, cependant il faut tâcher d'éviter cet accident. Toutes les orchidées aériennes aiment la lumière, mais elles redoutent les rayons directs du soleil. Ces plantes ne réussissent jamais bien dans une grande serre, probablement parce que l'état hygrométrique de l'atmosphère y varie constamment. Les orchidées cultivées dans ma serre à fougère sont placées dans une partie de la serre qui reçoit la lumière du sud; mais une rangée d'arbres intercepte les rayons du soleil en été, et en laisse passer en hiver juste assez pour ne pas incommoder les plantes.

La plupart des orchidées réussissent très bien si on les plante dans

un pot plein de morceaux de pots cassés, mélangés à des fibres de
tourbe et à de la mousse. Les racines sont, par ce système, constamment exposées à l'air et à l'humidité.

L'orchidée chinoise (*Dendrobium nobile*, fig. 618) est, peut-être de
toutes, celle qu'il faut préférer pour ses qualités. En été, elle pousse
très bien dans la serre à vigne ; peut-être, cependant, aimerait-elle un
peu plus de chaleur à cette époque. Elle se repose en hiver ; on peut
la conserver alors dans quelque endroit que ce soit, pourvu qu'il n'y
gèle pas. Au printemps, chaque tige se couvre de boutons qui fleurissent en février et en mai.

Fig. 618. — Dendrobium nobile.   Fig. 618 *a*. — Disa   Fig. 619. — Dendrobium Pierardii.
                                 grandiflora.

La *Disa grandiflora* (fig. 618 *a*) est une magnifique orchidée que
j'espère posséder quelque jour. Les *Lælia* (fig. 620 *a*) revêtent des
nuances exquises. Je cultive beaucoup d'autres Dendrobium. Le *Den-*

Fig. 620. — Dendrobium.   Fig. 620 *a*. — Lælia   Fig. 621. — Phalænopsis grandiflora.
                          anceps.

drobium Pierardii (fig. 619) a de longues tiges nues qui se couvrent

de fleurs au printemps ; beaucoup d'autres espèces magnifiques (fig. 620)
ornent ma serre à fougères.

Le *Phalænopsis grandiflora* (fig. 621) est une autre orchidée magnifique portant des fleurs blanches sur une longue tige. Cette plante est
toujours en fleur. Je ne saurais dire si cette abondance de fleurs l'é-
puise, mais il est un fait certain, c'est qu'elle meurt bientôt. On
m'en a donné deux qui ont bien poussé pendant quelques années, mais
dernièrement elles ont montré des signes de maladie. Cette espèce
exige toute l'année la température de la serre à concombres ; évidemment il lui faudrait un traitement particulier relativement à ses périodes
de repos et de croissance, mais on ne sait pas encore lequel.

Je possède une ou deux Vanda qui sont absolument exotiques.
La *Vanda tricolor* (fig. 622) et d'autres espèces exigent toute la chaleur
de la serre à concombres. Je cultive avec succès beaucoup d'espèces
du genre Oncidium, qui me donnent de très belles fleurs. L'*Oncidium*

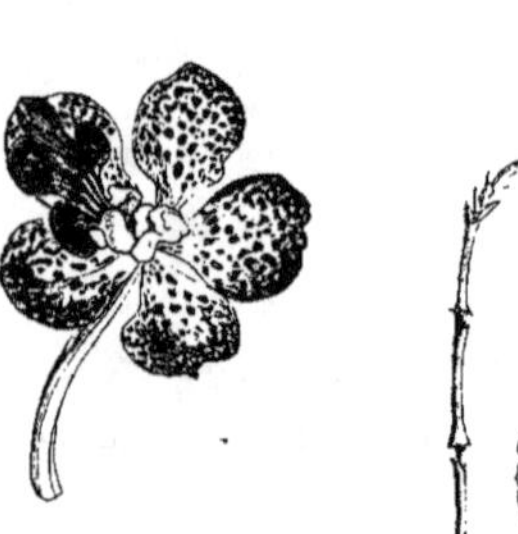

Fig. 622. — Vanda.

Fig. 623. — Oncidium papilio.

Fig. 624. — Oncidium
altissimum.

papilio (fig. 623) porte à l'extrémité de sa tige une fleur qui ressemble
à un papillon. Une fleur suit l'autre et la tige, après s'être reposée
quelque peu, produit une nouvelle fleur. Cette plante si belle et si curieuse fleurit plusieurs fois dans l'année ; elle se plaît bien dans la serre
à fougères et s'y développe constamment.

Quelques espèces d'oncidium ont des tiges à fleurs qui ont jusqu'à
quatre ou cinq mètres de long ; j'en possède une dont la tige a trois

mètres. Il est fort intéressant d'étudier la croissance de l'*Oncidium altissimum* (fig. 624) : la tige pousse d'abord dans toute sa longueur, puis de chaque joint sort une petite tige, de telle façon que la longue tige est en même temps garnie de fleurs d'un bout à l'autre.

L'*Oncidium flexuosum* (fig. 625) est une jolie espèce brésilienne; elle

Fig. 625.—Oncidium flexuosum.   Fig. 626. — Oncidium Harrisii.   Fig. 626 a.—Oncidium luridum.

aime la chaleur de la serre à concombres. L'*Oncidium Harrisii* (fig. 626) se plaît au contraire dans la serre à fougères et pousse des tiges ayant environ un pied de long. L'*Oncidium luridum* (fig. 626 a) et l'*Oncidium ampliatum* (fig. 626 b) poussent aussi très bien chez moi.

Fig. 626 b. — Oncidium ampliatum.

Fig. 628. — Phajus grandiflora.

Fig. 627. — Mantisia saltatoria.

Il y a une plante curieuse qui fleurit bien dans mon jardin, quoiqu'elle ne soit pas commune ; elle s'appelle la *Mantisia saltatoria* ou la Danseuse (fig. 627). Les tiges de cette plante meurent en hiver ; au printemps elles repoussent et les fleurs durent presque tout l'été. Cette plante est plus curieuse qu'elle n'est belle.

Fig. 629. — Cattleya Mossiæ.   Fig. 630. — C. Skinneri.   Fig. 630 a. — C. crispa.

Le *Phajus grandiflora* (fig. 628) est une autre orchidée terrestre de grande beauté. Les bulbes de cette plante se forment en été ; la plante se repose en hiver et, au commencement du printemps, elle pousse des tiges qui portent des fleurs d'une forme charmante et d'une coloration exquise. Cette espèce est très belle et sa culture exige peu de soins.

Les Cattleya sont originaires de l'Amérique centrale ; ces plantes portent des fleurs d'une grandeur étonnante. Je cultive la *Cattleya labiata*, la *C. Mossiæ* (fig. 629), la *C. Skinneri* (fig. 630), la *C. crispa* (fig. 630 a) et la *C. Forbesii*. Ces espèces sont très belles et elles ont le rare mérite de ne pas exiger une chaleur excessive. Pour que les fleurs atteignent toute leur perfection, il faut que les bulbes soient bien mûres ; on est toujours sûr de rencontrer les cattleya dans les expositions florales, et les pauvres plantes ont terriblement à souffrir de tout ce qu'on leur fait endurer, soit pour hâter leur floraison au moyen de la chaleur, soit pour la retarder au moyen du froid, de façon à pouvoir les exposer à jour fixe.

Les Maxillaria, ou fleurs à mâchoires, forment un groupe remarquable. J'en possède plusieurs espèces ; la *Maxillaria Harrisonii* est une des plus belles. La *Maxillaria fimbriata* (fig. 631) se couvre d'une grande abondance de fleurs singulières. Une espèce voisine, la

Lycaste aromatica (fig. 632) est remarquable par le grand nombre de ses fleurs et leur parfum délicat.

Fig. 631. — Maxillaria fimbriata.   Fig. 632. — Lycaste aromatica.   Fig. 633. — Cypripedium villosum.

J'ai trois ou quatre espèces de Cypripedium ; quiconque possède une serre chaude peut en cultiver une grande quantité. Le *Cypripedium insigne* et le *Cypripedium barbatum* sont les espèces les plus communes et qui se cultivent le plus facilement ; pendant ces dernières années, on a importé beaucoup d'autres espèces du plus grand mérite. La figure 633 représente une espèce, le *Cypripedium villosum*, cultivée par M. Terry ; mais on en cultive aujourd'hui de bien plus belles encore. Le *Cypripedium caudatum* est une espèce très remarquable et très intéres-

Fig. 634. — Brassia maculata.

sante que malheureusement je ne possède pas à présent.

Je cultive la *Brassia maculata* (fig. 634). Originaire de la Jamaïque, cette plante se plaît dans la serre à fougères et y fleurit bien.

Mais, pour quiconque ne connaît pas les orchidées, rien n'est plus surprenant peut-être, que de voir des bulbes, les unes ayant des feuilles, les autres n'en ayant pas, plantées dans un panier plein de mousse et pousser une tige portant quatre ou cinq belles fleurs. La *Stanhopea* (fig. 635) se cultive ainsi. Je me rappelle encore la sensation produite quand madame Lawrence en a exposé un spécimen

il y a bien des années. Mais ces plantes sont aujourd'hui passées de
mode, et les fleuristes qui cultivent les
orchidées, aimant mieux les prix que les
plantes, ne veulent plus s'en occuper.
En effet, elles poussent facilement, mais
elles ont un grand désavantage, les
fleurs ne persistent que quelques jours,
au lieu de durer pendant plusieurs semaines comme chez presque toutes les
autres orchidées.

Fig. 635. — Stanhopea

J'ai une ou deux espèces d'*Aërides*
(fig. 636). Ce sont de belles plantes,
mais comme les *Vandæ*, il leur faut
beaucoup de chaleur. J'ai aussi deux ou
trois espèces d'Epidendrum qu'il est
inutile de décrire.

L'admirable genre *Anæctochilus* (fig.
637) est représenté dans mon jardin par
deux espèces. L'*A. argenteus* est peut-
être de toutes les plantes connues celle

Fig. 636. — Aërides crispum.

qui a la plus belle feuille; l'*A. Lowii* de Bornéo, est une magnifique
espèce. Je ne puis résister au désir de représenter dix espèces cultivées
aujourd'hui par M. Terry, qui réussit très bien dans la culture de
ces admirables plantes, et qui a peut-être la plus belle collection qui
se trouve en Angleterre. Ces plantes aiment une atmosphère humide;
les deux seules espèces que je possède, poussent très bien.

La *Calanthe vestita* (fig. 638) est une plante que l'on cultive très
facilement; elle pousse aussi bien qu'aucune autre orchidée. Elle
forme de grosses bulbes en été; vers Noël elle commence à pousser ses
tiges à fleurs, qui atteignent de un à deux pieds et demi de longueur et
qui se couvrent bientôt de fleurs admirables. On peut, en ayant beaucoup de plants, prolonger pendant longtemps le temps de la floraison.
Il y a beaucoup de variétés de calanthes qui diffèrent par la couleur de
leurs fleurs.

Les *Odontoglossum* sont d'admirables fleurs originaires de l'Amérique centrale. L'*O. grande* (fig. 639) est une plante magnifique ; il

Fig. 637. — 1. Anæctochilus argenteus, Brésil ; 2. A. Lowii, Borneo ; 3. A. ordiana ; 4. A. (macodes) petola, Java ; 5. A. xantophyllus, Ceylan ; 6. A. argenteus pictus, Brésil ; 7. A. setaceus intermedius, Ceylan ; 8. A. Veitchij, Java ; 9. A. Dawsonianus, Indes orientales ; 10. A. setaceus, Ceylan.

lui faut une température modérée, trop de chaleur lui nuit. L'*O. Alexandriæ* (fig. 640) est aussi une superbe fleur qui mérite d'être

Fig. 638. — Calanthe vestita.   Fig. 638 a. — Tricopilia tortilis.   Fig. 639. — Odontoglossum grande.

beaucoup cultivée. L'*O. pulchellum* a une jolie petite fleur blanche.

M. Gassiot m'a donné un beau plant de l'admirable *O. Phalænopsis*
(fig. 6҄1), qui se plaît beaucoup dans la serre à fougères. Les odon-

Fig. 640. — O. Alexandreiæ.   Fig. 6҄1. — O. Phalænopsis.   Fig. 642. — Miltonia.

toglossum n'aiment pas une trop grande chaleur, il leur faut toutefois
beaucoup de lumière, mais pas les rayons directs du soleil.

La *Tricopilia tortilis* (fig. 368 *a*), originaire du Mexique, est remarquable par la disposition singulière des pétales de ses fleurs; elle
pousse dans la serre à fougères.

Les *Miltonia* (fig. 642) ont des fleurs charmantes; mais ce sont
des plantes difficiles à cultiver et qui exigent beaucoup de chaleur; elles
n'ont pas bien réussi chez moi.

Il est une plante que les Espagnols admirent beaucoup, ils lui
donnent le nom d'Or-
chidée tourterelle, ou
d'Orchidée Saint-Esprit
(*Peristeria alata*, fig.
6҄3). Cette plante pousse
fort bien dans la serre à
concombres, où elle forme
des bulbes aussi grosses
qu'un œuf de dindon. De
la bulbe s'élèvent une ou
deux tiges à fleurs, ayant

Fig. 6҄3. — Orchidée   Fig. 6҄4. — Angræcum sesquipedale.
tourterelle.

à peu près trois pieds de haut, qui se couvrent bientôt de grosses fleurs blanches charnues, dont la partie centrale ressemble à une tourterelle. C'est en somme une fleur plus curieuse pour les souvenirs qu'elle rappelle que pour sa beauté intrinsèque ; un seul plant suffit donc comme spécimen.

Je ne possède pas à présent l'*Angræcum sesquipedale* (fig. 644). Cette plante porte une fleur blanche, elle est remarquable par une espèce de long appendice ; malheureusement les insectes attaquent souvent cet appendice, le détruisent et alors la plante paraît ridicule. On a dernièrement importé la *Masdevallia Veitchii* (fig. 645) ; c'est une plante remarquable qu'il est bon de posséder.

Chacun connaît le parfum délicieux et si pénétrant de la vanille (*Vanilla aromatica*, fig. 646), mais ce que tout le monde ne sait pas,

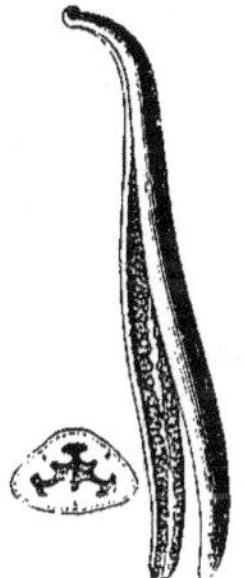

Fig. 645. — Masdevallia Veitchii.   Fig. 646. — Vanille.   Fig. 647. — Cœlogyne cristata.

c'est que ses gousses sont le produit d'une orchidée grimpante. Cette orchidée, que je cultive dans ma serre, grimpe le long du plafond supportée par des racines qui ont de six à huit pieds de long. Le fruit, qui consiste en une longue gousse, est employé, comme l'on sait, pour parfumer. Le plant que je possède m'a été donné par M. Terry, qui en a de beaux spécimens. Cette plante porte rarement des fruits en Angleterre, bien que j'aie vu de belles gousses à Sion House. La vanille exige pour mûrir une pleine exposition au soleil ; j'ai vu des plants chargés de fruits au jardin botanique de Florence où, sans doute, le puissant soleil d'Italie contribue beaucoup à amener les fruits à toute leur perfection.

La *Cælogyne cristata* (fig. 647) est une belle orchidée du Népaul, qui réussit bien dans une serre à fougères. Elle forme ses bulbes en été, et, peu après Noël, elle pousse ses tiges à fleurs qui retombent gracieusement sur les côtés du pot dans lequel elle est plantée. C'est une plante charmante à tous égards.

Les plantes en forme d'urne accompagnent ordinairement les orchidées. La plus ancienne et la mieux connue, la *Nepenthes distillatoria*, s'est presque perdue ; elle est devenue fort rare il y a un an ou deux. J'ai eu cette variété et je possède aujourd'hui la *Nepenthes levis*, qui forme de belles urnes. La *Nepenthes ampullacea* est la plus belle de toutes ; elle forme des urnes d'une grosseur prodigieuse. Personne ne peut dire quel peut être l'usage de ces urnes qui quelquefois sont pleines d'eau. La *Nepenthes Rafflesiana* (fig. 648) est aussi fort belle. Mais ces plantes sont difficiles à cultiver, il ne faut jamais les laisser se déssécher, ou elles périssent infailliblement.

Fig. 648.—Nepenthes Rafflesiana.

C'est un spectacle fort curieux de voir la collection de MM. Veitch qui est peut-être la plus belle qu'il y ait en Europe. Leurs formes gracieuses, leur conformation incompréhensible attirent malgré soi, aussi j'engage tous ceux qui le peuvent, à cultiver au moins une de ces plantes.

Les Saracenia qui sont des plantes urnes diminutives sont aussi fort curieuses et ont des fleurs remarquables. Je m'en suis procuré bien des fois et malheureusement elles ont toujours péri au bout de quelque temps ; en effet, comme il arrive pour toutes les plantes de marécage, il est fort difficile de les placer dans leurs conditions naturelles. Je suis disposé à croire que beaucoup d'espèces pousseraient en plein air, et la première fois que je pourrai m'en procurer un certain nombre, j'essaierai certainement de les acclimater.

Ceux qui cultivent les orchidées les aiment ordinairement beaucoup. Presque toutes sont restées à l'état de nature, car, à bien peu d'exceptions près, elles n'ont pas encore été touchées par les fleuristes. Dans une serre à orchidées bien garnie, on peut voir en quelques minutes autant

de plantes qu'on en verrait en faisant des milliers de lieues; d'ailleurs,
ceux qui ont vu les orchidées dans leur pays natal me disent que les
fleurs que nous obtenons dans nos serres sont plus belles encore que
celles des orchidées poussant dans les bois de leur pays. Toutefois, il
n'est guère de joie sans quelques peines; or, la peine que cause
la culture des orchidées, c'est l'exposition constante à l'atmosphère
chaude et humide qui leur est nécessaire, mais qui convient peu à la
santé de l'homme. Quoi qu'il en soit, il n'y a rien de plus agréable que
la possession d'une serre à orchidées, car, même avec ma collection si
limitée, il se passe à peine un jour où je n'aie chez moi quelques fleurs
admirables.

LES FLEURS ALPINES.

Avec leurs grands sommets, leurs glaces éternelles,
Par un soleil d'été, que les Alpes sont belles !
Tout dans leurs frais vallons sert à nous enchanter,
La verdure, les eaux, les bois, les fleurs nouvelles.
Heureux qui, sur ces bords, peut longtemps s'arrêter !
Heureux qui les revoit s'il a pu les quitter !

GUIRAUD.

Pendant ces dernières années, les plantes de couches, c'est-à-dire les
plantes conservées en serre pendant l'hiver et plantées en plein air au
printemps, ont fait positivement rage. Les géraniums et les calcéolaires
traités ainsi se couvrent de fleurs, et, dans certaines situations, des corbeilles remplies de ces plantes sont réellement admirables. Néanmoins,
sauf dans quelques endroits bien rares, ces fleurs ainsi disposées laissent beaucoup à désirer; puis, faut-il l'avouer, on rencontre partout
l'inévitable géranium et on n'éprouve plus nulle part le charme de la
nouveauté.

On trouve, au contraire, une variété perpétuelle dans la quantité
innombrable d'admirables petites fleurs qui tapissent les Alpes, les
Pyrénées ou même les collines élevées et les bruyères de l'Angleterre.
J'ai donc formé deux jardins où je cultive les plantes alpines; outre
cela, je cultive dans des endroits spéciaux les sedums, les joubardes et

les saxifrages. A toutes les époques de l'année, on peut trouver dans
ces jardins quelque charmant objet à admirer; presque toujours, d'ailleurs, il y a un assez grand nombre de ces variétés en fleur pour réjouir
les yeux.

J'ai construit d'une façon toute particulière mes jardins destinés à la
culture des plantes alpines. L'un se trouve à l'extrémité orientale du
vallon des fougères; il consiste en un petit monticule dans la formation
duquel j'ai employé principalement des terres fibreuses et de la terre de
bruyère. Çà et là j'ai fait placer de gros blocs de grès, enfoncés de huit
ou dix pouces dans le sol et le surmontant d'autant. Le terrain qui se
trouve au-dessous de ces pierres est adapté pour recevoir les racines
des plantes délicates, qui poussent leurs racines contre la pierre,
parce que cette dernière conserve toujours un certain degré d'humidité. Quelques plantes ne réussissent pas si on ne leur fournit pas
cette sorte de pierres pour leurs racines. Les interstices des blocs,
au-dessus du sol, forment autant de places abritées dans lesquelles les
feuilles des plantes sont protégées contre les vents froids pendant les
hivers rigoureux. Partout où on peut se procurer le grès à bon marché,
la meilleure disposition du jardin destiné à la culture des plantes alpines
serait sans doute de faire un tas irrégulier de blocs dont on remplirait
en partie les crevasses avec de bonne terre, de façon que les angles
des blocs de grès ressemblent quelque peu aux soies d'un hérisson.
Mais, pour former ces jardins, il faut surveiller constamment les
ouvriers, car, sans cela, ils veulent toujours disposer les blocs aussi
régulièrement que s'ils construisaient un mur; il faut, au contraire, que
la surface soit aussi irrégulière que possible. On peut se procurer le
grès convenable dans différentes parties du comté de Sussex; mais la
distance est considérable, les blocs de grès coûtent fort cher et je n'ai
pu, par conséquent, en avoir autant que j'aurais voulu.

J'ai tant aimé mon premier jardin à plantes alpines, ces plantes ont
si bien réussi, que j'en ai bien vite construit un second. Ce dernier
consiste en un grand monticule où des centaines d'espèces de plantes
trouvent leur place. Il présente de tous côtés une figure irrégulière; en
quelques endroits il surmonte d'environ deux pieds le niveau général

du terrain, dans d'autres il s'abaisse au-dessous de ce niveau pour aller rejoindre enfin les bords du ruisseau qui traverse mon jardin. Le but de cette disposition a été d'obtenir une série de surfaces qui permettent d'embrasser d'un coup d'œil une grande étendue de terrain ; je me proposais aussi d'obtenir dans différentes parties des endroits ombragés ou exposés en plein soleil, secs ou humides, de façon que chaque plante puisse trouver la situation qui lui convient. J'ai fait disposer partout, environ six pouces de débris de briques recouverts par quelques pouces de terrain ; à la surface, j'ai fait disséminer des centaines de silex arrondis. En quelques endroits, on a laissé des fissures étroites entre des blocs disposés pour conserver toujours l'humidité. Quelques plantes qui poussent vigoureusement dans ces fissures, mourraient dans tout autre lieu. J'ai observé sur la route de la Corniche, près de la côte de la Méditerranée, que certaines fougères poussent partout où existent des rochers de grès. On trouve beaucoup de plantes rares sur les flancs escarpés des collines, car, dans cette situation, elles profitent constamment de l'humidité qui provient des terrains supérieurs. Les silex ont une couleur certainement inférieure à la teinte grise du grès ; ils sont toujours trop blancs quand ils sortent de la carrière, néanmoins les silex sont fort utiles quand on ne peut pas se procurer du grès ; le sol est toujours humide au-dessous de la pierre, mais malheureusement la pierre elle-même ne conserve pas l'humidité comme le fait le grès. Ces jardins sont un monde en miniature ; on n'obtient le succès qu'à condition qu'on place chaque plante à l'endroit qu'il faut : les plantes qui aiment l'humidité au fond des crevasses, celles qui aiment la sécheresse sur la partie la plus élevée du monticule. Or, grâce à la disposition que j'ai adoptée, je puis donner à une plante quelque degré d'humidité que ce soit, depuis une sécheresse presque absolue jusqu'à un véritable marécage. Je dis toujours à mon jardinier de ne pas trop compter sur son propre jugement, mais, s'il est possible, de planter, dans différentes situations, plusieurs spécimens d'une même espèce ; personne, en effet, ne peut espérer acquérir une expérience suffisante pour déterminer les conditions qui conviennent absolument à chaque plante ; pour cela il faudrait, ce qui est impossible, savoir l'histoire naturelle exacte de toutes les plantes qui existent. Mon grand jardin à plantes alpines est exposé en plein air et en pleine lumière. Je n'y tolère aucun arbre, car les plantes alpines exigent impérieusement l'air et le soleil.

Bien que nous puissions, dans une grande mesure, déterminer les conditions du sol, nous sommes presque impuissants relativement au climat. Dans mon jardin, mes plantes souffrent en hiver des brouillards humides et il n'est pas rare de voir toutes les feuilles ruisselantes d'eau. Dans cet état, le moindre froid tue des plantes qui supporteraient quelque température que ce soit, si elles étaient couvertes de neige. Aussi, beaucoup de plantes alpines réussissent mieux en Écosse qu'elles ne le font chez moi, et je cherche toujours quelque méthode qui me permette de surmonter les grandes difficultés que le voisinage d'une grande rivière chaude en hiver cause chez nous.

J'ai un troisième jardin destiné aux plantes alpines, je l'appelle mon jardin des saxifrages. J'y ai fait placer une couche de débris de briques, ayant trois ou quatre pouces d'épaisseur, sur laquelle on a répandu çà et là de gros silex. Un peu plus loin, j'ai disposé une plate-bande pour les joubardes; mes sedums poussent sur les bords presque verticaux de la rivière centrale, où leurs fleurs brillantes offrent un charmant coup d'œil.

Je cultive plusieurs centaines de plantes alpines dans ces trois jardins. Beaucoup ont une grande beauté et cependant on les distingue difficilement si l'on n'examine ces jardins avec beaucoup de soin. Il est rare que je les visite sans trouver un nouvel objet de nature à m'intéresser, et j'observe que mes visiteurs s'y arrêtent tous et expriment leur satisfaction et leur admiration.

Cependant, mes jardins à plantes alpines sont fort insignifiants quand on les compare aux magnifiques jardins dessinés par MM. Backhouse à York; là, on trouve des blocs de rochers pesant plusieurs tonnes et on a admirablement imité la nature. On ne saurait les comparer non plus aux magnifiques rochers que l'on établit quand on peut se procurer des débris de quartz. Le révérend M. Macpherson a construit de jolis rochers avec des pierres choisies à Monnymusk dans la vallée du Don, en Ecosse. Le révérend M. Milne a aussi formé, dans la même vallée, des rochers de quartz au moyen de blocs que, pendant un grand nombre d'années, il a choisis dans les collines et a fait transporter chez lui à grands frais ; sur ces rochers il a planté des plantes alpines qui y poussent avec toute la vigueur qu'un sol bien choisi et un climat naturel peuvent seuls assurer.

Les saxifragées se plaisent tout particulièrement sur les rochers. Il faut placer en première ligne le saxifrage pourpre (*Saxifraga oppositifolia*, fig. 649). Il y a plusieurs variétés; les fleurs de l'une sont blanches ; celles d'une autre, roses et un peu plus grandes. Ces plantes se couvrent de fleurs au commencement du printemps, en même temps

Fig. 649. — Saxifraga oppositifolia.

Fig. 650. — S. granulata.

Fig. 651. — S. granulata double.

que les perce-neige et les safrans. Je possède sous deux formes le *Saxifraga granulala*, simple (fig. 650) et double (fig. 651). Cette dernière espèce est surtout fort jolie et devrait se trouver dans tous les jardins.

Le *Saxifraga intacta minor* (fig. 652) est une autre espèce qui

Fig. 652. — S. intacta minor.

Fig. 653. — S. Geum.

Fig. 654. — S. pectinata

réussit fort bien chez moi. Mais un des plus beaux de tous les saxi frages est, sans contredit, l'admirable *Saxifraga cotyledon*, variété *pyramidalis*. La tige à fleurs affecte la forme pyramidale et atteint environ deux pieds de hauteur ; on considère cette plante comme une des plus belles que l'on puisse cultiver dans un jardin ; malheureusement elle n'a pas fleuri chez moi cette année, de telle sorte qu'il m'est impossible de la représenter ici. Le plus commun des Saxifrages est sans contredit l'Orgueil de Londres ; on connaît si bien cette plante qu'il est inutile de la représenter ici. Le *Saxifraga Geum* doit toujours se trouver aussi dans un jardin, d'autant qu'il pousse sans qu'on ait beaucoup de soins à lui donner.

Je cultive le *Saxifraga Aizöon* et le *Saxifraga pectinata* (fig. 654); ce dernier se couvre de charmantes petites roses argentées et peut s'employer dans les plate-bandes aussi bien que sur les rochers. Le *Saxifraga bryoides* (fig. 655), le *Saxifraga aspera* (fig. 656) sont

Fig. 655. — S. bryoides. Fig. 656. — S. aspera. Fig. 657.—S. globifera.

Fig. 658.—Saxifraga cæspitosa.

fort jolis ; le *Saxifraga hypnoides* est une plante moussue dont le feuillage vert est très beau ; rien de joli comme de voir cette plante s'étaler sur les silex ; elle aime évidemment l'humidité à ses racines et, pour ses feuilles, la chaleur que conserve la pierre. Les saxifrages mousseux, *Saxifraga globifera* (fig. 657) et *Saxifraga cæspitosa* (fig. 658) poussent rapidement après l'équinoxe d'automne, alors que presque toutes les autres plantes se reposent. La couleur du feuillage est très belle et très frappante, car elle est du vert le plus brillant, alors que presque toutes les autres plantes perdent leurs feuilles et que le gazon lui-même prend un aspect jaunâtre. Ces espèces poussent si rapidement pendant les mois d'hiver, qu'il faut les surveiller avec soin pour les empêcher de recouvrir et de détruire les petites plantes qui les entourent; mais elles sont fort utiles quand on veut garnir un grand espace de verdure,

Le *Saxifraga Juniperina* est une espèce fort remarquable ; on a comparé cette plante à un grand nombre de plants de genièvre pressés

Fig.658.a—Saxifraga Hirculus

les uns contre les autres. Le *Saxifraga Hirculus* (fig. 658 *a*) diffère essentiellement des autres saxifrages en ce qu'il se plaît dans les endroits humides; il pousse très bien dans les endroits marécageux et porte une fleur jaune.

Il y a un grand nombre d'autres saxifrages fort beaux surmontés de feuilles raides et qui ressemblent beaucoup à la joubarbe. Le feuillage de quelques-unes de ces espèces est fort remarquable et on les emploie souvent comme plantes de bordure. J'en cultive une assez grande quantité.

Les Sedums ou Orpins sont de fort jolies plantes. L'orpin jaune commun est étincelant de beauté quand il est en fleur. Le *Sedum*

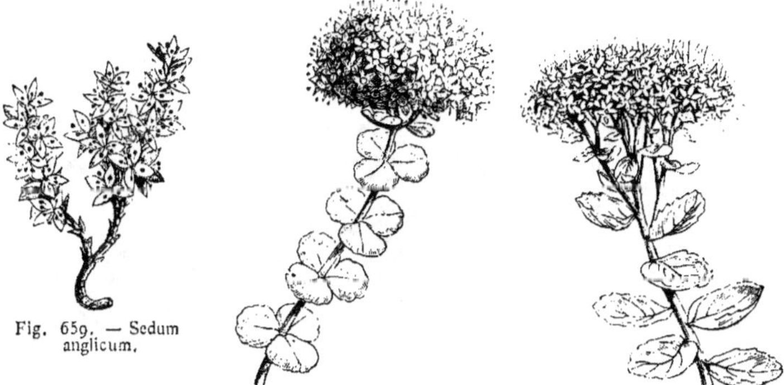
Fig. 659. — Sedum anglicum.

Fig. 660. — Sedum Sieboldii.

Fig. 661. — Sedum Fabaria, ou Sedum spectabile.

anglicum (fig. 659) a une fleur blanche. Je cultive beaucoup d'espèces de Sedum, mais aucune ne peut se comparer au *Sedum Sieboldii* (fig. 660) qui fleurit en septembre.

Quand ces plantes d'automne sont en fleur, il est merveilleux de voir le nombre des abeilles qui viennent les visiter. Presque tous les Sedum se propagent facilement par division et beaucoup d'entre eux, comme le *Sedum Fabaria* (fig. 661) se sèment eux-mêmes; il faut donc avoir grand soin d'empêcher les variétés grossières de se propager aux dépens des plus faibles. Ces plantes se plaisent dans un terrain nouvellement retourné, mais elles dégénèrent bien vite quand on les laisse trop longtemps à la même place. Le seul soin qu'elles exigent est de les empêcher de se détruire les unes les autres ou de les laisser détruire par d'autres plantes. Aucune espèce de plantes ne pourrait donner autant de satisfaction à si peu de frais dans un terrain aride. On peut même les faire pousser facilement au sommet d'un mur, et on peut donner ainsi à l'endroit le moins intéressant toute la beauté d'un parterre.

Fig. 661 *a*. — Sempervivum tectorum.

Les Joubarbes constituent une tribu intéressante, car elles poussent et se plaisent dans des endroits où toutes les autres plantes périraient infailliblement, sur des blocs de grès, par exemple, où il y a à peine trace de terre végétale.

Beaucoup d'espèces vivent en plein air pendant toute l'année; quelques-unes, cependant, ont besoin d'être abritées pendant l'hiver. Le

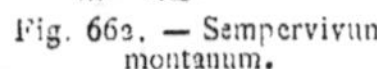

Fig. 662. — Sempervivum montanum.

Fig. 663. — S. californicum.

Fig. 664. — S. arachnoideum

Sempervivum tectorum (fig. 661 *a*) est la seule espèce anglaise. Le

S. montanum (fig. 662) est tout à fait rustique. Le *S. californicum* (fig. 663) est fort brillant et fort utile pour faire les bordures des plate-bandes. Le *Sempervivum arachnoideum* (fig. 664) est particulièrement intéressant en ce que ses feuilles sont recouvertes d'une toile d'araignée ; il pousse bien et résiste aux hivers les plus froids, bien qu'il ait la réputation d'être assez délicat, J'ai trouvé sur le Saint-Gothard une autre espèce semblable à celle-ci ; mais aucune des plantes que j'ai rapportées de Suisse n'a vécu. Je cultive aussi le *S. anomalum*, le *S. arenarium*, le *S. globiferum*, le *S. hirtum*, le *S. Pittoni*, le *S. soboliferum*, le *S. Wulfenii* et beaucoup d'autres espèces.

Le *Sempervivum spinosum* (fig. 665) est une espèce distincte, rare et belle. Je me suis procuré mes plants chez M. Ware de Tottenham, grand cultivateur de plantes alpines ; mais je ne sais pas encore si cette espèce est rustique.

Parmi les espèces qui ont besoin d'être abritées pendant l'hiver, on peut citer le *Sempervivum tabulæforme* (fig. 666), plante fort remar-

Fig. 665. — S. spinosum.   Fig. 666. — S. tabulæforme.   Fig. 667. — S. Bollii.

quable dont les feuilles se réunissent et forment un véritable plateau. Au moment de fleurir, cette plante pousse une tige ayant environ neuf pouces de longueur, et la symétrie du plateau se trouve détruite. On peut encore citer parmi les espèces délicates le *S. arboreum*, le *S. ciliare* et le *S. repens*. Le *Sempervivum Bollii* (fig. 667) est une des plus belles de toutes ; la plante entière affecte la forme d'une coupe et chaque feuille se recourbe de la manière la plus gracieuse ; c'est une plante que les décorateurs et les architectes devraient étudier avec soin.

Je cultive plusieurs espèces d'Echeveria, plantes alliées aux Joubar-

bes. Il y en a de fort belles espèces, mais toutes ont besoin d'être abritées
pendant l'hiver et on ne peut les placer en plein air qu'au printemps.
L'*Echeveria metallica* (fig. 474) est une plante magnifique. L'*Ech.
secunda* (fig. 668) a de belles couleurs. Je cultive aussi l'*Ech. navicu-*

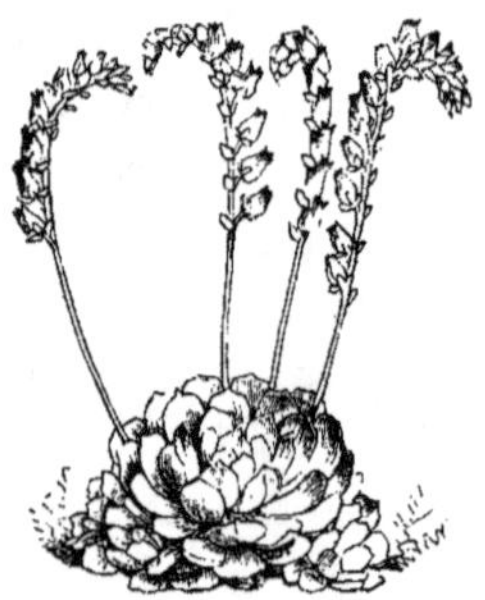

Fig. 668. — Echeveria secunda.

Fig. 669. — Pachyphytum
bracteosum.

Fig. 670. — Cotyledon
umbilicus.

laris, l'*Ech. grandiflorà*, et l'*Ech. sanguineä*. Aucune de ces espèces
ne supporte la gelée.

Le *Pachyphytum bracteosum* (fig. 669) est une autre plante qui produit un bel effet pendant les mois d'été. Sa couleur et son aspect général font un contraste frappant avec les plantes voisines.

Le *Cotyledon umbilicus* (fig. 670), qui pousse
dans toute l'Europe et qui s'est acclimatée sur nos
murs, est aussi allié aux joubarbes. Cette plante se
reproduit d'elle-même actuellement et ne nous demande, par conséquent, aucun soin.

Fig. 671.— Scilla sibirica

J'ai aussi beaucoup de plantes bulbeuses au milieu de mes plantes alpines ; il faut avoir soin de ne
pas les déranger.

Les Scilla sont de charmantes fleurs bleues qui
fleurissent de très bonne heure au printemps.

La *Scilla sibirica* (fig. 671) est couleur bleu porcelaine et tout à
fait rustique.

C'est une fleur si belle qu'on devrait s'en procurer un grand nombre

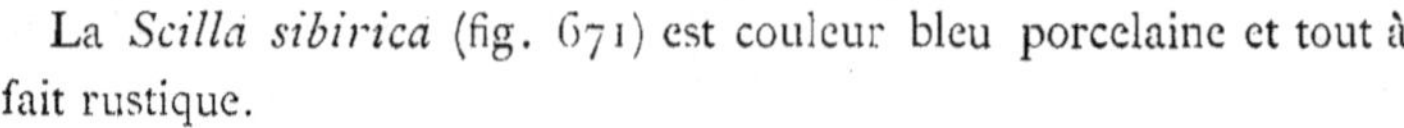

de plants, ce qui est très facile d'ailleurs, car les bulbes se trouvent facilement, et une fois plantées elles poussent chaque année sans qu'on
ait besoin de s'en occuper. La *Scilla bifolia* (fig. 672) est une autre
plante fort intéressante qu'on devrait cultiver aussi. Il y a de grandes

Fig. 672. — Scilla
bifolia.

Fig. 673. — Bulbocodium
vernum.

Fig. 674. — Colchicum
autumnale.

scilla qui ressemblent beaucoup à la campanule ordinaire, mais ces
plantes conviennent peu aux jardins à plantes alpines et il vaut mieux
les cultiver au milieu des fougères. Je cultive les campanules (*Scilla
nutans*) par milliers au milieu de mes fougères et un groupe de ces
fleurs sauvages alternant avec les primevères jaunes forme un grand
attrait dans le jardin.

Je plante au milieu de mes plantes alpines quelques Crocus ordinaires, car il est difficile de se procurer beaucoup de spécimens de
l'espèce sauvage; j'en possède cependant six ou huit. Je cultive aussi
le *Bulbocodium vernum* (fig. 673) qui fleurit sans feuilles en mars et
en avril; le *Colchicum autumnale* (fig. 674) qui fleurit en octobre, et
aussi la variété double qui est très brillante quand les autres fleurs sont
rares. Parmi les différentes espèces de crocus, je possède le *Crocus
luteus* que j'ai apporté de Suisse; le safran cultivé (*Crocus sativus*) et
le crocus commun (*Crocus reticulatus*), qui fleurit le premier de tous.

Le *Galanthus plicatus*, ou grand perce-neige de la Crimée, a des
feuilles plus grandes que le perce-neige ordinaire, mais ses fleurs sont
presque semblables.

Les Anémones font un effet charmant au milieu des plantes alpines
et j'en cultive plusieurs variétés. On trouve, dans tous les bois de l'An-

gleterre, une espèce commune, l'*Anemone nemorosa* (fig. 675.) Elle a
une fleur blanche et c'est une plante importante, surtout pour nos
plantations de fougères, parce qu'elle fleurit et meurt avant que les

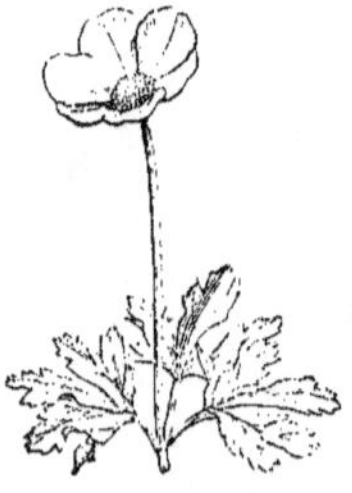
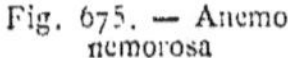

Fig. 675. — Anemone
nemorosa

Fig. 676 — Anemone nemo-
rosa double.

Fig. 677. — Anemone
pourpre d'Italie.

frondes des fougères ne se développent. La variété double (fig. 676) est
aussi fort belle, mais je trouve plus de charme à la première. Cette
fleur a une odeur extrêmement faible que bien des personnes ne peuvent
pas percevoir. Les Anemones d'Italie (fig. 677), qui font littéralement
un tapis sur le sol dans les environs de Rome, sont de fort belles fleurs.
Je me rappelle parfaitement quel plaisir j'ai éprouvé, quand j'ai vu ces
fleurs pour la première fois à l'île de Caprée; et, plus tard, à Rome,
avec quelle ardeur je me procurais des racines, bien faciles à trouver
d'ailleurs dans la célèbre villa Doria, où le sol en est couvert.

L'*Anemone apennina* (fig. 678) a des fleurs bleu de ciel foncé. L'*Ane-*

Fig. 678. — Anemone
apennina.

Fig. 679. — Anemone
Pulsatilla.

Fig. 680. — Anemone
palmata.

mone pulsatilla (fig. 679) est une plante originaire de la Grande-Bretagne et pousse, dit-on, à l'état sauvage sur les collines de craie. L'*Anemone palmata* est une autre magnifique espèce.

La *Camassia esculenta* (fig. 681) est une plante bulbeuse originaire de la côte ouest de l'Amérique septentrionale. Cette plante est particulièrement intéressante en ce qu'elle constitue l'élément principal de l'aliment des Indiens; la fleur en est très simple, et cependant j'estime ma plante bien au-delà de sa valeur intrinsèque, à cause des souvenirs qu'elle me rappelle.

Des spécimens des différentes variétés d'Aulx, telle que l'*Allium*

Fig. 681. — Camassia esculenta.

Fig. 682. — Allium nutans.

Fig. 683. — Oxalis rosea.

nutans (fig. 682) doivent trouver place dans toutes les plantations de fougères.

Les Oxalidées comprennent de nombreuses espèces qui portent de très jolies fleurs. L'*Oxalis acetosella*, ou trèfle, pousse vigoureusement chez moi dans les endroits humides et abrités. L'*Oxalis rosea* (fig. 683) produit une grande abondance de jolies fleurs qui s'ouvrent le matin et se ferment dans l'après-midi. La gelée détruit les bulbes.

A l'époque de Pâques, les champs d'Italie se couvrent de tulipes jaunes et rouges poussant à l'état sauvage. J'ai acheté beaucoup de bulbes de cette plante lors de mon séjour à Florence. Ses fleurs sont réellement belles (fig. 684); on les emploie pour décorer les églises italiennes pendant les fêtes de Pâques; principalement pour décorer les tombeaux le jeudi saint.

L'Amaryllis ou *Sternbergia lutea* (fig. 685), le lys des champs

de la Bible, se plaît beaucoup dans les parties les plus sèches de
mon jardin à plantes alpines. Cette plante se
multiplie par division. On dit qu'en Palestine,
en automne, ce lys couvre de
grandes étendues de terrain;
ses feuilles brillantes, ses belles fleurs jaunes réunies en
grande quantité au milieu
d'un désert aride et désolé,
doivent produire une grande
impression sur l'esprit.

Fig. 684. — Tulipe d'Italie.   Il y a plusieurs petites es- Fig. 685. — Lys des champs.
pèces d'iris, telles que l'*Iris attica*, originaire de la Grèce, et l'*Iris
rhœtica*. Je recommande particulièrement ces deux espèces, quand on
veut cultiver l'iris au milieu des plantes alpines; je recommande aussi
l'*Iris nudicaulis* (fig. 686), qui a de belles fleurs bleues.

Je cultive au milieu des plantes alpines nos orchidées anglaises

Fig. 686. — Iris nudicaulis.

Fig. 687. — Triteleia uniflora.

Fig. 688. — Erica herbacea.

communes, telles que la tachetée, l'abeille, le papillon, la mouche,
l'homme et, dans quelques endroits humides, l'orchidée des marais,
toutes espèces que j'ai déjà décrites; je cultive aussi quelques jacinthes pour donner un peu de variété à ma collection de fleurs.
Sur le continent, on emploie beaucoup la *Triteleia uniflora* (fig.
687) comme plante décorative, mais on s'en sert peu en Angleterre.

Cette plante pousse très bien dans mon jardin et sa fleur est fort utile au printemps; malheureusement elle a une odeur désagréable.

J'ai fait disposer au milieu des plantes bulbeuses quelques plantes à bois dur; la plus belle, sans contredit, est la bruyère commune. Il est fort difficile de transplanter une bruyère, mais on l'obtient facilement par semis. Ces plantes aiment un sol tourbeux et beaucoup d'humidité. Les bruyères qui fleurissent en hiver sont fort utiles en ce qu'elles restent en fleur pendant très longtemps et qu'elles constituent un véritable ornement. L'*Erica herbacea* (fig. 688) est tout particulièrement remarquable.

La *Menziesia polifolia* (fig. 689), avec ses fleurs en clochettes, est une plante charmante; elle se plaît dans un sol tourbeux; il lui faut beaucoup d'air et de lumière.

Fig. 689.
Menziesia polifolia.

Il faut réserver un petit coin au Myrte bâtard (*Salix herbacea*); toutefois cette plante n'a jamais bien réussi chez moi sans que j'aie jamais pu savoir pourquoi.

La rose des Alpes ou Rhododendron (*R. ferrugineum*, fig. 690) est une plante qui offre beaucoup d'intérêt à quiconque a visité les Alpes. Elle ne se plaît pas beaucoup dans mon jardin; il faut toujours la placer dans un terrain tourbeux.

Fig. 690. — Rose des Alpes.

Fig. 691. — Linnæa borealis.

Fig. 692. — Omphalodes verna.

Quiconque cultive les plantes alpines doit se rappeler la *Linnæa borealis* (fig. 691), par respect pour l'immortel naturaliste Linné, non moins que pour la beauté intrinsèque de la plante. Elle est assez difficile à cultiver ; mais si on la place dans un sol humide et dans un endroit ombragé, elle pousse assez vigoureusement et produit ses exquises petites fleurs. Le grand naturaliste aimait tant cette petite plante, qu'il la plaça dans ses armes. J'en ai trouvé d'immenses quantités dans les bois de la vallée du Don et j'en ai rapporté un beau spécimen qui, je l'espère, se plaira chez moi.

L'*Omphalodes verna* (fig. 692) brille au milieu de toutes les fleurs par ses jolies fleurs bleues qui apparaissent au printemps ; bien que ce soit une plante assez commune, un jardin doit en posséder quelques-unes.

Les Myosotis, ou Ne m'oubliez-pas, ressemblent quelque peu à cette dernière plante ; ils restent en fleurs depuis le commencement du printemps jusqu'à la fin de l'automne. Le *Myosotis sylvatica* répand ses graines de tous côtés et tend à étouffer toutes les plantes alpines ; aussi faut-il le reléguer dans d'autres parties du jardin. J'emploie à sa place le *M. dissitiflora* (fig. 693) ; cette espèce a réellement une fleur beaucoup plus belle, mais on la néglige peut-être un peu parce que la fleur, qui revêt d'abord une teinte rougeâtre, n'est réellement belle qu'au moment de son épanouissement complet. Le *M. rupicola*

Fig. 694. — Myosotis dissitiflora.

Fig. 695. — Myosotis rupicola.

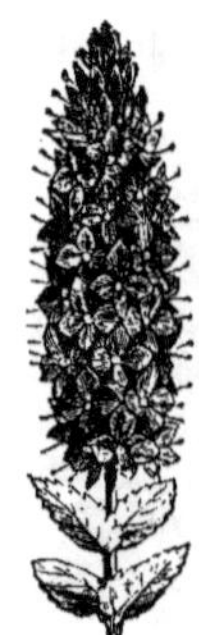

Fig. 695. — Veronica maritima.

(fig. 694) est une plante naine qui se couvre de touffes des fleurs les plus brillantes. Sur le bord du ruisseau, je cultive le *M. palustris*, le véritable Ne-m'oubliez-pas, qui fleurit en été et en automne. Je le cultive aussi dans l'eau, mais cette plante ne fleurit pas alors aussi bien que lorsqu'on la plante en terre près d'un ruisseau. C'est dans cette situation qu'elle atteint toute sa perfection. Bien que ce soit une plante sauvage commune, sa beauté lui ouvre la porte de tous les jardins.

Je cultive beaucoup de variétés de Véroniques. La délicieuse *V. Chamædrys* croît chez nous à l'état sauvage. La *V. maritima* (fig. 695) est une plante élégante dont les fleurs persistent pendant très longtemps. La *V. repens* (fig. 696) se plaît beaucoup sur les rochers. Je cultive aussi la *V. aphylla*, la *V. amœna*, la *V. candida*, la *V. num-*

Fig. 696. — Veronica repens.   Fig. 697.—Trillium grandiflorum.   Fig. 698 — Maianthemum bifolium.

mularia, la *V. saxatilis*, la *V. spicata*, la *V. Teucrium*, la *V. rupestre*, la *V. virginica*, et d'autres espèces.

Le *Trillium grandiflorum* (fig. 697) est une belle plante; elle exige de l'ombre et un terrain assez humide; elle pousse naturellement dans les forêts du Canada. J'espère arriver à me procurer de grandes quantités de cette plante. Le *Maianthemum bifolium* (fig. 698) ressemble beaucoup au muguet; il faut le cultiver dans la même situation que la plante précédente; pour que ses fleurs blanches soient réellement jolies, il faut les disposer en corbeilles.

La Grassette commune (*Pinguicula vulgaris*, fig. 699) est une plante qui aime aussi l'humidité. J'ai toujours éprouvé beaucoup de difficultés dans la culture de cette plante et je suis toujours obligé de m'en procurer de nouvelles que je fais venir du Yorkshire où elles abondent. L'espèce irlandaise est plus grande que l'espèce anglaise.

La *Parnassia palustris* (fig. 700) aime aussi beaucoup l'humidité,

Fig. 699. -- Pinguicula vulgaris.

Fig. 700. — Parnassia palustris.

mais en même temps une pleine exposition à la lumière. C'est une fleur que l'on devrait cultiver en grande quantité et j'en ai fait venir des paniers entiers de Whitby pour orner mon jardin. Elle fleurit bien chez moi, mais se propage difficilement, et je suis toujours forcé d'avoir recours à de nouvelles importations.

La *Silene acaulis* (fig. 701) est très vantée par M. Backhouse, l'éminent botaniste ; s'il faut l'en croire, cette plante orne les rocs escarpés des montagnes d'Ecosse et du pays de Galles, et forme de véritables

Fig. 701. — Silene acaulis.

Fig. 702. — Silene alpestris.

Fig. 703. — Mazus pumilio.

tapis de fleurs rouges, roses et cramoisies. Je ne l'ai jamais vue dans cette situation et je la cultive sur une petite échelle. La *Silene alpestris* (fig. 702) est une jolie plante alpine. J'aime tout particulièrement le *Mazus Pumilio* (fig. 703), qui produit en grande quantité de belles fleurs bleues.

Les Epimédium sont des plantes remarquables lorsqu'elles sont couvertes de fleurs au printemps, mais il y a à craindre que, comme cela m'est arrivé en 1871, une gelée tardive ne détruise toutes les fleurs. L'*Epimedium rubrum* (fig. 704) est une des trois espèces que je

Fig. 704.
Epimedium rubrum.

Fig. 705.
Helianthemum vulgare.

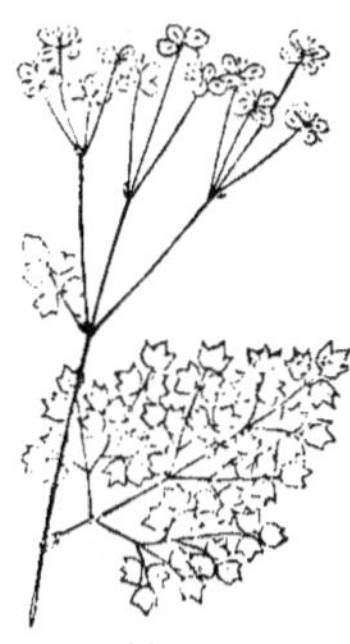

Fig. 706.
Thalictrum minus.

cultive, toutes trois d'ailleurs sont aussi belles l'une que l'autre. L'*Helianthemum vulgare* (fig. 705) n'embellit pas beaucoup un jardin ; j'en cultive cependant plusieurs espèces. Il y a beaucoup de variétés de fleuristes de cette plante.

Le feuillage des Thalictrum est fort utile au milieu des autres plantes alpines. La première fois que j'ai vu une plante de cette espèce à Zermatt, je l'ai prise pour un capillaire, car la feuille ressemble beaucoup à celle d'un adiantum. J'en cultive deux ou trois espèces ; la plus belle est le *Thalictrum minus* (fig. 706) ; la fleur de cette plante n'est pas très jolie.

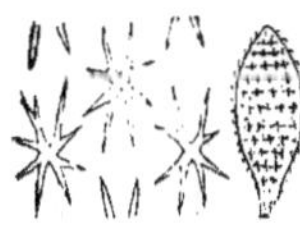

Fig. 707. — Alyssum alpestre ; (feuille de grandeur naturelle ; poils en étoile, grossis)

Parmi les plantes que l'on cultive uniquement pour leur feuillage, l'*Alyssum alpestre* (fig. 707) est curieuse en raison de ses feuilles couvertes de poils disposés en étoile.

Une variété de cette plante est surtout très brillante, mais il faut la surveiller avec soin, car elle tend à s'étendre beaucoup et devient dangereuse pour ses voisins.

Fig. 703 — Pavot jaune.

Le Pavot jaune (*Papaver nudicaule*, fig. 708) se remarque au milieu des fleurs les plus brillantes ; la couleur de cette fleur est très frappante et je ne sais rien de plus étonnant que de voir ces fleurs brillantes
et délicates s'ouvrir en plein soleil sans en souffrir le moins du monde.

Les fleurs des variétés de l'Œillet (*Dianthus*) constituent de forts
beaux ornements ; les œillets poussent comme de mauvaises herbes, car
ils répandent leurs graines dans toutes les directions ; j'en cultive plusieurs espèces, toutes fort belles, qui produisent une multitude de fleurs.
Le *Dianthus chinensis* (fig. 709) est une plante charmante. On peut ap-

Fig. 709.
Dianthus chinensis.

Fig. 710.
Dianthus fragrans.

Fig. 710 a.
Dianthus cæsius.

pliquer la même épithète au *Dianthus fragrans* (fig. 710) ; le *Dianthus
cæsius* (fig. 710 a) est très intéressant.

La *Statice latifolia* (fig. 711) convient admirablement aux jardins alpestres ; cette belle plante vivace et rustique, originaire de

Fig. 711. — Statice latifolia.

Fig. 712. — Muflier des Alpes.

Fig. 713. — Linaria tristis.

la Sibérie, porte, à la fin de l'été et en automne, de nombreuses grappes
de fleurs qui ressemblent beaucoup à celles de la lavande.

On emploie beaucoup pour les bordures l'*Armeria vulgaris*, variété du Statice ; je ne l'emploie pas moi-même dans ces conditions, bien que je le cultive dans mon jardin.

Le Muflier des Alpes (*Linaria alpina*, fig 712) est une fort jolie plante, très importante en ce qu'elle porte des fleurs la plus grande partie de l'année et qu'elle pousse aussi facilement que n'importe quelle herbe. Il y a d'autres variétés de mufliers ; nous les avons déjà citées au milieu des plantes du jardin. Je recommande aussi de cultiver la *Linaria tristis* (fig. 713).

L'*Acæna Novæ Zelandica* (fig. 714) est une plante très curieuse qui se plait bien dans mon

Fig. 714. — Acæna Novæ
Zelandicæ.

Fig. 715. — Arenaria
balearica.

Fig. 716. — Pentstemon
glabrum.

jardin. Elle pousse de petites tiges hautes d'environ un pouce, qui se couvrent de fleurs étalées en forme d'étoile.

L'*Arenaria balearica* (fig. 715) grimpe sur les rocailles et se couvre d'une multitude de petites fleurs blanches.

Le *Pentstemon glabrum* (fig. 716) a de grandes fleurs bleues ; il est originaire des montagnes Rocheuses.

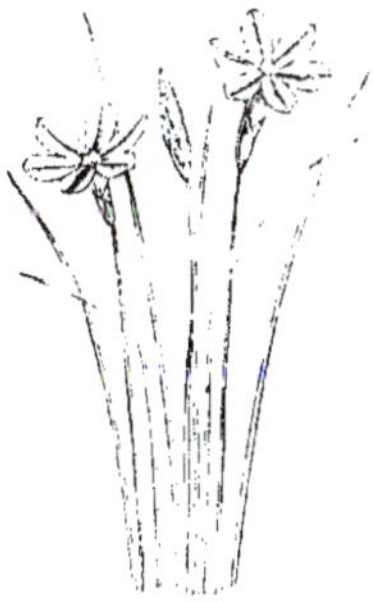

L'*Aphyllanthes Monspeliensis* (fig. 717) ne ressemble à aucune autre plante ; il consiste en une fleur bleue qui s'ouvre à l'extrémité d'un véritable roseau. On ne le cultive pas souvent et, cependant, ses singulières ha-

Fig. 717. — Aphyllanthes
Monspeliensis.

bitudes devraient appeler l'attention ; d'ailleurs, l'effet général produit par cette plante est très agréable.

Le *Geum coccineum* se couvre de belles fleurs écarlates.

L'*Alyssum saxatile* est une plante assez grossière, mais par contre elle a de belles fleurs jaunes.

Il est difficile de décider quelle est la plus belle parmi tant de belles plantes ; il y en a quelques-unes, cependant, qui réclament une attention particulière. Les phlox, par exemple, sont d'admirables plantes : le *Phlox divaricata* (fig. 718) est une belle plante naine qui convient admirablement aux rocailles ; le *Phlox Nelsonii* (fig. 719) porte de

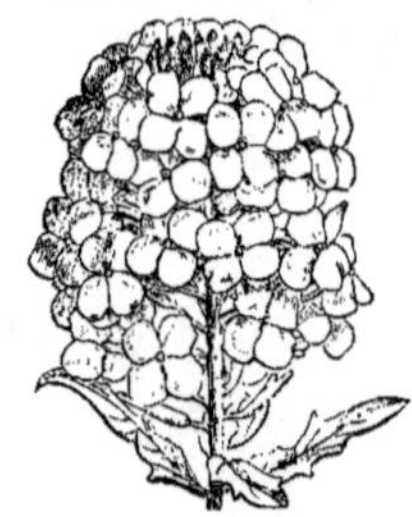

Fig. 718. — Phlox divaricata.   Fig. 719. — Phlox Nelsonii.   Fig. 720.—Cheiranthus alpinus.

belles fleurs blanches qui produisent beaucoup d'effet. Ces deux variétés se multiplient facilement au moyen de boutures.

Il ne faut pas négliger de cultiver la giroflée alpine (*Cheiranthus alpinus*, fig. 720), car ses belles fleurs jaunes font un effet splendide au printemps. On doit avoir une grande quantité de ces plantes que l'on se procure facilement par bouture ; c'est une espèce que l'on peut d'ailleurs introduire avantageusement dans toutes les parties du jardin.

On a peut-être beaucoup trop loué le *Lithospermum fruticosum*, qui tire son nom générique de la dureté des noyaux de son fruit. Ses fleurs bleu foncé forment son principal attrait. Une espèce de Lithospermum pousse à l'état sauvage sur les collines de craie dans notre voisinage, mais je n'ai pas encore pu réussir à le cultiver.

Les admirables Gentianes sont au nombre des plus belles plantes alpines ; mais toutes les variétés sont difficiles, pour ne pas dire impossibles, à cultiver. La *Gentiana acaulis* (fig. 721) se plaît dans quelques

endroits, mais se déplaît dans beaucoup d'autres; elle préfère en somme un terrain à la fois lourd et sablonneux, et elle veut beaucoup d'air et de lumière. Elle ne devient pas aussi belle chez moi que dans d'autres endroits; mais ce n'en est pas moins une très belle plante. La *Gentiana*

Fig. 721. — Gentiana acaulis.

Fig. 722. — Gentiana verna.

verna (fig. 722) est incomparablement supérieure à la variété précédente. J'ai vu cette fleur dans toute sa beauté, à Zermatt et dans la passe du Saint-Gothard; les quelques fleurs que j'obtiens ne sont rien en comparaison de celles que l'on voit dans leur pays natal. Il faut avoir soin de ne pas l'entourer d'autres plantes. Et cependant, malgré toute mon attention, il m'est impossible d'amener cette plante à tout son développement, et tout ce que je peux espérer, c'est d'obtenir de temps en temps un spécimen de la fleur. Les deux variétés que je viens de citer portent une seule fleur bleue, mais il y en a d'autres, telle que la *Gentiana gelida* (fig. 723) qui portent des grappes de fleurs ; ces dernières variétés se cultivent assez facilement. J'ai vu, sur les Alpes, beaucoup d'autres variétés naines de gentiane, mais il est très difficile de les cultiver artificiellement ; cependant, je le répète, toute cette espèce est si jolie que l'horticulteur devrait faire tout son possible pour en avoir un grand nombre. Les grandes variétés se cultivent facilement, l'une, la *Gentiana Pneumonanthe* pousse à l'état sauvage dans quelques endroits du comté de Surrey.

Fig. 723. — Gentiana gelida.

Je cultive beaucoup d'espèces de Campanules, et cependant je ne crois pas en posséder une plus belle qu'une variété bleue qui pousse à l'état sauvage sur les collines du voisinage et qui a même pénétré, comme plante sauvage, dans mon jardin. Quelques variétés deviennent

très grandes ; d'autres, sont basses et touffues, mais toutes sont charmantes. La *Campanula pyramidalis* est une variété à fleurs bleues ; on
l'employait beaucoup autrefois pour décorer les appartements et, avec
un peu de soin, on peut lui faire
atteindre une hauteur d'environ
quatre pieds ; il y a une variété
blanche de la même espèce. La
Campanula persicifolia (fig. 724)
porte de belles fleurs bleues ; il y a
plusieurs variétés de fleurs de cette
espèce, dont l'une, la variété *Coronata albà* (fig. 725) est tout parti-

Fig. 724. — Campanula
persicifolia.

Fig. 725. — Campanula
coronata alba.

culièrement belle et constitue un véritable ornement pour le jardin.

La *Campanula rotundifolia* atteint une hauteur d'environ un pied
et porte une charmante fleur bleue ; il y en a une variété blanche (fig.
726) qu'on ne peut se dispenser de cultiver. La *Campanula hirsuta*

Fig. 726. — Campanula
rotundifolia.

Fig. 727. — Campanula hirsuta.

Fig. 728. — Primevère
d'Abyssinie.

(fig. 727) est une plante grimpante à feuilles moussues. La *Campanula
garganica* convient admirablement aux rocailles. Il y en a, d'ailleurs,
beaucoup d'autres d'espèces dont je ne saurais trop recommander la
culture, mais qu'il est, je crois, inutile de décrire. La *Campanula speculum* s'appelle aussi le Miroir de Vénus.

Les Primevères (*Primula*) constituent un groupe considérable de plantes; j'en cultive plusieurs espèces. J'ai essayé en plein air le *Primula denticulata*, mais il n'a pas réussi. J'ai essayé aussi le Primevère d'Abyssinie (fig. 728), mais je ne saurais dire encore avec quel succès. Le magnifique *Primula amœna cortusoides* (fig. 729) n'a pas non plus l'air de se plaire beaucoup chez moi.

Une autre espèce, le *Primula villosa* (fig. 730) réussit très bien

Fig. 729.—Primula cortusoides.

Fig. 730. — Primula villosa.

Fig. 731. — Primula auricula.

dans mon jardin. J'en ai vu de grandes quantités en fleur, au mois de mai, sur le versant italien de la passe du St-Gothard : ces charmantes plantes font un effet admirable au milieu des rochers de granit. J'en ai rapporté beaucoup de plants qui paraissent se plaire surtout dans de petites excavations.

Je cultive aussi le *Primula auricula* d'Écosse (fig. 731). Cette variété réussit beaucoup mieux en Écosse que dans mon jardin. J'en possède quelques plants, mais je ne prétends certes pas qu'ils soient aussi beaux que ceux des personnes qui consacrent tous leurs soins à cette plante.

La *Soldanella alpina* (fig. 731 a) est un véritable petit joyau. Elle pousse facilement, à condition qu'elle soit abritée par de grosses pierres; elle porte de charmantes fleurs au printemps.

Je cultive quelques plants d'Immortelles (*Gnaphalium arenarium*, fig. 732) dont la fleur s'emploie en France pour faire des couronnes. Cette plante se multiplie facilement au moyen de boutures, mais chez

moi elle ne produit pas beaucoup de fleurs, je crois que l'atmosphère
humide de nos hivers ne lui convient pas.

Fig. 731 *a*.—Soldanella
alpina.

Fig. 732. — Immortelle.

Fig. 733.—Geum montanum.

Le *Gnaphalium leontopodium* (fig. 742 *a*) est une espèce vivace qui
pousse sur les Alpes à une hauteur considérable. Cette plante est
entièrement recouverte d'une espèce de duvet blanc soyeux. Dans
quelques parties du continent, les jeunes filles, le jour de leurs fian-
çailles, s'attendent à recevoir de leur fiancé un bouquet composé de
ces fleurs, comme preuve de l'activité du jeune homme, qui doit
monter à une hauteur considérable sur la montagne pour se les procurer. Le *Gnaphalium dioicum* est une espèce naine fort jolie ; il
produit des fleurs rouges.

Les Geum (le *Geum montanum*, par exemple, fig. 733) sont au
nombre des plus belles plantes à fleurs qui aiment l'air et la lumière.

La *Potentilla Anserina* a des fleurs charmantes, mais c'est une
mauvaise herbe qu'il est très difficile d'exterminer et qu'il ne faut, dans
aucun cas, introduire dans un jardin. D'autres variétés sont intéressantes ; nous en parlerons bientôt.

Il vaut mieux cultiver toutes ces plantes à fleurs dans une position
intermédiaire, c'est-à-dire qu'il ne faut les placer ni au sommet ni au
pied d'un monticule, car les racines ne sont ainsi ni trop sèches ni
trop humides.

La *Draba beotica* (fig. 734) ressemble un peu au saxifrage, mais
ses grappes de fleurs sont toutes différentes.

L'*Aubrietia Campbelli* (fig. 735) a des couleurs plus brillantes que

Fig. 734. — Draba beotica.

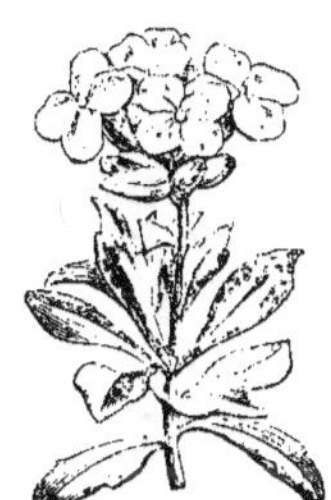

Fig. 735. — Aubrietia Campbelli.

Fig. 736. — Dodecatheon Meadia.

les autres fleurs de son espèce ; elle est bleu violet et fleurit en grande profusion au mois de mars.

Le Bouton d'or américain (*Dodecatheon Meadia*, (fig. 736) doit se trouver dans tous les jardins. Sa tige droite surmontée de fleurs ne ressemble à celle d'aucune autre plante. C'est une plante vivace qui ne demande qu'à ne pas être dérangée. Il y a plusieurs variétés de cette espèce.

Fig. 737. — Erigeron speciosus.

Fig. 738. — Genista sagittalis.

Je possède aussi l'*Erigeron Roylei* ou *speciosus* (fig. 737) belle espèce, originaire de l'Himalaya ; la fleur ressemble à un disque dont le centre est jaune et les rayons couleur pourpre.

La *Genista sagittalis* (fig. 738) produit en été une grande quantité de fleurs jaunes ; c'est par conséquent une plante précieuse.

Le *Polygala chamæbuxus* (fig. 739) est une plante toujours verte ; ce charmant petit arbrisseau porte des fleurs jaunes ; il se plaît beaucoup chez moi et se propage facilement par division.

Le Lin jaune (*Linum flavum*, fig. 740), qui produit des fleurs jaunes si brillantes, est originaire d'Autriche et se cultive facilement dans les endroits abrités. La verge d'or du pays de Galles (*Solidago*

Fig. 739.
Polygala Chamaebuxus.

Fig. 740.
Linum flavum.

Fig. 741.
Solidago cambrica.

cambrica, fig. 741) est la variété de cette espèce qui convient le mieux pour les jardins alpestres; cette plante produit des fleurs jaune brillant. Le *Trollius europæus* (fig. 742) a de très belles fleurs jaune d'or. Quand on désire une plante traînante, il faut employer la *Vicia Cracca* (fig.

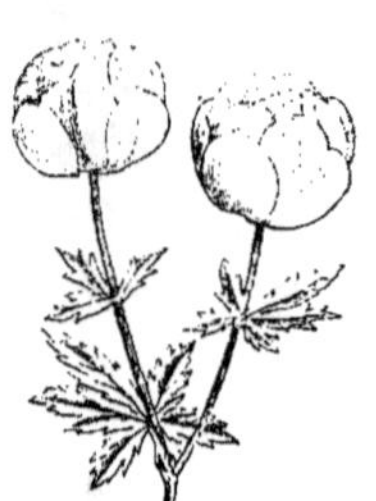

Fig. 742. — Trollius europæus.

Fig. 742 a. — Gnaphalium leontopodium.

Fig. 743. — Vicia Cracca.

743), qui pousse très bien et qui, par ses différences de caractère, fait ressortir toutes les autres plantes.

Sur le versant du monticule de mon jardin alpestre, du côté du ruisseau, je cultive le *Rubus saxatilis* (fig. 744), l'épine vinette et d'autres plantes marécageuses. Plus près de l'eau, j'ai placé le *Drosera Rotundifolia* (fig. 745) et les autres espèces anglaises du même groupe que j'ai impor-tées par centaines, mais qui sont toujours mortes au bout

Fig. 744.
Rubus Saxatilis.

d'une année. Le *Drosera Rotundifolia* se trouve sur les collines de

Fig. 745.
Drosera Rotundifolia.

Hampstead, je l'ai vu aussi à Weybridge ; mais le meilleur moyen de se procurer cette plante est encore d'attendre au marché de Covent-Garden, car on peut être sûr que, pendant la saison, quelques paysans en apportent des paquets. C'est une de ces curieuses espèces qui attrapent les mouches; la feuille poilue est recouverte d'une certaine substance adhésive qui permet à la plante de saisir les insectes qui viennent à se poser sur elle. Sans aucun doute cet appareil joue un rôle dans l'économie de la plante, mais l'explication scientifique fait encore défaut; je respecte ces plantes singulières, je les admire et je ne les considère qu'avec un grand étonnement.

Tout au bord de l'eau, j'ai fait planter la fève des marais (*Menyanthes trifoliata*, fig. 746); bien que cette plante ne pousse pas à l'état sauvage dans mon jardin, on la trouve dans un des champs que je possède dans le voisinage.

Fig. 746. — Fève des marais.

Fig. 747. — Calla palustris.

Fig. 748. — Hippuris vulgaris

Dans le même marais artificiel, je cultive la *Calla palustris* (fig. 747) et l'*Hippuris vulgaris* (fig. 788). La première de ces plantes est assez délicate; la seconde offre beaucoup d'intérêt et pousse très vite, trop vite même, car elle devient dangereuse pour ses voisins.

Cette liste donne une faible idée des fleurs que je cultive dans mes jardins alpestres ; si je perds toujours quelques plantes, j'en ajoute constamment d'autres. Il est rare que je fasse un voyage sans rapporter de nouvelles fleurs. Si je passe dans les rues de Londres, je remarque dans les boutiques quelques charmantes petites plantes que j'ajoute à ma collection. Si je vais rendre visite à mes amis, je trouve toujours quelques fleurs qu'on a mises de côté pour moi. Néanmoins, la chaleur ou le froid, l'humidité ou la sécheresse, les insectes ou les taupes, détruisent constamment quelques-unes de mes plantes ; en outre, si l'attention se relâche, ne fût-ce que quelques instants, les plantes vigoureuses détruisent les plantes faibles et les jardiniers s'occupent des fleurs brillantes et négligent les plantes plus modestes, mais peut-être plus belles ; aussi les jardins alpestres, que l'on peut cultiver sur la plus petite ou sur la plus grande échelle, sont une source de plaisirs constants, tout en demandant une surveillance de tous les instants. Un pied carré de terrain consacré à cette culture suffira à contenir bien des plantes belles et intéressantes, mais, d'autre part, un jardin alpestre, ayant une étendue d'un hectare, suffira à peine à satisfaire quelques horticulteurs. L'amateur peut donc se procurer un jardin alpestre de la dimension qui lui convient et, quant à moi, je peux déclarer que, dans mon vaste jardin, cette culture est celle qui m'a donné le plus de satisfaction avec le moins de peine.

LES GRAMINÉES DÉCORATIVES.

Il y a des graminées si belles qu'on ne peut les exclure des parterres. La *Briza Media* pousse à l'état sauvage dans mon champ ; c'est une graminée vivace. La *Briza maxima* (fig. 749) est une graminée annuelle très utile pour les bouquets.

L'herbe des Pampas est extrêmement belle. Elle forme de grosses

touffes ayant deux ou trois pieds de diamètre, sur-
montées en automne de fleurs qui s'élèvent à une
hauteur de six à huit pieds. Un bon plant, en bonne
condition, est surmonté d'une grande quantité de
fleurs, mais cette herbe a le grand désavantage de
ne pas résister à une gelée un peu rude (voir planche
20). Je possédais quelques plants qui avaient atteint
un état parfait, mais ils ont été abîmés par la gelée.
Dans tous les cas, il faut toujours en cultiver une
ou deux touffes et les remplacer si elles sont détruites par le froid.

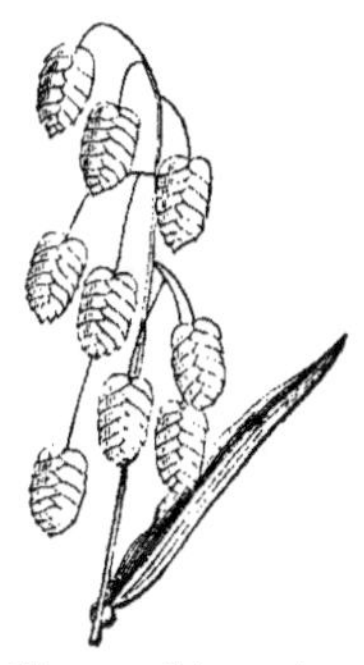

Fig. 749.—Briza maxima

Je cultive la Flouve odorante (*Anthoxanthum odoratum*, fig. 750),
graminée, à l'odeur si douce qui rappelle le parfum du foin nouvellement coupé. Nous retrouvons, d'ailleurs, ce parfum chez beaucoup
d'autres plantes appartenant à des classes toutes différentes, par
exemple chez le Muguet des bois (*Asperula odorata*) et chez le *Dipte-
rix odorata*.

Fig. 750. — Anthoxanthum
odoratum.

Fig. 751. — Stipa pinnata.

Fig. 752,
Lagurus ovatus.

J'ai négligé, pendant des années, la *Stipa pinnata* (fig. 751). C'est

une graminée anglaise très rare, mais extrêmement belle, que je cultiverai certainement de nouveau.

Le *Lagurus ovatus* (fig. 752) est une autre graminée fort jolie que l'on trouve quelquefois en Angleterre et qui devrait avoir sa place dans tous les jardins. Il y a beaucoup d'autres espèces de graminées décoratives que l'on peut cultiver çà et là quand on dispose d'un espace suffisant; à différentes époques, j'en ai possédé de nombreuses espèces. Je dois en citer une tout particulièrement, l'herbe aquatique (fig. 753), qui orne le bord d'un de mes ruisseaux.

Fig. 753.
Herbe aquatique.

Fig. 754.
Roseau commun.

Le roseau commun (*Phragmites communis*, fig. 754) atteint une hauteur de dix pieds et est surmonté par une fort jolie fleur. Ses racines s'étendent fort loin dans le sol, j'en ai vu qui passaient sous une allée et ressortaient de l'autre côté. Le roseau constitue un véritable ornement quand on le plante dans un endroit convenable (voir planche 13). Sur le cours inférieur de la Tamise, on trouve des hectares entiers plantés avec ce roseau; dans le comté d'Essex, on en fait des haies.

L'espèce méridionale (*Arundo donax*) est plus grandiose encore. Cette espèce pousse à l'état sauvage sur les bords de la Méditerranée, en France et en Italie; il y atteint une telle grandeur et une telle force qu'on l'emploie comme échalas pour supporter les vignes. En Angleterre, ce roseau n'atteint pas plus de six ou sept pieds.

Il y a, à Ceylan, une espèce très curieuse de graminée, l'herbe-citron (*Andropogon schœnanthus*). En Angleterre, il faut cultiver cette plante dans une serre. Quand on écrase ses feuilles, elles exhalent le parfum du citron. Je cultive cette graminée dans la serre à fruits en été et dans la serre à fougères en hiver. On en extrait une huile essentielle qui se vend en quantité considérable sous le nom de verveine; on l'emploie aussi quelquefois pour parfumer le sucre et on me dit qu'une once de cette huile parfume au moins une tonne de sucre.

Je cultive dans la serre à fougères une espèce exquise de graminée (*Panicum variegatum*, fig. 755); cette plante redoute l'ombre à tel point qu'elle meurt bien vite si on ne lui donne pas une grande abondance de lumière. Malgré cette difficulté, je ne saurais trop la recommander, car elle a des couleurs extrêmement belles.

Fig. 755.--Panicum variegatum. Fig. 756. — Chiendent.

Le Chiendent (fig. 756), dont je reparlerai dans le chapitre des mauvaises herbes, est la terreur des jardiniers; j'en possède malheureusement une certaine quantité.

Le Dactyle pelotonné (*Dactylis glomerata*, fig. 757) pousse sur les bords de ma rivière. Quand elle est en fleur, cette plante produit une quantité prodigieuse de pollen. Depuis l'âge de cinq ans jusque pendant ces dernières années, j'ai souffert annuellement de la fièvre des foins et je pouvais à peine m'aventurer hors de Londres quand cette graminée était en fleur, c'est-à-dire ordinairement du 10 au 20 juin. Cette maladie, toutefois, m'a quitté soudainement, et je puis actuellement considérer avec impunité le pollen qui tombe de la fleur. Pendant les

Fig. 757 — Dactyle pelotonné.

Fig. 758.—Carex pendula.

attaques de cette fièvre, l'opium et le tabac me procuraient un grand soulagement; l'obscurité me faisait aussi beaucoup de bien. Il y a une

variété de cette graminée à feuilles colorées que l'on emploie quelquefois pour les bordures.

Le *Carex pendula* (fig. 758) est une plante sauvage qui pousse près
de Londres. Je me rappelle l'avoir observée à Hampstead alors que
j'étais étudiant. On en trouve de grandes quantités à Hornsey; c'est
une plante magnifique et très décorative; on peut juger de l'effet
qu'elle produit en jetant les yeux sur la planche 16.

LES MAUVAISES HERBES ET LES PLANTES SAUVAGES.

Byron dit en parlant des plantes sauvages de l'Italie : « Toutes tes
mauvaises herbes sont des fleurs. » Je pourrais réellement appliquer
ces mots à mon jardin, car beaucoup de mes fleurs poussent spontanément comme mauvaises herbes sans que, bien entendu, on en ait
pris le moindre soin et sans qu'elles aient reçu trace de culture. La
première plante sauvage qui produise de belles fleurs au printemps
est le *Ranunculus ficaria* (fig. 759); ses feuilles sont brillantes et ses
fleurs d'un jaune très vif. On voit rarement plante cultivée qui soit plus

Fig. 759. — Ranunculus
ficaria.

Fig. 760. — Caltha palustris.

Fig. 761. — Iris aquatique jaune

belle. Bientôt après vient le Souci des marais (*Caltha palustris*, fig.
760); c'est une plante que je cultive actuellement, car la fleur en est
très belle et, à certaines époques de l'année, elle forme certainement
l'objet le plus splendide du jardin. On en connaît une variété double
qui est aussi fort belle. Quant à moi, je préfère de beaucoup la fleur
sauvage et je ne saurais trop recommander de la cultiver.

L'Iris aquatique jaune (*Iris pseud-acorus*, fig. 761) se plaît beaucoup sur les bords du lac. Tout d'abord il n'y en avait pas un seul dans mon jardin, bien qu'il ait envahi un champ voisin ; ''en cultive aujourd'hui une assez grande quantité ; la fleur de cette plante a le rare mérite de se conserver très longtemps après avoir été coupée.

Le Jonc (fig. 762) est aussi une plante que j'ai empruntée aux champs voisins. Il fait, avec l'iris, un abri excellent pour les poules d'eau qui abondent aujourd'hui sur le lac.

La Lysimachie pourpre (*Lythrum Salicaria*, fig. 763) contribue beaucoup à orner le bord des rivières pendant

Fig. 762 -- Jonc.

Fig. 763. -- Lysima-
chie pourpre.

l'été. Cette plante vivace pousse naturellement dans mon jardin. Ses grappes de fleurs rouge pourpre sont magnifiques. Je cultive aussi une variété de cette plante, le *Lythrum roseum* ; mais est-ce bien une variété, car j'observe qu'à l'état sauvage chacune de ces plantes diffère par l'intensité de la couleur. Les rivières perdraient beaucoup de leur intérêt si cette importante plante sauvage venait à disparaître ; elle contribue tout particulièrement à donner aux bords de la Tamise son aspect brillant si remarquable en été.

La Scrophulaire noueuse (*Scrophularia nodosa*, fig. 764) fleurit un peu plus tard dans la saison sur les bords de la Wandle.

J'ai importé de la vallée de la Tamise le magnifique Jonc fleuri (*Butomus umbellatus*, fig. 765), qui est asez rare sur les bords de la Tamise et sur ceux de la Lea ; ce jonc n'a pas encore fleuri dans mon jardin.

Fig. 764.
Scrophulaire.

Il est à remarquer que le charmant lys aquatique blanc ne pousse pas dans mon jardin et que je n'ai pu l'y acclimater ; je ne saurais dire si c'est à cause de la qualité de l'eau ou à cause de sa basse température en été. J'ai essayé plusieurs fois de cultiver cette plante, mais sans succès; un de mes voisins a essayé pendant des années, mais n'a pas réussi non plus. Le lys aquatique jaune n'habite pas non plus nos rivières.

L'Hydrocharide (*Hydrocharis morsus-ranœ*, fig. 766) est une plante charmante. Je l'ai trouvée dans un champ voisin et l'ai placée dans un petit étang où elle pousse et fleurit à merveille.

Fig. 765. — Jonc fleuri.

Fig. 766. — Hydrocharide.

Fig. 767. — Véronique.

Au commencement du printemps, une mauvaise herbe charmante prend la liberté de pousser spontanément dans nos parterres, c'est la Véronique (*Veronica chamœdrys*, fig. 767). Si l'on coupe ses fleurs, elles se fanent très rapidement; mais si on les laisse sur la plante, elles nous réjouissent longtemps les yeux, tandis que le rossignol nous réjouit les oreilles; ne savons-nous pas, d'ailleurs, quand cette fleur paraît, que l'été est proche. Quant à moi, je la considère comme une beauté au milieu de toutes les beautés du jardin. Une variété, la *Veronica Beccabunga*, se plaît beaucoup dans l'eau.

L'Herbe de la Saint-Jean atteint chez moi une grande perfection; c'est une plante très décorative si on sait l'employer à propos. La Marguerite des prés (*Chrysanthemum leucanthemum*) porte de belles fleurs blanches et paraît tout fier de sa personne. En Ecosse, le magnifique *Chrysanthemum segetum* (fig. 768) est aussi commun que le chrysanthemum leucanthemum l'est dans les environs de Londres. A mon dernier voyage en Ecosse, j'ai rapporté plusieurs plants de chrysan-

themum segetum; mais le temps seul pourra démontrer si le climat
de notre pays convient à cette plante.

Fig. 768. — Chrysanthemum
segetum.

Fig. 769. — Lysimachia
nummularia.

Fig. 770. — Spiræa
ulmaria.

Pendant l'été, l'Herbe aux écus (*Lysimachia nummularia* fig. 769),
se couvre de fleurs ; ses boutons placés tout contre ses tiges grimpantes
ressemblent à autant de pièces d'or. C'est une plante que tout le monde
aime et on la voit dans bien des maisons de Londres. Je possède une
variété de cette plante dans laquelle les fleurs sont jaune d'or au lieu
d'être vertes comme dans la variété ordinaire; mais il arrive qu'il n'y
a plus de contraste entre la feuille et la fleur, et c'est là un excellent
exemple de ce qu'on appelle les fleurs de fleuristes et de ce que j'appelle
une détérioration de la nature par l'art.

La Reine des prés (*Spiræa ulmaria,* fig. 770) pousse à l'état sauvage dans mon jardin ; on dirait qu'elle a résolu de ne pas perdre
ses parfums dans le désert ; je cultive cette plante avec soin et quand
on la mélange à l'espèce rose du Japon, on peut se procurer des
corbeilles aussi belles qu'avec n'importe quelle autre plante.

Je possède dans mon champ de beaux spécimens de la Mauve (*Malva
sylvestris,* fig. 771). C'est réellement une belle plante; mais elle est
trop grande pour qu'on puisse l'introduire dans le jardin, excepté
peut-être dans des coins que l'on ne cultive pas ordinairement.

L'*Achillea millefolium* pousse souvent dans le gazon; mais la tondeuse l'empêche toujours de fleurir, ce que je regrette quelquefois.

Fig. 771. — Malva sylvestris.

Fig. 772. — Datura Stramonium.

Fig. 773. — Myosotis palustris.

De temps en temps, le *Datura stramonium* (fig. 772) fait son apparition dans mon jardin.

Sur les bords de mes ruisseaux pousse abondamment le vrai Ne m'oubliez pas (*Myosotis palustris* fig. 773), qui est sans contredit une des plus belles fleurs qu'il y ait. Dans l'eau elle-même, la Renoncule aquatique (fig. 774) prouve que la nature tient en réserve une beauté pour chaque situation.

Dans nos cressonnières pousse constamment le *Sium angustifolium*

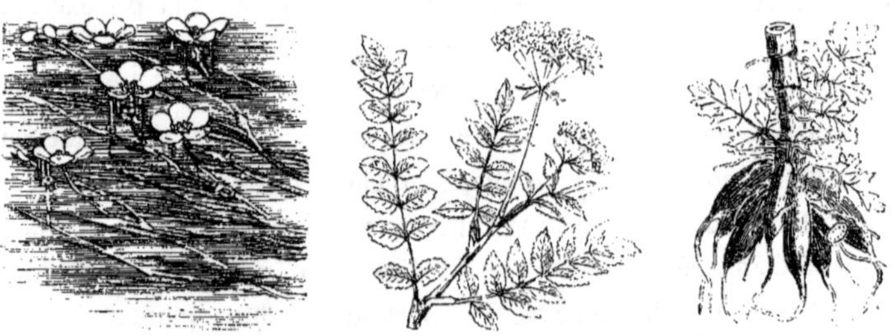

Fig. 774. — Renoncule aquatique.

Fig. 774 *a.* — Sium angustifolium.

Fig. 774 *b.* — Racine vénéneuse de l'Œnanthe crocata.

(fig. 774 *a*); mais je n'ai pas permis au Panais aquatique (*Œnanthe crocata* (fig. 774 *b*) si dangereux, si terrible, d'envahir nos ruisseaux.

Les Boutons d'or et les Marguerites sauvages sont infiniment plus beaux que tout ce qui sort de la main des fleuristes ; dans les endroits ombragés, le *Chrysosplenium oppositifolium* (fig. 775) forme des corbeilles extrêmement belles.

J'ai déjà parlé des magnifiques graminées, telle que la *Briza media ;* j'ai parlé aussi des graminées aquatiques et des roseaux qui poussent dans nos ruisseaux. Or, les plantes que je viens de décrire peuvent former un jardin délicieux qui contiendrait des espèces beaucoup plus belles, beaucoup plus variées, que bien des jardins artificiels

Fig. 775. — Chrysosplenium
oppositifolium.

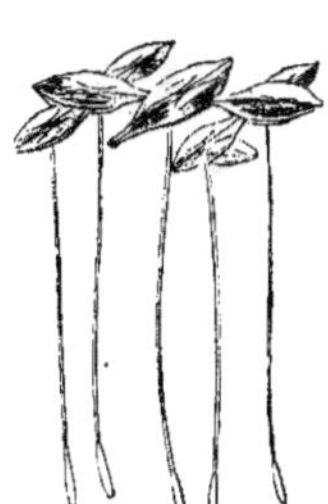

Fig. 776. — Lemna
Trisulca.

Fig. 777. — Lemna
Minor.

bien labourés, bien sarclés, bien ratissés, où l'art du jardinier semble toujours vouloir combattre la nature.

On pourrait, à côté de ces plantes aux fleurs exquises, en citer beaucoup d'autres plus modestes, mais cependant bien belles encore. Ainsi, par exemple, la *Lemna trisulca* (fig. 776), la *Lemna minor* (fig. 777), deux plantes aquatiques, et la *Callitriche* (fig. 778), plante aquatique aussi, dont le magnifique feuillage forme de véritables grottes dans lesquelles les truites aiment à se réfugier.

Fig. 778. — Callitriche.

J'ai introduit dans mes ruisseaux un ou deux plants de la plante Pointe-de-Flèche (*Sagittaria sagittifolia*, fig. 779). Cette plante se trouve dans la Tamise, au-dessus d'Oxford, où elle pousse en si grande quantité qu'elle gêne considérablement la navigation ; je l'ai vue même, dans certains endroits, envahir le fleuve d'un

bord à l'autre. Quoi qu'il en soit, cette plante est si charmante et la
fleur en est si belle qu'elle est bien digne d'être cultivée.

L'*Alisma Plantago* (fig. 780) est une autre plante aquatique qui

Fig. 779. — Sagittaria
sagittifolia.

Fig. 780. — Alisma Plantago.

Fig. 781. — Epilobium
hirsutum.

n'est pas tout à fait aussi belle que la sagittaria; elle croît spontanément sur les bords de mon lac.

L'*Epilobium hirsutum* (fig. 781) borde tous les ruisseaux et pousse
en aussi grande quantité que je veux bien le lui permettre. C'est là
aussi une de ces plantes qui rendent les bords de la Tamise plus beaux
que tous les jardins cultivés. Elle ne devient pas aussi belle chez moi
que sur les bords des grandes rivières ; mais, cependant, un plant çàet
là constitue un véritable ornement.

J'ai fait planter dans un petit étang le Soldat aquatique (fig. 782);

Fig. 782. — Soldat aquatique.

c'est une plante curieuse qui pousse à l'état sauvage dans quelques étangs de Clapham et de
Wandsworth. Il se forme en automne, tout autour
de cette plante, de petits bourgeons bulbeux qui
prennent bientôt racine et qui forment de nouvelles plantes au printemps suivant. Sur les bords
du même étang, je cultive l'*Hydrocotyle vulgare*
(fig. 783) qu'on trouve à l'état sauvage dans les
étangs de Mitcham.

Il nous faut parler maintenant de mauvaises herbes fort désagréables qui poussent partout où l'on n'en a pas besoin et qui gênent plus
ou moins sérieusement l'horticulteur. Une charmante petite plante ap-

pelée *Marchantia* me gêne beaucoup; elle pousse dans mes marais

Fig. 783. — Hydrocotyle vulgare.

Fig. 783 *a*. — Damasonium stellatum.

Fig. 784. — Anacharis.

artificiels et tout autour de mes blocs de grès, et détruit toutes les plantes auprès desquelles elle se trouve.

M. Worthington Smith m'apprend qu'une plante très rare, le *Damasonium stellatum* (fig. 783 *a*) se trouve dans les étangs de mon voisinage. Je regrette de dire que je ne connais pas cette plante, mais j'ai pensé qu'il était bon de la représenter d'après un dessin que m'a donné ce savant botaniste.

L'*Anacharis* (fig. 784) ou, comme on l'appelle quelquefois, l'*Elodea canadensis*, est une plante aquatique aussi désagréable dans nos ruisseaux que la *Marchantia* peut être sur terre. L'*Anacharis* est originaire de l'Amérique septentrionale, il a paru en Angleterre pour la première fois en 1842, mais il s'est propagé maintenant dans toutes les parties de la Grande-Bretagne; il ne pousse pas dans l'eau très profonde et préfère de beaucoup celles dans lesquelles se trouve un peu d'engrais. M. Thornthwaite a fait, dans une de mes serres, une expérience assez curieuse prouvant que cette plante ne pousse pas dans l'eau distillée, pousse difficilement dans l'eau pure, mais pousse admrablement dans l'eau de la rivière qui recevait alors les eaux vannes de Croydon. Ceci prouve qu'un des résultats les plus importants d'une nouvelle législation, relativement aux eaux vannes, serait de diminuer la quantité de ces mauvaises herbes qui causent de nombreux désagréments aux pêcheurs. Le professeur Owen m'a appris que les cygnes aiment beaucoup l'*Anacharis;* je me suis immédiatement procuré des cygnes d'après son conseil et, depuis ce temps, j'ai toujours un couple de jeunes cygnes qui dévorent cette herbe avec tant d'avidité qu'il en reste actuellement fort peu chez moi. La plante femelle existe seule en Angleterre, la figure 784 représente .a fleur de cette plante.

La *Bryonia dioica* (fig. 785) est une plante grimpante dont la racine atteint la grosseur de deux ou trois navets. Cette plante est fort élégante et il est bon d'en laisser une ou deux parmi les arbrisseaux.

Fig. 785. —Bryonia dioica.

La Vigne de Judée (*Solanum dulcamara,* fig. 786) est loin d'être aussi gracieuse, mais elle produit des fruits qui font un effet charmant; elle grimpe sur les arbrisseaux et se couvre de grappes écarlates de baies vénéneuses. Elle constitue, dans quelques endroits, un si grand ornement que je n'ai pas le courage de l'arracher.

Il y a deux plantes fort jolies qui sont de véritables pestes, car elles poussent partout où on n'en a pas besoin. L'une d'elles, le Convolvulus commun ou Liseron, atteint en une seule saison une hauteur de vingt pieds, puis se couvre de ses charmantes fleurs blanches. Le meilleur moyen de le détruire est d'arracher les jeunes pousses pendant le printemps et pendant l'été; mais il faut persévérer pendant longtemps pour

Fig. 786. Solanum Dulcamara.

épuiser la plante, car arracher les pousses une ou deux fois ne semble pas faire plus de mal à la racine que nous ne faisons de mal à nos asperges en les coupant de temps en temps. Le Houblon sauvage est une autre plante grimpante qui nous cause beaucoup d'ennuis, car, malgré tous nos soins, il envahit toutes nos haies. Il est très joli, mais il détruit la haie; aussi sommes-nous obligés de le traiter comme nous traitons le Liseron.

Une variété charmante du Liseron (*Convolvulus arvensis*, fig. 787)

nous cause souvent aussi beaucoup d'ennui. Cette plante atteint sa
plus grande perfection sur les collines de craie du voisinage. J'aime
cette mauvaise herbe à cause de la beauté de sa fleur et du parfum
qu'elle répand, mais elle est loin d'être aussi belle dans mon jardin
que sur les collines de craie.

La charmante *Potentilla Anserina* (fig. 788) pousse constamment
au milieu de mes joubardes. Le seul moyen de la détruire sans s'exposer
à troubler nos plantes est de la dépouiller constamment de ses feuilles.

C'est sans contredit une des mauvaises herbes les
plus belles qu'il y ait, elle a des fleurs admirables et
des feuilles d'une teinte exquise; on ne peut cependant tolérer sa présence au milieu des plantes cultivées.

Le Chiendent est une autre mauvaise herbe dont

Fig. 787. Convolvulus arvensis. Fig. 788. Potentilla Anserina. Fig. 789. Arum maculatum.

nous aimerions à nous passer entièrement; nous n'en avons heureusement pas beaucoup. Pour s'en débarrasser, il faut retourner le
terrain de façon à ne laisser aucune partie de sa racine. A Naples,
les tiges souterraines du Chiendent ou d'une espèce analogue forment
la base de la nourriture des chevaux.

Le Seneçon et le Mouron sont aussi fort désagréables, mais mon
jardinier les surveille attentivement et on en rencontre fort peu dans
mon jardin.

L'Arum maculatum (fig. 789) est une plante intéressante qui réussit bien dans nos haies. J'ai essayé d'introduire, mais sans succès,
une curieuse petite espèce d'*Arum*, originaire des côtes de la Méditer-

ranée, où, en quelques endroits, elle couvre littéralement le sol.

Sur un des côtés du lac, croît le *Petasites vulgaris*, plante que les ignorants considèrent comme la plus pernicieuse des mauvaises herbes, mais que je regarde moi, quand elle atteint le développement qu'elle a atteint dans mon jardin, comme une des plantes les plus magnifiques qu'il y ait. Cette plante se couvre de fleurs au commencement du printemps; le feuillage ne vient que plus tard, et ce feuillage participe plus au caractère de la végétation tropicale qu'à celle des régions tempérées. On aura quelque idée de l'effet produit par cette plante si l'on jette les yeux sur la planche 18. Je ne saurais trop recommander de la cultiver dans les endroits sauvages où elle peut trouver en abondance l'espace et l'humidité.

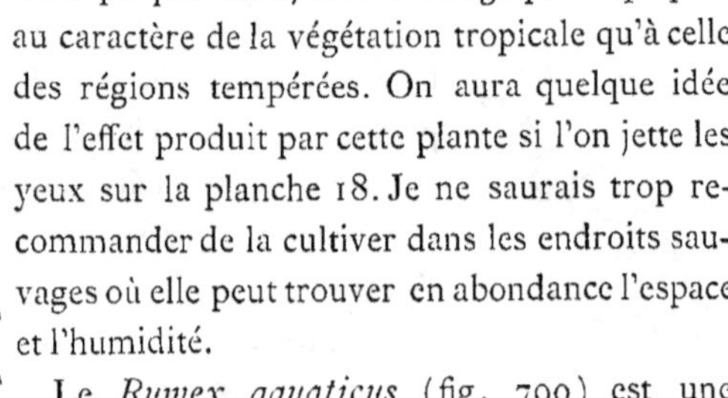

Fig. 790. — Rumex aquaticus.

Le *Rumex aquaticus* (fig. 790) est une autre plante à belles feuilles qui atteint une hauteur de six pieds. Nous en avons un fort beau plant dans la rivière, auprès de la palissade qui ferme le parc. Le *Rumex aquaticus* se plaît sur les bords de la Tamise et c'est une des plantes qui contribuent à donner aux rives de ce fleuve un aspect si particulier.

Le Panais gigantesque (*Heracleum giganteum*) est une plante magnifique qui, dans certains endroits, produit beaucoup d'effet; j'en possède quelques plants dans mon jardin.

Le Laiteron doit être arraché dès qu'il paraît; la Renoncule traînante est une mauvaise herbe très désagréable. Le Chardon pousse dans nos champs, mais la bêche du jardinier l'empêche toujours de produire des graines; je suis, par conséquent, assez cruel pour priver mon chardonneret favori, qui me réjouit continuellement de ses chants, du dessert qu'il préfère à tous les autres.

> « Pro molli viola, pro purpureo narcisso
> Carduus et spinis surgit paliurus acutis. »
> Virgile, *Bucoliques.*

Quoi qu'on fasse, les mauvaises herbes poussent toujours, mais, comme je l'ai déjà dit, nous en avons fort peu, grâce aux soins du jardinier.

Les plantes sauvages ne sont pas, d'ailleurs, toujours inutiles, car on voit paraître à chaque instant des framboisiers et des groseillers; le châtaignier se reproduit souvent aussi, grâce aux graines que laissent tomber les oiseaux. Je n'ai jamais remarqué, dans mon jardin, un pommier, un poirier ou un prunier sauvage, mais il se présente quelquefois des pêchers.

J'ai vu la Cuscute (*Cuscuta epithymum*, fig. 791) attaquer une seule fois un plant d'airelle. J'étais bien trop heureux d'avoir chez moi un spécimen de Cuscute pour songer à le détruire; la cuscute ne montra pas autant de savoir vivre et détruisit mon airelle. C'est une plante terrible pour le trèfle, elle en tue souvent des champs tout entiers. La cuscute n'a pas de racines, elle suce la sève des plantes sur lesquelles elle vit.

Fig. 791.—Cuscuta epithymum.

Si l'on jette un coup d'œil d'ensemble sur les mauvaises herbes, on verra combien la présence de la rivière dans le jardin a d'influence sur leur développement, car la plus grande partie de celles que j'ai décrites, croissent naturellement sur les bords des rivières ou dans les terrains immédiatement adjacents.

LES ALGUES.

Il y a beaucoup d'Algues dans mon jardin, ce sont des objets intéressants en ce qu'ils représentent le type le plus infime de la vie végétale. Il se forme, en hiver, sur les palissades du Parc et sur le tronc des arbres une sorte de poussière verte, c'est le *Protococcus viridis* (fig. 792). Il se compose de cellules excessivement petites qu'on ne peut examiner qu'en se servant d'un puissant microscope. La fig. 793 représente cette plante grossie 600

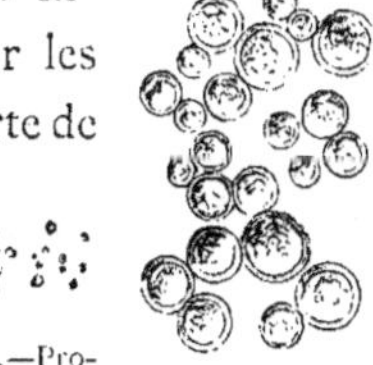

Fig. 792.—Protococcus viridis (grossi 100 fois en diamètre).

Fig. 793. — Le même grossi 600 fois en diamètre.

fois ; quand on ne la grossit que 100 fois (fig. 792), on ne distingue encore que de la poussière.

Dès que les froids sont finis, on remarque sur le sol une espèce de mousse verte ; c'est la *Lyngbya muralis* composée de fibres délicates. Quand on la grossit 100 fois en diamètre (fig. 794), les tubes de cette

Fig. 794. — Lyngbya muralis, × 100 diamètres.

Fig. 795. — Ditto. × 300 diamètres.

Fig. 796. — Nostoc commune.

algue paraissent simplement comporter un grand nombre de divisions transversales ; mais quand on porte le grossissement jusqu'à 300 diamètres (fig. 795), on peut observer la structure de chaque cellule.

Plus tard dans la saison on trouve, après la pluie, dans les allées sablées, une plante curieuse, le *Nostoc commune* (fig. 796). Vue à l'œil nu, cette plante ressemble à de la gelée verte ; vue au microscope, on découvre la conformation indiquée par la gravure.

Mais les conferves les plus importantes vivent dans l'eau et exercent une grande influence sur l'état de la rivière. Au commencement du

Fig. 797. — Conferva rivularis, grandeur naturelle.

Fig. 798. — Conferva rivularis, grossie 100 fois en diamètre.

Fig. 799. — Conferva, grossie 50 fois en diamètre.

printemps paraît la *Conferva rivularis* (fig. 797). Vue à l'œil nu, c'est un paquet de longs fils délicats ; grossie 100 fois en diamètre (fig. 798), on distingue parfaitement une multitude de divisions dont chacune contient une cellule. La conferve grossière représentée dans la figure 799 montre combien les filaments de la *Conferva rivularis* sont délicats quand on les compare à ceux des autres espèces.

Une variété beaucoup plus grossière, la *Cladophora crispata*, se plaît au bord des ruisseaux et devient souvent fort désagréable quand on cultive des plantes aquatiques dans les serres. Les fibres sont visibles à l'œil nu, elles se divisent en branches au lieu d'être continues, comme celles de la *Conferva rivularis*. La fig. 800 représente ces fibres de grandeur naturelle et les mêmes grossies 100 fois en diamètre.

Il y a, en hiver, et au commencement du printemps, dans notre ruisseau central

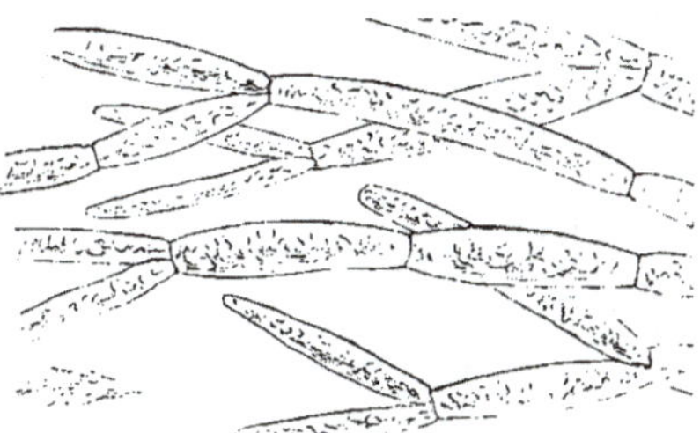

Fig. 800. — Cladophora crispata, grandeur naturelle, et grossie 100 fois en diamètre.

de nombreux spécimens de la magnifique conferve, *Batrachospermum moniliforme*. La fig. 801 la représente de grandeur naturelle, et grossie 100 fois en diamètre, c'est un objet fort recherché pour le microscope. Cette plantule ne se trouve pas dans tous les ruisseaux;

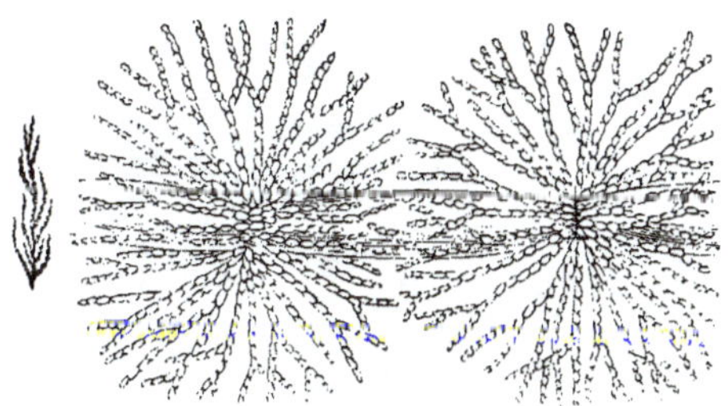

Fig. 801. — Batrachospermum moniliforme, grandeur naturelle et grossi 100 fois en diamètre.

Fig. 802. — Cladophora glomerata, grandeur naturelle et grossie 100 fois en diamètre.

mais il en pousse assez dans mon jardin pour en fournir à tous les possesseurs de microscope de l'Angleterre. Elle adhère aux pierres qui se trouvent à environ un pied sous l'eau.

On remarque souvent, auprès des touffes de Batrachospermum qui ont une couleur foncée, de petites touffes du vert le plus brillant. C'est la *Cladophora glomerata* (fig. 802) qui constitue un admirable objet d'étude pour le microscope. On distingue difficilement à l'œil nu l'arrangement de ses fibres ; un grossissement de cent diamètres révèle son admirable forme arborescente, mais il faut un grossissement plus considérable pour examiner sa structure.

La *Draparnaldia glomerata* (fig. 803) est plus belle encore et beaucoup plus rare ; elle est remarquable en ce qu'elle a une grosse tige centrale à laquelle s'attachent toutes les autres tiges. Cette plante est aussi un magnifique objet pour le microscope.

Au mois de mars paraissent ordinairement sur le lac des taches irrégulières formées par certaines végétations vertes. Examinées au microscope sous un grossissement de cent diamètres, on voit que ces taches se composent d'un grand nombre de

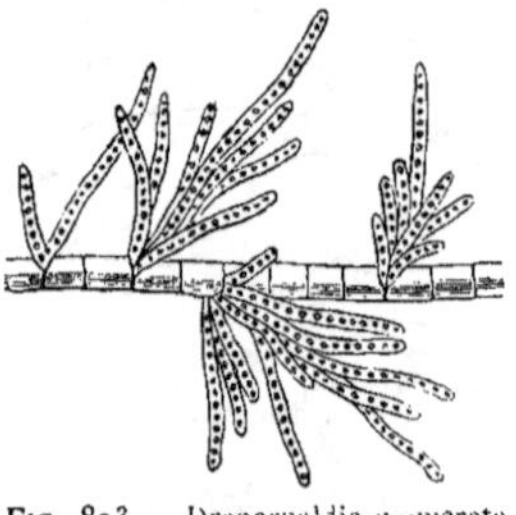

Fig. 803. — Draparnaldia glomerata, grossie 100 fois en diamètre.

cellules auxquelles on a donné le nom de *Tetraspora lubrica* (fig. 804). Au fond de la rivière on trouve aussi des conferves vert brillant. Examinés sous un grossissement de cent diamètres, tous les filaments de cette conferve semblent joints les uns aux autres ; avec un grossissement de

Fig. 804. — Tetraspora lubrica grossie 100 fois en diamètre.

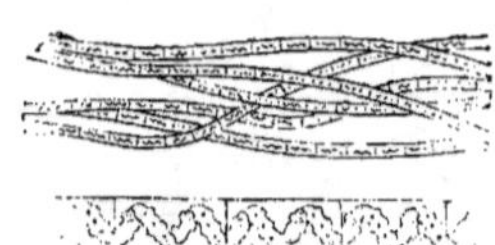

Fig. 805. — Zygnema spiralis (la fig. supérieure grossie 100 fois en diamètre, la fig. inférieure grossie 400 fois en diamètre.)

400 diamètres on observe une magnifique structure en spirale. Jusqu'à présent je n'ai découvert aucun moyen de monter cet objet de façon permanente car, chose assez étrange, il se ratatine toujours et perd pendant

l'opération sa conformation en spirale. On lui a donné le nom de *Zygnema spiralis* (fig. 805).

Vers le mois de juillet, cette conferve semble se réveiller soudain; elle pousse alors avec une telle rapidité que j'ai quelquefois tiré de l'eau des paquets de filaments ayant quinze mètres de longueur. Elle forme une sorte d'écume très épaisse à la surface de l'eau comme on peut le voir dans la planche 14, des milliers d'insectes et de limaces aquatiques vivent au milieu des filaments de cette plantule; les truites aiment à s'y ébattre, et les canards toujours actifs ne la quittent pas d'un instant, car ils se nourrissent toute la journée des animaux qu'elle a attirés. Quelquefois nous en tirons de la rivière une immense quantité, mais cela cause un grand travail, car cette conferve émet, en se décom posant, une odeur très désagréable. On a essayé d'en faire du papier; mais la fibre n'est pas suffisamment forte. Quand arrivent les pluies de septembre, cette plantule meurt; la tige se détache du pied et elle est entraînée par le courant de la rivière; mais elle repousse l'année suivante à la même place.

La rivière contient encore d'autres conferves : celles par exemple que représente la fig. 799; mais nous en avons dit assez, pour montrer le caractère général de cette végétation. Vers l'automne, un curieux changement se produit dans les filaments des conferves; deux fibres parallèles se couvrent de croissances qui finissent par s'unir. On a donné à cet état le nom de conjonction (fig. 806); cette réunion semble produire un singulier effet sur les cellules des fibres elles-mêmes, et la conjonction se termine toujours par l'expulsion de spores, au moyen

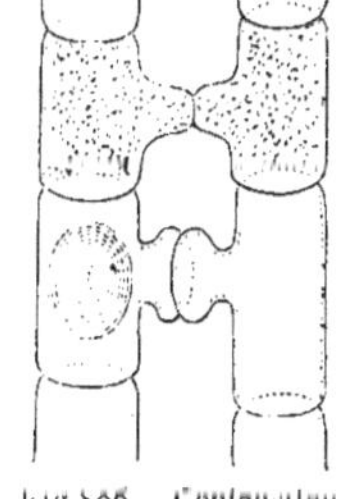

Fig. 806.— Conjonction des conferves.

desquels la plante se reproduit l'année suivante. La figure ci-contre a été gravée d'après un dessin dû au crayon de M. Quekett.

Après les algues, on trouve des plantules fort intéressantes appelées les Desmidiées, qui offrent aussi un grand intérêt, vues au microscope. Ces plantules ne sont pas très nombreuses dans mon jardin, car elles préfèrent les petits étangs dont la température est plus élevée que celle de mes ruisseaux. J'en ai observé cependant six ou sept espèces qui comportent un petit nombre d'individus, car notre eau ne semble pas leur convenir. On ignore absolument jusqu'à présent quel rôle jouent ces plantules dans l'économie de la nature.

Fig. 807. — Closterium Leibleinii, grossi 150 fois en diamètre.

La fig. 807 représente le *Closterium Leibleinii*; je la donne ici comme spécimen du genre.

Un autre groupe extraordinaire de plantules appelées Diatomées (fig. 808 à 814), chez lesquelles quelques auteurs reconnaissent plusieurs genres, abondent littéralement dans mon jardin. Un jour, les

Fig. 808. — Epithemia turgida, × 200 diam.

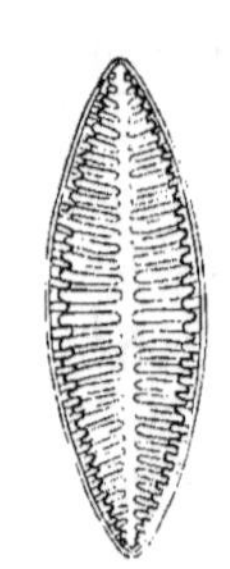

Fig. 809. — Surinella biseriata, × 200 diam.

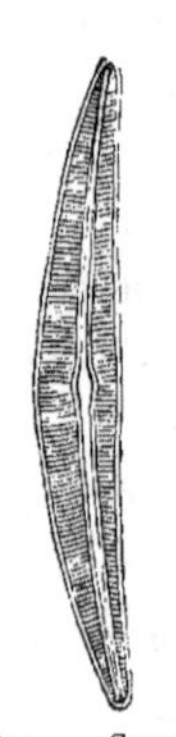

Fig. 810. — Cocconema lanceolatum, × 200 diamètres.

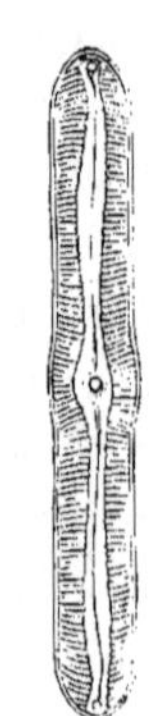

Fig. 811. — Pinnularia major, × 200 diamètres.

cailloux de nos ruisseaux sont aussi brillants que les ornements d'un salon bien entretenu; quelques jours après, ils semblent recouverts de vase et de limon. Or, cette vase et ce limon sont composés d'organismes végétaux qui s'appellent des diatomées. Quelques auteurs considèrent que ces infiniment petits appartiennent au règne végétal. Toutes les diatomées se ressemblent, en ce sens qu'elles ont toutes un squelette siliceux. Ce squelette a été beaucoup plus observé que l'organisme lui-même, et il y a beaucoup de savants qui ont consacré leur vie à l'observation des marques qui se trouvent sur ces corps siliceux. On vend couramment dans le commerce une plaquette préparée pour le microscope, contenant quatre cents espèces différentes;

cela coûte une centaine de francs, et c'est peut-être une des préparations les plus admirables qui aient jamais été faites.

M. William Thornthwaite a examiné avec soin les diatomées de mon jardin ; il a découvert environ cinquante espèces. Chaque saison paraît amener avec elle sa variété particulière qui paraît et disparaît avec une grande rapidité. L'étude des diatomées, à ne prendre que celles

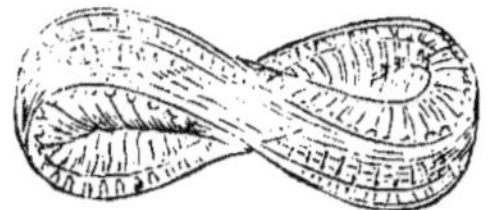

Fig.812.—Cymelopleura Fig 813.—Pleurosigma   Fig. 814. --Campylodiscus spiralis,
solea, × 200 diam.   attenuatum, × 200 diam.   × 200 diam.

seulement qui fréquentent mes ruisseaux, suffirait à occuper la vie entière d'un savant, car on n'a encore aucune donnée sur le mode de vie de ces végétaux et sur les causes de leurs variations de formes ; on n'en est donc encore qu'au début de cette immense étude et on ne connaît pas l'histoire naturelle complète d'une seule diatomée. Ces plantules siliceuses ont été si communes à certaines époques de l'existence de notre globe, que quelques couches fossiles de grande étendue sont entièrement formées par elles. A Richmond, en Amérique, par exemple, il y a une couche de ces fossiles ayant vingt milles de longueur et plusieurs pieds d'épaisseur. Les poudres à polir sont formées de ces particules siliceuses et le guano en contient, dit-on, une grande proportion. Il y a raison de croire que quelques poissons s'en nourrissent, j'ai fait examiner, pour m'en assurer, les intestins des jeunes truites, mais sans aucun succès. A l'état naturel, ces plantules sont beaucoup plus belles qu'à l'état de squelette, qui présente cependant tant d'attrait pour le savant armé de son microscope. La *Melosira varians* ressemble à une quantité de cartons à chapeaux empilés les uns sur les autres; le *Meridion circulare* ressemble à une roue avec ses rayons; le *Diatome vulgare* ressemble à un escalier. Je ne saurais trop recommander l'étude de ces plantules, car elles offrent un puissant intérêt.

Il n'y a pas beaucoup de mousses dans mon jardin, bien qu'on en trouve quatre ou cinq cents espèces dans la Grande-Bretagne. Cependant la *Fontinalis antipyretica* (fig. 815) pousse abondamment dans quelques endroits sur la rivière. Cette mousse contient une si grande quantité de silex que les Lapons s'en servent autant que possible dans la construction de leurs maisons pour les empêcher de brûler.

Fig. 815.—Fontinalis antipyretica.

La *Funaria hygrometrica* (fig. 816) est une mousse fort jolie qui pousse bien dans mon jardin.

Pour observer avec plus de soin cette classe de plantes inférieures, j'avais disposé un endroit spécial pour leur culture; mais il s'est présenté une difficulté que je n'avais pu prévoir : les merles ont décou-

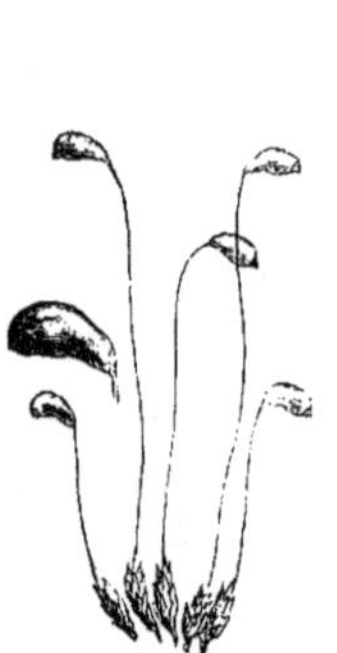

Fig. 816. — Funaria hygrometrica.

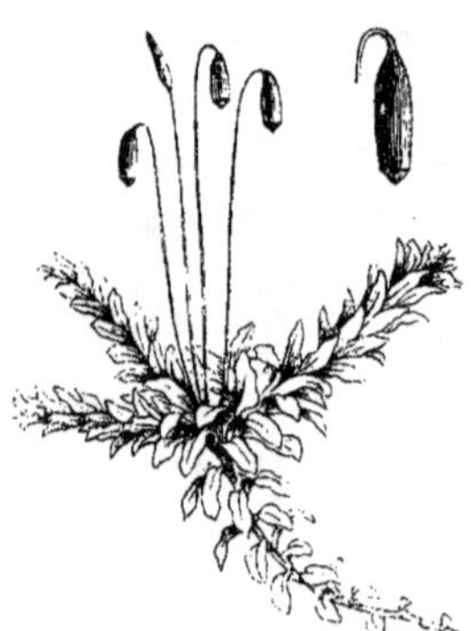

Fig. 817, — Mnium undulatum.

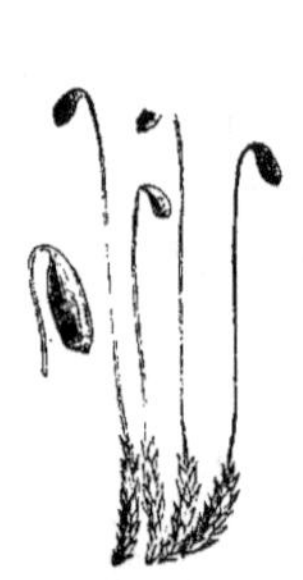

Fig. 818. — Mnium cuspidatum.

vert cet emplacement et ils ont haché mes mousses avec autant de rapidité que l'auraient pu faire des poulets.

Le *Mnium undulatum* (fig. 817) est une de mes plantes favorites. Je cultive, sous un globe, cette mousse qui est aussi belle que n'importe quelle fougère ; la fig. 818 représente une autre espèce, le *Mnium cuspidatum*, petite mousse qui recouvre les rochers et les pierres de mon jardin. Le *Sphagnum* (fig. 819) ne pousse pas en plein air, bien que je l'aie planté nombre de fois. On emploie beaucoup cette dernière espèce pour y planter des orchidées.

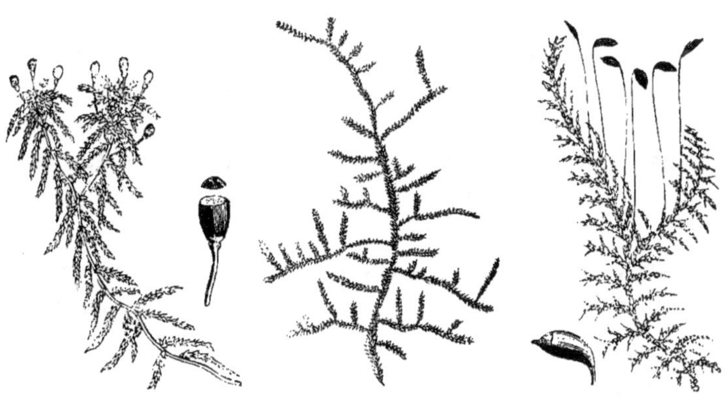

Fig. 819 — Sphagnum acutifolium.   Fig. 820. — Hypnum ruscifolium.   Fig. 820 a. — Hypnum splendens.

L'*Hypnum ruscifolium* (fig. 820) se plaît dans nos ruisseaux. Cette espèce pousse complétement sous l'eau, et le spécimen d'après lequel la figure a été dessinée a été pris dans une des sources de la Wandle, dans le village de Carshalton.

Un Hypnum très commun pousse sur nos pierres et dans nos bois. Il se développe en hiver quand toute végétation est naturellement suspendue, ce qui en fait une plante toute particulière.

Je possède aussi d'autres mousses communes, telles que la *Pottia truncata*, le *Bryum intermedium*, la *Tortula muralis*, le *Ceratodon purpureus*, l'*Hypnum serpens*, l'*Hypnum rutabulum*, et l'*Hypnum splendens* (fig. 820 a).

L'expérience que j'ai acquise dans la culture des mousses m'a convaincu qu'avec beaucoup de soins et d'attention il serait possible,

quoique difficile, d'en cultiver de grandes quantités, et j'espère que les
horticulteurs s'occuperont de cette culture.

LES LICHENS.

Les Lichens sont une classe de plantes alliées d'un côté aux algues,
de l'autre aux champignons.

Je pensais autrefois ne posséder dans mon jardin que deux ou trois
espèces de lichens, mais le Révérend J. M. Crombie, qui a consacré
tant de veilles à l'étude de cette plante, m'en a montré une dizaine d'es·
pèces pendant une promenade de quelques minutes. On a supposé que
les lichens vivent entièrement de l'air et qu'ils ne tirent aucune nourriture des plantes, des pierres et des bâtons auxquels ils s'attachent ;
néanmoins, comme ils sont très nuisibles aux plantes, je suis tout disposé
à croire qu'ils leur empruntent quelque nourriture. Il y en a au
moins deux espèces sur les pommiers. J'ai fait dessiner trois espèces
qui se trouvent dans mon jardin : la *Ramalina fastigiata* (fig. 821),

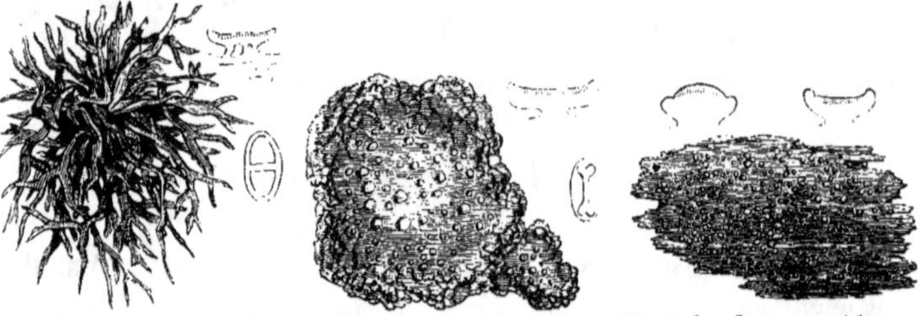

Fig. 821.—Ramalina fastigiata.　　Fig. 822—Physcia parietina.　　Fig. 823.—Lecanora subfusca.

qui pousse sur les vieux arbres; la *Physcia parietina* (fig. 822) qui
pousse sur les arbres fruitiers; et la *Lecanora subfusca* (fig. 823) qui
pousse aussi sur les arbres fruitiers.

On trouve quelques espèces de lichens sur les murs et sur le bois
mort des ponts. Il y a une espèce qui se développe sur le tronc d'un de
mes saules et qui, à une certaine époque de sa croissance, a l'apparence
d'une grande tache blanche; ce lichen paraît se développer soudainement au milieu de l'hiver, et le blanc pur de ses taches circulaires est

très remarquable. Les arbres qui couvrent les collines au-dessus de Heidelberg portent des lichens très développés, mais chaque fois que ceux-ci attaquent les branches, l'arbre meurt ; ce résultat est-il amené par les lichens, c'est ce que je ne saurais décider, faute de données suffisantes. J'ai essayé de cultiver des lichens en plein air ou sous verre, mais jusqu'à présent je n'ai pas réussi. On en trouve 658 espèces en Angleterre.

LES MARCHANTIÉES.

Fig. 824. — Marchantia.

J'ai déjà cité les Marchantiées (fig. 824) au nombre des mauvaises herbes. La *Marchantia polymorpha* couvre tous les blocs de grès en plein air aussi bien que dans la serre à fougères. C'est, en somme, une fort jolie plante, surtout quand elle porte ses fruits, et on l'estimerait bien davantage si elle ne se développait pas en trop grande quantité pour être compatible avec la culture des autres plantes.

LES CHAMPIGNONS.

Il est indispensable que l'horticulteur connaisse un peu les champignons ; or, je dois malheureusement ajouter que bien peu ont prêté la moindre attention à cet important sujet. Il y a près de trois mille espèces de champignons propres à la Grande-Bretagne, de telle sorte qu'il est impossible que l'horticulteur ordinaire les connaisse tous. Quelques champignons constituent d'excellents articles d'alimentation, et, à notre époque, aucun dîner ne mérite ce nom s'il n'entre dans sa composition le champignon comestible ordinaire, la Morille et la Truffe ; d'autres sont suspects ; en règle générale, on ne doit en manger aucun si l'on n'en connaît bien le nom et le caractère. Il y a même raison de croire que les champignons ordinairement comestibles deviennent quelquefois vénéneux pour des raisons inconnues. Les champignons se composent de fibres longitudinales entrelacées qui sont divisées par des sortes de cloisons, formant un angle droit avec la tige. Ces cellules ne se divisent jamais longitudinalement; en un mot, leur conformation consiste en tubes fermés, placés bout à bout. Cette structure s'appelle le mycelium. Au bout d'un certain temps, des cellules développées à angle droit sur le mycelium produisent des spores qui se reproduisent (fig. 122). C'est là la seconde méthode de propagation. Enfin, il se forme des corps analogues à des zoospores qui ont la faculté de se mouvoir; ils finissent par s'attacher à quelque objet et reproduisent l'espèce; c'est là le troisième mode de propagation.

Le premier champignon digne de remarque est le champignon ordinaire de la Levure (*Torula cerevisiœ*, fig. 825) qui se trouve dans tous les liquides en fermentation. Il se compose de cellules qui se multiplient au moyen d'autres cellules qui se forment sur leur extérieur. C'est l'agent actif qui amène la transformation du sucre en vinaigre; et il n'est sans doute qu'un état autre du champignon que nous allons décrire.

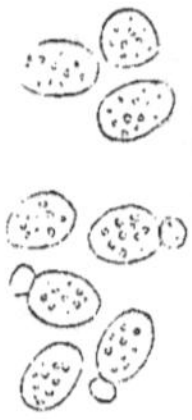

Fig. 825. Torula cerevisiæ (grossi).

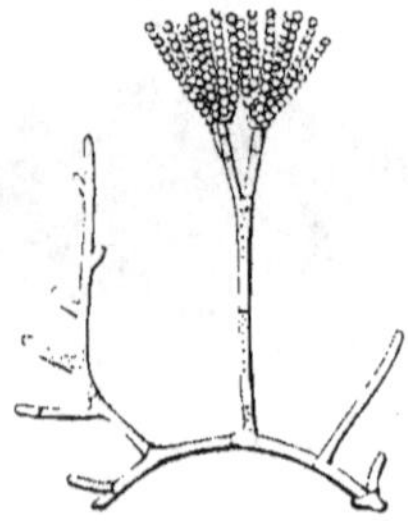

Fig. 826. — Penicillium glaucum (grossi).

Le *Penicillium glaucum* (fig. 826) recouvre presque toutes les substances en décomposition. Il projette à angle droit avec le mycelium des tiges qui se couvrent de spores.

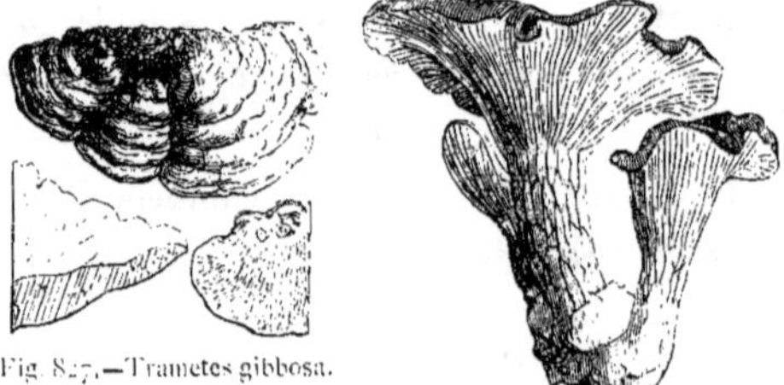

Fig. 827.—Trametes gibbosa.

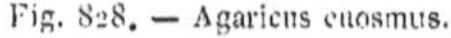

Fig. 828. — Agaricus cuosmus.

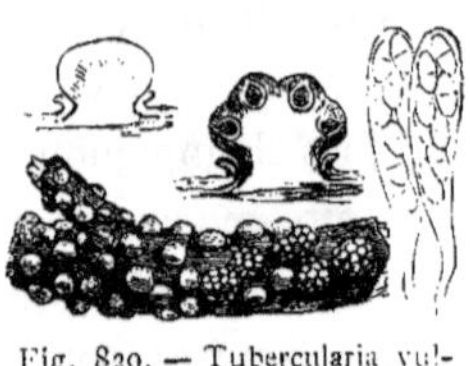

Fig. 829. — Tubercularia vulgaris (grandeur naturelle et grossi).

Les racines sont le siége de nombreux champignons. On peut citer comme exemple le *Trametes gibbosa* (fig. 827) qui pousse sur les vieilles souches dans nos serres à fougères. Une autre espèce, l'*Agaricus euosmus* (fig. 828) pousse dans mon jardin. Quand il est frais, ce champignon a un peu l'odeur de l'estragon; il a été tout particulièrement décrit par le savant M. Berkeley. Beaucoup d'autres espèces poussent sur les souches; les petites racines sont souvent couvertes d'un joli petit champignon rouge appelé le *Tubercularia vulgaris* (fig. 829).

L'ordre curieux des *Myxogaster*, que quelques savants regardent comme un chaînon intermédiaire entre le règne animal et le règne végétal, se trouve représenté dans mon jardin par le *Lycogala epidendrum* (fig. 830) qui se montre sur les blocs de bois dans le courant du mois de mars. Nous avons aussi le *Polyporus versicolor*, le *Polyporus tomentarius* et le grand *Polyporus squamosus* (fig. 848 a). Le

Fig 830. — Lycogala epidendrum. (spores × 700 diamètres).

Fig. 830 a. — Agaricus Candollianus.

Fig. 831. — Agaricus disseminatus

Xylaria hypoxylon, le *Coprinus micaceus*, le *C. atramentarius* (fig. 851 a), le *Trametes gibbosa*, l'*Agaricus spadiceus* et le rare *Agaricus Candollianus* (fig. 830 a) poussent sur les racines ou dans leur voisinage immédiat.

L'*Agaricus disseminatus* (fig. 831) forme une véritable petite forêt de champignons que l'on trouve la plupart du temps auprès des racines en décomposition.

Dans les terrains où je mets beaucoup d'engrais, on trouve le curieux *Peziza vesiculosa* (fig. 832). Ce champignon a la propriété singulière de lancer ses spores comme une bouffée de fumée, ce que représente la gravure.

Le Champignon comestible ordinaire (*Agaricus campestris*, fig. 833) est un excellent exemple des autres espèces de champignons qui

Fig. 832. — Peziza vesiculosa. (La figure indique la dispersion des spores et partie de l'hymenium grossie 100 fois en diamètre ; les spores sortent des asci.)

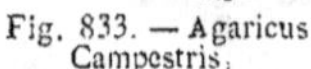

Fig. 833. — Agaricus Campestris.

Fig. 834. — Cellules de champignon, grossies.

poussent dans les terrains bien fumés. Ce champignon paraît de temps en temps en différents endroits de mon jardin, mais je crois que cette croissance a toujours une origine horticole, car j'ai fait répandre dans le jardin une couche de ce champignon ; ce sont les meilleurs que nous récoltions. Vu au microscope, le champignon comestible se compose d'une multitude de cellules allongées (fig. 834). La culture du champignon est si importante au point de vue culinaire, qu'aucun jardin n'est complet s'il n'en produit en abondance. Mon jardin n'en a jamais produit une quantité suffisante et cependant, quand je m'en occupais à Londres, nous en avions toujours assez. Rien de plus facile, avec quelques soins, que cette culture, mais il faut avoir soin de ne pas s'écarter de règles bien précises, ou autrement on ne réussit pas.

Pour cultiver artificiellement les champignons, il faut se procurer du crottin de cheval sortant de l'écurie ; on place ce crottin sous un hangar bien aéré jusqu'à ce qu'il soit parfaitement sec, puis on l'entasse en une couche compacte dans l'endroit où l'on veut cultiver le champignon ; la pression échauffe le crottin. Si la masse s'échauffe trop, elle est perdue ; si elle ne dépasse pas la chaleur du sang, il faut planter çà et là des morceaux de mycelium du champignon, ayant à peu près la grosseur d'un œuf. Il faut tenir la couche à champignons parfaitement sèche pendant six semaines environ ; les morceaux plantés auront alors poussé de longs filaments à travers toute la couche. Durant cette période, la sécheresse est absolument nécessaire au succès et la serre qui contient la couche doit être toujours tenue à une température uniforme d'environ soixante degrés F (15°5 C.). Si, au bout de six ou sept semaines, les filaments ont pénétré dans toute la couche, il faut arroser un peu avec de l'eau tiède, mais avoir soin de ne pas mettre trop d'eau, car autrement les racines pourrissent. Quelques jours après l'arrosage, on voit se former des petits boutons qui, en quelques heures, se transforment en champignons. Il faut strictement observer les règles que je viens de poser et n'en négliger aucune, car le succès est à ce prix. Il y a quelques années, j'ai fait de nombreuses expériences sur la culture du champignon et j'avais acquis bientôt une telle habileté, que je pouvais en cultiver dans une assiette à soupe placée dans la cave. Quelques jardiniers recouvrent leurs couches avec de la terre, mais cela est inutile.

On trouve, dans les champs, de nombreuses variétés de champignons ayant des qualités différentes, de même aussi certaines variétés cultivées surpassent de beaucoup les autres; aussi ne doit-on jamais se servir que de semences tout à fait supérieures. On peut multiplier indéfiniment une bonne variété connue au moyen du Mycelium (fig. 123); on peut se procurer de nouvelles variétés en semant les Spores (fig. 122). Ce qu'on appelle la semence de champignons est ordinairement composé de crottin de cheval disposé en bloc, ressemblant à des briques, dans lequel on a fait pénétrer le mycelium.

La couche à champignons dure tant que les matières animales dont elle est composée, ne sont pas épuisées; par conséquent, la durée d'une couche dépend de la rapidité avec laquelle se développent les champignons. La chaleur et l'humidité les font se développer plus vite, et par conséquent une couche soumise à ces deux agents s'épuise vite.

> « Pratensibus optima fungis
> Natura est : aliis malè creditur. » HORACE, *Satire* IV.

Le *Marasmius oreades* (fig. 835) est allié au champignon comes-

tible que nous venons de décrire. Le marasmius pousse en anneaux ; il
est, dit-on, fort bon à manger et Berkeley af-
firme même qu'il a un parfum plus délicat
que le champignon ordinaire. Toutefois, une
femme et deux enfants qui en avaient mangé
l'année dernière à Plymouth ont été saisis,
quatorze heures après, de tous les symptômes

Fig. 835. — Marasmius oreades.

de l'empoisonnement ; les vomissements parurent bientôt, accompagnés
de délire chez la mère et de convulsions chez les enfants. Les enfants,
âgés de six ans et de treize ans, moururent trois jours après, mais la
mère survécut. On envoya quelques-uns de ces champignons à M.
Worthington Smith et cet éminent botaniste les fit cuire immédiatement et en mangea six. Une heure ou deux après, les symptômes ordinaires de l'empoisonnement se produisirent, accompagnés d'une vio-
lente irritation de la gorge, d'une grande faiblesse et de vomissements ;
heureusement cet essai n'eut pas pour lui de conséquences plus sérieuses.

Depuis longtemps je cherche un moyen certain de reconnaître les
champignons vénéneux, mais jusqu'à présent j'ai compl'tement échoué.
Un éminent botaniste m'a conseillé de goûter le jus du champignon et
de le rejeter si le goût est âcre ; si le champignon sent mauvais, il faut
toujours le rejeter. Les admirateurs du champignon se plaignent que,
par simple négligence, on laisse se perdre des quantités énormes de cette
plante qui pourraient servir à l'alimentation ; mais, si l'on considère
la difficulté qu'il y a à distinguer les espèces inoffensives des espèces
vénéneuses, je crois qu'au lieu de recommander aux gens de manger
n'importe quel champignon, on devrait plutôt leur conseiller de s'en
tenir au champignon comestible, à la morille et à la truffe, et ceux-là
même ne conviennent pas toujours à tout le monde. M. Worthington
Smith assiste toujours au banquet annuel de Hereford, pendant lequel
les admirateurs du champignon ne mangent que cette plante ; on doit
donc le considérer comme un enthousiaste de ce mode d'alimentation
et comme plus à même que qui ce soit de distinguer les espèces
vénéneuses. Quoi qu'il en soit, cet éminent botaniste et toute sa famille

ont été sur le point de s'empoisonner en mangeant un champignon,
l'*Agaricus fertilis*. Le spécimen cuit pesait à peine une demi-once ;
cependant M. Smith, sa femme et son enfant éprouvèrent de vives
souffrances. M. Smith affirme que ce champignon est si excellent, que
ni l'odorat, ni le goût ne pouvaient indiquer ses propriétés vénéneuses.
Les symptômes produits par ce champignon ont été les étourdissements, les nausées, les vomissements et la prostration ; vint ensuite un
sommeil profond mais agité, et la guérison parfaite n'eut lieu qu'une
quinzaine de jours après.

L'ergot du Seigle (fig. 835 a) est produit par un autre champignon
appelé le *Claviceps purpurea ;* il vit sur le seigle et sur d'autres graminées ; il exerce sur l'homme les effets les plus terribles en produisant une
maladie appelée ergotisme qui a été longuement décrite par Thompson
dans ses conférences sur l'inflammation. Un médecin, qui visite fréquemment mon jardin, a souvent soutenu devant moi la thèse de
l'emploi des champignons comme alimentation ; aussi, quand je pré-
parai ce chapitre, je lui écrivis pour lui demander s'il avait jamais goûté
l'espèce que je viens de décrire ; il m'avoua que non et je me crus auto-

Fig 835 a.—Ergot de seigle.

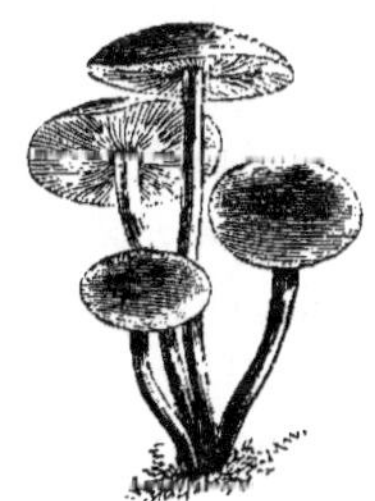

Fig. 836. — Agaricus fascicularis.

Fig. 837. — Morille.

risé à lui conseiller de changer quelque peu de langage et d'engager
les ignorants à ne pas manger les champignons qu'ils ne connaissent
pas ; je vais plus loin : je soutiens qu'il ne faut manger ni fromage, ni
aliment, quel qu'il soit, couvert de champignons, surtout en temps de
choléra.

Le *Phallus impudicus* (fig. 840) pousse dans la serre à fougères ;

quand il meurt, ce champignon exhale une odeur très désagréable qui empeste toute la serre. L'*Agaricus fascicularis* (fig. 836), champignon vénéneux, amer au goût, pousse dans la même serre.

La Morille (*Morchella esculenta,* fig. 837) pousse dans mon jardin principalement au pied des grands ormes. Pendant certaines années, nous en récoltons une grande quantité, dans certaines autres beaucoup moins, mais nous en avons toujours quelques-unes. Ce champignon est très estimé en France, mais on l'emploie peu en Angleterre, bien que je l'aie vu quelquefois au marché de Covent-Garden.

M. Worthington Smith a le premier fait remarquer que la *Morchella crassipes* (fig. 838) est originaire de la Grande-Bretagne ; ce champignon pousse quelquefois dans mon jardin.

La Truffe (*Tuber æstivum,* fig. 854 *a*) se trouve abondamment dans la commune voisine de la mienne ; ce champignon pousse sous terre, à l'ombre de certaines espèces d'arbres et principalement au pied du hêtre ; la truffe se plaît dans une couche de terre surmontant la craie. Il y a des gens qui consacrent spécialement leur temps à trouver des truffes. Il y a peu de chasseurs de truffes en

Fig. 838. — Morchella crassipes.

Angleterre ; j'ai pu, toutefois, en trouver un et je lui persuadai de m'emmener un jour avec lui. Il avait un petit chien fort actif, habitué à trouver la truffe à l'odeur ; son maître lui donnait un morceau de fromage chaque fois qu'il en avait trouvé une. Pour dresser ces chiens, on place une truffe dans un vieux soulier et on ne leur donne à manger que s'ils la trouvent. Quand le chien eut reçu l'ordre de chasser, il se mit à courir de tous côtés et, dès qu'il sentait une truffe, il grattait le sol avec ses pattes ; son maître creusait alors pour prendre la truffe. En deux ou trois heures nous en avons récolté environ trois livres, et le chien ne se trompa jamais une seule fois. La truffe française (*Tuber bituminum*) a un parfum plus pénétrant que la truffe anglaise. Au Palais-Royal, on vend les truffes environ quinze francs la livre, alors que nos truffes anglaises ne valent guère que trois francs. On n'est jamais arrivé à cultiver la truffe dans les jardins; on dit, cependant, qu'en semant des truffes parmi les chênes verts, dans certaines parties de la France, on est parvenu à les faire se reproduire.

La Vesce de loup géante (*Lycoperdon giganteum* (fig. 839) pousse dans mon jardin et dans le voisinage. Dans quelques endroits, ce champignon atteint une grosseur énorme, et on dit qu'il est bon à manger quand il est jeune. On m'a assuré que, coupé en tranches et frit, il est excellent, mais je n'en ai jamais goûté.

Je ne suis pas sûr que le *Phallus impudicus* (fig. 840) ait jamais paru dans mon jardin, mais j'en ai vu de grandes quantités, au mois d'août,

Fig. 839. — Vesce de loup géante.

Fig. 840. — Phallus impudicus. (Fruit × 700 diamètres).

Fig. 841. — Dacrymyces stillatus et Sporophores (grossi).

dans les jardins de Kew. Si on le coupe en deux, les deux parties continuent à pousser dans une atmosphère humide ; quand il est mûr, ce champignon exhale l'odeur la plus désagréable.

Quelques champignons se dessèchent, puis grossissent de nouveau quand il pleut. Tel est le cas pour le *Dacrymyces stillatus* (fig. 841). Un jour, en traversant un de mes ponts, je remarquai qu'il n'y avait pas un seul champignon. Quelques gouttes de pluie se mirent à tomber, et, en repassant quelques minutes après, toutes les parties de bois étaient recouvertes par cette espèce de champignon.

Beaucoup d'espèces de champignons poussent sur les feuilles des plantes vivantes et leur font beaucoup de mal. Au commencement du printemps, les feuilles de nos plants de violettes sont attaquées par un champignon appelé *Æcidium violæ* (fig. 842), qui consiste en admirables petites coupes. Mais quelques feuilles seulement sont attaquées et je ne me suis pas aperçu que ce champignon causât de grands dommages.

Pendant le printemps de 1871, j'ai remarqué un Æcidium sur l'un de mes cognassiers de Portugal, qui se trouve depuis quelques années dans mon jardin ; M. Worthnigton Smith a reconnu l'*Æcidium cydo-*

Fig. 842 — Æcidium violæ
grandeur naturelle et grossi).

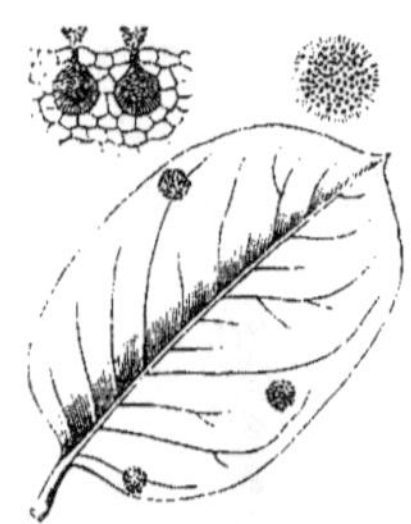

Fig. 843. — Æcidium cydoniæ
(grandeur naturelle et grossi).

Fig. 844. — Champignon
de la pomme de terre
(grossi).

niæ (fig. 843), espèce nouvelle en Angleterre, mais bien connue des botanistes étrangers.

Une espèce de champignon a beaucoup attiré l'attention pendant ces dernières années, car on a cru qu'il est la cause de la maladie de la pomme de terre. De nombreuses recherches m'autorisent à croire qu'un puceron commence toujours par attaquer la feuille avant que le champignon se développe. Il est possible que les morsures de l'insecte permettent aux zoospores du champignon, qui sont munis de cils, de pénétrer dans l'intérieur de la feuille d'où le mycelium se répand dans toute la plante. Vu à l'œil nu, ce champignon apparaît sous la forme d'une poudre blanche ; examinée au microscope, cette poudre blanche se transforme en une forêt de petites tiges branchues terminées par des corps ovales. Berkeley lui a donné le nom de *Botrytis infestans*, et le genre tout entier a reçu le nom de *Peronospora* (fig. 844).

M. Worthington Smith a dernièrement découvert les spores du
Peronospora qui, jusqu'à présent, avaient échappé
à toutes les recherches. Les botanistes considèrent cette découverte comme très importante;
je dois à l'obligeance de M. Smith le dessin ci-
contre qui indique le contact de l'*Oogonium* avec
l'*Antheridium* (fig. 844 *a*).

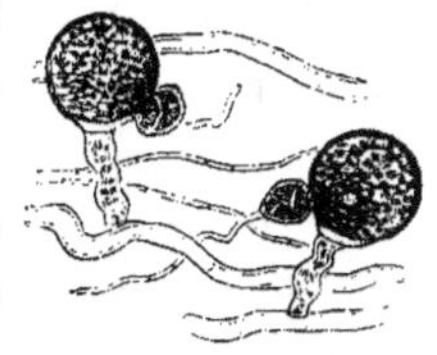

Fig. 844 *a*. — Peronospora infestans (contact de l'Oogonium et de l'Antheridium,
grossi 350 fois en diam.)

Les panais sont attaqués par le *Peronospora
nivea ;* les ognons, par le *Peronospora Schlei-
deniana ;* les pois, par le *Peronospora viciæ* (fig. 844 *b*) ; les laitues,

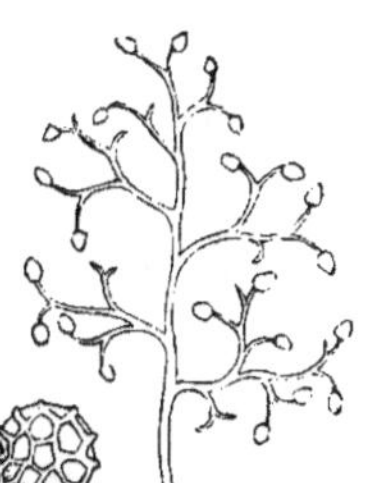

Fig. 844 *b*. — Peronospora
viciæ (grossi).

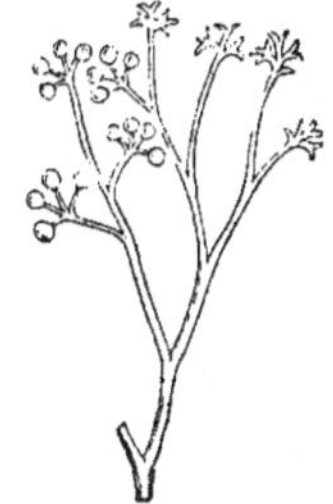

Fig. 845. — Peronospora
gangliformis, (grossi).

Fig. 846. — Acremonium (grossi).

par le *Peronospora gangliformis* (fig. 845); les choux, par le *Peronospora parasitica ;* et les épinards, par le *Peronospora effusa.*

L'*Acremonium* (fig. 846), champignon microscopique, attaque
quelquefois mes *Todea* ; les parties des
feuilles attaquées par ce champignon
meurent, et la plante tout entière se ressent de cette attaque.

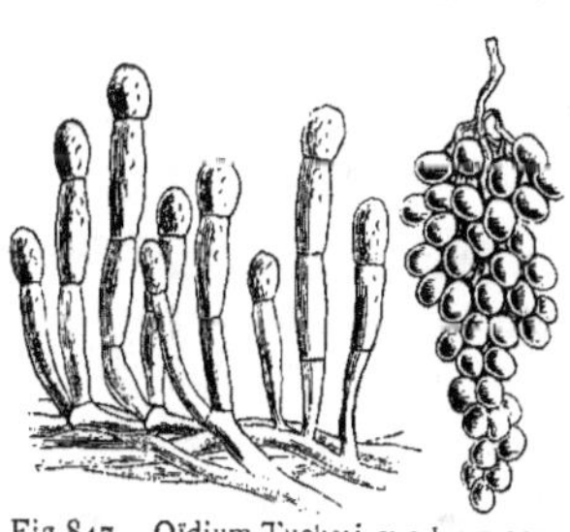

Fig.847.—Oïdium Tuckeri sur les grappes
(grandeur naturelle et grossi).

L'*Oïdium Tuckeri* (fig. 847) a souvent attaqué les feuilles de la vigne et
les grains de la grappe dans mon jardin et dans tout le voisinage; Berkeley
croit que ce champignon est une forme
de l'*Erysiphe*. Le mycelium pénètre les feuilles et se répand sur

Smee. *Mon Jardin.*   24

les grains, les fibres s'entrelaçant à la surface. Ce champignon pousse par le temps le plus sec ; l'humidité n'active pas sa croissance comme plusieurs personnes sont disposées à le croire. Un pied de vigne attaqué par ce champignon paraît recouvert de poussière blanche. Un bon jardinier doit surveiller attentivement ses vignes de serre, car si l'oïdium prend un certain développement, rien ne peut sauver la récolte. Mes vignes, placées dans la serre à arbres fruitiers, sont plus souvent attaquées que celles placées dans la serre à vigne. Ce champignon a causé des pertes immenses en Espagne, au Portugal et à Madère ; le grand cep de vigne qui se trouve à Hampton-Court a aussi beaucoup souffert. Quand les grains sont attaqués au commencement de leur croissance, ils tombent ; attaqués plus tard, ils continuent à grossir, mais ils se fendent toujours. Quand l'oïdium paraît dans une serre, le meilleur moyen de s'en débarrasser est de répandre un peu de fleur de soufre sur les tuyaux d'eau chaude et de maintenir dans la serre une chaleur un peu plus forte pendant la nuit. Quand l'oïdium est très développé, on peut brûler du soufre dans la serre, mais avec beaucoup de précautions ; car, si on en brûle trop, toutes les feuilles sont détruites. J'ai obtenu aussi d'excellents résultats en brûlant du bi-sulfure de carbone dans une lampe à alcool ; mais, dans ce cas encore, il faut agir avec beaucoup de soins, car si le remède est puissant, il est fort dangereux. J'emploie quelquefois, maintenant, le bi-sulfure de chaux, qui est liquide et qu'on peut placer dans une soucoupe ; c'est un excellent remède contre tous les champignons.

Le soufre placé sur les tuyaux est un remède infaillible, mais si on l'applique trop tôt, il ne sert à rien ; appliqué trop tard, le mal est fait ; si on l'emploie en excès, le raisin noir se décolore et n'a aucune saveur, ou bien, les feuilles de la vigne sont endommagées. L'application du soufre exige donc beaucoup de soins et beaucoup de jugement.

M. Gassiot m'a fait remarquer, il y a bien des années, que le prix du soufre à employer dans les vignobles dépasserait certainement le loyer du terrain.

L'attaque du champignon de la vigne n'est pas précédée, comme elle l'est chez la pomme de terre, chez la betterave, chez le navet ou chez le chou, de la piqûre d'un puceron ; peut-être l'oïdium attaque-t-il plus l'extérieur de la plante que l'intérieur.

Mes pommiers, mes cognassiers et, dans une certaine mesure, mes poiriers, souffrent des attaques de l'*Oïdium leucoconium* (fig. 847 *a*) que l'on suppose être un état différent du *Sphœrotheca pannosa* (fig. 849). Quand les feuilles de l'arbre sont très attaquées par ce champignon, le fruit souffre beaucoup et, les années suivantes, l'arbre ne porte aucun fruit à cause du trouble que la présence de ce champignon a apporté dans sa constitution.

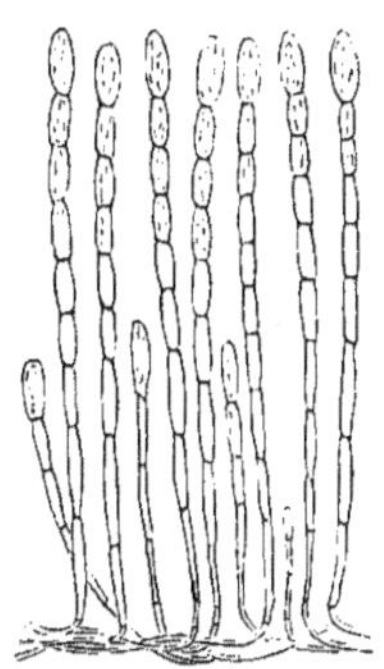

Fig. 847 *a*. — Oïdium leucoconium.

Les nombreuses espèces du genre *Erysiphe* qui attaquent le houblon et d'autres plantes se rapprochent beaucoup de l'oïdium. L'Erysiphe *pisi* ou *Martii* (fig. 848) vit sur les feuilles des pois et cause de grands ennuis au jardinier. C'est seulement dans la dernière partie de l'année, et surtout pendant les automnes secs, que nous avons à redouter cet horrible champignon ; quand il attaque le pois, la plante entière semble couverte de poussière de craie ; mieux vaut alors abandonner la culture du pois, car on ne connaît aucun remède pour cette maladie.

Fig. 848. — Erysiphe Martii (spores grossis).   Fig. 848 *a*. — Polyporus squamosus.   Fig. 849. — Sphærotheca pannosa (spores grossis).

Bien que mes rosiers se portent ordinairement fort bien, ils n'en sont pas moins attaqués quelquefois par une espèce de champignon, et on dirait alors qu'on les a saupoudrés avec de la farine. Cette espèce de champignon s'appelle le *Sphærotheca pannosa* (fig. 849). Le révérend M. Berkeley pense que ce champignon est une forme du *Cladosporium dendriticum*.

En 1871, mes rosiers hybrides remontants ont beaucoup souffert des attaques d'un champignon rouge, le *Coleosporium pingue* (fig. 850). Les feuilles attaquées tombèrent prématurément. On observa pour la première fois ce champignon, à la fin de mai, dans le Devonshire, et,

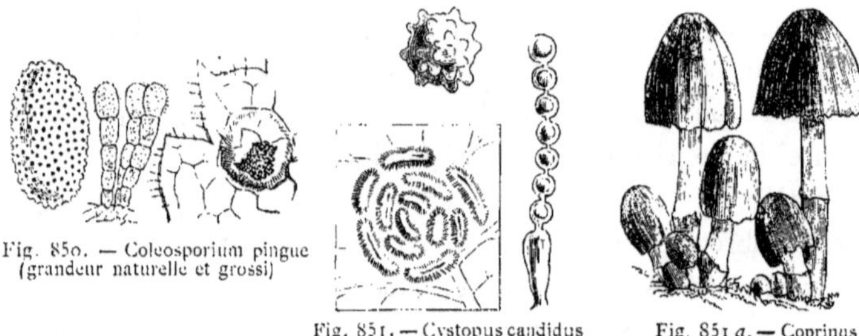

Fig. 850. — Coleosporium pingue
(grandeur naturelle et grossi)

Fig. 851. — Cystopus candidus
(grandeur naturelle et grossi).

Fig. 851 *a*. — Coprinus
atramentarius.

dans mon jardin, au commencement de juin ; il se développa pendant l'été, et en septembre les rosiers étaient très malades.

Les feuilles du chou-fleur, de la bourse de berger, et d'autres plantes analogues portent quelquefois des taches circulaires de rouille blanche (*Cystopus cándidus*, fig. 851). Le mycelium pénètre dans les tissus cellulaires de ces plantes et produit au bout de quelque temps des zoospores, ou corps ayant la faculté de se mouvoir, qui perpétuent l'espèce. Je crois que, dans tous ces cas, un puceron commence par percer la plante.

Un champignon, appelé le *Puccinia lychnidearum* (fig. 852), attaque fréquemment mes œillets de poëte ; il fait sur les feuilles des taches noires de jais. Cette espèce attaque aussi d'autres espèces de *Lychnis*.

Les arbres fruitiers sont souvent attaqués par un champignon noir dont nous connaissons particulièrement deux espèces ; l'une, l'*Helminthosporium pyrorum* (fig. 853), attaque quelquefois la Louise-bonne et très fréquemment le Beurré de Pàques ; le fruit attaqué se fendille et

Fig. 852. — Puccinia lychnidearum
(grandeur naturelle et grossi).

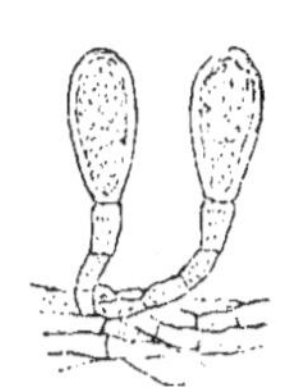

Fig. 853. — Helminthos-
porium pyrorum (grossi
700 fois en diamètre).

Fig. 854. — Champignon
de la pomme de Sibérie
(grossi 700 fois en diam.)

se pourrit prématurément ; c'est donc un champignon très important,
dont le cultivateur doit tenir compte. Ce champignon est décrit par
Cooke, dans son ouvrage sur les champignons de la Grande-Bretagne,
sous le nom de *Cladosporium dendriticum.*

Quand j'ai parlé de la pomme de Sibérie, j'ai fait remarquer que,
dans certaines années, en 1871 par exemple, les arbres avaient eu beaucoup à souffrir. Cela est dû à la présence d'un autre champignon (fig.
854), voisin de l'*Helminthosporium pyrorum,* mais que M. Broome
et M. Worthington Smith sont disposés à regarder comme une espèce

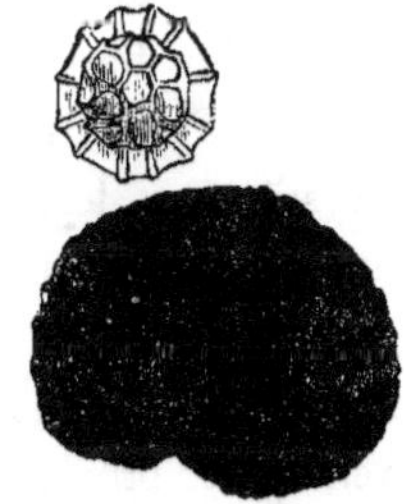

Fig. 854 a. — Truffe (spores
grossis 250 fois en diam).

Fig. 855. — Uredo luicum (spores
grossis 700 fois en diamètre).

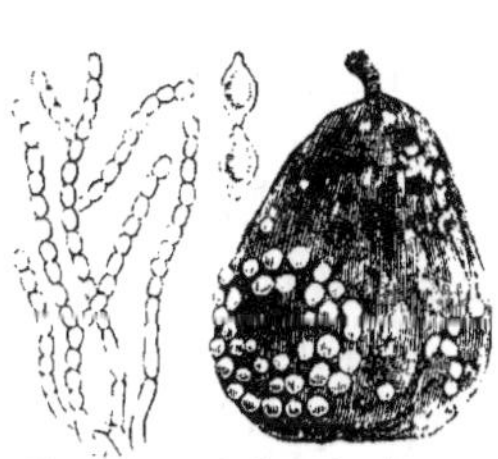

Fig. 856. — Oïdium fructigenum,
(grandeur naturelle et grossi).

distincte. M. Smith m'écrit que les spores de l'*Helminthosporium
pyrorum* mesurent ·0004" × ·0008", tandis que ceux du champignon
de la pomme de Sibérie mesurent ·0004" × ·001". Le révérend
M. Berkeley soutient que ces deux champignons sont identiques ; quant

à moi, je ne saurais exprimer d'opinion, mais il me semble toutefois y avoir quelque incertitude sur leur véritable nature; or, comme ils sont très importants, j'espère qu'on les étudiera avec l'attention qu'ils méritent.

L'*Uredo filicum* (fig. 855) attaque quelquefois nos fougères. Il semble s'attacher particulièrement à la *Cystopteris fragilis*. Ce champignon est jaune, il s'établit sur les frondes et fait presque ressembler la fougère attaquée à une fougère dorée.

L'*Oïdium fructigenum* (fig. 856) attaque souvent mes prunes et mes pommes et cause la pourriture rapide du fruit. Ce champignon produit des millions de spores et il est fort extraordinaire que tous les fruits du voisinage ne soient pas attaqués ; la seule explication que je puisse donner de ce fait, c'est que le fruit doit remplir quelques conditions pour permettre au champignon de se développer. Des pommes et des poires conservées pendant longtemps, sont souvent attaquées par ce champignon qui en rend le goût très désagréable ; l'extérieur du fruit n'a souffert en rien et on ne s'en aperçoit que quand on le coupe. Aussi, j'ai grand soin de faire bien nettoyer mon fruitier à la fin de septembre, et d'y faire brûler du soufre, de façon à détruire tout le mycelium de champignon qui pourrait s'y trouver. Pendant l'hiver, je fais brûler dans le fruitier, quelquefois tous les jours, mais jamais moins de deux fois par semaine, un morceau de soufre de la grosseur d'un haricot. Le Rév. J. Davies, dans un article très violent publié par la *Saturday Review*, volume XXXIV, page 195, soutient que « ce système est déplorable parce que le goût du soufre s'attache aux fruits. » M. Davies n'a certainement pas essayé le soufre, ou il l'a employé sans attention.

Berkeley affirme que les points noirs si communs sur les pommes et quelquefois si nombreux qu'elles ne sont plus vendables, proviennent d'un champignon appartenant au genre Spilocæa.

Je n'échappe pas aux ravages de la moisissure sèche due au *Merulius lacrymans* (fig. 857). Une atmosphère tranquille, humide, convient admirablement au développement de ce champignon ; aussi cause-t-il beaucoup de ravages dans les celliers. Pour le détruire, on injecte souvent dans les pores du bois de la créosote ou une solution de sublimé corrosif. On peut le combattre en établissant des courants d'air, et en assurant une ventilation abondante. La vapeur du soufre ou une solution de bi-sulfure de chaux produit aussi d'excellents résultats.

Un champignon dont le mycelium part de la racine pour s'élever en couche aussi épaisse qu'une feuille de papier, entre le cambium et l'écorce, détruit souvent mes saules blancs (*Salix alba*). Le feuillage de l'arbre s'éclaircit, et c'est le premier indice de la maladie ; ensuite, l'écorce tombe par grands morceaux, le cambium se fendille, et l'arbre meurt. On n'a jamais vu ce champignon ; mais M. Smith pense que ce

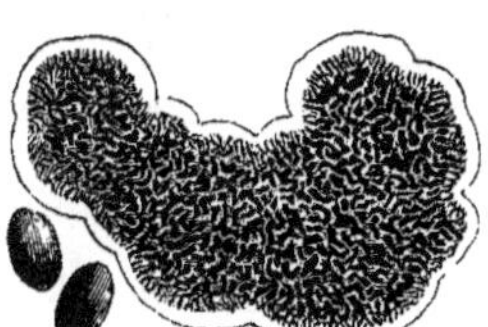

Fig. 857. — Merulius lacrymans, (spores grossis).

Fig. 857 *a*. — Trametes suaveolens.

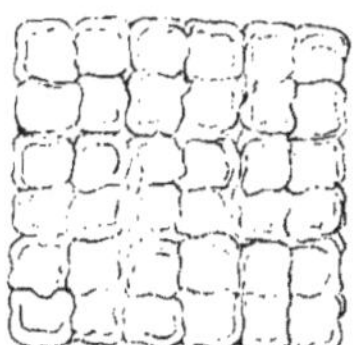

Fig. 858. — Sarcina ventriculi.

doit être le *Trametes suaveolens* (fig. 857 *a*) qui cause ces ravages. Les arbres de la même espèce sont aussi recouverts par le puceron du saule, exemple de l'attaque combinée du puceron et du champignon.

Les animaux, tout aussi bien que les végétaux, sont exposés aux attaques de différents champignons. On peut citer comme exemple le *Sarcina ventriculi* (fig. 858), qui attaque l'homme.

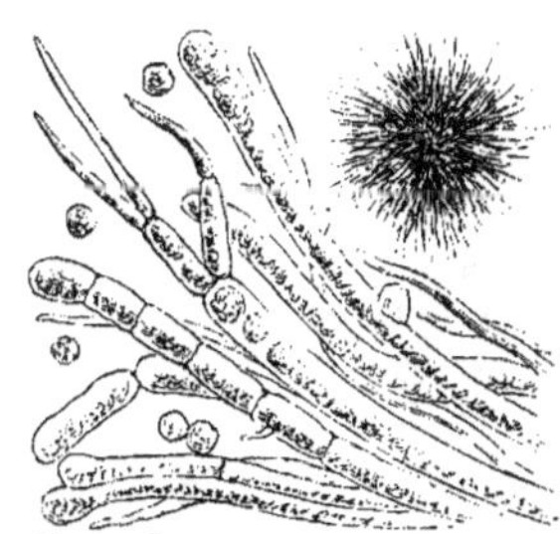

Fig. 859. — Saprolegnia recouvrant des œufs de poisson (grosseur naturelle et grossi 20 en diamètre).

Fig. 859 *a*. — Déformation des feuilles du pêcher.

Un des plus terribles pour le poisson est le *Saprolegnia* (fig. 859).

Il attaque les œufs de la truite, les enveloppe d'une espèce de croûte et détruit le jeune à l'intérieur. Certains naturalistes pensent que c'est une algue ; d'autres, que c'est un champignon. Quoi qu'il en soit, le seul remède est d'enlever le plus rapidement possible les œufs attaqués.

Les feuilles de l'amandier et du pêcher sont souvent déformées (fig. 859 *a*). M. Berkeley attribue ce résultat à un champignon, dont j'ai emprunté la figure à son ouvrage sur les champignons de la Grande-Bretagne, qu'il appelle *Ascomyces deformans* ou *Ascosporium deformans* (fig. 860). Cette déformation des feuilles se produit chaque année dans

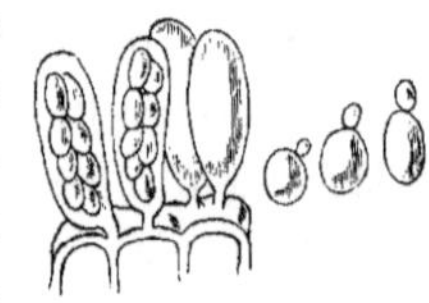

Fig. 860.— Ascomyces deformans, grossi.

mon jardin. Je n'ai jamais vu ce champignon, mais c'est sans doute un autre exemple de l'association du puceron et du champignon si commune dans le jardin.

MES FOUGÈRES.

C'est toujours un contraste délicieux que de quitter les parterres où, comme le dit Delille, tout est symétrique, pour entrer dans le jardin sauvage où tout est naturel.

> « Loin donc ces froids jardins, colifichets champêtres,
> Insipides réduits, dont l'insipide maître
> Vous vante, en s'admirant, ses arbres bien peignés ;
> Ses petits salons verts, bien tondus, bien soignés ;
> Son plan bien symétrique, où, jamais solitaire,
> Chaque allée a sa sœur, chaque berceau son frère ;
> Ses sentiers, ennuyés d'obéir au cordeau,
> Son parterre brodé, son maigre filet d'eau,
> Ses buis tournés en globe, en pyramide, en vase,
> Et ses petits bergers bien guindés sur leur base.
> Laissez-le s'applaudir de son luxe mesquin,
> Je préfère un champ brut à son triste jardin. » — *Les Jardins.*

Depuis quelques années les amateurs d'horticulture se sont beaucoup occupés des fougères ; ils ont eu raison d'ailleurs, car ces plantes ont des formes très gracieuses ; leur croissance présente beaucoup d'intérêt, et leurs frondes revêtent les nuances les plus délicates. Il faut toujours cultiver les fougères dans des endroits séparés et ne pas les mêler à d'autres plantes ; la principale raison de cette séparation est que les fougères exigent une situation spéciale et qu'elles n'aiment pas le contact d'autres plantes. Cependant, pour faire un peu de contraste, on peut planter au milieu d'elles les variétés écarlates du rhododendron ; on peut aussi employer avec avantage un rosier grimpant ou une épine écarlate. Avant que les frondes des fougères se développent, c'est-à-dire au commencement du printemps, je fais ordinairement disposer dans le vallon des fougères, d'immenses corbeilles de primevères à un endroit, plus loin des corbeilles de perce-neige, d'oxalis sauvages ou de Jacinthes sauvages. Il arrive souvent aussi que je fais mélanger toutes les fleurs, de façon à obtenir des masses de couleur telles qu'on peut en observer dans les bois.

Je cultive les fougères en plein air dans cinq endroits différents ; j'ai aussi une serre qui leur est spécialement réservée. En règle générale, je crois qu'il est bon de planter les fougères dans un endroit situé en contre-bas du niveau général du terrain, de façon à assurer à leurs racines une quantité constante d'humidité. En effet, quand les fougères poussent à l'état sauvage, nous voyons que c'est toujours au pied d'un monticule, de façon que leurs racines tirent constamment une certaine humidité de l'eau qui filtre dans le sol. Dans la position contraire, c'est-à-dire si l'on place les fougères au sommet d'un monticule, il arrive fréquemment que la sécheresse les tue. Il n'y a aucun inconvénient à ce qu'un ruisseau passe près des plantations de fougères ; une inondation de quelques heures ne leur fait aucun mal ; on peut même dire qu'elle leur fait beaucoup de bien.

L'expérience m'a enseigné que les fougères aiment beaucoup la lumière, bien qu'il soit nécessaire de les protéger contre les vents froids. Dans ce but, je m'arrange toujours à entourer mes plantations d'un rideau d'arbres ou de rochers, disposés de façon qu'elles reçoivent la pleine lumière du ciel sans être exposées aux rayons directs du soleil.

Une de mes plantations est située sur le bord du réservoir ; elle est abritée au sud contre les rayons du soleil par une rangée de noisetiers. Là, je cultive en quantité les plus grandes variétés d'aspidium mélangés à des polystichum, à des fougères à larges feuilles, à des fougères de montagne et à des scolopendrium. La fougère royale pousse près de la rivière ; mais il est bon de la planter un peu au-dessus du niveau de l'eau, car ses racines, tout en aimant l'humidité, ne veulent pas être trop mouillées. Dans les endroits les plus secs, je cultive le polypode (*Polypodium vulgare*) et, dans les endroits les plus humides, la fougère des marais (*Lastrœa Thelypteris*).

Le vallon des fougères constitue une vraie production artistique ; on y a ménagé des points de vue délicieux et on y trouve d'admirables plantes. Des petits ruisseaux traversent le vallon de toutes parts et ont permis d'établir deux ou trois petits marécages. Cet endroit est protégé au nord par un terrassement et par une haie, et au sud par des arbres. Un grand saule (*Salix alba*), planté au sud-ouest, intercepte les rayons du soleil tout en laissant passer beaucoup de lumière, ce que je trouve si désirable pour la culture de toutes les fougères. On distingue tout d'abord dans ce vallon une magnifique *Osmunda regalis* d'Irlande ; un aspidium de très grande taille. Puis, on trouve de tous côtés les polypodes du chêne, du hêtre, du tilleul ; le *Polypodium hexagonopterum* de l'Amérique septentrionale ; l'*Adiantum cuneatum*, qui, cependant, ne peut pas passer l'hiver en plein air ; l'*Athyrium flexile*, le *Cystopteris fragilis*, l'*Asplenium trichomanes*, l'*A. Adiantum nigrum*, l'*A. viride*, l'*A. Ruta-muraria* et l'*A. septentrionale ;* les trois fougères anglaises écailleuses recouvertes d'une cloche, et aussi l'*Hymenophyllum demissum* (fig. 861) de la Nouvelle-Zélande.

Fig. 861.—Hymenophyllum demissum.

Les variétés délicates d'aspidium bordent les sentiers avec le galé, cette plante délicieuse au parfum si agréable ; le *Blechnum boreale* y abonde aussi.

Mon vallon des fougères a été pour moi une source si constante de jouissances que je conseille vivement à quiconque a un coin de terre inutile près de son jardin, d'en disposer un. Le dessiner est un passe-temps charmant pour les soirées d'hiver ; le construire, c'est-à-dire transformer une conception idéale de l'esprit en une réalité vivante, donne beaucoup de plaisir ; puis, pour le peupler, il faut faire de longues courses dans les bois. Quand, enfin, il est achevé, c'est un lieu dont on ne se sépare jamais qu'à regret et où les rouges-gorges, les fauvettes et les rossignols, qui y habitent en grand nombre, font à chaque instant entendre des chants de reconnaissance pour celui qui leur a préparé une retraite si délicieuse.

Ma vallée des fougères est un autre endroit que j'aime à parcourir. Elle est traversée par une rivière et entourée de grands arbres. Deux ou trois variétés de fougères mâles et de polystichum y poussent dans toute leur perfection. Le magnifique *struthiopteris* y étale ses frondes si gracieuses et si délicates au printemps, si admirablement colorées au commencement de l'automne.

On ne peut s'imaginer quel admirable spectacle offre une grande masse de fougères par un beau jour d'été. Ces plantes poussent vigoureusement dans cette vallée, ce qui provient, je crois, de ce qu'elles sont parfaitement abritées contre les vents froids par les arbres environnants, tandis qu'elles se baignent véritablement dans la lumière et le soleil.

Près de la vallée des fougères, j'ai fait construire des murs sur lesquels fleurissent les fougères de murailles et principalement l'*Adiantum ruta-muraria*, l'*A. germanicum*, et l'*A. septentrionale ;* le *Ceterach* y pousse aussi bien qu'en Italie. Tout auprès, se trouve une grotte pour la culture des fougères de grotte, mais je n'ai pu parvenir à y cultiver ni la fougère écailleuse irlandaise, ni celle de Tunbridge, ni la *Todea pellucida.* Près de la grotte, on remarque sur un monticule la *Cystopteris montana*, si belle et si rare.

Il y a un endroit consacré aux fougères exotiques. Là, se trouvent les fougères de l'Amérique septentrionale qui résistent aux plus grands froids ; la *Lomeria chilensis*, magnifique fougère qui ne perd jamais ses feuilles, excepté dans les hivers les plus froids, et qui, pour une plante sauvage, est singulièrement belle. La *Cystopteris bulbifera* pousse très vigoureusement. La place consacrée aux fougères exotiques est abritée avec soin contre les vents froids, mais j'ai disposé les choses de façon que le soleil y brille dans toute sa force, ce qui mûrit les plantes et leur permet de résister aux froids de l'hiver. On distingue tout particulièrement dans cet endroit l'*Adiantum pedantum*.

J'ai, enfin, un cinquième emplacement destiné aux fougères ; je l'appelle la forêt des fougères, car c'est là que je dispose, pendant les mois d'été, mes fougères arborescentes. Cet endroit se trouve dans un coude que fait la rivière centrale. Çà et là, j'ai fait placer des souches de gros ormes au centre desquelles on a creusé des trous. C'est dans ces trous que je place les pots qui contiennent mes fougères arborescentes ; l'enveloppe de bois a le double avantage de cacher le pot et de défendre les racines de la plante contre une trop grande sécheresse. C'est le docteur Hooker qui m'a enseigné ce système ; dans les jardins de Kew, il place presque toutes ses plantes dans un double pot. On ne saurait s'imaginer, si on ne l'a pas vu, quelle est la beauté d'une branche d'*alsophila* qui atteint, en plein air, une longueur de plusieurs pieds. Je sors mes fougères arborescentes pendant la dernière semaine de mai.

Dans ces cinq endroits, je cultive trois classes distinctes de fougères : premièrement, celles qui restent en place pendant toute l'année ; secondement, celles qui sont transplantées pendant l'été ; troisièmement, celles qui sont cultivées en pots ; on les sort de la serre à la fin de mai et on les rentre en automne. D'ailleurs, toutes les fougères gagneraient beaucoup à être cultivées en plein air pendant les mois de juin, de juillet, d'août et de septembre.

Je cultive, en ce moment, en plein air, presque toutes les fougères de la Grande-Bretagne ; cependant, je n'ai jamais pu réussir à cultiver dans cette situation l'*Asplenium marinum*. Cette fougère croît à l'état sauvage sur le bord de la mer, dans des parages aussi septentrionaux qu'Aberdeen ; néanmoins, il m'est impossible de la faire pousser dans mon jardin.

Chose remarquable, l'*Adiantum capillus Veneris* (fig. 862) n'est pas rustique dans mon jardin, mais cette plante se plaît beaucoup dans la grotte aux fougères. Je l'ai vue sur les bords de la Méditerranée, au-delà de Menton, mais seulement dans des situations particulières, telle par exemple qu'une couche de grès perméable par l'eau ; mais dans cette situation, le feuillage est souvent gelé en hiver. J'ai vu, à Gênes, cette plante pousser vigoureusement au sommet de l'une des églises, alors que toutes les fontaines de la ville étaient gelées. Je l'ai remarquée encore en grande quantité à Pompéi et à Herculanum et dans les ruines du palais de Néron, à Rome. Mais j'ai vu les plus belles dans les ruines de l'amphithéâtre de Pouzzoles, près de Naples ; les chambres et les passages souterrains, destinés autrefois à l'usage des gladiateurs et au travail des machines de l'amphithéâtre, forment une série de grottes dont les murs laissent constamment suinter l'humidité. Les parois

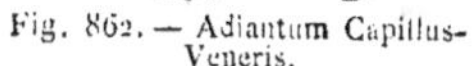

Fig. 862. — Adiantum Capillus-Veneris. Fig. 863. — Hymenophyllum Tunbridgense. Fig 863 a. — Hymenophyllum Wilsoni.

des murailles sont couvertes de véritables couches de cette admirable fougère, dont les tiges ont plus de dix-huit pouces de longueur, d'autres pendent de la voûte ; j'avoue que, lorsque je me trouvai en présence de cet admirable spectacle, il me fit beaucoup plus d'impression que la pensée des scènes sanglantes qui s'étaient jouées en cet endroit, il y a bien des siècles. Je me hâtai de recueillir un grand nombre de plantes, au grand déplaisir du cicerone, qui ne pouvait pas me faire visiter l'amphithéâtre avec la rapidité ordinaire, et qui haussait les épaules en me voyant recueillir des plantes inutiles. Elles poussent maintenant dans mon jardin dans la grotte des fougères. On dit que l'adiantum se plaît beaucoup dans les bosquets d'oranger, en Espagne, où on emploie les feuilles pour faire le sirop de capillaire, qui est assez agréable quand on le coupe avec de l'eau chaude.

Je possède trois fougères anglaises recouvertes d'écailles. L'*Hyme-nophyllum tunbridgense* (fig. 863) que l'on trouve abondamment à Tunbridge-Wells et dans le comté de Sussex, ainsi qu'à Dart Moor; et l'*H. wilsoni* (fig. 863 *a*) que l'on trouve dans le Devonshire et en Écosse. Ces deux espèces poussent fort bien chez moi, mais il faut les planter d'une façon toute particulière. Voici quel est mon système : je place la plante sur une couche de sable grossier, mélangé avec un peu de tourbe, puis je tamise du sable très fin entre les tiges jusqu'à ce que la plante soit entièrement recouverte. On déverse alors un arrosoir d'une hauteur de cinq ou six pieds au-dessus de la plante de manière que l'eau tombe avec une force considérable et entraîne le sable autour des racines. On recouvre alors la plante avec une cloche et il lui faut désormais fort peu d'eau. Cette fougère pousse parfaitement en plein air, mais à condition qu'elle soit sans cloche. J'en ai cultivé de fort beaux spécimens qui ont obtenu un premier prix à la Société de bota-nique et à la Société d'horticulture. Après avoir atteint une certaine grandeur, ces plantes semblent mourir très facilement.

Il m'a fallu toujours cultiver sous cloche la fougère irlandaise (*Tri-chomanes speciosum*) ; elle ne réussit pas très bien dans mon jardin.

Il y a plusieurs variétés de cette fougère, celle que je possède a été trouvée par madame Abel dans le Yorkshire, où on ne l'avait pas vue depuis plus de cent ans. J'ai fait dessiner une des branches (fig. 864) que cette dame elle-même a cueillie et qui est fort intéressante sous ce rapport; mais la figure donne une bien pauvre idée de la beauté de cette espèce. Cette plante pousse vigoureusement chez moi. Backhouse et d'autres l'ont trouvée dans le pays de Galles, et il est possible qu'elle

Fig. 864.
Fougère de Killarney.

existe dans d'autres parties de l'Angleterre, — mais son habitat le plus remarquable est Killarney, d'où lui vient son nom de fougère de

Killarney. M. Cooper Forster, qui aime beaucoup les fougères à
écailles, a un plant magnifique qui pousse sur un silex
au milieu de son salon en plein Londres. En 1871, un
de mes plus beaux spécimens a été fort abîmé et le jardinier m'affirme qu'il a été attaqué par les rats, qui
emploient les feuilles pour construire leur nid. J'espère
qu'une autre fois ces animaux voudront bien se conten-

Fig. 865.— Sporangia
du T. Speciosum.

ter d'une fougère moins belle. La *Sporangia du T. speciosum* est
très intéressante et très distincte (fig. 865).

Je cultive les Asplenium de la Grande-Bretagne. Bien que l'*Asplenium marinum* ne pousse pas en plein air, il réussit très bien dans la
serre. J'ai d'admirables plants de l'*A. trichomanes* du Devonshire, qui
se plaît dans le vallon. L'*A. viride* pousse dans le même endroit entre
deux blocs de grès. J'ai rencontré dans les Trossachs (en Écosse) un
amateur qui s'était procuré d'admirables plants d'*Asplenium viride*
dont les tiges dépassaient de beaucoup tout ce que j'avais vu jusque là.
L'*A. Ruta-muraria* se trouve à Highgate, Hampton Court, partout
où des sources déposent des matières calcaires sur le sol ; j'en ai trouvé
de grandes quantités à Whitby. Bien qu'elle soit si commune,
cette fougère est difficile à cultiver ; je suis obligé
de la renouveler constamment. L'*A. germanicum*
(fig. 866) est très rare en Angleterre. Les plants
que je cultive et qui sont devenus très beaux, m'ont
été apportés de la Forêt noire ; je cultive aussi l'*A.
septentrionale*, fougère que je me suis procurée à
Édimbourg et sur le versant italien de la Passe du

Fig. 866. — Asplenium
germanicum.

Saint-Gothard. J'ai trouvé l'*A. adiantum nigrum*
sur les collines d'Addington, mais pas récemment : cette dernière fougère est fort belle, il lui faut un terrain constamment humide, mais pas
trop mouillé. M. Gray m'a apporté l'*Asplenium lanceolatum* des îles
de la Manche, mais je n'ai pas encore réussi à cultiver cette fougère en
plein air. L'*A. fontanum* est une charmante fougère ; il est difficile,
sinon impossible, de la cultiver sans un abri de verre.

. Je cultive la Scolopendre, *Scolopendrium vulgare* (fig. 867) dans son état naturel avec tant de succès que les frondes atteignent quelquefois deux pieds de longueur. C'est une fougère vraiment magnifique ; elle est toujours verte, mais si l'on veut qu'elle atteigne sa plus grande perfection, il faut abriter quelque peu ses frondes contre le froid et l'humidité. J'ai des centaines de plants de la variété commune et de nom-

Fig. 867. — Scolopendrium vulgare. Fig. 868.—Ceterach officinarum. Fig. 869. — Cystopteris montana.

breux spécimens des différentes variétés produites par les horticulteurs ; or, selon moi, la fougère commune est la plus utile dans un jardin et j'ajouterai la plus belle.

Le *Ceterach* (fig. 868), fougère toujours verte, pousse aussi bien sur mon mur qu'elle le fait en Italie. Dans ce pays, elle vit sur les Apennins et sur le Vésuve, dans des situations où on croirait qu'une plante vivante, quelle qu'elle soit, devrait être littéralement cuite. Malgré cela, il est difficile de la transplanter, il lui faut perpétuellement un peu d'humidité jusqu'à ce qu'elle ait bien repris racine.

Les deux Woodsia, *Woodsia ilvensis* et *W. alpina*, sont très rares. Je cultive la première dans une grotte entre deux morceaux de grès, et la seconde au milieu de morceaux de grès dans un petit châssis destiné à la protéger contre les froids de l hiver.

Toutes les variétés anglaises du Cystopteris qui sont décidues poussent dans mon jardin. J'ai trouvé la *Cystopteris fragilis* dans le Yorkshire ; la variété appelée *Dickeana* vient de la vallée de la Dee ; la *Cystopteris regia* doit être abritée en hiver. La *Cystopteris montana* (fig. 869) est une magnifique fougère que l'on cultive rarement ; j'en possède un plant magnifique ; il faut placer cette fougère de façon que ses racines soient constamment humides, mais sans être mouillées.

On doit nécessairement cultiver une grande quantité de Polypodes communs (*Polypodium vulgare*, fig. 870). Je ne saurais dire, tant ils sont nombreux, les paquets de cette plante dont j'ai eu besoin et que m'ont envoyés divers amis. C'est une plante toujours verte que l'on place sur les racines des arbres dans les endroits secs, un peu partout. Ses feuilles vertes et ses spores dorés lui donnent un aspect tout particulier. Il y a aussi une belle variété appelée le *P. cambricum,* mais qui ne se développe pas aussi facilement que le Polypode commun ; il y a de nombreuses autres variétés, qui diffèrent d'ailleurs fort peu de la forme normale, mais parmi lesquelles on peut citer la fougère irlan-

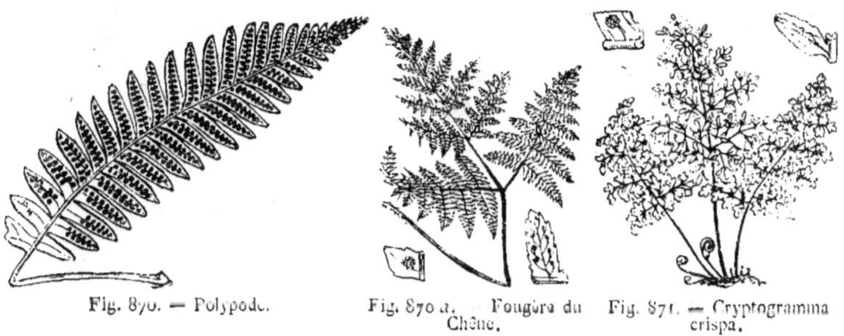

Fig. 870. — Polypode. Fig. 870 a. — Fougère du Chêne. Fig. 871. — Cryptogramma crispa.

daise. La fougère du Hêtre (*P. Phegopteris*) doit être placée dans un endroit humide ; c'est une belle fougère, mais qui ne vaut pas la fougère du Chêne (*P. Dryopteris*, fig. 870 *a*), une des plus belles de toutes. Ces deux espèces poussent en abondance dans le Yorkshire et en Écosse. Le *P. Robertianum* a produit des graines dans ma serre à fruits. Le *P. alpestre* ressemble à un aspidium. Le *P. flexile* est une fougère délicate qu'il est fort intéressant de cultiver, bien qu'elle ne produise pas beaucoup d'effet.

La *Cryptogramma crispa* (fig. 871) se transplante difficilement, probablement parce qu'on n'enlève pas assez de racines avec la plante. J'en ai trouvé un seul spécimen dans la vallée du Don, ce qui prouve qu'une espèce pousse quelquefois loin de son habitat ordinaire. Cette fougère réussit tout particulièrement au pied d'un mur, parce qu'il lui faut toujours un peu d'humidité.

On cultive dans tous les jardins le *Blechnum spicant* (fig. 873 *a*). Cette fougère pousse dans presque tous les bois et elle se montre ordinairement à la fin de l'été dans les landes du Yorkshire et de l'Écosse. Les tiges de cette plante forment un bel ornement au milieu de l'hiver. Elle se plaît beaucoup dans mon jardin.

Bien que la *Pteris aquilina* commune soit la fougère la plus répandue qu'il y ait au monde, il est difficile de la transplanter. Selon moi, c'est une des plus belles fougères qu'il y ait; elle se plaît dans les endroits bien abrités par les arbres; elle a, d'ailleurs, des tiges grimpantes qui lui permettent de se transporter rapidement où elle veut. S'il est difficile de se la procurer, il est aussi difficile de s'en débarrasser, ce qui quelquefois est un désavantage. La fig. 872 représente l'aspect singulier d'une section de la tige.

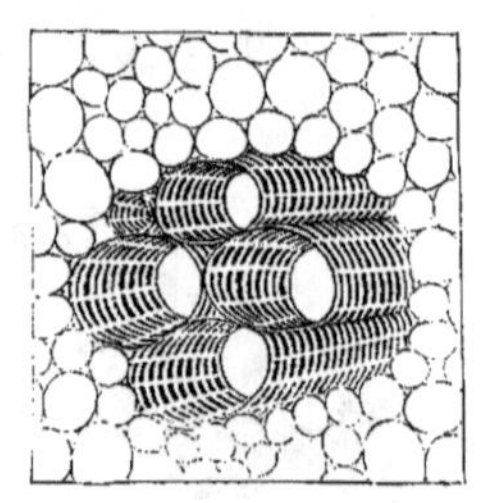

Fig. 872. — Section d'une tige de Pteris aquilina.

On ne saurait se dispenser de cultiver une grande quantité de Polystichums qui restent toujours verts. Le *P. aculeatum* et le *P. angulare* ne sont probablement que des variétés de la même plante; ce dernier devient fort grand et a quelquefois des tiges

Fig. 873.—Polystichum angulare.   Fig. 873 *a*.—Blechnum spicant.   Fig. 874. — Polystichum lonchitis.

de quatre pieds de haut. Il y a beaucoup de variétés de cette espèce et

quelques-unes sont extrêmement belles. Le *P. angulare proliferum*
a de petites bulbes sur les aisselles.

Il est fort intéressant de voir au printemps les Polystichums dérouler
leurs frondes ; chez cette espèce, en effet, les frondes se déroulent extérieurement, c'est-à-dire contrairement à ce qui se passe chez presque
toutes les autres fougères. Les jeunes frondes du Polystichum (fig. 873)
sont un objet réellement admirable.

Le *Polystichum Lonchitis* (fig. 874) est une plante toujours verte
de grande beauté. Cette fougère exige beaucoup de
soins et est, en résumé, très difficile à cultiver. J'en
ai vu d'admirables spécimens chez le Rév. W. Macpherson.

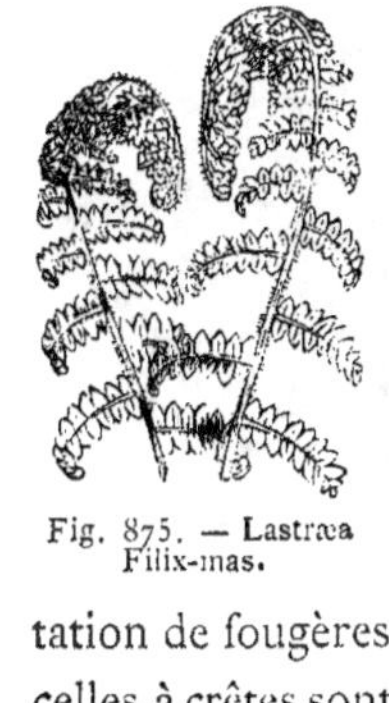

Fig. 875. — Lastræa
Filix-mas.

Les différentes espèces de Lastræa ou Nephro-
diums sont aussi indispensables que les polystichums. La *Lastræa Filix-mas* (fig. 875) devient
fort grande et a une forme magnifique ; son abondance la rend précieuse pour commencer une plan-
tation de fougères. J'en cultive plusieurs variétés ; les petites espèces et
celles à crêtes sont les plus importantes.

Bien que la *L. montana* couvre des étendues considérables de
terrain en Ecosse, elle réussit peu dans les jardins ; ses frondes tombent
au commencement de l'automne. La *L. ri-
gida* est assez rare ; aussi ne peut-on en cultiver que quelques spécimens. La même remarque s'applique à la *L. cristata* et à la
L. æmula, ce qui est regrettable, car ce sont
toutes deux de belles fougères. La *L. dila-
tata*, au contraire, est fort commune. La
courbe qu'affectent les frondes de cette fougère est très curieuse, et elle fait un effet très
pittoresque. Il y en a plusieurs variétés que
je cultive toutes.

Fig. 876. — Lastræa thelypteris.

La fougère des marais (*Lastræa Thelyp-
teris* (fig. 876) est fort belle et réussit très bien dans les endroits hu-

mides. Ses longues frondes sont fort élégantes et leur couleur est ex
quise ; j'en cultive de grandes quantités, et je ne saurais trop recommander cette plante, que l'on peut placer tout auprès de l'eau.

De toute les fougères, l'*Athyrium Filix-fœmina* (fig. 877) est peut-
être celle que je cultive le plus, parce que c'est une de celles qui font le
plus d'effet ; j'ai donc une grande quantité de variétés à tiges blanches
et à tiges rouges et de nombreuses autres espèces. L'*Athyrium Filix-
fœmina* aime beaucoup l'hu-
midité et la lumière ; elle est
surtout fort belle quand des
gelées tardives n'ont pas endommagé son feuillage. Des
taches, que les jardiniers at-
tribuent aux rayons du soleil, résultent de l'action du
froid, car c'est pendant les
étés les plus chauds que cette

Fig 877. — Athyrium Filix-fœmina.

fougère développe ses frondes les plus vertes. Plusieurs variétés de cette
fougère dévient si considérablement du type naturel, qu'il est fort difficile de les reconnaître. Aussi, je ne manque jamais de faire remarquer
à mes visiteurs qu'elles rappellent un peu ces costumes excentriques
que les dames portent souvent au bal : quelque extravagants qu'ils
soient, on arrive cependant à reconnaître que ce doivent être des robes.

L'*Osmunda regalis* constitue un des ornements les plus importants
de mes plantations de fougères ; j'en ai quelques beaux spécimens. L'un
me vient d'Irlande ; un autre, de Brentwood, dans le comté d'Essex ;
d'autres, du Devonshire. Cette fougère exige beaucoup
d'humidité ; mais elle n'aime pas toutefois que ses racines
plongent dans l'eau ; il lui faut aussi beaucoup de lumière.
Les spores de cette fougère ne mûrissent pas dans mon
jardin, mais ils mûrissent dans la serre. La fig. 878 représente la Sporangia. Une variété, appelée l'*Osmunda regalis*
cristata, fait une admirable fougère de serre.

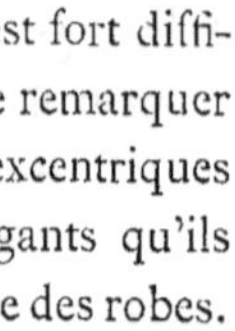

Fig. 878.—Spo-
rangia de l'os-
munda regalis

Je crois avoir complétement acclimaté deux charmantes petites espèces de fougères : le *Botrychium lunaria* (fig. 879) et l'*Ophioglossum vulgatum* (fig. 880). Toutes deux sont fort jolies, mais trop petites pour produire beaucoup d'effet.

Fig. 880. — Ophioglossum
vulgatum.

Fig. 879. — Botrychium
lunaria.

Fig. 881. — Osmunda
gracilis.

Il y a peu de fougères étrangères qui puissent résister aux froids de l'hiver dans mon jardin. Il y a cependant trois osmundas. L'*Osmunda gracilis* (fig. 881), si élégante quand on la cultive en serre, devient, cultivée en plein air et en plein soleil, petite, raide, et ressemble à une copie ridicule de l'*Osmunda regalis*. L'*Osmunda cinnamomea* et l'*Osmunda interrupta* deviennent aussi plus belles en serre qu'en plein air. L'*Osmunda interrupta* (fig. 882) est, sans contredit, une des

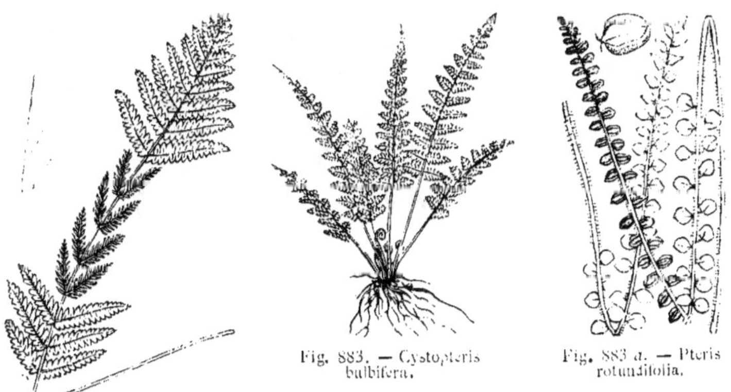

Fig. 883. — Cystopteris
bulbifera.

Fig. 883 a. — Pteris
rotundifolia.

Fig. 882. — Osmunda interrupta.

plantes les plus admirables qu'il y ait. L'extrémité des frondes fécondes est verte sur une hauteur de quelques pouces, puis paraissent les fructifications et, enfin, le reste de la tige est vert. Les frondes extérieures ou infécondes forment une série de lignes courbes enveloppant les frondes fécondes. De temps en temps, j'ai observé le même caractère chez les frondes de l'*Osmunda regalis*.

Je suis parvenu à acclimater dans mon jardin la *Cystopteris bulbifera* (fig. 883). Cette fougère se multiplie par division, par spores et au moyen de petites bulbes qui se forment dans les aisselles des feuilles. Il faut en cultiver de grandes quantités.

Le *Polypodium hexagonopterum*, plante bien acclimatée, s'harmonise admirablement avec les fougères du chêne et du hêtre. Le *Polypodium Braunii* est tout à fait rustique. La *Pteris scaberula* fig. 884) pousse dans ma plantation de fougères étrangères, mais n'a pas de fleurs. Elle croît avec vigueur quand on la plante en plein air pendant l'été, et devient très élégante. J'ai exposé, à une des réunions de la Société d'horticulture, une plante traitée de cette façon ; elle a charmé les amateurs de fougères et m'a valu un diplôme spécial de la Société.

La *Pteris serrulata* ordinaire a supporté pendant bien des années des hivers rigoureux ; la *Pteris rotundifolia* (fig. 883 *a*) devient beau-

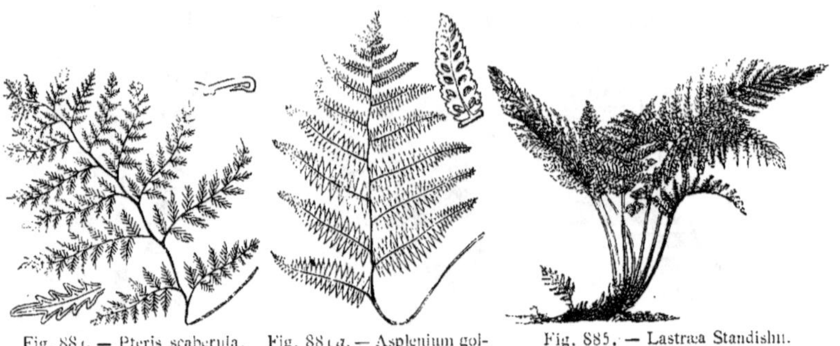

Fig. 884. — Pteris scaberula.　　Fig. 884 *a*. — Asplenium goldianum (variété Pictum).　　Fig. 885. — Lastræa Standishu.

coup plus belle en plein air ; mais, d'autre part, elle ne peut supporter les froids de l'hiver.

Parmi les lastræa ou nephrodium exotiques, la *Lastræa currata*, la *L. opaca* ou *L. varia*, la *L. Sieboldii* et la *L. patens* résistent aux froids

les plus rigoureux ; la *L. curvata* est tout particulièrement rustique.
La *L. Standishii* (fig. 885), belle fougère originaire du Japon, résiste
aux froids de l'hiver en plein air, mais peut-être vaut-il mieux la cultiver dans une serre non chauffée.

Les deux Woodwardia, *W. orientalis* et *W. radicans*, vivent
dans mon jardin depuis bien des années ; néanmoins les tiges sont
détruites chaque hiver par la gelée. Ces plantes doivent se plaire beaucoup dans la Cornouailles et dans le Devonshire. La *W. radicans* est
surtout une admirable fougère ; il se forme de petites fougères complètes
à l'extrémité de ses tiges.

La *Doodia aspera* (fig. 908) réussit beaucoup mieux en plein air ;
les feuilles sont alors beaucoup plus belles que cultivées en serre ;
mais une gelée un peu rude tue cette plante. Je cultive avec succès une
ou deux autres petites espèces de Doodia.

La *Lomaria alpina*, la *L. alpina major* et la *L. crinila* se développent parfaitement bien ; la *L. Chilensis* (fig. 886) constitue une
des plus grandes beautés du jardin. Ses grandes feuilles raides forment
un contraste frappant avec le feuillage de toutes les autres fougères ;

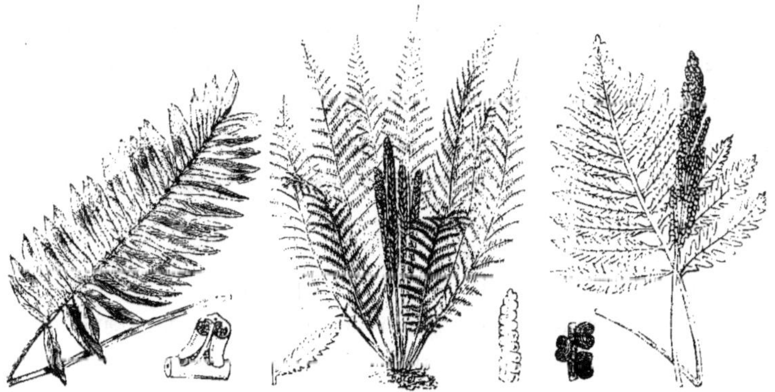

Fig. 886. — Lomaria chilensis   Fig. 887. — Struthiopteris germanica.   Fig. 887 *a*. — Onychium
sensibile.

pendant l'hiver si rude de 1870, son feuillage a été détruit, mais il
persiste ordinairement toute l'année. Quand les frondes sont détruites
en hiver, de nouvelles paraissent au printemps.

La Struthiopteris est une des plus magnifiques de toutes les fougères rustiques. Les botanistes décrivent deux espèces, la *S. germanica* (fig. 887) et la *S. Pensylvanica ;* quant à moi, il m'est impossible de distinguer l'une de l'autre et je crois que ces deux espèces différentes ne sont réellement qu'une seule et même plante. La Struthiopteris est une des premières fougères qui pousse au printemps et aussi une des premières qui disparaisse en automne. Sa forme générale est celle d'un volant au centre duquel poussent les frondes fécondes. Malgré cette habitude de croissance, ses racines pénètrent de toutes parts et cette fougère forme de véritables petites forêts ; elle atteint une hauteur de trois pieds et je la considère comme une des plus belles de mes plantations en plein air. J'en possède une grande quantité et je recommande à quiconque cultive les fougères de s'en procurer beaucoup aussi.

De toutes les fougères acclimatées, les Adiantum sont peut-être les plus belles qu'il y ait. J'ai déjà dit que l'*Adiantum capillus Veneris* pousse sous notre climat avec quelques difficultés. L'*Adiantum formosum* résiste aux gelées les plus rigoureuses, mais ses tiges n'ont que deux ou trois pouces de hauteur. L'*Adiantum pedatum*, variété originaire de l'Amérique septentrionale, devient, au contraire, d'une beauté surprenante ; ses frondes atteignent environ un pied de hauteur. Cultivée en plein air, c'est non-seulement la plus belle des Adiantum, mais aussi une des fougères les plus charmantes qu'il y ait. J'en possède de nombreux spécimens et je ne saurais trop la recommander, bien que, malheureusement, elle ne soit pas aussi communément cultivée qu'elle le mérite.

L'*Athyrium* ou *Asplenium goldianum,* variété *Pictum* (fig. 884 *a*), est une fort jolie fougère, mais qui n'atteint pas une hauteur suffisante pour avoir une grande importance ; toutefois, les spécimens isolés sont charmants. La *Nothochlæna Marantæ* est une autre fougère charmante qui résiste aux hivers les plus rigoureux.

L'*Onychium sensibile* (fig. 887 *a*), dont les frondes deviennent brunes dès qu'on les touche ou dès qu'elles sont exposées aux rayons du soleil, résiste aussi bien à notre climat que les fougères anglaises les plus communes. Je cultive aussi quelques plants de l'*Onychium japonicum* (fig.

897 *a*); mais cette fougère ne réussit pas aussi bien en plein air que l'affirment quelques personnes.

La *Davallia novæ zelandiæ* résiste à la plupart de nos hivers et la magnifique *Todea pellucida* à quelques-uns. Mais la *Todea pellucida*, la *Todea superba* et la splendide *Hymenophyllum demissum* résistent parfaitement au froid si on prend soin de les recouvrir d'une simple cloche.

Cette liste comprend presque toutes les fougères exotiques qui résistent à notre climat, et je ne crois pas qu'on arrive à en introduire beaucoup d'autres. Je possède beaucoup de fougères que je plante en plein air en été et que je conserve en serre pendant l'hiver. Ce système convient admirablement à beaucoup de fougères arborescentes. Je plante régulièrement chaque année en plein air la *Cyathea medullaris*, dont les frondes atteignent une hauteur de plusieurs pieds, et cette plante se trouve très bien de ce traitement.

Les Woodwardia sont heureuses quand elles quittent la serre pour venir respirer l'air pur du jardin; l'*Hypolepis repens* des tropiques pousse avec beaucoup de vigueur en plein air pendant les mois d'été. Le *Platycerium alcicorne*, si souvent attaqué dans la serre par les insectes, est très vigoureux lorsqu'il se trouve dans la forêt des fougères; la *Pteris vespertilionis* et la *Todea africana*, profitent beaucoup de leur séjour en plein air. Il est probable que la plupart des fougères exotiques que nous cultivons se porteraient beaucoup mieux si on les plaçait du premier juin au premier octobre dans le jardin; j'ai l'intention de faire cet essai sur chaque espèce à mesure que je pourrai me procurer des spécimens doubles. Je suis d'autant plus fondé à le croire, que j'ai fait cet esssai, qui m'a parfaitement réussi, pour une fougère de l'Inde, la *Pteris argyræa*.

Je ne possède qu'une serre pour les fougères; mais, comme je l'ai déjà expliqué, je l'ai disposée de façon à avoir tous les degrés de température, depuis la chaleur de l'équateur jusqu'à la plus basse qui convienne à ces plantes. Cet arrangement me permet de cultiver les fougères les plus importantes de tous les pays, disposées de façon qu'on puisse les embrasser toutes d'un coup d'œil (voir planche 19). Toutefois, l'expérience m'a prouvé que les fougères qui peuvent vivre d'une façon permanente en plein air, ou qu'on peut sortir pendant l'été, réussissent mieux que celles qui restent toute l'année enfermées dans la serre. Je cultive quelques fougères de serre, dans de la tourbe, au milieu de blocs de grès, mais la température naturelle du sol du ruisseau qui traverse la serre, est peut-être un peu trop basse pour qu'elles y croissent vigoureusement. Ces conditions diminuent un peu le succès que je pourrais avoir dans cette culture, et je ne saurais trop recommander à ceux qui construisent une serre de se rappeler que les fougères exotiques exigent un sol très chaud. Les fougères poussent facilement, mais ma collection a beaucoup souffert du traitement d'un jardinier qui avait négligé de remplir les conditions nécessaires à leur existence. Je les cultive, la plupart, dans des pots arrangés de façon qu'ils se voient peu; aussi la première impression qui saisit le visiteur, quand il entre dans cette serre, est qu'il se trouve en présence d'un paysage naturel sur lequel on a jeté une couverture de verre.

Je cultive beaucoup de fougères dans des corbeilles suspendues ou dans des paniers disposés de manière qu'on puisse les accrocher aux piliers ou aux murs de la serre.

La terre que j'emploie ordinairement pour la culture des fougères en pots se compose de tourbe mélangée à du sable grossier et à des morceaux de pots brisés. Le sable que l'on trouve dans notre voisinage immédiat est trop fin pour cette culture, je dois donc en faire venir de Reigate ou de quelques parties du Bedfordshire, et je choisis toujours des sables qui remontent à une époque antérieure à la formation des dépôts de craie. Il est probable que le grès du Devonshire serait encore préférable en ce qu'il contient une certaine quantité de potasse. Je n'ai jamais osé donner directement de la potasse ou d'autres sels, quels qu'ils soient, à mes fougères; cependant les cendres de ces plantes contiennent de la potasse, mais on ne sait pas la proportion exacte que contient chaque espèce.

Ma serre à fougères, bien que très simplement construite, est réellement un lieu enchanteur, et ceux qui y entrent pour la première fois

ne peuvent retenir un mouvement d'admiration. Les briques rouges des
sentiers, les fleurs rouges que j'ai disposées çà et là, forment un magnifique contraste avec le feuillage vert des fougères; puis, il y a beaucoup de ces dernières que j'ai apportées dans ma poche et qui sont
devenues aujourd'hui si considérables qu'on peut s'asseoir à leur
ombre.

Chaque pilier, chaque poutre du toit, est recouvert par une plante
grimpante et il y en a toujours quelques-unes en fleurs. Aussi l'idée
d'un printemps éternel est-elle réalisée dans cette serre, que l'on trouve
belle, même quand la campagne resplendit de fleurs et de feuilles nouvelles. Qu'est-ce donc quand on passe le seuil de la porte en quittant la
neige qui couvre le sol et qu'on vient de se sentir pénétré par les vents
froids de l'hiver ? Quel horticulteur pourrait donc se passer d'une serre
à fougères ? Anciennement, au centre même de Londres, à Finsbury-
Circus, j'avais une petite serre dans laquelle je cultivais toutes les fougères anglaises; il ne faut donc pas s'imaginer qu'il soit nécessaire
d'aller à la campagne pour avoir une serre à fougères et toutes les
jouissances qu'elle procure.

Il est indispensable que l'atmosphère soit, dans ces serres, plus humide que dans les serres ordinaires ; j'ai fait disposer dans la mienne
des réservoirs placés sur les tuyaux d'eau chaude. En outre, un petit
ruisseau traverse toute la serre et forme au centre un petit lac, de sorte
que l'air est toujours chargé de vapeurs aqueuses.

Bien que l'humidité soit nécessaire à la croissance des fougères, je ne
saurais recommander cependant une humidité constante ; ces plantes, en
effet, se portent mieux si, quand elles ont fini leur croissance, on leur
donne plus d'air, plus de lumière et plus de sécheresse. Il faut laisser
complétement reposer les fougères pendant deux mois au moins, novembre et décembre ; on y arrive en abaissant un peu la température
de la serre, en diminuant la vapeur d'eau en suspension dans l'atmosphère, et en cessant l'arrosage.

Les fougères que je cultive dans ma serre représentent beaucoup
d'espèces et un nombre considérable de genres. Je les décrirai dans
l'ordre établi dans l'excellent ouvrage de Sir W. J. Hooker et de

M. Baker; je me permettrai une seule remarque relativement à cet excellent livre : j'aurais désiré que les genres fussent plus complétement divisés.

J'ai cultivé les Gleichenia; mais ces plantes exigent beaucoup d'air et de lumière, et l'atmosphère de ma serre est trop lourde pour elles. Ce sont des fougères très élégantes qui atteignent une taille considérable. J'ai cultivé aussi la *Gleichenia Speluncæ,* la *G. microphylla* et la *G. flabellata*. Il est difficile de les propager, car on ne peut diviser les racines; ce sont par conséquent des plantes assez dispendieuses.

La grande famille des Polypodiacées m'a fourni de nombreuses espèces.

J'ai cultivé le *Cyathea arborea*, magnifique fougère arborescente originaire de la Jamaïque; mais ma serre est trop froide pour cet arbre et il est mort. Les jardins de Kew possèdent d'admirables spécimens de cette fougère. Le *C. dealbata,* de la Nouvelle-Zélande, est presque rustique et aime beaucoup à se trouver en plein air en été. C'est une magnifique fougère, peut-être une des plus belles fougères arborescentes, car le côté inférieur des feuilles est argenté et tout particulièrement beau. Le plus beau spécimen que j'aie vu se trouve chez M. Backhouse, à York. On en importe de temps en temps de grands

Fig. 888. — Cyathea medullaris.

Fig. 889. — Cyathea Schiedei.

spécimens. Le *C. medullaris* (fig. 888) est une autre magnifique fougère

originaire des îles du Pacifique; ses frondes atteignent de dix à quinze
pieds de longueur. Les rejetons de cette fougère atteignent une très
grande taille, et, comme je l'ai déjà dit, je puis m'asseoir à l'ombre d'un
arbre de cette espèce que j'ai apporté dans ma poche il y quelques
années.

Le *C. princeps*, du Mexique, est aussi fort beau, mais il faut le
cultiver dans les parties les plus chaudes de la serre. Le *C. Schiedei*
(fig. 889) est une fougère très gracieuse; la face inférieure de ses
frondes est magnifiquement argentée; je ne saurais trop recommander
cette plante.

Le genre Alsophila me fournit deux espèces : l'*Alsophila australis*
(fig. 890) et l'*A. capense*, qui tous deux se plaisent en plein air pendant

Fig. 890. — Alsophila australis.

Fig. 891. — Dicksonia squarrosa.

les mois d'été. J'ai exclu de la serre l'*Onoclea sensibilis* et le *Struthi
opteris germanica* (fig. 887) qui poussent beaucoup mieux en plein
air.

La *Dicksonia antarctica* est une magnifique fougère arborescente
presque rustique. On la multiplie facilement en semant les spores, et au
bout de quelques années on obtient un fort bel arbre. Le docteur Hooker
m'a conseillé de ne pas couper les tiges mortes, mais de les laisser retomber sur le tronc, ce qui donne à la plante un aspect pittoresque tout particulier.

Je cultive aussi la *D. squarrosa* (fig. 891). Kaulf donne le nom de

Cibotium à quelques espèces de Dicksonia ; au nombre de ces espèces, je

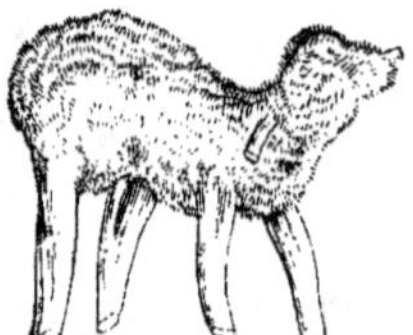
cultive la *Dicksonia Barometz* (fig. 892),
d'Assam, que l'on appelle aussi l'agneau
de Tartarie. Les frondes de cette fougère
sont admirables. On a imaginé de couper
sa tige principale et toutes les autres
tiges, sauf quatre que l'on coupe aussi à
une petite distance de leur point de jonction
avec la tige principale; on obtient alors
une figure qui ressemble à un agneau et

Fig. 892. — Dicksonia Barometz.　　　　Fig. 893. — Agneau de Tartarie.

on s'est amusé à dire que c'est une production à moitié végétale, à
moitié animale, qui se nourrit d'herbe. Cet agneau est représenté dans
l'ouvrage d'Evelyn intitulé « Sylva, » et des spécimens existent au
British Museum, au musée Hunterian et au Collége des médecins. La
fig. 893 représente un de ces agneaux. Je cultive aussi la *D. fibrosa*
que l'on regarde comme une variété de la *D. antarctica*.

J'ai essayé de cultiver quelques fougères à écailles, mais dans une
très petite mesure, parce qu'il est extrêmement difficile de s'en procurer
des plants. Ces fougères veulent être abritées contre les rayons directs
du soleil, mais il leur faut en même temps beaucoup de lumière et
beaucoup d'humidité; elles ne supportent aucun changement dans
l'état hygrométrique de l'atmosphère. La chaleur qui leur est nécessaire dépend du pays d'où elles sont originaires, mais toutes celles qui
ont besoin de chaleur artificielle doivent être recouvertes par une
cloche, pour assurer l'égalité hygrométrique de l'air. L'*Hymenophyllum demisssum* (fig. 861), de la Nouvelle Zélande, est peut-être
celle de ces fougères qui se cultive le plus facilement, surtout recouverte

d'une cloche. Je possède l'*H. javanicum* sous les noms de *H. flexuo-sum* et de *H. crispatum;* l'*H. ciliatum* de l'Amérique tropicale et l'*H. asplenioides* originaire du même pays.

Je cultive deux Hymenophyllums anglais, l'*H. Tunbridgense* (fig. 863) et l'*H. Wilsoni;* elles sont dans la serre et protégées par une cloche. M. Backhouse, d'York, a une splendide collection de fougères à écailles; il réussit très bien dans cette culture; ses plantes sont si belles qu'elles valent le voyage d'York. Il en cultive beaucoup dans une grotte surmontée d'une toiture en verre. Il y en a aussi une magnifique collection à Kew. Le Révérend A. Johnson et M. Cooper Forster cultivent aussi ces admirables plantes au centre même de Londres.

Je cultive dans la serre le *Trichomanes speciosum* (fig. 864), qui ressemble à l'Hymenophyllum par le caractère transparent des membranes de la feuille et qui exige le même mode de culture. On a récemment trouvé cette fougère dans le pays de Galles, mais on m'assure que tous les plants ont été enlevés en quelques jours. Je possède aussi

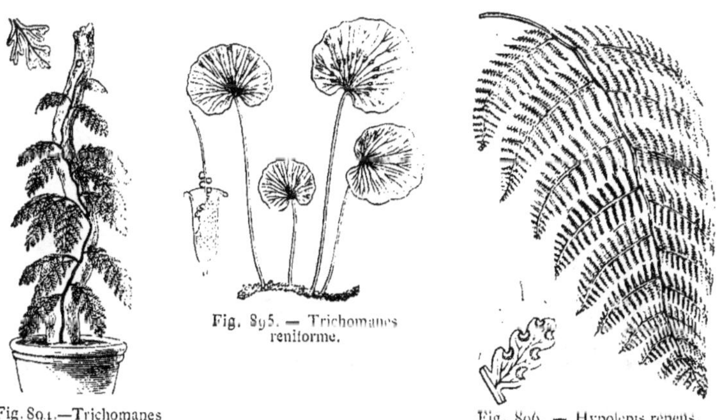

Fig. 895. — Trichomanes
reniforme.

Fig. 894.—Trichomanes
Luschnatianum.

Fig. 896. — Hypolepis repens.

un plant du *T. Luschnatianum* (fig. 894) originaire des montagnes du Brésil; cette fougère m'a été donnée par M. Backhouse, qui obtient de magnifiques spécimens, en faisant grimper les plantes le long de tubes en faïence; le docteur Hooker pense que cette plante est une

variété du *T. radicans*. Je cultive aussi le *T. pyxidiferum*, originaire
de l'Amérique méridionale. J'ai essayé, mais sans succès, l'admirable
T. reniforme (fig. 895), originaire de la Nouvelle-Zélande ; mon peu
de succès provient probablement de ce que la plante était trop faible.
Ces fougères coûtent fort cher et elles sont très difficiles à élever ;
néanmoins, leur exquise beauté qui surpasse de beaucoup celle de
toutes les autres fougères, en fait des plantes fort désirables, et un horticulteur pourrait être heureux s'il possédait une collection unique
composée de ces plantes.

Le genre Hypolepis nous donne l'admirable *Hypolepis repens* (fig.
896), originaire de l'Amérique tropicale. Cette fougère pousse très facilement, et les spores végètent dans toutes les parties de la serre. Il
faut avoir soin de les exterminer, car elles envahiraient bientôt toute
la serre. Je possède aussi l'*H. tenuifolium* de Java et l'*H. distans* de
la Nouvelle-Zélande.

J'ai beaucoup de Cheilanthes. Ces fougères aiment l'air et la lumière. Je cultive le *Cheilanthes lanuginosa*, originaire de l'Illinois ;
le *C. lendigera* du Mexique, le *C. argentea* du Japon, le *C. spectabilis*
et le *C. elegans* (fig. 897), qui est une fort belle fougère. Nos spécimens

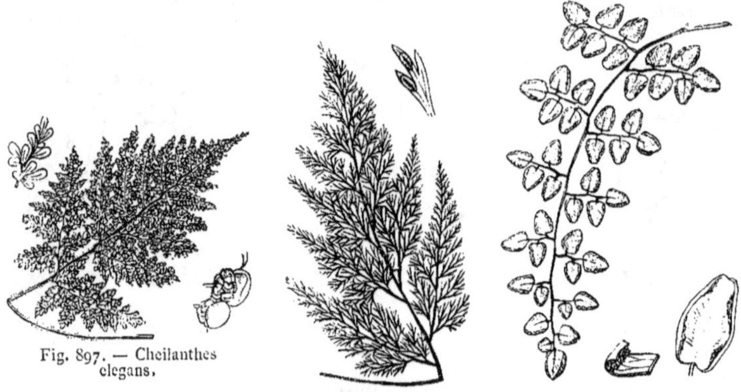

Fig. 897. — Cheilanthes
elegans.

Fig. 897 a. — Onychium
japonicum.

Fig. 898.—Platyloma flexuosa.

d'*Onychium japonicum* (fig. 897 a), ainsi que ceux du *Cryptogramma
crispa*, se plaisent mieux en plein air que dans la serre. La *Pellœa*

rotundifolia, à laquelle Smith donne le nom de *Platyloma rotundifolia*, a des tiges plus vigoureuses quand elle est cultivée en plein air,
mais elle ne résiste pas aux hivers un peu rudes. La *Pellæa* ou *Platyloma flexuosa* (fig. 898) a des frondes d'un vert tout particulier; c'est
une fort jolie espèce à mettre dans une corbeille, car ses frondes retombent de toutes parts.

Le genre Pteris comprend un grand nombre d'espèces originaires
de toutes les parties du monde; j'en ai de nombreux spécimens.
La *Pteris cretica*, originaire d'Italie, résiste aux froids de l'hiver
en Angleterre; il en est de même de la jolie fougère de Chine, la
P. serrulata. Bien que fort commune, cette dernière fougère se multiplie si facilement et est si jolie qu'on ne saurait trop l'employer
comme ornement. Il y a des variétés à aigrette, qui sont extrêmement belles. La *P. tremula* est une grande fougère originaire d'Australie, qui réussit très bien en plein air pendant l'été et qui se multiplie
facilement. La *P. aquilina*, qui pousse dans le monde entier, réussit
aussi bien dans la serre qu'au dehors; si cette fougère était rare, on
l'estimerait beaucoup. La *P. scaberula* de la Nouvelle-Zélande est
fort jolie; elle aime beaucoup à séjourner en plein air pendant l'été.

La *P. argyræa*, qui porte une bande blanche sur ses feuilles, et la
P. tricolor (fig. 899) sont, selon le docteur Hooker, des variétés de l
P. quadriaurita; fougères fort belles et se
cultivant facilement. La *P. vespertilionis*,
appelée aussi *P. incisa* ou *Litobrochia
vespertilionis*, est une fougère très élégante qui atteint une grande taille et qui
pousse vigoureusement en plein air pendant l'été. Les frondes de la *P. longifolia*
atteignent une longueur de trois pieds;
la *P. umbrosa* est une magnifique fougère
d'Australie; la couleur de ses frondes est
remarquable; ses frondes fécondes ont

Fig. 899. — Pteris tricolor.

quatre pieds de haut, mais sont un peu
plus minces que les frondes stériles, qui n'ont guère que deux pieds

de haut. La *P. palmata* ou *Doryopteris nobilis*, originaire de l'Amérique tropicale, est une magnifique fougère, mais qui meurt facilement
si on n'en prend pas beaucoup de soin. La *P. sagittifolia* de Rio-Janeiro est une plante très curieuse.

Je cultive beaucoup d'espèces de Davallias, genre magnifique de
fougères. On dit que l'on cultive en Angleterre depuis plus d'un siècle
et demi la *Davallia canariensis*. Cette plante ne supporte pas le froid
de l'hiver, mais elle aime beaucoup l'air et la lumière, et les rayons du
soleil ne semblent pas l'incommoder. La *D. Novæ Zelandiæ* est une
autre magnifique espèce qu'on ne peut laisser dehors en hiver, mais
qui se plaît beaucoup dans le jardin pendant l'été. La *D. pyxidata*,
originaire d'Australie, a des tiges fort raides; la *D. bullata* (fig. 900),
la *D. dissecta*, la *D. Lindleyi*, la *D. pentaphylla*, la *D. tenuifolia* font
admirablement quand on les place dans des corbeilles suspendues au
plafond. La *D. alpina* est aussi une petite espèce intéressante.

Je ne cultive pas de Cystopteris dans la serre, bien que j'en cultive
quatre espèces en plein air, c'est-à-dire : la *C. fragilis*, espèce anglaise;
la *C. alpina* d'Écosse; la *C. bulbifera* (fig. 883) de l'Amérique du
Nord, et la *C. montana* (fig. 869) d'Écosse.

Je cultive une seule Lindsæa, la *L. cultrata* (fig. 900 *a*), originaire
du nord des Indes.

Le genre Adiantum comprend de nombreuses espèces dont quelques-

Fig. 900. — Davallia bullata.

Fig. 900 a. — Lindsæa
cultrata.

Fig. 901. — Adiantum reniform

unes constituent le plus bel ornement de la serre; j'en cultive beaucoup.

L'*A. reniforme* (fig. 901) de Madère est assez difficile à cultiver. Probablement, cette fougère voudrait-elle plus d'air et moins d'humidité qu'il n'y en a dans la serre ; ses feuilles en forme de rognons sont tout particulièrement remarquables. L'*A. trapeziforme* de l'Amérique tropicale a un magnifique feuillage ; il faut le placer à l'extrémité la plus chaude de la serre ; c'est là une de ces plantes dont on ne saurait se passer. L'*A. cultratum* est une variété fort remarquable ; ses feuilles sont bordées de rouge quand elles sont toutes jeunes. Je cultive aussi l'*A. pentadactylon ;* l'*A. intermedium* de l'Amérique tropicale ; l'*A. formosum* de l'Australie et de la Nouvelle-Zélande, belle fougère aux larges feuilles qui convient très bien pour décorer une serre ordinaire, mais trop commune pour la serre à fougères ; l'*A. macrophyllum* du Mexique dont les frondes sont magnifiquement frangées de rouge pendant leur croissance ; l'*A. Capillus-Veneris* qui, bien que répandu dans le monde entier, doit toujours trouver sa place dans la serre à fougères ; l'*A. concinnum*, autre espèce commune, mais très belle ; l'*A. tenerum*, remarquable en ce qu'elle produit une variété qui est peut-être la plus belle de toutes les fougères, appelée l'*A. Farleyense* (fig. 902). Les spores de l'*A. Farleyense* ne reproduisent pas la même plante et on s'expose à la faire périr en la divisant. M. Smith, un des directeurs des jardins de Kew, m'a recommandé de la planter dans un sol très riche ; je n'en ai qu'un tout petit plant, qui est loin d'être comparable aux splendides spécimens qui existent à Kew et dans la pépinière de M. Veitch.

Fig. 902. — Adiantum Farleyense

L'*Adiantum cuneatum* (fig. 903) est une fougère qui s'emploie beaucoup pour décorer la salle à manger. Tout le monde l'admire et, bien qu'elle soit originaire du Brésil, elle est tout aussi rustique chez moi que l'*A. Capillus-Veneris* (fig. 862). L'*A. fulvum* (fig. 904) est extrêmement joli quand il déroule ses jeunes frondes écarlates ; on le multiplie facilement en en semant les spores. L'*A. Feei* est une variété intéressante, très distincte du genre auquel il appartient ; je possède un beau plant de cette espèce qui réussit très bien dans mon jardin. L'*A. pedalum* ne se plaît pas

Fig. 903. — A. cuneatum.

Fig. 904. — A. fulvum.

autant dans la serre qu'en plein air où il atteint des proportions considérables. L'*A. tinctum* est admirable au printemps; l'*A. lucidum*, originaire des Indes occidentales, est une belle fougère dont les frondes atteignent de neuf à quinze pouces de longueur; l'*A. curvatum* est aussi une belle fougère qui réussit très bien dans ma serre, mais qui ne pousse pas facilement dans toutes les situations.

Les Lomarias poussent les unes dans la serre, les autres en plein air. La *Lomaria gibba* (fig. 905) est une charmante fougère arborescente très décorative ; elle est originaire de la Nouvelle-Calédonie et n'a besoin, par conséquent, que d'une chaleur modérée ; elle doit trouver sa place dans toutes les serres. La *L. attenuata* est une belle fougère à laquelle on peut avec un peu de soin faire prendre la forme

Fig. 905. — Lomaria gibba.

Fig. 906. — Blechnum orientale.

arborescente. La *L. Banksii*, originaire de la Nouvelle-Zélande, est toute petite, mais très jolie. La *L. Patersoni* est une fougère remarquable; ses frondes fécondes sont minces, ses frondes stériles sont plus larges; la *L. gigantea* est une espèce distincte, originaire d'Amérique. Je cultive en plein air la *L. spicant*, la *L. minor* et la *L. alpina.*

Les Blechnums sont de magnifiques fougères qui atteignent presque toutes une taille considérable. Le *Blechnum brasiliense*, qu'on appelle aussi *B. corcoradense*, se multiplie facilement au moyen de ses spores; c'est une belle fougère. Le *B. occidentale*, originaire d'Amérique, et le *B. orientale* (fig. 906), originaire d'Australie, sont de belles fougères dont la culture est facile. Le *B. nitidum*, variété *contractum*, est aussi une belle plante. Les jeunes frondes de tous les Blechnums sont nuancées de rouge.

Le genre Woodwardia se distingue par deux espèces splendides. La *W. radicans* (fig. 907), originaire de Madère, sur les frondes de laquelle s'élèvent de nombreuses autres petites plantes, et la *W. orientalis* du Japon, qui offre la même particularité. Ces deux espèces vivent en plein air dans mon jardin, mais il vaut mieux les rentrer en

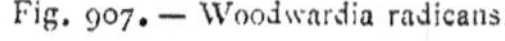

Fig. 907. — Woodwardia radicans.

Fig. 908. — Doodia aspera.

serre pendant l'hiver. La *W. radicans* a des frondes splendides qui atteignent plusieurs pieds de longueur.

Je cultive la *Doodia aspera* (fig. 908), petite fougère arborescente, originaire d'Australie, en plein air, dans ma serre à fougères et dans une petite serre de Ward dans ma salle à manger. Les frondes nouvelles de cette fougère sont teintées de rose; c'est une des variétés les plus gracieuses qu'il y ait. La *D. caudata* d'Australie n'offre aucune importance, elle vit parfaitement en plein air.

Les botanistes systématiques décrivent deux cent quatre-vingts espèce d'Aspleniums; j'en cultive un grand nombre en plein air et j'en ai fait aussi un choix pour la serre. Je cultive en plein air les espèces anglaises : *A. Adiantum-nigrum*, *A. trichomanes*, *A. viride*, *A. fontanum*, *A. Ruta-muraria*, *A. septentrionale*, *A. germanicum*. Chose assez singulière, je ne puis cultiver en plein air, ni l'*A. marinum*, qui supporte facilement la température artificielle la plus élevée; ni l'*A. fontanum*, ni l'*A. lanceolatum*, qui aime la température d'une serre ordinaire. L'*A. Filix-fœmina* (fig. 877) et ses centaines de variétés ornent toutes les parties de mon jardin, mais elles ne peuvent pas supporter l'atmosphère plus épaisse de la maison ou de la serre. L'*A. fragrans*, variété de l'*A. australasicum*, est assez difficile à cultiver. L'*A. flabellifolium* d'Australie est une charmante espèce; je l'ai cultivée longtemps dans ma salle à manger. L'*A. viviparum* ressemble un peu au persil. L'une de ses espèces a des écailles très curieuses qui, vues au microscope, sont extrêmement jolies; la figure 909 représente une de ces plantes qui pousse dans mon salon et que M. Smith a bien voulu dessiner; on aperçoit les petites écailles sur la feuille, on les a représentées aussi grossies vingt fois en diamètre. Je cultive aussi l'*A canariense*, jolie variété de l'*A. præmorsum*; l'*A. nitidum;* l'*A. laceratum* à la forme élégante; l'*A.*

Fig. 909.—Asplenium couvert d'écailles (écailles grossies 20 fois en diam).

caudatum, originaire d'Australie, dont les frondes ont environ dix-huit pouces de long et qui réussit parfaitement dans la serre; l'*A. Belangeri*, belle fougère originaire de l'Archipel malais; l'*A. macilentum*, jolie variété veinée de l'*A. auritum;* l'*A. attenuatum*, fougère à feuilles raides, originaire de Queensland; l'*A. formosum*, plante très gracieuse; l'*A. flabellatum*, charmante variété de l'*A. rhizophorum*, originaire de l'Amérique tropicale.

Les frondes de l'*A. macrophyllum* ne ressemblent en rien à celles des espèces que j'ai décrites jusqu'à présent ; cette plante ressemble même à peine à une fougère et ce contraste la rend d'autant plus intéressante. L'*A. falcatum* est une gracieuse fougère, originaire du Japon, qui réussit mieux en plein air que dans la serre. L'*A. dispersum*, originaire de l'Amérique tropicale, fait un fort joli effet dans une corbeille suspendue, bien que ses frondes n'excèdent pas neuf pouces de longueur.

L'*A. Serra* est une belle espèce, originaire de l'Amérique tropicale. L'*A. nidus*, variété *australasicum* (fig. 910) est une belle espèce au feuillage large et charnu, disposé régulièrement autour d'un centre ; on peut la cultiver en plein air pendant l'été. L'*A. bulbiferum* est une fougère commune de la Nouvelle-Zélande, qui se plaît aussi en plein air pendant l'été.

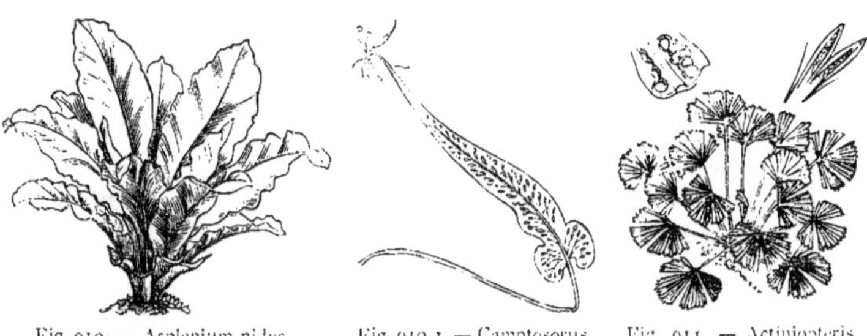

Fig. 910. — Asplenium nidus.   Fig. 910 a. — Camptosorus rhyzophyllus.   Fig. 911. — Actiniopteris radiata.

L'*A. Ceterach*, ou comme on l'appelle ordinairement, le *Ceterach officinarum* (fig. 868) pousse difficilement dans la serre, mais réussit admirablement en plein air, comme je crois, d'ailleurs, l'avoir déjà dit.

L'*Actiniopteris radiata* (fig. 911), originaire de l'Inde, est une espèce remarquable, la seule connue jusqu'à présent du genre actiniopteris ; elle ressemble absolument à un palmier en miniature, j'en possède un seul plant ; on m'a dit qu'elle aime beaucoup la lumière et qu'il faut la conserver très sèche pendant certaines saisons de l'année, alors qu'elle se repose.

Le *Scolopendrium* de nos forêts anglaises (fig. 867) et ses nombreuses variétés réussissent très bien en plein air. Une autre espèce, le *S. rhizophyllum* (fig. 910 a), ou comme on l'appelle quelquefois le *Camptosorus rhizophyllus* est une fougère intéressante de l'Amérique anglaise : une nouvelle plante se forme, dans cette variété, à l'extrémité de la fronde.

Je cultive dans la serre une belle fougère appelée la *Didymochlæna lunulata* (fig. 912), originaire de l'Amérique tropicale, dont les frondes ont un lustre métallique. Cette plante, quand elle n'est pas en bonne santé, incline ses tiges, ce qui lui donne un air très piteux.

Fig. 912. — Didymochlæna lunulata.

Le genre Aspidium nous fournit l'admirable *A. aculeatum* qu'on rencontre dans le monde entier. Ce genre comprend beaucoup d'autres variétés, au nombre desquelles je puis tout particulièrement citer l'*A. proliferum*, originaire d'Australie, fougère très élégante que l'on peut indifféremment cultiver en serre ou en plein air; on l'appelle souvent aussi *Polystichum angulare* (fig. 873); l'*A. lonchitis* (fig. 874), originaire des montagnes d'Écosse, belle fougère pour les serres ordinaires ou pour les plantations en plein air ; l'*A. falcatum*, ordinairement appelé *Cyrtomium falcatum*, fort utile pour la décoration des serres, mais qui réussit rarement en plein air.

L'*Aspidium coriaceum* ou *Polypodium capense*, comme on l'appelle quelquefois, est une belle fougère aux frondes rigides, ayant de un à trois pieds de longueur.

Le genre Nephrodium, dans lequel Hooker et Baker comprennent toutes les Lastreæ, est très considérable et nous fournit plusieurs espèces importantes. Le *N. Sieboldii* du Japon est une belle fougère presque rustique ; le *N. patens*, belle fougère aussi, se multiplie facilement. Nous trouvons aussi dans ce genre l'admirable *N. thelypteris* (fig. 876); le *N. oreopteris* que Baker appelle *montanum ;* le *N. filix-mas* (fig. 875), qui a une distribution géographique très étendue et beaucoup de variétés; le *N. cristatum ;* le *N. spinulosum*, avec ses variétés ; le *N. dilatatum ;* le *N. œmulum*, qui répand une légère odeur de foin coupé; toutes ces espèces se cultivent en plein air. Le *N. molle* (fig. 913) est une fougère très commune que l'on peut employer dans des endroits où ne veulent pas pousser des plantes plus

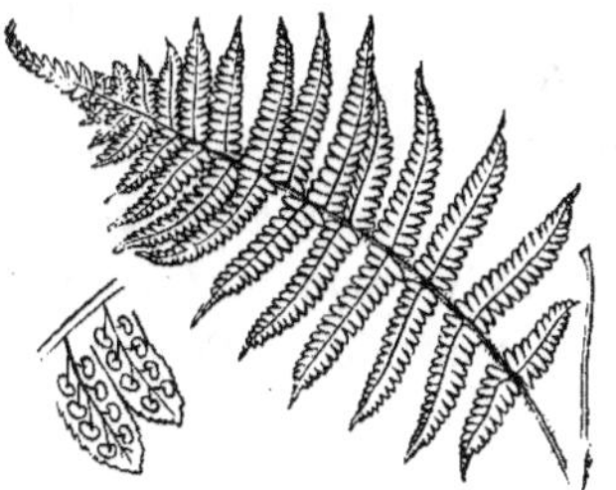

Fig. 913. — Nephrodium molle.

Fig. 914. — Oleandra articulata.

remarquables. Le *N. sanctum*, originaire des Indes occidentales, est une fougère délicate, touffue et très élégante.

L'*Oleandra articulata* (fig. 914), originaire des Indes orientales, est une de mes plantes favorites.

Hooker et Baker ont réuni plusieurs espèces en un grand genre auquel ils ont donné le nom de Polypodium; ils ont placé dans ce genre trois cent quatre-vingt-neuf espèces qui ont des verrues sur le derrière de leurs frondes, ce qui produit un très joli effet. Le *Polypodium Phegopteris* se plaît mieux dans une serre ordinaire ou en plein air que dans la serre à fougères; le *P. hexagonopterum*, originaire du Canada, réussit très bien en plein air, ainsi que le *P. dryopteris*. On considère comme une variété de cette dernière espèce le *P. calcareum* ou *Robertianum*, qui se plaît beaucoup dans la serre à arbres fruitiers.

Fig. 915. — Polypodium verrucosum.

Le *P. alpestre* et sa variété le *P. flexile* sont fort jolis; le *P. vulgare*, qui pousse en si grande abondance dans nos campagnes, est très remarquable à cause des verrues dorées qui recouvrent toute la partie postérieure de ses frondes (fig. 870); le *P. plumula* est une gracieuse fougère; le *P. squarrosum* est une petite fougère aux tiges traînantes dont les frondes ont deux ou trois pouces de longueur; le *P. verrucosum* (fig. 915), originaire des îles Philippines, est une fort belle espèce; le *P. appendiculatum* a des frondes ayant environ deux pieds de long, qui sont teintées de rouge quand elles sont jeunes; il est originaire de l'Himalaya oriental; le *P lycopodioides*, appelé aussi *Phymatodes lycopodioides*, est une charmante fougère à placer dans une corbeille; on peut en dire autant du *P. liniatum*. Le Polypodium ou *Goniopholebium squamatum*, originaire des Indes occidentales; le Polypodium ou *Goniopholebium subauriculatum*, originaire de Malacca, et le *P. Reinwardii*, aux frondes ayant deux à trois pieds de longueur, sont toutes des fougères à feuilles retombantes qui font un charmant effet dans des corbeilles suspendues au plafond. Le *P. refractum* a des frondes transparentes ayant de un à deux pieds de longueur; le *P. lonceum*, originaire du Mexique, a des feuilles atteignant de douze à dix-huit pouces de longueur; le *P. Fortunei*, originaire de Chine, a des frondes stériles qui atteignent de deux à trois pouces de longueur; mais ses frondes fécondes atteignent de douze à dix-huit pouces de longueur.

Le *P. adnascens*, originaire de l'Inde, est une fougère distincte. Il porte des frondes stériles et des frondes fécondes; ces dernières ont de six à douze pouces de longueur. Le *P. Gheisbreghtii*, originaire du Mexique méridional, a un aspect tout particulier; c'est à peine s'il ressemble à une fougère; le *P. repens* est aussi originaire du Mexique; le *P. persicæfolium* est une jolie fougère de suspension; ses frondes ont trois pieds de longueur. Le *P. stigmaticum* est originaire de la Colombie; ses frondes atteignent aussi une longueur de trois pieds environ.

Le *P. filipes* (fig. 916) est une jolie petite espèce qui s'établit en parasite sur le tronc des fougères arborescentes ou qui grimpe sur le tronc des arbres. Le *P. Heracleum* est une belle plante originaire de Java et des îles Philippines; le *P. piloselloides* est une petite espèce distincte; on la cultive dans un plat; elle est originaire de l'Himalaya. Le *P. musæfolium* est remarquable par la nervure de ses frondes qui ont de un à trois pieds de long. Elle est originaire des îles Malais; bien développée, c'est une fougère magnifique, mais il faut en avoir grand soin, car elle périt facilement. Il lui

Fig. 916 — Polypodium filipes.

faut beaucoup de lumière, et on doit changer de temps en temps le sol tourbeux dans lequel elle pousse.

Les Nothoclœna constituent un joli genre de fougères dont les frondes ordinairement petites ne dépassent pas un pied de longueur. La *N. nivea* est une très belle espèce originaire des Andes; son feuillage est entièrement recouvert d'une poudre blanche.

Je possède plusieurs fougères argentées et dorées, qui appartiennent à ce groupe de plantes charmantes que l'on appelle les Gymnogrammæ. On peut dire qu'une des espèces est anglaise, en ce sens qu'elle pousse à Jersey. J'ai vu une grande quantité de ces fougères sur les bords de la Méditerranée; mais leur culture est difficile chez moi. Il faut toujours cultiver le *G. calomelamos* couvert de poudre blanche et sa variété, le *G. chrysophylla*, recouvert de poudre d'or. En hiver, ces admirables fougères, originaires des Indes occidentales, demandent peu d'eau, et il faut les placer dans l'endroit le plus éclairé. J'en possède quelques plants qui ont une beauté surprenante. Les semis réussissent bien; mais la plante produite est sujette à varier.

Fig 917. — Gymnogramma chryso-phylla.

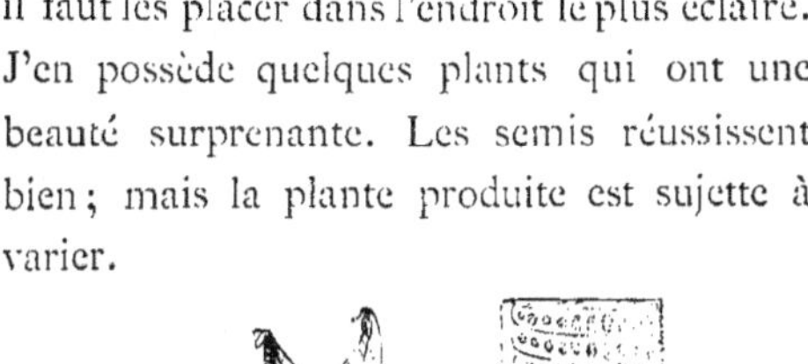

Fig. 918. — Meniscium simplex.

Le genre Meniscium ne comprend que quelques espèces; je possède un *M. simplex* (fig. 918) que je cultive dans une corbeille. Cette plante est originaire de Chine.

Le genre Acrostichum est fort important. L'*A. crinitum* (fig. 919), originaire des Indes occidentales, est une plante très intéressante et très remarquable faisant un contraste frappant avec les fougères, qui sont pour la plupart si gracieuses et si délicates ; ses feuilles sont couvertes de poils. L'*A. quercifolium* porte des frondes qui ressemblent à la feuille du chêne.

Les Platyceriums constituent un genre remarquable dont les espèces apportent beaucoup de diversité dans les plantations de fougères. Le

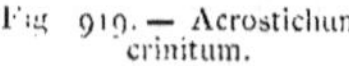

Fig. 919. — Acrostichum crinitum.

Fig. 920 — Platycerium alcicorne.

Fig. 920 *a*. — Platycerium grande.

P. alcicorne (fig. 920), originaire de l'Australie, est une plante aujourd'hui commune, que l'on peut cultiver en plein air pendant l'été. Cette fougère aime l'air et la lumière. Plantée dans une corbeille suspendue, les racines poussent de nombreuses tiges, et on arrive à avoir une accumulation considérable de plantes. Le *P. grande* est une magnifique plante originaire d'Australie ; cette fougère est devenue assez rare, mais je ne saurais dire pourquoi. Un beau spécimen est un objet admirable de tout point. On peut multiplier cette fougère en semant les spores, et j'ai vu de beaux plants obtenus de cette façon au jardin Botanique à Florence. Je possède aussi le *P. æthiopicum*, originaire de la côte de Guinée. J'ai toutes les espèces de Platyceriums (on en connaît cinq) ; les frondes stériles diffèrent des tiges fécondes ; ces dernières ressemblent un peu au bois du cerf ; toutes forment des plantes très belles et très intéressantes.

Le genre Osmunda ne comprend que six espèces sur lesquelles j'en possède trois : l'*O. regalis*, ainsi que sa variété, l'*O. gracilis* (fig. 881), originaire d'Amérique ; l'*O. Claytoniana* qu'on appelle aussi *O. interrupta* (fig. 882) et l'*O. cinnamomea*, toutes deux originaires du Canada. Je cultive ces trois espèces en plein air, bien que l'*O. cinnamomea* et l'*O. Claytoniana* soient plus belles quand on les cultive en serre.

Le genre Todea ne contient que quatre espèces ; mais elles sont toutes admirablement belles. La *T. barbara* ou *africana*, comme l'appellent quelques botanistes, originaire de la Nouvelle-Zélande, a une tige qui atteint un développement considérable. Il y a une plante de cette espèce dans les serres de Kew, qui a pris un développement tel, qu'elle pèse quelques centaines de kilos ; j'en ai vu une autre très grosse au jardin Botanique de Florence.

Les trois autres espèces de Todea reçoivent quelquefois le nom de Leptopteris ; ces espèces ont des frondes membraneuses moussues. La *T. hymenophylloides* est une fougère charmante ; quand elle est âgée, elle a une tige qui ressemble à celle des fougères arborescentes, et les frondes retombent du sommet de la façon la plus élégante. Cette fougère est exposée aux attaques de quelques champignons ; elle aime l'air et la lumière. La *T. superba* (fig. 921), splendide fougère, a été découverte par le capitaine Cook à la Nouvelle-Zélande ; elle aussi est souvent attaquée par un champignon parasite. Je cultive ces deux dernières espèces en plein air, sous cloche, dans mon salon et dans ma serre à fougères. Je ne possède pas encore la dernière espèce, la *T. Fraseri*. La fig. 922 représente la sporangia d'une todea.

Toutes les espèces du genre Lygodium sont des plantes grimpantes, ce qui

Fig. 921. — Todea superba

Fig. 922. — Sporangia de Todea.

constitue un contraste remarquable avec les habitudes de toutes les fougères. Le *L. palmatum* (fig. 922 *a*), originaire d'Amérique, est une belle espèce grimpante que je cultive en plein air dans mon jardin. Le *L. scandens* (fig. 923), originaire de la Chine méridionale, est une autre espèce grimpante très gracieuse et très élégante. Je cultive aussi le *L. volubile*, originaire de Cuba.

Les Anemias ou fougères à fleurs forment un genre tout à fait distinct ; elles sont peut-être plus curieuses qu'elles ne sont belles, et ne

produisent pas grand effet dans une serre. L'*A. fraxinifolia* (fig. 924)
montre le caractère de ce genre.

Fig. 922 *a*. — Lygodium   Fig. 923. — Lygodium scandens.   Fig. 924. — Anemia traxinifolia.
palmatum.

Je possède un petit plant de la gigantesque *Angiopteris evecta*
(fig. 925); cette fougère, originaire de l'Inde, du Japon et de Ceylan, a,

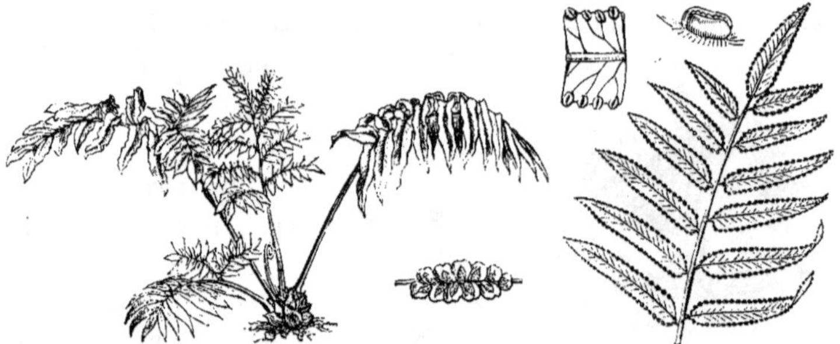

Fig. 925. — Angiopteris evecta.   Fig. 926. — Marattia laxa.

quand elle est bien développée, des frondes qui atteignent quinze pieds
de longueur. Je possède aussi un petit spécimen de la *Marattia laxa*
(fig. 926), originaire de la côte de Guinée, autre fougère gigantesque
dont les frondes raides atteignent les dimensions de l'espèce précédente.

Je ne possède qu'un seul spécimen de la famille des Ophioglossiacées,
l'*Ophioglossum vulgatum* (fig. 880) qui pousse très bien en plein air,
mais qui ne réussit pas dans la serre. Je cultive deux espèces du genre

Botrychium, le *B. simplex*, originaire de l'Amérique septentrionale, et le *B. Lunaria* (fig. 879), originaire d'Angleterre.

Le grand botaniste Linnée ne connaissait que 180 espèces de fougères ; je cultive aujourd'hui dans mon jardin plus du double de cette quantité.

Il est extrêmement important pour la culture des fougères de ne les laisser jamais trop sèches, mais, en même temps, il ne faut pas mettre trop d'eau aux racines ; j'ai perdu beaucoup de plantes parce qu'elles n'ont pas été soignées comme elles auraient dû l'être. Presque toutes les autres plantes supportent les rayons brûlants du soleil ; leurs feuilles, il est vrai, deviennent flasques pendant la journée, mais l'humidité de la nuit leur rend toute leur vigueur ; les fougères ne sauraient vivre dans de semblables conditions, il leur faut une humidité uniforme et constante. Mais il n'y a pas de règle sans exception, car, comme je l'ai déjà dit, j'ai vu des ceterach pousser en Italie sur les sommets desséchés des Apennins où cette plante à moitié cuite par le soleil se développe très vigoureusement.

Voici quelques règles générales pour la culture des fougères : elles aiment un sol formé de matières végétales en décomposition, mais non pas pourries ; de l'humidité aux racines sans beaucoup d'eau ; une atmosphère humide, mais jamais d'eau directement sur les frondes ; de la lumière sans les rayons brûlants du soleil, de l'air frais mais sans courant d'air. Si l'on remplit toutes ces conditions, on peut espérer amener les fougères à leur plus complet état de développement.

Les fougères se multiplient par division des racines, ou au moyen de bulbes qui se forment sur les feuilles, ou de spores. Pour faire reproduire des spores, il faut employer une méthode toute particulière et ne négliger aucun point si l'on veut réussir. On prend la feuille d'une fougère dont les spores se détachent spontanément, en ayant soin de choisir une feuille qui a été bien exposée à l'air et à la lumière dans un endroit chaud. On sème les spores dans une couche de tourbe humide mélangée à de petits morceaux de briques et de grès ; on recouvre le tout d'un globe de verre et on place le pot à l'ombre jusqu'à ce que les spores commencent à pousser. Quand un spore se met à germer, il se produit d'abord une membrane couverte de pellicules appelées *prothallus* (fig. 927), qui ressemble un peu à la Marchantia (fig. 824). Cette membrane pousse des racines qui s'enfoncent dans le sol; elle forme, en outre, deux corps, l'un, le nid de la future plante, l'autre contenant des corpuscules actifs qui se trouvent en contact avec le nid et le fécondent. Après avoir été fécondé, le bourgeon pousse de petites feuilles et se transforme en une plante extrêmement petite; le prothallus disparaît alors. On a

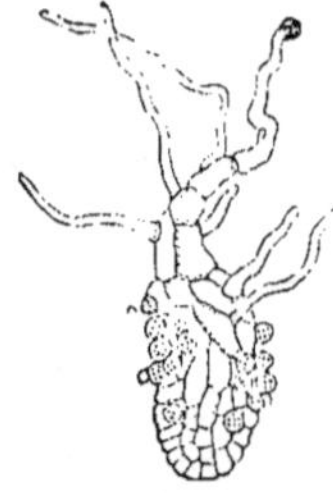

Fig. 927. — Prothallus.

recommandé, afin de bien détruire toutes les matières organiques vivantes qu'elle peut contenir, de laver la tourbe à l'eau bouillante avant d'y semer les spores.

LES LYCOPODES.

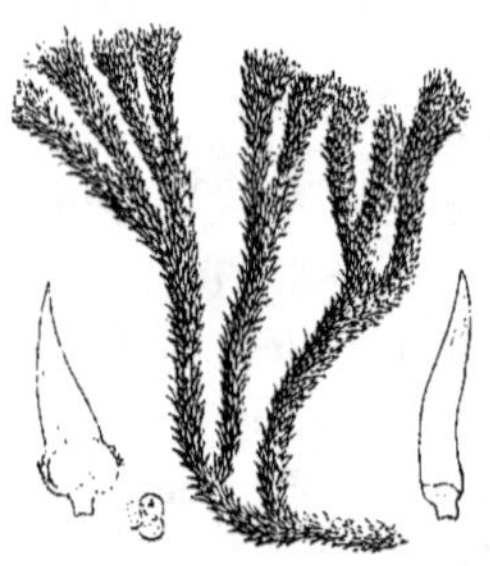

Fig. 928. — Lycopodium Selago.

J'ai souvent planté, dans mon jardin, des Lycopodes qui, dans les montagnes, sont des plantes si intéressantes. J'ai cultivé le *Lycopodium clavatum*, par exemple; mais il n'a jamais poussé. Dans les montagnes du pays de Galles, cette plante atteint une longueur de plusieurs mètres, ce qui lui donne un aspect très remarquable. Le *L. Selago* (fig. 928) et une autre espèce poussent actuellement dans l'endroit que j'ai réservé à la culture des mousses.

MARSILEAS.

Je possède dans ma serre à fougères deux espèces de Marsileas, le *M. quadrifolia*, plante originaire de l'Europe méridionale, et le *M. macropus*, le Nardoo (fig. 929) des explorateurs australiens. Il faut cultiver ces deux espèces dans une coupe remplie d'eau; elles se portent très bien pendant l'été, mais on a quelque difficulté à leur faire passer l'hiver.

LES SELAGINELLAS.

Un jardin ne serait pas complet s'il ne contenait des Selaginellas. J'ai trouvé la *Selaginella denticulata* commune (fig. 930) sur les deux ver-

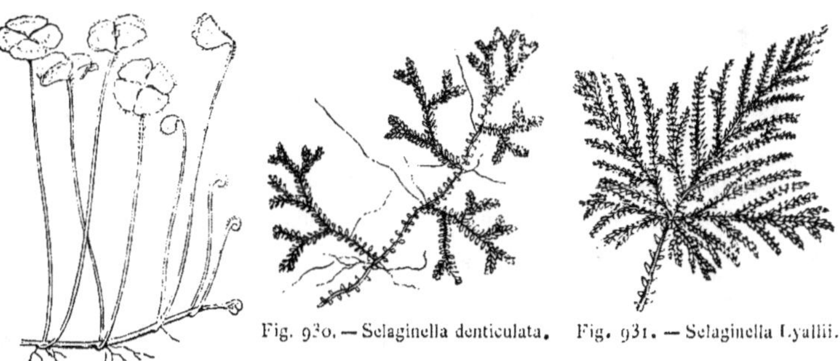

Fig. 930. — Selaginella denticulata.   Fig. 931. — Selaginella Lyallii.

Fig. 929. — Nardoo.

sants des Alpes ; cette plante résiste dans mon jardin aux hivers les plus froids. Elle nous fournit du feuillage vert partout où nous pouvons le désirer, sa culture est très facile et elle se multiplie d'elle-même.

La *Selaginella brasiliense* est une espèce beaucoup plus petite. La *S. apodum* forme de larges touffes. La *S. cæsia* est une fort jolie espèce à la couleur vert bleuâtre ; elle est originaire de la Chine ; malheureusement elle ne résiste pas au froid de l'hiver. La *S. cæsia arborea* est une espèce grimpante ; elle a des habitudes un peu plus rustiques, mais cependant elle résiste difficilement au froid ; cette plante bien développée est fort belle. La *S. serpens* est remarquable en ce qu'elle change quelquefois de couleur. La *S. Schottii* est très grossière ; la *S. stolonifera* est une belle espèce, principalement la variété blanche. La *S. umbrosa*, et la *S. densa* forment de larges touffes. Je recommande la culture de la *S. Lyallii* (fig. 931). J'ai essayé en plein air la *S. Willdenovii* ; elle a vécu quelques années, mais a fini par mourir. La *S. circinalis* est une plante fort intéressante ; importée d'Amérique, complètement desséchée sous le nom de plante de la résurrection, elle semble revivre quand on la mouille, mais de nombreux essais m'ont convaincu qu'elle meurt presque immédiatement. Il faut cultiver toutes ces espèces dans de la terre tourbeuse ; presque toutes se multiplient facilement par division.

LES PRÊLES.

Les Equisetums ou Prêles forment une classe intéressante de plantes en ce qu'elles contiennent tant de silex qu'on peut s'en servir pour le polissage. Il y a fort peu de ces plantes dans mon terrain, je n'y ai trouvé que de très rares spécimens d'*E. arvense*. J'ai essayé d'introduire l'*E. sylvaticum* (fig. 932) au milieu de mes plantations de fougères, mais sans succès. C'est une plante très gracieuse qui pousse dans les bois ; j'essaierai certainement encore de la cultiver dans mon jardin.

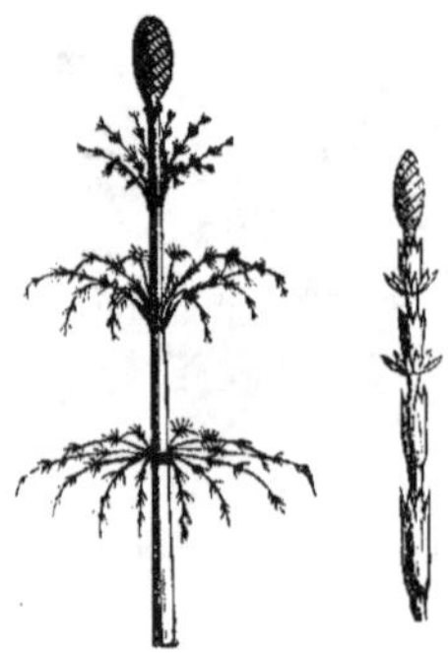

Fig. 932. — Equisetum sylvaticum.

La beauté des fougères et des plantes alliées cause toujours de nouvelles jouissances. Le défaut d'espace ne me permet malheureusement pas de décrire toutes les splendeurs que présente chaque fougère, splendeurs qui enchantent ceux qui sont capables de les apprécier.

Tonnelle dans mon jardin.

Vue sur la Wandle.

CHAPITRE XII

MES ARBRES FORESTIERS.

« Par ses fruits, par ses fleurs, par son beau vêtement,
L'arbre est de nos jardins le plus bel ornement :
Pour mieux plaire à nos yeux, combien il prend de formes ! »
DELILLE. Les Jardins.

Bien que mon jardin ne contienne pas de spécimens extraordinaires d'arbres forestiers, on trouve dans le district qui m'entoure des arbres qui, par leur grandeur et leur beauté, sont presque sans rivaux en Europe. On peut citer tout d'abord de gigantesques ormes ayant plusieurs siècles, dans leurs branches supérieures les corbeaux aiment à faire leur nid et à leur ombre les bestiaux aiment à s'abriter contre le soleil brûlant de midi. Dans le parc qui avoisine Wallington House, se trouve surtout un groupe d'arbres magnifiques que je ne peux contempler sans délices; chaque fois que je reviens du continent, je me dis que, nulle part, je n'ai rencontré de si beaux arbres et je suis toujours frappé du contraste qui existe entre eux et les pygmées que j'ai vus partout.

Les racines de l'orme courent près de la surface à de grandes distances; non-seulement elles épuisent le sol, mais elles forment des rejetons qui deviennent bientôt d'autres arbres si on les laisse faire. Je les empêche de pénétrer chez moi en creusant une tranchée d'environ trois pieds de profondeur, ce qui me permet de couper toutes les racines qui se dirigent vers mon jardin.

Il y a beaucoup de variétés d'ormes; ceux que l'on trouve dans les environs de Wallington paraissent appartenir principalement, sinon entièrement, à la vraie espèce anglaise (fig. 933). Anciennement, l'orme paraît avoir été l'arbre favori dans les environs de Londres, on ne le plante plus guère aujourd'hui, parce que, dans ces dernières années, il en est mort de grandes quantités; dans les parcs de Londres, on l'a presque partout remplacé par des platanes. L'Orme pleureur, variété de l'orme écossais (*Ulmus montana*), a de grandes feuilles et des branches horizontales dont l'extrémité retombe; c'est un arbre précieux pour abriter un siége et j'en ai planté un dans ce but, à l'entrée du vallon des fougères. La planche 21 qui représente une vue prise au clair de lune, montre quel est l'effet d'un gros orme sur le paysage; on y distingue tout particulièrement un vieil arbre du parc de Beddington.

Le Peuplier noir d'Italie (*Populus monilifera* (fig. 934) mérite de se placer auprès de l'orme. C'est un des arbres qui poussent le plus rapi-

Fig. 933. — Orme.   Fig. 934. — Peuplier noir d'Italie.   Fig. 934 a. — Peuplier de Lombardie.

dement; il est fort utile quand on veut cacher un endroit désagréable à la vue. De très grands arbres de cette espèce croissent sur la rive méridionale de la rivière et ils abritent aujourd'hui la partie sud-ouest de

UN CLAIR DE LUNE AU MOIS D'AOUT

mon jardin. Je n'aime pas beaucoup le Peuplier noir d'Italie, à cause
de ses longues branches trop séparées les unes des autres; néanmoins,
c'est un arbre fort utile, à cause de sa croissance rapide, quand on veut
dissimuler un bâtiment quelconque; il est vrai qu'il a encore un défaut,
c'est que ses feuilles ne se développent que très tard au printemps.

Un ou deux peupliers de Lombardie (*Populus fastigata*, fig. 934 *a*)
varient agréablement le paysage. Les branches de cet arbre sont droites,
aussi atteint-il une grande hauteur sans beaucoup de largeur. On en
remarque dans la vue du moulin (planche 14), qui dépassent en hauteur
tous les autres arbres; un autre joue le rôle principal dans la planche 16.
Ce dernier arbre, qui avait trente-deux mètres de hauteur, a été renversé par un coup de vent depuis que ce dessin a été fait. Ces arbres,
sont sans doute fort beaux quand ils sont au milieu d'autres, et c'est
un abus que de les planter en rangées, car leur forme raide est alors
désagréable à l'œil. On les multiplie facilement au moyen de boutures.

Il y a à Mitcham un arbre très pittoresque, connu sous le nom du
« Gros arbre ». C'est un peuplier noir (*Populus nigra*) qui fleurit plus
tard que le peuplier blanc, et qui porte de grosses excroissances sur
le tronc (fig. 935).

 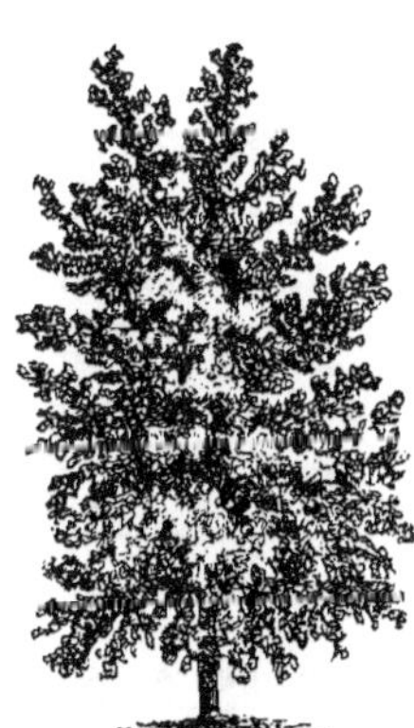 

Fig. 935. — Vieux Peuplier noir.   Fig. 9 5 *a*. — Tremble.   Fig. 936. — Peuplier blanc.

On trouve le Tremble (fig. 935 *a*) beaucoup plus souvent en Écosse
qu'en Angleterre. Cet arbre abonde sur les bords du Loch Katrine.

Il y a, dans le voisinage de mon jardin, des peupliers blancs (*Populus alba*, fig. 936) qui forment une admirable décoration. La feuille de ce peuplier est verte sur la face supérieure, blanche et duveteuse sur la face inférieure. Rien de charmant comme de voir ces feuilles agitées par la brise. Le tronc blanc de cet arbre fait toujours un très bel effet. Un beau peuplier blanc pousse à quelques pas de mon jardin, mais il a été dernièrement fort abîmé, parce que l'inspecteur des ponts et chaussées de notre district a ordonné de couper toutes les branches qui s'étendaient au-dessus de la route. Au commencement du printemps, cet arbre produit tant de duvet que le sol en est couvert, aussi les jardiniers n'aiment guère son voisinage. On ne saurait trop admirer le peuplier blanc quand il est isolé, car sa forme est tout particulièrement gracieuse; il fait aussi un très bel effet quand il est entouré d'autres arbres, à condition que ces derniers soient choisis avec soin. Il y a une variété nommée *acerifolia* qui est extrêmement belle.

Je possède deux peupliers (*Populus balsimifera*), dont les bourgeons secrètent une sorte de gomme qui répand une odeur très forte et très saine. J'ai, en outre, un peuplier pleureur, variété sans grande importance, mais qui fait très bien au milieu des petits arbres ou des arbrisseaux; c'est, de tous les arbres forestiers, celui qui se couvre le premier de feuilles.

On trouve dans notre district de magnifiques marronniers d'Inde (*Æsculus hippocastanum,* fig. 937). Bien que l'avenue des marronniers à Hampton Court soit justement admirée comme une des plus belles de l'Europe, cependant la beauté de chaque arbre, pris individuellement, n'est pas très grande parce qu'on les a plantés trop près les uns des autres. Un marronnier en fleurs est un des plus admirables spectacles que puisse présenter le règne végétal. Le marronnier prend ordinairement la forme d'une gigantesque pyramide; quelquefois les

Fig. 937.— Marronnier d'Inde

branches retombent, ce qui donne à l'arbre une grande élégance. Au printemps, le marronnier se couvre de fleurs ou plutôt de grappes de fleurs dont chacune est extrêmement belle. Il y a, dans les jardins de Kensington quelques marronniers d'une beauté surprenante; cependant, je donne la préférence à ceux du parc de Beddington; malheureusement on en a coupé un grand nombre pendant ces dix dernières années. Le fruit de cet arbre magnifique ne peut servir à l'alimentation de l'homme; les daims sont si friands du marron d'Inde qu'ils se dressent sur leurs pattes de derrière pour tâcher d'en attraper, mais tous les autres animaux trouvent ce fruit trop amer.

J'ai un ou deux marronniers d'Inde rose (*Æsculus rubicunda*) originaire de l'Amérique septentrionale ; cette espèce pousse plus lentement et a des proportions moins considérables que le marronnier commun. Le marronnier rose doit se planter isolément, au milieu d'une grande pelouse si faire se peut ; on doit laisser retomber ses branches jusque sur le sol, car c'est dans ces conditions que ses fleurs roses contrastent le mieux avec son brillant feuillage. Il y a aussi un marronnier jaune; je le cultive, mais il n'est pas très beau; je ne saurais donc le recommander qu'à ceux qui ont beaucoup de place et qui veulent une grande variété d'essences.

De mon jardin on peut apercevoir d'admirables tilleuls dans le parc de Beddington. Le Tilleul (*Tillia europæa*, fig. 938) a enthousiasmé les poètes allemands. La forme exquise de quelques-uns des spécimens du parc contribue beaucoup à la décoration des environs de mon jardin. Il y avait là autrefois une magnifique avenue de tilleuls, mais beaucoup ont disparu depuis que le maçon a envahi ce lieu charmant.

Rien d'élégant en hiver comme de voir les branches du tilleul se dessiner sur un ciel bleu. En été, l'odeur de la fleur est délicieuse. Deux magnifiques tilleuls poussent

Fig. 938.— Tilleul.

dans une cour de la Banque d'Angleterre, devant les croisées du salon, dans ce qui était anciennement un cimetière. Les paillassons dont nous nous servons pour recouvrir nos plantes en hiver, sont faits en Russie avec l'écorce intérieure du tilleul; les jardiniers, dans l'ouest de l'Europe, emploient aussi des morceaux de cette écorce pour attacher leurs plantes. Virgile dit qu'il lui répugne de voir les guirlandes liées avec l'écorce intérieure du tilleul : « *Displicent nexæ philyrâ coronæ.* » Hérodote dit : « Les devins de la Scythie prennent aussi l'écorce du tilleul qu'ils divisent en trois parties et qu'ils enroulent autour de leurs doigts ; puis ils la déroulent et exercent l'art de la divination. »

Les pucerons qui vivent sur le tilleul produisent tant de miel qu'ils préparent des aliments pour des milliers d'abeilles, de guêpes, de fourmis et d'autres créatures vivantes. En résumé, on pourrait s'écrier avec Landor : « Qui donc a jamais eu le cœur de couper un tilleul? »

Il y a une variété à tronc rouge, qui a aussi une grande beauté. J'en possédais un très beau plant qu'un ancien jardinier — il ne partageait certainement pas les sentiments de Landor — coupa un jour, à ma grande colère, pour en faire un tuteur. Quand je lui reprochai d'avoir coupé mon arbre, il s'excusa en disant qu'il ne savait pas que c'était un bel arbre, ce qui prouve que les yeux sont souvent inutiles, à moins qu'ils ne soient accompagnés par l'intelligence.

Je ne possède qu'un seul chêne (*Quercus robur*) dans mon jardin. Il y en a quelques-uns dans le champ voisin, et quelques vieux chênes rabougris poussent au bord de la rivière à une petite distance. Le chêne ne se trouve pas en quantité suffisante dans mon district pour avoir la moindre importance, j'ai donc fait dessiner le dernier chêne de la forêt de Birnam dont parle Shakespeare (fig. 939).

Je possède un ou deux petits chênes verts (*Quercus Ilex*). Ces arbres poussent lentement et restent longtemps à l'état d'arbrisseau; le Rév. M. Bridges en a un magnifique spécimen dans son jardin (fig. 958). Je n'ai pas de Chêne-Liége (*Quercus Suber*, et je n'en connais pas dans les environs; cette espèce pousse très bien à Fulham. Ni le chêne de Fulham, ni le chêne de Turquie avec ses glands moussus, ni le magnifique chêne américain avec ses larges feuilles, qui en automne deviennent écarlates, ne jouent aucun rôle dans le paysage que j'aperçois de chez moi.

Fig. 939. — Dernier Chêne de la forêt de Birnam.

Fig. 940. — Chêne de Turquie à Fulham frappé par la foudre.

La figure 940 représente les effets de la foudre sur un chêne de Turquie pendant un orage qui eut lieu au printemps de 1871. La décharge électrique descendit le long de l'arbre et passa de là à la palissade de fer à la base de laquelle elle fit un trou dans le sol. L'électricité paraît avoir circulé sous l'écorce et, en passant de l'arbre à la palissade, elle détacha complétement une partie de l'écorce et en projeta même un morceau sur le sol. Je suis curieux de voir quel effet une si terrible blessure aura sur la vitalité de l'arbre et je le surveillerai avec beaucoup d'intérêt. J'ai vu les effets de beaucoup de décharges électriques semblables sur des arbres, et les blessures que je viens d'indiquer peuvent être considérées comme une moyenne des dommages ordinairement causés. On peut en tirer un enseignement, c'est de ne jamais se tenir sous un arbre pendant un orage.

On associe toujours le Saule avec le bord des rivières et les endroits humides; j'ai vu, cependant, beaucoup de gens qui cultivent l'osier, me dire que le meilleur ne pousse pas dans les endroits humides. Il y a de nombreuses espèces de saule, depuis le petit saule rabougri qui croît au sommet des montagnes d'Écosse et que je cultive parmi mes plantes alpines, jusqu'à l'immense *Salix alba*, qui croît vigoureusement sur le bord de nos rivières. Virgile a remarqué

les effets de la situation sur les différentes espèces d'arbres, et ses remarques prouvent qu'une observation correcte de la nature, une fois
faite, se transmet de génération en génération :

> « Nec vero terræ ferre omnes omnia possunt.
> Fluminibus salices, crassisque paludibus alni
> Nascuntur, steriles saxosis montibus orni ;
> Litora myrtetis lætissima ; denique apertos
> Bacchus amat colles, Aquilonem et frigora taxi. »
>
> VIRGILE, *Géorgiques.*

Je possède plusieurs espèces de saule. Le Saule blanc (*Salix alba,*
fig. 941) est le plus important, en ce qu'il forme un arbre forestier et
pousse très vite. En été, quand le soleil brille et que la brise agite ses
feuilles, la blancheur argentée de leur face inférieure fait un charmant contraste avec le feuillage vert sombre du pin. Le feuillage de
l'olivier que l'on cultive dans le sud de la France et de l'Italie ressemble
quelque peu par sa couleur à celui du saule blanc, mais ce dernier arbre
est de beaucoup le plus gracieux. Le saule se propage rapidement ;
on n'a, pour le multiplier, qu'à en planter un petit morceau dans le
sol. Aussi est-il quelquefois assez embarrassant, car il pousse souvent
où on ne voudrait pas le voir.

Le Saule pleureur (*Salix babylonica*) est un arbre très élégant ;

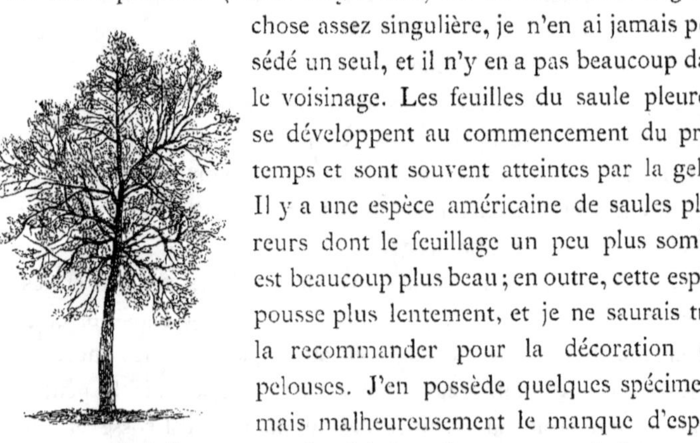

chose assez singulière, je n'en ai jamais possédé un seul, et il n'y en a pas beaucoup dans
le voisinage. Les feuilles du saule pleureur
se développent au commencement du printemps et sont souvent atteintes par la gelée.
Il y a une espèce américaine de saules pleu-
reurs dont le feuillage un peu plus sombre
est beaucoup plus beau ; en outre, cette espèce
pousse plus lentement, et je ne saurais trop
la recommander pour la décoration des
pelouses. J'en possède quelques spécimens,
mais malheureusement le manque d'espace
m'a forcé de les planter trop près les uns des

Fig. 941. — Saule blanc

autres. Pour cultiver cette espèce avec avantage, il faut la greffer sur un arbre vigoureux. Je possède plusieurs autres espèces de la nombreuse famille des saules. La plus intéressante de toutes est peut-être celle dont les branches servent de palmes le jour des Rameaux.

Hérodote dit en parlant des Scythes : « Ils ont parmi eux un grand nombre d'individus qui pratiquent l'art de la divination; dans ce but, ils emploient de la façon suivante un certain nombre de petites branches de saule. On leur apporte de véritables fagots de ces branches; ils les délient et déposent les branches une par une sur le sol à une certaine distance les unes des autres. Cela fait, ils prétendent révéler l'avenir, et tout en le faisant, ils ramassent leurs baguettes de saule et les rattachent en tas. Ce mode de divination est héréditaire chez eux. »

On se sert quelquefois du saule pour les haies; Scaling recommande dans ce but le *Salix Kerksii*. Ce saule a le bois amer et le gibier n'y touche pas. On en cultive plusieurs espèces pour faire les objets en osier, tels que le *S. triandra;* mais les variétés du *S. purpurea* sont les plus estimées dans ce but. Les variétés du saule semblent être innombrables; le duc de Bedford, par exemple, en cultive plus de trois cent cinquante espèces dans son parc de Woburn Abbey. La multiplication du saule se fait facilement au moyen de boutures, et même pour quelques espèces en se contentant de planter de grosses branches.

L'Aune (*Alnus glutinosa*, (fig. 942) est un autre arbre remarquable qui se plaît sur le bord des rivières; il pousse dans l'eau ou sur les bords immédiats de l'eau, dans les endroits marécageux. Quelques auteurs prétendent que l'aune crée lui-même un marécage. J'emploie beaucoup l'aune au bord de ma rivière pour cacher les bâtiments de la fabrique de papier. Dans le parc qui se trouve auprès de mon jardin, il y a de fort beaux spécimens de cet arbre.

Fig. 942.—Aune.

Le Frêne commun (*Fraxinus excelsior*) pousse si rapidement dans mon jardin, que j'en suis arrivé à le considérer presque comme une mauvaise herbe. En effet, des jeunes pousses sortent continuellement de terre par-

tout où on n'en a pas besoin, et si l'on n'a pas soin de les cou·
per, elles se développent si rapidement qu'elles étouffent les arbrisseaux environnants. Le frêne a des branches singulièrement rudes;
c'est un arbre imposant quand il prend le développement qu'on lui
voit dans les vallées de l'Écosse. Il y a une variété de frêne à branches
retombantes, qui est fort utile quand on veut se procurer un abri
artificiel. J'en ai fait placer un dans l'endroit où se trouve le jeu de
croquet et j'ai fait disposer un banc autour de son tronc; j'en ai un
autre auprès du pont de Wallington, il forme un véritable berceau
qui nous protége contre les rayons brûlants du soleil pendant l'été. On
en a planté un grand nombre dans les jardins zoologiques de Londres
pour abriter les visiteurs et un peu aussi pour les animaux. Le frêne
pousse rapidement quand le terrain est bon; dans les terrains secs, il
pousse lentement, à moins qu'on ne lui donne de l'engrais.

Le Frène des montagnes (*Pyrus Aucuparia*) appartient à un genre
tout différent et constitue un des plus beaux ornements des montagnes;
il ne réussit pas très bien chez moi. Sa grande qualité consiste dans sa

rusticité; les grappes de baies écarlates (fig.
943) qui le couvrent en automne, ajoutent singulièrement à sa beauté. Cet arbre est un des
plus grands ornements des montagnes d'É-
cosse; il était anciennement, dans ce pays,
l'objet d'une curieuse superstition. On faisait
des colliers avec les baies du Frène et on les
attachait autour du cou des enfants pour les
préserver du mauvais sort.

Fig. 943. — Frène des montagnes.

Je me suis occupé de savoir cette année en Écosse, si cette superstition existe encore; un montagnard répondit à mes questions, que le
maître d'école l'avait chassée. Une semblable superstition existe encore aujourd'hui à Naples où des gens bien élevés, occupant une haute
position, portent des charmes en corail rouge.

De même que l'Aune et le Saule nous font penser naturellement à
l'eau, de même le Hêtre (*Fagus sylvatica*) nous rappelle instinctivement un terrain sec. Je pourrais citer de nombreux exemples, pris dans

mon voisinage, à l'appui de cette opinion. Cependant, bien qu'il soit démontré que le hêtre se plaît dans les endroits secs, il n'en pousse pas moins dans le voisinage immédiat de mon jardin et dans un endroit où les racines de l'arbre se trouvent à un pied ou deux du niveau de l'eau. Un bosquet de hêtres présente un magnifique spectacle et cet arbre ajoute beaucoup à la beauté du paysage dans les environs de mon jardin. Le hêtre se multiplie facilement par semis. Il pousse rapidement, atteint une grande taille, prend une forme très belle et se couvre de feuilles magnifiques vert brillant. L'écorce lisse de cet arbre tente beaucoup les paysans qui y inscrivent leur nom dans la pensée que l'inscription devient plus grande à mesure que l'arbre pousse. La coutume est ancienne, car Virgile nous raconte que, de son temps, les amants en faisaient autant, dans l'espoir que leur amour se développerait autant que l'arbre.

Dans la commune voisine, sur un hêtre, dans l'ancien parc de lord Derby, on peut encore aujourd'hui voir l'inscription J. B. 1778; elle a été faite par le malheureux Général Burgoyne qui a construit une partie de la maison, il y a près de cent ans.

On dit qu'on a trouvé le Hêtre cuivré (*Fagus sylvatica purpurea*, fig. 944) dans une forêt en Allemagne; c'est une variété très remar-

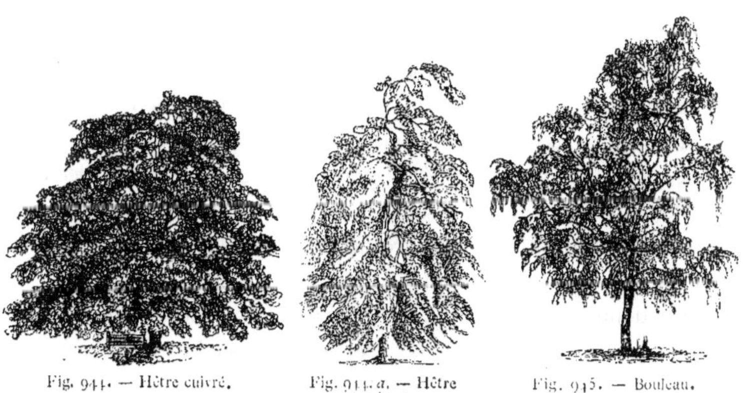

Fig. 944. — Hêtre cuivré.   Fig. 944 a. — Hêtre
retombant.   Fig. 945. — Bouleau.

quable et qui fait beaucoup d'effet au milieu d'autres arbres. On peut

donc en planter quelques-uns avec beaucoup d'avantages ; immédiatement en dehors de mon jardin, il y en a trois que j'admire beaucoup.
Un hêtre cuivré isolé est sans doute fort beau, mais cet arbre ne se
plaît pas dans toutes les situations. Si la terre lui convient, il pousse
très rapidement ; ainsi, par exemple, M. Beadnell, à Tottenham, fut
obligé de faire couper un magnifique spécimen qui croissait près de
sa maison et qui s'était développé à tel point qu'il lui ôtait l'air et la
lumière. Les spécimens bien colorés se multiplient par la greffe.

Je possède aussi une variété très singulière appelée le hêtre retombant ; si un des rameaux principaux de l'arbre est artificiellement
étendu, de façon qu'il fasse un angle droit avec le tronc, les branches
poussent en se dirigeant vers la terre. Il est bon d'avoir, dans un
endroit bien choisi, un arbre de cette espèce. Les hêtres, d'ailleurs,
offrent de nombreuses variétés.

La Bouleau (fig. 943) est une de nos espèces les plus rustiques ; ces
arbres poussent bien dans les endroits les plus secs et ne semblent pas
trop se déplaire dans les endroits humides. Ainsi, par exemple, au sud de
mon jardin, ils poussent sur une couche de sable ; au nord, ils occupent
un endroit humide et marécageux. Pour voir cet arbre dans toute sa
perfection, il faut aller aux Trossachs ou dans d'autres parties monta-
gneuses de l'Écosse ; l'écorce blanche du bouleau, ses formes si élégantes, font un contraste étonnant avec la bruyère pourpre qui l'entoure, avec le sombre pin écossais, et le frêne des montagnes couvert
de ses baies écarlates ; c'est là un spectacle qui m'a toujours ravi et je
ne saurais trop recommander d'aller en Ecosse, ne fût-ce que pour le
contempler. Il y a deux variétés de bouleau qui croissent naturellement :
le *Betula alba*, à l'écorce lisse, et le *Betula alba pendula*, à l'écorce
noueuse et rude. Il y a une troisième variété que l'on dit préférable
pour la culture dans les jardins.

On a donné au Sycomore (*Acer pseudo platanus*) le nom de Pseudo-
Platane, ce qui est regrettable parce que cela établit une confusion
entre lui et le Platane. Cet arbre se plaît dans mon jardin sur
les bords du lac, mais je ne l'admire pas beaucoup, surtout parce
que ses grandes feuilles sont souvent attaquées en automne par un

puceron et qu'elles se couvrent alors de larges taches noires. La cé-
lèbre forêt de Birnam en Écosse ne contient plus que deux de ses arbres primitifs, un chêne dont j'ai déjà parlé, et un magnifique sycomore que représente la fig. 946. Le sycomore a une qualité, c'est de se couvrir de feuilles de bonne heure et de se reproduire facilement par semis. Il appartient à la même

Fig. 946. — Le dernier Sycomore de la forêt de Birnam.

famille que l'Erable à sucre, et on dit qu'on peut aussi extraire du sucre de sa sève, mais je n'ai jamais essayé. Il y a beaucoup d'autres espèces d'érables que je ne cultive pas, cependant l'Erable varié du Japon et l'Erable d'Amérique, dont les feuilles deviennent écarlates en automne, sont de fort beaux arbres.

On confond quelquefois le Platane (fig. 947) avec le sycomore, mais c'est un arbre tout diffé-rend qui appartient à un autre genre (*Platanus*). Le platane est un arbre magnifique. On en connaît deux espèces, le *P. orientalis* et le *P. occidentalis* ; toutes deux se ressemblent beaucoup, mais l'une est originaire d'Europe ou de l'Asie orientale, et l'autre est originaire d'Amérique. Le fruit, qui ne ressemble en aucune façon à celui du

Fig. 947. — Platane.

sycomore, est globulaire et gracieusement supporté au bout d'une longue tige. Le platane est aujourd'hui l'arbre à la mode ; on l'emploie beaucoup dans les parcs de Londres pour remplacer les ormes qui meurent si rapidement; il abonde dans tous les squares. On peut en voir un magnifique spécimen dans Cheapside, au coin de Wood Street; un platane splendide, appartenant à l'espèce *P. occidentalis*, se trouve dans le voisinage immédiat de mon jardin; un autre, appartenant à l'espèce *P. orientalis*, orne une propriété dans le village de Carshalton auprès de la rivière. On distingue l'espèce orientale de l'espèce occidentale par les dentelures plus profondes des feuilles de la première. Le platane est sans contredit l'essence qu'il faut choisir si l'on veut un arbre de larges dimensions, mais il a le grand désavantage de ne se couvrir de feuilles que vers la fin du printemps.

J'ai cultivé l'*Ailanthus glandulosa* qui a de grandes feuilles entourées de neuf ou onze folioles. On a essayé d'élever le *Bombyx cynthia* sur cet arbre, mais je crois que, jusqu'à présent, on n'a pas réussi en Angleterre.

Le faux ébénier, par la beauté de ses fleurs retombant en grappes jaunes si brillantes qu'on les aperçoit d'un bout à l'autre du jardin, est sans contredit un des plus beaux arbres d'ornement. Je l'aime tant que j'en ai au moins cinquante plants. Quand on le plante auprès d'une épine écarlate et d'une rose de Gueldre, on obtient, surtout si l'on a pu ajouter un néflier au groupe, une combinaison de couleurs admirables. J'ai planté ces quelques arbres en groupe dans une petite île du lac; quand la saison est favorable et qu'ils fleurissent tous en même temps, j'obtiens un tableau qu'il me serait impossible de décrire.

On en connaît deux espèces, le *Cytisus Laburnum* et le *Cytisus Laburnum alpinum;* ce dernier fleurit plus tard que le premier; on peut donc, par un heureux choix, se procurer des fleurs pendant très longtemps Il y a une variété connue sous le nom de Waterer, dont les grappes de fleurs atteignent un pied et demi de long (fig. 948); je possède un spécimen de cet arbre. Le faux ébénier fait un effet magnifique dans la passe de la tête noire en Suisse, où je l'ai vu en fleur au mois de juin. Cet arbre est commun en Écosse. Bien que nos jardins soient ordinairement ornés de ces belles grappes de fleurs, il arrive quelquefois cependant qu'elles sont toutes détruites par une

LES BORDS DU LAC COUVERTS DE NEIGE

gelée tardive ; dans ce cas, les arbres ne donnent que peu ou pas de
fleurs et mon jardin est privé d'un de ses plus
beaux ornements. On propage facilement cet
arbre en semant ses graines noires que les enfants aiment beaucoup à manger ; il faut avoir
soin de les surveiller à ce sujet, car ces graines

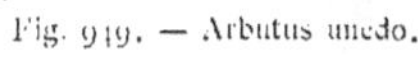

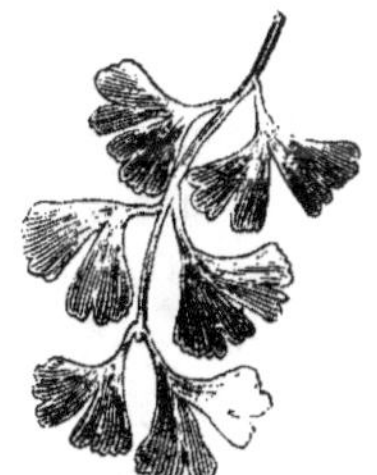

Fig 948. — Fleur du faux
Ébénier.

Fig. 949. — Arbutus unedo.

Fig. 949 a. — Salisburia
adiantifolia.

sont très vénéneuses.

L'*Arbutus unedo* (fig. 949) est un charmant arbre toujours vert qui
pousse naturellement en Irlande et qui produit des fruits ressemblant
quelque peu à la fraise ; il réussit assez bien auprès de Londres,
mais il ne se plaît pas dans mon jardin où les gelées lui nuisent beaucoup.

Je cultive plusieurs variétés d'Épine (*Cratægus*), à cause de leurs
fleurs. L'Aubépine commune (*Cratægus oxyacantha*) est peut-être
aussi belle que n'importe laquelle de ces variétés ; cependant, dans un
jardin bien ordonné, on ne peut se dispenser d'en cultiver un grand
nombre. L'Aubépine simple écarlate (fig. 950)
est la plus belle de toutes ; j'en possède plusieurs plants. Il faut aussi cultiver la variété
double rose, mais en plus petite quantité, car
elle est loin d'être aussi belle que la variété simple.
Il y a une variété toute particulière, la *C. Oxyacantha præcox*, qui fleurit vers la fin de décembre ; je m'en suis récemment procuré un
spécimen. Quand l'aubépine, le faux ébénier, le

Fig. 950.—Aubépine écarlate.

marronnier et le lilas sont en fleur, les environs de Londres ressemblent à un véritable paradis; or, comme cela arrive ordinairement à l'époque de la Pentecôte, les quelques jours de vacances que l'on prend alors sont les plus délicieux de l'année pour la majorité de la population laborieuse de cette immense ville.

On emploie beaucoup l'aubépine pour faire des haies, et j'ai essayé dernièrement un nouveau système de plantation. Je fais planter des arbustes, ayant environ trois pieds de haut en double rangée, et les arbres de chacune font entre eux un angle de 45 degrés environ. On obtient ainsi rapidement une haie épaisse, car les branches se croisent dans toutes les directions. Il y a beaucoup de variétés distinctes d'aubépine qu'il est bon de cultiver si l'on a de la place; j'en possède quatre ou cinq.

Le *Salisburia adiantifolia* (fig. 949 *a*) est un fort bel arbre que je devrais cultiver, mais que je n'ai malheureusement pas. Ses feuilles ressemblent un peu à celles de la capillaire.

Mongredien, dans son excellent ouvrage sur les arbres, dit que la Verveine à odeur de citron (*Aloysia citriodora*, fig. 951) vit en plein air, bien qu'elle soit souvent détruite par la gelée. J'essaierai de nouveau

Fig. 951. — *Aloysia citriodora.*

cette culture l'année prochaine, car le parfum répandu par les feuilles est exquis. On devrait trouver cet arbuste dans tous les jardins, mais il est passé de mode parmi les jardiniers de ne pas le cultiver parce qu'il est commun ; on ne le trouve plus que chez les horticulteurs intelligents qui se placent au-dessus des idées absurdes. On dit que cet arbuste atteint en Chine une hauteur de vingt pieds.

J'ai eu quelques Charmes (*Carpinus Betulus*), mais je ne possède aujourd'hui aucun grand spécimen de cette espèce. Le charme pousse naturellement dans la forêt d'Epping; il fait, dit-on, d'excellent bois à brûler.

L'Acacia (*Robinia Pseud-Acacia*) s'emploie pour cacher les bâtiments peu élevés. Cet arbre pousse très rapidement quand il est jeune ; ses fleurs répandent un parfum délicieux, mais son bois est très cassant et il cède même souvent à un coup de vent. Cette raison empêche de cultiver l'acacia autant qu'on pourrait le faire et, quoi qu'en ait dit Cobbett, il ne s'emploie que rarement.

L'If (*Taxus baccata*) est utile dans les endroits humides et ombragés, où les autres arbres ne poussent pas. Il y a un if magnifique dans

Fig. 952. — If.

le cimetière de Bedington (fig. 952), à environ trois milles au sud de mon jardin; cet arbre pousse vigoureusement dans les haies où son feuillage foncé donne au paysage un caractère tout particulier. L'if irlandais (*Taxus fastigiata*) est un arbre raide qui pousse tout droit et qui est fort utile dans certaines situations. J'en possède plusieurs dans mon jardin; ils sont pour la plupart très remarquables, un surtout qui affecte la forme d'une pyramide renversée, car il est plus large au sommet qu'à la base.

Au sud, sur une colline, le Buis (*Buxus sempervivens*) pousse à l'état sauvage; je ne l'ai vu en cet état dans aucun autre endroit. Nous employons le buis pour faire des bordures, car cette plante supporte une taille même exagérée. Nos ancêtres avaient l'habitude de donner à cet arbre la forme d'oiseaux ou d'animaux, et on peut en voir encore quelques-uns dans certains villages. Mais le spécimen le plus parfait d'arbre taillé que j'aie jamais vu se trouve dans les jardins du pape, au Vatican; entre autres animaux, on a taillé un arbre de façon à représenter une vache avec ses cornes. Bien qu'il n'y ait pas lieu d'admirer de semblables extravagances, elles ne manquent cependant pas d'un certain intérêt, car elles montrent ce qu'on peut obtenir des végétaux avec du soin et de la patience.

Le Genièvre (*Juniperus communis*) pousse abondamment sur les collines de craie situées au sud-est de mon jardin. Cet arbre est remarquable à cause de la couleur brillante de ses feuilles. J'en possède quelques spécimens. Le Cèdre rouge (*Juniperus virginiana*) est un des arbres les plus grands de cette famille, mais ni le sol, ni le climat de mon jardin ne lui conviennent, et il meurt rapidement.

Dans une propriété voisine de la mienne, on remarque un immense Houx (*Ilex aquifolium*, fig. 953); dans mon jardin, il n'y a que quelques petits arbustes appartenant aux variétés à feuilles variées, telles que l'*Ilex aquifolium ferox* dont les feuilles sont épineuses. Il y a plusieurs autres espèces charmantes dont les feuilles sont argentées ou dorées. Bien que je ne cultive pas cet arbre dans mon jardin, je ne saurais trop le recommander, car ses feuilles brillantes, et surtout ses baies

Fig. 953. — Houx.

qui étincellent au milieu de la neige quand toutes les fleurs manquent, font un effet charmant.

Je ne cultive pas le Tulipier (*Liriodendron tulipifera*), qui produit de très jolies fleurs (fig. 953 *a*). Il y a de beaux spécimens de cet arbre dans plusieurs parcs du voisinage.

Fig. 953 *a*. — Tulipier.

Fig. 954. — Magnolia.

Les Magnolias (fig. 954) sont les plus remarquables de tous les arbres à fleurs. Le *Magnolia conspicua* fleurit chez moi au commencement du printemps. Sur la route qui conduit à Londres, j'ai eu souvent occasion de remarquer de beaux *Magnolia grandiflora*, qui en été se couvrent de fleurs admirables.

Le *Catalpa* (fig. 955) est un bel arbre d'ornement qui devrait se trouver dans tous les jardins, car ses magnifiques grappes de fleurs s'ouvrent au mois d'août, époque à laquelle les fleurs sont rares. Quiconque possède un de ces arbres en est très fier; malheureusement le Catalpa est assez délicat. Il en existe un très gros, qui semble aujourd'hui sur le point de mourir, dans les jardins Hampton Court où il a été planté, dit-on, par lady Mornington. Il y en a quelques autres dans les propriétés qui avoisinent la mienne; celui de mon jardin commence seulement à fleurir.

Fig. 955. — Catalpa.

Le *Prunus sinensis* fait un très bel effet, soit comme arbre cultivé en pot, soit comme arbre cultivé en plein air; le *Prunus triloba*, arbre curieux, se couvre au printemps des plus admirables fleurs roses.

Un magnifique Fusain (*Euonymus europæus*) pousse dans le parc voisin et ombrage un coin de mon jardin. Le fruit de cet arbre est rose brillant, ce qui produit un très joli effet en automne.

Je ne possède pas l'*Amelanchier Botryapium*, et je le regrette, car l produit en abondance des fleurs aussi blanches que la neige.

L'*Halesia tetraptera* est peu cultivé, bien qu'il ait été importé en Angleterre, il y a plus de cent ans, de la Caroline du Sud; ses fleurs qui ressemblent à celles du Perce-neige, rendent cependant cet arbre très précieux pour le jardin.

Le *Chamærops excelsa* (fig. 956) est le seul Palmier qui vive en plein air en Angleterre. Il résiste aux gelées les plus rudes et semble se plaire beaucoup dans Regent's Park. Il pousse très lentement dans les pays du nord, mais, comme c'est une plante exotique qui contraste vivement avec nos arbres ordinaires, il est bon de le cultiver.

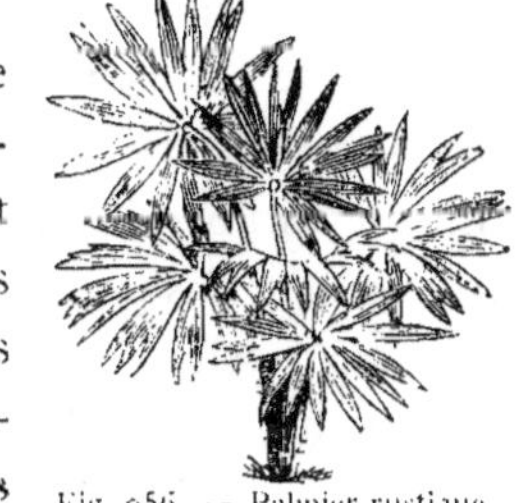

Fig. 956. — Palmier rustique.

Les différents Conifères prennent plus de place que je ne puis leur en donner dans mon jardin ; un certain intérêt cependant s'attache à ceux que je possède. Le Pin écossais commun (*Pinus sylvestris*) constitue une grande beauté dans le paysage. En effet, son feuillage vert foncé et la couleur de son écorce qui contrastent si vivement avec les couleurs des autres arbres, font toujours un effet pittoresque. Je possède quatre ou cinq de ces arbres que je conserve avec beaucoup de soin ; pour que le pin écossais soit dans toute sa perfection, il faut le voir à la lumière du soleil couchant. Je possède quelques jeunes plants du *Pinus Pinaster* qui devient un arbre magnifique. J'ai essayé le *Pinus insignis*, remarquable par la couleur vert gazon de son feuillage ; mais il a été tué par la gelée, ce que je ne m'explique guère, car il pousse vigoureusement au sommet d'une colline voisine.

L'*Abies Pinsapo* est de tous les Conifères celui qui convient le mieux pour la décoration d'une pelouse. Il pousse lentement et il faut faire grande attention de ne pas le changer de place ; j'ai, en effet, tué ainsi un arbre magnifique. L'*Abies Douglasii* est aussi un très beau pin qui atteint une grande hauteur en Californie. Le mât de pavillon de 150 pieds de hauteur qui se trouve à Kew, est le tronc d'un *A. Douglasii*. Je ne possède ni le *Picea pectinata*, ni le pin argenté, ni le *Picea nobilis* qui est réellement une magnifique espèce de pin (fig. 957), ni l'*Abies excelsa,* si bien adapté pour de grandes plantations.

Fig. 957. — Cône de Picea nobilis.

On peut voir en Ecosse d'admirables spécimens de cette dernière espèce.

Hérédote parle des pins dans le passage suivant : « Crésus envoya des ambassadeurs aux Lampracenes pour leur demander de mettre Miltiade en liberté, menaçant, s'ils se refusaient à le faire, de les détruire comme des pins. Les Lampracenes se rassemblèrent pour délibérer sur la signification de cette menace qu'ils ne comprenaient pas du tout. Un des vieillards l'expliqua enfin, en leur disant que, de tous les arbres, le pin est le seul qui, une fois coupé, ne produit plus de rejetons. »

Je possède trois espèces de Cèdres : le *Cedrus atlantica*, le *C. Libani* et le *C. Deodara* ; les botanistes les plus éminents les considèrent comme de simples variétés de la même espèce. Le cèdre du Liban prend des proportions admirables, quand il a tout l'espace nécessaire pour se développer. Le plus grand que j'aie jamais vu se trouve à Enfield ; on

Fig. 958. — Cèdres du Liban et Orme.

suppose qu'il a été planté vers 1660 par le docteur Uvedale ; mais M. Walford croit qu'il est beaucoup plus vieux et adopte la tradition qui veut qu'il ait été planté par le cardinal Wolsey. Le Rév. A. Bridges a trois beaux cèdres du Liban dans son jardin de Beddington (fig. 958). J'en ai représenté deux (*a* et *c*), et j'ai placé entre eux un orme magnifique (*b*). Voici les dimensions des trois cèdres :

	1		2		3	
	Pieds	Pouces	Pieds	Pouces	Pieds	Pouces
Circonférence au niveau du sol	26	0	27	0	27	0
» à 4 pieds au-dessus du sol.	17	8	16	2	17	6
Hauteur de l'arbre.	80	0	90	0	70	0
Envergure des branches.	94	0	72	0	107	0

La figure 959 représente les cônes du cèdre du Liban. Le bois du cèdre contient une huile essentielle volatile qui a la curieuse propriété de faire couler l'encre d'imprimerie. On a présenté, il y a quelques années, à la banque d'Angleterre un billet dont l'impression était quelque peu effacée. On fit une enquête qui prouva que ce billet avait appartenu à plusieurs personnes qui purent en expliquer la possession. On me l'apporta alors et

Fig. 959. — Cônes du Cèdre du Liban.

je conseillai aux inspecteurs de s'assurer si ce billet n'avait pas été renfermé dans une boîte de cèdre ; on découvrit qu'en effet le dernier possesseur du billet l'avait placé dans une boîte neuve récemment achetée. On avait la clef du problème.

La variété de l'Himalaya, le *C. Deodara*, est aujourd'hui l'arbre à la mode ; on l'emploie généralement au lieu et place du cèdre du Liban. Cet arbre est très gracieux quand il est jeune ; ses branches sont alors retombantes ; quand il grandit, les extrémités de ses branches se relèvent comme celles du cèdre du Liban. Il est assez délicat, et la gelée l'a quelquefois tué dans mon jardin. Les plants couverts de neige échappent à la gelée, mais quand le vent les a débarrassés de la neige et qu'il se met à geler, ils meurent presque sûrement. Cette variété est, en outre, très sujette à mourir quand elle atteint l'âge de quinze ou seize ans. Un de mes amis soutient qu'il doit en être ainsi parce qu'une variété des montagnes ne peut pousser dans les plaines ; il a cependant voulu s'en assurer et a entouré de soins un assez grand nombre de spécimens vigoureux ; chose remarquable, la plupart de ces arbres sont morts comme il l'avait prédit. Quand on veut cultiver le cèdre, je conseille de prendre le cèdre du Liban. On voit dans la planche 10 l'effet produit dans un jardin par le *C. Deodara*.

Fig. 960. — Wellingtonia gigantea.

On a introduit, en 1854, un arbre gigantesque de la Californie, le *Wellingtonia gigantea* ou *Sequoia* que l'on plante aujourd'hui dans presque tous les grands jardins. Cet arbre semble se plaire principalement dans un terrain où existe du quartz aurifère ; il atteint alors la prodigieuse hauteur de 400 pieds, c'est-à-dire à peu près la même hauteur que le sommet de la croix qui surmonte le dôme de la cathédrale de Saint Paul. Cet arbre exige beaucoup d'air et de lumière et un sol humide ; la proximité d'autres arbres l'empêche de pousser symétriquement. J'en ai semé un qui avait, en 1872, 16 pieds de hauteur ; il pousse très symétriquement ; en 1875, il avait 22 pieds 6 pouces de hauteur ; 6 pieds 3 pouces de circonférence à la base, et 3 pieds de circonférence à 5 pieds au-dessus du sol. (fig. 960). Il y en a un fort beau spécimen dans un parc avoisinant mon jardin.

La duchesse de Wellington planta un *Wellingtonia* en avril 1857 dans le parc de Strathfieldsaye, le duc le fit mesurer en 1872; il avait alors 30 pieds de haut; 8 pieds 7 pouces de circonférence au niveau du sol, et 5 pieds 4 pouces de circonférence à 4 pieds au-dessus du sol. Le diamètre de ses branches était de 18 pieds 6 pouces.

Dans un bal donné à Apsley House, auquel assistait la reine et le prince Consort, la table du souper était décorée par deux de ces arbres qui ont été plantés en octobre 1865, près du tombeau du feu duc de Wellington. L'un a actuellement 18 pieds 4 pouces de hauteur, et l'autre 17 pieds 9 pouces; à la base, la circonférence du premier est de 3 pieds 7 pouces, et celle du second de 4 pieds. Comme ces arbres ont été plantés dans un terrain choisi, et qu'ils ont été entourés de soins, on peut supposer que cette croissance représente la croissance naturelle de l'espèce dans son pays natal. En outre, ces chiffres qui me sont fournis par le duc lui-même, serviront de base pour déterminer plus tard avec quelle rapidité a poussé cet arbre.

On trouve une forêt de Wellingtonias dans une petite vallée près des sources du San Antonio, en Californie. Elle contient 93 arbres, âgés d'environ dix ans. Le Père de la forêt (fig. 961), peut-être l'arbre le plus grand qui soit au monde, est renversé; on suppose qu'il avait 453 pieds

Fig. 961. — Le Père de la Forêt.　　Fig. 961 a — Cône du　　Fig. 962. — George
　　　　　　　　　　　　　　Wellingtonia gigantea.　　Washington.

de hauteur et 40 pieds de diamètre. L'intérieur est creux et la cavité suffisamment grande pour qu'un homme puisse y entrer à cheval. M. Townsend, qui a visité cette forêt, en a rapporté une photographie que je fais reproduire ci-dessous. Il m'a donné aussi une photographie d'un arbre, appelé le Georges Washington, qu'on dit avoir 384 pieds de haut (fig. 962). La forme de mes jeunes plants est d'une symétrie charmante; pendant les premières années, les branches poussent horizontalement; un peu plus tard, elles se relèvent et l'arbre n'est plus alors aussi joli. Ces arbres se multiplient facilement par boutures, mais les résultats obtenus par ce moyen sont loin de valoir les semis; il faut donc toujours employer ce dernier système si un propriétaire veut que ses petits enfants voient dans toute sa perfection un Wellingtonia qu'il a planté. Les cônes sont très petits.

Les branches raides rayonnantes de l'*Araucaria imbricata* lui donnent un caractère si particulier, que cet arbre forme un grand contraste avec tous les autres arbres du jardin, et introduit dans le paysage une charmante variété. Cet arbre est beaucoup plus rustique quand il se trouve bien exposé à la lumière; il ne faut donc pas l'entourer d'arbrisseaux sous prétexte de l'abriter. Il supporte le poids de la neige avec impunité, mais une gelée très rude jaunit ses feuilles. J'en ai plusieurs spécimens, mais j'en ai eu un bien plus grand nombre qui sont morts, parce que j'ai voulu les changer de place. Le premier sujet de cette espèce, introduit en Angleterre, se trouve dans les jardins de Kew; mais le plus beau peut-être est dans le jardin de feu M. Tabor à Brentwood (fig. 962 *a*). Au Chili, d'où cet arbre est originaire, les cônes contiennent, dit-on, deux ou trois cents graines qui constituent pour les Indiens un important article d'alimentation, de même que les graines du Pin des rochers sont fort recherchées par les Italiens. J'ai vu des cônes se former en Angleterre.

On voit dans le parc de Beddington, près de l'église, deux magnifiques Mélèzes (*Larix europæa*, fig. 963), qui doivent avoir un âge considérable. En 1738, on importa du Tyrol un assez grand nombre de ces arbres et on en laissa cinq à Dunkeld. Les deux spécimens qui se trouvent dans le parc de Beddington ne sont pas aussi vieux que les arbres de Dunkeld et que quelques autres qui se trouvent à Monnymusk dans l'Aberdeenshire. Un des premiers mélèzes importés en Angleterre resta dans la salle à manger du château de Monnymusk jusqu'à ce

Fig. 962 a.—Araucaria imbricata.   Fig. 963. — Mélèze dans le   Fig. 964. — Mélèze à Dunkeld.
                                     Parc de Beddington.

qu'il fût devenu trop grand : on le planta alors dans une avenue de hêtres. Ce mélèze est loin d'être aussi gros que les magnifiques spécimens de Dunkeld dont l'un, à trois pieds au-dessus du sol, a quinze pieds de circonférence et atteint une hauteur de quatre-vingt-seize pieds (fig. 964). Le mélèze est surtout beau au commencement du printemps. Ceux qui ont planté cet arbre il y a une cinquantaine d'années ont fait une excellente affaire, car ce bois est très recherché pour faire des traverses de chemin de fer. Dans ces dernières années, le mélèze a été souvent attaqué par les pucerons, et il n'est pas rare qu'il meure. J'ai particulièrement remarqué qu'au Tyrol il pousse sur les versants presque verticaux des montagnes; les arbres se trouvent donc les uns au-dessus des autres et chacune de leurs parties est exposée à l'air et à la lumière du soleil. Les mélèzes disparaissent-ils en Angleterre parce qu'ils ne trouvent pas dans ce pays les conditions naturelles de leur croissance ? Est-ce parce qu'on les a plantés au milieu des racines pourries d'autres mélèzes infestés du mycelium de champignon ? Est-ce parce que les saisons n'ont pas été favorables ?

On ne saurait répondre ni à ces questions, ni dire s'il y a d'autres causes en jeu.

Le Cyprès (*Cupressus sempervirens*, fig. 964 a) constitue un caractère remarquable du paysage des Apennins ; il revêt, en effet, jusqu'au sommet, les versants stériles de ces montagnes.

On trouve dans les environs de Florence un magnifique bosquet de cyprès qui ont atteint un développement considérable ; leur sombre feuillage donne une ombre délicieuse sous le ciel brûlant d'Italie. En Angleterre, cet arbre ne devient pas très grand. J'ai essayé la culture du *Cupressus funebris*, originaire de la Chine, mais sans succès. Le *Cupressus Lawsoniana* (fig. 965), importé de Californie en 1852, pousse, au contraire, dans mon jardin, presque aussi vite que le Wellingtonia ; il semble aimer un sol toujours humide et il prend de si belles formes, que je conseille son introduction dans tous les jardins.

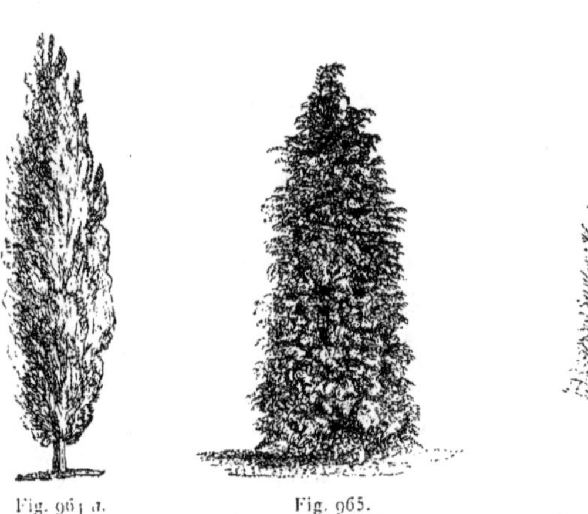

Fig. 964 a.				Fig. 965.						Fig. 966.
Cupressus sempervirens.		Cupressus Lawsoniana.			Taxodium Distichum.

Le Cyprès Décidu (*Taxodium distichum*, fig. 966) est, selon moi, un arbre très élégant ; ses feuilles découpées revêtent des teintes vertes charmantes au printemps, et de plus admirables encore en automne, s'il est possible. Je possède un spécimen de cette espèce, lequel est fort beau, mais il y en a deux dans un jardin voisin, qui sont de véritables modèles de beauté et qui font l'admiration de tous les passants.

J'ai planté un assez grand nombre de *Cryptomeria japonica*, qui poussent bien, mais qui sont tellement défigurés par la gelée, qu'il est presque impossible de les laisser dans le jardin. On peut voir un admirable spécimen de cette espèce sur la colline de Saint-Georges; il affecte une magnifique forme en pyramide.

L'*Arbor-Vitæ* ou *Thuya* est un arbre rustique admirablement adapté pour faire des rideaux. Il y a d'autres espèces que je n'ai pas cultivées. La variété dorée du *Biota orientalis* ou *Arbor-Vitæ* de la Chine, convient admirablement à la décoration d'une pelouse. Les branches de cet arbre revêtent des nuances admirables, et sa forme générale est extrèmement élégante.

Beaucoup d'arbres fruitiers s'emploient comme arbres forestiers, le Noyer, par exemple, qui abonde dans le parc de Carshalton. La fig. 967 représente un noyer qui se trouve près du château de Beddington. Le Cerisier sauvage, couvert de ses fleurs blanches, est extrèmement beau; en automne, ses feuilles écarlates sont aussi très remarquables. La variété double est très recherchée. Le Poirier atteint des proportions majestueuses, mais n'est jamais bien beau. Le

Fig. 967. — Noyer

Pommier de Sibérie, couvert de ses admirables fleurs ou de ses excellents fruits, est aussi un magnifique objet. Le Sureau, surtout la variété écarlate, joue aussi son rôle dans le jardin. Le Châtaignier d'Espagne est un bel arbre forestier, mais malheureusement on ne le cultive pas dans notre district; ses fruits constituent dans les parties méridionales de l'Europe un objet de commerce considérable; cet arbre mériterait plus d'attention qu'on ne lui en a donné jusqu'à présent en Angleterre; je ne saurais trop recommander sa culture partout où elle est possible.

Un véritable rideau d'arbres entoure mon jardin du côté du nord-est et le protége contre les vents froids. On ne saurait imaginer un plus magnifique spectacle que celui présenté par ces arbres quand ils sont éclairés par le soleil couchant ou qu'ils se reflètent dans les eaux du lac. On y remarque de nombreuses essences : l'orme, le hêtre, le marronnier, le saule, le bouleau, le peuplier, le frêne, le sycomore et le pin d'Écosse. Le contraste produit par le mélange du feuillage de ces différents arbres est extrèmement pittoresque, et les teintes qu'ils revêtent en automne sont tout particulièrement belles. Le Rév. A. Bridges a bien voulu me permettre de me promener sous ces arbres, et il est difficile d'exagérer la valeur d'une semblable autorisation.

Au sud-ouest de mon jardin, dans la propriété de mon voisin, se trouvent de magnifiques arbres qui la font presque ressembler à une forêt. On remarque surtout un ou deux peupliers d'Italie qui dépassent de beaucoup les autres arbres et qui ajoutent considérablement à l'effet pittoresque.

L'Amandier (*Amygdalus communis*) est indispensable à cause de la beauté de ses fleurs au printemps et de ses fruits que j'ai déjà décrits. Le Pêcher à fleurs doubles (*Amygdalus persica*) est très beau et produit, en outre, d'excellents fruits à la fin d'octobre ou au commencement de novembre. M. Fortune a dernièrement introduit quelques charmantes variétés de pêcher. J'ai essayé leur culture, mais elles ne réussissent pas dans mon jardin. Cependant, je ne saurais trop les recommander, car elles font au printemps d'admirables arbres à fleurs.

LES ARBRISSEAUX.

Aucun jardin ne peut se dispenser d'arbrisseaux et, comme utilité générale, le Laurier (*Cerasus laurocerasus*, fig. 968) n'a pas d'égal. Ses feuilles d'un vert brillant le rendent précieux, principalement parce qu'il pousse presque dans toutes les situations et même à l'ombre des arbres. Quand son bois est bien formé, le laurier résiste à quelque degré de froid que ce soit, mais il n'est pas rare que les nouvelles pousses soient fréquemment tuées en hiver. Le laurier se plaît beaucoup plus dans les endroits secs que dans les endroits humides, et, comme le fait remarquer le grand naturaliste Gilbert White, il supporte mieux les hivers rudes dans un pays septentrional, que dans une station plus méridionale où la neige fond et regèle constamment. J'emploie le laurier dans bien des situations, mais surtout quand j'ai besoin d'un rideau toujours vert pour masquer quelque chose.

Fig. 968. — Laurier.

Il se multiplie facilement par boutures plantées en septembre. En distillant les feuilles, on obtient de l'acide prussique ; il faut se souvenir aussi qu'une infusion de feuilles de laurier constitue un véritable poison.

On peut employer le laurier de Portugal (*Cerasus lusitanica*) quand on a besoin d'un grand arbrisseau. Girgov décrit un laurier de Portugal dont le tronc avait onze pieds de circonférence, et qui avait 3o pieds de hauteur. J'emploie cette espèce dans mon jardin dans les mêmes conditions que le laurier commun ; malheureusement il ne se prête pas aussi bien à des changements de place que ce dernier.

J'ai cultivé une autre espèce de laurier (*Laurus nobilis*), mais le climat particulier de mon jardin ne convient pas à cet arbrisseau.

Il est très difficile de cultiver le laurier tin (*Viburnum tinus*), car il ne résiste pas à la gelée. Il y avait autrefois de beaux arbrisseaux de cette espèce dans les jardins de Hampton Court ; ils ont disparu pendant un hiver rigoureux ; il en a été de même dans le parc de Hazel, dans le Bedfordshire. Cet arbrisseau ne réussit pas dans mon jardin ; je ne saurais cependant trop recommander d'en essayer la culture, car il produit en hiver une fleur au parfum délicat, ce qui le rend très précieux.

Le Troène (*Ligustrum vulgare*) est un arbrisseau remarquable à tous égards, soit qu'on veuille obtenir de l'ombre, soit qu'on veuille faire une haie, à cause de sa rusticité et de son feuillage toujours vert ; ses baies pourpre foncé constituent une fort jolie décoration en hiver. Il y en a plusieurs variétés que je ne cultive pas.

Je n'aime pas beaucoup l'*Aucuba japonica*, bien qu'il abonde dans tous les jardins des environs de Londres, et qu'il soit très rustique. Cet arbrisseau a été introduit en Angleterre en 1783, mais c'est seulement dans ces dernières années qu'on a découvert qu'il est bisexuel et que la plante femelle existait seule dans ce pays. On s'est procuré enfin la plante mâle et on a pu féconder les fleurs femelles ; depuis ce temps, on obtient des baies rouges. J'ai facilement obtenu des baies rouges sur ces arbrisseaux cultivés dans la serre à arbres fruitiers, mais je n'ai pas encore vu la fécondation se faire en plein air ; cependant, comme ces arbrisseaux se couvrent d'une grande quantité de fleurs, il est possible que nous voyions bientôt les plants cultivés en plein air se couvrir aussi de baies écarlates si notre climat est favorable au développement du fruit.

Il y a trois espèces de Phyllyreas qui sont loin d'être cultivées autant qu'elles le méritent, car le feuillage en est très beau et l'arbre parfaitement rustique. On peut l'employer et comme rideau et comme arbuste isolé. Comme rideau, le *Symphoricarpus racemosus* est très utile, car il pousse à l'ombre des arbres et se laisse transplanter facilement. Couvert de ses grosses baies blanches, c'est un arbre qui constitue un bel ornement. Le houx, le buis et l'if sont des arbres que l'on peut traiter comme les arbrisseaux et qui sont aussi parfaitement adaptés pour servir de rideau.

Le *Corylus Avellana purpurea*, quand il est jeune, a tout le caractère d'un arbrisseau ; un peu plus vieux, son feuillage pourpre foncé le rend très remarquable.

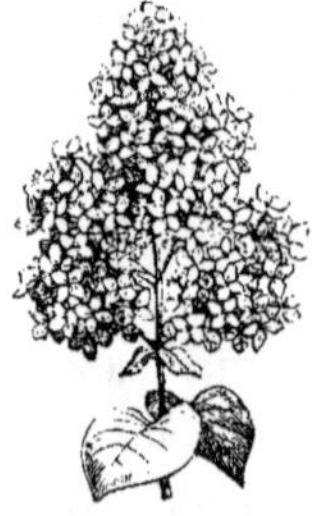

Fig. 969. — Lilas.

Un des arbrisseaux les plus jolis que je cultive en quantité est le Lilas. Il y en a deux espèces (*Syringa vulgaris*, fig. 969 et *S. persica*) et de nombreuses variétés. Ces deux espèces seraient fort utiles comme arbrisseaux, même si elles ne portaient pas de fleurs ; en effet, grâce à l'abondance de ses racines fibreuses on peut transplanter le lilas partout où l'on veut, et le jardinier peut lui donner la forme qu'il désire ; outre ces grandes qualités, le parfum du lilas est délicat et sa fleur est fort jolie ; faut-il donc s'étonner que j'en cultive des bosquets tout entiers de toutes les variétés connus. A Paris, on a l'habitude dans quelques jardins et surtout aux Tuileries, de donner aux lilas la forme d'un rosier en plein vent, c'est-à-dire d'une boule surmontant une tige ; cette disposition convient assez pour les jardins sévères. Il y a deux variétés de *Syringa vulgaris*, la variété blanche et la variété lilas ; il y a beaucoup de variétés du lilas de Perse qui diffèrent par l'intensité de la couleur des fleurs. On force facilement le lilas ; je m'arrange même ordinairement pour décorer avec cette fleur la table à manger le jour de Noël ; à Paris, on peut se le procurer en grande quantité dès le milieu de décembre. Partout où l'on a la place suffisante, on devrait s'arranger pour avoir du lilas pendant tout l'hiver. Il faut planter en pots les rejetons destinés à être forcés, car ils réussissent beaucoup mieux que ceux que l'on prend en plein air pour les mettre en serre ; il faut leur donner beaucoup d'eau, le parfum du lilas cultivé en serre est bien supérieur à celui du lilas cultivé en plein air.

Fig. 970. — Philadelphus coronarius.

Le *Philadelphus coronarius* (fig. 970), est un joli arbrisseau qui produit une fleur blanche dont le parfum ressemble un peu à celui de l'oranger. Cet arbre est un de mes favoris. Je cultive aussi le *Philadelphus mexica-*

Fig. 971. — Cognassier du Japon.

Fig. 971 a. — Pyrus Maulei.

Fig. 971 b. — Fruit du Pyrus Maulei, un tiers de grandeur naturelle.

nus qui produit de charmantes fleurs blanches. Cette dernière espèce réussit très bien en pot, mais je ne sais pas encore si elle est assez rustique pour être cultivée en plein air.

Au commencement du printemps, les fleurs rouges du Cognassier du Japon (*Cydonia japonica*, fig. 971) font un très bel effet. Cet arbrisseau réussit mieux quand on le fait grimper le long d'un mur; cependant je l'ai cultivé comme arbuste.

On a introduit dernièrement du Japon un nouveau *Pyrus* ou *Cydonia*, appelé *Pyrus Maulei*. Les fleurs sont couleur oranger (fig. 971 *a*) et le fruit (fig. 971 *b*), qui est jaune, est excellent pour faire des confitures. Cet arbre paraît très rare même au Japon, mais on s'occupe aujourd'hui de le multiplier en Angleterre.

Le *Daphne Mezerium* est un arbuste qui fleurit avant que ses feuilles ne paraissent, il a peu d'importance. Un peu plus tard fleurit le *Ribes sanguineum* (fig. 972). Il y en a plusieurs variétés fort utiles. Cet arbuste, originaire d'Amérique, se cultive très facilement et est tout à fait rustique; il a été, cependant, fort endommagé dans mon jardin par des

Fig. 972. — Ribes sanguineum.   Fig. 973. — Berberis dulcis.

gelées qui se sont produites en mai et en juin. La *Deutzia gracilis* produit des fleurs blanches en grande abondance. Cet arbuste, tout en étant très rustique, peut aussi s'employer utilement à la décoration des serres; j'en cultive toujours un grand nombre de plants.

Le *Berberis dulcis* (fig. 973) produit des fleurs simples jaunes qui répandent un parfum délicieux; l'arbre se couvre ensuite de baies noires que l'on m'a assuré être bonnes à l'alimentation.

Le *Mahonia aquifolium* est un arbuste au feuillage foncé qui porte des fleurs jaunes; il devrait se trouver dans tous les jardins.

Au printemps, la rose de Gueldre (*Viburnum Opulus*, variété *ste-rile*, fig. 974) est une des plus belles fleurs de mon jardin. Cet arbrisseau semble se plaire beaucoup chez moi, car il produit des fleurs plus grandes que toutes celles que j'ai vues autre part. On peut apercevoir ses grandes fleurs blanches d'une extrémité à l'autre du jardin.

Fig. 974. — Rose de Gueldre.   Fig. 975.—Hypericum calycinum.   Fig. 975 *a*. — Skimmia japonica.

Les Spiræa sont, en été, de charmants arbustes. La *Spiræa ulmaria* est une de nos plantes les plus élégantes. La *Spiræa callosa* du Japon est un arbuste qui porte des fleurs rouges délicieuses. Je ne saurais trop en recommander la culture. Vers la fin de l'été, l'*Hypericum caly-cinum* (fig. 975) produit ses grandes fleurs jaunes ; je cultive d'autres Hypericum anglais au milieu de mes plantes alpines.

L'Eglantier (*Rosa rubiginosa*) est un arbuste que je cultive à cause de ses trois qualités importantes : la beauté de ses fleurs au commencement du printemps ; les magnifiques baies écarlates qu'il produit en automne, et enfin l'odeur délicieuse que répandent ses feuilles, surtout après une averse.

L'*Eugenia ugni* (fig. 387) ne vit pas en plein air dans mon jardin ; confiant dans ce qu'on m'avait dit sur sa rusticité, j'en ai perdu une douzaine de spécimens au moins. Je crois que ni le grenadier, ni le loquate ne vivraient en plein air dans mon jardin ; dans tous les cas, je n'ai pas osé essayer. J'ai cependant vu un loquate en plein air à Weybridge.

Je n'ai pas cultivé en plein air le *Skimmia japonica* (fig. 975 *a*), bien qu'il soit tout à fait rustique ; je n'y ai pas cultivé non plus l'*Illicium religiosum,* que je me suis procuré plusieurs fois et que j'ai toujours laissé mourir.

Quelques beaux que soient les autres arbrisseaux, un jardin n'est pas complet s'il ne possède pas les plantes américaines, c'est-à-dire, les Rhododendrons, les Azalées et les Kalmias. Les variétés de jardin du *Rhododendron Catawbiense* sont très nombreuses et chaque jour on en ajoute quelques-unes à la liste. Leurs couleurs sont très variées, bien que l'écarlate et le pourpre dominent. Chose assez singulière, notre terrain tourbeux semble être un véritable poison pour ces plantes, bien qu'elles se plaisent beaucoup dans une autre espèce de terrain tourbeux que je me suis procuré à une petite distance. Le Rhododendron écarlate (fig. 976) et les fougères vont très bien ensemble; au commencement du printemps, en effet, les fleurs écarlates des uns et les frondes vertes des autres se marient admirablement. Je cultive des Rhododendrons partout où je

Fig. 976. — Rhododendron écarlate.

cultive des fougères, mais cette culture exige beaucoup de soins à cause du mauvais terrain de mon jardin. L'art du fleuriste n'a jamais mieux brillé que dans la création des variétés du Rhododendron qui sont toutes superbes par la beauté de leurs formes et par le brillant de leurs couleurs, alors que la plante primitive n'a que des fleurs pourpre sale qui, selon moi, n'offrent pas beaucoup d'attrait. Je n'ai jamais fait grande attention aux noms que les fleuristes ont donnés aux différentes variétés; je me suis donc adressé à M. Veitch, qui a bien voulu me donner la liste suivante des variétés cultivées qu'il considère comme les plus belles :

Blandyanum : rouge, cramoisi.	Michael Waterer : rose écarlate.
Brayanum : rose écarlate.	Minnie : blanc bleuâtre.
Concessum : rose.	Mrs. John Clutton : blanc.
John Waterer : cramoisi brillant.	Ochroleucum : jaune pâle.
Joseph Whitworth : pourpre.	Grand Arab : cramoisi brillant.
Madame Miolan Carvalho : blanc pur.	Broughtonianum : rouge rose.

La rose des Alpes (*Rosea ferrugineum*) qui charme tant les touristes qui traversent les Alpes, est un Rhododendron différent du *R. Catawbiense*. Je la cultive au milieu de mes plantes alpines en souvenir du plaisir qu'elle m'a causé dans les Alpes.

Le *Rhododendron arboreum* pousse très bien dans les serres, mais il occupe tant de place que je ne l'ai jamais cultivé. Le *R. Ponticum* est une espèce vigoureuse sur laquelle on greffe ordinairement les plus belles variétés.

L'Azalée accompagne admirablement le Rhododendron. L'Azalée jaune (*Azalea Pontica*, fig. 977) réussit assez bien dans mon jardin ; les variétés de l'*Azalea viscosa*, au contraire, sont pratiquement inutiles,

Fig. 977. — Azalée jaune.   Fig. 978. — Kalmia latifolia.   Fig. 978 a. — Calycanthus floridus.

parce que les bourgeons sont la plupart du temps détruits par les gelées de mai. M. Veitch recommande tout particulièrement la culture des cinq variétés suivantes :

Altaclarense : jaune foncé.
Julius Cæsar : rouge écarlate foncé.
Ne plus ultra : écarlate orangé brillant.

Prince Henry des Pays Bas : écarlate foncé.
Viscocephala : blanc teinté de jaune, parfum délicat.

Il faut toujours placer au milieu des Rhododendrons et des Azalées, un plant de Piment (*Calycanthus floridus*, fig. 978 a). Les fleurs ont un parfum très délicat.

Le *Kalmia latifolia* (fig. 978) a sa place toute marquée au milieu des plantes américaines. Il lui faut un sol tourbeux ; il ne réussit pas dans mon jardin ; j'en ai planté au moins une douzaine de pieds et je m'estimerai fort heureux si un seul survit.

Les Pervenches ou Vincas sont des arbustes précieux pour les endroits où il y a beaucoup d'ombre. La plus grande variété (*Vinca major*) produit de belles fleurs bleues ; les variétés plus petites, qu'elles aient des fleurs simples ou doubles, des feuilles vertes ou colorées, sont des plantes charmantes au printemps.

L'*Andromeda speciosa* (fig. 979) est fort élégant lorsqu'il est couvert de fleurs au commencement du printemps ; cependant je n'ai pas encore essayé de le cultiver.

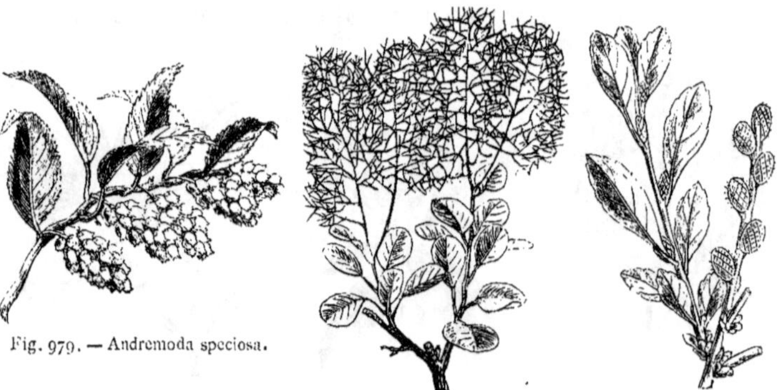

Fig. 979. — Andromoda speciosa.

Fig. 980. — Rhus cotinus.

Fig. 981. — Myrica Gale.

Je ne possède pas le Sumac (*Rhus cotinus*, fig. 980). Cette plante curieuse pousse fort bien à Wandsworth, dans la propriété de M. P. Rose ; le dessin ci-dessus a été pris chez lui.

Dans les endroits marécageux du jardin je fais planter le Piment aquatique (*Myrica Gale*, fig. 981). Il abonde en Écosse et dans le Yorkshire, on s'en sert pour faire de la bière. Les feuilles de cette plante exhalent un parfum délicieux quand on les brise.

Les Yuccas ornent toujours agréablement les jardins. Le *Yucca gloriosa* est de beaucoup le plus grand. Il a la mauvaise habitude de pousser une tige remarquable qui porte d'admirables fleurs, mais si tard, en automne, que la gelée la détruit avant que les fleurs soient complétement développées.

Le Myrte (*Myrtus communis*, fig. 982) est une plante classique que l'on trouve en abondance dans le midi de l'Europe. Selon Hérodote, les Perses, quand ils disaient leurs prières, portaient une tiare couronnée de myrte. Hérodote dit encore que, « lorsque les Perses attendaient le lever du soleil, ils brûlaient toutes sortes de parfums et semaient sur la route des branches de myrte. » Chez les anciens, le myrte était l'emblème du triomphe et de la joie ; le héros portait une branche de myrte comme emblème de

Fig. 982. — Myrte.

sa victoire ; la fiancée en portait une le jour de son mariage ; et on avait l'habitude de présenter à ses hôtes des guirlandes de myrte au commencement du festin. On disait que Vénus était ornée d'une couronne de myrte quand Paris lui décerna le prix de la beauté, et pour cette raison sans doute on pensait que cette plante était odieuse à Junon

et à Minerve ; pour cette raison aussi, probablement, le myrte ne servait pas pendant les fêtes de la bonne déesse à Rome. Le myrte vit difficilement près de Londres. Il résiste quelquefois pendant certains hivers, mais la gelée le détruit ordinairement ; il faut donc nous contenter de le cultiver en serre ou tout au moins de l'abriter contre le froid pendant l'hiver.

Fig. 983. — Bruyère.

Outre tous ces arbres et tous ces arbrisseaux, je cultive la Bruyère commune (*Calluna vulgaris*, fig. 983), une des plus belles de toutes les plantes. La *Linnæa borealis*, l'*Empetrum nigrum* ou Camarine (fig. 983 a) ; l'*Erica herbacea ;*

Fig. 983 a —Tamarine.   Fig. 983 b. — Airelle.   Fig. 983 c.—Erica tetralix.   Fig. 983 d. Cornouiller.

l'*Erica tetralix* (fig. 983 c) ; l'Airelle anglaise (fig. 983 b) ; le Cornouiller (fig. 983) ; et de nombreuses ronces que j'ai déjà décrites.

Héron.

CHAPITRE XIII.

LE RÈGNE ANIMAL.

La rivière et les ruisseaux qui traversent mon jardin renferment des animalcules en abondance. Ces animalcules ne vivent pas, comme on le suppose souvent, dans toutes les parties de l'eau, car c'est à peine si l'on en voit quelques-uns là où le courant se fait sentir un peu fort. Ces petites créatures vivantes aiment mieux se placer sur les bords ou au fond d'un ruisseau, ou s'attacher à des herbes ou à des pierres.

L'*Amœba* (fig. 984), qui paraît être une masse sans forme, est le premier animalcule qu'il nous faille citer, parce qu'à certaines époques il existe en quantité considérable dans les eaux de mon jardin. Le docteur Moxon, qui s'est livré à une étude toute particulière des animalcules que l'on trouve dans ma propriété, fait remarquer que l'amœba se contracte, toute dépourvue qu'elle soit de muscles et

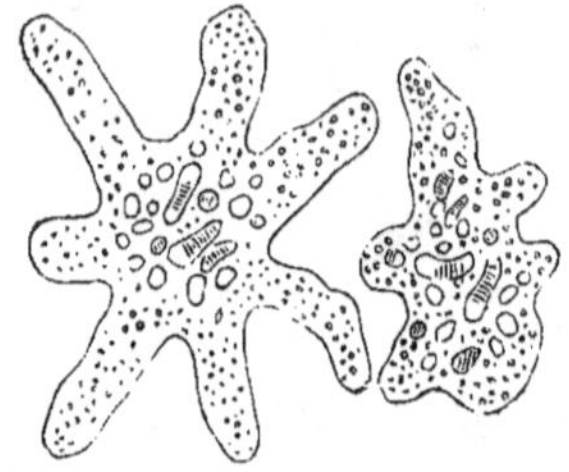

Fig. 984. — Amœba, grossie.

qu'elle éprouve des sensations, bien qu'elle n'ait pas de nerfs; qu'elle avale et qu'elle digère ses aliments, toute privée qu'elle soit de bouche et d'estomac. Rien de remarquable, en effet, comme le moyen qu'emploie l'amœba pour saisir sa proie, pour l'entourer et la digérer. Cependant, je crois que nous connaissons trop peu la conformation interne de cette créature, pour bâtir des théories sur sa nature et sur son organisation.

Mes ruisseaux contiennent aussi des petites créatures appelées *Monades* (fig. 985); on les trouve principalement dans les eaux stagnantes. On trouve aussi le *Siagontherium tenue* (fig. 986) et le *Bursaria vernalis* (fig. 987) que l'on considère tous deux comme des animaux polygastriques. Mais il

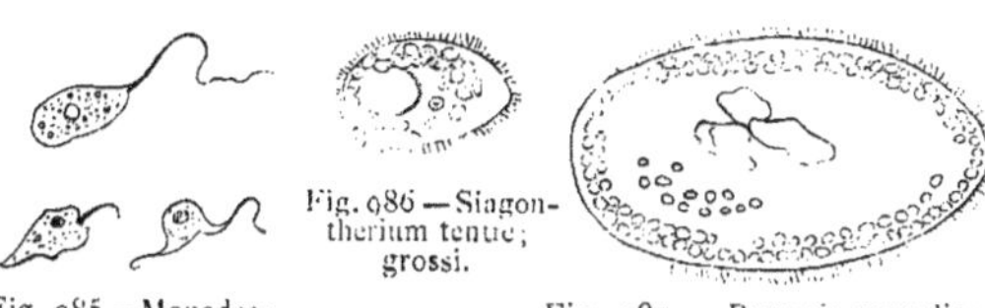

Fig. 986 — Siagontherium tenue; grossi.

Fig. 985.—Monades; grossis.

Fig. 987. — Bursaria vernalis; grossi.

faut bien avouer que nous savons fort peu de chose sur leur conformation et sur leur histoire naturelle,

Fig. 988. — Stylonichia; grossi.

bien que nous cachions notre ignorance en leur donnant des noms extraordinaires. Le *Stylonichia* (fig. 988) est un animalcule très actif, qui se meut dans toutes les directions; il préfère les parties stagnantes de nos ruisseaux.

La *Vaginicola* (fig. 989) est une intéressante petite créature qui habite une espèce de pot; mais, de toute cette famille,

Fig. 989.—Vaginicola, grossie.

Fig. 990. — Vorticella, grossie.

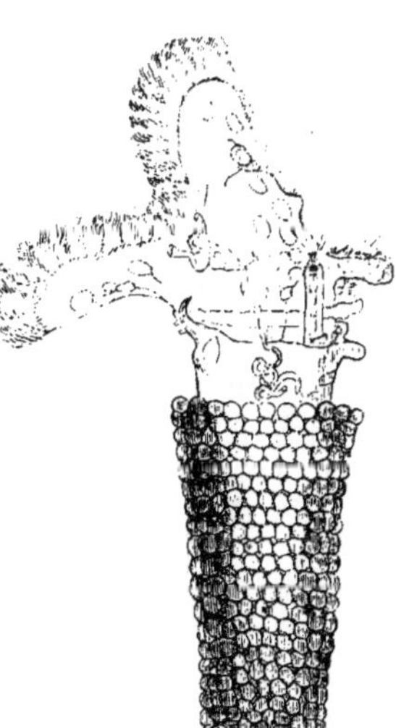

Fig. 991. — Melicerta ringens, grossie.

la plus intéressante et la plus belle est, sans contredit, la *Vorticella* (fig. 990), qui s'élance sur sa proie avec la rapidité de l'éclair. Elle s'attache aux plantes aquatiques de la rivière.

La *Melicerta ringens* (fig. 991) est une espèce fort belle et fort intéressante de la famille des rotatoires qui s'attachent aux plantes aquatiques. Des spécimens provenant de mon jardin ont fait l'objet d'un
mémoire fort intéressant, lu par le docteur Moxon devant la Société
Linnéenne. La melicerta se bâtit une maison en employant des morceaux de boue très petits; on peut la regarder faire pendant des heures
au moyen du microscope; on peut même lui donner des parcelles de
différentes couleurs, et elle se construit alors une maison dont les couleurs sont aussi variées que possible. On la conserve facilement dans
une bouteille, à condition que l'on y place un petit morceau de plante
aquatique.

LES POLYPES.

On trouve dans mon jardin deux ou trois espèces de Polypes parmi
lesquels l'*Hydra viridis*, l'*H. communis* (fig. 992) et l'*H. Fusca* et,
sans contredit, il est difficile de voir des
créatures plus intéressantes. Leurs tentacules
paraissent avoir quelques propriétés vénéneuses, car dès qu'elles touchent un animalcule, il est immédiatement paralysé. On pensait
autrefois que les polypes consistaient simplement en une espèce de sac dans lequel ils
jetaient leur proie pour la digérer. Mais les
recherches des zoologistes modernes ont prouvé

Fig. 992. — Hydra communis,
grossi.

que ces petits animaux ont une organisation bien supérieure, et je ne
saurais trop recommander à cet effet la lecture d'un mémoire que le
docteur Farre a présenté à la Société Royale.

LES VERS.

On trouve beaucoup d'espèces de vers dans mon jardin où leur
nombre semble avoir considérablement augmenté depuis que le sol est
cultivé. On y trouve surtout le Lombric ou Ver de terre (*Lombricus terrestris*), mais, toutefois, pas en quantité aussi considérable que dans la
vallée de la Tamise où, après la pluie, on en recueille des boisseaux

qui servent d'appât pour la pêche de certains poissons. Ce ver s'enfonce à plusieurs pieds sous le sol; il paraît se nourrir de terre végétale. Pendant l'hiver, il transporte des feuilles dans son trou, mais il est difficile de dire pourquoi.

Quand ces vers pénètrent dans les pots, la plante souffre beaucoup; pour empêcher cela, le jardinier place ses pots sur une couche de cendre ou sur un morceau de bois. Le ver de terre (fig. 993) a environ huit pouces de longueur; il est hermaphrodite (n°s 2 et 3) et pond des œufs (n°s 4 et 5). Le soir, après une averse, il vient à la surface tout en laissant le bout de sa queue dans son trou, de façon à disparaître quand il entend le plus petit bruit. Si, pendant la nuit, quand ces vers sont dehors, on examine une pelouse avec une lanterne, on s'aperçoit que la pelouse en est entièrement recouverte. Ce ver ramène tant de terre à la surface, qu'au bout de quelques années cette terre recouvre complétement la craie qu'on a pu y déposer.

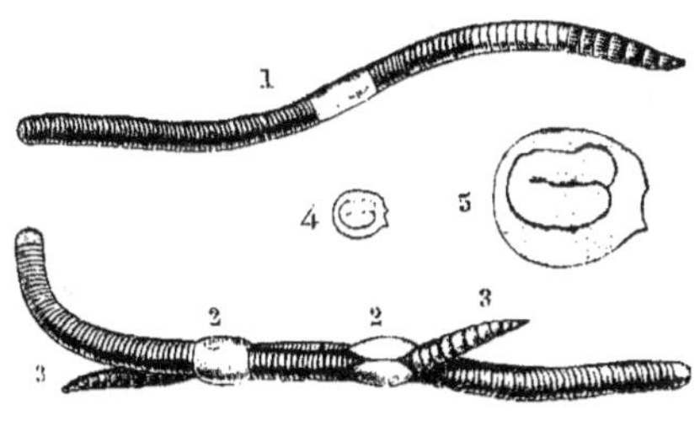

Fig. 993. — Ver de terre.

Le Ver rouge (*Lombricus minor*) se trouve aussi dans les terrains humides, sous les pierres; il a deux ou trois pouces de long, et les poissons en sont tout particulièrement friands. Le Ver vert (*Lombricus viridis*) vit sous les pierres dans les champs; il ne peut servir d'appât.

Il y a dans mon jardin une grande quantité de *Lombricus fœtidus*. C'est un ver jaune et rouge qui habite les tas d'engrais; il émet une odeur désagréable qui s'attache aux mains si on le touche; c'est un appât précieux pour la perche.

Il y a des sangsues dans le lac. Je n'ai pas déterminé les espèces, mais je crois qu'on y trouve l'*Hirudo piscium*.

ÉPONGES D'EAU DOUCE.

Une belle espèce d'Éponge d'eau douce pousse sur le mur qui se trouve auprès des écluses et aussi sur les murs de la fabrique ; on l'appelle la *Spongilla fluviatilis* (fig. 994). Elle se compose de spicules siliceuses au milieu desquelles vit l'animal ; desséchée, elle ressemble beaucoup à l'éponge que nous employons ordinairement. Si on la sort de l'eau, elle meurt presque immédiatement.

LES CRUSTACÉS.

On ne trouve pas, dans le cours supérieur de la Wandle, l'écrevisse

Fig. 994. — Éponge d'eau douce (grossie).

Fig. 995. — Crevette d'eau douce.

Fig. 996. —Cloporte.

(*Astacus fluviatilis*) que j'ai si souvent péchée dans la nouvelle rivière, dans la Lea et dans la Tamise, où elle abonde principalement au-dessus d'Oxford. J'en ai placé beaucoup dans la partie de la rivière qui traverse mon jardin, mais elles ont toutes disparu ; c'est avec cette écrevisse que l'on fait le potage à la bisque.

La Crevette d'eau douce (*Gammarus fallax*, fig. 995) est un crustacé qui nous est fort utile. Cette crevette pullule positivement dans la rivière et nourrit des truites en abondance ; ces dernières en sont très friandes.

Le Cloporte (*Oniscus asellus*, fig. 996) est un crustacé terrestre qui nous fait beaucoup de mal. Il y en a plusieurs espèces. Il vient la nuit dévorer les parties délicates de nos plantes de serre ; il est désastreux de voir le mal qu'il fait aux racines et aux jeunes pousses de nos plus belles orchidées. Pour les attraper, le jardinier coupe une pomme de terre en deux et vide une partie d'une de ces moitiés ; les cloportes se rassemblent, ordinairement dessous, et alors on peut ainsi les prendre facilement.

Mais peut-être le meilleur moyen de se débarrasser du cloporte est d'avoir des crapauds qui leur font une chasse acharnée; aussi chaque jardinier a-t-il son crapaud favori.

Il y a, dans la rivière, de nombreuses espèces microscopiques de crustacés, tels que les *cyclopes;* on pense qu'ils servent de nourriture aux jeunes truites. Il y a surtout beaucoup de *Cyclops quadricornis* (figures 997 et 998) qui sont de charmantes créatures à mettre dans un

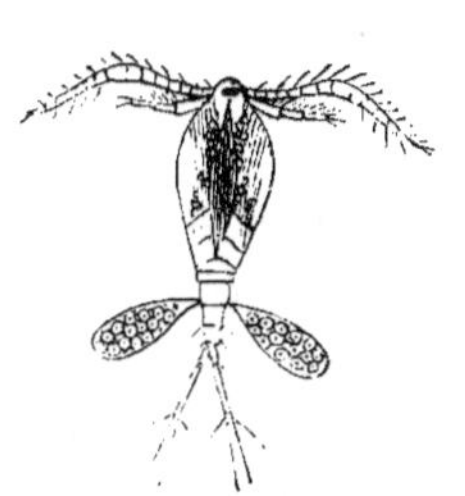

Fig. 997.—Cyclops quadricornis (grossi).

Fig. 998. — Le même, vu de côté, (grossi).

Fig. 999. — Daphnia Pulex (grossi).

aquarium. Nous avons aussi le *Daphnia Pulex* (fig. 999) qui est commun partout.

LES PUCES.

Il y a de nombreuses espèces de Puces. Une espèce attaque le chien, une autre le chat, et la plupart des oiseaux ont chacun leur puce particulière. Il est remarquable que l'espèce qui vit sur la Taupe (*Pulex talpæ*) n'a pas d'yeux. La larve de la *Pulex irritans,* dont la morsure incommode tant un si grand nombre de personnes, se propage au moyen d'œufs. La larve de la puce vit ordinairement sur les ordures ou dans le nid des oiseaux. Selon Cuvier, dix jours environ après sa naissance, la larve s'enferme dans un cocon soyeux d'où elle ressort à l'état parfait au bout d'un nouveau délai de dix jours. Il faudrait de longues études, rien que pour connaître les puces que l'on trouve sur les animaux de mon jardin.

LES PARASITES.

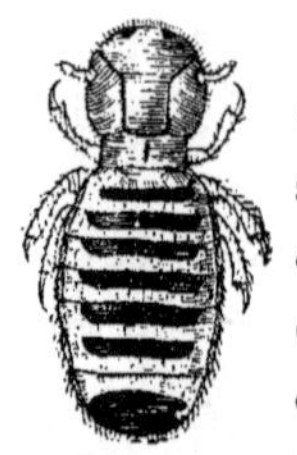

Le livre remarquable de Denny nous a appris quelle quantité incroyable de Parasites vivent sur les oiseaux, sur les animaux et même sur l'homme; il a fait remarquer, en outre, que la même espèce peut vivre sur bien des genres différents d'oiseaux. J'ai beaucoup d'espèces de parasites dans ma collection, et j'en ai fait dessiner un comme exemple, c'est le parasite du Bœuf (fig. 1000);

Fig. 1000. — Parasite du Bœuf, (grossi).

mais je le répète, on en trouve sur presque toutes les créatures vivantes et sur quelques animaux plus d'une espèce à la fois.

LES ENTOZOAIRES.

Quand on considère les créatures qui habitent le jardin, il faut toujours parler des Entozoaires qui vivent une première fois sur les plantes, une seconde fois dans différents animaux et une troisième fois dans l'homme; par conséquent, leur existence dans le jardin peut devenir la source de leur vie dans notre corps, sous forme de ténia dans nos intestins, de *Trichinia spiralis* dans nos muscles, de *Filaria* dans nos yeux, d'*Hydatide* dans notre cerveau.

Presque tous les animaux sont affectés d'une espèce d'entozoaire, je ne puis donc m'occuper que des plus importants qui intéressent plus particulièrement l'homme.

Le docteur Cobbold qui fait autorité sur les entozoaires, a observé que l'un des vers qui attaquent l'homme, le *Tænia mediocanellata*, connu aussi sous le nom de ver solitaire du bœuf, sort d'un œuf. Cet œuf

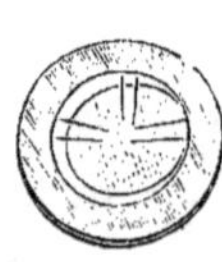

Fig. 1001.—Œuf de ténia (grossi).

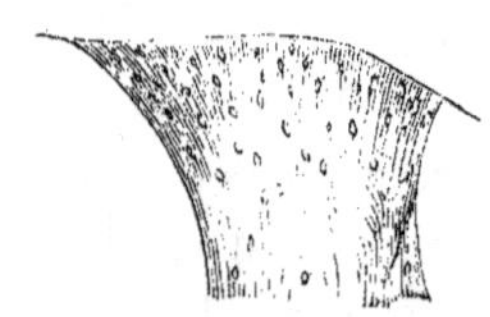

Fig. 1002. — Poche du ténia chez le bœuf, grandeur naturelle.

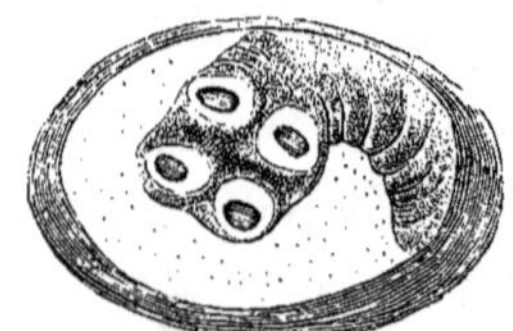

Fig. 1003. — Ténia chez le bœuf, (grossi).

(fig. 1001)passe de l'homme à l'herbe et est avalé par la vache. En arrivant

dans l'estomac de la vache, l'animal éclot, parce que les sucs gastriques dissolvent la coquille de l'œuf. Le ver, armé de six espèces de vrilles, pénètre dans la chair de la vache où il se développe et subsiste en se creusant dans la chair des espèces de petits sacs qui ont à peu près la grandeur d'une graine de Lin (fig. 1002). Le ver (fig. 1003) réside dans ce sac, mais ne prend pas tout son développement jus-

Fig. 1004. Ver solitaire chez l'Homme, (grossi).

qu'à ce que la chair du bœuf soit mangée par l'homme. En arrivant dans l'estomac de ce dernier, il se développe, devient ce que nous appelons le ver solitaire (fig. 1004), et arrive à avoir de 1000 à 1200 joints. Tous les joints, au-delà de 450, sont mûrs et capables de produire des œufs. On a calculé que chaque joint mûr produit 45,000 œufs; dans une expérience faite dans mon cabinet, on a trouvé plus de 30,000 œuf dans un seul joint, ce qui prouve la terrible fécondité de cet affreux animal.

Un autre ver solitaire, le *Tænia solium* (fig. 1005) produit des œufs qui, avalés par le cochon, produisent ce que l'on appelle la ladrerie du porc (fig. 1006). Quand ces larves sont mangées par l'homme, un ver solitaire se développe qui produit de nouveau des œufs. Si les œufs

Fig. 1005. — Tête de Ténia solium (grossie).

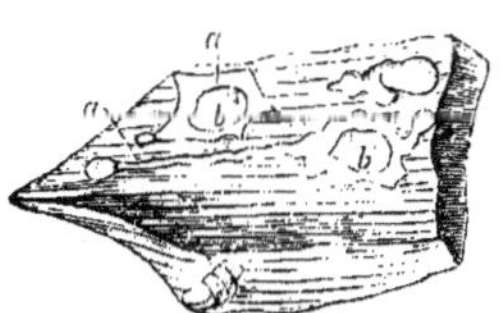
Fig. 1006. — Ver du porc (grandeur naturelle), a a, les poches; b b, les larves du Ténia.

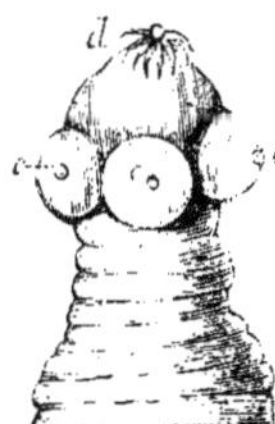
Fig. 1008. — Ver hydatide (grossi).

Fig. 1007. — Cysticercus cellulosus (grossi).

pénètrent dans l'estomac de l'homme, ils se développent sous forme de *Cysticerci* (fig. 1007); si ces derniers pénètrent jusqu'au cerveau, la mort s'en suit presque toujours.

Le ténia du chien vit dans l'homme sous forme de l'*Echinococcus* ou ver Hydatide (fig. 1008). Toutes ces figures sont empruntées à Cobbold.

L'histoire curieuse des vers solitaires doit nous faire repousser la viande mal cuite ; elle doit nous enseigner à prendre beaucoup de soin pour que nos animaux domestiques n'en avalent pas les œufs. Le docteur Cobbold a fait remarquer le danger qu'il y a à permettre aux bestiaux de brouter sur des terrains où l'on répand les eaux vannes d'une ville, où doivent certainement se trouver un grand nombre d'œufs de ténia. Je crois moi-même, d'après tout ce que j'ai entendu dire, bien que je ne sois pas encore en état d'en faire la preuve légale, que la plupart des animaux, et principalement les moutons, qu'on

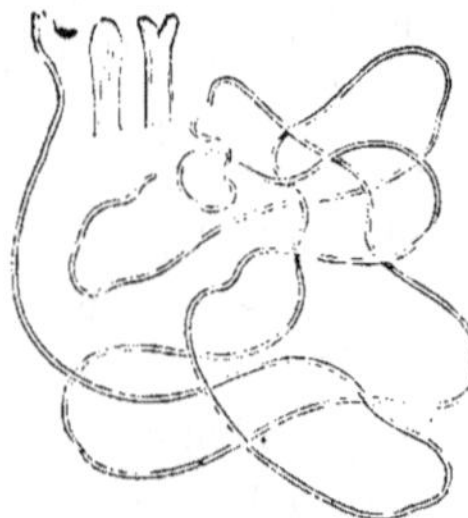

laisse brouter dans ces terrains deviennent malades. On m'assure néanmoins qu'un bœuf nourri sur un terrain semblable auprès de Romford, était parfaitement sain quand on l'a tué. Dans tous les cas, il faut se méfier de ces animaux si l'on veut éviter le ver solitaire. On ignore quelle est la vie extérieure de beaucoup d'entozoaires.

Fig. 1009. — Gordius aquaticus.

Il y a, dans tous nos ruisseaux, un ver curieux, le *Gordius aquaticus* (fig. 1009). Il pond des œufs qui sont avalés par les insectes et qui se développent dans leur corps.

Il est impossible de décrire tous les entozaires qui vivent chez les nombreux animaux de mon jardin, et plus imposssible encore de décrire les différentes transformations de ces animaux et leur passage d'un animal à l'autre.

LES MITES.

Il y a dans mon jardin de nombreuses espèces de Mites, et j'en ai recueilli bien des spécimens. L'*Acarus domesticus* vit sur le fromage ; le *Tyroglyphus farinæ* (fig. 1010) sur la farine. Une espèce, le *Sarcoptes Scabiei*, vit sur l'homme malade ; je l'ai observé souvent dans les hôpitaux de Londres et de Paris. Il y a de

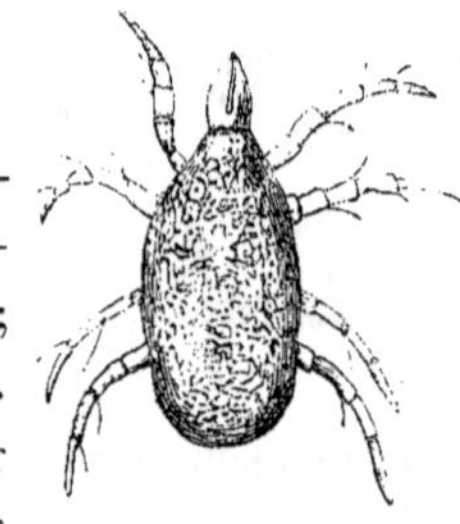

Fig. 1010. — Tyroglyphus farinæ (grossi).

nombreuses espèces qui vivent sur les animaux, telles que le *Myobia musculinus* sur la souris; d'autres sur les oiseaux ; d'autres sur des insectes, comme le *Gamasus coleoptratorum*, sur le bourdon; d'autres enfin sont aquatiques. Une espèce, le *Tyroglyphus destructor* est terrible pour nos collections d'insectes.

LES MITES DES PLANTES OU ARAIGNÉES ROUGES.

Les mites des plantes sont l'écueil le plus terrible qui puisse arrêter l'horticulteur. Bien que fort petites, elles arrivent en nombre considérable et s'établissent sous les feuilles des plantes dont elles sucent le suc. Au bout d'un certain temps, la feuille se dessèche et la plante finit par mourir. La sécheresse de l'atmosphère et les rayons brûlants du soleil sont les conditions favorables au développement de ces petits animaux. Nous nous en débarrassons ordinairement dans nos serres en entretenant un certain degré d'humidité; mais, au mois de juillet, il est très difficile de cultiver des melons dans notre district, à cause du nombre considérable de ces petits animaux qui pénètrent dans nos châssis. Pendant ces dernières années, j'ai essayé avec succès de mettre dans ces châssis des vases pleins d'eau qui, en s'évaporant, répandent de l'humidité dans l'air ; en outre, j'arrose le châssis avec de l'eau tiède avant de le fermer pour la nuit. Il est inutile d'essayer une culture quelle qu'elle soit, si l'on ne peut se débarrasser de ces mites.

Les différentes espèces de mites demandent l'attention des naturalistes, car elles ne se contentent pas d'attaquer les plantes de nos serres; j'ai vu une plantation considérable de groseillers à maquereau détruite par elles, et, il y a un an ou deux, j'ai perdu par la même cause plusieurs planches de fraisiers magnifiques. La fig. 1011 représente le *Gamasus Telarius* ou araignée rouge commune.

Une espèce d'Acarus se plaît tout particulièrement dans les champignons microscopiques ; vu au microscope, il ressemble à un rhinocéros qui se promènerait au milieu d'une forêt.

Koch a publié sur ces acarus de la plante un grand ouvrage très bien illustré; j'en recommande la lecture, car bien peu de personnes connaissent leurs différences spécifiques.

Kükenmeister considère le *Leptus autumnalis* (fig. 1012) comme une

Fig. 1011. — Araignée rouge (grossie).   Fig. 1012. — Leptus autumnalis (grossi).

des mites des graminées. Il affirme que cet acarus vit sur le foin, sur le blé, sur le groseiller à maquereau et même sur l'homme pendant le mois de juillet et au commencement d'août. Je n'ai pas observé moi-même cette espèce, et j'ai emprunté à Kükenmeister la figure qui le représente. Cet acarus n'a pas encore paru sur mes groseillers, ou tout au moins on ne l'a pas remarqué quand j'ai fait examiner mes arbres.

LES ARAIGNÉES.

Bakewell nous a enseigné, dans son excellent ouvrage sur les araignées, combien sont nombreuses les espèces anglaises.

L'Araignée commune des jardins (*Epeira diadema*, fig. 1013), construit ces admirables toiles géométriques si parfaites que nous nous plaisons tant à regarder. L'araignée joue un rôle assez utile en détruisant les mouches, mais elle n'en détruit pas assez pour avoir réellement de l'importance. Il y a, dans nos serres, un nombre considérable d'*Angelina labyrintheca*, qui construisent des toiles très

Fig. 1013. — Araignée

grandes (fig. 1014). Cette araignée fait une espèce de retrait circulaire dans un coin de sa toile; c'est là qu'elle se retire pour s'élancer sur sa proie, et c'est là qu'elle l'apporte pour la dévorer.

On voit souvent au printemps l'araignée rouge dont les couleurs brillantes attirent les regards; on remarque aussi les faucheurs, dont l'activité est si extraordinaire.

Fig. 1014. — Toile d'Angelina labyrintheca.

On voit quelquefois des fils de la Vierge à Wallington, mais en bien moindre quantité que sur le continent.

Toutes les araignées sont utiles au jardinier; mais seules elles ne pourraient certainement pas défendre le jardin contre les ravages des insectes.

LES CENTIPÈDES ET LES MILLIPÈDES.

J'ai souvent observé des centipèdes et des millipèdes, principalement dans le voisinage des pommes de terre et des carottes. On trouve dans mon jardin le Centipède à trente-deux pattes (*Lithobius forficatus* (fig. 1015 n° 2), qui a une grosse tête (fig. 1015 n° 3) et une forte paire de mâchoires. Je ne me rappelle pas avoir vu dans mon jardin le centipède lumineux (*Geophilus longicornis*, fig. 1015 n° 1), si remarquable à certaines époques par la traînée

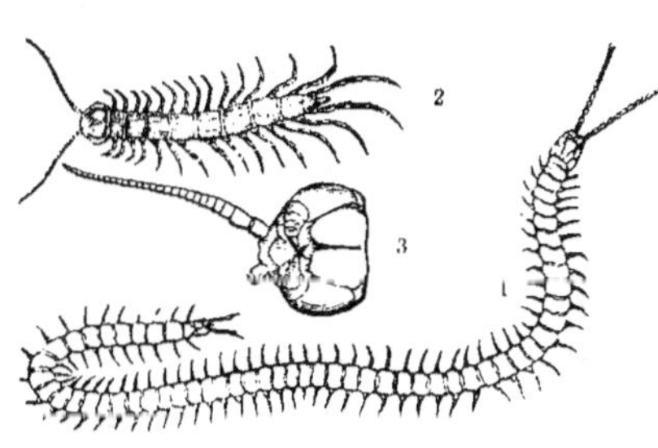

Fig. 1015. — Centipède.

de lumière qu'il laisse après lui. J'ai observé, cependant, ce phénomène à Londres et dans son voisinage immédiat, et j'ai souvent attrapé l'animal, au moment où il était le plus lumineux

Il y a tant de millipèdes dans mon jardin que je ne les ai pas observés tous. J'ai emprunté la gravure ci-contre à l'ouvrage de Curtis; elle représente les espèces que nous pouvons nous attendre à trouver. Le n° 1 (fig. 1016) représente le *Julus Londinensis;* il a environ cent soixante pattes. Les n°s 2 et 3 représentent le *Blaniulus guttatus,* qui a environ un

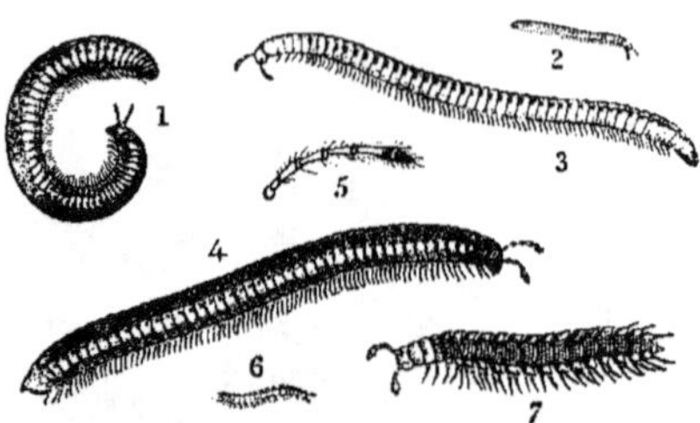

Fig. 1016. — Millipède.

demi-pouce de longueur et cent soixante-dix pattes. Le n° 4 représente le *Julus terrestris*, et le n° 5, son antenne amplifiée.

Les n°s 6 et 7 représentent le *Polydesmus complanatus* ou millipède aplati. Je ne sais trop quelles sont les fonctions que remplissent ces créatures dans l'économie générale de la nature, bien qu'on en trouve une si grande quantité dans les jardins.

Boisduval affirme que le *L. forficatus* est utile au jardinier. En résumé, il faut encore de nombreuses études avant de comprendre l'histoire naturelle de ces animaux. Koch a représenté de nombreuses espèces.

LES INSECTES DU JARDIN.

Quelque bien ordonné que soit un jardin ; quelque bien rempli qu'il puisse être des fruits les plus délicieux, des fleurs les plus belles, des légumes les plus choisis; quelque parfaites que puissent être les dispositions de ses serres ; quelque nombreux que soient ses appareils, le jardinier perd son temps et il ne peut même pas indiquer la cause de son insuccès, s'il ne connaît pas parfaitement les habitudes des insectes qui habitent son jardin, et s'il ne sait pas ceux qu'il faut protéger et ceux qu'il faut détruire.

J'ai vu bien des fois une planche de melons et de concombres détruite par des insectes qui s'établissent à la surface inférieure des feuilles ; j'ai vu bien des fois toute une récolte dévorée par l'Araignée rouge et bien des fois aussi le Coccus tuer un grand nombre de plantes.

Quelquefois la larve du hanneton ou du charançon tue une plante
en en rongeant les racines ; une larve s'établit quelquefois entre les deux
couches d'une feuille ; d'autres larves mangent les parties molles de la
plante. D'autres fois, enfin, comme les chenilles dévorent la plante
entière.

De grands arbres sont quelquefois détruits par une énorme chenille
qui perfore leur tronc dans toutes les directions ; les larves des bourdons font aussi de grands dommages en dévorant le bois nouvellement
formé des arbres.

En règle générale, les jardiniers attendent trop longtemps avant de
combattre les insectes ; aussi faut-il que le maître examine incessamment son jardin et qu'il appelle l'attention de son jardinier sur le
moindre dommage pour que celui-ci puisse adopter des mesures im-
médiates pour arrêter le mal.

Par desssus tout, le maître et le jardinier doivent savoir quels sont
les insectes qu'il faut détruire et quels sont ceux qu'il faut conserver.
N'a-t-on pas, par exemple, tué comme nuisible la Bête à Dieu, le plus
utile de tous les insectes ; n'a-t-on pas tué aussi l'ichneumon, le grand
ennemi des chenilles, sous le prétexte qu'il était nuisible.

Le nombre des espèces d'insectes qui visitent mon jardin est si considérable qu'il serait impossible de les décrire toutes, en admettant même
que toutes aient été nommées et classées par les entomologistes. Mais,
comme on n'a pas encore fait ce travail pour les insectes de la Grande-
Bretagne, je dois me contenter de donner un aperçu des principaux
groupes, en indiquant ceux qui sont utiles, ceux qui sont nuisibles et
ceux qui constituent un ornement.

HYMÉNOPTÈRES.

Les Hyménoptères sont les premiers insectes sur lesquels je doive
appeler l'attention ; ils sont ailés comme les abeilles, les guêpes et les
ichneumons. L'insecte parfa't a quatre ailes, de fortes mâchoires et un
aiguillon à la queue. Les larves de quelques espèces ressemblent au ver

blanc, celles de la guêpe par exemple ; les larves d'autres espèces res-·
semblent à des chenilles.

Cette classe comprend quelques-uns des insectes les plus utiles,
comme aussi quelques-uns des plus nuisibles qui se trouvent dans un

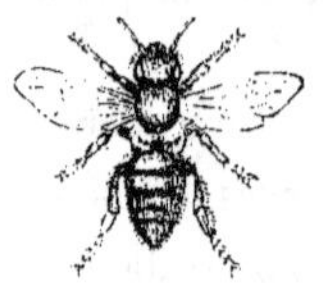

jardin. L'insecte le plus important est sans contredit
l'Abeille à miel (*Apis mellifica,* fig. 1017) qui est immédiatement utile à l'horticulteur, car elle féconde les
fleurs en mettant le pollen des pistils en contact avec
les étamines. Quiconque aime les fruits devrait avoir

Fig. 1017. — Abeille.

quelques ruches, trois ou quatre au moins, dans le but unique de féconder les fleurs et sans penser même au miel qu'elles peuvent lui
rapporter. Le miel fait par mes abeilles a quelquefois un goût si fort de
lavande ou de menthe, qu'on le prendrait presque pour un médicament.

De Candolle a trouvé que le miel de Narbonne doit son parfum particulier à ce que les abeilles des environs se nourrissent de romarin.
Les abeilles aiment tout particulièrement les fleurs alpestres. Les
bruyères leur fournissent aussi beaucoup de miel et les éleveurs
d'abeille dans le Yorkshire portent ordinairement leurs ruches dans les
landes où poussent les bruyères, et les y laissent tant que cette plante
est en fleur.

Le bourdonnement des abeilles produit une sensation agréable sur
le système nerveux de quelques personnes. Je connais un officier de
l'armée, adorateur passionné de la musique qui, quand il était gamin,
était toujours à la recherche des abeilles et en avait ordinairement sur
lui dans un cornet de papier.

Le défaut d'espace m'empêche de discuter l'économie de la ruche.

Dans mon jardin, les abeilles travailleuses tuent les bourdons vers la
troisième semaine du mois d'août. On trouve alors une grande quantité
de cadavres tout autour des ruches.

Les Bourdons (*Bombyx terrestis,* n° 1 ; *Bombyx lucorum,* n° 4,
fig. 1018) nous rendent quelques services. Il est fort intéressant de
leur voir ouvrir la valve de la gueule de loup et entrer dans la fleur.
Curtis prétend que les bourdons endommagent la fleur en la perçant

au lieu d'entrer par l'ouverture; mais bien qu'il y ait dans mon jardin beaucoup de gueules de loup, le fait qu'il indique ne s'est jamais vérifié.

Il y a, dans le voisinage, beaucoup d'abeilles solitaires qui font, dans le sable, des trous où elles déposent leurs œufs.

La Guêpe commune (*Vespa vulgaris*, fig. 1019 *a*) fait constamment des nids dans mon jardin. En 1869, elles ont été probablement attaquées par quelque maladie épidémique, car leur nombre a diminué beaucoup. Les guêpes sont, en somme, des insectes nuisibles, car elles attaquent les pommes à peau tendre, les plus belles pêches, les fruits en espalier, les prunes et les raisins. En outre, elles sont très désagréables, très batailleuses, et j'ai été moi-même piqué par une guêpe sans la moindre provocation de ma part; aussi je détruis le plus grand nombre de guêpes possible en faisant attraper les grosses femelles qui paraissent au commencement du printemps.

Fig. 1018. — Bourdon.

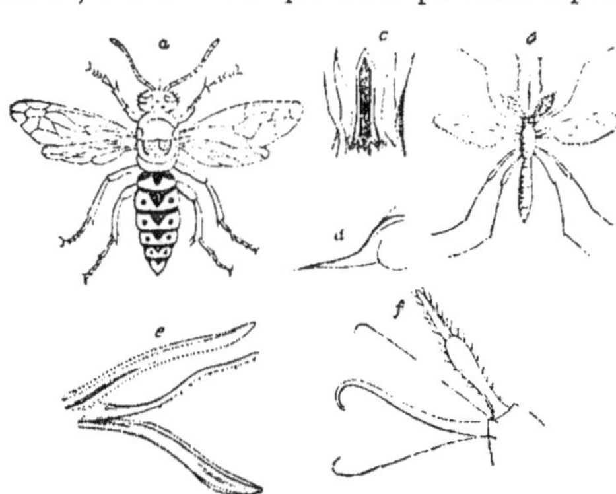

Fig. 1019. — *a*, Guêpe commune: *d*, *e*, *f*, aiguillon; *b*, Cousin; *c*, Dard du cousin.

Quand on découvre un nid de guêpes en juillet ou en août, on le détruit ordinairement en brûlant à l'entrée un mélange de soufre et de poudre; après quoi on peut déterrer le nid qui est plein de larves que l'on donne aux poules ou que l'on emploie comme appas pour la pêche. On peut aussi détruire le nid en versant du goudron dans le trou, car aucune guêpe ne peut plus entrer ou sortir sans se frotter à

cette substance qui la tue immédiatement. On peut aussi les détruire
en plaçant de l'eau sucrée dans une bouteille ; attirées par le sucre, elles
entrent dans la bouteille, mais ne peuvent pas en ressortir ; on peut
enfin empoisonner les guêpes avec un mélange d'arsenic et de sucre,
mais on s'expose en employant ce système à empoisonner en même
temps les animaux domestiques ; aussi vaut-il mieux éviter de se servir
de poison. Les guêpes, si elles sont nuisibles, n'en offrent pas moins
quelque utilité, car elles débarrassent le jardin des matières animales en
décomposition et elles détruisent beaucoup d'insectes nuisibles. Le nid
de la guêpe est très curieux ; il est construit en véritable papier qu'elle
fabrique avec les fibres des arbres. Le nid consiste en une série de
groupes horizontaux de cellules hexagonales disposées en étages, comprenant chacun la hauteur d'une cellule ; l'ouverture de la cellule se
trouve toujours à la base. Le nid de la guêpe forme donc un contraste
frappant avec celui de l'abeille qui est construit en cire au lieu de l'être
en papier et dont les cellules sont disposées verticalement en étages
comprenant l'épaisseur de deux cellules.

Le docteur Ormerod porte le plus grand intérêt aux guêpes qu'il
étudie depuis de longues années. J'ai
fait dessiner un nid de guêpes de sa collection (fig. 1020), au lieu d'en copier
un de la mienne. Feu le docteur Hens-
low, le savant professeur de botanique
à Cambridge, s'occupait beaucoup aussi
de ces insectes et en a envoyé de nombreux spécimens très remarquables au
musée de Kew.

Fig. 1020. — Nid de guêpes.

Les guêpes, comme tous les autres insectes hyménoptères, piquent
avec un appareil placé à la queue (fig. 1019 *d, e, f*), tandis que les
insectes pourvus de deux ailes seulement mordent avec un appareil
qu'ils portent à la bouche (fig. 1019 *c*). Quand quelqu'un est piqué par
une guêpe, le meilleur remède est d'appliquer immédiatement à la
blessure une goutte d'ammoniaque dont l'effet est immédiat ; aussi les
jardiniers doivent-ils, pendant la saison des récoltes, porter toujours

sur eux une bouteille d'ammoniaque qui peut leur servir aussi pour les piqûres d'abeilles et pour les morsures des vipères. Les guêpes attaquent quelquefois les ruches.

On trouve des Frelons dans mon jardin, mais je ne sais pas où leur nid est situé. Les frelons construisent leur nid en étages horizontaux comme les guêpes et ordinairement dans des trous d'arbres. Ils sont plus grands, plus gros, plus lourds et moins batailleurs que les guêpes. Je me rappelle qu'une fois, il y avait un nid de frelons dans le toit d'une maison que j'habitais, cependant personne ne fut jamais piqué; une autre fois, il y en avait un en face de la porte principale de la maison. Le docteur Ormerod raconte qu'une paysanne défendait les frelons, parce que ces insectes débarrassaient de mouches la chambre où elle était obligée de garder le lit. On s'aperçoit immédiatement de la présence d'un frelon dans une chambre, même dans les rues si fréquentées et si bruyantes de Londres, au bourdonnement qui est beaucoup plus fort que celui de la guêpe commune. La fig. 1021

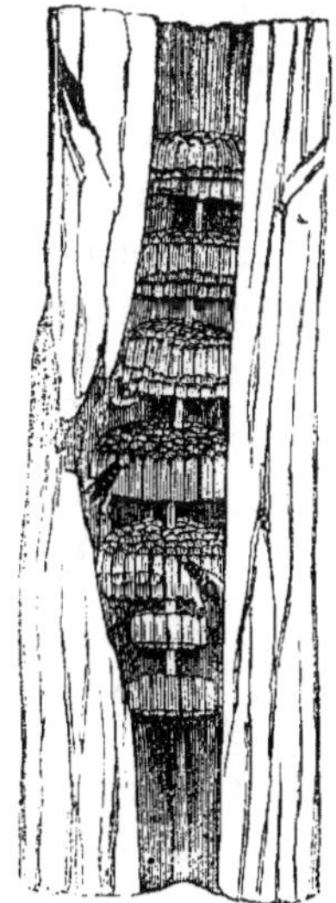

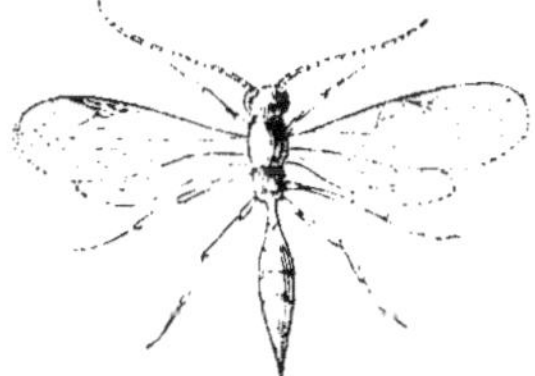

Fig. 1022. — Aphis rapæ (grossi 10 fois en diamètre).

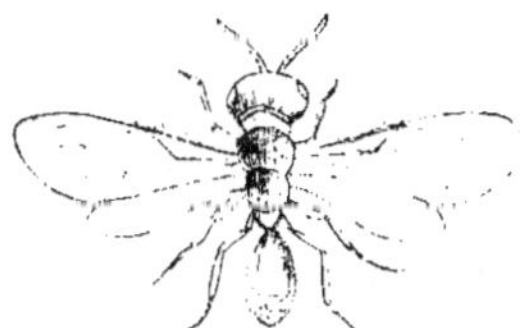

Fig. 1023. — Colax dispar (grossi 10 fois en diamètre).

Fig. 1021.—Nid de Frelons (British Museum).

représente un nid de frelons dont l'original se trouve au British museum et que j'ai emprunté à mon ouvrage, intitulé : *Instinct et Raison*. Les entomologistes donnent au frelon le nom de *Vespa crabro*.

Après les abeilles qui sont si directement utiles à la végétation et les guêpes qui lui sont plus ou moins nuisibles, nous trouvons chez les hyménoptères toute la famille des ichneumons. Ces mouches rendent indirectement de grands services aux jardiniers en détruisant les insectes nuisibles ; les uns sont gros (fig. 1064, n° 5) et déposent leurs œufs dans les plus grosses chenilles; d'autres sont si petits qu'ils peuvent déposer les leurs dans les plus petits pucerons, tel que l'*Aphis rapæ* (fig. 1022). Dans les deux cas, l'œuf éclot et le jeune ichneumon dévore graduellement l'insecte dans lequel il a été déposé et en sort à l'état parfait.

Il y a quelques espèces d'ichneumons qui déposent leurs œufs dans la larve d'autres ichneumons déposés déjà eux-mêmes dans un autre insecte ; c'est là un des phénomènes curieux de la nature. Le *Colax dispar* (fig. 1023) nous offre cet exemple du parasite d'un parasite.

Il est impossible d'exagérer l'importance des ichneumons pour l'horticulteur. Ces insectes ailés déposent leurs œufs les uns dans la chenille, les autres dans la chrysalide; puis ces œufs deviennent larves et dévorent les insectes à l'intérieur desquels ils ont éclos; ce sont donc d'excellents amis du jardinier, car ils détruisent ses ennemis.

Dans mon ouvrage sur la pomme de terre, j'ai constaté qu'il y a une espèce d'insecte hyménoptère qui fait la chasse au puceron et qui s'en empare pour le donner en nourriture à ses jeunes. Le *Pemphredon unicolor* (fig. 1024) est un exemple de cette famille.

Les Mouches-scie constituent un autre groupe d'insectes hyménoptères

Fig. 1024. — Pemphredon unicolor (grossi 3 fois en diamètre).

nuisibles pour le jardin. Leurs larves ressemblent aux chenilles et détruisent les feuilles de bien des plantes. Les larves d'une espèce creusent les troncs des plus grands arbres. Pendant plusieurs années, et surtout en 1871, j'ai eu beaucoup à souffrir des attaques d'une de ces espèces, *Hylotoma rosæ* (fig. 1025). Elles dévorent les feuilles du rosier en

en laissant une membrane. Il y en avait une telle quantité dans quelques
parties du jardin, qu'à la Saint-Jean toutes les feuilles de bien des rosiers étaient détruites. Boisduval dit aussi que le *Tenthredo rosarum*
est très nuisible aux rosiers.

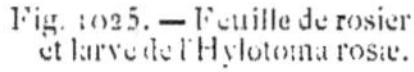

Fig. 1025. — Feuille de rosier
et larve de l'Hylotoma rosæ.

Fig. 1026. — Tenthredo rosarum
(grossi).

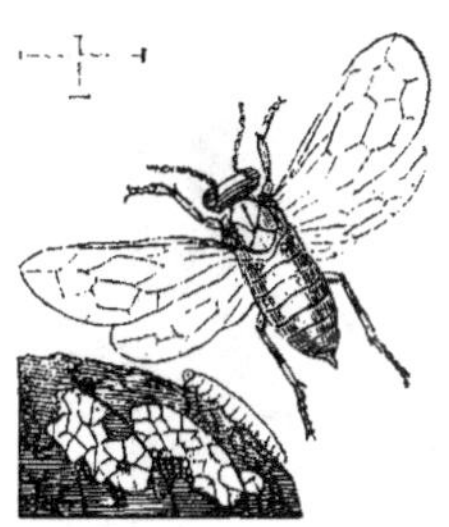

Fig. 1026 *a*. — Mouche du
Poirier.

La larve du genre Sirex (*Sirex juvencus*) a de fortes mâchoires, ce
qui lui permet de percer le tronc des pins ; on en a même vu qui ont
percé des balles de plomb. Je n'ai jamais observé cet insecte dans mon

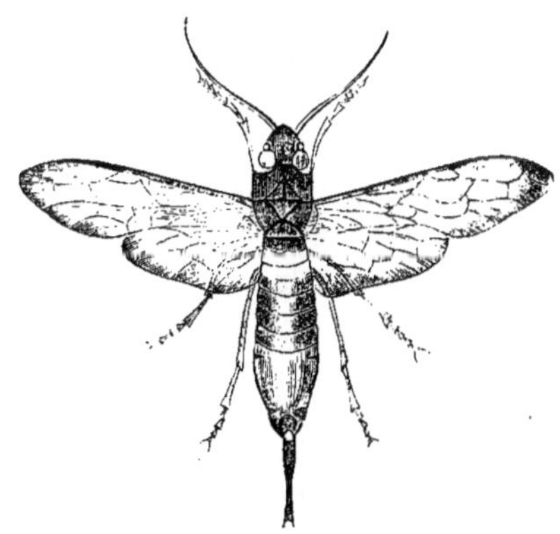

Fig. 1027. — Sirex gigas.

jardin, je sais cependant
qu'il a paru dans les environs et qu'il a fait beaucoup
de dégâts. La fig. 1027 représente un *Sirex gigas,* je
l'ai emprunté à l'excellent
ouvrage de Kölliker. Les
Gall-insectes appartiennent
aussi à la famille des hyménoptères. L'espèce dont la
piqûre développe la noix de
galle (fig. 1028), que l'on

emploie dans la fabrication de l'encre, s'est considérablement répandue
en Angleterre pendant les quinze dernières années ; elle existe dans
mon jardin et fréquente principalement les branches inférieures du
chêne ou les jeunes plants de la même essence. La pomme du chêne
dont se parent encore aujourd'hui quelques personnes le 29 mai, jour
du roi Charles, est aussi produite par la larve d'un autre hyménop-

tère. Les excroissances moussues que l'on remarque sur le rosier (fig.

Fig. 1028. — Noix de Galles
sur le chêne.

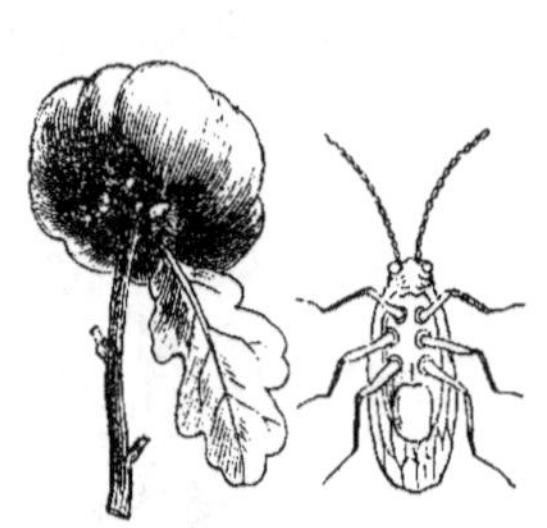

Fig. 1028 a. — Cynips terminalis.

Fig. 1029. — Excrois-
sances moussues sur
le rosier.

1029) sont un autre exemple des piqûres de ces insectes. Toutes ces excroissances sont fort nuisibles à la plante et doivent être immédiament enlevées.

Les Fourmis existent dans mon jardin, mais elles ne me causent ordinairement que peu d'ennui, bien qu'elles s'établissent quelquefois dans les serres. Il y a des espèces de fourmis, et principalement une espèce noire qui accompagne toujours le puceron, car elles se nourrissent du suc que sécrètent ces derniers. Quand les fourmis grimpent sur une plante, on peut être sûr qu'il y a des pucerons. La fourmi noire (fig. 1030) se voit si facilement, c'est un guide si infaillible, que le jardinier ne doit jamais négliger ses avis.

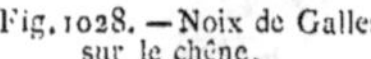

Fig. 1030. — Fourmi noire
grandeur naturelle et am-
plifiée.

LES COLÉOPTÈRES.

Quelques Coléoptères sont utiles à la végétation, d'autres lui sont extrêmement nuisibles. Les coléoptères ont des ailes qui se replient dans une sorte d'étui corné fort épais. Les larves de ces insectes sont des vers ayant six petites pattes ; on peut citer comme exemple le ver blanc. Ces vers sortent d'un œuf, ils se changent eux-mêmes en chrysalide, qui se change à son tour en insecte parfait.

Le plus grand coléoptère qu'il y ait en Angleterre est le Cerf volant (*Lucanus cervus*, planche 24, fig. 8). Un naturaliste, ayant un jour

besoin de quelques spécimens, offrit une récompense de 0 fr. 20 c. à
qui lui en apporterait un ; or,
cet insecte est si commun, et
on lui apporta de telles quantités, qu'il retira immédiatement la récompense qu'il
avait promise. La larve
se nourrit sur le bois qui
commence à pourrir ; cet insecte constitue plutôt un ornement qu'une utilité dans le
jardin.

Un des insectes les plus

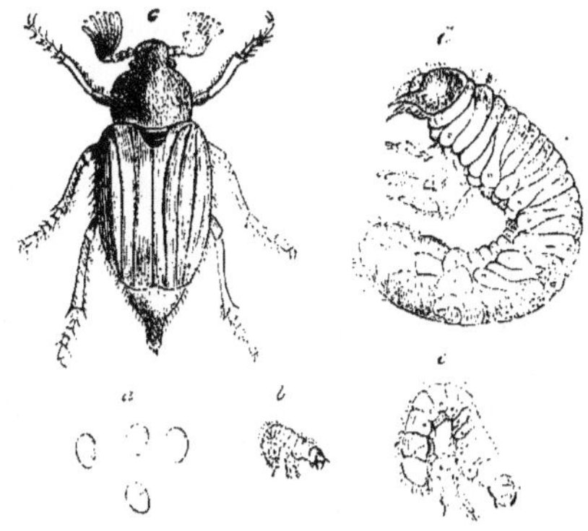

Fig. 1031. — Hanneton : *a*, Œuf ; *b*, *c*, *d*, Larves ;
e, Insecte parfait.

nuisibles du jardin est le Hanneton à l'état de larve et à l'état parfait
(*Melolontha vulgaris*, fig. 1031). A l'état de ver, il mange les racines ;
à l'état ailé ou état parfait, il dévore les feuilles des plantes ; de telle
sorte que, dans les saisons où il y en a beaucoup, le hanneton dévore ce
que le ver blanc a épargné. Cet insecte paraît quelquefois en quantité
si considérable qu'il constitue un véritable fléau, car il détruit toute la
végétation sur son passage. J'ai vu moi-même une pelouse entière dont
les racines avaient été si parfaitement coupées qu'on aurait pu rouler
le gazon absolument comme un tapis ; Kirby et Spence citent des cas
extraordinaires de la voracité du hanneton. On suppose qu'il passe
cinq ans dans le sol avant de revêtir sa forme parfaite.

La petite punaise de juin (*Phyllopertha horticula*) est, comme le
hanneton, commune dans mon jardin et souvent elle exerce beaucoup
de ravages.

Pendant les deux ou trois dernières années, les cultivateurs de
pommes de terre se sont beaucoup émus des ravages d'un coléoptère,
appelé le Scarabée du Colorado (fig. 1031 *a*). Ce scarabée est originaire de la partie occidentale de l'Amérique ; il s'est avancé rapidement
dans la direction du nord-est jusqu'au Canada. Les gouvernements
européens se sont émus à la pensée que cet insecte pourrait pénétrer
en Europe. Toutefois, nos meilleurs naturalistes sont d'avis qu'il est

peu probable que cet insecte pénètre en Angleterre, mais je dois ajouter que les naturalistes du continent ne partagent pas cette opinion. Il faut

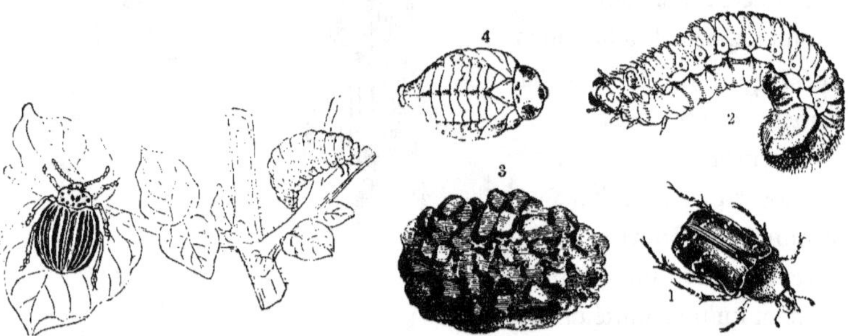

Fig. 1031 a. — Scarabée de la pomme de terre et sa larve.

Fig. 1032. — Cétoine dorée.

se rappeler que, de temps en temps, un insecte se développe de façon extraordinaire et qu'ensuite il disparaît au point de devenir quelquefois très rare. Espérons que ce terrible scarabée disparaîtra de la même façon.

La Cétoine dorée (*Cetonia aurata*, fig. 1032) a des couleurs si brillantes que je ne regarde réellement pas le jardin comme complet si je ne la vois briller au milieu des buissons de roses. Néanmoins cet insecte est presque aussi nuisible pour les plantes que le hanneton, et je n'en tolère jamais qu'une très petite quantité, le n° 1 (fig. 1032) représente l'insecte parfait, le n° 2, le ver qui ressemble à celui du hanneton, le n° 3, le cocon, et le n° 4, la chrysalide.

Il y a aussi dans mon jardin quelques scarabées qui se nourrissent d'excréments et principalement le *Geotrapes stercorarius* ; mais, comme je l'ai déjà fait observer, il se trouve en très petite quantité. Ces scarabées sont assez utiles en ce qu'ils débarrassent le jardin de certaines matières en putréfaction. Ils sont constamment infestés d'une espèce d'acarus.

Je n'ai jamais observé dans mon jardin le ver luisant (*Lampyris noctiluca*), bien que, pendant certaines années, il y en ait beaucoup le soir dans les environs. On peut conserver les vers luisants dans un vase où l'on a placé un peu d'herbe et les observer à loisir; la lumière est produite par les deux derniers segments de la queue; il faut avoir

soin de recouvrir le vase d'un tissu métallique, parce que le ver grimpe
sur l'herbe le soir et pourrait s'échapper.

Les Charançons forment un groupe comprenant un grand nombre
d'espèces qui toutes sont nuisibles au jardin. La larve est un ver charnu
dépourvu de jambes, et l'insecte parfait a une longue trompe. Une
espèce, le *Balaninus nucum* (fig. 1033) est si nombreuse pendant quelques années qu'elle dévore toutes les noisettes. L'insecte dépose son œuf

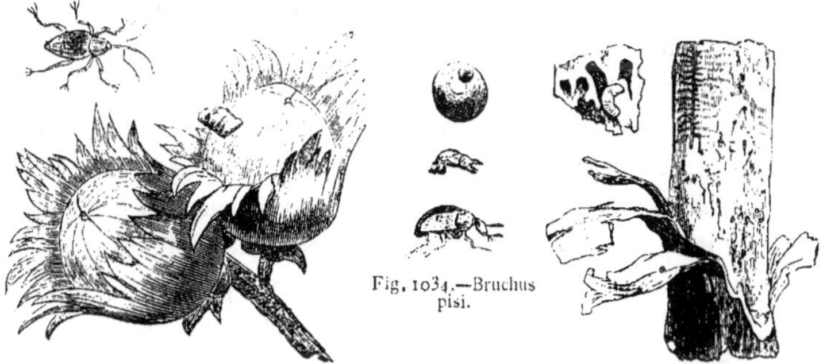

Fig. 1034.—Bruchus
pisi.

Fig. 1033. — Balaninus nucum.

Fig. 1035. — Scolytus destructor.

dans la noisette au moment de sa formation; le ver mange l'amande
et fait un trou dans la coquille pour s'échapper; il se cache pendant
l'hiver et reparaît l'année suivante sous forme d'insecte parfait. La fig.
1033 représente l'insecte parfait et le ver qui perce une coquille.

Un autre charançon, le *Bruchus pisi* (fig. 1034 *a*) détruit les pois.
La larve (*b*) se loge dans le pois et il y a des époques où il est fort difficile de trouver des graines qui ne soient pas attaquées comme on le voit
en (*c*).

L'*Otiorhynchus sulcatus* est un insecte très commun qui a fait de
grands ravages dans les fougères du South Kensington Museum. L'*O.
picipes* attaque, dit-on, les jeunes arbres.

Un autre charançon, le *Scolytus* est peut-être le plus terrible de tous
les insectes. Le *Scolytus destructor* a détruit tous les grands ormes
dans un rayon considérable autour de Londres; la larve de cet insecte
(fig. 1035) vit en quantité considérable sur le cambium au-dessous de
l'écorce.

L'*Anthonomus pomorum* (fig. 1036) a une grande influence sur le produit des pommiers. La larve de cet abominable insecte, que l'on trouve dans presque tous les jardins, dévore au mois de mai les pistils, les étamines et les ovaires des fleurs.

Fig. 1036.
Anthonomus
pomorum.

J'ai senti quelquefois le Scarabée musqué (*Aromia moschata*), mais je n'en ai jamais vu un spécimen dans mon jardin; on a comparé l'odeur que répand cet insecte à un mélange de musc et d'eau de rose. Il y a quelques années, on voyait ces insectes se chauffer par milliers au soleil sur les saules ornant les bords du vieux canal de Croydon, sur l'emplacement duquel le chemin de fer passe aujourd'hui; les insectes ont complétement disparu.

Mon jardin a tout particulièrement souffert des attaques des larves de différentes espèces d'Élatérides. Ces larves fréquentent tout particulièrement les prairies et comme mon jardin en était primitivement une, j'ai eu beaucoup de peine à m'en débarrasser. On croit que ces larves vivent cinq ans sous le sol avant de revêtir la forme d'insecte; pendant tout ce temps elles dévorent les racines des plantes. Les corbeaux leur font une chasse acharnée; j'ai trouvé plus de cent de ces insectes dans le jabot d'un corbeau tué avant cinq heures du matin. Le jardinier les attrape quelquefois en plantant dans le sol des tranches de pommes de terre; les larves attirées par l'odeur se réunissent autour de ces tranches et on peut en détruire ainsi d'assez grandes quantités; il est cependant difficile de s'en débarrasser tout à fait. Il y en a beaucoup d'espèces, toutes sont aussi nuisibles les unes que les autres. Cet insecte, par ses caractères généraux, ressemble à l'insecte à feu des tropiques qui porte dans le thorax deux points lumineux.

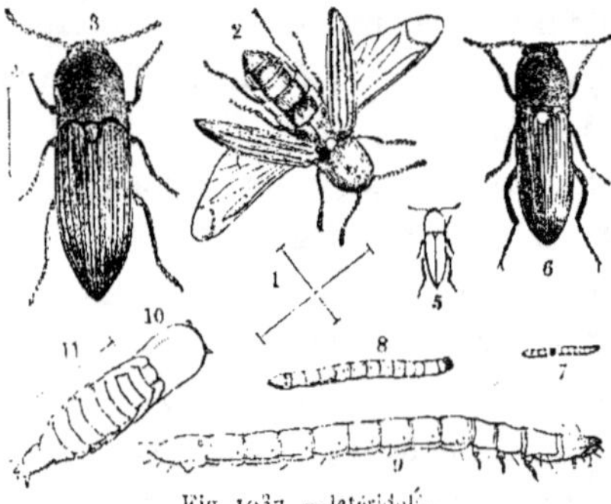

Fig. 1037. — latérides.

MM. Blackie ont bien voulu m'autoriser à emprunter la figure 1037 au grand ouvrage de Curtis, sur les insectes nuisibles aux fermiers. Les n⁰ˢ 7, 8 et 9 représentent le ver dont la forme cylindrique est caractéristique. L'insecte vit, dit-on, dans cet état pendant cinq ans, il prend alors la forme de chrysalide, n° 10; les n⁰ˢ 2, 3, 5 et 6 représentent l'insecte parfait amplifié.

Le Scarabée de l'asperge (*Crioceris asparagi*) exerce souvent de grands ravages dans les plants d'asperges.

Tous les jardins, y compris le mien, sont infestés par un scarabée qui, s'il a une taille fort diminutive, a une immense importance au point de vue des ravages qu'il cause. On l'appelle vulgairement la mouche du navet. Mais les entomologistes le désignent sous le nom de *Altica nemorum* (fig. 1038). Les œufs (n⁰ˢ 4 et 5) sont petits ; le ver (n⁰ˢ 8 et 9) s'établit dans la feuille (n° 7) qui se dessèche et meurt. Au bout de six jours environ, le ver se transforme en une chrysalide (n⁰ˢ 10 et 11) qui, au bout d'environ 15 jours, se transforme à son tour en petit scarabée de la grosseur représentée par les (n⁰ˢ 2 et 3) ; le (n° 1) représente l'insecte amplifié. L'insecte parfait, tout petit qu'il soit, a la faculté remarquable de faire des sauts de 18 pouces au moins. Cet insecte est si

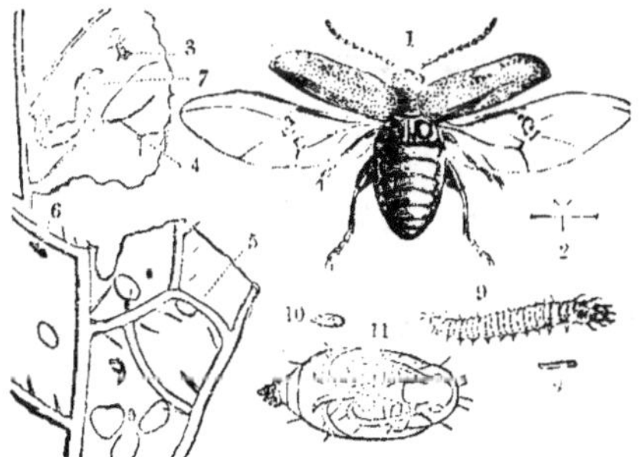

Fig. 1038. — Altica nemorum.

nuisible, que, selon Curtis, les ravages qu'il a faits en une seule année dans le Devonshire seul, peuvent s'estimer à deux millions cinq cent mille francs. Il détruit dans les jardins beaucoup de navets, de choux, de choux-fleurs et autres plantes alliées. On ne connaît pas encore de moyen efficace pour détruire cet insecte. Je n'ai pas étudié par moi-même ces petites créatures, mais je crois qu'un des moyens les plus certains de les combattre, serait de ne planter les graines qu'à une époque où la végétation est très active et de s'arranger de façon à ce que les plantes poussent rapidement.

La figure 1039 représente le *Staphylinus (Ocypus) olens* que l'on appelle vulgairement le cheval du diable. Ces insectes sont très nombreux et beaucoup de personnes en ont une horreur extrême. Ils sont très féroces et cependant ce sont les amis du jardinier, car ils dévorent les perce-oreilles et d'autres insectes analogues. Curtis dit que la larve (fig. 1039, n° 1) est aussi féroce que l'insecte parfait (n° 2) et se nourrit

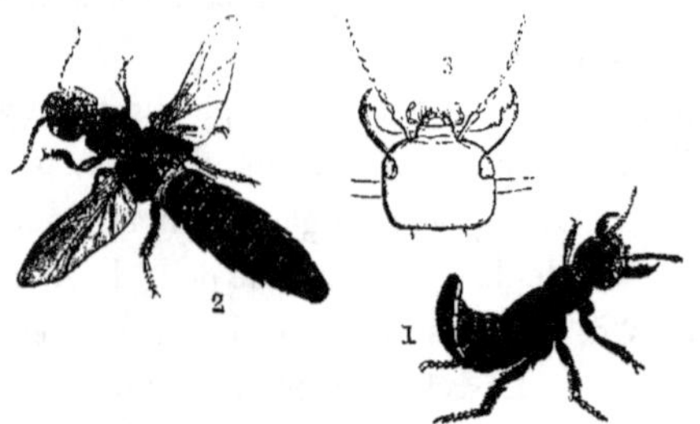
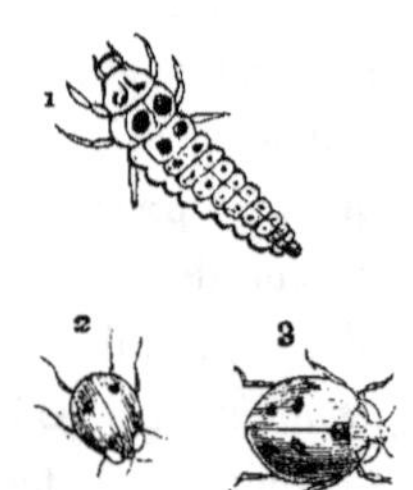

Fig. 1039.— Staphylinus olens (1, larve; 2, insecte parfait; 3, tête amplifiée).

Fig. 1040.—Bête à la Vierge.

entièrement de matières animales. Ce genre comporte en Angleterre sept cents espèces distinctes, il n'y a donc pas lieu de s'étonner que le jardinier ne les connaisse pas toutes.

La Bête à la Vierge (*Coccinellidæ*, fig. 1040) est un des Scarabées qui nous rend le plus de services. Il y en a beaucoup d'espèces qui portent de deux à vingt-deux taches sur l'étui de leurs ailes. La larve (n° 1) et l'insecte ailé (n°s 2 et 3) se nourrissent de pucerons dont ils dévorent d'énormes quantités. Quand la bête à la vierge se multiplie plus rapidement que les pucerons, ce qui est arrivé en 1869, elle les dévore tous, puis émigre dans d'autres régions. C'est là, sans doute, l'origine de ces grandes migrations qui se reproduisent périodiquement. Chaque fois que je rencontre un de ces insectes, je le place dans une de mes serres où il me rend beaucoup de services ; la rapidité avec laquelle il débarrasse les plantes de leurs pucerons est véritablement étonnante ; je les recherche surtout au commencement du printemps.

Les ruisseaux de mon jardin contiennent un grand nombre de Scabarées aquatiques. Le *Dysticus marginalis*, grand insecte aquatique qui abonde dans les étangs, ne paraît pas exister dans mon jardin ; dans tous les cas, je ne l'y ai jamais vu. Il y a, par contre, de nombreux scarabées plus petits ; il suffit, pour en trouver, de retourner une pierre dans la rivière. Je crois qu'ils n'ont aucune importance pour le jardinier.

LES ORTHOPTÈRES.

Les Orthoptères comprennent les Blattes, les Grillons et les Saute-relles. Les orthoptères ont de grandes mâchoires, deux ailes supérieures opaques et deux ailes minces plus grandes. La larve, comme celle de la blatte ordinaire, n'a pas d'ailes. Tous ces insectes sont nuisibles.

La Blatte (*Blatta orientalis*, fig. 1041) est un insecte tropical ; elle affectionne tout particulièrement la température élevée de nos serres.

On ne connaît guère cet insecte qu'à l'état de larve ; quand ses ailes sont com-plétement développées, il est loin d'être aussi laid qu'on le croit ordinaire-ment. La blatte se cache

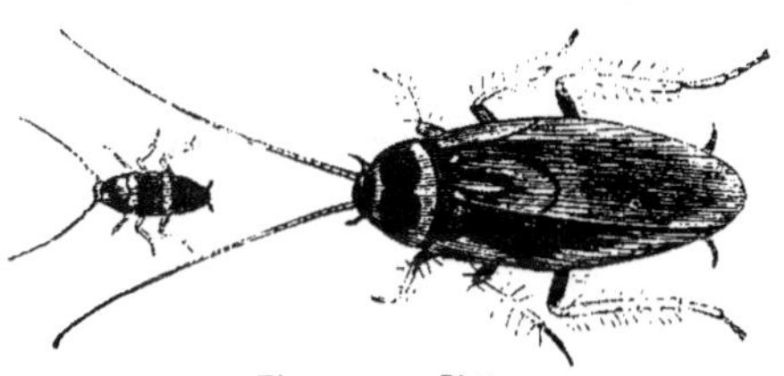

Fig. 1041. — Blatte.

ordinairement pendant le jour et sort la nuit pour dévorer ce qu'elle trouve ; elle aime principalement les tiges délicates et les racines fraîches des orchidées. On peut empoisonner les blattes avec un mé-lange de farine et de sels de plomb, mais je n'aime guère ce système, et je préfère, quand elles abondent, me procurer des crapauds qui leur font une chasse très active.

Le Grillon-taupe (*Gryllo-talpa vulgaris*) est un insecte extraordi-naire, commun dans le Hampshire. Il a de puissantes pattes antérieures ressemblant à celles de la taupe et au moyen desquelles il creuse le sol. On en a trouvé un seul spécimen dans les environs de mon jardin ; je m'en suis procuré quelques-uns que j'ai placés dans un champ voisin pour les observer ; mais ils ne paraissent pas s'y être reproduits.

Le Grillon fréquente nos serres où il fait entendre son interminable chanson que quelques personnes aiment beaucoup, mais qui est peu agréable pour l'horticulteur qui sait qu'après la chanson vient le souper

et que le grillon choisit toujours les parties les plus tendres des plus
belles plantes. Aussi le grillon du foyer peut être fort agréable, mais
il faut combattre à tout prix le grillon de la serre. On peut empoisonner les grillons comme les blattes ou mieux encore les faire dévorer
par les crapauds. Les grillons affectionnent les parties les plus chaudes
de la serre, de même qu'ils habitent ordinairement les crevasses du
foyer dans la cuisine.

Les Sauterelles sont un insecte terrible pour le fermier ; il y en a peu
dans mon jardin. On en connaît une vingtaine d'espèces qui sont
toutes nuisibles.

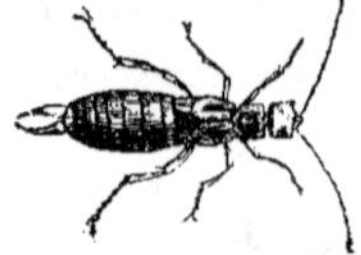

Le Perce-oreille (*Forficula auricularis*, fig.
1042) est un autre insecte nuisible. Il se cache
pendant la journée et sort la nuit pour dévorer
les fruits et les parties les plus tendres des fleurs.
On peut attraper les perce-oreilles en semant çà et
là des pommes de terre évidées dans lesquelles ils cherchent à se cacher.

Fig. 1042 — Perce-oreille.

LES HÉMIPTÈRES.

Quelques auteurs divisent le quatrième ordre des insectes en Hémiptères et en Homoptères ; cet ordre comprend les pucerons et les
punaises poudreuses. Ces insectes sont pourvus d'un bec corné qui
leur permet de sucer et à l'état parfait ils ont quatre ailes magnifiques.
La larve ressemble tout à fait à l'insecte parfait avec cette seule différence qu'elle n'a pas d'ailes. L'ordre tout entier fait la terreur du jardinier, car ces insectes vivent aux dépens de ses plantes et son succès
dépend de la promptitude qu'il met à détruire ces horribles animaux.

Le *Lygus solani* (fig. 1043, n° 1 grandeur naturelle, 2 et 3 amplifié)
vit sur la feuille de la pomme de terre ; le *Lygus umbellatarum* (fig.
1043, n°s 4 et 5 grandeur naturelle, n° 6 amplifié) vit sur les Om-
bellées.

Le *Pentatoma oleaceum* (fig. 1044) est un autre insecte destructeur
que l'on remarque souvent sur les légumes.

La famille des Pucerons est terrible pour le jardinier. Les uns vivent sur les feuilles des plantes et en extraient le suc; d'autres, comme le

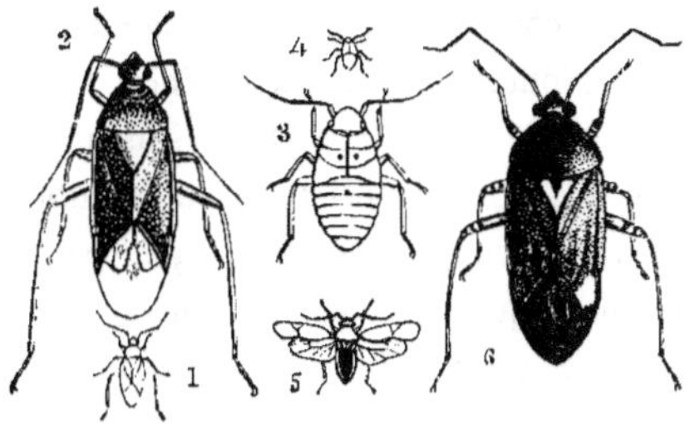

Fig. 1043. — Lygus solani et Lygus umbellatarum.

Fig 1044. — Penta-
toma oleaceum.

puceron du chêne, vivent sur le tronc des arbres qu'ils transpercent;
d'autres vivent au sommet des jeunes rameaux comme le puceron de
la rose; d'autres enfin vivent sous terre et sucent les racines des plantes
comme, par exemple, une espèce qui attaque la laitue. Quand les pucerons attaquent une plante, les racines de cette dernière se pourrissent ordinairement; j'ai même vu de grands saules pourrir et finir
par mourir après avoir été attaqués par les pucerons. Les jardiniers
perdent ordinairement trop de temps avant de s'occuper de cet insecte;
dès que les pucerons paraissent, on devrait employer la fumée de tabac
pour s'en débarrasser. Les plants de melons et de concombres suc-
combent souvent aux attaques de ces insectes qui se logent sous les
feuilles et que, par conséquent, on n'aperçoit pas.

Le puceron existe sous trois états: la larve, la chrysalide et l'insecte
ailé ou insecte parfait. Il se multiplie avec une extrême rapidité et à
l'état ailé il se présente souvent en véritables nuées qui remplissent l'air
et se posent sur tout ce qui se trouve sur leur chemin. Quelques-uns déposent leurs œufs à la fin de l'année; pour m'assurer que c'étaient des
œufs de pucerons, je les ai fait éclore dans une serre. Fait remarquable,
les femelles pondent des quantités considérables d'œufs sans avoir
besoin d'être imprégnées, et bien que j'aie observé des milliers d'*Aphis
vastator*, je n'ai jamais vu ni un œuf, ni un mâle. Quand nous voulons
penser à un nombre qui dépasse l'intelligence, nous avons l'habitude
de nous adresser à l'astronomie, mais la multiplication des pucerons
nous fournit peut-être un exemple plus extraordinaire encore. Un seul

puceron produit environ dix pucerons tous les dix jours et chacun de
ceux-ci en produit aussi dix ; par conséquent, pour représenter le
nombre des descendants d'un seul puceron pendant l'espace d'une
année, il faudrait un nombre composé de 36 chiffres. Or, on sait que la
distance en kilomètres de la terre au soleil s'exprime par un nombre
qui ne comporte que dix chiffres, on peut par là se faire une petite
idée de la puissance de multiplication que possèdent les pucerons et
se rendre compte dans une certaine mesure du fait que, dès qu'ils
paraissent, ils peuvent recouvrir tous les végétaux d'une région. J'ai
dans ma collection environ 150 espèces de pucerons et j'ai trouvé une
même espèce sur plus de soixante plantes différentes. Koch, dans son
ouvrage, représente 396 espèces ; Boisduval en a observé 163. Il y a
cependant beaucoup de confusion quant aux noms de beaucoup de ces
espèces.

L'espèce que j'ai nommée *Aphis vastator* a reçu de M. Curtis le
nom de *A. rapæ* ; or, M. Curtis et moi, nous pensons que c'est la
même espèce. Quelques savants entomologistes l'ont appelée, mais à
tort, je crois, *A. rumicis* ; quelques autres l'appellent aujourd'hui *A.
dianthi*. La figure 1045 représente un de mes spécimens qui a été

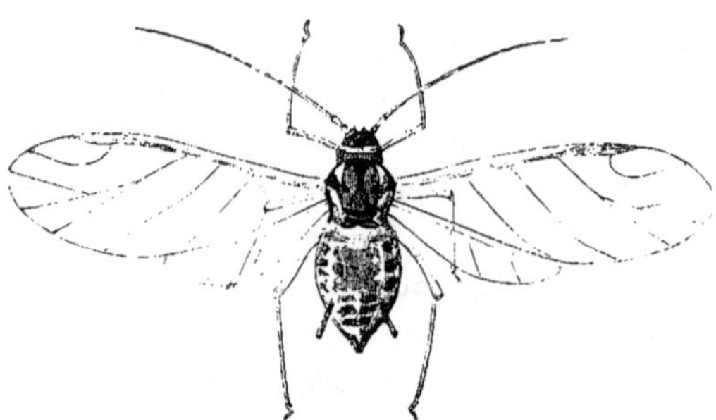

Fig. 1045. — Aphis vastator (considérablement grossi).

dessiné en 1850. La figure 1046 représente l'*A. dianthi* à l'état de
larve, d'après un dessin qu'a bien voulu faire pour moi M. Buckton,
et la figure 1047 représente l'*A. rapæ* de Curtis (n° 5, insecte ailé ; n° 7,
la larve, et n° 8, grandeur naturelle). J'ai aussi représenté l'*A. floris*

rapæ de Curtis (fig. 1047, n° 1, insecte ailé; n° 3, la larve; n° 4, grandeur naturelle).

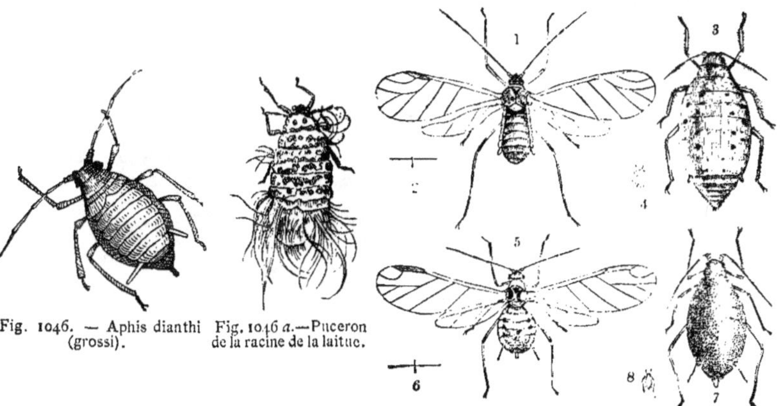

Fig. 1046. — Aphis dianthi (grossi).

Fig. 1046 *a*.—Puceron de la racine de la laitue.

Fig. 1047. — Aphis rapæ et A. floris rapæ (Curtis).

L'*Aphis västator* attaque un grand nombre de plantes et est un des plus terribles ennemis que le jardinier puisse avoir. Il se place sur le côté inférieur des feuilles et j'ai compté plus de cent de ces insectes sur la petite feuille d'une pomme de terre (fig. 1048).

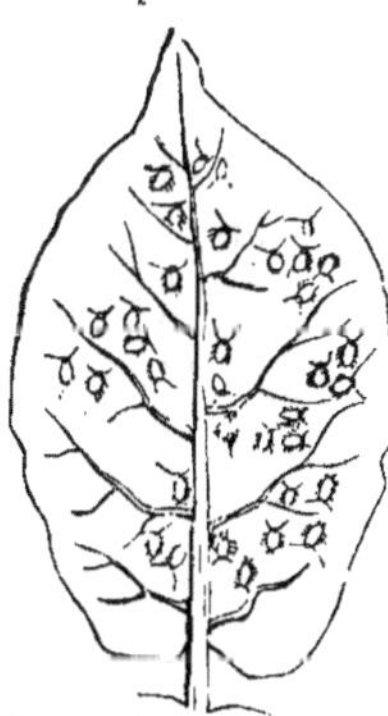

Fig. 1048. — Puceron sur une feuille de pomme de terre (grandeur naturelle).

Le puceron noir (*A. rumicis*, fig. 1049) est considéré par quelques entomologistes comme l'*A. fabæ* ou puceron de la fève. Il vit sur les tiges de la fève auprès du sommet et on a l'habitude de couper ces sommets de façon à détruire ces insectes.

Fig. 1049 — Puceron noir (grossi).

Nos pruniers souffrent beaucoup du puceron de la prune (*Hyalopteris pruni*, fig. 1050). La surface inférieure des feuilles est quelquefois si complétement recouverte par ces insectes qu'il est impossible de passer entre eux la pointe d'une aiguille. Ces pucerons ont une cou

leur vert tendre toute particulière et malheureusement il se passe bien
peu d'années pendant lesquelles ils n'attaquent pas mes arbres.

Le puceron du pois (*Siphonophora pisi*, fig. 1051) attaque quelque-

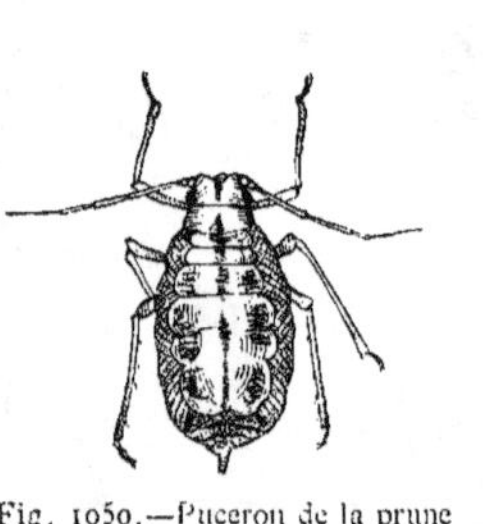

Fig. 1050.—Puceron de la prune
(grossi).

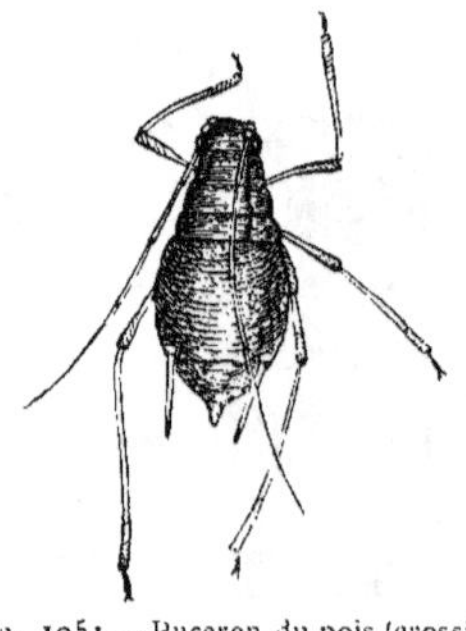

Fig. 1051.—Puceron du pois (grossi).

Fig. 1052.—Puceron amé-
ricain (grossi).

fois, mais rarement, mes pois; j'en ai vu parfois des quantités
considérables et je me rappelle une année où une immense nuée de
ces pucerons est venue s'établir dans toutes les cours de la Banque
d'Angleterre. C'est une belle espèce grosse, ayant des pattes et des
antennes très longues.

Un des pucerons les plus remarquables est le Puceron américain
Schizoneura lanuginosa, fig. 1052) qui attaque deux ou trois espèces
de ma grande collection de pommiers. Ce puceron vit sur la tige des
pommiers; quand on l'écrase, il tache le linge comme la cochenille.
C'est là, d'ailleurs, un de mes vieux souvenirs d'enfance, car je me rappelle avoir encouru la colère de ma bonne, parce que j'avais taché mon
tablier avec le sang de ce puceron. On suppose qu'il est originaire
d'Amérique; Harris pense, au contraire, qu'il a été introduit en Amérique sur des arbres fruitiers venant d'Europe. On dit qu'il vit sur les
racines aussi bien que sur les troncs des arbres, mais je n'ai pas été à
même de vérifier ce fait. Il fait le plus grand tort aux arbres.

Pendant quelques années, en 1871, par exemple, les groseillers des
environs de Londres ont été attaqués par le puceron du groseiller,
qui se place sur le côté inférieur des feuilles et qui les fait se rider
(fig. 1053). En 1872, une seconde espèce a attaqué le sommet des

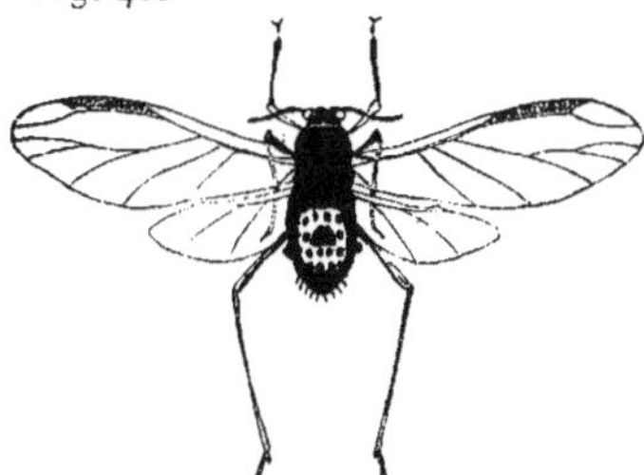

1. Lachnus Saligna
(Insecte parfait)

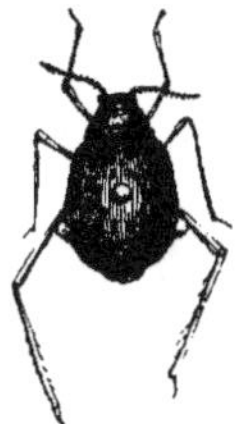

2. Lachnus Saligna
(larve)

3. Grand Puceron du Saule (Lachnus Saligna) sur une branche

4. Saules tués par les Pucerons et les Champignons

jeunes rameaux du groseiller, ce qui a fait périr beaucoup d'arbres.

Fig. 1053.—Feuille de groseiller attaquée par les pucerons.

Quelquefois, la laitue est détruite par un puceron qui attaque les racines (*Ancyla fuscicornis*, fig. 1046 a). Fréquemment les feuilles de carottes sont attaquées par une espèce qu'il est assez difficile de découvrir. Les courges ont été attaquées pour la première fois dans mon jardin en 1871. Les pucerons se sont placés à la partie inférieure de la feuille ; les melons et les concombres, comme je l'ai déjà dit, sont presque toujours attaqués par ces insectes. Quelquefois, les pucerons attaquent aussi les choux, mais dans mon jardin, je n'ai pas eu beaucoup à souffrir de ce chef. J'ai observé aussi des betteraves attaquées par les pucerons. Ces petits insectes semblent d'ailleurs attaquer tout ce qui est végétation ; il y a un puceron particulier pour les graminées ; il y en a un autre pour les rosiers, qui dévore leurs jeunes pousses ; il y en a un autre pour le chèvrefeuille, qui est quelquefois si rudement attaqué qu'il change absolument d'aspect ; il y en a un autre qui attaque le lierre. Comme je l'ai déjà dit, le pommier est attaqué par le puceron américain, et, en outre, une espèce entièrement différente vient quelquefois dévorer les feuilles de cet arbre. Les tilleuls et les hêtres sont presque toujours couverts de milliers de pucerons. J'ai perdu deux ou trois grands saules qui ont succombé aux attaques d'une très grosse espèce que M. Buckton a reconnue pour le *Lachnus Saligna* (planche 23, fig. 1-3), bien que ce puisse être l'*A. Salicis* de Curtis, mais non pas de Walker ou de Linnée. Plusieurs espèces visitent le chêne, et principalement une variété à longue trompe (fig. 1054), qui se tient dans les crevasses de l'écorce. Il y a une grosse espèce qui se pose sur les feuilles du sycomore, et dont la piqûre produit un champignon noir.

Fig. 1054. — Aphis quercus, grossi.

Je pourrais citer beaucoup d'autres exemples ; mais j'en ai dit assez pour montrer combien ces créatures sont formidables, à cause des nombreuses variétés de plantes qu'elles attaquent, et des immenses multitudes qui se posent sur une seule plante. Il est fort à désirer qu'on dessine tous ces pucerons, et je suis heureux d'apprendre que M. Buckton a entrepris cette tâche; le crayon, en effet, peut montrer ce que la plume ne peut décrire, et il est important que l'on connaisse tous ces animaux.

Le coccus est très voisin du puceron et produit des dégâts aussi considérables ; la cochenille peut servir de type à cette famille qui se place ordinairement sur les cactus et sur les plantes de serre et qui détruit bien vite toute une collection si on lui permet de se multiplier.

Comme les pucerons, ils sont armés d'une trompe qui leur permet de percer la peau de la plante et d'en sucer le suc. Il y en a beaucoup de variétés différentes qui toutes sont également destructives. La vigne est souvent attaquée par le *Coccus vitis* (fig. 1054 *a*) ; l'oranger par le *C. hesperidum*, et il faut une attention perpétuelle si l'on veut sauver ces arbres. Le *C. Bromeliæ* (fig. 1054 *b*) attaque l'ananas ; le *C. adonidum* (fig. 1055) attaque toutes les plantes de la serre. Il y a un

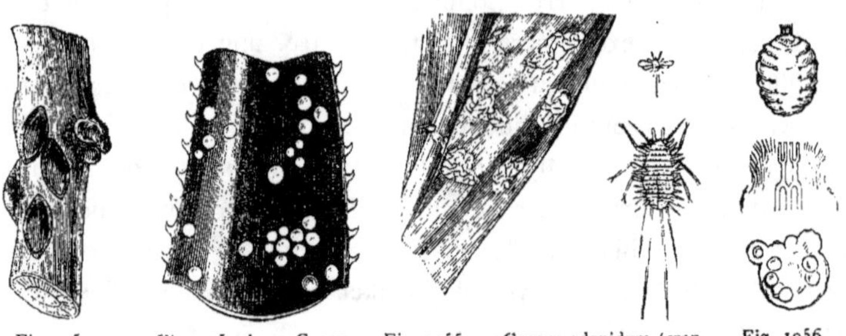

Fig. 1054 *a*.
Coccus vitis.

Fig. 1054 *b*. — Coccus Bromeliæ.

Fig. 1055. — Coccus adonidum (grandeur naturelle et grossi).

Fig. 1056.
Coccus du citron (grossi).

groupe de ces insectes qui vivent sous une espèce de bouclier comme l'*Aspidiotus nerii* ou parasite du laurier rose. En 1871, une grande partie des citrons importés à Londres étaient couverts de taches vertes, comme si certaines parties du fruit n'avaient pas tout à fait mûri. Au centre de chacune de ces taches se trouvait une pellicule blanche sous aquelle habitait un coccus (fig. 1056). Les citrons attaqués étaient si amers qu'on ne pouvait s'en servir. Le meilleur moyen de se débarrasser de ces insectes est de laver la plante.

Pendant ces quelques dernières années, un insecte terrible allié aux pucerons et aux coccus a attaqué la vigne, c'est le *Phylloxera*. Originaire d'Amérique, il a passé de là en Irlande, s'est montré dans le voisinage de Londres, et menace de faire en France les ravages les plus épouvantables. Il se présente sous deux formes : l'une qui attaque les tiges et les feuilles ; l'autre, qui attaque les racines (planche 24, fig. 1-7). Jusqu'à présent, je n'ai pas vu cet animal.

Les Thrips sont une autre famille d'insectes hémiptères qui causent de grands ravages, à cause de leur quantité innombrable. M. Haliday les a tout particulièrement étudiés, et a publié ses observations dans l'*Entomological Magazine*. Il paraît y avoir un grand nombre d'espèces, car il les a divisés en seize genres. Dans mon jardin, ils attaquent bien vite les fougères que l'on conserve dans une atmosphère trop

Fig. 1057. — Larve de Thrips, grossie.

Fig. 1058. — Thrips ailé, grossi.

chaude. La fumée du tabac semble les tuer, mais le meilleur remède est, sans contredit, de placer la plante en plein air pendant l'été. La fig. 1057 représente la larve de cet insecte, et la fig. 1058, l'insecte parfait pourvu de ses ailes.

LES NÉVROPTÈRES.

Le cinquième ordre, les Névroptères, comprend les Libellules et les Demoiselles. Ces insectes ont des mâchoires, quatre ailes et pas d'aiguillon. La plupart des insectes compris dans cet ordre sont utiles aux jardiniers ; d'autres servent de proie à nos truites. On ne voit dans mon jardin que quelques demoiselles, surtout si on les compare au nombre que l'on rencontre dans la forêt d'Epping. Il est extrêmement intéressant de les observer quand elles chassent les mouches. Quand elles sont fatiguées, elles se reposent sur le sommet d'une branche où elles passent la nuit. Ces insectes sont très voraces et dévorent une grande quantité de mouches.

Il y a fort peu de petites demoiselles vertes dans mon jardin; néanmoins, j'en ai vu tous les ans auprès du lac.

La *Chrysopa perla* (fig. 1059) est une belle créature aux ailes vertes et aux yeux brillants ; elle rend de véritables services au jardinier, car

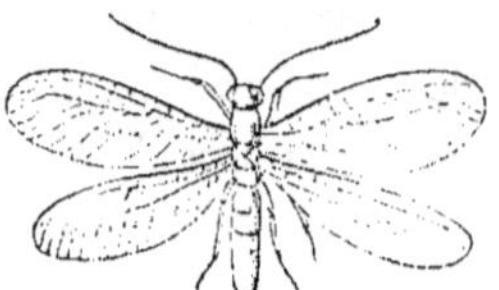

Fig. 1059. — Chrysopa perla.

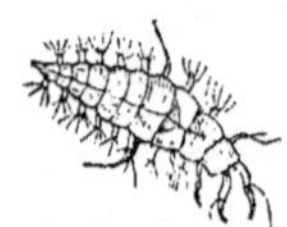

Fig. 1060. — Larve de la C. perla.

elle dévore des quantités innombrables de pucerons. On trouve la larve de cet insecte (fig. 1060) sur presque toutes les feuilles couvertes de pucerons.

Un sous-ordre de Névroptères, qui a reçu le nom de tricoptère, contient des insectes fort utiles, en ce sens qu'ils servent de proie à la truite. A l'état de larve (fig. 1060 *a*), ils vivent dans l'eau et on les

Fig. 1060 *a*. — Ver de paille (larve).

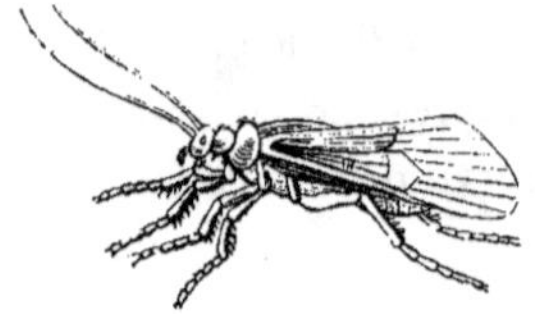

Fig. 1060 *b*. — Ver de paille (insecte parfait).

appelle alors vers de paille; à l'état parfait (fig. 1060 *b*), ils sont pourvus d'ailes. Ils sont très recherchés par les truites dans les deux états. A l'état de larve, ils habitent une jolie demeure qu'ils construisent avec de petits morceaux de bois, des coquillages, d'autres matières choisies avec soin, selon la force du courant où ils habitent.

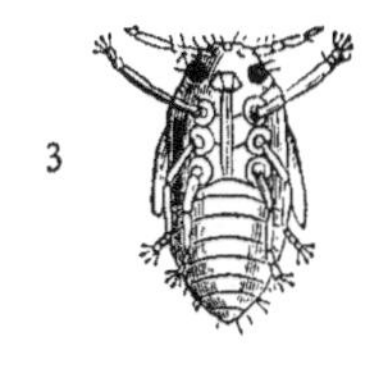

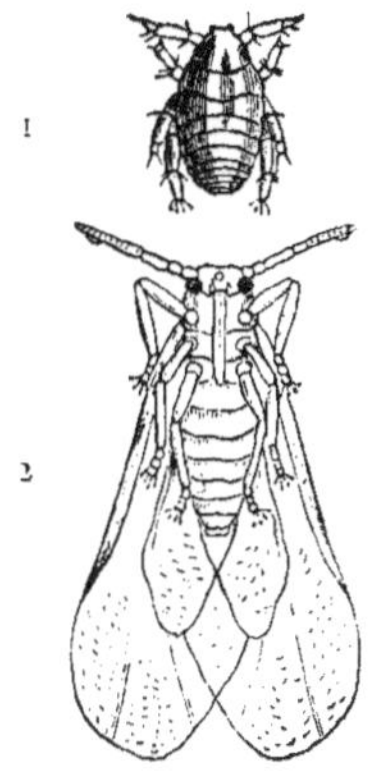

3. Phylloxera, larve (grossi).
4. — chrysalide (grossi).

1. Phylloxera, larve (grossi).
2. » insecte ailé (grossi).

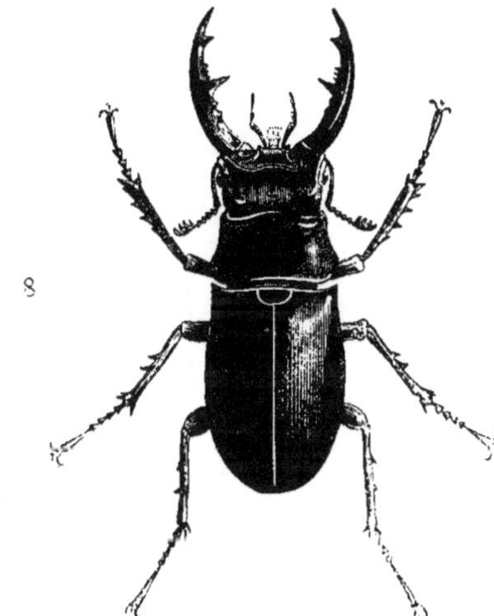

5. Racine de vigne attaquée
par le Phylloxera.

6. Feuille de vigne couverte de poches contenant
les insectes.
7. Phylloxera sur la feuille.

8. Cerf volant.

9. Phalène. Tête de mort.

Ma fille éprouva tant d'intérêt à voir ces petites créatures dans leurs étranges demeures, circuler au fond des petits ruisseaux, que j'en fis prendre un assez grand nombre pour les étudier avec plus de soin. On expulsa les vers de leurs demeures et chacun d'eux fut placé dans un bocal plein d'eau avec les matériaux nécessaires à la construction de sa maison. Tous se mirent immédiatement à l'ouvrage pour se construire une nouvelle demeure (fig. 1061).

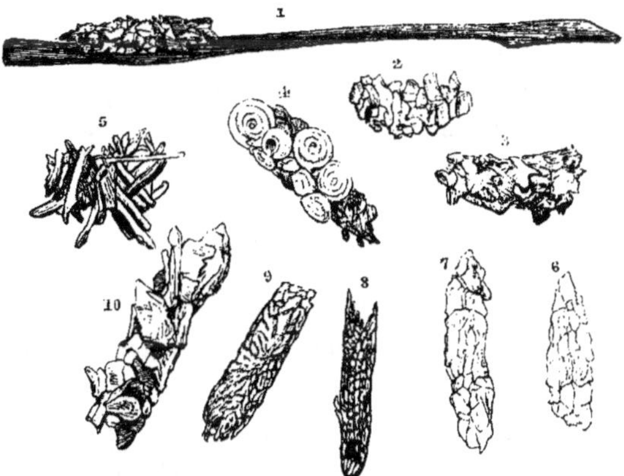

Fig. 1061. — Demeures des vers de paille.

En mettant à la disposition de chaque ver une seule espèce de matériaux, ma fille les empêcha de faire un choix et les força ainsi à construire des maisons avec une variété considérable d'objets. Ainsi, par exemple, elle obtint de charmantes maisons faites avec des fragments de verre coloré, d'améthyste, d'agate, d'onyx, de corail, de marbre, de coquillages et d'écaille. Les petits animaux auxquels elle donna des morceaux de cuivre, ou de la feuille d'or ou d'argent, semblaient fort étonnés et ne savaient guère que faire, et, dans ces derniers cas, ils ne produisirent que des maisons très irrégulières. Avec du corail, ma fille obtint une charmante maison ressemblant à une petite corbeille. Les vers ne purent se servir ni de morceaux d'ardoises, ni de morceaux de charbon, ni de briques, ni de cuivre, ni de plomb. Si on leur donne du bois résineux, ils meurent immédiatement.

A une antique période géologique, ces vers étaient si communs que
l'on trouve en France des collines entières composées des restes de

Fig. 1062. — Demeure de vers de paille fossiles.

Fig. 1063. — Demeure de vers de paille.

leurs demeures (fig. 1062). L'insecte ailé voltige toujours au-dessus
de l'eau, et se repose souvent à la surface. Il est remarquable toutefois,
bien que nous ayons un grand nombre de ces mouches, qu'elles ne
fréquentent jamais la rivière Wandle.

LES LÉPIDOPTÈRES.

Le sixième groupe comprend les insectes couverts d'écailles et ailés,
tels que les papillons et les phalènes. L'insecte parfait a quatre
ailes recouvertes des écailles les plus brillantes disposées comme les
ardoises qui forment le toit d'une maison. Les larves affectent la forme
de chenilles; ces dernières
ont six pattes, outre quatre
pattes rudimentaires. A l'é-
tat parfait, les insectes compris dans cet ordre sont extrêmement beaux et rendent
probablement de grands services au jardinier en fécon-
dant ses fleurs; mais à l'état
de larve ou de chenille, ils
sont tous plus ou moins nuisibles dans le jardin.

Ainsi, par exemple, la
chenille du papillon blanc

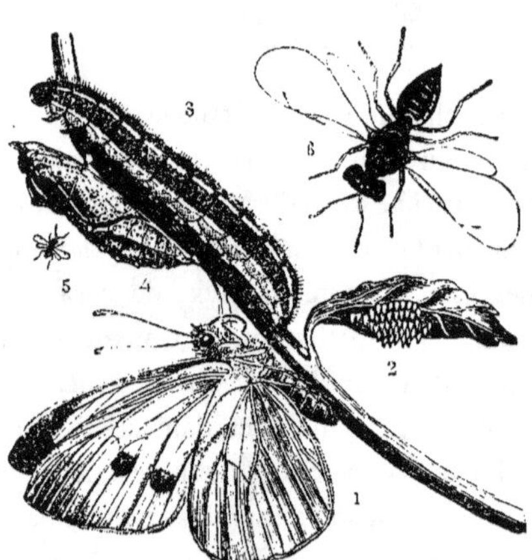

Fig. 1064. — Pieris brassicæ et Pteromalus brassicæ.

Pieris brassicæ) et celle du Pieris napi qui vivent sur les choux et les choux-fleurs et qu'on nous sert même quelquefois à table avec ces légumes, font de grands ravages dans les jardins. La femelle du *Pieris brassicæ* (fig. 1064, n 1) a deux grandes taches sur ses ailes supérieures. Elle dépose ses œufs (n°2) sur différentes plantes crucifères ainsi que sur les navets et sur le raifort. Le radis, le cresson et surtout le chou sont la proie de la chenille (n° 3) qui atteint une longueur d'un pouce et demi. Puis la chenille se transforme en chrysalide (n° 4) que l'on trouve fixée par un fil à des branches ou à des palissades. Curtis affirme qu'un petit insecte hyménoptère, le *Pteromalus brassicæ* attaque la chrysalide; j'ai représenté cet insecte de grandeur naturelle (fig. 1064, n° 5, et grossi, n° 6). Les insectes hyménoptères ont une grande importance en ce qu'ils détruisent les chenilles dans les jardins.

Le Papillon de l'Aubépine (*Pieris cratægi*) visite quelquefois les jardins, et, selon Boisduval, cause de temps en temps de grands ravages dans toutes les parties de l'Europe; je ne saurais dire s'il a jamais visité mon jardin, car je ne l'ai jamais observé. La chenille du grand papillon écaille vit, dit-on, sur les cerisiers et sur les pruniers, et quelquefois dépouille entièrement ces arbres de leurs feuilles.

> « Là, tout papillon a des roses;
> Tout corps laissé des tapis verts;
> Toute abeille a des fleurs écloses:
> Et tout zéphire, des concerts. »
> JULES CANONGE.

Nous avons quelquefois beaucoup à souffrir des attaques du *Cossus ligniperda* ou *Cossus Gâtebois*. La chenille (fig. 1065) est un animal

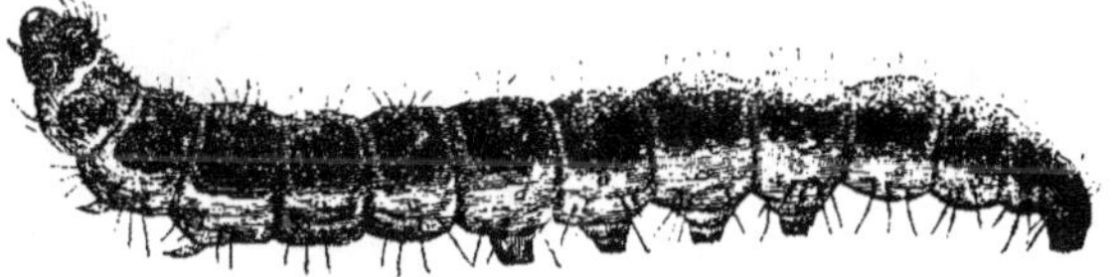

Fig. 1065. — Chenille du Cossus ligniperda.

véritablement formidable; elle a une paire de mâchoires si puissantes qu'elle peut attaquer les arbres les plus durs. Elle se nourrit des fibres ligneuses et affectionne tout particulièrement le saule ; mais elle ne s'en tient pas à cet arbre, car j'ai vu des cerisiers et des pommiers détruits par elle. On peut reconnaître sa présence à une odeur désagréable et à une espèce toute particulière de sciure de bois que l'on voit sortir du tronc de l'arbre. Il y a quelque temps, je me suis aperçu qu'un de mes plus beaux pommiers était attaqué par cette chenille. Je creusai immédiatement dans le tronc pour l'en expulser et je trouvai que la galerie qu'elle s'était creusée pénétrait jusqu'au cœur de l'arbre. Le papillon produit par cette chenille est extrêmement grand, car il mesure trois pouces d'une extrémité d'une aile à l'autre ; il est si gras qu'il graisse le papier de la boîte dans laquelle on l'enferme. La figure 1066 représente une partie du tronc d'un pommier qui a été littéralement transpercé par ces chenilles.

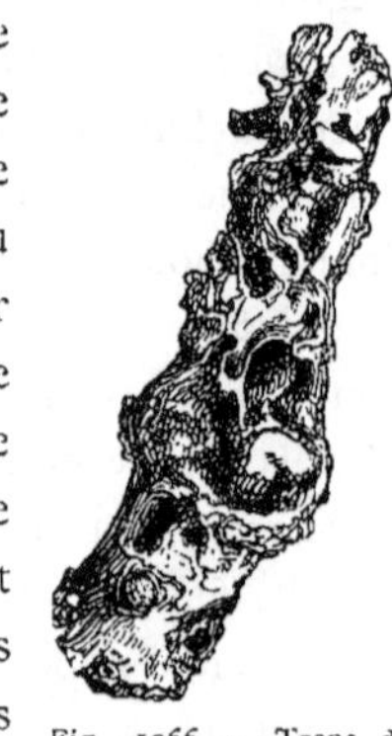

Fig. 1066. — Tronc de pommier percé par la chenille du Cossus ligniperda.

La chenille du Zeuzère du marronnier (*Zeuzera æsculi*, fig. 1067)

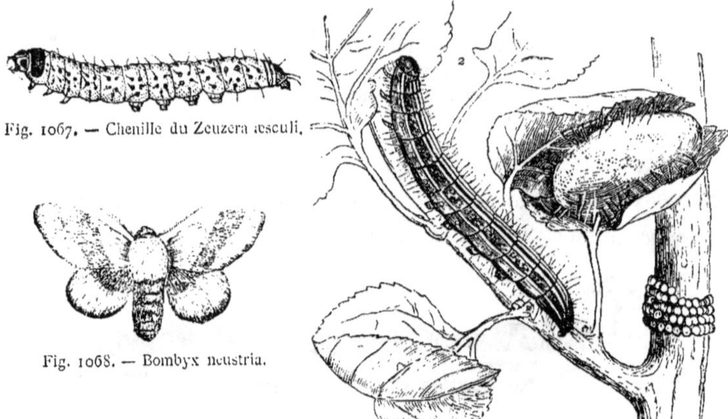

Fig. 1067. — Chenille du Zeuzera æsculi.

Fig. 1068. — Bombyx neustria.

Fig. 1069. — Chenille, œufs et cocon du Bombyx neustria.

cause des ravages semblables à ceux du *Cossus ligniperda* et pénètre aussi à l'intérieur des arbres.

Une chenille fort importante est celle du *Bombyx neustria*. Pendant quelques années elle est très commune, d'autres fois elle est très rare. Le papillon (fig. 1068) dépose ses œufs (fig. 1069, n° 1) en forme de bracelets autour d'une branche d'arbre. Les chenilles (fig. 1069, n° 2) vivent dans une espèce de cocon d'où elles se distribuent sur les arbres. Par les chaudes journées de juin, elles se réunissent au nombre de deux ou trois cents sur le côté du tronc de l'arbre éclairé par le soleil, et le jardinier doit saisir cette occasion pour les détruire. On voit rarement le papillon, même quand il y a eu beaucoup de chenilles. Cette espèce est alliée au ver à soie et comme lui file un cocon (fig. 1069, n° 3). Il y a quelques années ces chenilles abondaient sur les poiriers dans les jardins au nord de Londres, et depuis un an ou deux elles ont causé quelques ravages dans mon jardin.

Les chenilles du papillon Cul-jaune (*Liparis auriflua*), celles du papillon Cul-brun (*Liparis chrysorrhœa*, fig. 1070), et celles du Zigzag (*Liparis dispar*) causent de grands ravages sur les feuilles. Le papillon blanc du saule (*Liparis salicis*) dont on se sert pour pêcher la truite dans la soirée, se trouve dans mon jardin.

L'insecte mâle parfait de l'*Orgyia*

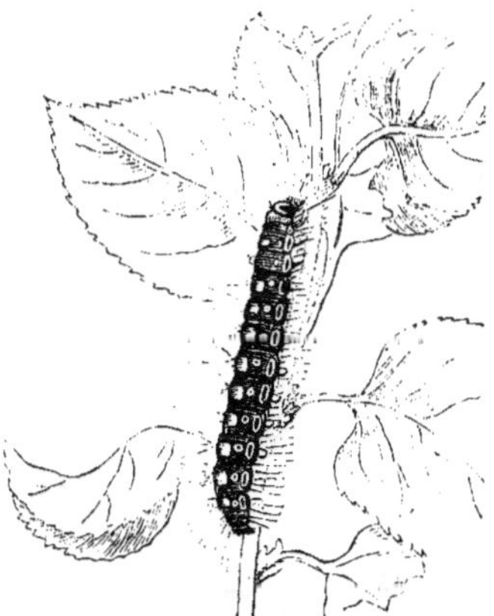

Fig. 1070.—Chenille du papillon Cul-brun.

Fig. 1071.—Abraxas grossulariata.

antiqua est un papillon ailé, mais l'insecte femelle n'a pas d'ailes. Les chenilles de cette espèce vivent sur les arbres fruitiers et sur les rosiers ; il y en a quelquefois une telle quantité qu'on en trouve des centaines au pied des arbres.

Le grand *Abraxas grossulariata* (fig. 1071) est un insecte très

commun dans les jardins. Les chenilles détruisent quelquefois entièrement les feuilles des groseillers. Cette chenille à l'aspect curieux,
porte des taches noires sur le dos. Heureusement, elle ne s'est jamais
montré en grand nombre dans mon jardin; on m'a appris d'ailleurs
qu'on peut la détruire avec de la poudre d'ellébore. J'ai emprunté la
figure à l'excellent ouvrage de M. Newman, sur les papillons anglais.

Nos pommes sont quelquefois attaquées par une chenille qui vit à
l'intérieur du fruit qu'elle
fait mûrir prématurément
et tomber de l'arbre. La
chenille sort alors de la
pomme, se métamorphose
et se transforme en un
petit papillon qu'on ap-
pelle le papillon des pommes (*Tortrix carpocapsa
pomonana*, fig. 1072).

Fig. 1072. — Papillon de la pomme.

Il y a beaucoup d'insectes de la même famille dans nos jardins, mais
l'étude de ces insectes appartient plutôt à l'entomologiste qu'au jardinier. Le *Tortrix pruniana* (fig. 1073) est un autre membre de cette
famille; il attaque le prunier.

Fig. 1073. — Tortrix pruniana.

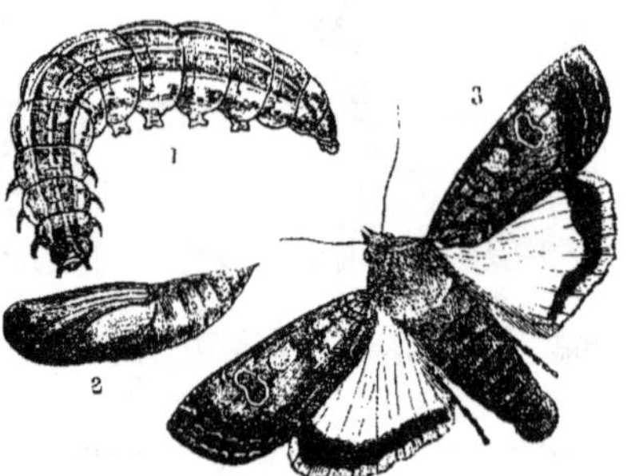

Fig. 1074. — Grand papillon jaune.

La famille des Nocturidés est si nombreuse qu'on a dû la subdi-
viser. Le grand papillon jaune (*Tryphæna pronuba*, fig. 1074) est une
espèce abondante, redoutée des jardiniers, car elle dévore beaucoup

d'espèces de plantes et surtout les choux, les choux-fleurs et les laitues. On dit qu'elle vit tout l'hiver et qu'elle recommence ses dévastations dès les premiers jours du printemps. La figure 1074 que j'ai empruntée à Curtis, représente le papillon (n° 3); la chenille (n° 1); et la chrysalide (n° 2).

La chenille du *Noctua (mamestra) brassicæ* (fig. 1075) est abondante partout; on peut dire qu'elle n'épargne rien dans le jardin, mais

Fig. 1075. — Chenille du Noctua (mamestra) brassicæ.

Fig. 1076. — N. exclamationis.

elle affectionne particulièrement les choux et les choux-fleurs. C'est un ennemi terrible pour le jardinier.

Le *Noctua agrotis exclamationis* (fig. 1076) et le *N. agrotis segetum* abondent aussi dans les jardins.

Parmi les Géomètres se trouve un papillon très commun, l'*Hybernia defoliaria* (fig. 1077) dont la chenille vit sur un grand nombre d'arbres forestiers et sur la plupart des arbres fruitiers. Les chenilles de cette famille ont un singulier moyen de locomotion, elles causent de grands ravages au mois de mai et entrent en juin dans le sol pour se transformer en chrysalide.

Fig. 1077. — Chenille de l'Hybernia defoliaria.

La chenille poilue du Tigre des jardins (*Chelonia caja*) est très vorace et dévore les laitues et les fraisiers, le papillon est beau et la chenille très remarquable; je suis heureux de dire qu'elle n'a jamais causé beaucoup de dommages matériels dans mon jardin.

La Tête de mort (*Acherontia atropos*, planche 24, fig. 9) n'est pas commune en Angleterre; j'en ai cependant trouvé de nombreux spécimens dans les champs de pommes de terre au sud de mon jardin. On peut reconnaître la chenille à sa grande taille, à sa couleur verte et à la corne qu'elle porte sur la queue. Le papillon lui-même est le plus gigantesque de nos lépidoptères anglais.

En règle générale, j'ai peu à souffrir des ravages des chenilles dans mon jardin, ce que j'attribue à la protection dont je ne cesse d'entourer les oiseaux. Quand, à ma demande, un entomologiste est venu visiter mon jardin, pour m'aider à déterminer les espèces qui y vivent, il m'a déclaré à plusieurs reprises et d'un ton d'assez méchante humeur qu'il est impossible de trouver des insectes dans un jardin où les oiseaux sont si nombreux et protégés avec tant de soins. *Lector*, *respice !*

LES DIPTÈRES.

Le septième ordre des insectes comprend les diptères ou mouches à deux ailes ; les larves de ces insectes sont des vers dépourvus de pattes. Quelques-uns de ces diptères se nourrissent de débris en putréfaction et se rendent ainsi utiles à l'homme ; les autres dévorent les insectes nuisibles et, de ce chef, rendent quelques services ; beaucoup sont directement nuisibles à la végétation et un grand nombre enfin, comme le cousin et le moustique, sont un objet de terreur dans les pays marécageux.

La famille des Syrphides est utile au jardinier à cause de l'extrême voracité avec laquelle les larves dévorent les pucerons. On les trouve toujours sur les feuilles couvertes de pucerons, et il est fort intéressant d'observer la façon dont elles s'y prennent pour saisir et tuer ces petites créatures. La *Scæva pyrastri*, gravée d'après Curtis (fig. 1078, n° 4), est une mouche assez grande avec de très grands yeux. La larve (n° 5) est verte et passe à l'état de chrysalide (n° 6) avant de se transformer en mouche parfaite. Le n° 7 (fig. 1078) représente la *Scæva ribesii* ; le n° 1, même figure, représente la *Scæva balteata*, à l'état parfait ; le n° 2, la larve, et le n° 3, la chrysalide.

La famille des Tipules (fig. 1079) cause de grands ravages ; les larves attaquent beaucoup de légumes et les racines des dahlias. La larve de la *T. oleracea* est un ver ayant environ un pouce de long, à l'enveloppe dure, mais dépourvue de pattes. Il y en a beaucoup d'espèces ; j'ai choisi, pour la représenter (fig. 1079) {d'après Curtis,

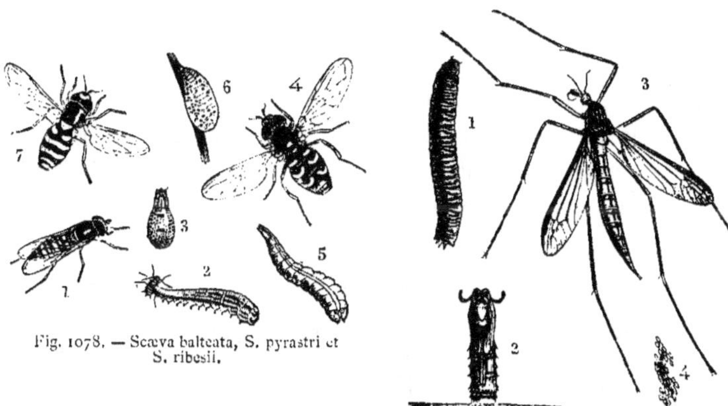

Fig. 1078. — Scæva balteata, S. pyrastri et S. ribesii.

Fig. 1079. — Tipule ; 1, larve ; 2, chrysalide ; 3, insecte parfait ; 4, œufs.

une des plus grandes, la *T. paludosa*, pour que l'horticulteur puisse facilement reconnaître ces terribles insectes ; je crois avoir eu à souffrir assez souvent des ravages de ces larves.

Il y a plusieurs petits insectes de la même famille qui vivent dans les racines des choux, des navets et des brocolis ; ils causent une déformation de la racine. La fig. 1080, n° 1, représente la petite larve qui habite cette déformation ; le n° 2, la même larve grossie ; les n°ˢ 3 et 4 représentent la chrysalide ; le n° 5, l'insecte ailé au repos, et le n° 6, l'insecte en train de voler.

Il y a d'autres cousins qui se présentent quelquefois en petites nuées ; pendant l'été si chaud de 1870, beaucoup de moustiques visitèrent les envi-

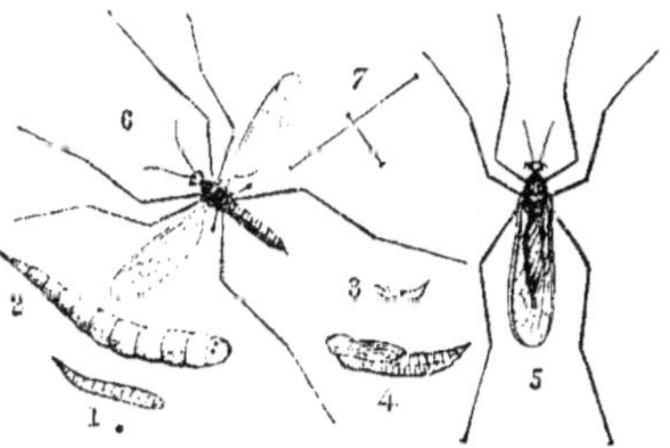

Fig. 1080. — Trichocera hiemalis.

rons ; ils s'étaient probablement établis sur les terrains où l'on déverse les eaux vannes ; leur morsure causait une véritable douleur. Quelques

espèces venaient régulièrement tous les soirs visiter mon jardin, après
que les cousins nous avaient tourmentés toute la journée. Les cousins
et tous les autres diptères ne portent pas d'aiguillon à la queue, comme
les guêpes; ils piquent avec un appareil situé près de la bouche (fig.
1019 *b, c*).

La grande mouche du céleri (*Tephritis onopordinis*) attaque le
céleri et le panais. Les larves s'établissent à l'intérieur de la feuille
(fig. 1081) et dévorent le tissu intermédiaire de telle sorte que la feuille
ne peut plus remplir ses fonctions, et que toute la plante souffre et est

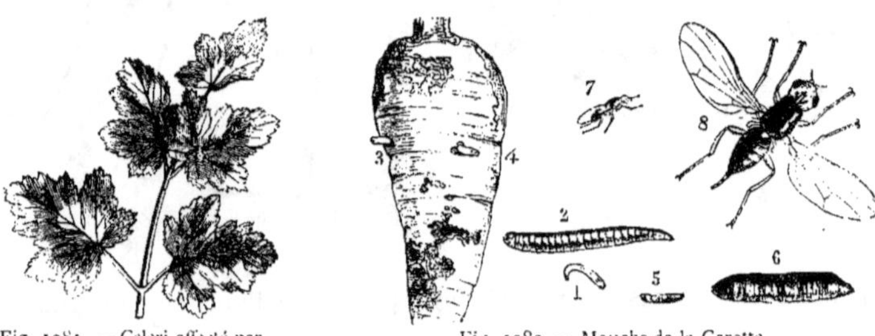

Fig. 1081. — Céleri affecté par
des larves.

Fig. 1082. — Mouche de la Carotte.

exposée à périr. Le seul remède est de détruire la partie malade de la
feuille.

Les larves de la mouche de la Carotte (*Psila rosæ*, fig. 1082, n° 1,
3, 4 et n° 2 grossi) attaquent les racines des carottes qu'elles dévorent,
et en détruisent des quantités. Cette larve se transforme en (n° 5 et
n° 6 grossi), puis en insecte parfait (n° 7 et n° 8 grossi).

Les jeunes poires dans les environs de Londres sont souvent attaquées au commencement de leur croissance par un petit ver (fig.
1083 ; A, grandeur naturelle; B, grossi). Ces larves paraissent stimu-
ler la croissance de la poire, qui devient bientôt plus grosse que ses
voisines, mais c'est au prix d'une mort prématurée, car celles qui sont
attaquées tombent vers la fin de mai. Quelquefois cette larve détruit
toutes les poires d'un arbre ; je ne vois guère d'autre moyen de s'en
débarrasser, que de cueillir, vers la fin dé mai, dans les petits

jardins, toutes les poires qui dépassent la taille ordinaire et de les brûler. Le ver n'a pas encore fait autant de ravages dans mon jardin que dans beaucoup d'autres.

Fig, 1083. — Poire attaquée par la larve de la Cecydoma nigra.

Fig. 1084. — Mouche de l'ognon.

La mouche de l'ognon (*Anthomyia ceparum*, fig. 1084) détruit quelquefois les ognons. Cette mouche dépose ses œufs sur le tubercule tout près de la surface du sol, et les vers pénètrent jusqu'au cœur. Je n'ai pas encore observé cette mouche dans mon jardin.

Les larves de la *Phytomyza ilicis* dévorent le parenchyme des feuilles du houx, exactement comme celles du céleri dévorent les feuilles de cette plante.

LES LIMACES ET LES LIMAÇONS.

Mon jardin, comme tous les autres, abonde en limaces et en limaçons qui affectionnent tout particulièrement les plantes les plus belles et les plus rares; un des premiers devoirs du jardinier est donc d'exterminer ces bêtes, là où un grand travail et beaucoup de soins nous permettent seuls d'élever de belles plantes.

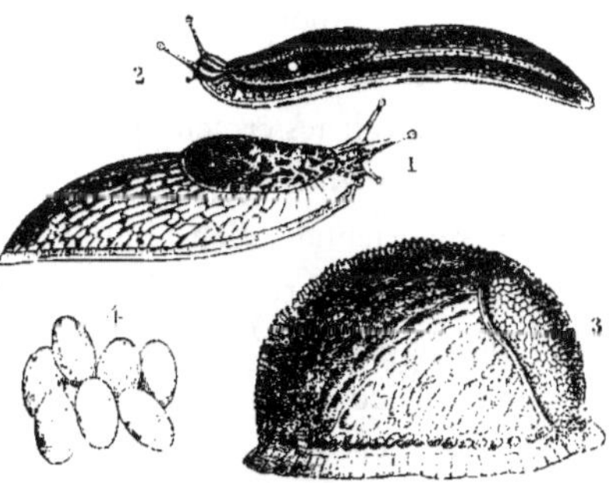

Fig. 1085. —Limace noire.

Mon jardin est visité par la *Limax agrestis* ou Limace laiteuse. La fig. 1085, n° 1, représente l'*Arion ater* ou Limace noire ; le n° 2, le même animal en mouvement et le n° 3, l'animal au repos. Ces animaux se reproduisent par des œufs (n° 4) ; ils ont beaucoup augmenté en nombre depuis que j'ai pris possession de mon jardin. Les limaces sortent pendant la nuit et pendant les temps humides ; c'est alors que le jardinier doit les chasser. Les cornes des limaces et des limaçons semblent être la partie la plus sensible de leur individu.

On trouve aussi en grande abondance dans mon jardin l'*Helix aspersa* ou Limaçon commun que les grives aiment tant à dévorer. Cette espèce se propage par des œufs (fig. 1086, n° 1), qui deviennent de petits limaçons (n° 2) ; ils se développent (n° 3) et finissent par arriver à la taille du n° 4. Les limaçons s'établissent principalement dans les crevasses des murs.

Fig. 1086. — Limaçon commun.

Comme il n'y a pas de murs dans mon jardin, nous n'en voyons pas beaucoup.

On trouve en grande abondance sur les collines de craie, au sud de mon jardin, la grande *Helix Pomatia* (fig. 1087); mais je ne l'ai jamais vue dans mon terrain. C'est le limaçon comestible des Romains, et quelques naturalistes croient que cette espèce a été introduite en Angleterre ; c'est la même espèce d'ailleurs que celle des jardins à limaçons de la Suisse orientale. J'en ai introduit un nombre considérable dans l'enceinte de mon jardin, mais je ne saurais dire encore si cette espèce s'acclimatera dans mon district. On me dit qu'aujourd'hui encore les ouvriers de Didcot vont chercher ces limaçons sur les collines, pour les manger. Qu'elle soit acclimatée ou indigène, cette espèce est maintenant fort abondante sur toutes les collines de craie de l'Angleterre.

On trouve dans mon jardin, mais en petite quantité, l'*Helix nemoralis* (fig. 1088). Les différents spécimens de ce coquillage se ressemblent si peu, que j'ai pensé d'abord me trouver en présence de plu-

Fig. 1087. — Helix Pomatia.

Fig. 1088. — Helix nemoralis.

Fig. 1090. — Succinea
putris.

Fig. 1089. — Zonites
crystallinus.

Fig. 1091. — Limnæus
Pereger.

sieurs espèces, mais le docteur Gray m'affirme qu'elles appartiennent toutes à une seule ; d'ailleurs, un naturaliste qui s'occupe particulièrement de ce coquillage, a déjà découvert et nommé soixante-dix-sept variétés de cette espèce.

On rencontre aussi dans mon jardin d'autres espèces du même genre, telles, par exemple, que le *Zonites lucidus* et le *Zonites crystallinus* (fig. 1089) qui vit sur les mousses et sur les feuilles ; l'*Helix cantiana*, que l'on trouve principalement dans les haies du comté de Kent et du comté de Surrey ; l'*Helix concinna* ; et l'*Helix* ou *Succinæa putris* (fig. 1090) qui est fort abondante sur les Iris aquatiques du lac, mais dont je connais fort peu l'histoire naturelle.

On trouve dans le lac un grand nombre de Limnées et particulièrement le *Limnæus pereger* (fig. 1091) et le *L. stagnalis*. Ces coquillages sont importants en ce qu'ils forment une partie de l'alimentation de la truite. J'ai vu, dans certains endroits, le fond du lac littéralement couvert de coquillages morts et il en passait de grandes quantités par les tuyaux, quand j'ai établi le premier appareil pour l'éclosion des poissons. Si l'on place ce coquillage dans un aquarium, il dépose ses œufs sur le verre ; les petits coquillages qui viennent d'éclore sont fort intéressants ; ils flottent à la surface de l'eau comme si cette surface était un corps solide auquel ils s'attacheraient.

Dans le ruisseau central et particulièrement au milieu des fougères, il y a beaucoup de Lépas communs d'eau douce (*Ancylus fluviatilis*, fig. 1092) ; ils adhèrent aux pierres partout où le courant de l'eau est un peu rapide.

Sur nos plantes aquatiques, on trouve en quantité le *Planorbis*

Fig. 1092.   Fig. 1093.   Fig. 1094.   Fig. 1095.   Fig. 1096.
Lépas de rivière.   Planorbis vortex.   Cyclas cornea.   Bithinia ventricosa. Valvata piscinalis.

corneus, le *P. carinatus*, le *P. complanatus*, le *P. vortex* (fig. 1093) et le *P. contortus*. Ces coquillages ont pour nous une grande importance en ce qu'ils servent d'alimentation aux truites ; rien d'amusant comme de voir dans la soirée le poisson, la queue hors de l'eau, plonger au milieu des herbes pour les attraper.

Le *Cyclas cornea* (fig. 1094), n'existe pas, je crois, dans mon jardin, mais il abonde dans une carrière qui est immédiatement à côté. C'est un coquillage bivalve.

On trouve dans mes ruisseaux la *Bithinia ventricosa* (fig. 1095) et la *B. tentaculata* ; on y trouve aussi la *Valvata piscinalis* (fig. 1096), autre coquillage très petit.

J'ai essayé d'acclimater la *Dreissena polymorpha*, curieux coquillage introduit il y a cinquante ans dans certains docks de Londres, et qu'on suppose provenir du Danube. Ce coquillage existe dans les réservoirs de la nouvelle rivière à Stoke Newington ; mais les spécimens que j'ai placés dans mes ruisseaux n'ont pas vécu ; je suppose que les truites les ont dévorés, comme les épinoches ont dévoré quelques spécimens que j'avais placés dans un aquarium. Le docteur J. E. Gray, qui depuis cinquante ans s'est toujours placé à la disposition de tous ceux qui étudient l'histoire naturelle et dont l'extrême bienveillance a certainement augmenté de beaucoup la valeur de nos collections nationales au British Museum, me dit qu'il a trouvé lui-même, sur les collines qui nous environnent, cinq autres espèces de coquillage, c'est-à-dire *H. pulchella*, *H. fasciolata*, *H. virgata*, *H. ericetorum*, et *H. umbilicata*.

MES POISSONS.

La partie de la Wandle qui traverse mon jardin ne contient que
peu d'espèces de poisson; néanmoins la Truite et l'Anguille com-
pensent par leur qualité ce qui manque en variété. La Wandle a toujours été célèbre pour ses belles truites (*Salmo fario*, fig. 1097) ; il y
en a tant dans la rivière qu'on pourrait sans doute la comparer à ce

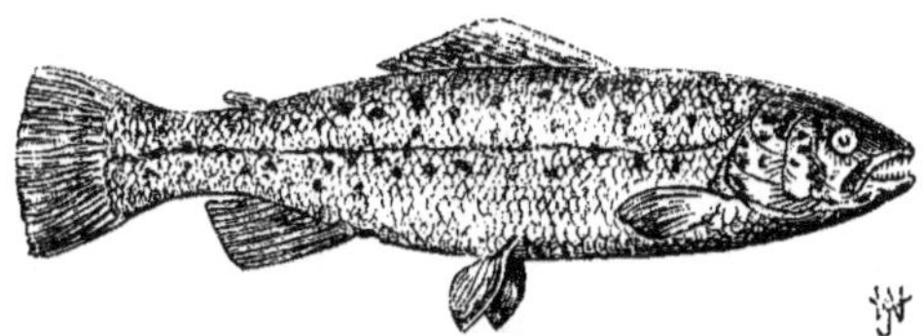

Fig. 1097. — Truite.

point de vue avec n'importe quelle rivière de l'Europe; en un mot, la
quantité de poissons qu'elle contient n'est limitée que par la quantité
de nourriture qu'ils y trouvent. Les commissaires français qui ont
visité le district ont été étonnés du nombre de poissons qu'ils ont vus
et ils m'ont dit qu'il serait impossible de trouver en France une rivière aussi poissonneuse, parce que leurs compatriotes n'auraient pas
de cesse jusqu'à ce qu'ils les aient tous exterminés. Je crains que Sir
H. Davy n'ait quelque peu exagéré ses aventures de pêche dans le
Saltzkammergut, car je n'y ai certainement pas vu, pour une quantité
d'eau égale, autant de poissons qu'il y en a dans la Wandle.

On considérait autrefois qu'il y avait dans la Wandle deux variétés
de truites : l'une courte, à chair blanche, qui se trouve en saison en
mai et juin; l'autre, plus longue, à grosse tête et à chair rouge, qui se
trouve en saison en juillet et août.

Actuellement, nous en avons plusieurs variétés et le docteur Günther,
l'éminent ichthyologiste, a fait remarquer dans le catalogue du British
Museum, qu'il existe chez les truites qui fréquentent mes ruisseaux
non-seulement des différences extérieures, mais des différences de
conformation. Il décrit sept spécimens pris dans mon jardin au mois

de mars, dont la longueur variait entre neuf pouces et demi et quatorze pouces.

Le docteur Günther ajoute : « Il faut se rappeler que M. Smee a introduit dans cette rivière de nombreuses truites qu'il a reçues de différents endroits et dont il a fait éclore artificiellement les œufs. »

M. Reynolds, dont la famille habite le district depuis près d'un siècle, m'apprend que son grand-père a introduit dans la rivière des truites de lac et aussi une autre variété jaune, mais il ne peut se rappeler d'où provenaient ces dernières. M. Reynolds connaît trois variétés dans la rivière; il croit que la variété jaune provient de la rivière Christchurch.

La fig. 1097 représente une grosse truite qui a été tuée en même temps qu'une grande quantité d'autres par les eaux vannes de Croydon qui contenaient, croit-on, des résidus de la fabrication du gaz.

Les truites de la Wandle ont toujours eu une grande réputation pour leur goût exquis; néanmoins, je pense que les truites du Darenth, qui prend sa source dans les mêmes collines que la Wandle et qui se jette dans la Tamise à Dartford, ont encore une qualité supérieure. Depuis quelques années, la qualité de nos truites est devenue moins bonne; c'est un fait que M. F. Gould a particulièrement remarqué. Cela provient probablement d'une diminution des eaux dans le cours supérieur de la Wandle et de l'influence qu'a ainsi gagné l'Anacharis, ce qui cause une accumulation de boue.

Les truites de mes ruisseaux ne se nourrissent pas de poissons comme elles le font dans la Tamise.

Dans mon jardin, les truites fraient vers la troisième semaine de janvier et continuent de le faire jusqu'à la fin de février ou jusque pendant les premiers jours de mars; dans les propriétés situées au-dessous de la mienne sur le cours de la rivière, elles fraient quelques jours plus tôt. La saison du frai passée, la truite se choisit, pour ainsi dire, une habitation où on la trouve toujours, à moins qu'elle ne fasse une promenade pour son plaisir ou pour chercher des aliments; mais elle revient toujours à la même place, si bien que chacune d'elles nous est individuellement connue. Quand une seconde truite cherche à s'emparer d'un endroit déjà occupé, le propriétaire s'élance sur l'envahisseur pour le chasser. Quand elle est chez elle, la truite saisit tout ce qui flotte à sa portée, mais souvent elle ne se dérange pas pour s'emparer du morceau le plus tentant. Si on la trouble, elle s'éloigne de quelques mètres, mais elle revient à son habitation dès que tout est tranquille. Dans notre rivière, la truite se nourrit principalement du Planorbis, du Limnæus, de la crevette d'eau douce et du ver d'eau ; elle saisit aussi les mouches qui viennent se poser sur l'eau pendant les mois d'été ; la truite, d'ailleurs, s'inquiète fort peu de ce qu'elle mange, car j'en ai vu beaucoup s'emparer d'une côtelette de mouton avec autant d'avidité que pourrait le faire un chien.

Dans la soirée, la truite parcourt les petits ruisseaux et pourchasse sa proie jusque dans des endroits où il y a à peine assez d'eau pour la recouvrir ; quand on la trouble, elle retourne chez elle avec la rapidité de l'éclair.

La truite essaie quelquefois de se cacher en enfonçant la tête dans les trous de la berge ; elle oublie que sa queue sort du trou et qu'on peut la voir ; c'est là une position fort dangereuse pour le poisson, car on peut fourrer la main dans le trou, le saisir par la tête et le jeter sur la rive.

C'est un spectacle extraordinaire que de voir les truites se rassembler pour pondre sur des lits de gravier au-dessus desquels passe un courant d'eau violent. Quelquefois deux ou trois truites s'écartent des autres et vont pondre dans un des petits ruisseaux, mais, en règle générale, elles fréquentent toutes le même endroit. Tant et si bien qu'elles finissent par rassembler un tas énorme de gravier ; ce tas se termine toujours par une petite dépression. On a beaucoup discuté la question de savoir si la truite forme ces tas de gravier avec sa tête ou avec sa queue ; il est certain que la tête de ce poisson porte tous les signes d'usure.

Il s'est passé des années avant que j'aie pu voir de mes yeux le poisson déposer son frai ; évidemment cette opération se fait rapidement et probablement la nuit. Cependant, par une belle matinée de printemps, après une série de nuits froides, je pus voir cet intéressant spectacle. Je vis alors le mâle chasser la femelle et soulever le gravier à l'extrémité du tas, avec sa tête. Quand tout le frai est déposé, quelques mâles restent à l'extrémité du tas de gravier, pendant deux ou trois mois, pour chasser tous les étrangers; je crois qu'ils sont là pour défendre les œufs et qu'ils jouent le même rôle que l'épinoche mâle qui très certainement défend son nid.

On pratique depuis bien des années, en Angleterre, la culture artificielle du poisson ou pisciculture. M. S. Gurney et M. Sheppey ont mis ce procédé en pratique sur la Wandle; la société des pêcheurs de la Wandle élève aujourd'hui environ 15,000 truites annuellement.

C'est toutefois le gouvernement français qui, pendant ces dernières années, a donné un grand élan à cette industrie. Le professeur Coste, qui était chargé de ces études, employait une espèce de gril formé de tiges de verre pour supporter les œufs dans les vases en terre sur lesquels il faisait passer un courant d'eau. J'ai assisté aux leçons de ce professeur au collége de France en 1859, et j'ai été très frappé des résultats obtenus. M. Coste fut assez obligeant pour me donner des spécimens de jeunes saumons et de jeunes truites que je rapportai en Angleterre; il me donna aussi une de ses boîtes. J'essayai son procédé dans mon jardin avec beaucoup de succès, et il s'est, de là, répandu en Angleterre.

L'appareil est très simple. Il consiste en une caisse de faïence oblongue (fig. 1098) ayant environ quatre pouces de profondeur, six pouces de largeur et quatorze pouces de longueur; à l'une des extrémités se trouve un petit goulot. A l'intérieur est un cadre de bois placé à environ un pouce de la surface; ce cadre a un fond composé de tiges de verre, espacées d'environ un hui-

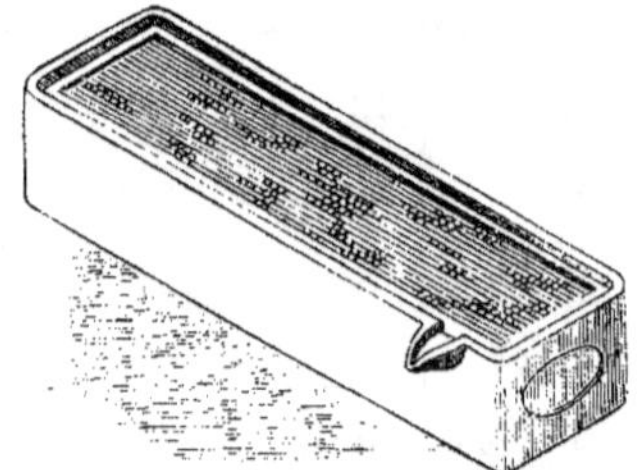

Fig. 1098. — Boîte pour la pisciculture.

tième de pouce. On place ces caisses dans une maison construite très simplement et recouverte en chaume (fig. 1099).

On dispose les boîtes en séries arrangées de telle façon que les goulots se trouvent alternativement à droite et à gauche, de sorte que l'eau qui passe d'une boîte à l'autre ait à couler sur la surface des œufs contenus dans chacune. Il faut que le courant d'eau ne soit pas interrompu pendant tout le temps nécessaire pour le développement des œufs.

Fig. 1099. — Maison pour la pisciculture.

Pour se procurer des œufs, il faut attraper des poissons pendant la saison du frai. Les mâles sont plus élancés que les femelles. Quand les poissons sont prêts à frayer, la femelle laisse échapper ses œufs sous la moindre pression, de même que le mâle, sa laitance. On saisit la femelle d'une main et on passe l'autre lentement et en appuyant un peu depuis la tête jusqu'à l'ouverture; il faut avoir soin de faire sortir tous les œufs, ce que l'on sent facilement au toucher. On reçoit les œufs dans un vase contenant juste assez d'eau pour les recouvrir et il faut y mêler immédiatement la laitance qui les féconde. Je commence ordinairement, quand les mâles et les femelles sont également abondants, par extraire la laitance d'un mâle dans laquelle je précipite les œufs d'une femelle, et ainsi de suite. Au commencement de la saison, les mâles prêts à frayer sont plus abondants que les femelles, mais c'est tout le contraire à la fin de la saison et j'ai eu quelquefois alors beaucoup de difficulté à me procurer de la laite en quantité suffisante.

On place alors les œufs fécondés sur le tamis de verre dont nous avons parlé. Chaque boîte peut contenir environ deux mille œufs; il ne faut pas perdre de temps et faire passer immédiatement un courant d'eau.

Si tout va bien, on voit apparaître au bout de quelques jours deux petits points noirs sur chaque œuf, ce sont les yeux du futur poisson. A cette époque, chaque petit poisson porte à l'estomac une poche assez grande qu'on appelle la vésicule ombilicale ; cette vésicule est recouverte de vaisseaux sanguins qui absorbent graduellement les matières contenues dans la poche et qui sont destinées à nourrir l'embryon tant qu'il reste dans l'œuf.

Pendant le temps nécessaire pour amener l'éclosion des œufs, il faut les examiner au moins deux fois par semaine et enlever tous ceux qui deviennent opaques, car ils se recouvriraient bientôt d'un champignon (voir fig. 859). Il faut environ six semaines pour le développement de l'œuf, mais ce temps varie selon la température qu'il est toujours bon de ne pas trop élever. Par une belle journée bien chaude, des centaines de jeunes truites brisent leur enveloppe et tombent au fond de la boîte en glissant à travers les tiges de verre.

Pendant tout le temps que dure le développement des œufs, il faut les tenir dans l'obscurité, car si on les expose à la lumière, ils se recouvrent facilement du champignon dont nous avons parlé, et qui les détruit infailliblement. J'ai éprouvé de grandes difficultés pour faire éclore artificiellement les poissons jusqu'à ce que j'aie appris ce fait, mais maintenant je puis en produire chaque année autant que je veux sans me donner beaucoup de peine. Dans une grande quantité d'œufs, on trouve toujours des poissons doubles ou des espèces de frères siamois; ils vivent jusqu'à ce qu'ils aient perdu la vésicule ombilicale. Quand cette vésicule est absorbée, le poisson doit prendre sa nourriture par la bouche; on éprouve alors dans la pratique de grandes difficultés, car il faut leur procurer de la nourriture, et cette nourriture doit être en mouvement. On a supposé que les truites se nourrissent d'entomostracées; elles ne se nourrissent certainement pas de diatomées, car j'ai examiné leur estomac pour m'assurer de ce fait. On peut leur donner de la viande râpée très fin ou du foie réduit en poudre; quant à moi, je préfère les mettre immédiatement en liberté. J'ai le soin de débarrasser autant que possible un petit ruisseau de tout animal vivant, car une jeune truite est un morceau délicat qu'affectionnent beaucoup l'épinoche, le chabot ou même une truite plus âgée. Dès qu'elles sont dans ce ruisseau, on peut voir les petites truites s'élancer continuellement de tous côtés à la poursuite de quelque chose qui doit être leur nourriture ; mais ce quelque chose est trop petit pour que l'œil humain puisse l'apercevoir.

Quand on place ainsi un grand nombre de petits poissons dans un ruisseau, ils descendent graduellement le courant et on peut les suivre pendant des centaines de mètres. Quand le jeune poisson perd la vésicule ombilicale, il est extrêmement délicat, et j'ai vu deux mille truites saumonées mourir en une seule nuit, sans que je puisse m'expliquer cette épidémie.

Quand on veut élever les truites artificiellement jusqu'à ce qu'elles atteignent une grande taille, il faut leur donner du poisson vivant. J'ai vu dans l'établissement de pisciculture, à Heidelberg, de grandes quantités de poissons blancs que l'on prend au filet dans la rivière Neckar La difficulté de me procurer du poisson m'empêcherait d'élever les truites avec autant de profit qu'on paraît le faire à Heidelberg. Comment pourrais-je, en effet, me procurer constamment et à bas prix des vérons, des dards ou des ablettes vivants, alors qu'ils n'existent pas naturellement dans mon jardin ? La bienveillance et la courtoisie des fonctionnaires de Huningue méritent toute la reconnaissance des pisciculteurs. Personnellement, j'ai à leur exprimer tous mes remercîments pour de nombreuses boîtes d'œufs qu'ils m'ont envoyées. Le fait qu'il y a aujourd'hui dans la Wandle de nombreuses variétés de truites qui n'y existaient pas avant le développement des œufs qui m'ont été donnés par cet établissement, démontre l'excellence de ce procédé. Il a été convenu entre les propriétaires de la Wandle qu'on se servirait seulement de la mouche pour pêcher la truite ; il y a malheureusement un ou deux endroits de la rivière où les braconniers exercent de grands ravages.

On n'a pas l'habitude de pêcher avant le premier mai ou après la fin d'août. Dans certaines années, le poisson est à peine bon à manger en mai, et dans d'autres, il devient si maigre au milieu d'août, que c'est à peine s'il peut servir à l'alimentation.

Le poisson hors de saison se ratatine en cuisant ; il n'a aucun goût et quelquefois même il est vénéneux. Je ne saurais donc trop recommander de remettre à l'eau tous les poissons noirs qu'on aurait pu prendre.

Chaque pêcheur a ses idées particulières relativement à la grosseur et à la couleur des mouches qu'il emploie, et relativement même au nombre qu'il place sur sa ligne. Quant à moi, je n'emploie qu'une mouche à la fois sur la Wandle. En règle générale, une mouche appelée le *Cocher* (fig. 1100 n° 5) est excellente. Cette mouche a des ailes blanches; il faut proportionner la grosseur à l'état de la lumière au moment où l'on pêche, et employer de petites mouches en plein jour, des mouches un peu plus grosses quand le jour tombe, et enfin de très grosses dans la soirée.

On obtient quelquefois d'excellents résultats avec une autre mouche, tout l'opposé de celle-ci, car elle a des ailes bleu foncé;

Fig. 1100. — Mouches : N° 1, Cousin ; 2, Cousin noir ; 3, Carshalton Cocktail ; 4, Empereur ; 5, Cocher ; 6, Coch-y-bonddhu.?

mais il y a une époque particulière, en juin, où la mouche se pose sur l'eau et se laisse entraîner de quelques mètres par le courant. Or, si l'on veut attraper du poisson, il faut imiter avec soin tous ces mouvements naturels.

Il y a des moments où, quoi qu'on fasse, le poisson ne veut pas mordre; cette remarque s'applique à tous les poissons d'eau douce et, autant que j'ai pu le remarquer, elle s'applique au poisson de mer. Quand il n'y a pas de différence dans l'eau en elle-même, la facilité avec laquelle le poisson mord dépend, autant que j'ai pu en juger, de la qualité de la lumière ; la truite, le brochet, la perche, le chabot, le gardon et d'autres poissons subissent cette même influence.

La condition de l'eau est toujours importante ; mais ceci ne s'applique pas à la Wandle supérieure, car il faut, dans cette rivière, des pluies très considérables et longtemps continuées, pour qu'elle perde sa transparence. Dans les autres rivières, la couleur de l'eau est un point essentiel dont le pêcheur doit tenir le plus grand compte.

Au coucher du soleil, il y a un moment où toute la rivière semble regorger de vie, car toutes les truites viennent en même temps à la surface de l'eau. Ce fait se reproduit tous les soirs en été, mais pendant quelques soirées beaucoup plus que pendant d'autres ; de même que toutes les truites viennent à la fois à la surface, de même aussi elles disparaissent toutes ensemble, et un silence de mort s'établit sur la rivière. Dans la Wandle, les truites ne chassent guère les mouches avant neuf ou dix heures du matin et elles ne continuent guère à les chasser après dix heures du soir, si ce n'est pendant les mois les plus chauds.

Comme l'Ombre commune (*Thymallus vulgaris*, n'existait pas dans la Wandle, je résolus de l'acclimater. Je fis donc éclore des jeunes que je plaçai dans la rivière, mais ils disparurent. Résolu à continuer l'expérience, je me décidai à placer de gros poissons dans la Wandle ; M. Peach de Derby parvint à attraper près de vingt couples et à les transporter en excellente condition dans notre rivière. L'expérience était coûteuse et difficile ; or, bien que quelques-uns de ces poissons aient vécu pendant des années et qu'ils aient pondu au printemps, jusqu'à présent on ne voit pas de jeunes et tous les vieux poissons ont aussi disparu, sauf peut-être un ou deux. Il n'est pas douteux que quelques-uns ont descendu la rivière ; mais il faut dire aussi que j'ai vu des pêcheurs passer de longues heures à essayer d'attraper ces poissons qu'on n'avait introduits dans la Wandle qu'au prix de tant de peines et de tant d'argent. Les instincts destructeurs de l'homme sont un grand obstacle à l'acclimatation.

L'insuccès de cette expérience est d'autant plus remarquable qu'un essai semblable a été fait sur la Clyde au-dessus Glasgow, et on m'a dit que l'on trouve beaucoup d'ombres là où il n'y en avait pas une seule.

En même temps que je me procurais des ombres, je saisis l'occasion de me procurer aussi des Lotes (*Lota vulgaris*). On en attrapa une, quelque temps après, à environ un mille au-dessous de mon jardin et on l'envoya à M. Frank Buckland, comme quelque chose de très extraordinaire. Dès qu'il vit ce poisson, il s'écria : « Mais c'est un poisson de Smee ! » L'expérience d'ailleurs échoua complétement, car, à l'exception de cet individu solitaire, personne ne vit jamais une lote dans la Wandle.

J'ai élevé dans mon jardin des milliers de jeunes truites saumonées et de saumons provenant d'œufs que les autorités de Huningue ont bien voulu mettre à ma disposition; mais on n'a jamais revu ces poissons.

Les premiers jeunes saumons qu'il y ait eu dans un affluent de la Tamise ont été placés dans les ruisseaux qui traversent mon jardin. J'en ai distribué plusieurs milliers dans mes cours d'eau et aussi dans les ruisseaux qui se jettent dans la rivière Medway, auprès de Rochester. J'ai appris qu'on avait capturé de temps en temps des saumons dans cette dernière rivière, mais ces captures sont hors de toute proportion avec les quantités qui y avaient été introduites. La question de l'élevage du saumon m'intéressait tant que je fis tout exprès le voyage de Hereford, pour observer le passage des jeunes saumons quand ils se rendent à la mer. C'est là, d'ailleurs, un spectacle intéressant: des milliers de petits poissons, ayant de quatre à six pouces de long, forment un banc compact qui se dirige vers la mer. Les jeunes saumons ne manquent pas d'attraper les mouches au passage et les pêcheurs mettent cette habitude à profit pour attraper des quantités considérables de poissons quand un banc vient à passer. Les destructeurs de jeunes saumons sont passibles de certaines peines, mais je sais à n'en pouvoir douter que les magistrats aiment beaucoup ce jeune poisson à déjeûner et qu'il leur est en conséquence bien difficile de distinguer un jeune saumon d'un autre jeune poisson. D'ailleurs, ils se figurent sans doute que sur les milliers de saumons qui descendent à la mer on peut bien en prendre quelques-uns pour déjeûner.

L'Anguille (*Anguilla acutirostris*) est, après la truite, notre poisson le plus important. Il y a, dans mon jardin, deux migrations distinctes d'anguilles. En mai, juin et juillet, les petites anguilles remontent la rivière ; en juillet, août, septembre et quelquefois plus tard, les grandes anguilles descendent vers la mer. Quand les anguilles remontent le courant, elles semblent poussées par un instinct irrésistible. Nous les voyons alors essayer de remonter la chûte d'eau. Quelquefois les jardiniers ont trouvé une anguille dans les allées du jardin; évidemment, elle était à la recherche de la rivière. Quelquefois, quand elles ne peuvent pas remonter la chûte, on les voit se débattre au milieu des rosiers qui l'entourent. Je me rappelle avoir vu à Twickenham des quantités de jeunes anguilles ayant environ trois pouces de longueur, essayer de remonter un mur couvert de mousse sur lequel coulait un mince filet d'eau. Dans quelques endroits, on attrape ces petites anguilles et on les natte en paquets ayant environ un pouce d'épaisseur et deux pouces de longueur; on vend cette masse vingt centimes et je ne comprends pas que l'on tolère une aussi abominable destruction de ce qui pourrait servir plus tard à l'alimentation.

Quand les anguilles remontent la rivière, nous en attrapons quelques-unes des plus grosses en disposant un bouquet de fleurs rouges, ou du ruban rouge au fond d'un long panier en toile métallique.

La grande migration des anguilles vers la mer, commence avec la première décoloration de l'eau en été; chaque fois qu'un orage éclate sur Croydon, nous trouvons de belles anguilles dans la grande trappe que j'ai fait construire, surtout si la nuit est chaude.

La trappe à anguilles est probablement un appareil particulier à l'Angleterre. Quand les commissaires envoyés par l'établissement d'Huningue voulurent bien visiter mon jardin, ils furent frappés à la vue de cet appareil qu'ils ne connaissaient pas. Il est d'ailleurs très important, car il permet de procurer à l'alimentation des anguilles qui autrement seraient perdues pour l'homme (1).

Une trappe à anguille est une sorte de filtre grossier qui laisse passer l'eau, mais qui retient les anguilles. Le filtre est construit avec des

---

(1) *Recette pour une fricassée d'anguilles.* — Prenez trois livres d'anguilles; nettoyez-les bien et coupez-les en morceaux ayant environ trois pouces de long; frottez-les de farine et faites-les revenir dans de la graisse jusqu'à ce qu'elles soient à moitié cuites; ayez un roux tout près dans lequel vous placez les anguilles. Mélangez alors deux cuillerées à café de poudre de Cury, une d'anchois, une de Soy, une de sauce de Windsor ou de Reading; ajoutez un ver de vin de Porto et un peu de jus de citron ainsi qu'un peu de poivre de Cayenne. On a dû commencer par mettre des herbes et de l'ognon dans le roux qui doit être assez épais. Faites bouillir pendant vingt minutes environ.

barres de bois ayant environ un pouce et demi carré, clouées sur un
cadre solide (fig. 1101). On place ce cadre devant les écluses et on le

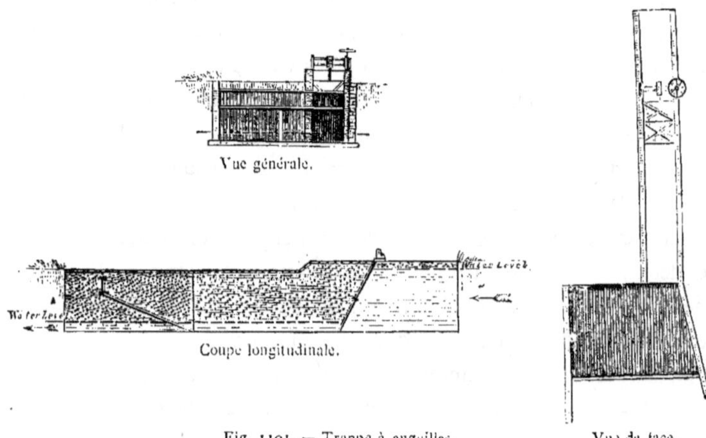

Fig. 1101. — Trappe à anguilles.

dispose de manière à ce que l'eau soit forcée de le traverser quand on
ouvre les portes ; à l'autre extrémité se trouve un grillage ayant environ deux pieds de haut. Quand on ouvre l'écluse, l'eau doit néces·
sairement passer à travers ce filtre qui retient les anguilles.

On présume que les grosses anguilles descendent la rivière pour
aller pondre dans l'eau saumâtre ; on pense qu'elles y périssent, car
on ne les voit jamais revenir dans leurs anciennes demeures. Les petites
anguilles, quand elles remontent les rivières, forment des bancs qui
contiennent des millions de ces poissons.

Nos anguilles sont excellentes, je suppose qu'elles se nourrissent de
truites, car elles aiment beaucoup le jeune poisson. Je ne pense pas que
beaucoup vivent dans les eaux de mon jardin ; tout au moins, je n'en
ai pas la preuve, mais je suppose qu'elles habitent en grand nombre le
cours supérieur de la rivière et qu'elles traversent mon jardin pendant
leurs migrations.

Bien que l'on considère l'anguille en Angleterre comme un mets très
recherché, les Écossais ne veulent pas y toucher. Il est certain qu'il se

perd chaque année dans les fleuves de l'Europe des milliers d'anguilles qui pourraient servir à l'alimentation.

On peut apprivoiser les anguilles, mais elles sont toujours inquiètes et très certainement se plaisent peu en prison. J'ai eu, pendant long-temps, une petite anguille apprivoisée, mais elle a fini par mourir d'in-digestion. A l'état sauvage, ce sont de curieuses créatures ; j'ai passé de longues heures à observer leurs habitudes dans la rivière Lea, où il y en avait une grande quantité. Elles affectionnent tout particulièrement les trous dans une rive verticale contre laquelle vient battre le courant. Elles se tiennent à l'entrée de leur trou et s'élancent avec la rapidité de l'éclair sur tout ce qui passe à leur portée ; quand elles ont saisi un poisson, elles l'emportent dans leur trou. Si on découvre le trou d'une anguille, on peut essayer de la pêcher en lui présentant un ver ; elle le prend ordinairement, mais quelquefois aussi elle le refuse, et alors elle le rejette hors de son trou ; on peut essayer de nouveau au bout de quel-ques jours. Les anguilles sortent quelquefois pour se promener, et, par une chaude soirée, on peut les voir glisser dans les endroits peu pro-fonds pour attraper les jeunes poissons. Mais elles reviennent toujours à leur habitation où on peut les voir tous les jours, jusqu'à ce qu'on les ait attrapées. Quand l'atmosphère est chargée d'électricité, les anguilles sont très actives.

C'est l'anguille à nez pointu qui visite notre jardin.

Hérodote dit que le Nil produisait l'anguille ; c'était un poisson sacré.

La Lamproie des rivières (*Petromyzon fluviatilis*, fig. 1102) visite mes ruisseaux en janvier et en février, mais je ne saurais dire pour-quoi elle y vient. Pendant les journées chaudes, on peut les voir par groupes faire un trou dans le gravier ; je n'ai jamais pu découvrir dans quel but. Les lamproies choisissent quelquefois un endroit où les truites déposent leurs œufs et quelquefois un autre endroit. Leurs mouvements sont très gracieux ; si elles s'éloignent du trou dont je parlais tout à l'heure, elles y reviennent bientôt. Pour faire ce trou, elles montrent une agilité et une force considérables. Je les ai vues, par exemple, saisir une grosse pierre avec leur bouche et l'enlever par un seul

effort de la queue. Il est très probable qu'elles viennent visiter mes
ruisseaux pour y déposer leurs œufs, bien que je n'aie jamais vu aucun

Fig. 1102. — Lamproie.

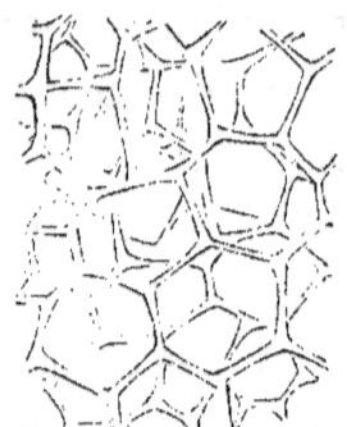

Fig. 1103. — Conformation
du cartilage de la Lamproie.

jeune. Au bout d'un certain temps, elles quittent la rivière pour aller
je ne sais où. Un fait toutefois est certain, c'est qu'on n'a jamais vu une
lamproie en été, ni dans les ruisseaux de mon jardin, ni dans les
autres parties de la Wandle. Celles qui visitent mon jardin sont beaucoup plus petites que celles trouvées dans la Tamise et que l'on attrape
en nombre considérable à Teddington et à Hampton Weirs; on les
vend aux pêcheurs de morue pour en faire des appâts ; d'ailleurs, ce
poisson conservé est excellent pour l'alimentation humaine.

Le caractère anatomique de la lamproie est fort curieux en ce qu'elle
a un cartilage au lieu d'arêtes. La fig. 1103, que j'emprunte à Quckett,
représente ce cartilage. Ce poisson a, pour respirer, sept ouvertures de
chaque côté de la tête, ce qui lui fait souvent donner le nom de Sept-
Yeux. Le peuple, qui compte ces
sept ouvertures et y ajoute l'œil et
l'oreille, l'appelle ordinairement le
Neuf-Yeux.

Mes petits ruisseaux contiennent des quantités considérables
de Cotte Chabot ou Chapsot (*Cot-
tus Gobio*, (fig, 1104). Ces pois-

Fig. 1104. — Cotte Chabot.

sons sont très voraces ; ils se cachent au milieu des pierres et dévorent
les œufs et les jeunes truites qui passent à leur portée. Je n'ai jamais
pu savoir où ils déposent leurs œufs. J'ai quelquefois trouvé ces

poissons dans les boîtes où j'élève des truites, sans que j'aie jamais pu m'expliquer comment ils ont fait pour y entrer.

Le poisson blanc (*Leuciscus vulgaris*, fig. 1105) habite le cours

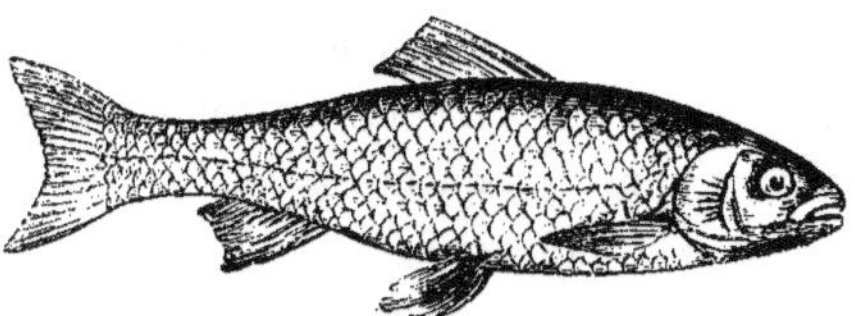

Fig. 1105. — Poisson blanc.

inférieur de la Wandle, et quelquefois, mais rarement, j'en ai vu dans mon jardin. Ces poissons n'ont comparativement pas de valeur dans une rivière fréquentée par les truites; aussi faut-il les détruire avec soin. Un jour, une troupe de ces gros poissons est venue se montrer auprès de la surface de l'eau, à Mitcham, et j'ai pu alors m'en procurer un.

Dans tout le cours de la Wandle, on trouve beaucoup d'Épinoches appartenant au genre que les savants appellent *Gasterosteus semiarmatus* (fig. 1106). Les épinoches sont très batailleurs et fort amusants;

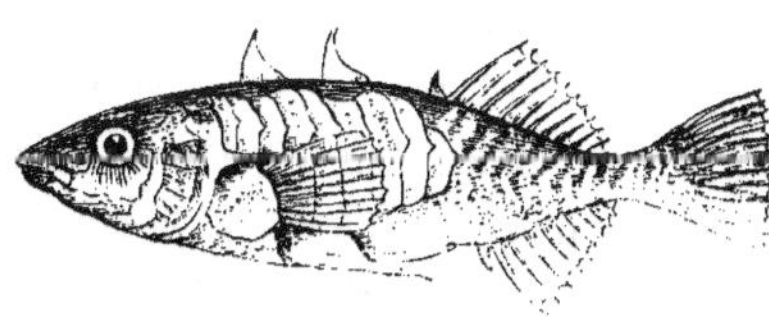

Fig. 1106. — Épinoche.

ils construisent un nid et le défendent. Dans le courant de mai, j'observai un épinoche qui gardait un endroit ayant un petit diamètre et qui chassait tous les poissons qui s'en approchaient. En regardant avec attention, je vis au fond de l'eau quelque chose de circulaire composé de fibres, ayant environ deux pouces de diamètre, et arrangé de façon à ne pas dépasser le niveau du fond de la rivière. Pensant que c'était un nid, je soulevai cette petite masse avec soin et y trouvai deux paquets d'œufs ayant à peu près la grosseur d'une forte tête d'épingle. Je replaçai immédiatement le tout aussi bien que je pus à son ancienne place, mais le poisson ne fut pas satisfait de mon arrangement et se remit immédiatement à l'ouvrage pour réajuster son nid. Il allait chercher des petits morceaux

de fibre, les jetait dans la masse et arrangeait de nouveau les plus
grosses fibres qu'elle contenait. Un des paquets d'œufs sortait un peu
du nid, il le tira tout à fait dehors et commença à manger les œufs ;
je l'empêchai de continuer en m'emparant des œufs que je plaçai dans
un vase avec quelques plantes aquatiques et où bientôt après j'obtins
de charmants petits poissons. L'épinoche continuait toujours à travailler à son nid ; il apportait quelquefois un morceau de fibre dans
sa bouche et le jetait avec violence dans la masse ; d'autres fois il pesait
de tout son corps sur son nid pour le diminuer de hauteur. Quand il
fut satisfait de son ouvrage, il se remit à monter la garde, s'élançant

Fig. 1107. — Nid d'Épinoche.

contre tous les poissons qui passaient près de lui. Ce nid diffère de
celui que, selon le révérend M. Wood, construit une autre espèce
d'épinoche ; ce dernier consisterait seulement en quelques fibres
placées au-dessus des œufs déposés dans un trou au fond de la rivière.
J'observai mon épinoche plusieurs jours de suite, m'amusant quelquefois à déranger le nid pour avoir le plaisir de le lui voir refaire. Plus
tard, j'en trouvai une grande quantité, chacun défendu par un gardien,
et, au mois de mai, je m'arrange toujours de façon à pouvoir montrer
à mes nombreux visiteurs un nid d'épinoche (fig. 1107).

Il y a quelques années, j'ai introduit dans la rivière une grande
quantité de tanches (*Tinca vulgaris*); mais elles ne semblent pas s'être
multipliées et c'est à peine si on en voit une de temps en temps. En
un mot, tous ces essais d'acclimatation ont été inutiles.

Il n'y a dans mon jardin ni brochet, ni perche, ni meunier, ni gardon,
ni rouget, ni goujon, ni véron, ni ablette, ni carpe, bien que l'on trouve

dans quelques parties de la rivière des brochets, des perches, des gardons et des loches.

Les petits poissons rouges aiment l'eau chaude. J'en ai placé quelques-uns dans le lac de la serre à fougères où l'eau a environ 50° F. (10 degrés centigrades), et quelques-autres dans le réservoir, à l'extrémité la plus chaude de la même serre. Ceux qui se trouvent dans l'eau chaude sont très actifs et très enjoués; rien ne m'amusait comme de leur présenter un morceau de biscuit que je tenais fortement entre mes doigts, car ils se précipitaient tous sur le biscuit et se battaient pour s'en emparer; mais bientôt les chats mirent fin à mes amusements aussi bien qu'aux gambades des poissons, car ils parvinrent à les saisir avec leurs griffes et ne m'en laissèrent pas un seul. Les poissons rouges déposent leurs œufs sur les plantes aquatiques, et j'en ai fait éclore beaucoup en me contentant de placer au soleil des vases contenant ces plantes couvertes d'œufs.

LES REPTILES.

Il n'y a dans mon jardin aucune espèce de serpents; je n'ai ni Couleuvre (*Tropidonotus natrix*), ni Vipère (*Pelias Berus*), ni Orvraie (*Anguis fragilis*). On a vu cependant quelquefois la couleuvre dans des champs, à peu de distance de chez moi.

J'ai vu quelquefois des lézards (*Lacerta agilis*) dans les parties de mon jardin où je cultive les saxifrages et les joubarbes. Ce lézard est très actif; on le trouve dans tous les environs de Londres. On parvient à l'apprivoiser, mais pas aussi facilement que le charmant lézard vert de France et d'Italie que je n'ai jamais vu en Angleterre. J'ai rapporté ce lézard de la forêt de Fontainebleau en France; j'en ai attrapé à Pompéia, et j'en ai vu des milliers sur les murs de Naples et dans les haies autour de Florence; j'espère bien un jour en établir une colonie dans mon jardin. J'en avais même rassemblé un assez grand nombre à Florence dans ce but, mais ils parvinrent à s'échapper; ils me causèrent même, beaucoup d'inquiétude, car je craignais qu'ils n'entrassent dans ia chambre d'une jeune dame qui souffrait de la fièvre et qui était assez folle pour avoir peur de ces petits animaux.

La Grenouille *Rana temporaria*, fig. 1108) se trouve dans mon jardin, bien qu'il n'y ait pas de têtards dans mes petits ruisseaux, mais

Fig. 1108. — Grenouille.   Fig. 1109. — Crapaud.

seulement dans un petit étang artificiel. La grenouille se nourrit principalement de vers et d'insectes.

Il y a aussi quelques crapauds (*Bufo vulgaris*, fig. 1109) dans mon jardin, et c'est un animal que je protége beaucoup. Je les fais prendre en grand nombre pour les placer dans les serres où ils détruisent une quantité incroyable d'insectes et de limaces.

J'ai même eu des crapauds apprivoisés, et quelques-uns ont vécu chez moi pendant quelques années.

Un jour d'hiver, par accident, on m'envoya à Londres un crapaud dans le panier aux provisions. Maître Blanchet, mon chat, qui inspecte toujours le panier qui arrive de Wallington, découvrit le crapaud en un instant et d'un coup de patte lui arracha un œil. On retira immédiatement le pauvre crapaud des pattes du chat et on le plaça dans une petite serre d'appartement qui se trouve dans ma salle à manger ; il fut bientôt parfaitement apprivoisé ; nous le nourrissions avec des cancrelas que je faisais attraper pour lui. Je remarquai avec quelque intérêt que ce crapaud privé d'un œil ne frappait pas sa proie avec autant de rapidité qu'ils le font ordinairement. A l'état de nature, les crapauds frappent leur proie avec la rapidité de l'éclair ; ils fixent d'abord l'insecte et semblent calculer la distance exacte à laquelle il se trouve ; puis d'un coup de langue donné avec une telle vitesse que c'est à peine si on peut l'apercevoir, ils saisissent l'insecte et le portent à leur bouche. Toutefois, le crapaud ne peut pas atteindre sa victime d'aussi loin que le caméléon; ce dernier, après avoir bien considéré sa proie, allonge une langue qui a six ou huit pouces de long et qu'il emploie comme un organe de préhension. Il est bon d'enseigner aux enfants à aimer les crapauds, car ce sont des alliés très utiles dans un jardin.

J'ai emprunté à l'admirable ouvrage du révérend J. G. Wood, qui plus que tout autre peut-être a répandu le goût de l'histoire naturelle dans le peuple, les figures représentant la grenouille et le crapaud.

J'ai essayé d'acclimater la Tortue de terre, mais sans succès. Ces animaux s'éloignent beaucoup en été et se perdent. La tortue adore les fleurs jaunes, elle les aperçoit d'une distance considérable et fait tous ses efforts pour s'en approcher. Une de mes tortues fut tuée un jour à mille mètres de distance de chez moi. J'ai essayé aussi d'acclimater la tortue aquatique qui se nourrit d'insectes, et pour cela j'en ai fait placer plusieurs dans mon jardin; or, comme ces animaux vivent jusque dans le nord de l'Allemagne et surtout comme quelques-uns ont survécu au terrible hiver de 1870, j'ai bon espoir d'y arriver. Malheureusement quelques-unes de ces tortues sont sorties de mon jardin et ont été capturées par les gamins qui semblent être les ennemis acharnés de tout essai d'acclimatation. La tortue aquatique est très active; pendant les beaux jours, elle sort de l'eau et vient se chauffer au soleil sur la rive. Quand on la trouble, elle plonge rapidement et se cache au milieu des feuilles et des conferves, au fond de la rivière. Depuis que cet ouvrage a été écrit, les tortues semblent vouloir quitter mon jardin.

Pendant une de mes visites au lac Lomond, je trouvai un soir une tortue à bec de faucon. Cet animal était presque mort, autrement ç'eût été une belle créature à introduire dans mon jardin. Je me suis toujours demandé comment cette tortue avait pu remonter la Clyde et pénétrer dans le lac, et c'est un problème que je n'ai pas pu résoudre; on trouve cependant une assez grande quantité de ces tortues sur la côte.

Le docteur Günther a été assez bon pour me donner des œufs de *Siredon pisciformis* ou Lézard aquatique, qui sont très bien éclos dans des vases que j'avais placés dans ma serre à vigne. Après avoir atteint une certaine grosseur, ces lézards périrent tous, probablement parce

que je ne pus pas leur procurer la nourriture qui leur convient. Le
docteur Günther recommande vivement l'acclimatation de ces lézards
qui, dit-il, peuvent servir à l'alimentation ; mais il est probable que
l'eau de nos rivières est trop froide pour ce curieux animal, originaire
de l'Amérique méridionale.

MES ANIMAUX.

J'ai ordinairement un chien ou deux dans mon jardin, et parmi eux
j'en ai eu de fort curieux, mais aucun ne peut se comparer à Jack.
Jack vivait à l'état sauvage à Londres ; ordinairement il accompagnait
un policeman pendant son service de nuit ; bon enfant, ayant des amis
partout, il trouvait son déjeûner dans un endroit, son dîner dans un
autre. Il aimait surtout les enfants, et, dans les rues et les promenades,
était toujours au milieu d'eux ; bien des fois j'ai vu des enfants se suspendre au cou de Jack.

Un jour, cependant, un cocher de fiacre lui donna un coup de fouet ;
Jack, furieux, garda rancune à cet homme, et chaque fois qu'il venait à
Finsbury-Circus, il essayait de le précipiter à bas de son siége. Le
cocher déposa une plainte, et des agents de police me conseillèrent de
prendre le chien pour lui sauver la vie ; je l'adoptai donc, mais, en
ce faisant, je m'attirai de vives plaintes des autres amis de Jack.

Le lendemain du jour où je l'avais accueilli à la maison, il fit un bond
prodigieux pour s'échapper. Je le donnai alors à un étudiant d'Oxford
qui l'emmena avec lui et qui lui permit d'errer çà et là ; quelques ma-
riniers voyant un beau chien abandonné, essayèrent de le prendre avec
un filet, mais Jack entraîna hommes et filet dans la rivière d'où les
hommes ne sortirent qu'avec beaucoup de difficulté. Il vint alors me
retrouver à Londres.

Je le fis conduire à mon jardin par le chemin de fer, quelques
jours après il revint par la route, et ce ne fut pas sans difficulté que
je le décidai à habiter la campagne.

Un de ses tours favoris était d'entraîner mon meilleur chien de
chasse. Ils partaient tous deux, mais où allaient-ils, personne ne l'a

jamais bien su. Ils revenaient au bout d'un jour ou deux, la gueule pleine de sang et de poils, ce qui prouvait tout au moins qu'ils avaient été rendre visite à des lapins et à des lièvres et qu'ils les avaient dévorés.

Jack était un terrible mâtin qui avait l'habitude d'aller visiter tous les chiens du voisinage; un jour il se rendit dans une propriété où se trouve une meute; il y eut un terrible combat. Jack tua et blessa deux ou trois chiens, mais fut enfin accablé par le nombre et littéralement mis en pièces; il ne resta de lui que sa queue que je possède aujourd'hui montée sur un bâton et qui nous rappelle la misérable fin de la pauvre bête.

J'ai eu un autre chien appelé Gyp, qui avait aussi un singulier caractère. Il n'aboyait jamais, mais mordait toujours à la moindre provocation. Il ne tolérait pas qu'un étranger sortît du jardin avec un sac; il allait droit à lui et l'empoignait par le fond de sa culotte jusqu'à ce qu'il eût déposé le sac.

Une fois que Gyp était venu me rendre visite à ma maison de Londres, les agents de police ayant cru, pendant la nuit, découvrir les traces d'un voleur, montèrent sur le mur de mon jardin, mais il leur fut impossible d'aller plus loin, car Gyp les eût certainement attaqués.

Il avait grand soin que ni porcs, ni canards, ni oies, ni poulets n'approchassent jamais de sa pâtée.

Mon chien de chasse Sherry était aussi aimable que Gyp était batailleur. Il permettait aux cochons de lui voler ses aliments; il était si bon pour toutes les créatures, que les chats, les poulets, les canards et les oies venaient partager avec lui sa nourriture et sa niche, et le domestique qui le soignait était obligé de veiller à ce qu'il lui restât quelque chose à manger.

Dans un jardin comme le mien il faut nécessairement des chats. Les chats élevés dans un jardin sont à moitié sauvages sous certains rapports, et cependant ils sont encore dociles. Leur fourrure est beaucoup plus belle que celle des chats qui habitent les appartements.

Quelquefois mes chats se mettent à tuer les poulets; d'autres fois ils se mettent à tuer les truites, et dans ce cas il n'y a pas à hésiter, il faut les détruire ; un de mes chats, comme je crois l'avoir déjà dit, mangea tous mes poissons rouges. Quand on pêche, il faut faire grande attention, car on peut être à peu près certain que les chats sont cachés dans le voisinage et qu'ils se jetteront sur le poisson dès qu'il sera sur le sol. Un soir que je pêchais et que j'avais attrapé une truite, un de mes chats, plus impudent que les autres, sortit d'une haie voisine et s'élança sur le poisson avant que je ne l'eusse détaché de l'hameçon. Par un mouvement rapide et au risque de briser ma ligne, je fis décrire un cercle au poisson et je parvins à le saisir ; puis je donnai un bon coup de bâton au chat qui retourna, en criant, se cacher dans la haie.

Mes chats semblent avoir exterminé tous les rats aquatiques de mon jardin ; mais les rats bruns de terre font des invasions périodiques ; ils viennent alors en telle quantité que les chats ne sont pas de force à leur résister. Dans une de ces batailles, un de mes chats eut les oreilles déchirées ; il est rare d'ailleurs que mes chats survivent à un de ces combats. Je vis un jour un chat s'élancer sur une souris qui se cachait dans un fraisier. Le chat la porta dans un endroit découvert et lui rendit la liberté ; puis, quand elle eut fait trois ou quatre mètres, il se jeta de nouveau sur elle et se mit à la caresser avec sa patte et à la lécher comme si elle eut été un petit chat. La pauvre petite souris semblait implorer le chat qui fit semblant de l'abandonner ; elle essaya de se sauver encore une fois, mais le chat l'arrêta dans sa course et cette fois sembla l'avoir blessée, car elle ne remua plus ; après l'avoir considérée pendant quelques minutes, il la saisit dans sa gueule et l'écrasa entre ses dents avec autant de facilité qu'un homme aurait fait d'un radis. Je me suis souvent demandé pourquoi on trouve tant de cruauté dans la nature. Si un homme se conduisait envers un chat comme celui-ci se conduit envers la souris, il est certain qu'il serait sévèrement puni par n'importe quel juge.

En résumé, bien que les chats nous fassent quelques torts en attrapant le poisson et en tuant les oiseaux, ils nous rendent de bien plus grands services en tuant les lapins, les rats et les souris. Les souris détruisent les abeilles qui fécondent les fleurs ; elles détruisent aussi les graines et les ognons. Quand j'ai dessiné mon jardin, il y en avait des quantités considérables; aujourd'hui il y en a fort peu, car les chats les ont presque toutes détruites.

Dans un coin de mon jardin se trouve le tombeau d'un beau chat angora blanc, qui passa treize ans avec nous et qui était fort remarquable à tous égards. Tous les matins il venait assister à mon déjeuner, et, si je ne faisais pas attention à lui, il me prenait par la main. Il aimait beaucoup à attirer les chats étrangers dans la maison, puis à les chasser à terribles coups de griffes. Mais son histoire est trop longue pour que je la raconte ici. Il mourut de vieillesse, et une pierre portant le nom de Blanchet couvre ses restes.

Il y a quelques années, la neige resta sur le sol pendant fort longtemps à Londres, et le public fut tout étonné de marques en ligne droite qu'on voyait en certains endroits. Quelques imbéciles se figurèrent que ces marques étaient dues à l'intervention de Satan, et un de mes amis, homme de grand talent, ne put résister au désir de faire une farce. Il adressa à un journal une lettre fort détaillée, pleine de citations fabuleuses, pour démontrer que ces marques étaient faites par un animal arctique appelé l'unipède. Il me mit dans le secret et nous nous amusions beaucoup quand nous rencontrions des gens qui avaient lu la lettre et qui croyaient à l'existence de l'unipède. Ces marques étaient faites par des chats qui, en marchant sur la neige, posent le pied de derrière dans le trou qu'a fait le pied de devant; j'ai remarqué que les chevaux ont la même habitude.

Il est fort rare que nous voyions des écureuils dans le jardin; cependant il en vient de temps en temps quelques-uns pour se régaler de faînes. L'Écureuil (*Scurus vulgaris*, fig. 1110) s'apprivoise facilement quand il est jeune. C'est un charmant petit animal, un compagnon fort gai, mais il faut avoir grand soin de surveiller les rideaux, car il est très disposé à les déchirer. Les écureuils causent quelques ravages dans les jardins, mais ils constituent un véritable ornement dans un bois; il n'y a rien d'amusant comme de les voir courir de branche en branche.

Je n'ai vu qu'une fois un Hérisson (*Erinaceus europæus*, fig. 1111), bien que cet animal se trouve dans tous les environs de Londres. Le hérisson est carnivore et se nourrit d'insectes ; il est fort difficile de l'élever en captivité.

Fig. 1110. — Écureuil.

Fig. 1111. — Hérisson.

Il y a dans mon jardin deux espèces de chauves-souris, qui nous amusent beaucoup dans la soirée par leur vol si curieux. Il est très difficile de dire pourquoi ces intéressantes créatures ont été prises comme l'emblème des régions infernales, d'autant qu'elles nous rendent beaucoup de services en tuant les cousins et d'autres insectes. La chauve-souris frugivore n'existe pas en Angleterre ; cette chauve-souris se suspend par une patte, replie ses ailes autour d'elle et mange la tête en bas. Les chauves-souris sont de curieuses créatures ; il y en a beaucoup d'espèces en Angleterre. Je n'ai pas déterminé exactement quelles sont les deux espèces qui habitent mon jardin ; toutefois, l'une est plus grande que l'autre, et je crois avoir reconnu la Chauve-souris commune (*Scotophilus murinus*) et la grande Chauve-souris (*Scotophilus noctiluca* ; mais je n'ai aucune certitude à ce sujet.

La Taupe (*Talpa europea*, fig. 1112) vient dans mon jardin beaucoup plus que je ne voudrais. C'est un animal inquiet, vivant principalement dans l'obscurité, mais que l'on trouve quelquefois à la surface et que l'on peut alors facilement attraper. On ne peut le garder en captivité ; j'ai essayé d'en apprivoiser quelques-unes, mais elles sont toujours mortes au bout de quelques jours. A la place d'yeux, la taupe a

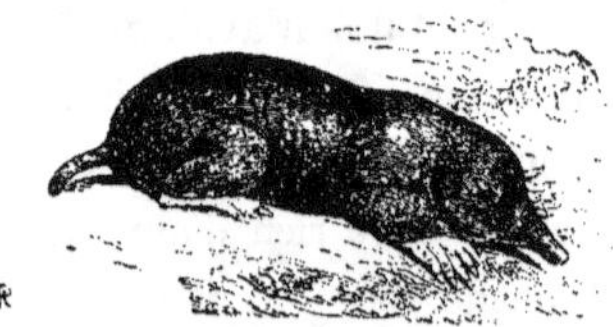

Fig. 1112. — Taupe.

de simples tubercules noirs ; elle est donc complètement aveugle. La taupe rendrait de grands services, car elle dévore les vers et d'autres insectes nuisibles, si elle ne déracinait pas si souvent des plantes précieuses.

On a publié, il y a quelques années, un article en faveur de la taupe, dans lequel l'auteur recommande de protéger cet animal. Les naturalistes étaient assez disposés à accepter les conclusions de cet article, mais les jardiniers démontrèrent que la taupe est un animal nuisible dans les jardins et que, dans la pratique, il faut l'attraper et la détruire chaque fois qu'on le peut; rien n'est désagréable en effet comme de voir ses plus belles plantes déracinées par elles. Il y en a un grand nombre dans le parc de Beddington qu'un petit ruisseau sépare de mon jardin. Je les attrape ordinairement à la traversée de ce ruisseau dans une souricière en fer disposée à cet effet. J'en ai pris un grand nombre dans les premiers temps de mon occupation du jardin; elles ont beaucoup diminué aujourd'hui.

On peut se servir de la fourrure de la taupe pour en faire des manteaux, mais il en faut une si grande quantité que cela devient fort dispendieux, et le manteau coûte environ 5oo francs.

Plutarque dit que les Égyptiens rendaient les honneurs divins à la taupe à cause de sa cécité, car ils considéraient les ténèbres comme plus anciennes que la lumière. Cet animal était consacré à Buh, l'une des divinités égyptiennes les plus anciennes.

Le Rat d'eau (*Arvicola amphibia,* fig. 1113) habite mon jardin. C'est une petite espèce de castor plutôt qu'un rat. Il creuse son trou sur le bord des rivières et contribue ainsi à miner les rives des rivières et des canaux. Il se nourrit de végétaux; on a dit qu'il a l'habitude de dévorer le poisson, mais c'est une erreur. Il se passe rarement un hiver sans qu'il ne me cause beaucoup de dommages en dévorant les racines d'un pommier ou de quelque autre arbre fruitier; il les coupe à quelques pouces du tronc (fig. 1113 a). On détruit le rat d'eau à coups de fusil; mais le chat vaut peut-être mieux, car les miens semblent avoir exterminé presque tous ceux qui se trouvaient dans mon jardin. Quand le rat d'eau entre dans l'eau, l'air adhère à ses poils; aussi dirait-on une boule d'argent qui circule à quelques pouces au-dessous de la surface ; sous ce rapport il ressemble à la musaraigne.

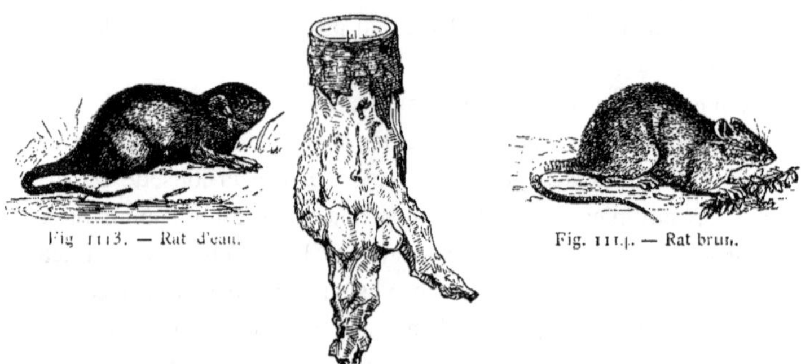

Fig. 1113. — Rat d'eau.

Fig. 1114. — Rat brun.

Fig. 1113 a. — Racine rongée par le rat d'eau.

Nous avons aussi le rat brun (*Mus decumanus*, fig. 1114), animal vorace et féroce, qui a été introduit en Angleterre et qui a exterminé notre rat national (*Mus rattus*).

Le rat brun s'est établi dans mon jardin ; il détruit mes jeunes poulets, blesse mes chats et mange mes graines et mes légumes. Un de mes jardiniers est venu me dire un jour qu'un de ces rats avait choisi, pour y faire son nid, une de mes plus belles fougères. En automne, de véritables armées de cette espèce de rat viennent quelquefois visiter mon jardin. On peut les empoisonner avec de la pâte au phosphore, mais si les chats ou même les cochons viennent à manger un de ces rats empoisonnés, ils s'empoisonnent eux-mêmes. Cette pâte se prépare en mêlant de la farine d'orge avec de l'eau chaude et en agitant dans le mélange des bâtons de phosphore qui se fondent et se disséminent dans toute la pâte. Le rat mine avec beaucoup de facilité, aussi est-il difficile de l'empêcher d'aller où bon lui semble. Il a de véritables magasins où il entasse des noix, des noisettes, des grains et d'autres aliments.

Je n'ai jamais vu le rat noir dans mon jardin, bien que j'en aie pris plusieurs dans ma maison de Londres ; je les ai envoyés au jardin zoologique. Les rats s'apprivoisent facilement : j'ai vu pendant des revues des soldats français en porter un sur leur épaule ; j'en ai eu un qui se plaçait sur l'épaule d'un de mes domestiques quand nous traversions Londres.

La Souris commune (*Mus musculus*, fig. 1115) habite mon jardin. C'est une jolie petite créature, mais très redoutable, car elle mange toutes les graines et tous les ognons. Quand les souris se développent

Fig. 1115. — Souris commune.

Fig. 1116. — Souris des champs.

trop et que les chats ne suffisent pas à les détruire, il faut établir des souricières. La pâte au phosphore les tue très facilement.

La Souris des champs (*Mus sylvatica*, fig. 1116) se trouvait dans mon jardin en quantité très considérable, mais les chats les ont presque toutes détruites, et il en reste si peu que je ne saurais dire si elles causent de grands dommages.

La curieuse petite souris des moissons (*Mus messorius*, fig. 1117) existe dans tout notre district, mais on ne la voit guère qu'au mois d'août. C'est le plus petit des quadrupèdes anglais; il m'a été impossible d'étudier son histoire naturelle.

Fig. 1117. — Souris des moissons.

Fig. 1118. — Campagnol à courte queue.

Le Campagnol à courte queue (*Arvicola pratensis*, fig. 1118) vient quelquefois dans mon jardin, mais je ne sais rien sur ses habitudes.

Il y a dans mon jardin beaucoup de Musettes (*Sorex araneus*, fig. 1119). Bien que les chats tuent cet animal, ils ne le mangent jamais. La musette se nourrit entièrement d'insectes et de vers, et est par conséquent une excellente alliée du jardinier.

On voit de temps en temps dans les ruisseaux une Musaraigne d'eau

Fig. 1119. — Musette.

Fig. 1120 — Musaraigne d'eau.

(*Sorex fodiens*, fig. 1120). C'est un animal très timide; il est par conséquent très difficile d'observer ses habitudes. Quand la musaraigne entre dans l'eau, l'air s'attache à sa fourrure, et quand le soleil brille on dirait, comme pour le rat d'eau, une boule de verre qui circule au-dessous de la surface; c'est un spectacle qui étonne beaucoup quiconque n'y est pas habitué. J'engage vivement ceux qui demeurent auprès d'un ruisseau dont l'eau est très limpide, à observer cette curieuse créature ; mais il faut avoir soin de rester parfaitement immobile, car la musaraigne est très timide et plonge très rapidement.

J'ai vu quelquefois, mais très rarement, l'Hermine d'été (*Mustela erminea*, fig. 1121). J'en ai pris une un jour au moment où elle sautait sur un lapin; un seul coup de dent sur la tête de sa victime suffit pour la tuer.

Fig. 1121. Hermine d'été.

Fig. 1122. — Belette.

Je crois avoir vu aussi quelques Belettes (*Mustela vulgaris*, fig. 1122). Bien que les gardes-chasse détruisent impitoyablement cet animal, on pense qu'il rend de véritables services en détruisant les rats et les souris. Toutefois, je le connais trop peu pour pouvoir dire s'il est utile ou nuisible.

LE LAPIN.

Nous n'avons heureusement pas beaucoup à souffrir des incursions des Lapins (*Lepus cuniculus*), bien que, de temps en temps, il en vienne quelques-uns du Parc de Beddington. Partout où ils sont nombreux, les lapins causent des dommages incalculables. Je connais une propriété en Écosse, où les lapins tués chaque année rapportent entre 15 et 20,000 francs. Au printemps et en été, ils dévorent les jeunes branches et les fleurs, tout-à-fait au commencement du printemps ils détruisent un grand nombre de jeunes arbres en mangeant l'écorce dont ils paraissent très friands à cette époque. Quand la sève commence à circuler, les jeunes pousses des arbres forment une excellente nourriture pour les animaux pourvus de dents disposées de façon à pouvoir les mastiquer; on m'a dit que, dans les forêts de l'Amérique, un grand nombre d'animaux des forêts accourent pour dévorer les jeunes pousses quand ils entendent un bûcheron abattre un arbre. Une fois, mes vaches ont enlevé toute l'écorce de plusieurs jeunes noyers; il est donc nécessaire de protéger les jeunes arbres contre les bestiaux. On peut apprivoiser le lapin de garenne, et c'est alors un compagnon fort amusant.

Il n'y a pas de Loir (*Myoxus avellanarius*) dans mon jardin, bien que j'en aie vu beaucoup dans les environs de Tunbridge. Cet animal construit un nid curieux qui ressemble un peu à celui d'un oiseau; quand les feuilles tombent, on découvre souvent ces nids et on peut s'en emparer ainsi que du loir. Les loirs sont communs dans tout le comté de Kent, et on m'a dit qu'on en trouve beaucoup à quelques milles de mon jardin. Les nids que j'ai trouvés avec le loir à l'intérieur paraissent complétement fermés; j'en conclus que cet animal bouche l'ouverture de son nid quand il y entre, de sorte qu'il ressemble à une boule d'herbe et de feuilles.

Je ne crois pas que la Loutre habite actuellement la vallée de la Wandle; cependant on en a tué deux grosses, il y a quelques années, dans le parc de Carshalton; l'une d'elles a été empaillée et se trouve actuellement dans le château de Beddington.

LES OISEAUX.

Quelque beau que soit un jardin, il n'est jamais complet s'il n'est fréquenté par beaucoup d'oiseaux. J'éprouve chaque année, quand arrive le rossignol, un moment d'inquiétude jusqu'à ce que je sache combien il y en a dans mon jardin. Mon fils, qui s'occupe particulièrement des oiseaux, en a observé 104 espèces différentes dans le jardin ; Brewer, dans sa flore de Surrey, indique les noms de 115 espèces. Sur les espèces qu'on a observées dans mon jardin, les unes sont rares, les autres ne font que passer. Beaucoup viennent du sud pour passer l'été, quelques-unes viennent du nord pour passer l'hiver, d'autres demeurent toute l'année avec nous.

Le lac est le rendez-vous de beaucoup d'oiseaux aquatiques. Un certain hiver, au moment le plus froid, nous avons reçu la visite d'un Cygne sauvage (*Cygnus ferus*, fig. 1123). Il vint se poser sur le lac et s'installa tranquillement sur la même pièce d'eau que les autres cygnes,

Fig. 1123. — Cygne sauvage.

bien qu'il se tint toujours à une certaine distance. Quand vint le moment de couver, les cygnes communs ne voulurent plus tolérer sa présence et le chassèrent ignominieusement du lac.

J'ai fait établir sur l'île une niche où les cygnes à bec rouge (*Cygnus olor*, fig. 1124) font leur nid et élèvent leurs petits. Ils en ont tantôt cinq, tantôt sept par portée. Les parents surveillent leurs jeunes avec une sollicitude inquiète; à la moindre alarme, les petits grimpent sur le dos de la femelle qui les emporte avec elle.

Dans ces occasions, le mâle reste auprès de la femelle, disposé à livrer combat à tous les agresseurs, et malheur au chien qui viendrait à sa portée; lui, cependant, ne porte jamais les jeunes sur son dos. Un rat vint un jour s'établir dans un trou près du nid des cygnes; le cygne mâle le découvrit et plongea son bec dans le trou;

Fig. 1124. — Cygne à bec rouge.　　　　Fig. 1124 a. — Tête de Cygne.

chaque fois il ramenait un jeune rat qu'il écrasait. Mon cygne mâle (fig. 1124 a) a une marque rose vif de chaque côté de la tête, elle est produite par des plumes colorées qui poussent après la mue et qui persistent jusqu'au mois de juillet suivant.

Les jeunes cygnes atteignent une assez grosse taille vers la fin de septembre; nous les attrapons ordinairement à cette époque pour les engraisser. Dans ce but, je fais disposer pour eux un enclos dans le ruisseau au cresson et je les fais nourrir avec du biscuit de blé, ce qui est assez dispendieux; à Norwich on prend 25 francs pour engraisser un cygne d'après ce système. Ils atteignent alors un poids considérable. Avant de manger le cygne, il faut le garder mort deux ou trois semaines pour que la viande devienne tendre; on le fait ordinairement rôtir. Le cygne a à peu près le même goût que le canard sauvage et, comme ce dernier, il faut l'accommoder avec du citron et du poivre de Cayenne.

Si on laisse les jeunes avec leurs parents, ceux-ci les chassent un peu avant Noël, et si on n'a pas eu le soin de leur couper les ailes, ils s'élèvent en l'air de la manière la plus gracieuse et vont visiter quelqu'autre endroit. Ces vols de cygnes offrent un spectacle magnifique. C'est le professeur Owen qui m'a conseillé d'avoir des cygnes pour détruire l'Anacharis, herbe aquatique américaine qui envahissait tous les cours d'eau de mon jardin; le conseil est excellent, car un couple de cygnes avec leurs jeunes détruisent une quantité prodigieuse de cette herbe dans le courant d'une seule année. On ne donne à manger au cygne qu'au printemps, mais j'ai trouvé qu'il fallait leur donner du biscuit trempé depuis la mi-janvier jusqu'au mois de mai, car j'ai perdu une fois une femelle pendant la période d'incubation, probablement parce qu'elle n'avait pas assez à manger. M. Frank Buckland dit que les cygnes se rendent coupables de la destruction des œufs de poisson. Je crois pouvoir affirmer qu'ils sont innocents, tout au moins en ce qui concerne les œufs de la truite.

J'entretiens quelques canards blancs sur le lac; ils l'égaient par leur vivacité. Le bruit qu'ils font est étonnant et ils sont fort utiles pour attirer les canards sauvages, les siffleurs et les sarcelles qui passent au-dessus du jardin. Leur bec est pourvu de nerfs très puissants, de telle façon que, lorsqu'ils plongent la tête sous l'eau, ils peuvent aller chercher dans le sable tous les œufs de poisson qui s'y trouvent. Par conséquent, si l'on veut avoir beaucoup de truites, il faut empêcher les

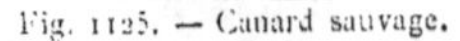

Fig. 1125. — Canard sauvage.

Fig. 1126. — Sarcelle.

canards de visiter les endroits où elles pondent. C'est le cri de la femelle qui semble attirer les oiseaux sauvages. Le cri du mâle est moins distinct, il ressemble plus à un coup de sifflet, surtout pendant la saison de reproduction. Le jardinier dressa les petits canards, élevés l'année dernière, à plonger pour aller chercher leur nourriture. Rien d'amusant comme de leur jeter de l'orge dans le lac et de les voir plonger et manger sous l'eau. Je n'ai jamais vu les parents plonger; je ne sais donc pas si cette habitude est naturelle ou si elle a été acquise par l'éducation.

Pendant l'hiver nous avons le Canard sauvage (*Anas boschas*, fig. 1125), la Sarcelle (*Querquedula crecca*, fig. 1126), le Canard siffleur (*Anas penelope*, fig. 1127)

Fig. 1127. — Canard siffleur.

et le Canard huppé (*Fuligula cristata*, fig. 1128).

En janvier 1871, mon jardinier tua, près du moulin, un Harle fe-

Fig. 1128. — Canard huppé.

Fig. 1129. — Harle ou Canard de Smee.

melle (*Mergus albellus*, fig. 1129). Sur la côte de Norfolk, on appelle cet oiseau le canard de Smee, mais je ne saurais dire comment il se fait qu'il porte mon nom. Il est un fait remarquable à propos de ce dernier oiseau, c'est que tous ceux qui ont été tués en Angleterre sont des femelles ou des jeunes; il est donc probable que les mâles adultes visitent rarement notre pays. Le harle mâle est un magnifique oiseau. Bien que son plumage en hiver soit simplement blanc et noir, il n'en est pas moins remarquable et présente un but excellent au fusil du chasseur. Ces oiseaux sont, dit-on, très timides et excellents plongeurs; ils supportent moins bien le froid que les autres membres de la famille des canards. On sait fort peu de chose sur l'époque à laquelle ils couvent et sur le lieu où ils élèvent leurs petits.

Nous n'avons que quelques petits Grèbes (*Podiceps minor*, fig. 1130); auprès de Croydon on en trouve, au contraire, de grandes quantités. Cet oiseau plonge pour chercher sa nourriture; il est très

Fig. 1130. — Petit Grèbe
(1/6 de grandeur
naturelle).

Fig. 1131. — Grèbe d'Esclavonie
(1/6 de grandeur naturelle).

timide, de sorte que je n'ai guère pu l'étudier. Le grèbe vient plus fréquemment chez nous en hiver qu'en été; quelquefois il se reproduit dans mon jardin. J'ai trouvé une fois sur le lac un spécimen du grèbe d'Esclavonie (*Podiceps Cornutus*, fig. 1131).

Le Râle d'eau (*Rallus aquaticus*, fig. 1132) fréquente mon lac en hiver depuis quelques années. J'ai trouvé en été, dans mes prés, le Râle de genêt (*Crex pratensis*, fig. 1133).

La Poule d'eau (*Gallinula chloropus,* fig. 1134) existe en grand nombre sur le lac et constitue un véritable ornement. Cet oiseau se reproduit très bien dans mon jardin ; il construit quelquefois son nid dans

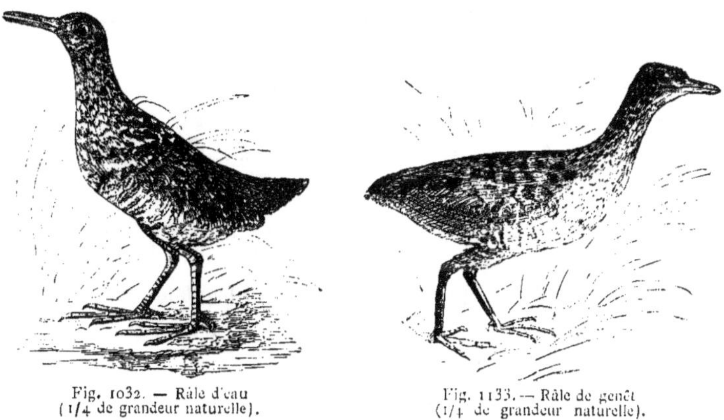

Fig. 1032. — Râle d'eau
(1/4 de grandeur naturelle).

Fig. 1133. — Râle de genêt
(1/4 de grandeur naturelle).

les joncs, juste au-dessus du niveau de l'eau et quelquefois dans les buissons qui entourent le lac ; le nid que j'ai fait représenter (fig. 1135)

Fig. 1134. — Poule d'eau.

Fig. 1135. — Nid de Poule d'eau.

se trouvait dans un groseiller. Il est fort intéressant de voir la poule d'eau entourée de ses petits, les conduire dès qu'ils sont éclos sur le lac et leur montrer où ils peuvent trouver des aliments. Les Cygnes et surtout le Cygne mâle les pourchassent et tuent les petits chaque fois qu'ils les attrapent. J'ai vu une fois une poule d'eau défendre héroïquement ses petits ; elle se jeta sans hésitation sur le cygne en ayant soin de se tenir hors de portée de son bec. Elle parvint par cette manœuvre à détourner l'attention du cygne et, pendant ce temps, les petits très effrayés purent se retirer en lieu sûr, à l'exception d'un seul que le cygne parvint à saisir et qu'il écrasa dans son bec. Si la nourriture est rare, les poules d'eau mangent les laitues et les choux; mais, en règle générale, elles se nourrissent exclusivement de plantes aquatiques. Ces oiseaux sont si rarement molestés qu'ils deviennent très hardis et se promènent pendant la journée dans les allées qui entourent le lac. Toutefois, ils ne se débarrassent jamais complétement de leur timidité. Quand, par hasard, mon fils en tue deux ou trois, les autres vont se percher au sommet des plus hauts arbres ou vont se cacher dans les haies, et on ne les revoit pas de quelques jours. On dit que la poule d'eau s'enfonce quelquefois dans l'eau en ne laissant sortir que son bec pour respirer; de cette façon elle passe inaperçue.

Le Foulque macroule (*Fulica atra*, fig. 1136) fréquente notre lac depuis deux ou trois ans; on en a tué deux comme spécimens;

Fig. 1136. — Foulque macroule
(1/6 de grandeur naturelle).

Fig. 1137. — Héron.

autrement il est désirable de les garder, car ils appellent par leurs cris beaucoup d'autres oiseaux.

J'ai vu quelquefois passer des oies sauvages au-dessus du jardin, mais elles ne se sont jamais abattues.

Le Héron (*Ardea cinerea*, fig. 1137) fréquente mon lac. Bien que cet oiseau ait le vol si élégant et qu'il soit si intéressant à observer, je n'accueille jamais ses visites avec plaisir, d'autant qu'il aime mieux les faire pendant la nuit. Le héron est un terrible ennemi des truites ; il se place dans les endroits où l'eau est peu profonde, et si une truite s'approche de lui, il la transperce immédiatement d'un seul coup de son bec puissant ; il détruit ainsi pour son plaisir beaucoup de beaux poissons, outre ceux qu'il dévore. Aussi, si l'on veut avoir des hérons, il faut renoncer aux poissons, et si l'on veut des poissons, il faut chasser avec soin les hérons. Sur le cours supérieur de la Wandle, il y a toujours des chasseurs qui passent la nuit pour chasser le héron ; souvent aussi on les prend au piége.

Les hérons construisent leur nid au sommet des plus hauts arbres. Les nids les plus proches de mon jardin se trouvent dans le parc de Cobham, auprès de Gravesend ; il y en a un autre à Claremont sur la rivière Mole. Il y en avait anciennement à Wanstead, et j'en ai vu un à Chigwell dans le comté d'Essex ; enfin, j'ai entendu parler de nids de hérons dans le parc de Windsor. Ces oiseaux visitent le parc de Beddington et mon jardin ; ils viennent probablement de Claremont.

Pendant quinze ou seize jours de suite, au mois de février 1871, et toujours dans la soirée, nous avons vu dans le jardin un oiseau que nous avons supposé être une Grue (*Grus cinerea*) ; mais nous n'en sommes pas absolument sûrs.

La Bécasse (*Scolopax rusticola*, fig. 1138) fréquente mon jardin,

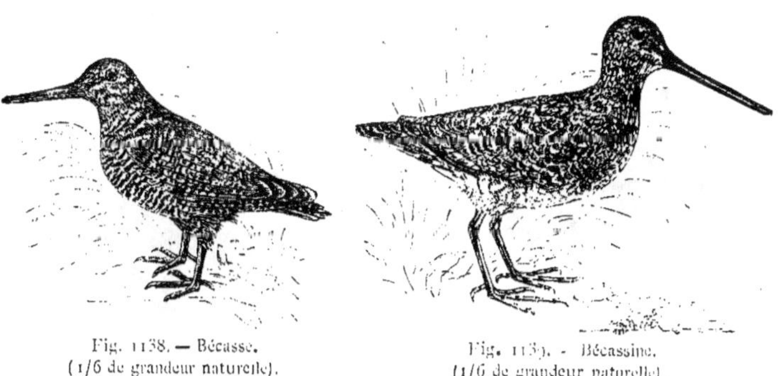

Fig. 1138. — Bécasse.
(1/6 de grandeur naturelle).

Fig. 1139. — Bécassine.
(1/6 de grandeur naturelle).

ainsi que deux espèces de bécassines : la Bécassine commune (*Scolopax gallinago*, fig. 1139) que l'on trouve abondamment chaque hiver sur les terrains où l'on déverse les eaux vannes de Croydon, et la petite bécassine (*Scolopax gallinula*, fig. 1140) que l'on trouve en plus petite quantité, mais que l'on rencontre cependant chaque hiver. Quand il gèle

Fig. 1140. — Petite bécassine.

Fig. 1141. — Chevalier guiguette.

et quand il neige, on trouve ordinairement des bécassines dans nos plantations de fougères et de rosiers.

Quelques Chevaliers guiguette (*Totanus hypoleucus*, fig. 1141) viennent chaque année dans mon jardin. On y voit quelquefois aussi le Chevalier cul-blanc (*Totanus ochropus*). J'ai vu quelquefois aussi passer pendant leur migration d'automne le courlieu et le pluvier. On voit très rarement des mouettes, et elles sont toujours à une grande hauteur ; cependant mon jardinier a vu une mouette se poser dans un de mes étangs.

Le Vanneau huppé (*Vanellus cristatus*, fig. 1142) fréquente mon

Fig. 1142. — Vanneau huppé.

Fig. 1143. — Perdrix.

jardin ; mon jardinier m'affirme qu'il a vu en hiver dans le Parc de Beddington le Pluvier doré (*Charadrius pluvialis*). La Perdrix grise (*Perdix cinerea*, fig. 1143) et le faisan nous visitent de temps en temps; j'ai vu une caille dans une de mes prairies. Les perdrix existent en quantité assez considérable sur les collines environnantes, et anciennement on élevait les faisans dans le parc qui se trouve près de mon jardin.

La Tourterelle (*Columba Turtur*, fig. 1144) paraît en nombre assez considérable au mois d'août; le Colombin (*Columba œnas*), oiseau très timide, fréquente aussi le voisinage.

Fig. 1144. — Tourterelle (1/6ᵉ de grandeur naturelle.

Le Pigeon ramier (*Columba Palumbus*, fig. 1145) habite mon jardin toute l'année et se reproduit dans les grands arbres du parc de Beddington. Ils viennent se baigner presque tous les jours dans mes ruisseaux. Le pigeon ramier est un oiseau intéressant. Au jardin des Tuileries, à Paris, on les voyait quelquefois perchés par douzaines sur les branches des arbres. Chaque fois que j'allais à Paris, je ne manquais pas de rendre visite aux pigeons ramiers et de leur porter les miettes de ma table. Il était fort curieux de voir, au milieu d'une grande ville, un des oiseaux les plus sauvages qu'il y ait, descendre, à l'appel de l'homme, du sommet des plus hauts arbres, pour prendre du pain dans sa main ou même entre ses lèvres. Mon fils, qui

Fig. 1145. — Pigeon ramier (1/6ᵉ de grandeur naturelle).

a visité Paris en décembre 1871, me dit que tout est aujourd'hui changé et qu'il n'a pas vu un seul pigeon ramier dans les Tuileries, bien qu'il les ait cherchés avec soin. On ne saura probablement jamais si ce oiseau timide a été chassé de Paris par le bombardement allemand s'il a été effrayé par les terribles incendies qui ont embrasé la ville

pendant les derniers jours de la Commune ou s'il a servi à l'alimentation pendant le premier siége.

Je voudrais pouvoir faire dans mon jardin ce qu'on a fait aux Tuileries et apprivoiser les pigeons ramiers, ce qui serait facile avec de la
patience et de la douceur, mais il y a malheureusement dans notre district trop d'ennemis des oiseaux, pour qu'ils perdent leur timidité.

Pendant l'automne de 1869, des bandes de pigeons ramiers comprenant de 100 à 500 individus passèrent pendant plusieurs jours au-
dessus de mon jardin, le plus ordinairement dans la matinée; ils se
dirigeaient vers le sud sud-ouest. Le 3 janvier 1870, une bande, contenant probablement 6 ou 7000 pigeons venant du nord-ouest, passa en
se dirigeant vers le sud-ouest. Ces oiseaux paraissaient fatigués et beaucoup se posèrent sur les grands ormes; après s'être reposés quelque
temps, ils reprirent leur vol. On n'en a pas revu pendant quelques semaines dans le voisinage et ils ne reparurent qu'au mois de mai
comme à l'ordinaire.

Le Biset (*Columba Livia*) construit son nid dans les trous des
rochers; je ne sais pas s'il se reproduit dans le voisinage de mon
jardin. Le Biset est la souche du pigeon voyageur qui rend tant de services. M. Tegetmeier raconte que, pendant le siége de Paris, on fit
sortir en ballon de cette ville environ 300 pigeons appartenant à un
éleveur belge, puis qu'on les fit partir de la province pour porter les
nouvelles dans la ville assiégée. On composait en caractères ordinaires
les messages à envoyer et on les photographiait sur une couche de collodion; il était impossible de rien déchiffrer à l'œil nu, mais on n'avait
qu'à placer cette couche de collodion sous un microscope pour lire distinctement la dépèche. Ces messagers aériens déjouèrent tous les efforts
des Allemands; ceux-ci employèrent des faucons pour tuer les pigeons,
mais sans succès. Avant l'invention du télégraphe électrique, on se
servait beaucoup des pigeons comme messagers, et je me rappelle,
quand j'étais gamin, avoir vu près de chez moi un grand établissement
où on élevait des pigeons dans ce but. J'ai moi-même élevé des pigeons
qui revenaient chaque fois que je les expédiais à quelque distance.
Quelques personnes croient que les pigeons possèdent un instinct qui

leur permet de retrouver le chemin de leur pigeonnier, même si on les transporte à des distances très considérables, mais il n'en est rien. Il faut, au contraire, les élever avec soin et leur apprendre, par de nombreux voyages, à retrouver leur chemin; on s'y prend ordinairement de la manière suivante. On choisit un oiseau ayant le cerveau aussi développé que possible et qui semble posséder une certaine intelligence naturelle; il faut, en outre, que ses ailes soient pourvus de plumes larges et bien droites quand elles sont étendues. On porte cet oiseau le premier jour à une courte distance; le second jour, on double la distance et on va ainsi, de degré en degré, jusqu'à ce qu'on atteigne une distance de 500 milles. Un bon pigeon fait 100 milles en une heure et 45 milles à l'heure pendant huit heures consécutives, il fait donc de très grands voyages en très peu de temps. Quand il a une longue course à fournir, le pigeon s'élève à une telle hauteur qu'il est à peine visible à l'œil nu; il se trouve par conséquent à l'abri des coups de fusil. Bien que les pigeons soient les emblèmes de la paix, le rôle qu'ils ont joué dans la dernière guerre semble prouver qu'ils peuvent devenir d'utiles alliés en temps de guerre. On emploie le pigeon comme messager depuis plus de 2000 ans.

Je n'ai jamais vu l'Engoulevent (*Caprimulgus Europæus*) dans mon jardin, bien que je l'aie observé quelquefois à peu de distance; cet oiseau a un vol tout particulier. Le Martinet muraille (*Cypselus apus*, fig. 1146)

Fig. 1146. — Martinet.

abonde dans notre district. Son cri est fort agréable; mais c'est à Florence qu'il faut aller pour bien observer cet oiseau, car, dans cette ville, les Martinets passent constamment devant vos croisées et leurs cris incessants font sur l'oreille une impression qui ne s'efface jamais.

On peut voir l'Hirondelle de rivage (*Hirundo-Riparia*, fig. 1147)

Fig. 1147. — Hirondelle de rivage.

Fig. 1148. — Hirondelle de fenêtre.

effleurer la surface du lac de son vol rapide, mais elle ne se reproduit pas dans le jardin. L'hirondelle de fenêtre (*Hirundo urbica*, fig. 1148) vient aussi constamment nous visiter; cette espèce est la plus nombreuse de tout le groupe des Hirundinées.

L'Hirondelle de cheminée (*Hirundo rustica*, fig. 1149) est toujours la bienvenue chez nous. Ces oiseaux construisent leur nid principalement

Fig. 1149. — Hirondelle de cheminée.

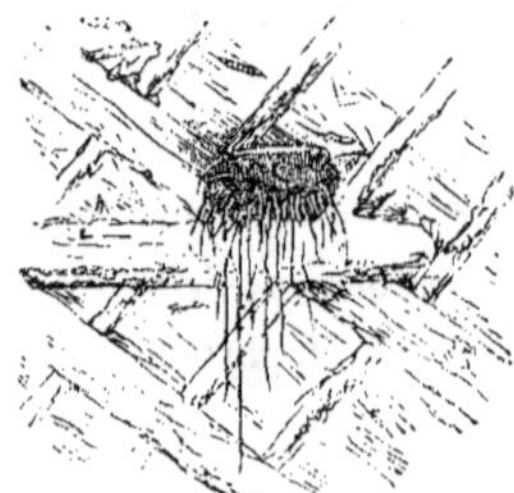

Fig. 1150. — Nid d'Hirondelle.

dans la toiture de notre grand kiosque. Chaque année les hirondelles viennent occuper deux vieux nids (fig. 1150); s'ils sont en assez bon état, elles s'en servent sans les réparer; la situation de ces nids est telle, que je ne puis croire que des oiseaux autres que ceux qui les ont construits ou ceux qui y ont été élevés puissent les trouver. Nous recevons souvent du monde dans ce kiosque, ce qui effraie un peu les pauvres oiseaux; mais enfin les parents parviennent à nourrir leurs jeunes, bien qu'ils montrent un peu de timidité et restent souvent assez longtemps sur la toiture extérieure avant de se décider à entrer. Mais le puissant instinct qui pousse les oiseaux à nourrir leurs jeunes finit par l'emporter, et ils s'élancent dans la salle pour en ressortir un instant après, à la recherche d'autres aliments. Les jeunes dorment pendant ce temps, ils ne se réveillent que pour manger.

Les hirondelles abandonnent quelquefois leurs œufs pendant des heures, à tel point qu'ils deviennent tout froids ; mais ils n'en sont pas moins bons.

Quand le moment de la migration arrive, les hirondelles paraissent quitter toutes les parties de l'Europe en même temps. Je me rappelle m'être rendu en toute hâte une année sur les bords de la Méditerranée au mois d'octobre, alors que les hirondelles avaient déjà quitté l'Angleterre, et je m'aperçus qu'elles avaient aussi quitté la France. D'où viennent-elles et où vont-elles ? C'est ce que personne ne saurait dire de façon positive. Il est probable, cependant, qu'elles passent l'hiver en Afrique ; Hérodote nous dit qu'elles ne quittent jamais l'Égypte.

Le Martin Pêcheur (*Alcedo Ispida,* fig. 1151) est un oiseau au magnifique plumage ; son vol est très rapide et il est très timide. Il se

Fig. 1151. — Martin Pêcheur.

reproduit dans mon jardin dans des trous sur le bord de la rivière ; il s'établit ordinairement dans les galeries creusées par le courant. On peut facilement découvrir la situation de son nid par les arêtes de poisson qu'il laisse à l'orifice. Le martin pêcheur a un cri très aigu. Bien qu'il détruise beaucoup de petits poissons, je tolère toujours sa présence à cause de son beau plumage. Souvent, je l'ai vu se percher sur le bord des boîtes où l'élève des petits poissons, et il se livre entre eux, au printemps, de terribles combats pour s'emparer de cette place.

Le Coucou chanteur (*Cuculus canorus,* fig. 1152), le « messager du printemps » visite mon jardin tous les ans ; il affectionne tout particulièrement les grands arbres qui se trouvent au nord-est. Il y a quelques années, un nombre considérable de ces oiseaux a paru à Upper Clapton sur la rivière Lea, et, bien qu'on en ait tué plus d'une douzaine, on pou-

vait voir tous les jours un coucou nourri par un très petit oiseau dans le
nid duquel il était éclos. Au printemps de 1871, on attrapa un jeune cou-

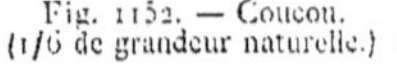

Fig. 1152. — Coucou.
(1/6 de grandeur naturelle.) •

Fig. 1153. — Sittelle.

cou dans mon jardin et on le plaça dans la maison du Pauvre Homme.
Une fauvette se chargeait de le nourrir et venait lui apporter régulièrement des aliments; un jour, le coucou parvint à s'échapper par un
carreau brisé, et on ne le revit plus. Il était fort intéressant de voir un
si petit oiseau se charger de trouver des aliments pour un oiseau aussi
gros que le coucou et lui témoigner une telle amitié.

La Sittelle (*Sitta europæa*, fig. 1153) est un oiseau très timide et très
actif; on le voit très rarement dans mon jardin, mais on l'a tué dans
le parc de Beddington. Cet oiseau grimpe le long des arbres, non-seulement de bas en haut comme le Grimpereau, mais redescend du haut en
bas, la tête la première, comme on le voit dans la figure 1153. Un ami
de mon fils, M. W. H. Power, a remarqué que cet oiseau transporte
les glands du chêne, mais il n'a jamais pu découvrir ce qu'il en fait.

Le Roitelet (*Troglodytes vulgaris*, fig. 1154) habite constamment
notre jardin; il nous est cher à cause de son chant si remarquable et
de ses charmantes habitudes. Il aime à faire son nid dans nos kiosques,
et, quand nous nous y trouvons, rien n'est amusant comme de voir cette
petite créature venir nourrir ses jeunes; il emploie les plus grands ar-
tifices pour entrer et sortir sans qu'on l'aperçoive, et il a toujours soin
de se cacher derrière une poutre. J'ai observé que cet oiseau emporte

toujours à une certaine distance les excréments de ses jeunes, mais je
ne saurais pas dire si c'est par mesure sanitaire ou pour empêcher

Fig. 1154. — Roitelet.

Fig. 1155. — Nid du Roitelet.

qu'on ne découvre le nid. Il y a toujours un grand nombre de nids de
roitelets (fig. 1155) dans mon jardin; les uns se trouvent dans les
kiosques, les autres dans les arbres; un, enfin, s'était établi l'année dernière dans un vieux tronc d'arbre et dans une situation telle qu'il était
impossible de passer sans y toucher. Cependant, il ne fut pas découvert
par nos chats et mes jeunes enfants ne le remarquèrent que lorsque je
le leur eus montré. Qu'on juge de la joie des enfants, lorsque les jeunes
roitelets, éclos depuis un jour ou deux, prirent leurs doigts pour leur
mère et ouvrirent leur bec comme si on allait leur donner de la nourriture.

Le Grimpereau familier (*Certhia familiaris*, fig. 1156) grimpe sur

Fig. 1156. — Grimpereau.

Fig. 1157. — Torcol.

nos arbres à la recherche des insectes; je l'ai rarement observé et ne
sais presque rien sur son histoire naturelle.

L'année dernière, le jardinier trouva un jeune Torcol (*Yunx tor-quilla*, fig. 1157). Il le plaça dans la maison du Pauvre Homme où il découvrit un nid de fourmis. Il dévora en quelques jours tout ce qu'on appelle les œufs, et mourut après.

Je n'ai vu qu'une fois dans mon jardin le joli Pic vert (*Picus viri-dis*); mais le Pic tacheté (*Picus minor*, fig. 1158) se rencontre plus fréquemment. Une des particularités du pic vert est sa longue langue

Fig. 1158. — Pic tacheté.

Fig. 1159. — Geai
(1/6 de grandeur naturelle).

dont il se sert pour happer les insectes. Je me rappelle avoir vu, il y a quelques années, dans les rues de Paris, deux oiseaux apprivoisés placés dans deux cages situées l'une au-dessus de l'autre ; la cage d'en bas était habitée par un pic qui essayait constamment de saisir avec sa langue les aliments que l'on avait placés dans la cage d'en haut. Cette langue me rappelle celle du caméléon, bien que le pic happe lentement sa nourriture alors que le caméléon la saisit avec la rapidité de l'éclair.

On voit de temps en temps un Geai (*Corvus glandarius*, fig. 1159) dans mon jardin; mais ces oiseaux habitent plus ordinairement les grands bois où ils détruisent beaucoup d'œufs d'oiseaux.

Je vois quelquefois aussi des Pies (*Pica caudata*, fig. 1160), mais elles sont rares dans tout le district. Les pies apprivoisées sont de charmants oiseaux. J'en avais une qui avait l'habitude de venir déjeûner tous les matins avec moi ; elle ne manquait pas de s'emparer toujours du beurre ; j'en ai eu une autre, alors que je demeurais à la Banque d'Angleterre ; son grand amusement était d'entrer dans les bureaux, de cacher les plumes et de renverser

Fig. 1160. — Pie.

l'encrier ; elle ne résistait pas non plus au désir de tirer la queue du chien quand il était endormi, mais elle avait grand soin de se sauver avant qu'il pût l'attraper.

Les Choucas (*Corvus monedula*, fig. 1161) abondent dans mon jardin ; ils choisissent ordinairement l'heure où les jardiniers prennent leur dîner pour venir en troupe innombrable, et ils dévorent en quelques minutes toute une planche de pois.

La Corneille (*Corvus corone*, fig. 1162) habite mon jardin. Deux ou trois fois j'ai vu aussi quelques corneilles mantelées

Fig. 1161. — Choucas.

(*Corvus cornix*) qui étaient autrefois consacrées à Apollon. Ces oiseaux abondent dans le comté de Kent, mais ne s'y reproduisent pas.

Il y a beaucoup de Corbeaux (*Corvus frugilegus*, fig. 1136) tout autour de nous. Ils avaient fait leurs nids sur un des plus grands arbres du parc de Beddington, qui a été récemment abattu. Je me rappelle un soir m'être fort amusé d'un incident qui vint troubler la tranquillité des corbeaux. Un ballon passait au-dessus de leurs nids et ils se mirent à crier avec une vigueur que je n'avais jamais remarquée auparavant. En dépit de leurs protestations, le ballon continua d'approcher et vint presque toucher leurs nids ; les corbeaux jugèrent alors prudent de se retirer ; ils partirent en deux grandes colonnes, l'une se dirigeant vers le sud et l'autre vers le nord, et, après avoir décrit des cercles im-

Fig. 1162. — Tête de Corneille
(1/3 de grandeur naturelle).

Fig. 1163. — Corbeau (1/6 de grandeur naturelle).

menses, ils revinrent à leurs nids quand le ballon eut disparu. Si nous avions pu comprendre leur langage, nous aurions entendu, sans doute, de nombreuses hypothèses sur ce que pouvait être ce monstre nouveau.

Les Sansonnets (*Sturnus vulgaris*, fig. 1164) font leur nid dans les troncs des vieux arbres. Ils se rassemblent en automne dans les marais

Fig. 1164. — Sansonnet.

Fig. 1165. — Bouvreuil.

qui bordent la Tamise, et c'est de là qu'ils partent pour faire leur migration.

Le Bouvreuil (*Pyrrhula vulgaris*, fig. 1165) habite mon jardin. Cet oiseau attaque les bourgeons ; je ne croyais pas, jusque tout récemment, qu'il causât de grands dommages, mais pendant le printemps de 1875

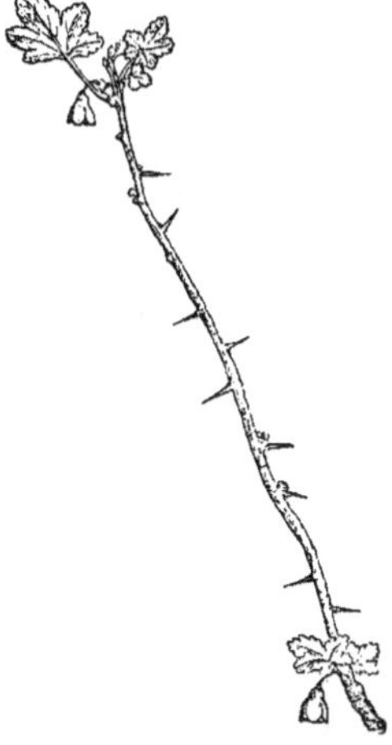

Fig. 1165 *a*. — Rameau de groseiller à maquereau dont les bourgeons ont été détruits par les Bouvreuils.

il a détruit la plus grande partie des bourgeons de mes groseillers à maquereau (fig. 1165 *a*). Le bouvreuil est un charmant oiseau ; j'en ai un auquel un Allemand a appris à chanter et je n'ai qu'à lui faire un signe pour qu'il entame tout son répertoire.

Le Linot (*Fringilla Linota*) vient nous visiter en automne. La Linotte (*Fringilla cannabina*, fig. 1166) visite quelquefois le jardin. La Linotte est réellement l'oiseau des pauvres. Elle paraît s'exciter beaucoup quand elle se met à chanter ; je me rappellerai toujours le plaisir que j'ai éprouvé à entendre chanter une linotte qu'avait un de mes voisins, alors qu'une indisposition me força de garder le lit pendant quelques jours.

J'ai remarqué dans mon jardin un ou deux chardonnerets seulement

Fig. 1166. — Linotte.

Fig. 1167. — Chardonneret.

(*Fringilla Carduelis*, fig. 1167) ; cet oiseau est devenu beaucoup plus rare dans le sud de l'Angleterre qu'il ne l'était anciennement, et je me rappelle l'avoir vu par troupes sur les dunes dans les environs de Brighton.

Il est fort intéressant de voir cet oiseau se servir de sa patte comme d'une main ; il saisit, en effet, ses aliments avec sa patte pour les porter à son bec.

Le Grosbec (*Fringilla coccothraustes*, fig. 1168) visite mon jardin et se reproduit de temps en temps dans les environs. Un de ces oiseaux adultes, qui se tua en se précipitant contre une de mes serres, paraissait en train de couver à en juger par l'état de son plumage. Le Verdier (*Fringilla Chloris*, fig. 1169) se trouve chez nous en assez grande abondance. Nous voyons aussi de temps en temps le Pinson d'ardennes (*Fringilla montifringilla*). Le Bruant à tête noire (*Emberiza schœniculus*) et le Tarin (*Carduelis spinus*).

Fig. 1168. — Grosbec.

Fig. 1169. — Verdier.

L'inévitable Moineau (*Fringilla domestica*, fig. 1170) vient quelquefois par bandes, puis nous quitte de nouveau. Ces oiseaux font peu de dégâts dans le jardin ; mais ils savent parfaitement à quel moment on donne du grain aux oiseaux de basse-cour et ils viennent

Fig. 1170. — Moineau.

Fig. 1171. — Pinson.

toujours en prendre leur part. Le Friquet (*Fringilla montana*) et le Pinson (*Fringilla cœlebs*, fig. 1171) habitent aussi mon jardin.

Le pinson arrive en grand nombre au milieu de l'hiver. Les Thuringiens considèrent cet oiseau comme le meilleur chanteur ; je suis loin de partager cette opinion. Nous avons aussi parfois le Bruant vulgaire (*Emberiza citrinella*).

Il y a dans notre district beaucoup d'alouettes champêtres (*Alauda arvinsis*, fig. 1172), mais cet oiseau vient rarement dans notre jardin nous réjouir par ses chansons. Il a l'habitude de chanter en volant. De grandes quantités de ces oiseaux passent après que les premières neiges sont tombées et se dirigent du côté du sud. Il en est passé surtout des quantités considérables pendant l'hiver de 1870-1871.

L'Alouette des arbres (*Alauda arborea*) se fait entendre quelquefois

Fig. 1172. — Alouette champêtre.

Fig. 1173. — Lavandière.

dans mon jardin, mais je dois avouer ne l'avoir jamais vue ; on la trouve surtout à Richmond et à Weybridge. Quelques personnes aiment beaucoup son chant mélodieux, bien qu'il ne soit pas très varié, et c'est un des oiseaux que l'on rencontre le plus souvent dans les appartements de Londres.

Le Pipit des prés (*Anthus pratensis*) vit dans nos champs. Trois espèces au moins de Lavandières fréquentent mon jardin. La Lavandière bigarrée (*Motacilla Yarrelli*, fig. 1173) est l'espèce la plus commune. On a observé aussi la Lavandière grise (*Motacilla Boarula*) et la Lavandière de Ray (*Motacilla Rayi*), mais je n'ai jamais vu ces deux dernières. La lavandière bigarrée construit quelquefois son nid et élève ses jeunes dans mon jardin ; rien d'intéressant comme de voir les mouvements gracieux de cet oiseau et la rapidité avec laquelle il se précipite sur les mouches et les insectes qui lui servent de nourriture.

Cinq espèces de mésanges ornent le jardin de leur présence. Elles rendent quelquefois de grands services en détruisant les insectes, mais d'autres fois elles font beaucoup de mal en attaquant les fruits. Ce sont de charmants oiseaux, particulièrement la Mésange bleue (*Parus cœruleus*, fig. 1174), qui est une délicieuse petite créature. Elles viennent deux fois par an en troupe dans mon jardin ; une fois au commencement du printemps, et alors elles attaquent les fleurs du poirier et principalement du doyenné d'été ; elles reviennent en automne, alors que les poires sont presque mûres, et presque toujours elles se précipitent sur le fruit dans lequel elles font un petit trou ; elles l'exposent ainsi aux ravages des guêpes ou d'autres insectes ou à l'introduction de spores de champignons qui le font pourrir prématurément. Une bande de mésanges détruit ainsi en deux ou trois heures toute une

Fig. 1174. — Mésange bleue
1/4 de grandeur naturelle).

Fig. 1175. — Grosse Mésange.

récolte de fruits. Elles rendent en hiver des services incalculables en détruisant les œufs des insectes, et, un peu plus tard dans la saison, les insectes eux-mêmes. Si on les regarde à un point de vue absolument pratique, il m'importe peu que mes plantes soient détruites par une chenille ou par une mésange ; aussi, quand ces dernières viennent en destructeurs, mes jardiniers les effraient en tirant sur elles et en en tuant quelques-unes ; et, comme toutes les créatures sont terrifiées à la vue du cadavre d'individus appartenant à leur propre espèce, elles décampent ordinairement bien vite pour aller habiter d'autres endroits où on ne les traite pas aussi cruellement.

Nous avons aussi la grosse Mésange (*Parus major*, fig. 1175); la Mésange noire (*Parus ater*, fig. 1176); la Mésange palustre (*Parus palustris*), et la Mésange à longue queue (*Parus caudatus*, fig. 1177). Pendant le rude hiver de 1870-1871, alors que tant de petits oiseaux périrent de froid et de faim, les mésanges se laissaient facilement attraper dans un piége où l'on avait mis un petit morceau

Fig. 1176. — Mésange noire.   Fig. 1177.—Mésange à longue queue.   Fig. 1178.—Roitelet huppé.

de lard. Mon jardinier en plaça quelques-unes dans la serre à fougères où elles semblaient se plaire beaucoup; elles eurent bientôt fait de débarrasser toutes les plantes des pucerons et de tous les autres insectes qu'elles purent trouver, et quand je me faisais servir à goûter dans cette serre, elles se montraient très disposées à venir partager mon frugal repas. Mais, dès que la température s'abaissa, elles saisirent la première occasion de montrer toute leur ingratitude pour les bontés qu'on avait eues pour elles et s'échappèrent par la première ouverture qu'elles purent trouver. La mésange à longue queue construit un nid remarquable que les gamins recherchent beaucoup.

Le Roitelet huppé (*Regulus cristatus*, fig. 1178) visite mon jardin, mais je ne me rappelle pas y avoir jamais vu son nid qu'il construit ordinairement dans les pins. C'est le plus petit de tous les oiseaux; en automne, les roitelets se réunissent en grand nombre dans les bois qui entourent Londres, à Weybridge et aussi dans le Hertfordshire. On peut alors en voir des centaines volant d'arbre en arbre, poursuivant les insectes et dévorant tous les œufs d'insectes qu'ils peuvent trouver.

Mon jardin est riche en Fauvettes. J'ai entendu la Fauvette des prés
(*Sylvia locustella*). La Fauvette phragmite (*Sylvia Phragmites*, fig.
1179) fait constamment son nid dans mon jardin. On peut reconnaître
cet oiseau à la chanson qu'il répète incessamment, au point qu'on en

Fig. 1179. — Fauvette.

Fig. 1180. — Fauvette des roseaux.

arrive à croire qu'il ne s'arrêtera jamais. C'est un charmant oiseau
pendant l'été. La Fauvette des roseaux (*Sylvia arundinacea*, fig. 1180)
construit aussi son nid dans mon jardin. Cet oiseau a l'habitude de
changer fréquemment la forme de son nid ; au lieu de la forme normale (fig. 1181), il lui donne souvent celle que représente la fig. 1182.

Fig. 1181. — Nid de la Fauvette des roseaux.

Fig. 1182.
Nid de la Fauvette des roseaux.

M. W. H. Power a remarqué que le nid affecte cette dernière forme
quand l'oiseau le construit dans un lilas. Il pense que la fauvette donne
à son nid la forme profonde quand il le construit dans les roseaux

pour éviter que les œufs ne soient jetés au dehors quand le vent fait plier les branches.

La Fauvette à tête noire (*Curruca atricapilla*, fig. 1183) a un chant délicieux. Outre ces différentes espèces, nous avons encore la Fauvette des jardins (*Sylvia hortensis*); la Fauvette grise (*Curruca cinerea*);

Fig. 1183. — Fauvette à tête noire.

Fig. 1184. — Fauvette v.

la petite Fauvette babillarde (*Curruca sylviella*); la Fauvette fitis (*Sylvia trochilus*), et la Fauvette véloce (*Sylvia rufa*, fig. 1185).

De tous les oiseaux chanteurs qui fréquentent mon jardin, le plus remarquable est, sans contredit, le Rossignol (*Philomela luscinia*, fig. 1185).

Fig. 1185. — Rossignol.

Mes voisins me disent qu'on n'avait jamais vu le rossignol dans le champ où j'ai depuis planté mon jardin. Il est donc probable qu'il a été attiré par les nombreux arbrisseaux que je cultive depuis ce temps.

Les rossignols arrivent chaque année dans le courant d'avril. Ils ne sont pas si communs dans la vallée de la Wandle qu'ils le sont dans la vallée du Darenth et dans beaucoup de parties du comté d'Essex. On en trouve moins à Florence qu'en Angleterre, mais ils habitent tous les buissons qui entourent le lac de Belinzona, et, à Rome, il n'est guère de maison où il n'y en a pas un en cage.

Un couple de Traquets (*Saxicola rubicola*, fig. 1186) s'est établi pendant près d'un mois, dans le courant de l'automne de 1870, dans les joncs qui entourent le réservoir du moulin ; cet oiseau habite cependant les prés de préférence aux arbrisseaux. On peut le reconnaître à son cri qui ressemble au bruit que feraient deux pierres frappées l'une contre

Fig. 1186. — Traquet.

Fig. 1187. — Motteux.

l'autre. Bien que je n'aie jamais vu dans mon jardin le Tarier (*Saxicola rubetra*), ni le Motteux œnanthe (*Saxicola œnanthe*, fig. 1187), on les trouve dans le voisinage et principalement à Mitcham.

Le Mouchet (*Accentor modularis*) voltige de buisson en buisson ; mais ses manières tranquilles, son plumage peu remarquable, et la plupart du temps très sombre, font qu'il échappe à l'observation.

Après le rossignol, il n'y a pas d'oiseau plus charmant que le Rouge-gorge (*Erythaca rubecula*, fig. 1188). J'aime beaucoup son cri perçant, mais bien peu de personnes partagent mon enthousiasme, car bien peu admettent qu'elles aiment le chant de cet

Fig. 1188. — Rouge-gorge.

oiseau ; cependant tout le monde est d'accord pour admirer sa forme et ses manières. Les rouges-gorges se reproduisent dans mon jardin et sont aussi familiers qu'ils le sont presque partout. Un rouge-gorge m'accompagne toujours quand je suis à l'ouvrage ; il se précipite sur les vers que je retourne, puis il va se percher sur la branche la plus voisine, tout en me chantant de temps en temps une partie de son répertoire.

J'avais un petit rouge-gorge qui avait l'habitude de venir se percher

sur la table pendant mon déjeuner et qui prenait les miettes de pain
jusque dans ma main. En hiver, nous attrapons ces oiseaux pour les
placer dans la serre à fougères où ils détruisent tous les insectes.

Il n'y a jamais dans un jardin trop d'oiseaux à bec mou, aussi je
protége avec soin leur nid et leurs œufs contre tous leurs ennemis.

La Grive Draine (*Turdus viscivorus*, fig. 1189) habite tous les envi-

Fig. 1189. — Grive Draine.

Fig. 1190 — Litorne.

rons et principalement le parc. La Litorne (*Turdus pilaris*, fig. 1190)
nous visite en automne. La Grive rouge (*Turdus iliaca*, fig. 1191) est
devenue depuis quelques années beaucoup plus nombreuse dans les

Fig. 1191. — Grive rouge
(1/4 de grandeur naturelle).

Fig. 1192. — Grive proprement dite
(1/4 de grandeur naturelle).

environs de Londres, et, pendant certains hivers, visite mon jardin en
quantité considérable.

En somme, les deux oiseaux qui font leur nid dans mon jardin, qui y existent par conséquent en grand nombre et qui sont les meilleurs chanteurs, sont la grive proprement dite (*Turdus musicus,* fig. 1192) et le Merle (*Turdus merula,* fig. 1193).

La grive chante depuis le mois de novembre jusqu'au mois d'août ; elle commence le matin de bonne heure et ne cesse que tard dans la soirée.

Fig. 1193.—Merle (1/4 de grandeur naturelle).

Fig. 1194.—Gobe-mouche gris.

Elle fait constamment son nid dans mon jardin et choisit toujours le *Cedrus deodara* ou quelqu'autre arbre toujours vert, elle revêt toujours son nid d'une couche de boue et diffère ainsi du merle qui, par dessus cette couche de boue, place de l'herbe sèche.

Le merle a le chant plus doux et plus mélodieux que la grive, mais celui de cette dernière est plus puissant et plus constant. Leurs deux chants réunis forment une harmonie délicieuse, mais il est rare qu'ils chantent ensemble. L'Angleterre serait dépouillée de la moitié de ses charmes si elle était privée du chant de la grive et du merle.

Le Gobe-mouche gris (*Muscicapa grisola,* fig. 1194) fait son nid dans les saules ; de tous les oiseaux migrateurs, c'est le dernier qui parte et aussi le dernier qui arrive ; on ne le voit guère, en effet, avant la seconde semaine de mai. Il poursuit les mouches sur l'eau, puis va se percher sur une branche, recommence sa poursuite et vient se percher de nouveau et ainsi de suite toute la journée.

Les seuls oiseaux de proie que j'aie remarqués sont le Faucon crécerelle (*Tinnunculus falco,* fig. 1195) ; le Faucon (*Falco nisus*) et le Hibou blanc (*Strix flammæa,* fig. 1196). Un couple de ces derniers oiseaux fit son nid en 1872 dans un arbre du parc de Shepley ; on trouva dans le nid dix-huit têtes de petits canetons.

La chasse constante que leur font les garde-chasse a singulière-

Fig. 1195. — Faucon crécerelle.

Fig. 1196. — Hibou blanc.

ment diminué la famille des oiseaux de proie en Angleterre. Il est probable, cependant, que ces oiseaux rendaient des services en détruisant les oiseaux blessés ou malades et en empêchant le développement trop rapide de quelques espèces ; je doute fort que le service de l'homme puisse troubler avec impunité l'harmonie générale de la nature.

On a tué dans les bois, sur les collines environnantes, le Busard (*Circus cyaneus*), le Hobereau (*Falco subbuteo*) et l'Émerillon (*Falco æsalon*).

On a malheureusement tué en 1872 un splendide Cacatois sauvage, dans le parc de Beddington ; il venait probablement de Weybridge où on a essayé d'acclimater la tribu des Perroquets.

Mon fils a dressé la table suivante qui indique l'époque à laquelle les oiseaux dont j'ai parlé arrivent dans mon jardin ; le jour exact varie chaque année :

La Fauvette à tête noire.	3o mars.	L'Hirondelle de fenêtres.	16 avril.
La Fauvette véloce	5 avril	Le Coucou	18 »
L'Hirondelle.	6 »	La Bécassine	22 »
L'Hirondelle de rivage	8 »	Le Chevalier guignette	22 »
Le Torcol.	9 »	Le Martinet.	10 mai.
Le Rossignol.	12 »	Le Gobe-Mouche	18 »
La Fauvette.	15 »	Le Râle	25 »

Bien que le gazouillement des oiseaux nous cause tant de plaisir, je n'ai trouvé, parmi les musiciens, que bien peu d'hommes qui puissent noter leur chant. Mon frère M. F. Smee, qui a si souvent visité mon jardin et qui s'est occupé de cette question, me dit que beaucoup de leurs phrases sont dans le ton mineur.

Il est difficile, dans les grands jardins, de rassembler ses amis ou d'appeler le jardinier. Après de nombreux essais, j'ai adopté un cri de jardin qui ressemble essentiellement au cri du coucou ; poussé vigoureusement, il s'entend à près d'un mille. J'ai essayé ce cri au milieu des glaciers des Alpes et il est préférable à celui des guides de ce pays. Toutefois, une dame australienne m'a affirmé, en visitant mon jardin, que le cri dont on se sert en Australie pour s'appeler dans les bois est encore préférable au mien ; j'ai l'intention de faire de nouvelles expériences à ce sujet.

Un jardin sans oiseaux ressemblerait à une maison sans habitants. A tous les instants, dans toutes les conditions de notre système nerveux, le gazouillement des oiseaux nous cause un grand plaisir.

Portrait de Gyp.

Vue sur la Wandle.

CHAPITRE XIV

LE CLIMAT ET LES GELÉES DU PRINTEMPS.

Le climat de mon jardin est tout particulier. L'eau qui coule dans mes petits ruisseaux sort des entrailles de la terre ; elle a, par conséquent, une température plus élevée que celle de l'atmosphère en hiver, et une température plus basse en été. Cette condition tend, au commencement de l'hiver, à empêcher les plantes de se reposer ; au commencement du printemps, elle active la végétation qui est, dans mon jardin, plus avancée que dans les autres districts autour de Londres. Mais quand le soleil a plus de force, en mai et en juin, la végétation des autres districts est plus avancée que la nôtre. Dans les hivers les plus froids, la gelée pénètre rarement dans le sol sur le bord septentrional de la rivière ; sur le bord méridional, au contraire, le sol gèle aussi profondément que partout ailleurs. Quand la terre est couverte de neige, il est rare que la gelée pénètre à plus d'un pouce de profondeur. Dans mon jardin, le thermomètre monte fréquemment plus haut pendant la journée et descend plus bas pendant la nuit que dans beaucoup d'autres endroits ; c'est là une condition très défavorable à la végétation.

Il gèle quelquefois en mars et les fleurs de printemps se trouvent détruites, d'autres fois la gelée détruit les pois en fleurs en avril. Mais

les gelées de mai, qui arrivent ordinairement pendant la troisième semaine de ce mois, sont celles que le jardinier redoute tout particulièrement. En 1867, une gelée très forte se produisit le 23 ou le 24 mai ; j'ai
alors observé tout particulièrement les ravages qu'elle a causés et
j'en ai fait l'objet d'une communication dans un journal spécial ; il
n'est peut-être pas inutile de reproduire cet article :

LA GRANDE GELÉE DE MAI 1867.

« Pendant les deux dernières nuits, une gelée terrible, pour l'é-
poque de l'année, vient de se produire ; j'ai étudié avec soin les ravages qu'elle a causés dans mon jardin à Wallington, pour me rendre
compte du dommage qu'elle a pu produire dans le pays. Tous les arbres
sont en feuilles, excepté le Catalpa, le Frêne et le Mûrier. Les bourgeons de ces derniers arbres ont beaucoup souffert. Les jeunes pousses
du Noyer, de l'If, du Hou et du Lierre ont aussi beaucoup souffert ;
ceux du faux ébénier ont échappé sans grand dommage. Les feuilles
de tous les autres arbres ont échappé. Le Chêne souffre fréquemment des gelées de mai ; mais, cette année, dans mon jardin tout au
moins, il n'a pas souffert, probablement parce que les feuilles étaient
assez développées pour résister au froid. Presque toutes les pommes
sont détruites. Les pommes les plus avancées dans mon jardin sont
celles du Pommier irlandais ; quelques-unes étaient déjà plus grosses que
des billes, presque toutes ont été détruites. En résumé, sur une collection d'environ 300 espèces de pommiers qui se trouvaient dans toutes les
conditions, depuis celle que je viens d'indiquer jusqu'à l'arbre en fleur,
presque toutes les pommes ont péri. Les nèfles n'ont pas été touchées
et j'espère que les coings qui ne sont pas encore formés auront aussi
échappé à la gelée. Les poires ne se sont pas bien formées cette année, et,
par suite de la gelée, il est probable que j'en récolterai à peine quelques-
unes dans une collection de plus de 200 espèces. Les prunes étaient ex-
traordinairement grosses pour la saison, mais c'est à peine si quelques-
unes ont échappé. Chose assez curieuse, les pêchers et les amandiers en

plein air ne paraissent pas avoir souffert. On pouvait s'attendre à une
quantité considérable de cerises, mais toutes ont péri sans qu'il y ait
presque d'exception. Les groseillers à maquereau placés dans des endroits exposés ont beaucoup souffert. Les autres groseillers étant couverts de feuilles ont presque tous échappé. Les fraisiers sont presque
tous ruinés, j'espère cependant que ceux qui ne sont pas encore en fleur
auront résisté. Les premiers fruits du framboisier sont gelés, mais
les boutons ne paraissent pas avoir souffert. Les figuiers, les pruniers,
les pêchers, les abricotiers, les pommiers et les fraisiers placés dans la
serre à arbres fruitiers n'ont pas souffert.

« Les désastres sont aussi grands dans le potager. Les haricots sont
détruits. Les fèves plantées en novembre, et qui ont résisté aux froids
de l'hiver, ont actuellement leurs tiges toutes flétries ; celles semées
au printemps et actuellement en fleur se trouvent dans la même condition. Les pois semés en novembre et que l'on devait récolter aujour-
d'hui ont quelque peu souffert. Ceux semés au printemps sont tous
détruits. Les pommes de terre sont gelées ; les choux-fleurs ont un peu
souffert, mais les laitues ont échappé. Le nouveau légume du Japon,
le *Raphanus caudatus,* a défié la gelée.

« Dans le jardin, les pelargoniums, les fuchsias, les héliotropes sont
détruits dans les endroits exposés ; les dahlias, qui ont résisté aux froids
de l'hiver et dont la tige a aujourd'hui environ un pied de haut, sont
complétement détruits. Mes azalées, ainsi que beaucoup d'autres orchidées anglaises qui, jeudi dernier, étaient en pleine fleur, sont aujour-
d'hui absolument dépouillées. Les plantes alpines sont intactes. Les
rosiers ont échappé à la gelée, la plupart des fougères ont aussi beaucoup souffert ; les unes ont eu leurs frondes complétement détruites,
les autres sont défigurées pour le reste de la saison.

« Je ne cultive pas la vigne en plein air, mais j'ai vu quelques plants,
dans le voisinage, dont les jeunes tiges sont complétement détruites.
Les feuilles du bananier de Chine sont gelées.

« Dans la soirée du 23, craignant une gelée, j'avais tout examiné en
détail, mais rien ne pouvait me faire penser qu'en deux jours tous ces
ravages auraient eu lieu. Les jardiniers craignent toujours les gelées

de mai ; l'histoire et l'expérience indiquent, en effet, qu'il faut toujours les redouter ; la gelée actuelle n'est donc extraordinaire qu'au point de vue de son intensité et de l'époque tardive à laquelle elle se produit. On doit regarder les gelées de mai comme un phénomène inexpliqué et absolument inexplicable dans l'état actuel de la science ; nous devons nous contenter de reconnaître qu'elles arrivent et nous préparer à les combattre. On se souviendra sans doute longtemps de cette terrible gelée de mai 1867, qui a étendu ses ravages sur toute l'Europe.[1] »

Il se passe bien peu d'années sans qu'il gèle pendant deux ou trois nuits au mois de mai. Les chênes souffrent quelquefois beaucoup de ces gelées ; quelquefois les journées sont très chaudes quand elles arrivent. On peut se rendre compte immédiatement du dommage causé en examinant avec soin les fleurs des arbres fruitiers ; on voit que les étamines et les stigmates sont gelés et complétement désorga-

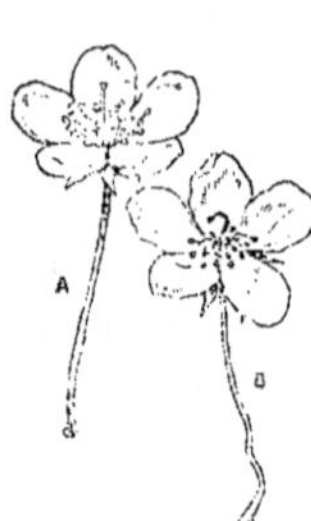

Fig. 1197. — Effet de la gelée sur la fleur du cerisier.

(A, fleur qui n'a pas été gelée ; B, étamines et stigmates détruits par la gelée).

nisés (fig. 1197). Le retour périodique de ces gelées nous amène forcément à la conclusion qu'elles proviennent de quelques causes que nous ne comprenons pas. Les jardiniers ne doivent donc mettre en plein air les plantes délicates qu'après qu'elles ont eu lieu.

En juin, l'été commence véritablement ; les plantes tropicales vivent alors en plein air jusqu'à ce que les tempêtes de l'équinoxe viennent terminer notre été trop court. Après ces tempêtes, le temps est ordinairement fort beau pendant la première quinzaine d'octobre ; puis, il gèle pendant la nuit, et tout indique que l'hiver approche. Cependant, la température est ordinairement assez douce jusque vers le milieu de novembre, époque à

(1) The *Gardeners' Chronicle*, 1er juin 1867.

laquelle des gelées assez vives se font sentir, puis le temps redevient doux jusqu'à Noël. L'année 1871 a fait exception à cette règle, car il y a eu des froids très vifs en décembre. En novembre et dans la première partie de décembre, il se produit souvent des brouillards très épais qui mouillent les plantes à un tel point que toutes les feuilles sont couvertes d'eau ; si la moindre gelée arrive quand elles sont dans cet état, les dommages causés sont incalculables, alors qu'elles supporteraient un froid beaucoup plus vif si l'atmosphère était sèche.

Après Noël, les journées deviennent plus belles ; il y a fort peu de brouillard, et la rose de Noël et quelques jasmins viennent égayer la première semaine de janvier. Au bout de quelques jours, on voit paraître les perce-neiges et, au milieu de mars, les plantes bulbeuses sont en pleine fleur. Les arbres fruitiers commencent aussi à fleurir ; ce sont d'abord les amandiers, les abricotiers, les pruniers, puis les cerisiers, les poiriers et les pommiers, et enfin les mûriers, les noyers et les sureaux.

La saison des fruits commence en mai par une grande abondance de fraises cultivées sous châssis ; à la fin du même mois, nous récoltons comme curiosité des pommes et des poires forcées. Les fraises cultivées en plein air mûrissent au commencement de juin, les cerises au commencement du même mois et, vers la fin de juin, les différentes espèces de groseilles. En juillet, nos châssis nous fournissent des melons, et nous récoltons du raisin dans la maison du Pauvre Homme. A la fin du même mois, mûrissent les espèces les plus hâtives de pommes, de poires et de prunes, et la serre à arbres fruitiers regorge de pêches et d'abricots. En mai et juin, la nature est excessivement active, tous les arbrisseaux, toutes les plantes poussent avec une grande rapidité et une grande énergie. Cette activité se continue plus ou moins selon l'espèce jusqu'à ce qu'en août la végétation semble s'arrêter ; la plante se mûrit et se consolide pour ainsi dire ; c'est alors que nous semons les laitues, les ognons et les choux-fleurs destinés à passer l'hiver. Les feuilles commencent à tomber vers le milieu d'octobre et les arbres sont entièrement dépouillés à la fin de novembre. Les mousses, les lichens

et les saxifrages continuent à croître pendant l'hiver. La neige qui
couvre bientôt le sol, coupée qu'elle est par les eaux brillantes de la
rivière, surmontée par l'admirable silhouette des arbres, nous présente
un tableau d'un autre genre qui vient réjouir nos cœurs, car il nous
prouve que, dans son admirable perfection, la nature reste toujours
belle, même au milieu des glaces et des neiges.

Pont sur la Wandle.

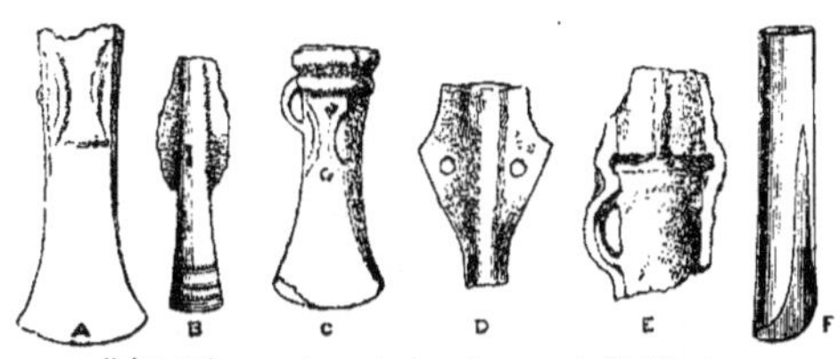

Celts en bronze trouvés dans le parc de Beddington.

CHAPITRE XV

LES JARDINS DES DIFFÉRENTS PEUPLES.

Lord Bacon, le grand philosophe du seizième siècle, a montré le cas qu'il faisait des jardins en disant : « Dieu tout puissant a commencé par planter un jardin ; c'est là en effet un des plaisirs les plus purs que puisse se procurer l'homme ; c'est là qu'il peut se délasser, et sans un jardin ses édifices et ses palais ne sont rien. » On peut retrouver le même sentiment, sous une forme différente, dans les écrits des anciens auteurs. L'histoire nous enseigne, en effet, que les jardins existent depuis la plus haute antiquité ; mais il en est des nations comme des individus, et toutes ne professent pas le même culte pour la nature et ne montrent pas la même disposition à cultiver le sol pour cultiver les plantes. On peut remarquer facilement cette différence par le plan qu'adoptent les différents peuples ou même les différents individus d'une même nation pour disposer leurs jardins. Comme je l'ai déjà fait observer, c'est moi qui ai planté mon jardin, et bien que, comme le grand philosophe que je viens de citer, j'aie toujours trouvé au milieu de mes plantes un grand délassement, je me suis arrangé cependant pour que, tout en me procurant un plaisir, mon jardin pût en même temps me servir à continuer des études commencées et à m'être de quelque profit. « *In lucem lucrum ludum.* »

Les jardins les plus anciens sur lesquels nous possédons quelques détails sont ceux des Égyptiens. Ces jardins avaient souvent des dimensions considérables et étaient ordinairement arrosés par des canaux communiquant avec le Nil. On y trouvait, à l'ombre des arbres, des bassins et des réservoirs ; on y trouvait aussi de véritables lacs, sur lesquels les Égyptiens aimaient à se promener en bateau ou à se livrer à leur plaisir favori qui consistait à tuer à coup de lance les nombreux poissons qui les habitaient. Les anciens Égyptiens disposaient une partie de leur jardin en avenues ombragées par des arbres plantés en rangées. Pour conserver de l'humidité aux racines, on disposait à la base du tronc un petit monticule en terre, plus déprimé au centre qu'à la circonférence, de manière à ne pas laisser l'eau s'échapper. Il est impossible de dire avec certitude si les arbres étaient taillés de façon à affecter une forme quelconque, ou si on les laissait pousser naturellement. Tout ce que nous savons, en effet, sur les jardins des Égyptiens, nous vient de l'étude des peintures ou des sculptures de Thèbes ; nous y voyons certainement des arbres représentés sous leur forme naturelle, mais, à côté de cela, nous en voyons d'autres qui affectent des formes toutes particulières, ce qui nous autorise à penser que, bien avant les Romains, les Égyptiens connaissaient *l'ars topiaria*.

Ils attribuaient à la culture de la vigne, des arbres fruitiers, des plantes potagères et des fleurs les différentes parties de leurs grands jardins. On trouve, dans l'excellent ouvrage de M. Rosellini sur les monuments de l'Egypte et de la Nubie, le plan d'un antique jardin égyptien qui a dû exister près de 1500 ans avant l'ère chrétienne, car il appartenait, dit-on, à un chef militaire, — sur la tombe duquel il a été copié à Thèbes, — vivant sous le règne du Pharaon Aménophis II, sixième roi de la XVIIIe dynastie. Il ne faut voir là, sans doute, qu'un idéal de ce qu'étaient les grands jardins alors existants ; voici, en tous cas, quelle était sa disposition : il forme un grand carré enfermé de tous côtés par des murs ; une rivière ou un canal coule à droite ; cette rivière est ombragée par une avenue d'arbres. De cette avenue part une route qui conduit à l'entrée principale et qui se continue par une allée bordée d'arbres ; au-delà, se trouve une autre porte par laquelle on entre dans la plantation de vigne qui occupe le centre du jardin. Le jardin est

planté d'arbres, principalement des palmiers et des sycomores qui, selon
la coutume égyptienne, forment des plantations séparées. D'autres petites allées partent de la plantation de vigne, et des arbres entourent
quatre bassins placés aux quatre angles. Ces bassins sont entourés de
gazon et de larges touffes de papyrus qui poussent dans des vases. A
gauche de la vigne se trouvent les tombes, et, tout auprès, deux temples
dont la base est entourée par une sorte de balustrade. La divinité qui
présidait, dit-on, aux anciens jardins égyptiens s'appelait Khem; on
pense qu'elle avait les mêmes attributs que la divinité grecque Pan.
Les jardins étaient aussi placés sous la protection de Ramo, déesse que
l'on trouve quelquefois représentée sous la forme d'un aspic, et, d'autres fois, sous celle d'un monstre ayant un corps humain et la tête d'un
serpent. Auprès des temples, dans le jardin qui nous occupe, se trouvait la maison d'habitation qu'il est inutile de décrire ici.

Ce plan si intéressant, parce qu'il nous représente un jardin qui
existait il y a plus de 3,000 ans, nous prouve combien était différents
les goûts et les idées de cette époque comparés avec les nôtres. —
Quiconque disposerait aujourd'hui son jardin sur ce plan passerait
pour un homme qui aime peu la nature; on dit, cependant, que les anciens égyptiens aimaient ardemment les plantes et les fleurs et cultivaient toutes les variétés qu'ils pouvaient se procurer; ils poussaient
même cet amour si loin qu'ils exigeaient des nations soumises à leur
empire des tributs de plantes rares. On voyait souvent chez eux des
guirlandes de fleurs; leurs coupes à boire étaient couronnées de fleurs
et la table sur laquelle ils prenaient leur repas en était encombrée. Ils
dépensaient ordinairement des sommes extravagantes pendant leurs
fêtes pour décorer leur maison de fleurs. Pline nous dit que c'est à ce
peuple que nous devons l'invention des fleurs artificielles que l'on connaissait à Rome sous le nom d'*Ægyptiæ*. Il est probable que les Égyptiens passaient une grande partie de leur temps dans leur jardin, à
l'ombre des arbres; leurs kiosques, s'il faut en croire les peintures que
nous voyons sur les tombes, avaient souvent des dimensions considérables.

En même temps que la vigne, ils cultivaient le figuier et d'autres arbres. Des rangées de colonnes, peintes la plupart du temps et réunies au sommet par des dentelles en bois, divisaient la plantation de vigne en nombreuses avenues. Ils cultivaient la vigne en bosquets, mais ils ne paraissent pas l'avoir fait grimper sur les arbres, comme on le fait ordinairement en Italie. On voit, dans les sculptures de Thèbes, des singes montés dans les figuiers et qui passent les figues aux jardiniers qui sont au pied de l'arbre; on y voit aussi quelques singes qui mangent un fruit et qui semblent grondés par les hommes qui les surveillent.

Si les anciens Égyptiens montraient tant d'amour pour leur jardin et prenaient tant de soins pour la culture des plantes, il n'en est plus de même aujourd'hui chez leurs descendants. On.ne cultive plus actuellement en Égypte que des arbres utiles et il est fort rare qu'on s'occupe jamais d'en planter pour la décoration du paysage; d'ailleurs, il y a fort peu de gros arbres en Égypte. Quelques personnes riches possèdent des ardins, mais ils sont tenus avec si peu de soin que l'on voit immédiatement que leurs possesseurs n'ont pas pour eux une affection extraordinaire. Le plus intéressant de tous est celui de Schoobra, qui appartient au pacha. Il est situé à environ quatre milles au nord du Caire; on y arrive par une avenue de mûriers et d'accacias qui a été plantée récemment. Ce jardin est aussi monotone que possible: les allées partent de divers centres pour rayonner dans les différentes parties. Autour d'une fontaine se trouve une allée couverte, bordée de kiosques qui s'ouvrent sur un lac. Auprès du palais se trouve le « El Gebel », ou la colline, surmontée d'un autre kiosque. On parvient au sommet de cette colline par des escaliers situés de chaque côté. Le kiosque lui-même s'élève au-dessus d'une série de terrasses plantées de fleurs, et du sommet on domine tout le jardin, le Nil et les collines qui bordent a vallée de l'autre côté. Mais, malgré tout, ce jardin est mal disposé et il y a peu de variétés dans les fleurs qu'on y cultive. Je n'en ai parlé que pour montrer où en est tombée la culture des plantes chez un peuple qui, autrefois, s'en occupait avec tant d'ardeur. Ceci me conduit à conclure que ce n'est pas tant le climat, mais bien plutôt le caractère du peuple lui-même qui a une profonde influence sur l'art du jardinier.

Certaines grandes nations de l'antiquité, telles que les Assyriens et les Babyloniens, ont construit des jardins d'une dimension colossale. On peut strictement appliquer aux jardins de ces peuples l'épithète architecturale; aussi forment-ils l'antithèse la plus absolue avec mon jardin. Ces peuples ont imprimé à tous leurs travaux un cachet d'individualité et de grandeur qu'il est impossible de surpasser; ces qualités s'étendaient aussi à leurs jardins. Le jardin qui entourait le palais de Babylone et que l'on croit avoir été planté par Nabuchodonosor à la demande de la reine Amytis qui désirait posséder des buissons élevés à l'imitation de sa patrie, Ecbatane, peut être considéré comme le type, sur un grand modèle, de ce qu'étaient les jardins de Ninive, de Persépolis, ou celui qui appartenait au roi Assuérus et dont parle le livre d'Esther. Ces jardins suspendus de Babylone, comme on les appelle, formaient un carré de 400 pieds de côté, dont la base occupait deux hectares; ils se composaient de plusieurs terrasses élevées l'une au-dessus de l'autre, de façon à ce que la plus élevée dépassât les murs de la cité, qui avait plus de 300 pieds de hauteur. On arrivait aux différentes terrasses par de larges escaliers; les terrasses elles-mêmes se composaient d'immenses voûtes bâties l'une sur l'autre et renforcées d'un mur ayant vingt-deux pieds d'épaisseur; ces voûtes étaient recouvertes de pierres plates ayant seize pieds de long et quatre de large; ces pierres elles-mêmes étaient cimentées avec du bitume, puis venaient deux couches de briques recouvertes de feuilles de plomb pour empêcher les infiltrations; une couche de terre surmontait le tout. A la base de ces jardins coulait l'Euphrate ou plutôt un canal dérivé de ce fleuve; la plus haute terrasse était arrosée par de l'eau qu'amenait un aqueduc. Du sommet de ces jardins on dominait toute la ville et la vue s'étendait sur toute la contrée environnante. Cette terrasse ainsi que toutes les autres était disposée en parterres remplis de fleurs et d'arbrisseaux, d'arbres et de fontaines, de kiosques et de salles de festin. On avait, çà et là, disposé dans la maçonnerie des trous considérables remplis de terre, pour que les grands arbres puissent pousser.

Telle est la description qui nous est parvenue des jardins suspendus de Babylone, une des plus grandes merveilles du monde; ils ont dû être construits cinq ou six cents ans avant l'ère chrétienne. Outre ces jardins royaux, on pense qu'il y en avait d'autres sur les bords de l'Euphrate où les Israélites allaient pleurer sous les saules. Dans une lettre que le prophète Jérémie écrivait aux captifs de Babylone, il leur dit : « Bâtissez des maisons pour y habiter ; plantez des jardins pour y récolter des fruits ; » mais je ne sais pas si les captifs suivirent ce sage conseil. A Ninive, s'il faut en croire de hautes autorités, les jardins se trouvaient à l'intérieur de la ville, et les maisons particulières, qui occupaient l'espace laissé libre par les grands édifices publics, étaient construites au milieu de ces jardins qui avaient une étendue considérable. Nous ne savons pas de quelle façon étaient disposés ces jardins, mais nous avons tout lieu de penser qu'à cette époque rien n'était laissé à la charmante liberté de la nature. On voit au British Museum un bas-relief qui représente évidemment le jardin de l'un des rois d'Assyrie. Çà et là se trouvent des arbres, au centre une longue avenue qui conduit à un autel ; des canaux coupent le terrain à des intervalles réguliers. La date de ce bas-relief doit être environ 1200 ans avant J.-C. On voit tout auprès un autre bas-relief venant du même pays et qui doit remonter à peu près à la même époque ; celui-là représente des vignes, des palmiers et quelques autres arbres, une plante en fleur et au milieu un homme tenant deux chiens. Il y a enfin, dans le même musée, un troisième bas-relief qui représente une tonnelle recouverte de vignes, dans laquelle sont assis le roi et la reine. Il paraît donc prouvé que tout belliqueux qu'étaient les Assyriens, ils n'étaient pas dépourvus de tout amour pour la nature, mais nécessairement nous n'avons que fort peu de détails. Diodore nous parle du jardin que Sémiramis, qui vivait, dit-on, 2182 ans avant J.-C., avait fait planter au pied de la montagne de Bagistan. Selon Diodore, ce jardin occupait un carré ayant 2500 mètres de côté ; il était arrosé par de grandes fontaines et se terminait par des rochers à pic ayant 3500 mètres de haut. Si grande était la renommée de ce jardin qu'Alexandre-le-Grand se rendant de Kelone à Nysæa se dérangea de sa route pour aller le visiter. Cette même reine avait, dit-on, planté un autre jardin sur une colline isolée auprès de Chaone, ville de la Médie, et au sommet elle avait fait bâtir de magnifiques maisons d'où elle dominait le jardin et pouvait voir son armée campée dans la plaine.

Quittons ces jardins où l'art l'emportait sur la nature, pour étudier ceux d'une autre nation également grande et dont l'histoire est intimement associée à celle des peuples dont nous venons de parler. Chez les Juifs, nous trouvons l'amour profond de la nature, ce qu'indique leur poésie, et le cas qu'ils faisaient de leurs jardins, qui, non-seulement, étaient des lieux de plaisir, mais qu'ils employaient aussi comme lieu de sépulture et où ils se livraient quelquefois à des pratiques idolâtres. Les jardins de la Palestine étaient des enclos dans les faubourgs des villes, entourés de haies ou de murs en pierres. Pour protéger ces jardins contre les déprédations des voleurs ou des bêtes sauvages, on trouvait, dans chacun d'eux, une petite tour qui servait à l'habitation d'un gardien. Les jardins de la Syrie étaient célèbres au temps des Romains pour leur extrême fertilité; on y cultivait de nombreuses espèces de fleurs et de plantes aromatiques, l'olivier, le figuier, le noyer, le grenadier et beaucoup d'autres espèces d'arbres fruitiers. Dans le potager, les Juifs cultivaient beaucoup d'espèces de légumes parmi lesquelles on peut citer le comcombre, la laitue, la chicorée, la moutarde, la rue, l'ail et l'ognon. Les Hébreux connaissaient la greffe, mais le livre du Lévitique ayant particulièrement défendu la propagation des espèces mêlées, on fit des lois sévères contre la greffe des arbres sur des espèces différentes. Les Hébreux semblent avoir connu aussi l'art de propager les plantes au moyen de boutures et de marcotes. De nombreux canaux amenant l'eau des ruisseaux environnants servaient à irriguer ces jardins.

Il y a près de 3000 ans, Salomon planta auprès de Bethléem, dans la longue vallée d'Urta, un jardin où se trouvaient des vignes et de nombreuses espèces de plantes et d'arbres fruitiers; pour arroser ces jardins, il fit établir tout un système de réservoirs qui existent encore. S'il faut en croire le doyen Stanley, ce jardin était carré, et c'est probablement là, plus que partout ailleurs, que le roi se livra à l'étude de la botanique. Ce jardin de Salomon était plein des plantes les plus rares;

on y cultivait le grenadier, le camphrier, le safran, la canelle, l'aloès
et toutes les principales épices.

Damas a toujours été célèbre pour ses jardins ; à l'époque de Maun-
drell, ils occupaient un espace de 30 milles autour de la ville. Le même
voyageur nous fait une curieuse description des murs de ces jardins
qui se composent, dit-il, de gros blocs de terre faits comme des briques
et séchés au soleil. Ces blocs ont environ deux mètres de long, un
mètre de large et un demi mètre d'épaisseur. Deux de ces blocs, ajoute-
t-il, placés l'un sur l'autre, constituent un mur excellent et qui dure
fort longtemps dans ce pays si sec. Guillaume de Bouldesall, au quatorzième siècle, écrit qu'il est très étonné des jardins qui entourent cette
ville ; selon lui, il y en a 40,000 au moins ; beaucoup d'autres voya-
geurs partagent cette admiration. C'est là qu'on cultivait les roses qui
servaient à la fabrication de la fameuse essence de rose.

Il est probable que la vieille épithète « Fleuri » que l'on attribue au
village de Nazareth, provient, dit le doyen Stanley, de ce que le village
se trouve au milieu d'une belle plaine entourée de vertes collines et où
l'on voit en abondance des figuiers, de belles fleurs et une grande
quantité de petits jardins environnés de riches pâturages.

A Jérusalem, les citoyens riches avaient des jardins hors des murs de
la cité ; ces jardins étaient très nombreux et s'étendaient jusque sur le
mont des oliviers. A l'exception des jardins où l'on cultivait exclusivement les roses et que l'on dit avoir existé à l'époque des prophètes, on
ne permettait aucune culture à l'intérieur de la ville, parce qu'on était
persuadé que les mauvaises herbes, en pourrissant, répandaient des
odeurs malsaines. On ne sait trop où se trouvait le jardin de Gethsémani.
On voit, dans un jardin moderne, huit antiques oliviers que quelques
personnes considèrent comme quelques-uns de ceux qui poussaient
dans ce jardin le plus célèbre de tous. D'autres antiquaires repoussent
cette explication, en se basant sur ce fait que Joseph constate dans son
histoire des Juifs, que Titus, pendant le siége de Jérusalem, fit couper
tous les arbres qui se trouvaient dans les environs de la ville.

La plaine de Gennesar ou Gennesareth, ce qui signifie le Jardin des
Princes, est véritablement, selon le doyen Stanley, le paradis de la

Palestine septentrionale, tant elle est riche et fertile. On pourrait citer bien d'autres jardins dans différentes parties de la Palestine, mais, comme je ne me propose pas tant de décrire des jardins séparés que de montrer quel progrès avait fait l'art du jardinier chez les différents peuples et d'indiquer les différences de style qui ont présidé à la formation de ces jardins pour les comparer avec le mien, je me contenterai d'ajouter, avant de passer aux parcs de l'Asie centrale et de l'Asie méridionale, que les jardins produisaient le baume (plante qui, selon Pline, n'était, à son époque, cultivée que dans deux jardins royaux en Judée), et que les bosquets de palmiers donnés par Antoine à Cléopâtre se trouvaient à Jéricho.

Les jardins des Perses ont toujours été célèbres et ont été copiés par différentes nations de l'Occident. On trouvait dans ces parcs diverses essences d'arbres parmi lesquelles on peut citer tout particulièrement les cyprès, parce qu'ils étaient plantés autour des temples et parce que la forme de cet arbre ressemble à celle d'une flamme, base de la religion de Zoroastre. Dès les premiers jours de l'histoire de la Perse, nous trouvons que ce peuple s'adonne avec amour à la culture des plantes, et que leurs plus puissants monarques ne trouvent pas au-dessous de leur dignité de dessiner eux-mêmes leurs parcs et même d'y planter de leurs mains des arbres et des fleurs. Xénophon en donne la preuve dans la conversation qu'il rapporte entre Cyrus, roi de Perse, et Lysandre, le général grec, dans le parc de Sardis, appartenant à Cyrus : « Quand Lysandre eut admiré le parc, les beaux arbres, la régularité avec laquelle ils étaient plantés, les belles allées droites, la façon admirable dont elles se croisaient, les parfums répandus de tous côtés dans l'air, il ajouta : Je considère ces arbres avec étonnement à cause de leur beauté, mais je suis encore plus étonné de l'art de celui qui a mesuré le sol et qui a conçu ce jardin. Cyrus fut enchanté de ces paroles et répondit : C'est moi, Lysandre, permettez-moi de vous le dire, qui ai conçu le plan de ce jardin, qui ai indiqué la place de tous les arbres, et il en est beaucoup que j'ai plantés de mes mains. »

Ces parcs devaient quelquefois avoir une grande étendue, car Xénophon en cite un que traversait le Méandre ; il se trouvait auprès d'un palais que Cyrus possédait à Celœnæ, ville de Phrygie; il était plein de bêtes sauvages que ce monarque chassait à cheval. Cyrus passa dans ce parc une revue des troupes grecques qui comprenaient onze mille hommes lourdement armés et environ deux mille frondeurs.

Outre les grands arbres, on cultivait les fleurs dans ces paradis asiatiques. En effet, Xénophon nous représente, dans un autre endroit, Socrate donnant des leçons à Clitobule, fils de Criton, homme très riche, pour lui enseigner à diriger sa ferme et sa maison. « Le roi de Perse, dit-il, dans quelque province qu'il réside, a soin d'y avoir des jardins, que l'on appelle des Paradis, pleins de toutes les plantes que le sol peut produire; il passe dans ces jardins la plus grande partie de son temps, à condition toutefois que la saison le permette.» Pline nous apprend que les arbres étaient plantés en lignes droites et régulières, et que les allées étaient bordées de fleurs et d'arbrisseaux. C'est à la Perse que nous devons la plupart de nos belles fleurs; elles semblent pousser spontanément dans ce pays. La Perse n'est-elle pas la patrie du rosier? Il ne faut donc pas s'étonner que la littérature de ce pays soit pleine jusqu'à satiété des éloges des fleurs. Les quatre jardins dont parlent plus particulièrement les poètes persans étaient situés à Samarkande dans la vallée de la Soghd, dans la Ghutah ou plaine de Damas, dans le Shaabi-Bowan, auprès de Kaleh Sofid, et dans la vallée de Mashan à Hamadan. Selon sir Henry Rawlinson, la vallée de Khosran-Shah, située à environ huit milles de Sirdarud et qui n'est qu'une masse de bosquets et de jardins, était intimement associée avec ces quatre jardins principaux.

Mais, l'art du jardinage semble disparaître chez les Perses de notre époque tout comme chez les Égyptiens. Aucun pays, cependant, n'a de plus grands avantages, car aucun pays ne possède une aussi grande variété de belles fleurs odoriférantes indigènes. C'est plutôt dans le but de se procurer de la fraîcheur et non pas pour étudier les habitudes du royaume végétal que l'on cultive actuellement des jardins en Perse. Ces jardins consistent ordinairement en longues avenues parallèles ombragées par des platanes, des arbres fruitiers et des arbrisseaux couverts de fleurs; on y trouve des fontaines et des ruisseaux pour lesquels on fait venir l'eau, à grands frais, de distances considérables. Bien entendu, on trouve des fleurs brillantes et parfumées en abondance dans cette patrie des fleurs. La plupart des habitants d'Ispahan ont leur jardin ; les environs de Tabriz ne forment, pourrait-on dire, qu'un vaste jardin, lequel, d'après sir Henry Rawlinson, avait en 1838 une circonférence de trente milles. Sir Robert Ker Porter fait une description enthousiaste des jardins de Tackt-i-Kajer et de Négauristan à Téhéran. Il parle surtout avec admiration des allées ombragées, des fontaines, des rossignols, de la beauté et du parfum exquis des rosiers, aussi bien que d'une multitude d'autres fleurs. En Perse, nous dit-il, les cours et les jardins sont encombrés de plantes, et les chambres et les bains sont littéralement pavés de fleurs.

J'en ai dit assez, je suppose, sur les jardins de la Perse pour que le lecteur puisse établir la différence de style qui existe entre le plan de mon jardin et le plan des jardins de ce pays. Il comprendra aussi que les parcs asiatiques ressemblent beaucoup aux parcs de l'Angleterre.

Bien que les Grecs connussent parfaitement ces parcs persans, ils ne possédaient pas de jardins qui puissent leur être comparés. Il est probable que beaucoup de Grecs avaient des petits jardins autour de leurs maisons, dans lesquels ils cultivaient les légumes nécessaires à la consommation de la famille. Cependant, nous ne savons rien ou presque rien sur les premiers jardins grecs. Celui qu'Homère décrit dans l'Odyssée doit être une simple création de l'imagination du poète. Il lui donne une dimension énorme, car il comprenait deux hectares. Il était, dit-il, entouré d'une haie ; il y place de grands arbres, des poiriers, des grenadiers et des pommiers qui produisent de beaux fruits ; il mentionne aussi le figuier, l'olivier et la vigne. Les arbres fruitiers, s'il faut l'en croire, étaient toujours en fleur ou portaient toujours des fruits sans se reposer jamais. Les parterres, disposés à une extrémité du jardin, étaient pleins de fleurs toujours épanouies. Enfin, on trouvait aussi deux fontaines dans le jardin d'Alcinoüs. Aristophane, qui vivait 400 ans avant l'ère chrétienne, parle, dans l'*Aves*, de jardins répandant des parfums. Ce passage semble être le seul chez les auteurs grecs où l'on parle de jardins d'agrément. Peut-être cela tient-il à la petite quantité de fleurs que possédaient les Grecs. On en cultivait cependant un certain nombre, telles que les roses, les violettes, les narcisses, les iris et quelques autres espèces, pour en faire des guir·landes. Plutarque nous dit que l'on cultivait la rose et la violette au milieu des poireaux et des ognons, pour faire mieux ressortir la beauté des fleurs. Démosthènes parle d'un homme qui possédait une plantation de rosiers, mais il est probable qu'il la cultivait pour son profit plutôt que pour son agrément. A Athènes, ou plutôt à six stades de cette ville, se trouvait l'Académie ou Jardin public ; il avait été planté par Cimon ; on y cultivait le platane et l'olivier ; un grand nombre de statues et d'œuvres d'art étaient disséminées dans ce jardin. Platon, grand admirateur de la nature, y faisait ses leçons, et ses successeurs suivirent son exemple, ce qui leur valut le nom de Philosophes de l'Académie. Épicure possédait un jardin près de l'Académie, et c'est là aussi qu'il réunissait ses élèves. D'autres philosophes et d'autres écrivains possédaient aussi des jardins.

Si les anciens Grecs ne nous ont pas transmis la description de magnifiques jardins d'agrément, leurs écrits abondent en détails sur leurs bosquets sacrés. On y cultivait différentes espèces d'arbres, et même des arbres fruitiers aussi bien que des plantes odoriférantes. La religion de ce peuple comportait l'amour des arbres et des plantes ; leurs dieux étaient toujours prêts à venger les dégâts qui auraient pu être faits aux arbres ou aux bosquets qui leur étaient consacrés. Xénophon nous dit que l'on trouvait un temple de Diane à Scillus sur la route de Lacédémone à Olympie ; il était entouré d'un bosquet d'arbres cultivés, portant tous les fruits des différentes saisons. Pausanias parle d'un bosquet attaché à un autre temple de Diane où l'on cultivait aussi différentes espèces d'arbres fruitiers. Le même auteur décrit un bosquet près du temple d'Esculape à Athènes, où l'on trouvait des arbres magnifiques, bosquet, dit-il, aussi agréable pour les parfums qu'on y respire que pour le charmant spectacle qu'il offre. Sophocle chante les beautés du bosquet de Colone dans un chœur de son Œdipe à Colone, en plaçant les mots suivants dans la bouche d'Antigone : « Ce lieu, sans doute, est consacré, car il est plein d'arbres fruitiers, d'oliviers

et de vignes, et d'innombrables rossignols font entendre leur gazouillement délicieux. » On trouvait des bosquets sacrés dans d'autres pays
que la Grèce. Pindare chante les louanges du bosquet de Pise. Strabon
donne la description du bosquet d'Acanthe qui était situé au-delà de
Memphis, au pied de la colline de la Libye. Il y en avait un autre
consacré à Apollon, entre le Nil et Abydos. Pline l'ancien parle d'un
bosquet que le peuple du Latium avait consacré à Diane; il était situé
sur une colline appelée Corne, auprès de Tusculum. Ce bosquet, dit-il,
existe depuis un temps immémorial et se compose de hêtres, dont le
feuillage semble avoir été dirigé par l'art. Il y avait beaucoup d'autres
bosquets sacrés, parmi lesquels ceux des Druides occupaient une place
considérable.

Voyons actuellement ce que les Romains savaient en horticulture
et quel était le caractère distinctif de leurs jardins. Une lettre de Pline
le jeune contient une description si complète et si admirable de sa villa
et de son jardin de Tusculum, situés sur une des croupes des Apennins,
que je ne saurais mieux faire que de la traduire dans la partie qui se
rapporte au jardin. La maison était située sur une élévation de terrain;
elle était tournée vers le sud et la vue s'étendait sur tout le pays envi-
ronnant. Devant un portique placé sur la façade de la maison se trouve,
dit Pline, une sorte de terrasse embellie de curieuses figures et bordée
par une haie de buis; on descend de cette terrasse par une allée
en pente bordée de chaque côté par divers animaux, taillés dans
du buis, et on arrive sur une pelouse couverte d'Acanthes; cette
pelouse est entourée par une allée bordée d'arbres toujours verts auxquels on a donné une grande variété de formes. Au-delà se trouve le
Gestatio, disposé en forme de cirque, et dont le centre est orné de
bosquets de buis et de différents arbrisseaux taillés de façon à affecter
mille formes différentes. Le jardin est entouré par un mur caché entièrement par une haie de buis; de l'autre côté du mur se trouve une prairie
qui doit autant à la nature que le jardin doit à l'art; çà et là, on voit un
bosquet d'arbres dans cette prairie. L'hippodrome, qui n'était ici qu'une
promenade, était entouré de tous côtés de platanes couverts de lierre,
« de telle sorte que, tandis que le sommet des arbres s'orne de leur

propre feuillage, leur tronc revêt une verdure empruntée ; le lierre, après s'être enroulé autour du tronc et des branches, va se suspendre par de gracieux festons aux arbres voisins et il semble que tous n'en fassent plus qu'un seul. Entre chaque platane on a planté du buis et par derrière, des lauriers qui confondent leur feuillage avec celui des platanes. Cette plantation formant une limite régulière des deux côtés de l'Hippodrome, affecte, à l'extrémité, la forme d'un demi cercle qui est ombragé de cyprès, pour varier la couleur du feuillage et pour jeter une ombre plus épaisse. Des parterres circulaires, car il y en a plusieurs, sont exposés au soleil et plantés de roses, ce qui fait un charmant contraste avec l'ombre des allées qui les entourent. Après avoir traversé ces diverses allées circulaires, on entre dans une allée droite qui se divise en plusieurs autres séparées par des haies de buis. Ici se trouve une petite prairie ; là, le buis est taillé de mille façons différentes, quelquefois en lettres indiquant le nom du propriétaire ou celui du jardinier ; çà et là de petits obélisques alternent avec des arbres fruitiers ; tout à coup, au milieu de cette élégante régularité, on est tout surpris de se trouver en présence d'un bosquet sauvage qui imite toutes les beautés de la nature. Au-delà, se trouve une allée plantée d'Acanthes dont les arbres sont taillés de façon à figurer des noms ou à représenter différents objets. A l'extrémité de cette allée, se trouve un banc de marbre blanc entouré de bosquets de vigne supporté par quatre petits piliers. L'eau sort de dessous ce banc par plusieurs petits tuyaux comme si elle était chassée par le poids des personnes qui s'y reposent ; cette eau tombe dans une citerne d'où elle se rend dans un beau bassin de marbre poli, construit avec tant d'art qu'il est toujours plein sans jamais déborder. Tout auprès, se trouve une fontaine qui se vide et s'emplit sans cesse, car l'eau qu'elle projette à une grande hauteur retombe dans le bassin et, au moyen de deux ouvertures, est rejetée aussi vite qu'elle est retombée. En face du banc, il y a un charmant kiosque de marbre, dont les portes s'ouvrent sur des bosquets présentant à l'œil toutes les variétés de verdure. » Dans ce kiosque se trouvait une petite chambre dans laquelle Pline aimait à se reposer sur une couche, car il se croyait dans un bois. On trouvait d'ailleurs d'autres fontaines dans le jardin et de tous côtés des siéges de marbre qui servent, dit Pline, à reposer de la marche. De toutes parts enfin, une multitude de petits arbrisseaux arrosaient le jardin et répandaient la fraîcheur.

Cette description nous permet de conclure que les jardins romains, à cette époque, étaient tout artificiels; ils consistaient en une sorte de terrasse placée devant le portique de la maison. Cette terrasse s'appelait le *Xystus* et était divisée en parterres, affectant diverses formes et entourés de buis. Des avenues de grands arbres, généralement de platanes, constituaient le jardin ; on y trouvait, en outre, des allées ou des avenues bordées de haies taillées de mille façons différentes. Une *gestatio,* ou avenue dans laquelle les Romains avaient l'habitude de se faire porter en litière, de façon à jouir sans fatigue de la fraîcheur des arbres ; un *hippodromus,* ou cirque, qui était ordinairement destiné aux promenades à cheval et qui se composait de plusieurs avenues bordées de haies et ombragées par des grands arbres. On trouvait fréquemment aussi, dans les jardins romains, d'autres parterres dans d'autres parties du jardin; ces parterres étaient souvent placés sur des terrasses artificielles dont les côtés étaient recouverts par des arbrisseaux toujours verts ou par des plantes grimpantes. Le jardin romain comprenait, en outre, des treilles, un verger et un potager. On réservait un endroit spécial pour l'élève des loirs et des limaçons, que les Romains aimaient beaucoup; enfin, il y avait toujours des étangs dont quelques-uns étaient remplis d'eau de mer, apportée quelquefois de distances considérables, des volières et des basses-cours.

La coutume barbare qui consiste à tailler et à dévier les arbres, de façon à leur faire revêtir des formes grotesques, était très en vogue chez les Romains ; on lui avait donné le nom de *ars topiaria* et les jardiniers avaient fini par prendre le nom de *topiarius.* Cette mode si laide a été introduite, dit-on, par C. Matius, ami de l'empereur Auguste. Les Romains avaient l'habitude de recouvrir de lierre le tronc des arbres de leurs jardins.

Les jardins qui entouraient la maison de Néron, ne ressemblaient en aucune façon au jardin de Pline. Cet empereur, qui admirait beaucoup les mœurs et les coutumes de l'Orient, fit disposer ce jardin sur le plan des jardins de la Perse. On y trouve, dit Tacite, des pelouses et des lacs, des bosquets et des échappées de vue.

Il serait fatiguant d'énumérer les divers jardins des Romains, car beaucoup de riches citoyens avaient de nombreuses villas entourées de jardins considérables; dans d'autres cas, au contraire, la maison était si magnifique qu'elle couvrait quelquefois plus d'espace que le jardin. Dans ce cas, le propriétaire pouvait être appelé devant les censeurs et être puni, parce qu'il avait, comme dit Pline, plus de terrain à balayer qu'à labourer

Outre sa villa de Tusculum, Pline en possédait une autre située à une courte distance de Rome, à Laurentinum, sur le bord de la mer. Cette villa était entourée d'un petit jardin comprenant le *Xystus*, tout parfumé de violettes, une *Gestatio*, un potager, une vigne et des étangs à poissons. Pline possédait, en outre, plusieurs autres villas; deux particulièrement situées sur le lac de Côme; il appelait l'une sa maison tragique, et l'autre sa maison comique.

Pline l'ancien nous apprend qu'il y avait, à l'intérieur de Rome, des jardins publics, des champs et des villas; César, Pompée, Lucullus et Salluste y possédaient des jardins. Celui de Salluste, situé sur le Quirinal, avait une grande étendue. Le jardin appartenant aux empereurs Caracalla et Geta était encore plus étendu, car il comprenait les jardins de Salluste, de Lucullus, d'Agrippa et de Domitien. D'autres villes sous la domination immédiate des Romains comprenaient de grands jardins; on pourrait citer entr'autres, Baïa dans la baie de Naples, séjour favori des Romains. Les maisons de Pompéia étaient précédées d'une espèce de cour entourée de piliers et appelée le *Peristylium*. Sur les murs, on peignait des arbres et des oiseaux et d'autres objets représentant un jardin. Au milieu de cette cour on plantait ordinairement des fleurs et des arbrisseaux; souvent aussi on y voyait une belle fontaine. Outre ces jardins microscopiques, on trouvait des jardins assez considérables dans les plus grandes maisons de Pompéia. La maison de Pança avait un jardin, ayant environ 100 pieds de long; le jardin de la villa de Diomède avait 111 1/2 pieds carrés; il était entouré d'une colonnade et une fontaine en occupait le centre.

A une époque beaucoup plus reculée, des jardins existaient à Rome. Pline nous apprend que les rois, à l'exemple des monarques de la Perse, avaient l'habitude d'y travailler de leurs mains; il nous dit aussi que, devant la plupart des maisons pauvres de Rome, se trouvaient des jardins; toutefois, ils furent supprimés plus tard pour débarrasser la ville des nombreux voleurs qui l'infestaient. Ce n'étaient que des petits potagers ou *horti*, où l'on cultivait les légumes nécessaires à la consommation de la famille; c'était la femme qui devait cultiver ce jardin, et, si elle le négligeait, on ne manquait pas de dire qu'elle était une mauvaise ménagère, car elle était obligée d'aller au marché pour acheter les légumes dont elle avait besoin.

Les Romains ne semblent pas avoir connu les serres avant l'ère chrétienne; on employait anciennement pour leur construction des feuilles minces de talc au lieu de verre. L'empereur Tibère avait des serres dans lesquels il cultivait toute l'année des concombres et des roses, fleur favorite des Romains. Ce peuple, d'ailleurs, semble avoir beaucoup aimé les fleurs et on en plaçait ordinairement sur l'appui des fenêtres. Cependant, ils ne semblent avoir connu qu'un nombre très limité de variétés de plantes. De tous les arbres, le platane était le favori; on le plantait ordinairement en rangées. On poussait quelquefois si loin l'admiration pour cet arbre, qu'on l'arrosait avec du vin au lieu d'eau. D'ailleurs, cet amour extraordinaire pour le platane n'existait pas seulement chez les Romains, car Hérodote nous dit que Xercès vit en Lydie un si beau platane qu'il le fit orner de chaînes d'or et qu'il en confia la garde à un de ses officiers.

Les Romains introduisirent beaucoup d'arbres fruitiers en Italie; on peut citer, entre autres, le cerisier, le grenadier, l'amandier, le citronnier, le pêcher et l'abricotier. Au temps de Pline l'ancien, un médecin, nommé Antoninus Castor, avait fondé une sorte de jardin botanique dans lequel il cultivait lui-même un grand nombre de plantes.

Après la chute de l'Empire romain, l'art du jardinage disparut comme tout le reste dans la tourmente. Ce furent plus tard les moines qui le firent revivre et plus tard encore la famille des Médicis, à laquelle beaucoup de splendides jardins de l'Italie doivent leur existence, donna un grand élan à la culture des plantes. Les jardins dessinés dans le style purement italien sont géométriques et architectoniques. Ils consistent en terrasses ornées de sculptures, en avenues d'arbres, en fontaines et en cascades, en riches parterres ornés de fleurs admirables. Bien que l'on puisse dire, dans le sens le plus strict du mot, que ce sont des jardins d'apparat, il arrive presque toujours, cependant, que, dessinés par le même architecte que celui qui a construit la maison, ils forment un tout harmonieux ; aussi, au lieu de ressentir l'ennui et le dégoût que l'on éprouve si souvent dans les jardins réguliers, l'œil est partout enchanté ; on n'y trouve, en effet, aucune raideur, mais seulement la symétrie qui convient au génie de ce peuple. Quelquefois un mur entoure le jardin, et, cependant, on s'arrange presque toujours de façon à ce que la vue des terrasses soit fort étendue.

La mode des jardins anglais a pénétré en Italie dans le courant du dix-huitième siècle. Bien que cette mode ait été adoptée en plusieurs endroits, on a continué cependant à dessiner des jardins d'après le style italien pur qui s'adapte si bien à marier le jardin avec la maison d'habitation ; nous en avons d'ailleurs de nombreux exemples en Angleterre. Auprès de Florence, dans une délicieuse vallée des Apennins, se trouve Pratolino, une ancienne résidence du grand-duc de Toscane ; on voit là une excellente imitation d'un jardin ressemblant à un parc comme on en trouve tant en Angleterre. Toutefois, sauf dans quelques situations au milieu des montagnes, comme par exemple à Pratolino, le climat de l'Italie est trop chaud pour permettre dans les jardins la formation de ces pelouses dont les Anglais sont si fiers. Le propriétaire d'une villa dans le nord de l'Italie, grand admirateur des pelouses qu'il avait vues en Angleterre, s'efforça d'en créer une dans son jardin. Il en fit établir une, mais, bien qu'il la fît arroser régulièrement, bien qu'il eût soin de la protéger contre les rayons brûlants du soleil, en faisant étendre une toile par-dessus, cependant, quand je l'ai vue en automne, cette pelouse était jaune au lieu d'être verte.

On aime beaucoup les fleurs en Italie, et il y a de nombreux jardins où on les cultive pour les vendre. Pour quiconque habite les pays sep-

tentrionaux, ce qui frappe le plus sont les jardins où l'on cultive les
camélias. J'ai vu, dans les jardins de Florence, de grands camélias
poussant en plein air et couverts d'une profusion de fleurs. Il y a aussi
de nombreux jardins, principalement dans le sud de l'Italie, où l'on
cultive l'oranger et le citronnier.

Je voudrais pouvoir céder à la tentation de décrire en détail les
admirables jardins qui abondent dans ce beau pays, mais le manque
d'espace me force à n'en citer que quelques-uns. Je commencerai par
Florence, où se trouvent peut-être ceux qui ont la plus grande renommée. Le jardin Boboli, qui touche au palais Pitti, a été dessiné au
seizième siècle, sous le règne de Cosme Ier. Une série de terrasses s'étend
sur le versant d'une colline qui s'élève immédiatement derrière le palais.
Dans d'autres parties du jardin on remarque des bassins, des vases,
des berceaux et de très belles sculptures, œuvres de Michel-Ange, de
Tacca, de Giovanni, de Bologna et d'autres éminents artistes. On dit
que Michel-Ange aimait à se promener dans les jardins Boboli et qu'il
venait y concevoir les chefs-d'œuvre qu'il exécutait plus tard. Il faut
dire aussi un mot des Cascines, le Hyde Park de Florence, admirablement situées sur les bords de l'Arno. On peut y voir tous les jours,
dans les longues avenues et au milieu des parterres, toute la société
florentine.

Les célèbres réunions de l'académie Platonique, instituée par Laurent le Magnifique, se tenaient dans la belle villa Careggi. Laurent le
Magnifique aimait beaucoup cette villa où il mourut. Le jardin est
disposé en terrasses et en parterres. Laurent de Médicis y faisait cultiver
des plantes exotiques qu'il se procurait en Orient. De ces jardins on a
une vue splendide sur la ville, sur les oliviers et sur les Apennins.
A une courte distance de Florence, se trouve une autre résidence favorite de Laurent de Médicis, qui contribua dans une si grande mesure
à développer en Italie l'art du jardinage et de l'horticulture, c'est la
villa Mozzi où l'on montre encore la terrasse où ce grand monarque
aimait à se promener. A peu de distance, se trouve la villa Palmieri,
célébrée par le poète Boccace comme la retraite d'un certain nombre
de dames qui, pour chasser toute idée de mort, s'y adonnaient à toutes

sortes de plaisirs pendant la peste de 1348. On trouvera une charmante description de ce jardin dans Rienzi, dans le chapitre intitulé les
Fleurs au milieu des tombes. Je citerai encore à Florence un jardin
qui appartient au prince Demidoff et qui entoure la plus magnifique
des villas. Ce jardin considérable est tenu sur un pied vraiment royal.
On y trouve de nombreuses serres et de splendides collections de
plantes et surtout d'orchidées. J'ai vu là un nouveau moyen d'arranger
les fleurs coupées dont je conseille l'application. On place les fleurs
coupées dans une soucoupe pleine d'eau et enfoncée dans le rocher ;
puis on les recouvre d'un vase plein d'eau dont le fond est en verre, si
bien que l'on voit les fleurs à travers l'eau et le verre, et qu'elles semblent pousser au fond de l'eau.

Il y a aussi à Rome de belles villas et de splendides jardins. Les jardins
qui entourent le palais du Quirinal sont très-étendus et étaient fort bien
entretenus quand j'ai eu le plaisir de les visiter. On y trouve un curieux
appareil hydraulique pour jouer de l'orgue. Ce n'est pas, d'ailleurs, le
seul jardin où l'on ait employé l'eau de façon extraordinaire. Je pourrais citer, par exemple, les jardins de Frascati appartenant au prince
Borghèse, où l'on a employé l'eau pour imiter le gazouillement des
oiseaux, pour faire jouer deux orgues; en outre, l'eau s'élance de trous
invisibles et vient frapper à la face quiconque s'approche de trop près ;
il y a, enfin, de nombreuses cascades. Les Italiens sont très amateurs de
cet emploi de l'eau, et c'est à eux que les autres nations ont emprunté
cet art. Les Hollandais l'ont imité, et j'en ai vu de très amusants
exemples dans un jardin à Salzbourg dans le Tyrol.

Les Romains fréquentent beaucoup les jardins de la villa Borghèse;
ces jardins offraient un aspect délicieux quand je les ai vus au printemps,
car le parc, ou partie non cultivée, était absolument recouvert d'un
véritable tapis d'admirables anémones pourpres ; cette fleur pousse à
l'état sauvage en Italie. On pourrait citer pour leur beauté une grande
quantité d'autres jardins à Rome, tels que la villa Doria et le Pincio.

Naples ne reste pas en arrière pour ses jardins. Près de celui
de M. Dumontet, il y en a un autre situé sur les bords de la mer,
qui appartient au prince Demidoff et où l'on cultive de grandes

collections de plantes. On pourrait citer d'autres beaux jardins dans cette ville.

Outre les jardins attachés aux villas, il y a, en Italie, plusieurs jardins botaniques ; les Italiens peuvent se vanter d'ailleurs d'avoir été le premier peuple en Europe qui ait établi des jardins purement scientifiques. Si nous laissons de côté le jardin d'Antoninus Castor que l'on peut à peine décorer du nom de jardin botanique, le premier en Europe a été fondé à Padoue au, seizième siècle, par un noble Toscan ; quelques années plus tard, les Médicis en établirent un à Pise. Depuis cette époque, les jardins botaniques se sont répandus dans toute l'Italie ; ceux que j'ai visités à Venise et à Naples contiennent des spécimens très intéressants d'arbres et de plantes.

Je ne peux quitter les jardins d'Italie sans dire quelques mots d'un très joli jardin qu'un de nos compatriotes, le docteur Bennett, a créé à Menton et qui, pour employer ses propres expressions, est suspendu, sur le flanc de la montagne en face de la mer. Une longue avenue droite commence à la porte ; de chaque côté de cette avenue, formant terrasse, se trouvent, à des intervalles réguliers, des piliers de pierres qui supportent des plantes grimpantes qui se réunissent au-dessus de l'allée et forment une véritable voûte. Sur un des côtés de la porte se trouve une plaque de marbre où sont inscrits quelques mots de bienvenue, par lesquels le propriétaire vous invite à entrer. Ce jardin est arrangé avec beaucoup de goût ; de toutes ses parties on jouit d'une vue admirable sur la Méditerranée, ainsi que sur les montagnes environnantes. Le propriétaire s'amuse pendant l'hiver et le printemps à acclimater diverses plantes inconnues jusqu'ici dans cette localité.

Je dois décrire actuellement les principaux caractères des jardins d'un autre peuple qui, à une époque, ont été considérés comme des modèles de goût et qui ont été, en conséquence, imités un peu partout et surtout par les Anglais, au commencement du dix-huitième siècle ; je veux parler des jardins hollandais. Bien que dessinés géométriquement, ces jardins ne ressemblent en rien à ceux de la France et de l'Italie ; quelques savants pensent, cependant, que les jardiniers hollandais n'ont fait qu'imiter dans une certaine mesure les jardins français à la mode il y a quelques centaines d'années. On peut dire que le caractère principal d'un jardin hollandais consiste en ce qu'on peut le voir tout entier d'un seul coup. Ces jardins sont, en outre, remarquables par l'excessive symétrie de toutes leurs parties, dont la raideur trahit l'ouvrage de l'homme et ne rappelle en rien la magnificence sauvage de la nature, — par leurs arbres taillés en formes curieuses comme le faisaient les anciens Romains, dont les jardins sous ce rapport pourraient se comparer à ceux des Hollandais; — par leurs longues avenues droites qui se terminent ordinairement à un point de vue arrangé et qui se croisent quelquefois à angle droit : au point d'intersection se trouve un parterre dessiné géométriquement et rempli de fleurs voyantes jetées là, pêle-mêle, sans qu'on ait songé à marier les couleurs ; — par le berceau de tilleuls auquel on donne une forme bien définie et dans lequel on ménage des portes et des fenêtres; — par les monticules recouverts de gazon, tous dessinés sur le même modèle et sur lesquels pas un brin d'herbe n'est plus long que son voisin; — enfin, par des canaux ou des fossés qui les traversent tous, fossés et canaux remplis d'eau souvent stagnante.

Les Hollandais ont un amour tout particulier pour l'eau; ils l'emploient comme fontaines, comme fossés entourant leur jardin, ou comme canaux qui les traversent dans toutes les directions; il n'est pas rare de trouver dans leurs jardins de curieux exemples d'appareils hydrauliques qu'ils ont empruntés aux Italiens. Mais cet emploi de l'eau et de monticules gazonnés comme décoration, dans un pays aussi uni et aussi plat que la Hollande, produit un effet très désagréable.

Les meilleurs spécimens du style hollandais sont les jardins royaux de Loo, créés au dix-septième siècle par Guillaume et Marie, qui sont devenus plus tard les souverains de l'Angleterre. Ces jardins en comprenaient quatre : le jardin Supérieur et le jardin Inférieur, celui du Roi et celui de la Reine, outre des labyrinthes. Le jardin de La Haye, qui, au dix-septième siècle, appartenait au comte de Nassau, a été très célèbre ; aujourd'hui il est très mal entretenu. La plupart des jardins hollandais combinent actuellement le style anglais avec le leur propre; il y a cependant encore en Hollande de nombreux jardins dessinés d'après le plan essentiellement hollandais. Auprès d'Utrecht, se trouve un jardin appartenant à un négociant; ce jardin, bien qu'un peu étroit, a des dimensions considérables. Des haies épaisses et assez élevées de hêtres, de chênes et de charmes, taillés sous mille formes différentes, séparent les grandes divisions du jardin; dans d'autres endroits, on a employé des haies d'if et de buis. Les ornements consistent en grottes et en fontaines, en statues et en bustes, en vases et en urnes. Il y a, en outre, la longue allée couverte ordinaire avec ses fenêtres et plusieurs avenues qui se terminent par des sauts-de-loup. Selon le vrai système hollandais, tout, dans ce jardin, a sa contre-partie, c'est-à-dire que s'il y a d'un côté un étang, une avenue, une statue ou un groupe d'arbres, cela est répété de l'autre côté pour lui faire pendant. Les deux étangs sont entourés par de vieux châtaigniers; à l'extrémité du jardin se trouve une grande avenue circulaire ombragée par des hêtres et qui entoure une pièce d'eau. On trouve, bien entendu, dans ce jardin, des châssis et des serres. Chacun, en Hollande, aime beaucoup les plantes. Dans les environs de Rotterdam on trouve une quantité de petits jardins appartenant aux négociants de la ville. Ils consacrent tous leurs soins à ces jardins et ils y cultivent des arbres fruitiers et des fleurs. Il y a, dans chacun d'eux, une sorte de kiosque que l'on appelle *tuin-huisjes* ou *lust-hofs*, où les propriétaires se rendent chaque dimanche avec leur famille pour se reposer dans la contemplation de la nature. Ils m'ont rappelé les petits jardins que les négociants de Londres possèdent quelquefois dans les environs de la ville.

Si l'on ne peut faire beaucoup d'éloges du goût hollandais pour le dessin de leurs jardins, il faut avouer qu'ils connaissent admirablement l'horticulture et qu'ils s'entendent surtout à la culture des ognons à fleurs. Ils se sont procuré ces espèces de plantes il y a fort longtemps en Orient, et, à force de soins et de talent, ils sont parvenus à leur donner une perfection qu'on chercherait vainement autre part. Haarlem est le centre principal de la culture des différentes espèces d'ognons à fleurs; les Hollandais, sans doute, en font un moyen de s'enrichir, mais je crois qu'ils les cultivent plutôt par amour. Au dix-septième siècle, la passion de ce peuple pour les tulipes fut si grande qu'elle reçut le nom de *Tulipomanie ;* elle produisit tous les maux que produit ordinairement une passion qui entraîne un peuple tout entier. Alexandre Dumas l'a parfaitement décrite dans un roman intitulé : *la Tulipe noire.*

La France est considérée à juste titre comme l'école des jardins géométriques. Le Nôtre, fondateur de cette école, était un célèbre architecte ou plutôt un dessinateur de jardins; dans sa jeunesse il avait étudié la peinture dans l'atelier de Lebrun. On peut citer comme son chef-d'œuvre les jardins de Versailles créés par les ordres de Louis XIV. La hardiesse et la grandeur des conceptions de Le Nôtre prouvent qu'il était doué d'un véritable génie. Avant la création des jardins du Palais de cristal, qui n'ont été dessinés que 200 ans plus tard, les jardins de Versailles étaient sans égaux dans le monde. Combien ils diffèrent des affreux jardins géométriques hollandais. Les jardins de Versailles, comme tout le monde le sait, consistent en immenses terrasses et en parterres ; des fontaines dont la renommée est universelle, ornent les différentes parties du parc. Malheureusement, la plupart des arbres placés près du palais sont taillés de façons différentes.

Les Français ont toujours eu une véritable passion pour les jardins, aussi abondent-ils dans ce pays. Dès le huitième siècle, Charlemagne encouragea l'art du jardinier et importa les meilleurs fruits dans son empire; néanmoins, cet art ne semble avoir atteint sa perfection qu'au dix-septième siècle, alors que le génie de Le Nôtre éclata tout à coup. François I⁽ᵉʳ⁾, cependant, avait créé un jardin à Fontainebleau, à l'imitation de ceux qu'il avait vus en Italie ; d'après les descriptions qui nous en sont restées, ce jardin devait ressembler quelque peu à celui de Pline, à Tusculum. Plus tard, Le Nôtre construisit la terrasse et modifia considérablement le jardin entier; plus tard encore, on créa la partie aujourd'hui connue sous le nom de jardin anglais.

Peu avant la première révolution, c'est-à-dire dans le courant du siècle dernier, les jardins anglais devinrent si à la mode en France, que plusieurs beaux jardins furent détruits, pour être replantés sur le nouveau modèle. Marie-Antoinette fit disposer en jardin anglais le Petit Trianon à Versailles.

Aucune ville, peut-être, ne peut se comparer à Paris, sous le rapport des jardins, des parcs et des promenades. Les magnifiques jardins des Tuileries ont été dessinés par Le Nôtre; là, on trouve en profusion des statues, des fleurs et des bassins ornés de jets d'eau. On y voit aussi en été de longues lignes d'orangers qui parfument l'air de leurs fleurs et qui rappellent les jardins d'Italie. Tout près du Palais se trouve le jardin anglais qui était séparé du parc public quand la famille impériale habitait les Tuileries. Du pavillon central des Tuileries, la vue s'étend sur une immense promenade bordée d'arbres de chaque côté. Au-delà des Tuileries se trouvent les Champs-Élysées, ornés de nombreux parterres et de fontaines. Enfin, de l'autre côté de l'arc de Triomphe s'étend le bois de Boulogne, dessiné par les ordres de Napoléon III; on ne saurait trop louer cette promenade pour le goût exquis qui a présidé à sa création; elle combine, en effet, toute la sauvagerie d'un bois avec tous les effets du jardin le mieux cultivé; nous sommes d'autant plus portés à le louer, que notre gouvernement, en faisant imiter quelques parties du bois de Boulogne, a beaucoup embelli les parcs de Londres.

Le parc Monceaux qui, en réalité, est beaucoup plus un jardin qu'un parc et le parc de Saint-Cloud sont aussi de très beaux spécimens des jardins français; on pourrait en citer beaucoup d'autres qui existent à Paris, et qui doivent leur origine à l'Empereur Napoléon III, ou qui ont été considérablement embellis par lui. Je ne citerai au nombre des plus anciens et des plus célèbres que la Malmaison, dessiné dans le style anglais, par l'Impératrice Joséphine; Marly, dont on a dit une fois qu'il n'y pleuvait jamais; le Jardin des Plantes si célèbre, non-seulement parce qu'on y trouve une magnifique collection d'animaux, mais aussi d'admirables collections d'orchidées et d'autres plantes.

Passons actuellement à l'Angleterre pour voir si l'amour pour la nature qui est si développé en France, y existe aussi. Ce sont les Romains qui ont introduit en Angleterre les premiers rudiments de l'horticulture; mais, bien que les Saxons aient eu des jardins, ces connaissances se perdirent au milieu de l'anarchie qui suivit le départ des Romains de cette île. Les Normands ressuscitèrent cet art. On trouve dans le Domesday Book, mention faite d'un verger de pommiers à Nottingham, et les mots : *Horti* et *Hortuli* se rencontrent plusieurs fois dans ce livre. La vigne doit avoir été importée dans ce pays par les Romains; Bede parle de vignobles au huitième siècle; plus tard, Guillaume de Malmesbury indique le Gloucestershire comme le comté où l'on cultivait principalement la vigne. Une partie du jardin de Hatfield House s'appelle encore aujourd'hui le vignoble. Au douzième siècle, Alexandre Nécham, dans son ouvrage, intitulé *Naturis Rerum*, donne le nom de différents arbres qui, dit-il, doivent être cultivés dans un « nobilis hortus » ; malheureusement, la plupart de ceux qu'il cite ne pouvaient pas être acclimatés en Angleterre à cette époque, de telle sorte qu'on ne peut pas trouver dans son livre beaucoup d'indications exactes sur l'état réel de l'horticulture à cette antique période. Selon lui, on devrait cultiver dans les jardins les roses, les lys, les tourne-sol, les violettes, les pavots et les narcisses. La rose est depuis une haute antiquité une fleur favorite en Angleterre; dans les anciens baux il est souvent indiqué qu'on doit en fournir une tous les ans en payant le loyer. D'autres documents nous permettent d'affirmer qu'en 1276 on cultivait le lys dans le jardin royal de Westminster. Vers la même époque, on cultivait beaucoup d'espèces de fruits, parmi lesquels on peut citer la cerise, la mûre, la poire, la pomme, le raisin, la nèfle, le coing, la groseille à maquereau, la fraise, la framboise, la pêche et l'amande, ainsi que quelques légumes, tels que le chou, le pois, le haricot, la laitue, la moutarde, le cresson, le houblon, l'ognon, l'ail, le poireau et probablement la betterave.

Cependant, nous avons fort peu de détails sur le plan des antiques jardins anglais. Il est probable qu'ils étaient fort simples, bien qu'un auteur nous informe qu'au douzième siècle les maisons de Londres étaient entourées de beaux jardins, mais on ne sait trop en quoi consistait cette beauté. Cependant, Blenheim et Woodstock existaient à cette époque. Quelques enluminures sur de vieux manuscrits anglais représentent de grands jardins où l'on voit un puits ou un étang et quelquefois aussi, bien que très rarement, des fontaines et des grottes. Chaucer, dans le *Romaunt of the Rose*, décrit un jardin qui formait un

carré parfait; il est probable que la partie descriptive de ce jardin imaginaire, et que les plantes qu'il y place, reposaient sur quelques
bases réelles. Au quatorzième siècle, il y avait dans Holborn un
jardin appartenant au comte de Lincoln, qu'il cultivait pour son
plaisir et pour son profit. On trouve, dans un compte du duché de
Lancaster, que ce jardin produisit en un an pour la vente des fruits
9 livres 2 shillings 3 pence, ce qui équivaudrait aujourd'hui à 135
livres sterling. Les seules fleurs dont on parle dans ce compte sont les
roses; on en a vendu pour 3 shillings 2 pence. Les arbres fruitiers
de ce jardin consistaient en pommiers, en poiriers, en cerisiers et en
vigne; on y vendait aussi des boutures de vigne. On y cultivait la
fève, l'ognon, l'ail, le poireau et quelques autres légumes. Le même
compte mentionne aussi l'achat de boutures de quelques variétés de
poires. Ce jardin était entouré d'une palissade et d'un fossé, et il s'y
trouvait un étang qui contenait des brochets.

Mais il y a fort peu de choses à dire sur les jardins de l'Angleterre
jusqu'au règne de Henri VIII ; c'est sous le règne de ce roi que furent
créés le Sans-Pareil (qui était situé à quelques milles seulement de mon
jardin) et Hampton Court. Le Sans-Pareil, comme son nom l'indique,
était considéré comme la merveille de l'époque. Ce jardin, dessiné géométriquement, comprenait un jardin d'agrément, un potager, un jardin
sauvage et un petit parc ; dans le jardin d'agrément, on trouvait un
grand nombre de fontaines, des colonnes et des pyramides de marbre.
Il a été transformé par Kent, dans le courant du siècle dernier. Les
plus beaux jardins créés sous le règne de la reine Élisabeth se trouvaient à Hatfield et à Beddington, comme je l'ai déjà dit dans le premier chapitre.

On continua, jusque sous le règne de Charles II, à dessiner les jardins
sur le vieux plan anglais, bien que lord Bacon ait vivement protesté à
l'époque de Jacques Ier contre la taille des arbres et contre l'établissement de nœuds ou de figures de terre de diverses couleurs que l'on
place sous les fenêtres de la maison du côté du jardin; ce sont là, s'écriet-il, des enfantillages, et une tarte est mille fois plus jolie. S'il faut en
juger par quelques parterres, que l'on voit encore aujourd'hui dans les

jardins de la Société d'horticulture et dans ceux de l'Hôpital de Bethléem, ce grand philosophe n'est pas parvenu à déraciner cette coutume
ridicule.

Le Nôtre vint en Angleterre, appelé par Charles II, et dessina le
parc de Greenwich et celui de Saint-James. Il planta aussi une avenue
d'arbres dans le Mall, et, depuis cette époque, jusqu'à l'accession au
trône de Guillaume et de Marie, son style se répandit dans toute l'Angleterre ; mais il fut alors remplacé par le détestable style hollandais,
et on alla jusqu'à faire de Hampton Court une copie exacte d'un
jardin hollandais ; bien entendu cet exemple fut suivi partout. Pendant le règne suivant, Wise et Loudon montrèrent assez de talent dans
la décoration des jardins de Kensington, pour s'attirer les louanges
d'Addison.

On a attribué à l'influence des écrits de Pope et d'Addison, le style
anglais qui a été copié plus ou moins par toutes les nations de l'Europe.
Ces deux célèbres écrivains ne se contentèrent pas de protester contre
la raideur des jardins alors en vogue, mais ils essayèrent tous deux
dans leur maison de campagne, l'un à Twickenham, l'autre à Bilton,
auprès de Rugby, de créer des jardins où le pittoresque imite la belle
négligence de la nature ; c'est à cette classe qu'appartient mon jardin.
Je peux dire avec Addison que mon jardin est une confusion de potager et de parterre, de verger et de fleurs ; que c'est une imitation de
la nature et que partout on trouve des fleurs. Je conviens, avec Pline
l'ancien, que les jardins doivent être honorés, et que les choses communes n'en méritent pas moins notre considération tant et si bien que,
comme Addison, si je rencontre dans un champ une fleur qui me plaît,
je lui donne une place dans mon jardin. Or, il arrive souvent que je
me procure ainsi des fleurs que mes amis regardent comme les plus
belles que je possède, et que, cependant, j'ai trouvées dans une haie,
dans un champ, dans un bois ou sur une montagne.

Le premier grand dessinateur qui ait compris et créé les jardins pittoresques est Kent, un vrai poète. Avant de dessiner un jardin, il se
pénétrait de la nature du paysage, où il était situé, et il essayait d'em-

bellir et non pas de violer la nature. Lui et ses successeurs ont transformé beaucoup d'anciens jardins géométriques.

Bien que les écrits de Pope et d'Addison et plus tard de Thomson aient eu une influence si grande et si immédiate sur la création des jardins, on a cependant mis en doute qu'ils fussent les véritables auteurs de ce système et on en a attribué la première idée, les uns à Milton, les autres au Tasse. D'autres encore affirment que Néron avait adopté ce système pour son jardin de Rome et qu'il n'était qu'une imitation des jardins de la Perse. Beaucoup, enfin, supposent que c'est aux Chinois que nous devons l'idée de copier dans nos jardins les diverses beautés du paysage naturel.

Les Chinois ont certainement une habileté toute particulière pour créer des points de vue pittoresques dans leurs jardins. Lieutschen, un de leurs anciens écrivains, dit : « L'art de la construction des jardins consiste dans la combinaison d'une vue agréable, d'une végétation abondante, de l'ombre, de la solitude, du repos, tout cela arrangé de façon à ce que l'on arrive à tromper les sens et à leur faire croire à la nature réelle. La diversité est le principal attrait du paysage naturel ; il faut donc chercher à l'imiter dans les jardins et choisir avec soin un terrain qui vous permette d'établir collines et vallées, gorges et ruisseaux, lacs couverts de plantes aquatiques, etc. La symétrie est fatigante ; un jardin dont toutes les parties trahissent l'art et la gêne excitera bientôt l'ennui et le dégoût. » C'est là une excellente description des jardins chinois ; aussi, dans le voisinage immédiat de l'habitation principale, ils dessinent des jardins géométriques qui se marient avec la gravité des lignes architecturales de la maison ; ils considèrent qu'un paysage sauvage, placé dans cette position, ressemblerait à un diamant enchâssé dans du plomb ; par contre, ils placent toujours des édifices rustiques dans les endroits naturellement sauvages. Les Chinois, en outre, s'entendent admirablement à faire paraître plus grands les terrains qu'ils cultivent ; aussi leurs jardins semblent-ils beaucoup plus vastes qu'ils ne le sont réellement. C'est le cas, par exemple, au jardin impérial qui se trouve près de Pékin, et auquel on a attribué une circonférence de douze milles. Ce jardin, qui est admirablement disposé, mérite le nom de Yuen-ming-Yuen qu'on lui a donné, c'est-à-dire le « Jardin de l'Enchantement perpétuel. » Le parc impérial de Zhe-Hol, ou « parc des arbres innombrables, » a une étendue considérable. On y trouve des lacs, des montagnes en miniature, des rochers, des endroits cultivés avec soin ; çà et là des édifices et des pagodes ; le tout présentant un spectacle toujours nouveau créé par la main de l'homme, qui est arrivé à ce résultat en imitant les beautés de la nature, sans jamais essayer de la violer. Mais, il faut bien le dire, le peuple chinois adore les jardins. Dans les principales rues de Pékin, quelques maisons sont recouvertes d'immenses terrasses plantées d'arbustes et de fleurs. On dit aussi, qu'à Nagasaki, au Japon, les grandes maisons sont entourées de jardins qui, quelques petits qu'ils soient, contiennent des rochers, des collines et des cascades. Dans les grands jardins de la Chine, on rencontre presque toujours des lacs et des rivières artificielles, des fontaines et des cascades ; dans quelques-uns aussi on a représenté le printemps, l'été et l'hiver, et dans chacun de ces endroits on plante des arbres et des fleurs qui ne conviennent qu'à ces saisons. Les chinois ne plantent pas leurs fleurs dans les parterres, n'importe où et sans goût, comme nous sommes trop disposés à le faire ; ils les choisissent au contraire avec soin, pour que leur grandeur et leur couleur fassent un tout harmonieux ; leurs jardiniers, d'ailleurs, sont très habiles. La Chine est admirablement cultivée dans toutes ses parties ; on est même parvenu à cultiver les tourbières et les marais en y établissant des radeaux de bambous que l'on recouvre de terre végétale sur laquelle on cultive des légumes. Ces radeaux de bambous rappellent les fameux jardins flottants de Mexico, autrefois si nombreux, que l'on construisait en nattant des branches de saule, recouvertes de terre, ou plutôt de limon du lac Clavigero, sur lequel flottaient ces jardins. Ces jardins flottants ont existé, dit-on, depuis l'époque de la fondation de la ville de Mexico ; ils étaient autrefois très nombreux et rapportaient beaucoup ; on y trouvait ordinairement une petite cabane habitée par le jardinier qui, au moyen d'un bateau, pouvait transporter son île où bon lui semblait.

On trouve, près de Canton, les célèbres jardins Fa-tee où, à l'époque du jour de l'an, une foule innombrable se rend pour passer les vacances. Mais je crois en avoir dit assez sur les jardins de la Chine pour démontrer combien le plan de mon jardin se rapproche du plan qu'adopte ordinairement ce peuple extraordinaire. Je ne citerai donc plus qu'un seul jardin chinois, celui de Macao, où le grand poète portugais Camoens a étudié la nature, qu'il a si admirablement décrite ensuite dans son magnifique poème de la Luisiade.

Dans l'Inde, on trouve de nombreux jardins de roses. A Ghazeepoor, on cultive des champs de roses qui ont plusieurs centaines d'hectares d'étendue. Il y a, en outre, de nombreux jardins dans lesquels on cultive les admirables plantes qui se trouvent dans ce pays, dont le peuple a poussé si loin l'amour de la nature, comme le prouvent les livres sacrés des Vedas et toute sa littérature.

Les jardins abondent en Turquie. Lady Mary Wortley Montague les a décrits en termes enthousiastes que je ne trouve pas, je dois l'avouer, chez d'autres écrivains. On s'accorde, cependant, pour louer l'ombrage que l'on trouve dans ces jardins, leurs fleurs si belles et si odoriférantes, leurs cascades et leurs fontaines qui répandent une fraîcheur si délicieuse.

On trouve aussi beaucoup de jardins magnifiques en Espagne. A Madrid, tous les gens riches ont un jardin. Cependant, ils sont encore plus nombreux dans le sud. Séville et Cadix sont particulièrement célèbres pour leurs fleurs et pour leurs jardins; dans ces villes, les balcons, les fenêtres, les toits mêmes des maisons sont transformés en véritables parterres. Sur une colline auprès de Grenade se trouve le palais mauresque de la Casa de l'Amar, dont le jardin a été dessiné par les Maures. Ce jardin est disposé en terrasses ornées de statues et de fontaines, de lacs et de cascades. Mais le jardin maure le plus ancien est, sans contredit, celui de l'Alcazar, qui est orné de fontaines, dont les allées sont pavées de marbre, et dont les parterres sont pleins des plantes les plus rares. On peut citer au nombre des autres jardins célèbres de l'Espagne, celui de l'Escurial à Madrid, celui d'Aranjuez, celui de la Granja ou San Ildefonso, le Versailles de l'Espagne, que Philippe V a fait dessiner. On dit que le roi, en le visitant pour la première fois, s'écria: il m'a coûté trois millions, mais il m'a amusé pendant trois minutes ! On peut citer enfin les jardins de l'Alhambra, que l'on considère comme si admirables qu'à la porte du jardin qui s'appelle le Lindaraxa on a placé une longue inscription qui se termine ainsi : « Où trouver un jardin aussi beau que celui-ci ? où trouver plus de parfums et de fraîcheur ? »

Je ne peux finir sans dire un mot de l'admirable jardin de M. Cook (vicomte de Montserrat) à Cintra, en Portugal. Non-seulement il a fait dessiner d'admirables jardins, mais il est parvenu à faire faire de grands progrès à la science de l'horticulture dans ce pays, en acclimatant des arbrisseaux et des plantes très rares. Dans notre propre pays, M. Smith, anciennement membre du parlement pour une des circonscriptions de la Cornouailles, a converti une des îles Scilly en un jardin tropical. Là, poussent en plein air, le gommier et une foule d'essences tropicales; on y remarque surtout une haie de géraniums, de vingt pieds de long, qui, en 1862, avait dix pieds de haut, et dont les brillantes fleurs roses, vues de la mer, à une grande distance, présentaient le spectacle le plus extraordinaire.

Je pourrais multiplier les exemples, pour prouver qu'il y a eu des jardins chez tous les peuples. On en trouve en Allemagne, en Russie, au Danemark, en Pologne, en Suisse, dans l'Amérique du Nord et dans l'Amérique du Sud. Je dois même citer tout particulièrement le jardin des Shakers à New Lebanon, près de New York, où l'on trouve une admirable collection de plantes narcotiques. Je dois citer aussi le jardin de Rio-Janeiro, destiné à la culture de la cochenille. Mais, les jardins des pays dont je viens de parler, n'offrent aucun caractère particulier; ils sont dessinés d'après des plans déjà connus, il est donc inutile que j'entre à leur égard dans plus de détails. J'ai d'ailleurs, dans ce chapitre, essayé de décrire les différents systèmes qui ont présidé à la construction des jardins, d'après les récits que nous en avons, ou d'après ce que j'ai pu voir moi-même en Europe.

Nous pouvons nous résumer en disant que l'amour des jardins et l'amour de la nature existent partout, que ce soit dans la zone torride, dans la zone glaciale ou dans la zone tempérée, mais que, chez certains peuples et chez certains individus, cet amour est plus développé que chez d'autres. Nous voyons, en outre, que l'art du jardinage progresse chez quelques peuples et décline chez d'autres. Ceux qui ont joui du calme et du repos que produit un jardin, ou qui ont surveillé avec intérêt la croissance et les habitudes des différentes plantes, ceux qu'enchante le gazouillement des oiseaux, sont plus portés que d'autres à ressentir instinctivement, au milieu des changements incessants de la nature, cette étonnante harmonie qui embrasse toutes choses. Ceux-là aussi, en contemplant la nature avec les yeux de l'âme, comprennent la petitesse de l'homme perdu au milieu de la grandeur de l'univers.

FIN

Moulin sur la Wandle.